설비보전기사 실기

(설비보전의 이해)

이 책을 펴내며 ……

공유압 제어 기술은 자동화 및 메카트로닉스 기반 기술로 급속하게 발전하고 있으며, 자동화 설비, 열차 및 자동차, 각종 제조 산업 기계와 우주항공에 이르기까지 매우 광범위하게 응용되고 있다. 특히 공장 자동화 분야에 있어서는 기본 원리와 실제 활용되고 있는 공유압 기술에 대한 제조 조건을 오랜 경험과 논리적 배경을 바탕으로 해석하여 공유압 회로를 설계 및 구성하고 운전하는 능력이 요구되고 있다. 이러한 경향에 따라 공유압 제어 기술의 필요성과 중요성은 더욱 증가할 전망이다.

본 교재는 PART 1과 PART 2로 나뉘어 있다. PART 1에서는 공유압 제어에 처음 접하는 입문자들에게 공유압의 이론 및 제어장치구성, 회로 설계방법에 대하여 기술하였고, PART 2에서는 설비보전 기사 실기 시험을 대비하는 분들이 효과적으로 이해하고 작업할 수 있도록 한국산업인력공단의 출제기준 및 공개문제의 순서에 따라 이해하기 쉽게 구성하였다.

PART 1. 공유압 제어이론	PART 2. 설비보전 기사 공개문제 풀이
Chapter 01. 공기압 개론 Chapter 02. 유압 개론 Chapter 03. 공유압 제어 장치 Chapter 04. 공유압 전기 회로 구성 및 응용 Chapter 05. 공유압 전기 회로도 설계 및 응용	Chapter 01. 설비보전기사 공압실습 Chapter 02. 설비보전기사 유압실습

덧붙여 PART 2에서는 기본제어동작 오류수정(1) → 응용조건 회로 구성하기(2) → 최종 결과 확인하기(3) 순으로 구성되어 있어 쉽게 다가설 수 있는 교재를 만들려고 노력하였다.

기본제어동작 오류수정(1)	응용조건 회로 구성하기(2)	최종 결과 확인하기(3)
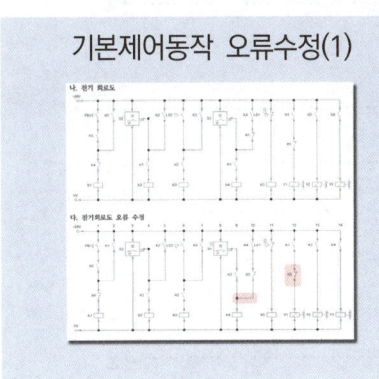	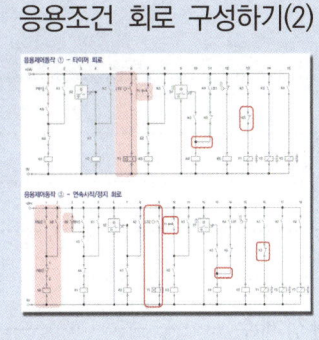	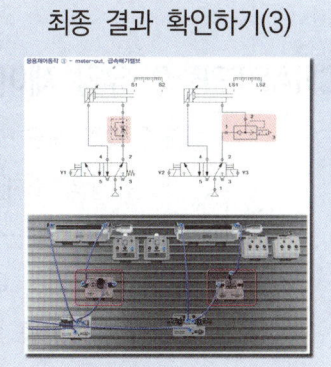

끝으로 이 교재로 공부하는 여러분에게 공유압기술의 전반을 이해하고 응용하는데 실질적 도움이 되기를 바라며, 내용상 미흡한 부분이나 오류가 있다면 앞으로 독자들의 충고와 지적을 수렴하여 더 좋은 책이 될 수 있도록 수정 보완할 것을 약속드린다. 또한 이 교재가 완성되기까지 물심양면으로 도움을 주신 ㈜퍼시엠, ㈜훼스텍, 크라운출판사의 관계자 여러분께 감사드립니다.

| 차 례 |

출제기준 / 7

PART 1. 공유압 제어이론

CHAPTER 1 공기압 개론 ··· 16

   1 공기압의 개요 ·· 16
      1. 공기압의 소개 ·· 16
      2. 공기압의 단위 ·· 16
   2 공기압의 기초 이론 ·· 20
      1. 밀도와 비중 ··· 20
      2. 압력 ·· 20
      3. 보일의 법칙 ··· 21
      4. 샤를의 법칙 ··· 22
      5. 보일-샤를의 법칙 ·· 22
   3 공기압 장치의 구성 ··· 23
      1. 공기압 발생부 ·· 23
      2. 공기압 청정화부 ··· 24
      3. 공기압 제어부 ·· 25
      4. 공기압 액추에이터 ·· 35
      5. 공기압 부속 기기 ·· 37

CHAPTER 2 유압 제어 ··· 38

   1 유압의 개요 ··· 38
      1. 유압의 소개 ··· 38
      2. SI 단위 ··· 38
   2 유압의 기초 이론 ·· 42
      1. 밀도, 비중 및 체적탄성계수 ··· 42
      2. 점도와 동점도 ·· 43
      3. 압력 ·· 43
      4. 파스칼의 원리 ·· 44
      5. 연속 방정식 ··· 44
      6. 오일러의 운동방정식 ··· 45
      7. 베르누이의 정리 ··· 45
      8. 유체의 흐름 ··· 46

| 차 례 |

    9. 압력 손실 ·· 47
   10. 캐비테이션 ··· 48
 3 유압 장치의 구성 ··· 49
    1. 유압 작동유 ··· 49
    2. 유압 동력부 ··· 52
    3. 유압 제어부 ··· 57
    4. 유압 액추에이터 ·· 64
    5. 유압 부속 기기 ··· 66

CHAPTER 3 공유압 제어장치 ·· 68

 1 전기 공유압 제어기기 ·· 68
    1. 전기 공유압 제어기기(공통사용) ····································· 69
    2. 전기 공기압 제어기기 ·· 74
    3 전기 유압 제어 기기 ··· 79

CHAPTER 4 공유압 전기회로 구성 및 응용 ··································· 90

 1 전기 스위치의 종류 ··· 91
    1. a 접점 ··· 91
    2. b 접점 ··· 91
    3. c 접점 ··· 92
    4. 전기 릴레이 ·· 92
 2 전기 공유압 기본 및 응용 회로 ··· 93
    1. 전기 공기압 기본 회로 ·· 93
    2. 기본 제어 동작 (A+ A-) ··· 101
    3. 응용 제어 동작 - 타이머 회로 ···································· 102
    4. 응용 제어 동작 - 연속시작/정지 회로 ························ 105
    5. 응용 제어 동작 - 카운터 회로 ···································· 108
    6. 응용 제어 동작 - 비상정지 회로 ································ 117

| 차 례 |

CHAPTER 5 공유압 전기회로도 설계 및 응용 ······ 122

1 시퀀스 제어 회로 ······ 122
1. 시퀀스 제어 회로의 개념 ······ 122
2. 시퀀스 제어 회로 표현 방법 ······ 122

2 주회로 차단법 ······ 125
1. 공기압 제어 시스템 ······ 125
2. 제어 조건 ······ 125
3. 변위 단계 선도 ······ 125
4. 공유압 회로도 ······ 126
5. 동작흐름분석표 ······ 127
6. 전기회로도 설계 ······ 127

3 최대신호 차단법 ······ 132
1. 공기압 제어 시스템 ······ 132
2. 제어조건 ······ 132
3. 변위 단계 선도 ······ 132
4. 공유압 회로도 ······ 133
5. 동작흐름분석표 ······ 134
6. 전기회로도 설계 ······ 134

4 최소신호 차단법 ······ 140
1. 공기압 제어 시스템 ······ 140
2. 제어조건 ······ 140
3. 변위 단계 선도 ······ 140
4. 공유압회로도 ······ 141
5. 동작흐름분석표 ······ 142
6. 전기회로도 설계 ······ 142

5 공유압 전기회로도 설계 예제(1-7) ······ 147
1. 공기압 전기회로도 설계 예제 01(주회로 차단법) ······ 147
2. 공기압 전기회로도 설계 예제 02(최대신호 차단법) ······ 151
3. 공기압 전기회로도 설계 예제 03(주회로 차단법) ······ 155
4. 공기압 전기회로도 설계 예제 04(최대신호 차단법) ······ 159
5. 공기압 전기회로도 설계 예제 05(최대신호 차단법) ······ 163
6. 공기압 전기회로도 설계 예제 06(최소신호 차단법) ······ 167
7. 공기압 전기회로도 설계 예제 07(캐스케이드 방식) ······ 169

| 차 례 |

PART 2. 설비보전 기사 공개문제 풀이
- 공유압 회로설계 및 구성작업-

▶ 설비보전기사 작업형 [1과제] 요약 ………………………………………… 172
▶ 설비보전기사 작업형 [2과제] 요약 ………………………………………… 173

CHAPTER 1 설비보전 기사 공압실습 ………………………………………… 174
〈공개문제 01〉……………………………………………………………………… 174
〈공개문제 02〉……………………………………………………………………… 180
〈공개문제 03〉……………………………………………………………………… 186
〈공개문제 04〉……………………………………………………………………… 192
〈공개문제 05〉……………………………………………………………………… 198
〈공개문제 06〉……………………………………………………………………… 204
〈공개문제 07〉……………………………………………………………………… 210
〈공개문제 08〉……………………………………………………………………… 216
〈공개문제 09〉……………………………………………………………………… 222
〈공개문제 10〉……………………………………………………………………… 228
〈공개문제 11〉……………………………………………………………………… 234
〈공개문제 12〉……………………………………………………………………… 240
〈공개문제 13〉……………………………………………………………………… 246
〈공개문제 14〉……………………………………………………………………… 252

차례

CHAPTER 2 설비보전 기사 유압실습 ·· 258

    〈공개문제 01〉 ·· 258

    〈공개문제 02〉 ·· 264

    〈공개문제 03〉 ·· 270

    〈공개문제 04〉 ·· 276

    〈공개문제 05〉 ·· 282

    〈공개문제 06〉 ·· 288

    〈공개문제 07〉 ·· 294

    〈공개문제 08〉 ·· 300

    〈공개문제 09〉 ·· 306

    〈공개문제 10〉 ·· 312

    〈공개문제 11〉 ·· 318

    〈공개문제 12〉 ·· 324

    〈공개문제 13〉 ·· 330

    〈공개문제 14〉 ·· 336

[참고문헌] / 342

출제기준(필기)

직무 분야	기계	중직무 분야	기계장비 설비·설치	자격 종목	설비보전기사	적용 기간	2022.1.1.~2024.12.31.

○ 직무내용 : 생산시스템이나 설비(장치)의 설비보전에 관한 전문적인 지식을 가지고, 생산설비 등을 최적의 상태로 효율적으로 유지하기 위해 일상점검 및 정기점검을 통한 설비진단을 하고 고장부위를 정비하거나 유지, 보수, 관리 및 운용 등을 수행하는 직무이다.

필기검정방법	객관식	문제수	80	시험시간	2시간

필기과목명	문제수	주요항목	세부항목	세세항목
설비진단 및 계측	20	1. 설비 진동 및 소음	1. 설비진단의 개요	1. 설비진단의 개요 2. 소음진동 개론
			2. 진동 및 측정	1. 진동의 물리적 성질 2. 진동 발생원과 특성 3. 진동방지 대책 4. 진동측정원리 및 기기 5. 회전기기 진단
			3. 소음 및 측정	1. 소음의 물리적 성질 2. 소음 발생원과 특성 3. 소음방지 대책 4. 소음측정원리 및 기기
			4. 비파괴 개론	1. 비파괴 개요 2. 침투, 자기 비파괴검사 3. 방사선, 초음파 비파괴검사 4. 누설검사, 음향탐상검사 등 기타 검사
		2. 계측	1. 계측기	1. 온도, 압력, 유량, 액면의 계측 2. 회전수의 계측 3. 전기의 계측
			2. 계측의 자동화	1. 센서와 신호변환 2. 프로세스제어
설비관리	20	1. 설비관리계획	1. 설비관리 개론	1. 설비관리의 개요 2. 설비의 범위와 분류
			2. 설비계획	1. 설비계획의 개요 2. 설비배치 3. 설비의 신뢰성 및 보전성 관리 4. 설비의 경제성 평가 5. 정비계획 수립
			3. 설비보전의 계획과 관리	1. 설비보전과 관리시스템 2. 설비보전의 본질과 추진방법 3. 공사관리 4. 설비보전관리 및 효과 측정 5. 보존용 자재관리
		2. 종합적 설비 관리	1. 공장 설비관리	1. 공장설비관리의 개요 2. 계측관리 3. 치공구 관리 4. 공장 에너지 관리

출제기준

필기과목명	문제수	주요항목	세부항목	세세항목
			2. 종합적 생산보전	1. 종합적 생산보전의 개요 2. 설비효율 개선방법 3. 만성로스 개선방법 4. 자주보전 활동 5. 품질개선 활동
		3. 윤활관리의 기초	1. 윤활관리의 개요	1. 윤활관리와 설비보전 2. 윤활관리의 목적 3. 윤활관리의 방법
			2. 윤활제의 선정	1. 윤활제의 종류와 특성 2. 윤활유의 선정기준 3. 그리스의 선정기준 4. 윤활유 첨가제
		4. 윤활방법과 시험	1. 윤활 급유법	1. 윤활유계의 윤활 및 윤활방법 2. 그리스계의 윤활 및 윤활방법
			2. 윤활기술	1. 윤활기술과 설비의 신뢰성 2. 윤활계의 운전과 보전 3. 윤활제의 열화관리와 오염관리 4. 윤활제에 의한 설비진단 기술 5. 윤활설비의 고장과 원인
			3. 윤활제의 시험방법	1. 윤활유의 시험방법 2. 그리스의 시험방법
		5. 현장윤활	1. 윤활개소의 윤활관리	1. 압축기의 윤활관리 2. 베어링의 윤활관리 3. 기어의 윤활관리 4. 유압 작동유 및 오염관리
기계일반 및 기계보전	20	1. 기계일반	1. 기계요소제도	1. 결합용 기계요소제도 2. 축·관계 기계요소제도 3. 전동용 기계요소제도 4. 제어용 기계요소제도
			2. 기계공작법	1. 공작기계의 종류와 특성 2. 손 다듬질 3. 용접 4. 열처리 및 표면처리
		2. 기계보전	1. 보전의 개요	1. 측정기구 및 공기구 2. 보전용 재료 3. 보전에 관한용어 4. 고장의 종류 해석에 관한 용어
			2. 기계요소 보전	1. 체결용 기계요소의 보전 2. 축 기계요소의 보전 3. 전동용 기계요소의 보전 4. 제어용 기계요소의 보전 5. 관계 기계요소의 보전
			3. 기계장치 보전	1. 밸브의 점검 및 정비 2. 펌프의 점검 및 정비 3. 송풍기의 점검 및 정비 4. 압축기의 점검 및 정비 5. 감속기의 점검 및 정비 6. 전동기의 점검 및 정비

필기과목명	문제수	주요항목	세부항목	세세항목
			3. 산업안전	1. 산업안전의 개요	1. 산업안전의 목적과 정의 2. 산업재해의 분류
			2. 산업설비 및 장비의 안전	1. 기계작업 및 취급의 안전 2. 가스 및 위험물의 안전 3. 산업시설의 안전
			3. 산업안전 관계법규	1. 산업안전 보건법
공유압 및 자동화	20	1. 공유압	1. 공유압의 개요	1. 기초이론 2. 공유압의 원리 3. 공유압의 특성
			2. 유압기기	1. 유압 발생장치 2. 유압제어밸브 3. 유압 액추에이터 4. 유압부속기기
			3. 공압기기	1. 공기압 발생장치 2. 공압 제어밸브 3. 공압 액추에이터
			4. 공유압 기호 및 회로	1. 공압 기호 및 회로 2. 유압 기호 및 회로
		2. 자동화	1. 자동화 시스템의 개요	1. 자동화시스템의 개요 2. 제어와 자동제어 3. 핸들링 4. 전기회로 구성요소와 기초 전기회로 5. 전동기기
			2. 자동화 시스템의 보전	1. 자동화 시스템 보전의 개요 2. 자동화 시스템 보전 방법

출제기준

● 출제기준(실기)

직무분야	기계	중직무분야	기계장비 설비·설치	자격종목	설비보전기사	적용기간	2022.1.1.~2024.12.31.

○ **직무내용** : 생산시스템이나 설비(장치)의 설비보전에 관한 전문적인 지식을 가지고, 생산설비 등을 최적의 상태로 효율적으로 유지하기 위해 일상점검 및 정기점검을 통한 설비진단을 하고 고장부위를 정비하거나 유지, 보수, 관리 및 운용 등을 수행하는 직무이다.

○ **수행준거** :
1. 설비(장치)를 이해하고 보전 장비를 사용하여 체결용, 축·관계, 베어링, 전동장치에 대한 기계요소를 보전할 수 있다.
2. 설비진단 장비를 활용하여 진동 및 소음 측정을 할 수 있다.
3. 윤활관리 지식을 활용하여 윤활유에 대한 오염 및 열화 현상을 이해하고 급유법과 윤활유 선정을 할 수 있다.
4. 유공압, 전기 회로를 이해하고 설계 및 구성하여 동작시킬 수 있다.

실기검정방법	작업형	시험시간	3시간 정도(동영상: 1시간, 작업형: 2시간)

실기과목명	주요항목	세부항목	세세항목
설비보전 실무	1. 설비보전 (동영상)	1. 기계요소 보전하기	1. 체결용 기계요소를 진단하고 예방 보전 및 사후보전을 할 수 있어야 한다. 2. 축용 기계요소를 진단하고 예방 보전 및 사후보전을 할 수 있어야 한다. 3. 베어링 요소를 진단하고 예방 보전 및 사후보전을 할 수 있어야 한다. 4. 전동용 장치를 진단하고 예방 보전 및 사후보전을 할 수 있어야 한다. 5. 관용기계요소를 진단하고 예방 보전 및 사후보전을 할 수 있어야 한다. 6. 유공압 및 유체기계를 진단하고 예방보전 및 사후보전을 할 수 있어야 한다.
		2. 설비진단하기	1. 회전기계에 진동 시스템을 구축하여 고유진동을 측정할 수 있어야 한다. 2. 각종 산업기계의 간이 진단 및 정밀진단을 통하여, 진동을 측정하고 이를 분석하여 원인과 대책을 수립하고 예방 보전할 수 있어야 한다. 3. 각종 산업기계의 간이 진단 및 정밀진단을 통하여, 소음을 측정하고 이를 분석하여 원인과 대책을 수립하고 예방 보전할 수 있어야 한다.
		3. 윤활 관리하기	1. 윤활유 검사기를 이용하여, 윤활유의 오염도를 측정하여 오염의 원인을 파악하고, 오염방지를 할 수 있어야 한다 2. 윤활유 검사기를 이용하여, 윤활유의 열화를 측정하여 열화의 원인을 파악하고, 열화지연을 할 수 있어야 한다 3. 윤활유 급유장치를 이용하여, 각종산업기계에 사용 되는 윤활유를 공급할 수 있어야 한다. 4. 윤활유의 각종 물리적 성질 및 화학적 성질을 이해하고, 산업기기의 특성에 맞는 윤활유를 선정할 수 있어야 한다.

실기과목명	주요항목	세부항목	세세항목
	2. 설비보전(작업)	1. 설비구성 작업하기	1. 전기공압 회로도를 수정할 수 있으며, 부가조건을 이용하여 회로를 재구성하여, 사후보전 및 개량보전을 할 수 있어야 한다. 2. 전기 유압 회로도를 수정할 수 있으며, 부가조건을 이용하여 회로를 재구성하여, 사후보전 및 개량보전을 할 수 있어야 한다.
		2. 유공압회로 도면 파악하기	1. 유공압 회로도를 파악하기 위하여 유공압 회로도의 부호를 해독할 수 있다. 2. 유공압 회로도에 따라 정확한 유공압 부품의 규격을 파악할 수 있다. 3. 유공압 회로도를 이용하여 세부 점검 목록을 확인 후 정확한 고장 원인과 비정상 작동 등을 파악할 수 있다.
		3. 유공압 장치 조립하기	1. 작업표준서에 따라 유공압 장치 부품의 지정된 위치를 파악하고 정확히 조립할 수 있다. 2. 유공압 장치를 조립하기 위하여 규격에 적합한 조립 공구와 장비를 사용할 수 있다. 3. 유공압 장치 조립 작업의 안전을 위하여 유공압 장치 조립 시 안전 사항을 준수 할 수 있다.
		4. 유공압 장치 기능 확인하기	1. 유공압 장치의 기능을 확인하기 위하여 조립된 유공압 장치를 검사하고 조립도와 비교할 수 있다. 2. 조립된 유공압 장치를 구동하기 위하여 동작 상태를 확인하고 이상 발생 시 수정하여 조립할 수 있다. 3. 유공압 장치의 기능을 확인하기 위하여 측정한 데이터를 기록하고 관리할 수 있다.

PART 1

공유압 제어이론

Chapter 1 공기압 개론

1 공기압의 개요

1. 공기압의 소개

공기는 오랫동안 생명을 위해서 필요한 것으로 인식되어 왔으나 압축공기는 인간에 알려진 가장 오래된 에너지의 일종이며 인간의 육체적 능력을 보강하는데 사용되어 왔다.

작동매체로서의 공기 이용 및 이 매체를 이용한 작업은 기원 1000년 전까지 그 유래를 찾을 수 있다. 우리가 확실히 할 수 있는 공기력에 종사한 최초의 인간, 즉 매체로서 압축공기를 사용했던 최초의 사람은 그리스 사람인 Ktesibios이다. 2000년도 더 이전에 그는 압축공기 추진식 석궁을 만들었다. 압축공기를 에너지로서 이용하는데 관련된 최초의 책 중의 하나가 A.D. 1세기에 만들어졌으며, 이는 더운 공기에 의하여 움직이는 장치에 대하여 기술되어 있다. "Pneuma"라는 말은 고대 그리스어에서 유래되었으며 호흡, 바람을 의미하며 철학에서는 정신을 의미한다. Pneumatics-공기의 운동이나 현상에 관한 학문-는 "Pneuma"라는 말에서 유래되었다.

비록 공기학의 원리가 오랜 인간의 지식에서 나온 것이지만 가동이나 원리에 대한 조직적인 연구가 시작된 것은 19세기부터이다. 20세기 중엽에 이르러 공기압의 사용은 선진국을 중심으로 퍼져 나갔지만 전 세계적으로 산업에 소개된 것은 공정의 자동화와 합리화의 문제가 증가하기 시작하면서 부터이다.

공기학에 대한 무지와 교육의 부족 때문에 초기에는 이의 이용에 대한 거부 반응도 컸으나 현재에는 자동화의 발달과 더불어 공기압의 중요성이 날로 증대되고 있다. 1950년대 이전에는 저장된 에너지를 이용한 작동 매체로서 공기압이 사용되어 왔으나 1950년대에 이르러서는 작업용 매체로서 뿐만 아니라 감지 작업과 신호 처리 작업을 수행할 수 있도록 개발되었다. 이러한 발달은 공기압 요소가 기계 상태나 조건을 측정하기 위한 센서로서 사용되어 작업을 제어 할 수 있다는 것을 뜻하게 되며, 센서, 프로세서, 액추에이터의 개발은 공기압 시스템의 출현을 가능하게 하였다. 오늘날 근대화된 산업현장에서 압축공기가 없다는 것은 상상도 할 수 없는 일이며 대부분의 산업체에서 압축공기 장치가 설치되어 있다. 산업체에서의 공기압은 운동과 힘을 얻기 위한 기계적 요소로서 많이 사용된다.

2. 공기압의 단위

(1) SI 기본 단위계

공기압이나 자연법칙의 이해를 위해서는 그와 관련된 물리량이나 단위 체계에 대한 지식이 필요하다. 공학에서 물리량이란 물체의 특성, 즉 측정 가능한 상태나 과정을 말한다. 따라서 속도, 압력, 시간, 온도는 물리량이지만 색은 물리량이 될 수 없다. 이러한 물리량을 표현하는 데에는 여러 가지 방법이 있지만 명확한 의사소통을 위하여 대부분의 과학자들은 동일한 단위 체계를 사용하게 되었으며 이를 SI 단위(System of international units)라 한다.

SI 단위는 국제적으로 통용되는 물리량의 측정 단위로서 기본 단위에는 길이에 미터(m), 무게에 킬로그램(kg), 시간에 초(s), 전류에 암페어(A), 온도에 켈빈(K), 물질량에 몰(mol), 광도에 칸델라(cd)의 7가지 기본단위로 정의되어 있다.

물리량	명칭	기호
길이	미터(meter)	m
질량	킬로그램(kilogram)	kg
시간	초(second)	s
전류	암페어(ampere(	A
온도	켈빈(kelvin)	K
물질량	몰(mole)	mol
광도	칸델라(candela)	cd

(2) SI 유도 단위

유도 단위는 기본 단위들을 곱하거나 나누는 등의 수학적 기호로 연결하여 표시하는 단위를 의미한다. 이와 같은 유도 단위는 특별한 명칭과 기호가 주어져 있거나 그 자체가 기본 단위나 유도 단위와 조합하여 다른 양을 표시하는데 사용되기도 한다. 유도 단위는 매우 많으므로 여기에서는 공기압과 관련된 힘과 압력의 단위에 대하여 살펴보기로 한다.

힘의 기본 SI 단위는 뉴턴(N)이다. 1N은 1kg의 질량을 가진 물체에 $1m/s^2$의 가속도를 주기 위한 힘이다. 따라서 1N은 다음과 같이 정의된다.

$$1N = 1kg \cdot 1m/s^2$$

우리가 실제로 많이 사용하고 있는 kgf의 단위는 주로 중력 단위계에서 많이 사용하고 있는데 뉴턴과는 다음의 관계가 있다.

$1kgf = 1kg \cdot 1g$ (g : 중력 가속도)

$= 1kg \cdot (9.81m/s2)$

$= 9.81\ kg \cdot m/s2$

$= 9.81\ N$

- 1N = 0.102 kgf
- 1kgf = 9.81N

압력의 SI 단위는 파스칼(Pa)이다. 1Pa은 $1m^2$의 면적에 1N의 힘이 작용할 때의 압력이다. 따라서 1Pa은 다음과 같이 정의된다.

$$1Pa = 1N/m^2$$

우리가 실제로 많이 사용하고 있는 kgf/cm^2의 단위는 주로 중력 단위계에서 많이 사용하고 있는데 Pa과는 다음의 관계가 있다.

$$1kgf/cm^2 = 9.81N/(0.01m)^2$$
$$= 98100N/m^2$$
$$= 98100Pa = 98.1\ kPa$$

또한 Pa단위는 무척 작은 단위이기 때문에 실제로 사용되는 압력을 표현하면 너무 큰 숫자로 표현된다. 그래서 좀 더 큰 단위인 bar가 사용된다.

$$1bar = 100,000Pa$$
$$= 100kPa$$

kgf/cm^2을 bar로 또는 bar를 kgf/cm^2로 변환시키는 데에는 다음과 같은 관계가 사용된다.

- $1kgf/cm^2 = 0.981bar$
- $1bar\ \ \ \ \ = 1.02kgf/cm^2$

실제로 $1kgf/cm^2$라는 압력과 1bar라는 압력은 서로 다르지만 실제 현장에서는 같은 단위로 취급해도 무방하다. 6bar의 압력은 정확하게 $6.11832\ kgf/cm^2$이지만 이를 $6kgf/cm^2$라고 간주해도 그 오차는 2%에 불과하다. 따라서 실제 현장에서는 $1bar = 1kgf/cm^2$라고 생각해도 무방하다.

(3) 단위 환산

힘이나 압력, 유량 등의 계산 과정 중에 사용하는 단위의 종류나 크기가 다른 경우에는 단위 환산을 하여야 한다. 단위 환산은 다음의 과정을 거치면 쉽게 할 수 있다.

[예제] $5\ l/min = $ _____ cm^3/s

[풀이] $5\dfrac{l}{min} \cdot \dfrac{1000cm^3}{1l} \cdot \dfrac{1min}{60s}$

$= 5 \cdot 1000 \div 60 cm^3/s$

$= 83.33 cm^3/s$

위 풀이에서 $1,000cm^3/l$와 $1min/60s$는 원하고자 하는 단위로 바꾸기 위한 환산 인자이다.

값이 매우 크거나 반대로 너무 작은 경우에는 접두어를 사용하여 간편하게 값을 표현할 수 있다. 아래는 접두어의 표현방법이다.

배수(10^n)	접두어	기호	배수
10^{24}	요타 (yotta)	Y	일자
10^{21}	제타 (zetta)	Z	십해
10^{18}	엑사 (exa)	E	백경
10^{15}	페타 (peta)	P	천조
10^{12}	테라 (tera)	T	일조
10^{9}	기가 (giga)	G	십억
10^{6}	메가 (mega)	M	백만
10^{3}	킬로 (kilo)	k	천
10^{2}	헥토 (hecto)	h	백
10^{1}	데카 (deca)	da	십
10^{0}			일
10^{-1}	데시 (deci)	d	십분의 일
10^{-2}	센티 (centi)	c	백분의 일
10^{-3}	밀리 (milli)	m	천분의 일
10^{-6}	마이크로 (micro)	μ	백만분의 일
10^{-9}	나노 (nano)	n	십억분의 일
10^{-12}	피코 (pico)	p	일조분의 일
10^{-15}	펨토 (femto)	f	천조분의 일
10^{-18}	아토 (atto)	a	백경분의 일
10^{-21}	젭토 (zepto)	z	십해분의 일
10^{-24}	욕토 (yocto)	y	일자분의 일

2 공기압의 기초 이론

1. 밀도와 비중

유체의 밀도는 단위 체적이 갖는 유체의 질량으로 정의된다. 단위 체적이 갖는 유체의 질량이라는 것은 질량을 체적으로 나눈 것을 의미한다.

$$\rho = \frac{M}{V}$$

여기에서 M : 질량(kg)
V : 체적(m^3)
ρ : 밀도(kg/m^3)

일반적으로 고체 상태의 물질은 분자들이 매우 조밀하게 구성되어 있고 액체 상태의 물질은 고체 상태에 비해 분자간의 거리가 멀기 때문에 좀 더 큰 체적을 갖는다. 따라서 액체는 고체보다 밀도가 작다. 기체 상태의 물질은 분자간의 거리가 매우 멀어 같은 수의 분자에 대해 차지하는 체적이 고체나 액체에 비해 훨씬 크다. 따라서 기체의 밀도가 고체, 액체, 기체 중에서 가장 작다.

비중은 어떤 물질의 질량과, 이것과 같은 체적을 가진 표준물질의 질량과의 비를 나타낸 것이다. 고체 및 액체의 경우 1atm. 4℃의 물을 표준물질로 하고, 기체의 경우에는 1atm. 0℃하에서의 공기를 표준물질로 한다.

2. 압력

압력은 접촉면에 대하여 수직 방향으로 작용하는 힘으로 정의할 수 있다. 모든 물체는 그 밑면에 압력을 받고 있고 그 값은 몸체의 중량에 따른 힘 F와 힘이 작용하는 면적 A의 크기에 따라 달라진다. 서로 다른 밑면적을 갖는 두 개의 물체가 있다. 질량은 서로 같고 따라서 밑면에 작용하는 중량에 따른 힘도 같다. 그러나 압력은 밑면적의 크기에 따라 다르게 된다. 중량에 따른 힘은 같아도 그 힘이 작용하는 면적이 작을수록 높은 압력이 형성된다. 이를 식으로 표현하면 다음과 같다.

$$p = \frac{F}{A}$$

여기에서 p : 압력 (Pa)
F : 힘 (N)
A : 면적 (m^2)

SI 단위계에서 힘의 단위가 N이므로 압력의 단위는 힘을 면적으로 나눈 N/m^2이 되고 이를 파스칼(Pascal, Pa)이라 한다. 즉, 1 Pa은 1 N/m^2이다. 그런데 Pa의 단위는 매우 작은 크기의 단위이므로 일반적으로 1,000배인 kPa, 10^6배인 MPa을 사용한다.

압력의 단위는 SI 표준 단위인 Pa 이외에도 다양한 단위가 사용되는데 이를 정리하면 아래와 같다. 이 표에서는 여러 압력 단위 간의 상관관계를 보여 준다.

단위	atm	bar	mmHg	mmH2O	psi	kgf/cm²	Pa
atm	1	1.01325	760	10332.2	14.6956	1.03323	101325
bar	0.986923	1	750.06	10197.1	14.504	1.101972	100000
mmHg	0.001316	0.001333	1	13.595	0.01934	0.00136	0.01333
mmH2O	0.000097	0.000098	0.073556	1	0.001422	0.0001	9.80669
psi	0.068046	0.068948	51.715	703.066	1	0.070307	6894.757
kgf/cm²	0.967841	0.980665	735.559	10000	14.2233	1	98066.5
Pa	0.00001	0.00001	0.007502	0.101971	0.000145	0.000011	1

압력을 표현하는 방법은 대기압을 기준으로 하여 표현하는 방법과 물질이 전혀 존재하지 않는 것을 의미하는 절대 진공을 기준하여 표현하는 방법이 있다. 대기압이란 공기가 누르는 힘을 의미하며 지구를 둘러싸고 있는 공기층인 대기권에 있는 공기분자의 무게이다. 그러므로 대기압은 지표면의 고도나 날씨에 따라 다르게 되며, 어떤 지역의 대기압을 국소 대기압이라고 한다.

해수면에서 대기압은 1기압이며 높은 곳으로 올라가면 대기압은 낮아진다. 압력계로 측정하는 압력은 대기압을 기준하여 측정되는 압력이고 이를 게이지 압력이라고 한다.

절대 진공을 기준하여 표현하는 압력을 절대 압력이라고 한다. 따라서 절대 압력은 게이지 압력에 대기압을 더한 것과 같다. 대기압보다 낮은 압력을 진공이라고 하며 게이지 압력으로 표시하면 0보다 작게 되므로 음(-)의 기호를 사용한다.
게이지 압력과 절대 압력과의 관계를 그림으로 표현하면 다음과 같다.

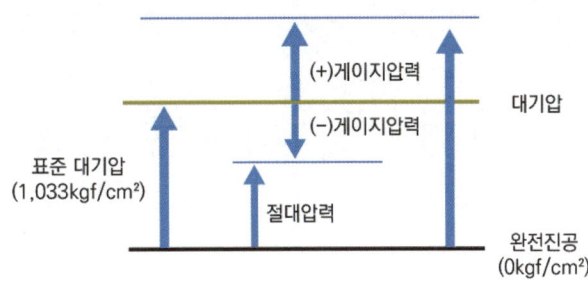

3. 보일의 법칙

보일의 법칙은 압력과 체적과의 관계를 기술한 것으로서 기체의 온도를 일정하게 유지하면서 압력 및 체적을 변화시킬 때 압력과 체적은 서로 반비례한다. 이 법칙을 수식으로 표현하면 다음과 같다.

$P_1 \cdot v_1 = P_2 \cdot v_2 = $ 일정

여기에서 P : 절대압력 (kgf/cm^2)

v : 체적(cm^3)

4. 샤를의 법칙

샤를의 법칙은 체적과 온도의 관계를 기술한 것으로서 기체의 압력을 일정하게 유지하면서 체적 및 온도를 변화시킬 때 체적과 온도는 서로 비례한다. 이 법칙을 수식으로 표현하면 다음과 같다.

$$\frac{v_1}{T_1} = \frac{v_2}{T3} = 일정$$

여기에서, T : 절대온도 (K)
v : 체적(cm^3)

5. 보일-샤를의 법칙

기체의 압력, 체적, 온도의 세 가지가 모두 변화할 경우에는 위의 두 법칙을 하나로 통합하여 사용할 필요가 있는데 이를 보일·샤를의 법칙이라고 하고 이 법칙 수식으로 표현하면 다음과 같다.

$$\frac{P_1 \cdot v_1}{T_1} = \frac{P_2 \cdot v_2}{T2} = 일정$$

여기에서, P : 절대압력 (kgf/cm^2)
T : 절대온도 (K)
v : 체적 (cm^3)

즉, P·v = G·R·T

여기에서, G : 기체의 중량 (kgf)
R : 기체 상수 (kgf·m/kgf·K)
(공기의 경우 R = 29.27)

3 공기압 장치의 구성

공기압 장치의 주요 구성관계를 간략하게 표현하면 아래의 그림과 같다. 공압발생부(컴프레샤), 압축공기청정화부(청정화기기, 공기압조절기기), 제어부(방향제어기기), 구동부(구동기기)로 이루어져 있다.

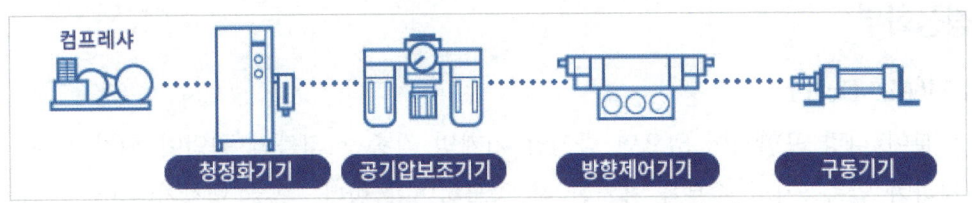

출처 : SMC 홈페이지(https://www.smckorea.co.kr)

1. 공기압 발생부

(1) 공기 압축기(Air Compressor)

전기 모터에 의해 작동되는 압축기가 대기 중의 공기를 흡입하여 압축하는 장치이다. 압축기에는 여러 가지 종류가 있는데 가장 많이 사용하고 있는 압축기를 간략하게 소개하면 다음과 같다.

첫째는 체적 변화의 원리에 의하여 운전되는 것인데 용기에 공기를 가득 채우고 이 용기의 체적을 감소기키는 것이다. 이러한 형식의 압축기를 피스톤 압축기라고 한다. 둘째는 공기의 유통 원리(air-flow principle)에 의하여 운전되는 것이다. 한쪽으로는 공기를 집어넣고 질량 가속도(mass acceleration)에 의하여 압축되는 것이다.

압축기의 구조 및 형태에 따라 왕복식, 나사식, 터보식 등이 있다.

(2) 후부 냉각기(After Cooler)

압축된 직후의 공기는 170~200℃에 이르는데 이를 냉각하여 1차적으로 공기에 포함된 수분을 감소시키는 첫 번째 가능한 방법이 후부 냉각기이다. 이것은 냉각수나 찬 공기를 이용하여 공기를 냉각시키는 방법이다. 압축기에 의하여 가열된 공기는 물이나 공기를 이용한 냉각 팬에 의해서 식혀진다. 공기의 온도가 이슬점 온도 이하로 내려가면 수분이 응축된다. 열교환 장치를 통한 애프터 쿨링은 상온의 물을 통과시키면 이슬점 온도가 10~15℃ 정도가 되고 냉각수를 통과시키면 10℃ 정도가 얻어진다. 후부 냉각기는 압축기 다음에 설치된다.

(3) 저장 탱크(Air Tank)

압축된 공기를 저장하는 장치이다. 이에는 압력센서가 부착되어 압축공기가 사용되거나 장시간에 걸친 누설로 설정된 압력이하가 되면 콤프레셔를 자동으로 작동되도록 하여 저장탱크에 항상 일정한 압력의 압축공기가 채워져 있도록 한다.

저장 탱크는 압축공기의 공급을 안정되게 하고 공기가 소비될 때에는 발생되는 압력변화를 평탄하게 한다. 이와 같은 기능은 전 공압 배관의 안정성을 증가시키고 압축기로부터 전달되는 맥동 현상을 감소시키며 저장 탱크의 큰 표면적이 압축기로부터 공급된 뜨거운 공기를 냉각시키기 때문에 공기에 포함된 수증기가 저장 탱크 내에서 물로 응축되도록 한다. 따라서 주기적으로 저장탱크 내에 모여 있는 응축수를 제거시켜 주어야 한다. 또한 저장 탱크는 갑작스러운 정전에 대비하게 하여 주고 압축기 동작의 스위칭 횟수를 감소시켜 압축기가 쉴 이유를 준다.

2. 공기압 청정화부

(1) 공기 건조기(Air Dryer)

압축공기에 수분이 다량 포함되어 있으면 공기압 기기의 각종 트러블의 원인이 되기 쉽다. 따라서 에어 드라이어를 설치하여 압축공기의 수분을 제거한 후 공급하여야 한다. 후부 냉각기(After cooler)에서 응축하여 분리 후 남은 수분을 제거한다. 다음과 같은 방식의 에어 드라이어가 널리 사용된다.

- 냉동식 에어드라이어
  냉각장치에 의해 압축공기를 냉각시켜 압축공기에 포함된 수분을 응축시켜 제거한다.
- 흡착식 에어드라이어
  고체 흡착제로 압축공기에 포함된 수분을 흡착하여 제거한다.
- 흡수식 에어드라이어
  염화리튬(Lithium chloride)등의 흡수제로 압축공기에 포함된 수분을 흡수시켜 제거한다.

압축공기 내의 수분은 공압 시스템에 많은 악영향을 끼친다. 수분이 공압 시스템에 들어갔을 때 야기되는 문제들을 요약하면 다음과 같다.

- 파이프, 실린더, 일반 공압 요소들이 부식되고 이는 마모를 증가시키며 보수유지 비용을 상승시킨다.
- 실린더 내에서 윤활막의 형성을 방해한다.
- 밸브에서의 스위칭 기능이 손상되어 작업 중 오동작을 일으킬 수 있다.
- 도장 공장, 식품 공장 등에서 민감한 물질과 접촉되어 압축공기가 사용될 때 오염 및 손상이 우려된다.

(2) 에어 필터(Air Filter)

압축공기 필터는 압축공기가 필터를 통과할 때에 이미 응축된 물과 모든 오물을 제거하는 역할을 한다. 압축공기는 나선형의 안내 통로를 통하여 필터 통으로 들어가며 이때 압축공기는 소용돌이치게 된다. 그러면 비중이 큰 액상 물질과 큰 이물질은 원심 분리되며 이들은 필터통의 밑에 모이게 된다. 이렇게 모인 응축물은 적당한 시기에 제거해 주어야 한다. 그렇지 않으면 다시 공기 중에 흡수된다. 압축공기는 필터를 통과하면서 더욱 깨끗해진다. 오래 사용하면 고체 물질이 필터를 막히게 하므로 주기적으로 청소를 하거나 바꾸어 주어야 한다. 밑에 쌓인 응축물을 제거하는 방법에는 수동식과 자동식이 있다.

(3) 레귤레이터(Regulator)

컴프레셔에서 공급되는 압축공기는 압력변동이 발생할 수 있는데 일정하지 않은 압축공기가 구동부에 전달되면 동작이 불규칙하게 되고 장비 고장의 원인이 되거나 효율을 저하시키게 된다. 레귤레이터는 이 압축공기의 압력을 일정하게 조절하는 역할을 한다.

압축기로부터 생성된 압축공기는 대부분의 경우 어느 정도 맥동을 갖고 있다. 압력 조절기는 이러한 일차측 압력을 이차측 압력으로 바꾸어 공압 시스템에 공급한다. 배관시스템에서의 압력의 변화는 밸브의 스위칭 특성과 실린더의 동작 시간, 유량제어와 메모리 밸브의 시간 특성에 영향을 미친다. 따라서 일정한 압력의 공급은 공압 제어 시 고장을 배제하기 위한 필수적 요소이다. 일정한 압력을 공압 시스템에 공급하기 위해서는 공압 필터 다음에 압력 조절기를 달아서 압력의 맥동을 잡아 줄 필요가 있다. 압력 조절기는 대부분 공기 필터 다음에 부착되므로 고장은 크게 염려할 것이 없지만 연속 작업 시 이차측 압력을 나타내는 압력 게이지의 눈금이 압력 게이지의 최대치보다 2/3이하에 있도록 해야 한다. 또 윤활유가 함유된 압축공기는 실링과 격판을 부풀어 오르게 할 수 있으므로 주의해야 한다.

(4) 윤활장치(Lubricator)

윤활기의 목적은 공압 기기에 충분한 윤활제를 공급하는 것이다. 이 윤활제는 움직이는 부분의 마모를 적게 하고 마찰력을 감소시키며 장치의 부식을 방지한다. 모든 압축공기 윤활기는 벤추리(venturi)원리를 이용한다. 압축공기는 입구 측에서 들어와 출구 측으로 나가게 되는데 이 도중에 통로의 교축 부분이 있다. 공기가 교축 부분을 통과할 때에는 통과 속도가 증가되므로 이 부분에 압력 강하가 발생하게 된다. 이 압력 강하는 통로와 유적실에 진공 상태를 형성하며 따라서 통로를 통해서 용기 내의 윤활유를 흡입시키게 된다. 이렇게 해서 올라온 윤활유는 유적실과 통로를 통하여 분무된 형상으로 압축공기 속으로 빨려 들어가 출구로 나가게 되어 압축공기 사용 요소에까지 이르게 된다.

윤활 유량의 조절은 우선 압축공기 유량에 따라 압력 강하가 변화되어 일차로 자동 조절되며 또한 기름방울의 양을 수동으로 조절할 수 있게 되어 있다.

최근에는 기기에 그리스(Grease)가 내장된 무급유식이 개발되어 사용되기도 한다. 오일 미스트(Oil mist)에 의한 환경오염의 가능성이 있다.

3. 공기압 제어부

(1) 방향제어 밸브

구동부로 공급되는 압축공기의 흐름의 방향을 바꾸어 구동부의 동작 방향을 변환시킨다. 밸브의 기능, 조작방식, 구조 등에 의해 종류가 구분된다.

가) 방향제어 밸브의 표시법

회로도면에 표시되는 밸브 기호는 단지 밸브 기능만을 나타내며 밸브들의 설계 원리나 구조는 나타내지 않는다.

기 호	용 도	비 고
□	밸브의 제어 위치는 4각형으로 나타낸다.	
□□	4각형이 두 개인 밸브는 제어 위치가 두 개인 밸브이다.	
[↑]	직선은 유로를, 화살표는 방향을 나타낸다.	
[⊥]	흐름이 차단되는 위치는 직각으로 표시된다.	
[⊢•]	연결된 유로는 점으로 표시된다.	
[⊐⊏]	두 개의 포트는 연결되어 있고 두 개는 차단되어 있다.	
[ ]──	출구와 입구의 연결구는 4각형 밖에 직선으로 표시된다.	
[↑↑][⊥⊥] a b	다른 제어 위치는 4각형을 옆으로 움직이면 얻을 수 있다.	
a 0 b	세 개의 제어 위치를 갖는 밸브에서 중간 위치는 중립 위치이다.	

나) 방향 제어 밸브의 명칭

방향 제어 밸브의 명칭은 제어 연결구나 제어 위치의 수에 기초를 두어 정해진다. 밸브 명칭의 첫 번째 숫자는 제어 연결구의 수이고 두 번째 숫자는 제어위치의 수를 나타낸다.

밸브를 더욱 명확히 정의하기 위해서는 다음과 같은 보조 개념이 필요하다.

- 정상 위치(normal position)
  밸브가 작동되지 않은 상태에서 그 밸브가 갖는 제어 위치로서 정상 상태 열림(normally open)과 정상 상태 닫힘(normally closed)이 있다. 정상 위치는 2/2-way 밸브나 3/2-way 밸브에서만 사용된다.
- 기본 위치(basic position)
  4/2-way 밸브나 5/2-way 밸브에서 스프링에 의하여 복귀되어 있는 위치를 말한다. 많이 사용하는 용어는 아니다.
- 중립 위치(neutral position)
  3개 이상의 제어위치를 갖는 밸브가 작동되지 않은 상태에서 갖는 제어 위치를 말한다.
- 초기 위치(initial position)
  밸브를 시스템 내에 설치하고 압축공기나 전기와 같은 작동 매체를 공급하고 작업을 시작하려고 할 때에 그 밸브가 갖는 제어 위치를 말한다.

기 호	표시법	비 고
	2/2 -way 밸브	정상 상태에서 닫혀진 상태(N.C.)
		정상 상태에서 열려진 상태(N.O.)
	3/2 -way 밸브	정상 상태에서 닫혀진 상태(N.C.)
		정상 상태에서 열려진 상태(N.O.)
	4/2 -way 밸브	두 개의 작업 라인이 있어 복동 실린더 제어용으로 사용. 배기 포트 한 개
	5/2 -way 밸브	두 개의 작업 라인이 있어 복동 실린더 제어용으로 사용. 배기 포트 두 개
	3/3 -way 밸브	중립 위치에서 모든 포트가 닫힘
	4/2 -way 밸브	중립 위치에서 2, 4, 3포트가 연결됨
		중립 위치에서 모든 포트가 닫힘
	5/3 -way 밸브	중립 위치에서 모든 포트가 닫힘
		중립 위치에서 배기 포트에 연결
		중립 위치에서 중간 정지 상태

다) 밸브 연결구 표시 방법

방향 제어 밸브는 확실하게 배관하여 설치할 수 있도록 연결구는 고유한 문자로 표시된다. 연결구의 표시 방법은 ISO의 규정을 따르고 있다. ISO규정에는 문자로 표시되는 ISO 1219 규정과 숫자로 표시되는 ISO 5599 규정이 있다.

구 분	ISO 1219 규정	ISO 5539 규정
에너지 공급부	P	1
작업 라인	A, B, C, …	2, 4, 6, …
배출구	R, S, T	3, 5, 7
누출 라인	L	9
제어 라인	Z, Y, X	10, 12, 14

라) 밸브의 작동 방법

방향 제어 밸브의 작동 방법은 작업의 요구에 따라 달라진다. 작동 방법은 수동 작동 방법, 기계적 작동 방법, 공압적 작동 방법, 전기적 작동 방법, 복합 작동 방법으로 구분된다. 방향 제어 밸브의 작동 방법은 밸브의 기호의 측면에 나타내게 되는데 가장 많이 사용하는 작동 방법을 정리하면 다음과 같다.

조작 방법	종 류	기 호	비 고
인력 조작 방식	누름 버튼 방식 레버 방식 페달 방식		
기계 방식	플런저 방식 롤러 방식 스프링 방식		
전자 방식	직접 작동 방식 간접 작동 방식	(1) (2)	(1) 직동식 (2) 파일럿 식
공기압 방식	직접 파일럿 방식 간접 파일럿 방식	(1) (2) (1) (2)	(1) 압력을 가해서 조작하는 방식 (2) 압력을 빼고 조작하는 방식
보조 방식	디텐드		일정 이상의 힘을 주지 않으면 움직이지 않음

방향 제어 밸브의 작동은 밸브를 작동시키는 시간에 따라 지속 작동과 순간 작동으로 나눌 수 있다.

- 지속 작동(continuous actuation)
밸브를 작동시키기 위해서는 계속해서 신호를 가해 주어야 하는 경우이다. 밸브의 원위치는 보통 스프링에 의하여 이루어진다.
- 순간 작동(impulse actuation)
순간적인 신호만으로 밸브를 작동시킬 수 있는 경우이다. 짧은 신호만으로도 밸브의 전환이 일어나며 신호가 없어져도 그냥 그 위치가 유지된다. 밸브를 원위치 시키기 위해서는 반대 방향의 신호가 필요하다.

마) 솔레노이드 밸브의 종류

솔레노이드(solenoid)는 원통 코일을 의미하며 코일 안에 있는 강편을 전자석으로 만드는 역할을 한다. 공압이나 유압 밸브에 이러한 솔레노이드를 붙여서 공압이나 유압 매체를 제어하는 역할을 하는 밸브를 솔레노이드 밸브라고 한다. 전기 제어 회로에서 사용하는 솔레노이드 밸브의 기호는 다음과 같다.

Y1　IEC　　　SV1　래더

- 2/2-way 편 솔레노이드 밸브(N/C)

이 밸브는 두 개의 제어 위치를 갖는 포펫(poppet) 밸브로 구성되며 정상 상태 닫힘(normally closed) 밸브이다. 전기 신호를 주면 제어 위치가 전환되고 전기 신호가 끊어지면 스프링에 의하여 원래의 위치로 복귀된다.

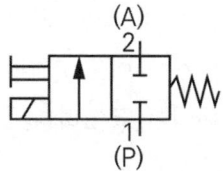

정상 상태에서 압축공기는 1(P)에 대기 중이고, 출력 1(A)로의 공기 통로는 아마추어(armature)에 의해 차단된다. 솔레노이드에 전기 신호를 주면 아마추어는 코일의 자장에 의하여 작동되어 압축공기가 1(P)에서 1(A)로 흐른다. 전기 신호가 끊기면 스프링에 의하여 밸브는 원위치로 돌아오고, 밸브가 닫히면 유로 내의 잔류공기가 빠질 통로가 없으므로 차단 밸브로 사용이 가능하게 된다. 아마추어는 편심 스크루(screw)를 돌려서 수동 조작이 가능하다.

- 3/2-way 편 솔레노이드 밸브(N/C)

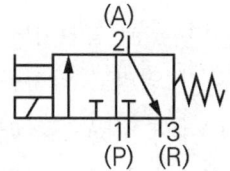

이 밸브는 전기 신호로 직접 작동되고 스프링에 의하여 복귀하는 포펫형 밸브이다. 코일에 전기 신호를 주면 아마추어가 밀폐대(sealing seat)에서 떨어지면서 동시에 배기공 3(R)이 닫혀서 압축공기는 1(P)에서 출력 2(A)로 흘러 들어간다.

전기 신호가 끊어지면 복귀 스프링에 의하여 아마추어는 밀폐대를 막고, 배기공 3(R)이 열려 유로 내의 잔류 압축공기는 빠져나간다.

편심 스크류에 의한 수동 조작이 가능한 이 밸브는, 단동 실린더 제어, 다른 밸브의 제어, 제어계 내에서의 압축공기의 공급과 차단 등에 사용된다.

- 3/2-way 편 솔레노이드 밸브(N/O)

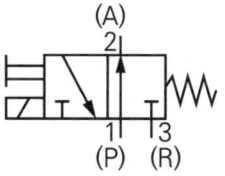

이 밸브는 두 개의 동작 위치를 갖는 포펫 밸브로서 정상 상태에서 유로가 개방되어 있다. 이 위치에서는 압축공기가 1(P)에서 2(A)로 흐른다. 코일에 전기 신호를 주면 아마추어에 의하여 1(P)이 막히고 유로 내의 잔류 압축공기는 3(R)을 통하여 배기된다.

이 밸브는 단동 실린더가 초기 상태에서 전진 위치로 되어 있는 경우나 전기 신호를 주지 않아도 출력이 있어야 하는 경우에 사용된다.

- 3/2-way 편 솔레노이드 밸브, 간접작동형(N/C)

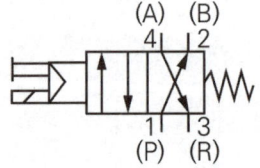

간접 작동되는 이 밸브는 부착된 솔레노이드가 작아도 된다. 이 밸브는 간접 작동형 이라는 것 이외에는 앞에서 설명한 3/2-way 밸브와 동작되는 원리가 동일하다.

코일에 전기 신호가 주어지면 아마추어가 유로를 열고, 1(P)에서 아마추어를 거친 압축공기가 밸브 피스톤을 눌러서 1(P)에서 1(A)로의 유로가 열리게 된다. 수동 조작 스크류에 의한 수동 조작도 가능하다.

- 4/2-way 편 솔레노이드 밸브, 간접작동형

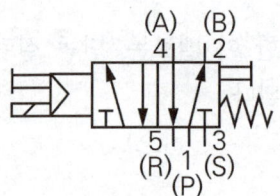

이 밸브는 두 개의 3/2-way 밸브로 구성되며 복동 실린더나 다른 밸브를 제어하는데 사용된다.

전기 신호가 주어지면 아마추어에 의해 통로가 열리고 압축공기가 간접제어 공기 통로를 통해 흘러서 밸브를 작동시켜 1(P)과 2(A)가 연결되고, 4(B)에서 3(R)으로 배기된다.

전기 신호가 제거되면 밸브는 정상 위치로 돌아와서 1(P)과 4(B)가 연결되고, 2(A)에서 3(R)으로 배기된다. 수동 조작 스크류에 의한 수동 조작도 가능하다.

- 5/2-way 편 솔레노이드 밸브, 간접작동형

이 밸브는 4/2-way 밸브와 기능은 유사하나 구조는 달라서 스풀(spool) 밸브이다. 전기 신호에 의해 아마추어가 작동되면 압축공기가 공기 통로를 통해 흘러서 밸브 피스톤을 작동시킨다. 밸브 중간에 있는 밀봉판에 의하여 유로가 1(P)에서 4(A)로 연결되고, 2(A)에서 3(S)으로 배기된다.

전기 신호가 제거되면 스프링에 의하여 밸브는 원위치 되고 유로는 1(P)에서 2(B)로 연결되고, 4(A)에서 5(R)로 배기된다.

- 4/2-way 양 솔레노이드 밸브, 간접작동형

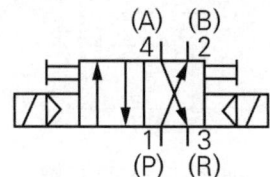

이 밸브는 축방향 평면 슬라이드 밸브로 구성되어 있다. Y1에 전기 신호가 들어오면 밸브가 오른쪽으로 움직여서 압축공기가 1(P)에서 4(A)로 들어가고, 2(B)에서 3(R)으로 배기된다. Y2에 전기 신호가 들어오기 전까지는 현 상태를 유지한다. Y2에 전기 신호가 들어오면 밸브가 왼쪽으로 움직여서 압축공기가 1(P)에서 2(B)로 들어가고 4(A)에서 3(R)으로 배기된다. Y1 솔레노이드와 Y2 솔레노이드에 신호가 같이 들어오면 먼저 도달된 신호가 우선이다.

이 밸브는 복동 실린더를 제어할 때 사용되며, 한 번 입력된 제어 신호가 없어져도 반대편 제어 신호가 입력될 때까지는 그때의 위치를 유지하고 있으므로 메모리(memory) 기능이 있는 밸브라고 한다.

- 5/2-way 양 솔레노이드 밸브, 간접작동형

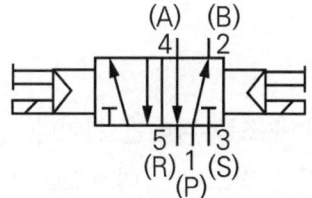

이 밸브의 기능은 4/2-way 밸브와 유사하나 구조상 격판 작동식 시트 밸브로 구성되어 있다.
Y1에 전기 신호가 들어오면 유로가 1(P)에서 4(A)에 연결되고, 2(A)에서 3(S)으로 배기된다. Y2에 전기 신호가 들어오면 유로가 1(P)에서 2(B)로 연결되고, 4(A)에서 5(R)로 배기된다. 이 밸브도 역시 한 번 입력된 제어 신호가 없어져도 반대편 제어 신호가 입력될 때까지는 그때의 위치를 유지하고 있으므로 메모리(memory) 기능이 있다.

(2) 유량제어 밸브

유량 제어 밸브는 공기의 흐르는 양을 조절할 목적으로 사용되는데 대부분의 경우 실린더의 속도를 제어하는 곳에 사용된다. 실린더의 속도는 무단으로 조절하여 사용할 수 있으며 구동부에 유입되는 유량을 조절하는 방식(Meter-in)과 유출되는 유량을 조절하는 방식(Meter-out)이 있다.

- 교축밸브

교축밸브(throttle) 밸브는 유량 제어에 방향성이 없는 밸브이다. 즉, 양쪽 방향의 공기 흐름에 모두 영향을 미친다. 이 밸브가 실린더와 방향 제어 밸브 사이에 설치되면 실린더의 전/후진 속도에 모두 영향을 미치므로 주의하여야 한다.

- 일방향 유량제어밸브

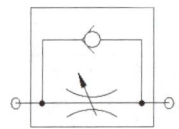

일방향 유량제어밸브는 교축 밸브와 체크 밸브가 결합된 밸브로서 주로 실린더의 속도 조절에 사용되기 때문에 속도 조절 밸브로 더 잘 알려져 있다. 이 밸브는 체크 밸브가 한쪽 방향의 공기의 흐름을 차단하기 때문에 다른 한쪽 방향으로만 공기가 흘러갈 수 있고, 조절 나사에 의해서 통과 유량이 조절되므로 속도가 제어된다. 이러한 이유로 이 밸브를 속도 제어 밸브(speed control valve)라고 부르기도 한다.

(3) 압력제어 밸브

구동부로 공급되는 압축공기의 압력을 일정하게 조절하여 안정된 압력의 공기를 공급하거나 설정압력 이상이 되었을 때 공기를 배출하여 감압시킴으로써 설정압력 이상의 고압이 구동부에 공급되는 것을 막는다. 이에는 감압 밸브, 릴리프 밸브, 시퀀스 밸브 등이 있다. 그러나 압력 릴리프 밸브는 유압 장치에서는 매우 중요하게 많이 사용되는 밸브이나 공기압 장치에서는 거의 사용하지 않는다.

- 감압 밸브

다음의 그림은 감압밸브의 작동 상태와 구조를 나타낸 것이다. 감압밸브는 외부의 조절나사로 조절할 수 있는 스프링을 내장하고 있다. 조절나사를 잠그면 상대적으로 스프링의 힘이 세지고 밸브 출구의 압력도 증가한다. 조절나사를 풀어주면 스프링의 힘도 약해져서 밸브 출구의 압력도 낮아지게 된다. 압축공기가 공급되는 연결구는 P1이고 이는 조절되는 스프링의 힘에 따라 크기가 달라지는 유로를 통하여 밸브 출구인 연결구 P2로 연결된다. 즉 조절나사에 의하여 조절된 스프링의 힘이 세지면 유로의 크기가 커져서 많은 유량이 연결구 P2로 연결되어 출구의 압력이 높아지며 스프링의 힘이 약해지면 유로의 크기도 작아져서 연결구 P2의 압력도 낮아지게 된다. 이 때 연결구 P2의 압력이 과도하게 높아지는 경우가 있다. 이는 조절되는 스프링의 아래쪽에 있는 다이아프램을 위로 밀어 올리고 이 결과 연결구 P2의 높은 압력은 밸브의 릴리프 포트를 거쳐 밸브의 배기구로 연결되어 배기된다. 압력이 낮아지면 다이아프램은 다시 위로 올라가서 배기구는 막히게 된다.

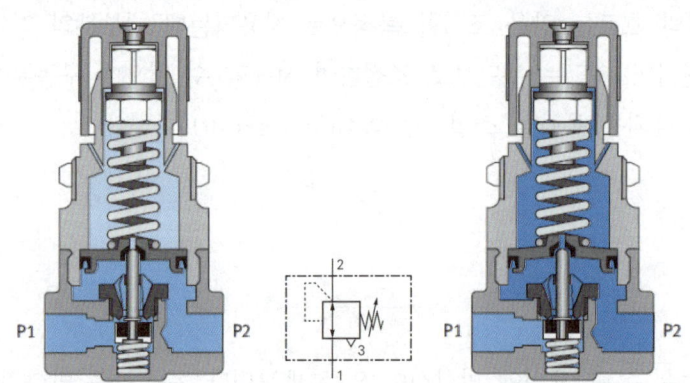

감압밸브는 정상상태에서 열림형의 밸브이다. 그러므로 압축공기가 밸브의 입구인 연결구 P1에 공급되면 연결구 P2로 출력이 존재하고 그 때부터 출구의 압력과 스프링의 힘을 비교하게 된다. 밸브의 기호도 이와 같은 형태로 공급라인 1은 밸브를 통하여 작업라인 2와 연결되어 있는 상태이다. 그리고 작업라인 2에서 점선이 그려져 있는데 이는 밸브 기호 오른쪽에 그려져 있는 조절할 수 있는 스프링의 힘과 비교하는 형태이다.

• 압력 시퀀스 밸브

공압 장치에서 압력제어 밸브에 속하는 하나의 밸브가 있다. 그것은 압력 시퀀스 밸브이다. 압력 시퀀스 밸브는 일정 압력을 확인하고 출력을 발생하는 밸브로 출력은 압축공기 신호이다. 다음 그림은 압력 시퀀스 밸브의 구조 와 기호이다.

그림의 왼쪽 아래 부분은 압축공기로 작동하는 3포트 2위치 밸브이다. 공급라인과 작업라인 그리고 배기 라인을 가지고 있다. 이 밸브를 작동하기 위한 압축공기 신호는 제어라인 12에 공급되는 압축공기 신호 압력에 의하여 밸브의 디스크가 밀려나면 전달된다. 제어라인 12에 공급되는 압력은 외부에서 조절할 수 있는 스프링의 힘을 이겨야 밸브를 작동시킬 수 있는 것이다. 그러므로 이 신호의 압력이 일정 압력이상이 되어야 출력이 발생할 수 있는 밸브이다.

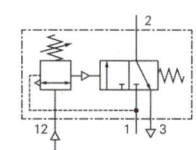
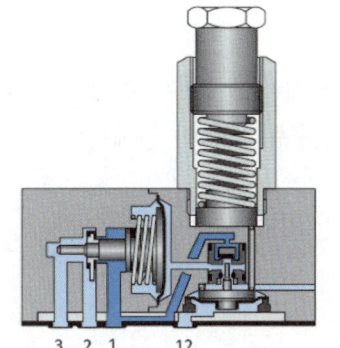

(4) 기타 밸브

논리턴(non-return) 밸브는 어느 한 쪽 방향으로만 공기의 흐름을 허용하는 밸브이다. 논리턴 밸브의 범주에는 한 쪽 방향으로만 공기를 공급해주는 체크 밸브, OR 논리 기능을 만족시켜주는 셔틀밸브, AND 논리 기능을 만족시켜주는 2압 밸브, 그리고 배기를 급속하게 해주어 실린더의 속도를 증가시킬 수 있는 급속 배기 밸브가 있다.

• 체크밸브

체크(check) 밸브는 한쪽 방향으로는 공기의 흐름을 완전히 차단시키며, 그 반대 방향으로는 가능한 한 압력 손실을 적게 하여 공기가 흘러갈 수 있도록 한다. 공기의 흐름을 차단시키는 방법에는 원추(core), 볼(ball), 판(plate), 또는 격판(diaphragm)이 사용된다. 체크 밸브에는 스프링 내장형과 스프링이 없는 것이 있는데 스프링이 없는 체크 밸브는 제한 요소에 작용하는 힘에 의해서 차단되는 기능을 갖고 있으며, 스프링 내장형 체크 밸브는 출구의 압력이 입구의 압력보다 크거나 같을 때에 스프링과 같은 대응되는 압력으로 차단시키는 기능이 있다. 체크 밸브는 한쪽 방향으로 거의 완벽하게 공기의 흐름을 차단시킬 수 있다. 체크 밸브는 단독으로 사용되기도 하지만 유량제어밸브와 같이 조합되어 반대 측의 운동을 보장하는 바이-패스(by-pass) 기능으로 많이 사용된다.

- 2압 밸브

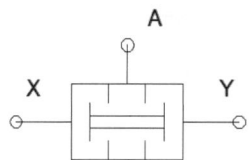

이압(two pressure) 밸브는 두 개의 입구 X와 Y가 있으며 하나의 출구 A가 있다. 압축공기가 두 개의 입구 X와 Y에 모두 작용할 때에만 출구 A에 압축공기가 흐르게 된다. 만약 압력 신호가 동시에 작용하지 않으면 늦게 들어온 신호가 출구 A로 나가게 되며, 두 개의 압력 신호가 다른 압력일 경우에는 작은 압력 쪽의 공기가 출구 A로 나가게 된다. 이 밸브는 AND 요소로도 알려져 있으며 안전 제어, 검사 기능, 논리 작동 등에 사용된다.

- 셔틀밸브

셔틀밸브는 다수의 유입구를 1개의 유출구로 통합할 때 사용하는 밸브이다. 한 개의 유입구만 유출구와 연결되도록 다른 유입구는 흐름이 통제된다.

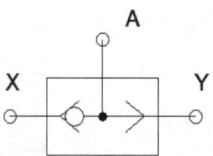

셔틀(shuttle) 밸브는 양 제어(double control) 밸브 또는 양 체크(double check) 밸브라고도 한다. 이 밸브는 두 개의 입구 X와 Y를 갖고 있으며 출구는 A 하나이다. 만약 압축공기가 X에 작용하면 볼은 입구 Y를 차단시켜 공기는 X에서 A로 흐르게 되며, 압축공기가 Y에 작용하게 되면 공기는 Y에서 A로 흐르게 된다. 그리고 공기의 흐름이 반대로 되면, 즉 실린더나 밸브가 배기가 되면 볼은 압력 조건 때문에 동일한 위치를 유지하게 된다. 이 밸브는 논리 조건 중에서 OR 논리를 만족시켜 주기 때문에 OR 밸브라고도 불린다. 만약 실린더나 밸브가 두 개 이상의 위치로부터 작동되어야만 할 때에는 반드시 셔틀 밸브를 사용하여야 한다.

- 급속배기밸브

급속배기밸브는 구동부의 배출부에 설치되어 압축공기를 신속하게 배출하여 잔류압력을 제거하여 줌으로써 저항에 의한 속도저하를 방지한다.

그리고 실린더의 피스톤 속도를 증가시키는 데에 사용되며 특히 단동 실린더에서 귀환 행정 시간을 감소시켜 줄 수 있다. 이 밸브에서 압력이 P에 작용하면 밀봉 디스크는 배기구 3(R)을 완전히 막게 되어 압축공기는 A로 흐르게 된다. 그리고 P에 공급되던 압축공기가 제거되면 A로 부터 들어오는 공기에 의해 밀봉 디스크가 P를 막게 되어 배기되는 공기는 3(R)을 통하여 직접 배기된다. 이 밸브는 실린더에 직접 연결하거나 가능한 한 실린더에 가깝게 설치하여야 한다.

4. 공기압 액추에이터

(1) 공기압실린더

공기압 실린더는 압축공기의 에너지를 직선방향의 운동이나 힘으로 변환시키는 장치이며 가장 많이 알려져 있고 널리 사용되고 있다. 간단한 구조와 튼튼한 몸체 때문에 매우 넓은 영역에서 응용되고 사용되고 있다.

실린더의 내부 구조, 작동방식, 지지형식, 크기, 쿠션유무 등 다양한 기준으로 분류된다.

- 단동 실린더

압축공기는 한쪽에서만 공급된다. 이런 종류의 실린더는 한쪽 방향의 일만을 할 수 있다. 피스톤의 복귀 운동은 내장된 스프링이나 내부에 저장된 힘으로서 이루어진다. 내장된 스프링의 힘은 피스톤이 충분한 속도로 원위치 될 수 있도록 설계되어 있다.

- 복동 실린더

압축공기의 힘으로 전진운동과 후진운동을 하게 된다. 따라서 실린더 전, 후진 측 모두에 배관이 연결되어야 하며 단동 실린더와는 달리 전/후진 운동을 모두 작업에 이용할 수 있다.

(2) 공기압 모터

공기압모터는 압축공기의 에너지를 연속 회전운동으로 변환시키는 장치이다. 피스톤 모터, 기어 모터, 베인 모터, 터보 모터 등이 있다.

- 피스톤 모터

압축공기를 피스톤 단면에 작용시켜 그 힘을 사판이나 캠, 크랭크 축 등에 전달하여 모터 축을 회전시키는 구조로 되어 있으며 반경류(radial) 피스톤 모터와 축류(axial) 피스톤 모터로 구분된다. 반경류 피스톤 모터의 크랭크샤프트는 왕복 운동을 하는 피스톤과 커넥팅 로드에 의하여 구동된다. 운전을 원활하게 하기 위해서는 여러 개의 피스톤이 필요한데 출력은 공기의 압력과 피스톤의 수, 피스톤의 면적, 행정거리와 속도에 좌우된다.

무한한 회전각을 갖는 공압 모터는 압축공기로 작동되는 작업요소 중 가장 널리 쓰이는 것의 하나이며 설계 방식에 따라 피스톤형 모터, 기어 모터, 베인 모터, 터보 모터로 분류한다.

- 기어모터

기어 모터는 두 개의 맞물린 기어에 압축공기를 공급하여 토크를 얻는 방법이다. 한 개의 기어는 모터의 축에 고정되며 대단히 높은 출력(60마력)을 얻을 수 있다. 역회전도 가능하고 직선 또는 사선형 기어도 사용된다.

- 베인모터

베인(vane) 모터는 구조가 간단하고 무게가 가벼우므로 대부분의 공압 모터는 이 방식으로 만들어진다. 케이싱 안쪽으로 베어링이 있고 그 안에 편심 모터가 있으며 이 로터에 가공되어 있는 슬롯에 3~10개의 베인이 삽입되어 있다. 로터가 회전하게 되면 원심력에 의해 케이싱 내벽 쪽으로 힘이 작용하게 되어 각 공간을 밀폐시킨다. 일반적으로 로터의 속도는 3000~8500rpm 정도이다. 이 모터도 역시 역회전이 가능하며 출력은 0.1~17kW정도가 된다.

최대 출력은 감속기를 붙이지 않는 경우는 무부하 상태의 50% 정도의 회전수에서 나온다.

- 터보모터

(3) 요동모터

요동모터는 압축공기의 에너지를 한정된 각도의 정·역 회전운동으로 변환시키는 장치이다. 공기압 실린더를 이용하여 랙피니언형, 베인형 등이 있다.

- 랙-피니언형 회전 실린더

랙-피니언(rack and pinion)형 회전 실린더는 랙과 피니언 기구를 이용하여 실린더의 직선운동으 회전운동으로 바꿔 주는 장치이다. 기어의 형상을 하고 있는 피스톤 로드가 기어를 구동시켜서 직선운동을 회전운동으로 전환하는 것이다. 상품화된 회전 실린더의 회전 범위는 45°, 90°, 180°, 360°, 720° 등이 있으며 부탁된 조절나사를 이용하여 피스톤의 행정거리를 조절할 수 있으므로 회전각도도 조절할 수 있다. 토크는 압력, 피스톤의 단면적, 기어비에 달려 있으며 공작물의 회전, 튜브 굽힘, 슬라이드 굽힘 작업 등에 이용된다. 그러나 이러한 형태의 회전 실린더는 정회전시와 역회전 시에 낼 수 있는 토크가 다른 것이 단점이다.

- 베인형 회전 실린더

베인형 회전 실린더도 한정되는 회전각을 갖고 있으며 구조상 최대 184°까지의 회전운동이 허용된다. 이러한 회전 실린더는 일정 각도를 왕복 회전운동 하는 것으로서 볼 밸브의 자동 개폐, 자동문의 개폐, 로봇의 회전 구동, 노의 반전 장치, 인덱스 테이블의 구동 등에 이용된다. 출력은 베인의 수압 면적과 사용 공기 압력으로 결정된다.

5. 공기압 부속 기기

(1) 배관자재
플라스틱 튜브를 주로 사용하며 오염이 심하거나 고온 등 환경이 열악하고 움직이지 않는 부분에는 동이나 스틸 파이프 등을 사용하기도 한다.

(2) 소음기
압축공기 배출 시의 소음을 줄이기 위해 사용한다.

(3) 씰(Seal)
압축공기가 새거나 외부로부터 이물질이 들어오는 것을 방지하기 위해 사용되는 것으로 고정부분에 사용되는 것을 개스킷(Gasket), 운동부분에 사용되는 것을 패킹(Packing) 이라 한다.

Chapter 2 유압 제어

1 유압의 개요

1. 유압의 소개

유압(hydraulics)이란 동력을 전달하는 매체로 사용되는 유압 작동유를 이용하여 힘이나 운동을 발생시키는 것을 의미한다. 유압 작동유는 동력을 전달하는 매체를 뜻한다. 이미 17세기에 압력을 받은 유체는 동력을 전달할 수 있다는 사실이 발견되었으며, 이는 Blaise Pascal(1623~1662)이 1653년 정지된 유체 내의 압력은 모든 방향으로 똑같이 전달된다는 파스칼의 법칙에 기인한다. 그로부터 약 100년 후에는 Bemoulli에 의하여 유동하는 유체의 에너지 보존 법칙이 발견되었고 이러한 법칙들이 공업에 응용되기까지에는 많은 시간이 흘러야 했으며, 제2차 세계대전의 발발과 더불어 자동화 기계에 채택될 수 있었다.

유압은 동력의 전달 매체로 사용하는 유압 작동유가 상대적으로 점도가 높고 비압축성이기 때문에 고압을 만드는데 경제적이다. 따라서 큰 힘을 필요로 하는 기계공업을 비롯한 많은 산업분야에 이용되고 있었다. 유압의 응용에는 실린더와 배관만으로 된 것을 비롯하여 상당히 복잡한 회로를 구성하는 것까지 매우 다양하다. 간단한 응용으로 우리가 주변에서 자주 볼 수 있는 것은 자동차의 수리 등에 널리 사용되고 있는 유압잭과 자동차의 브레이크, 인장시험기의 인장력 발생 장치, 가정이나 사무실의 출입문 상부에 부착되어 문을 조용히 닫히도록 하는 도어정지기, 자동차나 철도 차량 등에서 차체를 지지하는 스프링과 함께 사용되는 유압 댐퍼, 충격 완충기 등이 있다.

일반 기계에 대한 유압의 응용은 공작기계의 경우 이송 기구에 응용됨으로써 공정의 자동화에 전기회로와 기계적 구조물과 조합하여 사용하고 있다. 또한 대량생산의 요구에 맞추어 특정 부품을 가공하는 전용 공작기계 및 트랜스퍼 머신에도 유압이 사용된다. 압연기나 프레스에도 고압의 유압이 사용되고 있으며, 다이캐스팅 장치나 플라스틱 성형기에서 금형의 고정이나 원료의 사출 등에 큰 힘을 이용하기 위하여 유압이 이용되고 있다.

2. SI 단위

(1) SI 기본 단위계

공기압이나 자연법칙의 이해를 위해서는 그와 관련된 물리량이나 단위 체계에 대한 지식이 필요하다. 공학에서 물리량이란 물체의 특성, 즉 측정 가능한 상태나 과정을 말한다. 따라서 속도, 압력, 시간, 온도는 물리량이지만 색은 물리량이 될 수 없다. 이러한 물리량을 표현하는 데에는 여러 가지 방법이 있지만 명확한 의사소통을 위하여 대부분의 과학자들은 동일한 단위 체계를 사용하게 되었으며 이를 SI 단위(System of international units)라 한다.

SI 단위는 국제적으로 통용되는 물리량의 측정 단위로서 기본 단위에는 길이에 미터(m), 무게에 킬로그램(kg), 시간에 초(s), 전류에 암페어(A), 온도에 켈빈(K), 물질량에 몰(mol), 광도에 칸델라(cd)의 7가지 기본단위로 정의되어 있다.

물리량	명칭	기호
길이	미터(meter)	m
질량	킬로그램(kilogram)	kg
시간	초(second)	s
전류	암페어(ampere(	A
온도	켈빈(kelvin)	K
물질량	몰(mole)	mol
광도	칸델라(candela)	cd

(2) SI 유도 단위

유도 단위는 기본 단위들을 곱하거나 나누는 등의 수학적 기호로 연결하여 표시하는 단위를 의미한다. 이와 같147 유도 단위는 특별한 명칭과 기호가 주어져 있거나 그 자체가 기본 단위나 유도 단위와 조합하여 다른 양을 표시하는데 사용되기도 한다. 유도 단위는 매우 많으므로 여기에서는 공기압과 관련된 힘과 압력의 단위에 대하여 살펴보기로 한다.

힘의 기본 SI 단위는 뉴턴(N)이다. 1N은 1kg의 질량을 가진 물체에 $1m/s^2$의 가속도를 주기 위한 힘이다. 따라서 1N은 다음과 같이 정의된다.

$$1N = 1kg \cdot 1m/s^2$$

우리가 실제로 많이 사용하고 있는 kgf의 단위는 주로 중력 단위계에서 많이 사용하고 있는데 뉴턴과는 다음의 관계가 있다.

$$1kgf = 1kg \cdot 1g(g : 중력\ 가속도)$$
$$= 1kg \cdot (9.81m/s^2)$$
$$= 9.81kg \cdot m/s^2$$
$$= 9.81N$$

- 1N = 0.102kgf
- 1kgf = 9.81N

압력의 SI 단위는 파스칼(Pa)이다. 1Pa은 $1m^2$의 면적에 1N의 힘이 작용할 때의 압력이다. 따라서 1Pa은 다음과 같이 정의된다.

$$1Pa = 1N/m^2$$

우리가 실제로 많이 사용하고 있는 kgf/cm²의 단위는 주로 중력 단위계에서 많이 사용하고 있는데 Pa과는 다음의 관계가 있다.

$$1\text{kgf/cm}^2 = 9.81\text{N}/(0.01\text{m})^2$$
$$= 98100\text{N/m}^2$$
$$= 98100\text{Pa}$$
$$= 98.1\text{kPa}$$

또한 Pa단위는 무척 작은 단위이기 때문에 실제로 사용되는 압력을 표현하면 너무 큰 숫자로 표현된다. 그래서 좀 더 큰 단위인 bar가 사용된다.

$$1\text{bar} = 100{,}000\text{Pa}$$
$$= 100\text{kPa}$$

kgf/cm²을 bar로 또는 bar를 kgf/cm²로 변환시키는 데에는 다음과 같은 관계가 사용된다.

- $1\text{kgf/cm}^2 = 0.981\text{bar}$
- $1\text{bar} = 1.02\text{kgf/cm}^2$

실제로 1kgf/cm²라는 압력과 1bar라는 압력은 서로 다르지만 실제 현장에서는 같은 단위로 취급해도 무방하다. 6bar의 압력은 정확하게 6.11832kgf/cm²이지만 이를 6kgf/cm²라고 간주해도 그 오차는 2%에 불과하다. 따라서 실제 현장에서는 1bar = 1kgf/cm²라고 생각해도 무방하다.

(3) 단위 환산

힘이나 압력, 유량 등의 계산 과정 중에 사용하는 단위의 종류나 크기가 다른 경우에는 단위 환산을 하여야 한다. 단위 환산은 다음의 과정을 거치면 쉽게 할 수 있다.

[예제] $5\ l/\text{min} = $ _____ cm^3/s

[풀이] $5\dfrac{l}{\text{min}} \cdot \dfrac{1000cm^3}{1l} \cdot \dfrac{1\text{min}}{60s}$

$= 5 \cdot 1000 \div 60 \text{cm}^3/\text{s}$

$= 83.33 \text{cm}^3/\text{s}$

위 풀이에서 1,000cm³/l와 1min/60s는 원하고자 하는 단위로 바꾸기 위한 환산 인자이다.

값이 매우 크거나 반대로 너무 작은 경우에는 접두어를 사용하여 간편하게 값을 표현할 수 있다. 아래는 접두어의 표현방법이다.

배수(10^n)	접두어	기호	배수
10^{24}	요타 (yotta)	Y	일자
10^{21}	제타 (zetta)	Z	십해
10^{18}	엑사 (exa)	E	백경
10^{15}	페타 (peta)	P	천조
10^{12}	테라 (tera)	T	일조
10^{9}	기가 (giga)	G	십억
10^{6}	메가 (mega)	M	백만
10^{3}	킬로 (kilo)	k	천
10^{2}	헥토 (hecto)	h	백
10^{1}	데카 (deca)	da	십
10^{0}			일
10^{-1}	데시 (deci)	d	십분의 일
10^{-2}	센티 (centi)	c	백분의 일
10^{-3}	밀리 (milli)	m	천분의 일
10^{-6}	마이크로 (micro)	μ	백만분의 일
10^{-9}	나노 (nano)	n	십억분의 일
10^{-12}	피코 (pico)	p	일조분의 일
10^{-15}	펨토 (femto)	f	천조분의 일
10^{-18}	아토 (atto)	a	백경분의 일
10^{-21}	젭토 (zepto)	z	십해분의 일
10^{-24}	욕토 (yocto)	y	일자분의 일

2 유압의 기초 이론

1. 밀도, 비중 및 체적탄성계수

유체의 밀도는 단위 체적이 갖는 유체의 질량으로 정의된다. 단위 체적이 갖는 유체의 질량이라는 것은 질량을 체적으로 나눈 것을 의미한다.

$$\rho = \frac{M}{V}$$

여기에서 M : 질량(kg)
V : 체적(m^3)
ρ : 밀도(kg/m^3)

일반적으로 고체 상태의 물질은 분자들이 매우 조밀하게 구성되어 있고 액체 상태의 물질은 고체 상태에 비해 분자간의 거리가 멀기 때문에 좀 더 큰 체적을 갖는다. 따라서 액체는 고체보다 밀도가 작다. 기체 상태의 물질은 분자간의 거리가 매우 멀어 같은 수의 분자에 대해 차지하는 체적이 고체나 액체에 비해 훨씬 크다. 따라서 기체의 밀도가 고체, 액체, 기체 중에서 가장 작다.

비중은 어떤 물질의 질량과, 이것과 같은 체적을 가진 표준물질의 질량과의 비를 나타낸 것이다. 고체 및 액체의 경우 1atm. 4℃의 물을 표준물질로 하고, 기체의 경우에는 1atm. 0℃하에서의 공기를 표준물질로 한다.

$$\rho = \frac{\rho}{\rho_w} = \frac{\gamma}{\gamma_w}$$

여기서 ρ : 물체의 밀도
γ : 물체의 비중량
ρ_w : 물의 밀도
γ_w : 물의 비중량

비중량은 공학에서는 단위체적당의 유체의 무게를 나타내는 비중량(specific weight) γ 를 많이 사용한다. 이들 사이의 관계는 다음 식으로 표시되며 단위로는 $[kgf/m^3]$ 또는 $[gf/cm^3]$이 사용된다.

$\gamma = W/V$
$\rho = \gamma/g$

여기서 W : 무게
V : 부피
g : 중력가속도

체적탄성계수는 탄성물질에 외력이 작용했을 때 그 탄성체에는 체적변형이 발생하는데 이 때 단위면적당 외력의 세기와 체적의 변형비를 체적탄성계수(bulk modulus of elasticity)라 하며 다음의 식으로 표시된다.

$$E = -\Delta p / \frac{\Delta V}{V_0} = \rho dp/d\rho$$

여기서　ΔV : 체적 변화량
　　　　V_0 : 본래의 체적
　　　　p : 작용압력

압축률(modulus of compressibility) β는 체적탄성계수 E의 역수이며

$$\beta = \frac{1}{E} = \frac{\Delta V}{V_0} / dp$$

로 표시되고 이는 압력의 증가에 따른 체적감소율을 의미한다.

2. 점도와 동점도

점도는 서로 인접하는 유체층 사이에 상대운동이 일어날 때 유속에 차이가 발생하면 유체내부에 전단응력이 나타난다. 흐름이 층류라면 이 전단응력 τ는 속도의 기울기(Velocity gradient)에 비례하며 다음과 같은 식으로 나타낼 수 있다.

$$\tau = \mu \, du/dy$$

여기서, μ : 점도
　　　　du/dy : y축에서의 속도 기울기

이다. 점도는 유체의 종류에 따라 다르며 온도가 상승하면 감소하고 압력이 상승하면 증가한다.

동점도는 점도 μ를 밀도 ρ로 나눈 값을 동점도 ν라고 하며 다음 식으로 표시된다.

$$\nu = \mu/\rho$$

SI 단위계로 $[m^2/s]$ 또는 $[mm^2/s]$이 사용된다.

3. 압력

압력은 접촉면에 대하여 수직 방향으로 작용하는 힘으로 정의할 수 있다. 모든 물체는 그 밑면에 압력을 받고 있고 그 값은 몸체의 중량에 따른 힘 F와 힘이 작용하는 면적 A의 크기에 따라 달라진다. 서로 다른 밑면적을 갖는 두 개의 물체가 있다. 질량은 서로 같고 따라서 밑면에 작용하는 중량에 따른 힘도 같다. 그러나 압력은 밑면의 크기에 따라 다르게 된다. 중량에 따른 힘은 같아도 그 힘이 작용하는 면적이 작을수록 높은 압력이 형성된다. 이를 식으로 표현하면 다음과 같다.

$$p = \frac{F}{A}$$

여기에서 p : 압력 (Pa)
　　　　F : 힘 (N)
　　　　A : 면적 (m^2)

4. 파스칼의 원리

밀폐된 용기 내에 정지하고 있는 유체의 일부에 어떤 압력이 가해지면 그 압력은 유체의 모든 부분에 균일한 세기로 입자의 접선에 수직으로 전달된다. 이를 파스칼의 원리(Pascal's principle)라고 한다. 아래 그림에서 피스톤의 단면적을 각각 A_1, A_2 각각의 피스톤에 작용하는 힘을 F_1, F_2 라고 하면 다음과 같은 식이 성립한다. 이 원리를 응용한 장치로 유압잭(Hydraulic jack)과 유압프레스(Hydraulic press) 등이 있다.

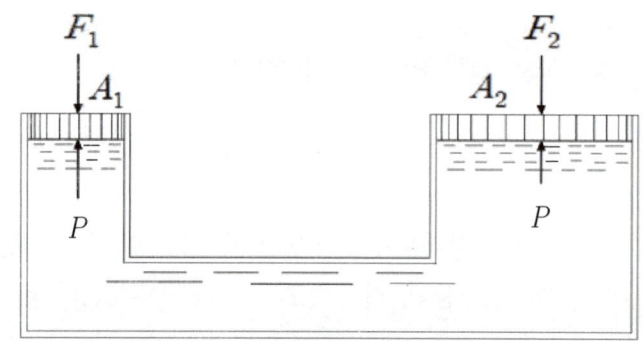

파스칼의 원리 설명도
출처 : 교육부, NCS학습모듈(LM1501020117, 유압요소설계), p22

$$\frac{F_1}{A_1} = \frac{F_2}{A_2} = p$$ 이고

A_1에 F_1의 힘이 가해지면

$F_2 = pA_2 = F_1(A_2/A_1)$의 힘이 얻어 진다.

여기서 $A_2 > A_1$이므로 F_1에 비해서 더 큰 힘 F_2가 얻어진다.

5. 연속 방정식

연속방정식은 관로나 수로를 흐르는 유체에 질량보존 법칙을 적용하여 구한다. 배관의 임의의 점에서의 단면적을 A, 그 단면에서의 평균 유속을 v, 유체밀도를 ρ라고 하면 그 때의 질량유량(Q_m)은 다음과 같이 나타낼 수 있다.

$Q_m = \rho A v$

또한 체적유량은 $Q = Av$, 중량유량은

$Q_w = \gamma A v$가 된다.

비압축성의 정상류에서 단위시간당 관내의 임의의 2단면을 통과하는 유량은 일정하며 다음식이 성립한다.

$\rho_1 A_1 v_1 = \rho_2 A_2 v_2 = C$

비압축성 유체에서는 밀도 ρ가 일정하므로

$Q = A_1 v_1 = A_2 v_2 = C$가 된다.

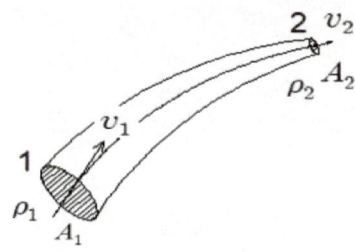

유체의 연속흐름 설명도
출처 : 교육부, NCS학습모듈(LM1501020117, 유압요소 설계), p22

6. 오일러의 운동방정식

비점성, 정상류인 유체가 유선을 따라 움직일 때 유체의 미소체적에 뉴턴의 제2 운동법칙을 적용하여 얻은 미분방정식을 오일러의 운동방정식(Euler's equation of motion)이라고 하며 다음과 같이 나타낼 수 있다.

$$\frac{dp}{\rho} + vdv + gdh = 0$$ 또는

$$\frac{dp}{\gamma} + \frac{vdv}{g} + dh = 0$$

7. 베르누이의 정리

베르누이의 정리는 오일러의 운동방정식을 적분하여 구할 수 있다.
- 압축성 유체는 밀도가 압력의 함수이므로 오일러의 운동방정식을 적분하면

$$\int \frac{dp}{p} + \int vdv + \int gh = C$$ 로부터

$$\int \frac{dp}{p} + \frac{v^2}{2} + gh = C$$

또는

$$\int \frac{dp}{\gamma} + \int \frac{vdv}{g} + \int dh = C$$ 로부터

$$\int \frac{dp}{\gamma} + \frac{v^2}{2g} + h = C$$ 의식이 구해진다.

- 비압축성 유체는 밀도가 일정하기 때문에 압력에 관계없이 적분 가능하므로 압축성과 점성이 없는 유체(이상유체)의 정상류에서는 다음의 식이 성립한다.

$$\frac{p}{\rho} + \frac{v^2}{2} + gh = H$$ 또는

$$\frac{p}{\gamma} + \frac{v^2}{2g} + h = H$$

여기서 $\frac{p}{\gamma}$: 압력수두(pressure head) $[m]$

$\frac{v^2}{2g}$: 속도수두(velocity head) $[m]$

H : 전 수두(total head) $[m]$

v : 유속 $[m/sec]$

이다. 이 식을 임의의 2점에 적용하면

$$\frac{p_1}{\rho g} + \frac{v_1^2}{2g} + h_1 = \frac{p_2}{\rho g} + \frac{v_2^2}{2g} + h_2 = H$$ 가 성립하며

한 유선상의 모든 점에서 전수두(total head)는 일정함을 나타낸다.

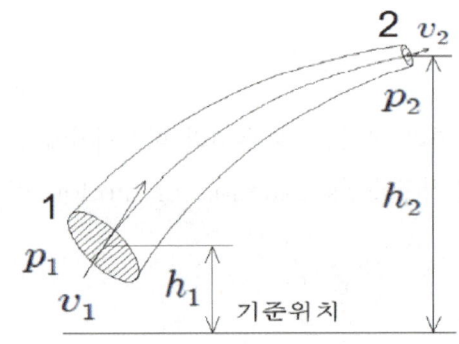

베루누이정리 설명도
출처 : 교육부, NCS학습모듈(LM1501020117, 유압요소설계), p24

8. 유체의 흐름

이상 유체는 유체의 점성을 무시하고 정상상태로 흐름으로 가정한 것이다. 그러나 실제 유체는 점성이 있으므로 마찰 저항으로 인한 흐름의 저항을 받는다. 일반적으로 유체의 흐름은 층류(laminar flow)와 난류(turbulent flow)로 구분한다. 층류는 유압 작동유의 흐름이 원통형으로 평행하게 정렬된 상태로 흐르는 것을 말한다. 이때 관의 중심부에서는 유체가 흘러가는 속도가 바깥쪽보다 빠르다. 이러한 흐름은 유체의 동점도 계수가 크고 유속이 비교적 느리며 유체가 좁은 관을 흐를 때 만들어진다. 유압 장치에서 유체의 흐름은 유압 작동유의 동점도 계수가 크고 단면적이 적은 관을 흐르는 경우가 대부분이므로 층류로 간주하는 경우가 많다.

유압 작동유가 배관을 통하여 흐르는 속도가 일정 속도를 초과하면 정렬된 상태로 흘러가는 흐름의 형태가 깨어져 유체의 입자가 불규칙하게 소용돌이를 일으키면서 흐르는 상태가 되는데 이를 난류라 한다. 이러한 유체의 흐름은 동점도 계수가 적고 유속이 빠르며 굵은 관내의 흐름에서 주로 형성된다.

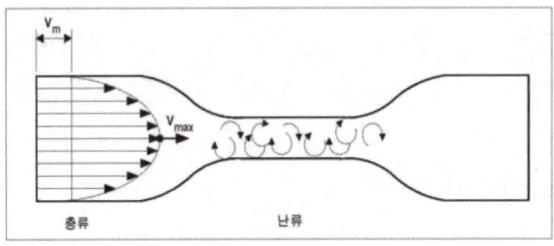

층류와 난류 설명도
출처 : 복두출판사, 공유압제어(신흥열, 2015) p.173

층류와 난류를 구분하는 것은 레이놀즈 수(Re : Reynold's number)를 이용한다. 레이놀즈수는 유체의 속도와 관의 직경 및 유체의 동점도 계수로 표현되며 무차원 수이다.

$$Re = \frac{v \cdot d}{\nu}$$

여기서 v : 유체의 속도 $[m/s]$
　　　　d : 배관경 $[m]$
　　　　ν : 동점도 계수 $[m^2/s]$ 이다.

레이놀즈수가 2,000 이하일 때에는 유체의 종류에 관계없이 층류가 되고, 4,000 이상일 때에는 항상 난류가 된다. 레이놀즈수가 2,000~4,000 사이일 때에는 흐름이 불안정하여 천이구역이라 한다. 층류에서 난류로 혹은 난류에서 층류로 변화하는 유속을 임계유속 이라하고 그때의 레이놀즈수를 임계 레이놀즈수(critical Reynold's number)라 한다. 유체의 흐름이 임계 레이놀즈 수를 넘어서 난류로 변하면 압력 손실이 증가하므로 배관에서 유체의 속도를 너무 빠르지 않게 하여 가능하면 층류 상태로 흐르도록 설계하여야 한다. 유압 배관의 경우 주로 레이놀즈수가 1,000 정도가 되도록 유속을 택하고 관의 직경을 정하는 것이 좋다. 임계 유속은 정해져 있는 값이 아니고 유압 작동유의 점도와 배관의 직경에 영향을 받기 때문에, 실제의 경우 경험에 의하여 결정된 값을 사용하는 것이 일반적이다.

9. 압력 손실

마찰은 유체가 통과하는 모든 시스템 및 부품에서 발생된다. 마찰은 주고 배관 벽과 유체의 마찰(외부마찰)을 뜻하나 유체 간의 마찰인 내부마찰도 있다. 유압유가 통과하는 부품에서도 마찰이 생기는데 이는 열을 발생시킨다. 이 열로 인해 유압시스템의 압력이 떨어지고 작동부에서의 힘도 작아지게 된다.

압력강하의 값은 유압시스템의 내부저항에 따라 달라지며 다음의 내용을 따라 영향을 받는다.

- 유속(단면적, 유량)
- 유체의 흐름(층류, 난류)
- 배관 내 단면적의 축소와 교축부의 개수(교축부, 오리피스)
- 유체의 점도(온도, 압력)
- 배관의 길이와 유체의 분기
- 표면 거칠기
- 배관의 배열

유속은 저항이 속도의 제곱에 비례하기 때문에 내부저항에 가장 큰 변수로 작용한다.

10. 캐비테이션

캐비테이션(cavitation)의 발생은 금속 물질의 표면에서 아주 작은 입자들을 박리시킨다. 캐비테이션은 유압 펌프 혹은 밸브 등에서 제어를 위하여 사용되는 구성부품의 가장자리 부분에서 발생한다. 이와 같은 물질의 침식은 국부적인 피크 압력과 높은 온도에 기인한다.

유압 작동유가 흐를 때 단면이 좁아지면 속도가 증가하고 이것은 운동 에너지를 증가시킨다. 운동 에너지가 증가는 압력 에너지를 감소시킨다. 즉, 압력이 떨어지는 만큼 유체의 속도가 증가하는 것이다. 압력은 대기압 이하까지 떨어지고 -0.3bar 이하가 되면 용해된 공기가 분리된다. 압력이 다시 증가하면 속도는 느려지고 공기방울은 다시 붕괴된다. 다음 그림은 이를 나타낸 것이다.

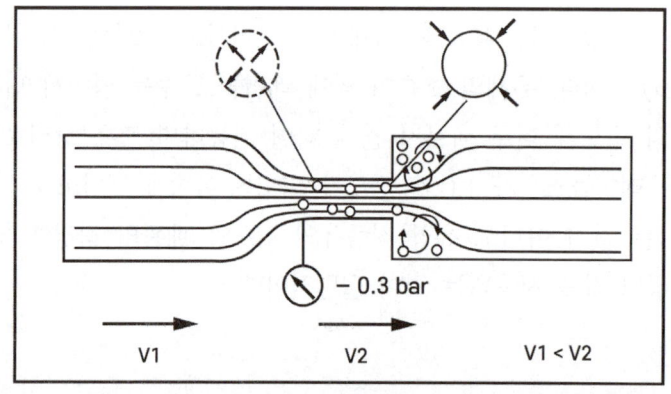

캐비테이션 현상 설명도

공기방울의 붕괴는 급격하게 이루어지고 이때 캐비테이션 현상이 발생한다. 이와 같은 캐비테이션 현상에 수반하는 순간적인 고압의 발생은 배관의 단면이 커지는 부분에서 배관의 벽으로부터 아주 작은 입자를 박리시키고, 재료에 피로 현상을 발생시키며 동시에 소음을 야기한다. 또한 캐비테이션은 유압 작동유와 기포가 혼합된 상태에서 발화되기도 한다. 공기방울이 급격하게 붕괴되는 순간 기포가 유압 작동유로 치환되고 압력 증가와 온도 상승을 유발한다. 이는 디젤 엔진처럼 자연적인 점화를 유도하는 마이크로 디젤현상(micro-diesel effect)을 일으킨다. 이러한 현상은 유압 작동유의 수명에 치명적인 영향을 미친다.

유압 시스템의 유압 작동유에 존재하는 기포의 형성은 여러 가지 원인이 있다. 액체는 항상 공기를 포함할 수 있고, 유압 작동유에는 대기압 하에서 체적 비율로 약 9% 정도의 공기가 용해될 수 있다. 이 비율은 압력에 따라 크게 달라지며 유압 작동유의 종류에 따라서도 달라진다. 유압 시스템에서는 펌프의 배관 연결부 등 외부로부터 공기가 유압 작동유에 혼입될 수 있다는 것이다. 이는 복귀관의 설치 오류나 혹은 탱크 내부의 구조적인 문제로 탱크 안에 있는 유압 작동유에서 기포가 충분히 빠져나오지 못하는 것도 원인이다.

3 유압 장치의 구성

유압 장치는 기본적으로 동력을 발생시키는 동력원(오일 탱크, 펌프, 전동기)과 구동기의 운동을 제어하는 제어부(압력 제어 밸브, 방향 제어 밸브, 유량 제어 밸브 등), 그리고 유압 실린더나 유압 모터 등의 구동기와 배관으로 구성되어 있다. 유압 장치는 압력에너지를 얻기 위하여 유압 펌프가 사용되며 유체(오일)를 탱크로 귀환시켜 재사용한다.

유압 장치의 구성 요소 중에서 유압 작동유는 유압 장치의 성능과 수명에 크게 영향을 준다. 유압 장치를 효율적으로 사용하려면 무엇보다도 먼저 불순물이 없는 청정하고 물리적 성질이 우수한 오일을 사용해야 한다. 아래의 그림은 유압 장치의 기본 요소를 나타낸 것으로 유압장치의 각 구성 요소의 명칭과 기능은 다음과 같다.

(가) 오일탱크(oil tank)
  유압 작동유의 저장 기능, 열의 분산 및 유압 부품의 설치 공간 제공.
(나) 릴리프 밸브(relief valve)
  회로 내의 압력 상승을 제한하여 설정된 압력의 오일 공급.
(다) 방향 제어 밸브
  (directional control valve)
  회로 내의 유체의 흐름 방향을 조절하여 유압액추에이터의 작동 방향을 바꾸는데 사용.
(라) 유량 제어 밸브
  (flow control valve)
  오일의 유동량을 제어하며, 액추에이터(유압 모터, 유압 실린더)의 속도 조절 기능.
(마) 유압 구동기
  (hydrulic actuator_motor/cylinder)
  유압 장치 내에서 요구된 일을 하며 유체동력을 기계적 동력으로 바꾸는 역할.

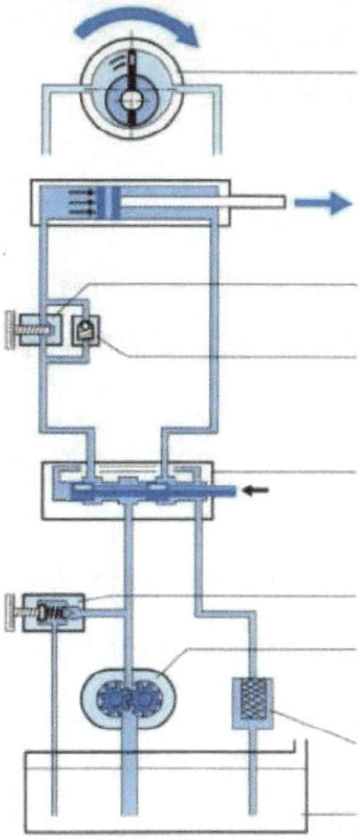

유압 장치의 구성 요소
출처 : 한국산업인력공단, 공유압(이상호, 2014) p.13

1. 유압 작동유

(1) 유압 작동유의 구비 조건

유압 장치를 유효하게 운전시키려면 우선 적합한 작동유를 선택하는 것이 중요하다. 그래서 작동유로는 매우 질이 좋은 윤활유, 특히 유압기기용으로 제작한 기름을 사용하는 것이 바람직하다. 이와 같은 기름을 얻을 수가 없을 경우에는 지정된 성질의 터빈유로 대체하여도 무방하다.

기타 물, 원유, 수용성유, 동식물유 등은 절대로 사용해서는 안 된다. 쉽게 입수될 수 있다하여 베어링유나 기계유를 사용하는 경우가 있으나 이들 기름은 유압장치용으로서의 성질을 전부 구비하고 있지 않으므로 효율을 저하시키든가 기계의 수명을 단축시키는 결과를 가져온다.

유압 장치에 있어서 유수한 성능의 작동유를 얻기 위하여, 물리적 성질로서 비중, 점도, 압축성, 인화점, 연소점, 잔유탄소, 색, 유동점 그리고 실용적 성질로서 점도의 온도 의존성, 산화 안정성, 함유화성, 녹 및 방청성 등을 검토하여야 한다.

물리적 성질이 좋은 것만으로는 양질의 작동유라 말할 수 없다. 작동유로서 구비하여야 할 성질을 간추려 보면 다음과 같다.

- 비압축성이어야 한다.(동력 전달 확실성 요구 때문)
- 장치의 운전온도 범위에서 회로 내를 유연하게 유동할 수 있는 적절한 점도가 유지되어야 한다.(동력 손실 방지, 운동부 마모 방지, 누유 방지 등을 위해)
- 장시간 사용하여도 화학적으로 안정하여야 한다.(노화 현상)
- 녹이나 부식 발생 등이 방지되어야 한다.(산화안정성)
- 열을 방출시킬 수 있어야 한다.(방열성)
- 외부로부터 침입한 불순물을 침전 분리시킬 수 있고, 또 기름 중의 공기를 속히 분리시킬 수 있어야 한다.

(2) 유압 작동유의 종류

유압 작동유를 분류하면 일반 석유계 작동유와 화재에 강한 난연성 작동유가 있다. 난연성 작동유는 착화가 어려운 작동유를 의미하는 것으로, 물을 포함하는 함수형 작동유와 화확적 성분을 이용하여 착화되기 어렵게 만든 합성형 작동유가 있다.

- 석유계 작동유

일반 산업용으로 사용되는 유압유는 앞에서 기술한 유압 작동유의 구비 조건을 대부분 만족시키고 구입도 용이하기 때문에 대부분 석유계 유압 작동유가 사용된다. 석유계 유압 작동유는 원유로부터 정제한 윤활유의 일종으로 원유의 종류, 정제 방법에 따라 다르다. 석유계 유압 작동유는 주로 파라핀계 원유를 증류, 분리하여 정제한 것으로 산화방지, 방청 등의 첨가제를 혼합한 것이다. 석유계 유압유는 고온에서 열화성이나 휘발성 문제가 따르기 때문에 사용 온도가 100℃ 이상이거나 발화의 위험이 있는 곳에서의 사용은 피하여야 한다. 석유계 작동유의 종류에는 녹 방지제와 산화 방지제가 첨가된 R&O(Rust and Oxidation)형 작동유, 수력 터빈이나 증기 터빈의 윤활유에 사용되는 첨가 터빈유, 고온용에서 사용ㅇ하는 고온용 작동유, 저온에서 특성이 좋은 저온용 작동유, 마멸에 견디는 성능이 좋은 내마멸성 작동유, 점도 지수 성능을 좋게 한 고점도 지수 작동유가 속한다.

- 난연성 작동유

석유계 유압유에 비하여 내화성이 우수한 유압 작동유를 난연성 유압 작동유라고 한다. 석유계 유압 작동유는 유압 작동유로서의 구비조건을 대체로 만족하고 있으나 화재의 위험이 크다. 특히 고압력의 장치나 화기가 있는 장소에서 유압 시스템의 운전 중 누설된 유압 작동유는 사고의 원인이 되므로 화재의 위험이 있는 곳에서는 난연성 유압 작동유를 사용하는 것이 바람직하다. 난연성 유압 작동유는 불연성과 가연성일지라도 인화된 후 불꽃이 번지지 않으면 되는 것으로 분류하는데, 이는 각 제조업체에 따라 특성이 다르다. 따라서 사용하는 기기와 장소에 적합한 유압 작동유를 신중히 고려하여 선택할 필요가 있다.

(3) 첨가제의 종류와 작용

- **점도 지수 향상제**

유압 작동유를 광범위하게 사용하기 위해서는 점도 지수가 큰 것이 좋다. 유압 작동유의 본질적인 성질을 변화시키지 않고, 본래의 방향족 성분을 제거함으로써 점도 지수를 향상시킬 수 있는데, 원유에 따라 경제적인 한도가 있게 된다. 따라서 어떤 종류의 고분자중합체로 된 점도 지수 향상제를 사용한다.

- **산화 방지제**

산화 방지제는 유압 작동유 속에서 산의 생성을 억제함과 동시에 금속의 표면에 부식 억제 피막을 형성하여 산화물질이 금속에 직접 접촉하는 것을 방지한다. 또한 금속이 산화촉진 촉매로 작용하는 것도 방지해 준다. 유압 작동유의 산화는 공기 중의 산소와 유압 작동유의 반응으로 발생되며, 유압 작동유가 산화하면 점도가 증가하고 부식성의 산화 생성물을 만들게 된다. 산화가 더 진행되면 용해되지 않는 슬러지(sludge)를 석출하게 된다. 유압 작동유의 산화는 다음과 같은 세 가지 요인에 의하여 증가할 수 있다.
  - 높은 유압 작동유의 온도
  - 구리, 철, 납과 같은 금속 촉매의 역할
  - 산소 공급의 증가

이러한 산화를 방지하기 위한 첨가제를 산화 방지제라고 하며, 이온 화합물, 인산 화합물, 아민 및 페놀 화합물 등이 있다.

- **마찰 방지제**

마찰 방지제는 금속의 고체 마찰을 방지하고, 눌어붙음(seizure)을 방지하여 윤활성의 향상을 도모하는 것이다. 경계 마찰 면에 극성분자를 배열시켜 강인한 흡착막을 만들고 금속끼리의 마찰을 방지하여 마찰계수를 저하시키는 것으로 에스테르류의 극성 화합물이 사용된다. 마찰면의 금속과 화학적으로 반응하여 화합물의 피막을 만들고, 금속의 직접 접촉을 막는 융착 방지제는 인, 염소 등의 유기 화합물이 사용된다.
마모 방지제는 온도 상승에 따라 흡착 유막이 융해 또는 분해되어 기능을 잃게 되는 것이 문제이며, 사용 조건이 까다롭고 마모 방지제로 충분하지 못한 경우는 극압제를 첨가한다.

- **소포제**

소포제는 유압 작동유가 거품을 일으킬 때 거품을 빨리 유면으로 뜨게 하여 거품을 없애는 것으로서, 공기와 경계막의 평형을 불안정하게 하여 거품을 없앤다. 소포제로는 실리콘유 또는 실리콘의 유기 화합물 등이 효과가 있다.

- 방청제

방청제는 유압 작동유에 섞인 수분에 의하여 금속 표면에 녹이 생기는 것을 방지하기 위하여 사용된다. 방청제는 금속 표면에 단단하게 붙고, 조밀하게 퍼져서 수분이 통과하여 금속 표면에 접촉하는 것을 방지한다. 방청제에는 금속면에 강한 흡착력을 가진 유기산에스테르, 지방산염 및 유기인 화합물 등이 사용된다.

- 유동점 강하제

유압 작동유에 포함된 파라핀이 저온이 되면 결정을 만들고 흐름을 방해한다. 유동점 강하제는 이 결정을 성장을 방지하고, 낮은 온도에서도 흐름을 용이하게 만들어 준다.

2. 유압 동력부

(1) 유압 펌프

유압시스템에서 펌프는 구동장치의 기계적 에너지를 유압 에너지(압력 에너지)로 전환시켜 준다. 펌프는 유압유를 유입하여 유압시스템으로 토출시켜 준다. 유압 펌프에 의해서 발생된 유체 에너지는 관로를 따라 액추에이터에 전달되고 액추에이터를 통하여 사람이 원하는 기계적인 에너지로 사용되며, 이때 유압유는 압력이 떨어지게 되고 드레인 된 유압유는 탱크로 되돌아오게 된다.

유압시스템에서의 압력은 유압유가 흘러갈 때의 저항으로 형성된다. 압력의 크기는 내외의 저항 및 유량으로 인한 저항이 합쳐진 것과 같게 된다. 그러므로 유압시스템에서의 압력은 펌프로부터 결정되는 것이 아니고 저항의 크기에 따라 결정된다. 따라서 저항이 지극히 크게 되면 압력도 따라서 크게 되어 유압부품이 손상을 입게 되는 데 실제로는 이와 같은 경우를 예방하기 위하여 압력 릴리프 밸브를 펌프 다음에 설치하거나, 최대 작동 압력이 설정된 압력 릴리프 밸브를 펌프 하우징 내에 설치한다.

제조공장에서 응용되는 유압시스템은 대부분 교류전동기에 직결되어 구동된다. 건설기계나 병기, 자동차 등에 응용되는 유압시스템은 내연기관에 직결되거나 변속장치에 연결되어 운전된다.

유압 펌프는 이송체적을 근간으로 두 가지 형태로 구별한다.

- 정용량형 펌프

물리적으로 펌프의 이송체적을 변경시킬 수 없으므로 가격이 저렴하고 설계도 복잡하지 않다. 토출량을 변경시키려면 구동장치의 회전수를 변경시켜야 하나 산업현장에서는 일정한 회전수의 전동기를 사용하므로 정용량형 펌프의 토출량은 항상 일정하다고 가정한다.

- 가변용량형 펌프

가변용량형 펌프는 압력, 유량, 동력에 의해서 이송체적의 조절이 가능하므로 여러 가지 장점을 제공한다. 이송체적의 변경은 단순한 조정에 의해서 이루어질 수도 있고 컴퓨터 프로그래밍과의 인터페이스를 통하여 완전히 자동화시켜 이송체적을 변경시킬 수도 있다. 가변용량형 펌프의 사용은 적용 영역에 따라서 다양한 선택이 가능하므로 충분한 검토가 필요하다.

유압 펌프의 종류는 매우 다양하지만 원리는 체적의 이송으로 귀결되는 데 체적이송은 피스톤, 베인, 스크류, 스핀들 등에 의하여 이루어진다.

기어 펌프는 이미 1593년에 원리가 고안되었으며 근래에 이르러 유압용 펌프로 많이 사용되고 있다. 기어 펌프는 구조가 간단하고 신뢰도가 높으며 운전과 보수가 용이하다. 그리고 가격이 비교적 저렴한 장점이 있다. 유압유를 이송하는 것은 기어의 이와 이 사이의 골과 케이싱으로 만들어지는 용적부에 유압유를 채워서 이송하는 형태이다. 기어 펌프는 기어와 케이싱 사이의 용적부에 의해서 결정된 이송체적이 조절될 수 없으므로 정용량형 펌프가 된다. 기어 펌프는 외접형과 내접형이 있다.

베인 펌프는 회전하는 베인과 베인 사이의 공간에 유압유를 채워 이송하고 토출하는 펌프이다. 베인 펌프의 장점으로는 기어 펌프나 피스톤 펌프에 비하여 토출 압력의 맥동이 거의 없기 때문에 원활한 운동을 할 수 있고 소음도 적으며, 베인의 선단이 마모되어도 베인과 캠 링은 항상 접촉하게 되므로 압력이 떨어질 염려가 없다. 단점으로는 베인, 로터 및 캠링이 서로 접촉하여 미끄러지므로 가공에 정밀도가 요구되며 유압유의 점도, 청정도 등에 세심한 주의를 필요로 한다. 베인 펌프는 기어 펌프와는 달리 정용량형과 가변 용량형 펌프가 모두 가능하다.

피스톤 펌프는 플런저 펌프라고도 하는데 이 펌프는 유압유의 흡입과 토출을 위하여 피스톤의 왕복운동을 이용하는 펌프이다. 일반적으로 펌프의 구동 장치는 모터나 내연기관과 같은 회전운동을 하는 장치를 사용하므로 이 회전운동을 이용하여 피스톤이 직선 왕복운동을 할 수 있는 구조를 만들어야 한다. 이를 위하여 구동축과 피스톤의 배열을 평행하게 하는 축류형 피스톤 펌프와 피스톤을 축과 직각이 되도록 배열하는 반경류형 피스톤 펌프로 구분한다. 피스톤 펌프는 왕복 부분의 질량이 극히 작으므로 고속운전이 가능하다. 따라서 비교적 소형으로서 고압·고성능의 펌프를 얻을 수 있고, 동력에 대하여 비교적 설치 면적이 적으므로 유리하다. 다수의 피스톤으로 고속 운전하여 토출압의 맥동이 극히 작고 진동도 작아서 원활한 운전을 할 수가 있다. 피스톤 펌프도 정용량형과 가변 용량형 펌프가 모두 가능하다.

(2) 기름 탱크

기름 탱크의 크기는 열의 발산, 공기 분리를 위해서 크면 클수록 좋지만 설치장소, 유압 작동유의 비용, 이동성 등에 따라서 크기의 제약을 받는다. 기본적으로 유압 시스템 내의 유압 작동유가 전부 기름 탱크 안에 모이더라도 넘쳐흐르지 않을 정도의 충분한 크기여야한다. 탱크의 이상적인 크기는 유압 작동유가 시스템 내에 모두 차있는 상태에서, 고정식 유압의 경우 그 장치가 필요로 하는 매분 펌프 토출량의 3~5배 정도로 하고 이동식 유압의 경우는 1배 정도로 한다. 그리고 유압유 체적의 10~15%를 크게 하여 공기쿠션 장치를 제공하도록 한다.

기름 탱크의 모양은 열의 대류와 발산을 위해서는 바닥 면적이 좁고 높이가 큰 형태가 바람직하지만 공기분리 효과 및 펌프, 구동장치의 설치장소 측면에서는 바닥 면적이 큰 형태가 유리하다. 따라서 어느 형태가 좋다고 결정할 수는 없지만 이동형 유압 시스템의 경우에는 유압 작동유가 이리저리 쏠리므로 높이가 큰 형태를 취하고 고정식 유압 시스템의 경우에는 면적이 큰 형태의 모양을 취하게 된다. 기름 탱크는 다음과 같이 여러 가지의 장치로 구성된다.

- 흡입관 및 복귀관

  유압 작동유의 효과적인 순환을 위해서는 흡입관과 복귀관은 가능한 멀리 떨어져 있어야 한다. 두 관의 출입구는 모두 유면 밑에 위치해야 하고 관 끝은 기름 탱크의 바닥으로부터 관경의 2~3배 이상 떨어져야 이물질의 혼입이나 이물질이 바닥에서 일어남을 방지할 수 있다. 관 끝은 저항을 작게 하기 위하여 45°정도로 절취하고 반대편으로 향하게 한다. 관내의 유속은 1~2 m/s로 잡는다.

- 분리판과 공기분리기

  유압 시스템에서 돌아오는 유압 작동유와 펌프 흡입구로 흘러가는 유압 작동유를 분리시켜 유압 작동유가 펌프의 벽을 따라 흐르도록 하여 유압 작동유에 혼입되어 있는 물이나 기포가 분리될 수 있게 한다. 분리판은 유압 작동유의 냉각효과를 증진시키며 유압 작동유가 머무르는 시간을 지연시켜 이물질의 제거를 돕는다. 공기분리 장치는 0.5mm 직경의 메시 스크린(mesh screen)이다.

- 드레인(bottom drain)

  탱크 내에 머물러 있는 물이나 침전물을 제거하기 위하여 탱크 바닥에는 적당한 경사를 주고, 가장 낮은 곳에 드레인을 설치한다. 드레인 할 때에는 용기를 넣어 받아낼 수 있을 정도의 공간이 필요하므로 탱크 바닥과 지면 사이에 150mm 정도의 여유를 두는 것이 좋다. 때때로 드레인 스크류에는 자석 막대가 달려 있어 금속 부스러기를 제거한다.

- 유면계(oil level guage)

  유압 시스템 운전 중에도 유면의 최고, 최저 위치를 직접 확일 할 수 있게 하여 작동 시 적합한 유면을 유지하도록 한다. 유압 작동유의 양은 외부에서 확인할 수 있어야 하며 유압 작동유의 오염을 방지하기 위하여 계량봉(dip stick)은 사용하지 않는다.

- 공기필터(breather air filter)

  유압 시스템의 실린더가 동작할 때마다 기름 탱크의 유면이 상하로 움직이므로 유면 위에 항상 대기압이 적용할 수 있도록 통기 구멍이 필요하고 통기 구멍에는 공기 필터를 부탁하여야 하는데 여과 입도는 5~60μm정도이다.

- 주유구(filler spout)

  유압 작동유를 주유할 때 유압 작동유의 오염을 방지하기 위하여 스트레이너(filling strainer)를 거치도록 한다.

- 청소용 측판(clean-out cover)

  탱크 속을 청소할 때 손이 들어갈 수 있도록 가급적 큰 측판을 손쉽게 떼었다 붙였다 할 수 있게 제작하여 청소를 하거나 스트레이너를 쉽게 교체할 수 있게 한다.

• 탱크 커버(tank cover)

탱크 커버의 설계는 그 위에 무엇이 설치될 것인가에 따라 달라진다. 예를 들어 펌프가 탱크 안에 설치되는 경우에 커버는 제거될 수 있어야 한다. 구동 장치가 설치될 경우에는 커버에 소음 생성을 제한하기 위하여 진동 방지 요소를 설치해야 한다. 유지 보수 측면에서 복귀관은 탱크 커버에 설치되는 것이 좋다.

먼지나 높은 습도의 환경이나 이동식 유압장치에서는 오염방지 목적으로 밀폐된 기름 탱크가 사용될 수 있는데, 이때에는 환기가 불필요하다. 이러한 경우에 질소가스로 충진 된 신축성 있는 블랜더가 탱크 내에 설치해서 과 압(overpressure)을 걸어 캐비테이션을 방지한다. 그러나 공기와 물과의 접촉으로 인한 오염의 문제와 유압 작동유의 조기 산패 위험이 따른다.

다음 그림은 기름 탱크의 구조 및 각부의 명칭을 간략하게 표현하였다.

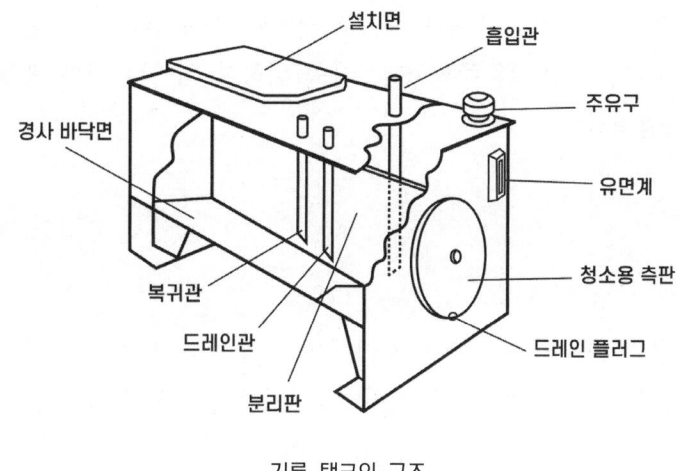

기름 탱크의 구조

(3) 냉각 장치(쿨러)와 가열 장치(히터)

유압시스템에서의 마찰은 유압유가 배관이나 유압부품을 통하여 흐를 때 에너지 손실의 원인이 되고 유압유의 온도를 상승시키게 된다. 열은 저장탱크, 배관, 유압부품 등을 통하여 외부로 발산된다. 유압시스템에서의 작업온도는 50~60℃ 이상을 초과하지 않도록 한다. 온도가 너무 높으면 유압유의 점도가 너무 떨어지게 되고 산화 현상을 가속시키며 실링의 내구 수명을 단축시킨다. 이는 결과적으로 작업의 정밀도를 떨어뜨리고 누설을 증가시키며 유압유의 성질을 변화시키므로 유압유의 온도는 항상 일정하게 유지되어야 한다.

유압시스템 자체의 냉각기능이 떨어지면 냉각기를 가동시켜 일정범위 내로 유압유의 온도를 유지시켜 주어야 하는 데, 냉각기는 온도 조절 장치에 의하여 작동된다. 냉각기에는 수냉식과 공랭식이 있는 데 공랭식은 온도 차이가 25℃까지, 수냉식은 온도차이가 35℃까지일 때 사용하고, 많은 양의 열을 분산시킬 때에는 팬-쿨러(fan-cooler)를 사용한다.

수냉식 냉각기는 통 속에 여러 개의 관을 묶어서 넣고 관속에는 냉각수가 흐르고 관 주위에는 유압유가 흘러 지나가면서 냉각된다. 냉각관의 주위에는 격판을 설치하여 유압유의 유로를 복잡하게 함으로서 냉각효과를 높여준다. 냉각기는 유압회로 중에서 압력이 낮은 쪽에 설치하는 것이 좋으며 발열원 가까운 쪽에 설치하는 것이 좋다. 유온을 조절하고자 할 경우에는 냉각수 유입관의 유온에 따라 냉각수의 양이 조절되게 하는 온도조절용 서머스탯(thermostat) 장치를 설치하기도 한다.

공냉식 냉각기는 유압유가 흐르는 관주위에 핀을 붙이고 그 사이를 공기가 통과하도록 팬을 돌려서 냉각하는 방식으로 물을 이용하기가 곤란한 경우에 사용된다. 대부분의 팬은 전기모터로 구동되나 간편 설계를 위하여 펌프 축에 커플링을 이용하여 팬을 설치하기도 한다. 이동식 유압장치에서는 상대적으로 기름 탱크가 작으므로 시스템에서 유입되는 열을 분산시키기 위해서 냉각장치가 설치된다.

추운 환경에서 유압시스템이 시동될 경우나 유압유의 점도를 최적으로 도달시키고 싶을 때, 즉 최적의 작업온도를 빨리 얻고자 할 때 히터(heater)가 사용된다. 일반적으로 유압유의 점도가 허용한도 보다 클 때 히터가 사용될 수 있으며, 히터가 없고 구동장치로 내연기관을 사용할 경우에는 펌프를 천천히 시동시킨다. 예열과정은 펌프 유량을 압력 릴리프 밸브를 통과시키면 가속된다. 일반적으로 전기적 침하형 히터가 사용되며 부분적으로 과열이 되지 않도록 주의한다. 이를 위하여 히터는 기름 탱크 바닥 쪽에 설치하여 대류작용을 이용하는 것이 바람직하다.

3. 유압 제어부

(1) 방향제어 밸브

구동부로 공급되는 유압유의 흐름의 방향을 바꾸어 구동부의 동작 방향을 변환시킨다. 밸브의 기능, 조작방식, 구조, 복귀형식, 포트의 수, 위치의 수 등 여러 가지 기준에 의해 분류된다.

가) 방향제어 밸브의 형식

방향제어 밸브에 사용되는 밸브의 기본 구조는 포핏 밸브식(popet value type), 로터리 밸브식(rotary valve type), 스풀 밸브식(spool value type)으로 구별된다.

- 포핏 형식

이 형식은 밸브의 추력을 평행 시키는 방법이 곤란하고 조작의 자동화가 어려우므로 고압용 유압 방향제어 밸브로서는 널리 사용되지 않는다. 그러나 밸브 부분에서의 내부 누설이 적고 조작이 확실하다는 점에서 공기압용 방향제어 밸브로 많이 사용된다.

- 로터리 형식

이 형식은 일반적으로 회전축에 직각되는 방향으로 측압이 걸리고, 또 로터리에 많은 유압유 통로를 뚫어야 하기 때문에 밸브 본체가 비교적 대형이 된다. 그러므로 고압 대용량에는 불리하다. 이 형식의 밸브는 구조가 간단하고 조작이 쉬우면서 확실하므로 유량이 적고 압력이 낮은 원격 제어용 파일럿 밸브로 사용되는 경우가 많다.

- 스풀 형식

이 형식은 스풀 축 방향의 정적 추력 평형이 얻어지는 것은 물론, 스풀의 원주 둘레에 가느다란 홈을 파

놓으면서 측압 평형도 쉽게 얻을 수 있는 것 이외에도, 각종 유압 흐름의 형식을 쉽게 설계할 수 있는 점, 각종 조작 방식을 쉽게 적용시킬 수 있어 가장 널리 사용되고 있다.

그러나 밸브 실린더 안을 스풀이 미끄러지며 운동하여야 하므로 약 10~20㎛의 간격을 필요로 한다. 그러므로 이 간격을 통하여 약간의 누유가 따르게 되는 점이 결점이다. 그래서 로크(lock) 회로에는 이 형식을 쓰지 않고 포핏 형식을 사용하는 것이 장시간 확실한 로크를 할 수 있다.

나) 방향 제어 밸브의 위치수, 포트수, 방향수

- 위치 수(number of positions)

방향 제어 밸브 내에서 다양한 유로를 형성하기 위하여 밸브기구가 작동되어야 할 위치를 밸브 위치라 말한다.

그림과 같이 방향 제어 밸브에서 이용되고 있는 위치 수는 1위치, 2위치, 3위치의 것이 있고 3위치의 것이 가장 많이 사용되고 있다.

양측 스프링 부착 3위치 밸브에서 밸브의 조작 입력이 가해지지 않을 때의 위치를 중립위치라 말하고 조작 입력을 가해서 위치를 변환시킨 후 입력을 제거하면 스스로 원위치(중립위치)로 되돌아오는 밸브를 스프링 복원형(spring off set type)이라 말한다.

3위치 전환 밸브는 중앙위치가 중립위치이고 좌우의 양위치를 양단위치(extreme position)라 말한다. 또 조작 압력이 가해지지 않을 때 스프링의 힘으로 중립위치에 되돌아오는 밸브를 스프링 중립형이라 말한다.

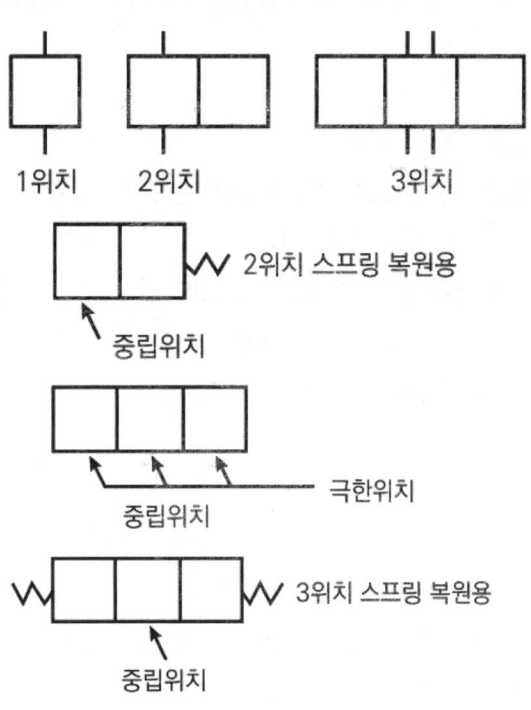

방향 제어 밸브의 위치
출처 : 한국산업인력공단, 공유압일반 (이상호, 2017) p.276

양단 위치는 정, 역의 유로를 만드는 것이 보통이다. 중립위치에서 유로 형식은 사용 목적에 따라 아래와 같이 여러 가지를 생각할 수 있다.

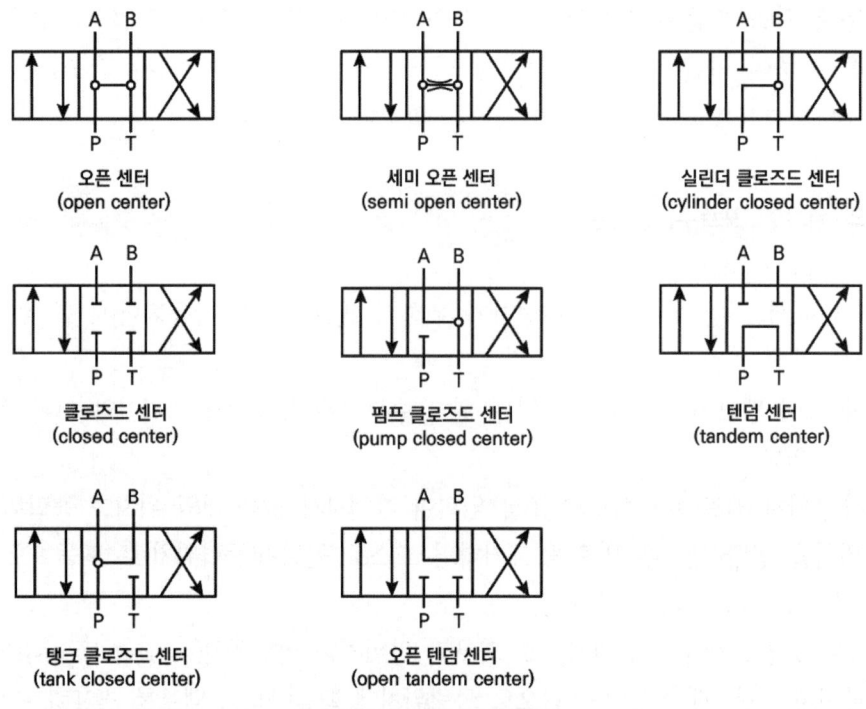

중립 위치에서 유로의 형식
출처 : 한국산업인력공단, 공유압일반 (이상호, 2017) p.277

- 포트수와 방향수(number of ports and ways)

방향 제어 밸브에 있어서 밸브와 주관로(파일럿과 드레인 포트는 제외)와의 접속구 수를 포트 수 또는 접속 수라 한다.

포트 수는 유로 전환의 형을 한정한다. 일반적으로 2포트 밸브는 유로의 개(開), 폐(閉)만을 한정할 경우이고 3포트 밸브 1개의 유입 유압유를 2개의 방향으로 전환하는 경우나, 2개의 유입 유압유 중 하나만을 통해서 유로를 만들고자 할 때에 사용한다.

4포트 밸브는 가장 널리 사용되는 형으로서 4개의 포트 중 2개가 조합되어 밸브 내에서 1개의 유로가 만들어진다. 이 포트의 조합에 따라 조작상의 운동을 정, 역 또는 정지 등의 전환을 행할 수 있다.

방향 제어 밸브의 방향수는 밸브에서 생기는 유로 수(3위치 밸브에서 중립위치는 제외)의 합계를 말한다.

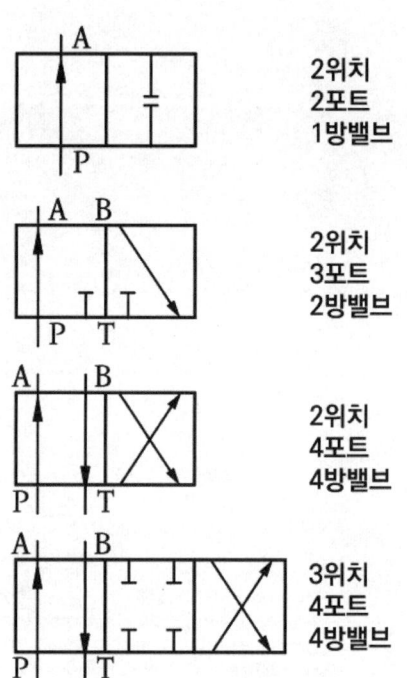

방향 제어 밸브의 포트 수와 위치 수
출처 : 한국산업인력공단, 공유압일반
(이상호, 2017) p.278

- 전환 조작 방법

  조작 방식은 수동 조작(인력 조작), 기계적 조작, 솔레노이드 조작(전자방식, solenoid), 파일럿 조작, 솔레노이드 제어 파일럿 조작 방식이 사용되고 있다.

  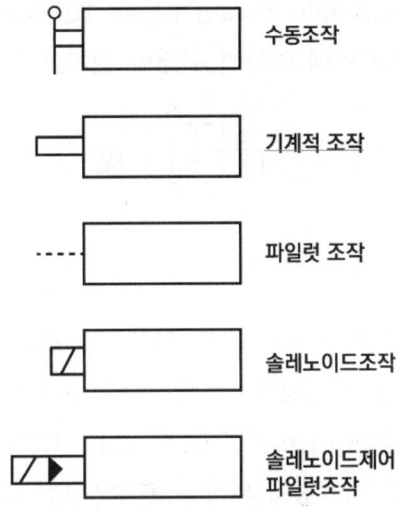

  방향 제어 밸브의 조작 방식
  출처 : 한국산업인력공단, 공유압일반
  (이상호, 2017) p.278

- 방향 제어 밸브의 정상위치(normal position)

  스프링 복귀형 2/2-way 밸브나 3/2-way 밸브는 정상상태 열림(normally open)이나 정상상태 닫힘(normally closed) 위치를 갖는다. 정상상태라 함은 밸브에 어떠한 외력이 가해지고 있지 않은 상태를 말한다. 정상 상태 열림 위치에서는 연결구 P에서 작업라인 A로 유로가 열려 있는 상태이고, 정상상태 닫힘 위치에서는 연결구 P에서 작업라인 A로 유로가 닫혀 있는 상태이다. 스프링 복귀형의 방향 제어 밸브가 회로에 사용되는 경우에는 밸브의 정상위치가 표시되어야 한다.

  2/2-way 편
  솔레노이드(N/O)
  (정상상태 닫힘형)

  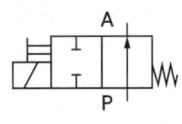
  2/2-way 편
  솔레노이드(N/C)
  (정상상태 열림형)

  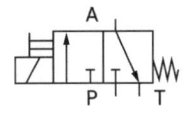
  3/2-way 편
  솔레노이드(N/O)
  (정상상태 닫힘형)

다) 솔레노이드 밸브의 종류

솔레노이드(solenoid)는 원통 코일을 의미하며 코일 안에 있는 강편을 전자석으로 만드는 역할을 한다. 공압이나 유압 밸브에 이러한 솔레노이드를 붙여서 공압이나 유압 매체를 제어하는 역할을 하는 밸브를 솔레노이드 밸브라고 한다. 전기 제어 회로에서 사용하는 솔레노이드 밸브의 기호는 다음과 같다.

- 2/2-way 편 솔레노이드 밸브(N/C)

2/2-way 밸브는 작업라인 A, 압력라인 P를 갖고 있다. 이 밸브는 유로의 개방 및 차단을 제어하며 정상위치에서는 P에서 A로 가는 유로가 차단되어 있고, 작동위치에서는 P에서 A로 유로가 개방된다. 이러한 형태의 밸브를 정상위치 닫힘형(normally closed type) 밸브라고 한다. 전기 신호를 주면 제어 위치가 전환되고 전기 신호가 끊어지면 스프링에 의하여 원래의 위치로 복귀된다.

- 2/2-way 편 솔레노이드 밸브(N/O)

2/2-way 밸브는 작업라인 A, 압력라인 P를 갖고 있다. 이 밸브는 유로의 개방 및 차단을 제어하며 정상위치에서는 P에서 A로 가는 유로가 개방되어 있고, 작동위치에서는 P에서 A로 유로가 차단된다. 이러한 형태의 밸브를 정상위치 닫힘형(normally closed type) 밸브라고 한다. 전기 신호를 주면 제어 위치가 전환되고 전기 신호가 끊어지면 스프링에 의하여 원래의 위치로 복귀된다.

- 3/2-way 편 솔레노이드 밸브

3/2-way 밸브는 작업라인 A, 압력라인 P, 복귀라인 T를 갖고 있다. 이 밸브는 유로의 개방 및 차단을 제어하며 초기 상태인 정상위치에서 P는 유로가 차단되어 있고 A에서 T는 개방되어 있다. 솔레노이드에 전원이 인가된 상태인 작동위치에서 T는 차단되고 P에서 A로 유로가 개방된다. 솔레노이드에 전원이 차단되면 밸브는 스프링에 의해 초기 상태로 복귀한다.

- 4/2-way 편 솔레노이드 밸브

4/2-way 밸브는 작업라인 A, B, 압력라인 P, 복귀라인 T를 갖고 있다. 이 밸브는 정상위치에서 P에서 B로, A에서 T로 유로가 개방되어 있다. 솔레노이드에 전원이 인가된 상태인 작동위치에서는 P에서 A로, B에서 T로 유로가 개방된다. 솔레노이드에 전원이 차단되면 스프링에 의해 초기 상태로 복귀한다.

또는 초기 상태인 정상위치에서 P에서 A로, B에서 T로 유로가 개방되고 작동위치에서는 P에서 B로, A에서 T로 유로가 개방되는 형태도 있다.

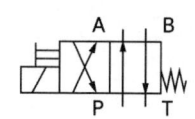

- 4/2-way 양 솔레노이드 밸브

  4/2-way 밸브는 작업라인 A, B, 압력라인 P, 복귀라인 T를 갖고 있다. 두 개의 솔레노이드 동작에 의해서 P-B, A-T 접속과 P-A, B-T 접속 상태가 변화한다. 밸브를 초기 상태로 복귀시키는 스프링이 내장되지 않으므로 솔레노이드에 전원이 차단되어도 밸브는 마지막 동작 상태를 유지하게 된다.

- 4/3-way 양 솔레노이드 밸브(클로즈드 센터형)

  4/3-way 밸브는 제어위치가 세 개인데 중립위치를 빼고는 유로의 형성이 4/2-way 밸브와 동일하다. 클로즈드 센터형 4/3-way 밸브는 중립위치에서 모든 포트를 막은 형태이다. 그러므로 이 밸브를 사용하면 실린더를 임의의 위치에서 고정시킬 수 있다. 그러나 밸브의 전환을 급격하게 작동하면 서지 압력(surge pressure)이 발생하므로 주의를 요한다.

- 4/3-way 양 솔레노이드 밸브(ABT접속형, 펌프 클로즈드 센터형)

  4/3-way 밸브는 제어위치가 세 개인데 중립위치를 빼고는 유로의 형성이 4/2-way 밸브와 동일하다. 펌프 클로즈드 센터형 4/3-way 밸브는 중립위치에서 P포트가 막히고 다른 포트들은 서로 통하게끔 되어 있는 밸브이다.

- 4/3-way 양 솔레노이드 밸브(PT접속형, 탠덤 센터형)

  4/3-way 밸브는 제어위치가 세 개인데 중립위치를 빼고는 유로의 형성이 4/2-way 밸브와 동일하다. 탠덤 센터형을 일명 바이 패스형(center by pass type)이라고도 한다. 탠덤 센터형 4/3-way 밸브는 중립위치에서 A, B 포트가 닫히면 실린더는 임의의 위치에서 고정된다. 또 P 포트와 T 포트가 서로 통하게 되므로 펌프를 무부하 시킬 수 있다.

(2) 유량제어 밸브

유량제어 밸브는 작동유의 흐르는 양을 조절할 목적으로 사용되는데 대부분의 경우 실린더의 속도를 제어하는 곳에 사용된다. 실린더의 속도는 무단으로 조절하여 사용할 수 있으며 구동부에 유입되는 유량을 조절하는 방식(Meter-in)과 유출되는 유량을 조절하는 방식(Meter-out)이 있다.

- 교축밸브

교축밸브(throttle) 밸브는 유량 제어에 방향성이 없는 밸브이다. 즉, 양쪽 방향의 유량 흐름에 모두 영향을 미친다. 이 밸브가 실린더와 방향 제어 밸브 사이에 설치되면 실린더의 전/후진 속도에 모두 영향을 미치므로 주의하여야 한다.

- 일방향 유량제어밸브

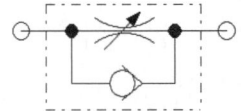

일방향 유량제어밸브는 교축 밸브와 체크 밸브가 결합된 밸브로서 주로 실린더의 속도 조절에 사용되기 때문에 속도 조절 밸브로 더 잘 알려져 있다. 이 밸브는 체크 밸브가 한쪽 방향의 작동유의 흐름을 차단하기 때문에 다른 한쪽 방향으로만 작동유가 흘러갈 수 있고, 조절 나사에 의해서 통과 유량이 조절되므로 속도가 제어된다.

(3) 압력제어 밸브

- 릴리프 밸브

가장 많이 사용되는 압력 제어 밸브로서 거의 모든 유압장치에 사용되며 회로의 최고 압력을 제한하는 밸브로서 회로의 압력을 일정하게 유지시키는 밸브이다.

유압펌프에서 토출된 작동유의 흐름이 차단되면 유압회로의 압력은 상승하여 과부하 상태이다. 이러한 과부하를 제거하고 유압회로의 최고 압력을 설정 압력 이하로 유지시켜 주는 압력 제어 밸브를 릴리프 밸브라 한다.

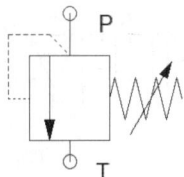

위의 기호에서 입구 측(P)과 출구 측(T)은 차단되어 있다. 입구 측의 압력이 설정 압력까지 상승하면 내부 유로(점선)을 통해 압력이 전달되어 밸브가 열리고, 입구 측의 유압유는 기름 탱크로 유출되어 유압회로의 최고 압력이 제한된다.

- 감압 밸브

감압밸브는 유압 회로 일부분의 압력을 릴리프밸브의 설정 압력 이하로 감압하는 목적으로 사용되는 밸브이다.

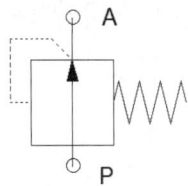

위의 감압밸브 기호에서 입구 측(P)과 출구 측(T)은 개방되어 있으므로 입구 측의 작동유는 출구 측의 감압회로로 흐른다. 출구 측의 압력이 감압밸브의 설정 압력까지 높아지면 입구와 출구를 연결하는 유로를 차단하여 압력 상승을 제한한다.

- 카운터 밸런스 밸브

카운터 밸런스 밸브는 한쪽 방향의 흐름에 대해서는 설정된 배압(유체가 배출될 때 갖는 압력)을 발생시키고, 다른 방향의 흐름은 무부하로 흐르도록 한 밸브로써 릴리프 밸브와 체크 밸브를 조합한 형태의 압력 제어 밸브이다.

예를 들어 수직 방향으로 작동하는 유압실린더의 작동유 배출 측에 카운터 밸런스 밸브를 설치하면 유압실린더가 자중에 의해 낙하하는 것을 방지 할 수 있다.

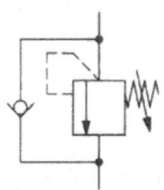

- 무부하 밸브

유압장치에서는 작동 중 항상 펌프의 전체 송출량은 필요로 하지 않는 경우가 있다. 불필요한 작동유를 릴리프 밸브로 탱크에 환유시키면 회로의 효율 성능상 좋지 않다. 이와 같은 경우 무부하 밸브를 사용하여 펌프를 무부하 운전시켜 동력의 절감과 유온 상승을 막을 수 있다.

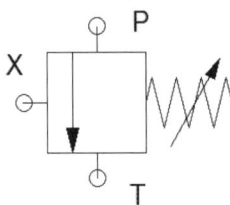

- 압력스위치

압력 스위치는 유압회로의 압력이 설정 압력에 도달하면 접점을 개폐하여 전기 회로를 열거나 닫히게 하는 스위치이다.

(4) 논-리턴 밸브

논리턴(non-return) 밸브는 한 쪽 방향의 흐름은 차단하고 그 반대 방향의 흐름은 허용하는 밸브이다. 유압작동유 흐름의 차단 시에 누유가 발생되어서는 안 되기 때문에 논-리턴 밸브는 항상 포켓 형태로 만든다. 일반적으로 볼(ball)이나 콘(cone)인 밀봉요소가 유압작동유에 의해서 시트(seat)에 압력을 가하게 되면 유로가 막히게 된다. 반대 방향의 흐름에 대해서는 시트로부터 밀봉 요소가 들려져서 유압 작동유의 흐름을 허용하게 된다.

- 체크밸브

체크(check) 밸브는 한쪽 방향으로만 유압 작동유의 흐름을 허용하는 밸브이다.

스프링 내장형   스프링 없음

- 셔틀밸브

셔틀밸브는 양 제어(double control) 밸브 또는 양 체크(double check) 밸브라고도 하며 논리 기능 중에 OR 기능을 만족시켜 주는 밸브이다. 이 밸브는 두 개의 포펫 시트와 세 개의 포트로 구성되어 있으며 두 개의 체크 밸브를 조합하여 구성할 수 있다.

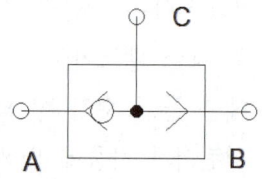

- 파일럿 조작 체크 밸브

파일럿 조작 체크 밸브는 체크 밸브로 사용되지만 필요에 따라서 파일럿 포트에 압력을 가하면 역방향의 유체 흐름도 가능한 밸브이다.

파일럿 신호에 의하여 닫히는 경우   파일럿 신호에 의하여 열리는 경우

4. 유압 액추에이터

유압 액추에이터는 유압 작동유가 가지고 있는 에너지를 기계적인 에너지로 바꾸어 일을 한다. 따라서 유압 에너지를 이용하여 일을 할 때 액추에이터가 낼 수 있는 힘이 크다는 장점을 갖고 있는 것이다. 액추에이터는 적절한 일을 하기 위하여 직선 왕복운동이나 회전운동을 할 수 있어야 한다. 직선 왕복운동은 유압 실린더를 이용하여 수행할 수 있고, 회전운동은 유압 모터를 이용하여 이룰 수 있다.

(1) 유압실린더

- 단동 실린더

단동 실린더는 압축 작동유가 한쪽에서만 공급된다. 피스톤 측면적으로만 유압이 작용하므로 부하에 대하여 한 방향으로만 일을 할 수 있게 된다.

단동 실린더의 동작원리는 유압 작동유가 피스톤 측으로 흘러 들어가면 부하로 인하여 압력이 상승하게 되고 이 압력으로 인한 힘이 부하를 이기고 피스톤을 전진 운동시키게 하는 것이다. 후진 운동 시에는 피스톤 측이 방향 제어 밸브를 통하여 탱크와 연결된다. 후진 행정은 스프링이나 외력 또는 작은 지름의 보조 실린더에 의하여 이루어진다. 물론 이러한 힘들은 실린더, 배관, 밸브 등의 마찰력 합보다 커야만 한다. 보통 피스톤 로드 단면적은 실린더의 1/2이상이다.

- 복동 실린더

복동 실린더는 유압의 힘으로 전진운동과 후진운동을 하게 된다. 따라서 실린더 전진과 후진 즉 모두에 배관이 연결되어야 하며 단동 실린더와는 달리 전진과 후진을 모두 작업에 이용할 수 있게 된다.

유압 작동유가 피스톤 측면적으로 흘러 들어가서 피스톤에 압력을 가하게 되고 압력과 면적의 곱인 추력이 형성된다. 이 힘이 외력 및 마찰력을 극복하게 되면 피스톤 로드가 전진 운동을 하게 된다. 유압 에너지가 기계적 에너지로 변경되고 그 결과가 최종 부하에 작용한다. 후진 작업의 경우도 마찬가지로 작동된다. 피스톤이 전진 운동을 할 경우에는 피스톤 로드 측의 유압 작동유가 탱크로 귀환되고, 후진 운동을 할 경우에는 피스톤 측의 유압 작동유가 탱크로 귀환된다.

(2) 유압모터

유압 모터는 액추에이터에 속하는 유압 부품으로서 유압 에너지를 기계적 에너지로 변경시키며 회전운동을 발생시킨다. 만약 제한된 각도 내에서 회전 운동을 하게 되면 그 때에는 회전 운동 중에서도 요동 운동 요소로 분류하기도 한다.

유압 모터는 유압 작동유의 유체 에너지를 받아 연속 회전 운동을 얻는 기기로서 원리적으로는 유압 펌프와 반대 작용을 한다. 즉 유압펌프의 흡입 쪽에 유압 작동유를 공급하면 유압 모터로 된다. 그러나 효율이 떨어지기 때문에 유압 펌프를 그대로 유압 모터로 사용하지는 않고 유압 모터로서 양호한 성능을 얻을 수 있도록 구조상 여러 가지가 배려되어 있다.

유압 모터와 펌프는 케이스 드레인의 유무에 의하여 구별할 수도 있다. 펌프는 압력원이기 때문에 드레인 포트가 필요 없으나, 모터는 외부 압력원 으로부터 가압되기 때문에 축의 밀봉장치를 보호하기 위하여 케이스 드레인을 필요로 한다. 이 드레인 포트는 직접 저압 기름 탱크로 연결되도록 만들어 진 것도 있고 두 개의 체크 밸브를 교차시켜 드레인이 저압측에 배유되도록 내부적으로 연결된 것도 있다.

유압 모터는 무단계로 회전수를 조절할 수가 있으며 또한 역회전도 가능하다. 회전체의 관성이 작아서 응답성이 빠르기 때문에 자동제어의 조작부, 서보 기구의 요소로도 적합하다. 같은 출력일 경우 원동기에 비하여 크기가 훨씬 작은 것도 큰 이점이다.

유압 모터의 단점으로는 동력의 전달 효율이 기계식에 비하여 낮으며, 소음이 크고 기동할 때나 저속일 경우 원활한 운전을 얻기가 곤란하다는 점이다. 유압 모터도 펌프와 같이 고정용량형과 가변용량형이 있다. 가변용량형은 회전속도의 변화가 모터 안에서 이루어진다. 유압 모터의 형식으로 펌프와 같이 기어형, 베인형 및 피스톤형이 있다.

- 기어 모터
  유압모터 중 구조면에서 가장 간단하며 출력 토크가 일정하다. 또한 정역회전이 가능하다. 그 구조는 2개의 기어가 한 개의 하우징 속에서 서로 맞물려 구동과 종동 역할을 하면서 회전하고 한쪽의 축에서 회전력을 발생시킨다.

- 베인모터
  구조면에서는 베인펌프와 동일하며 공급 압력이 일정할 때 출력 토크가 일정하다. 정역회전이 가능하고 무단 변속, 가혹한 상태의 운전도 가능한 장점이 있다.

- 피스톤모터
  피스톤모터는 액시얼 피스톤모터와 레디얼 피스톤모터로 구분되고 각각 정 용량형과 가변 용량형이 있다.

5. 유압 부속 기기

(1) 배관

유압장치에 사용하는 파이프나 파이프 이음도 유압기기와 마찬가지로 유압장치의 구성요소이다. 유압기기가 아무리 우수하여도 파이프나 파이프 이음에 문제가 있으면 정확한 기능을 발휘할 수 없다. 또한 유압장치는 작동 중에 유압 펌프, 실린더, 모터 등에서 발생하는 주기적인 장치의 진동과 오일의 유동 현상에서 발생하는 진동이 끊임없이 발생하고 있다. 특히 고압 하에서 밸브를 전환할 경우에는 충격파(surge pressure)가 수반되어 배관의 각 부분에 진동이 전달되어 배관 및 이음부의 이완이나 파손 등의 고장이 생겨 장치 전체의 기능을 정지시키는 사고가 발생되므로 선택에 충분한 고려를 한다.

유압 장치용 배관, 파이프 이음으로서 구비되어야 할 조건을 살펴보기로 한다.

- 분해와 조립이 쉽고 재현성이 있을 것
- 특수 공구를 필요로 하지 않을 것
- 통로 넓이에 심한 변화를 미치지 않을 것
- 조인트부가 차지하는 최대 바깥지름 및 길이가 소형일 것
- 충격, 진동에 대해 강하고, 이완되지 않을 것 등이 있다.

(2) 실(seal)

유체의 누설 또는 외부로부터 이물질의 침입을 방지하기 위해 사용되는 기구는 종래 패킹이라 하여, 고정 부분 또는 운동 부분의 구별이 없이 혼용하여 왔으나 현재는 용어의 통일 이루어졌으며 패킹 및 개스킷

용어에 의하면 실은 밀봉 장치라 그들을 총칭하고 고정 부분에 사용되는 실은 캐스킷, 운동 부분에 사용되는 실을 패킹이라 한다.

재료는 내열성, 내유성, 내 노화성이 우수한 합성 고무류나 또 획기적인 합성수지인 사불화에틸렌 수지(테프론, PTFE)가 등장하고, 형상에서는 회전측의 실로서 매커니컬 실이나 오일실 등이 현저한 진보를 이루고 있다.

(3) 어큐뮬레이터(축압기)

어큐뮬레이터는 용기 내에 오일을 고압으로 압입하여 유용한 작업을 하는 유압유 저장 용기이다. 다음은 어큐뮬레이터의 용도에 대하여 설명을 하고자 한다.

- 유압 에너지의 축적

  간헐 운동을 하는 펌프의 보조로 사용하는 것에 의하여 토출 펌프를 대신할 수 있다. 또 정전이나 사고 등으로 동력원이 중단될 경우 축압기에 축적한 압력유를 방출하여 유압장치의 기능을 유지하거나 펌프를 운전하지 않고 장기간 동안 고압으로 유지시키고자 할 때에 사용한다. 이 경우에는 서지 탱크라고도 부리고 있다.

- 2차 회로의 구동

  기계의 조정, 보수 준비 작업 등 때문에 주 회로가 정지하여도 2차 회로를 동작시키고자 할 때 사용된다.

- 압력 보상

  유압 회로 중 오일 누설에 의한 압력이 강하나 폐회로에 있어서 압력 변화에 수반하는 오일의 팽창, 수축에 의하여 생기는 유량의 변화를 보상한다.

- 맥동 제거

  유압 펌프에 발생하는 맥동을 흡수하여 이상 압력을 억제하여 진동이나 소음 방지에 사용된다. 이 경우 노이즈 댐퍼(noise damper)라고도 한다.

- 충력 완충

  유압 회로 중 밸브를 개폐하는 것에 의하여 생기는 유격(oil hammer)이나 압력 노이즈는 축압기를 사용하면 제거될 뿐만 아니라 충격에 의한 압력계, 배관 등의 누설이나 파손을 방지할 수 있다.

- 액체의 수송

  유독, 유해, 부식성의 액체를 새지 않고 수송하는 데 사용된다. 이 경우 트랜스퍼 배리어(transfer barrier)라고도 부른다.

Chapter 3 공유압 제어 장치

1 전기 공유압 제어기기

　공기압 제어 기술의 목적은 공압 실린더 등과 같은 공압 액추에이터를 작동시키는 것으로 공기압 제어 기술은 제어방식에 따른 순수 공기압 제어와 전기 공기압 제어로 구분된다. 순수 공기압 제어는 전기를 사용하지 않고 전부 공기압을 사용하여 액추에이터를 작동시키는 방법이고, 전기 공기압 제어는 전기로 작동하는 솔레노이드 밸브를 사용하여 공압 액추에이터를 작동시키는 방법이다.

　솔레노이드는 도선을 촘촘하게 원통형으로 말아 만든 기구로 코일이라고도 불리며 코일에 전류가 흘러서 발생하는 자기력을 통해 전기에너지를 기계에너지로 변환하는 기능을 한다. 즉, 전기 공기압 제어는 솔레노이드 밸브를 사용하여 공기압으로 작동하는 액추에이터의 동작을 제어하는 방법으로 엑추에이터(공압실린더)를 제외하고는 모두 전기부품으로 제어회로가 구성되는 방식을 의미한다.

　유압 제어 기술의 목적은 유압 동력 발생 장치로부터 발생된 유압에너지를 방향 제어 밸브, 유량 제어 밸브, 압력 제어 밸브 등의 제어기기를 통해 실린더 등과 같은 유압 액추에이터를 원하는 작업을 할 수 있게 구동시키는 것이다. 보편적으로 전기 유압 제어는 전기로 작동하는 솔레노이드 밸브를 사용하여 유압 액추에이터를 작동시키는 방법이다.

　솔레노이드는 도선을 촘촘하게 원통형으로 말아 만든 기구로 코일이라고도 불리며 코일에 전류가 흘러서 발생하는 자기력을 통해 전기에너지를 기계에너지로 변환하는 기능을 한다.

　즉, 전기 유압 제어는 솔레노이드 밸브를 사용하여 유압으로 작동하는 액추에이터의 동작을 제어하는 방법으로 엑추에이터(유압실린더)를 제외하고는 모두 전기부품으로 제어회로가 구성되는 방식을 의미한다.

1. 전기 공유압 제어기기(공통사용)

(1) 전원 공급기(Power Supply)_공유압 공통사용
DC 24V 전원 공급기는 전원을 AC220V에서 DC24V로 변환하여 공급한다.

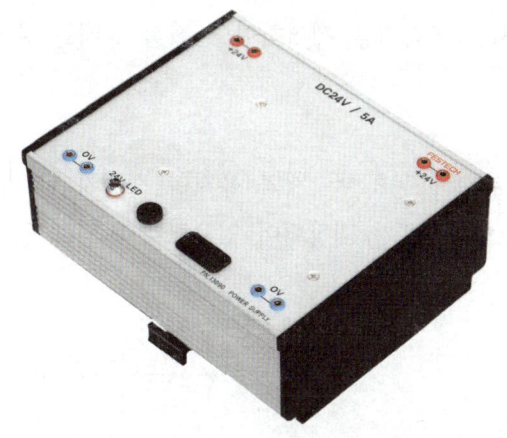
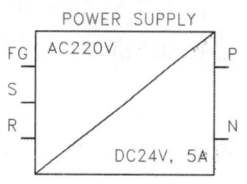

- 입력전압 : AC220V
- 출력전압 : DC 24V
- 출력전류 : 5A

전원 공급기

(2) 릴레이 유닛(Relay Unit)_공유압 공통사용
릴레이 유닛은 세 개의 릴레이가 내장되어 있으며, 각각의 릴레이는 코일과 접점으로 구성되어 있다. 한 개의 릴레이는 네 개의 c 접점을 사용할 수 있다. 릴레이 접점이 네 개 이상 필요한 경우 해당 릴레이의 코일 전원을 여분의 릴레이 코일 전원과 연결하여 사용한다.

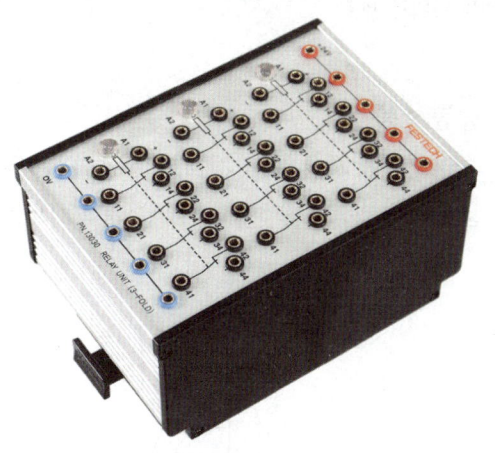

- 사용전압 DC 24V
- 작동방식 : 4개의 c 접점
- 접점부하 : 최대 5A
- 허용부하 : 최대 120W
- 동작시간 : < 20 ms
- 차단시간 : < 20 ms

릴레이(Relay Unit)

(3) 푸시 버튼 스위치(Push Button Switch)_공유압 공통사용

일반적으로 사용하는 있는 스위치로서 버튼을 누르면 접점이 개폐하는 스위치로, 기능에 따라서 복귀형 스위치와 유지형 스위치로 구분된다.

복귀형 푸시 버튼 스위치는 버튼을 누르는 조작력을 제거하면 접점이 스프링 힘에 의하여 초기 상태로 복귀하는 스위치이고, 유지형 푸시 버튼 스위치는 조작력을 제거하여도 접점 상태를 유지하고 반대 조작이 가해지면 초기 상태로 복귀한다.

아래의 그림은 푸시 버튼 스위치 세트는 복귀형 스위치 두 개와 유지형 스위치 한 개로 구성되어 있다. 각 스위치는 두 개의 c 접점을 사용할 수 있으며, 램프가 내장되어 있으므로 전원을 공급하여 램프를 제어할 수 있다.

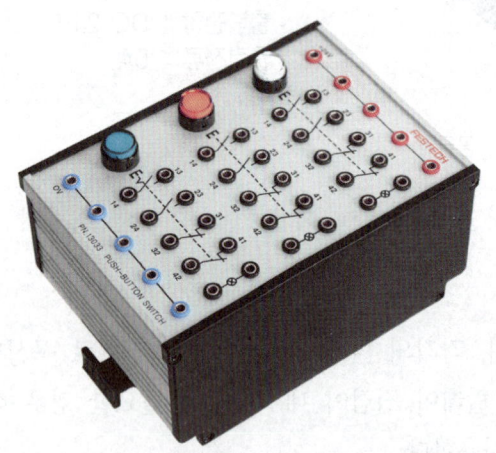

- 사용전압 DC 24V
- 푸시버튼구성
  - 복귀형 : 2개
  - 유지형 : 1개
- 접점 : a접점 2개
  - b접점 2개
- 접점허용부하 : 최대 1A
- 소비전력 : 0.48W

푸시 버튼 스위치 세트

(4) 비상 스위치(Emergency Switch)_공유압 공통사용

비상 스위치는 비상시에 회로를 긴급히 차단하는 목적으로 사용되는 적색의 돌출 버튼을 가진 유지형 스위치이다. 회로를 차단 시에는 눌러서 유지시키고 복귀 시에는 우측으로 돌려서 복귀시킨다. 비상 스위치는 a 접점과 b 접점 한 개씩 구성되어 있다.

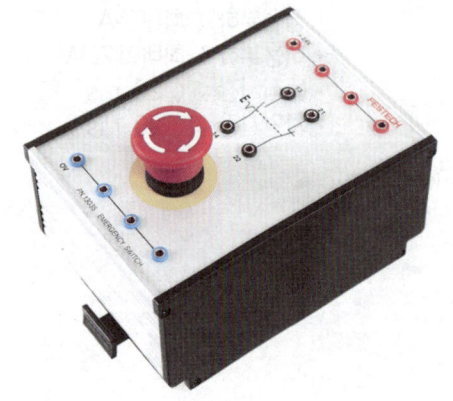
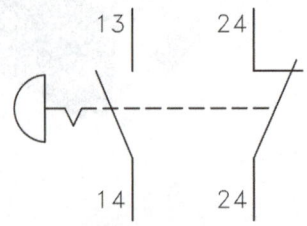

- 사용전압 DC 24V
- 작동방식 : 머쉬룸 잠금장치
- 접점 : 접점 : 1a, 1b
- 접점부하 : 최대 8A

비상스위치

(5) 타임 릴레이(Time Relay)_공유압 공통사용

코일에 전원을 공급하면서 일정 시간이 지난 후에 접점이 개폐되는 릴레이를 한시 계전기 또는 타이머(Timer)라고 한다.

• 여자지연 타이머(On Delay Timer)

여자지연 타이머는 코일에 전원이 인가되면 설정 시간 후에 접점이 개폐되고 전원이 차단되면 즉시 복귀하는 한시 동작 순시 복귀 타이머이다.

• 소자지연 타이머(Off Delay Timer)

소자지연 타이머는 코일에 전원이 인가되면 즉시 접점이 개폐되고 전원이 차단되면 설정시간 후에 복귀하는 순시동작 한시복귀 타이머이다.

타임 릴레이는 여자지연타이머와 소자지연 타이머가 한 개씩 내장되어 있고 각각 두 개씩의 a 접점과 b 접점을 사용할 수 있다. 타이머에는 시간을 설정할 수 있는 버튼이 있으며 설정 시간과 경과 시간을 디스플레이 창을 통해서 확인할 수 있다.

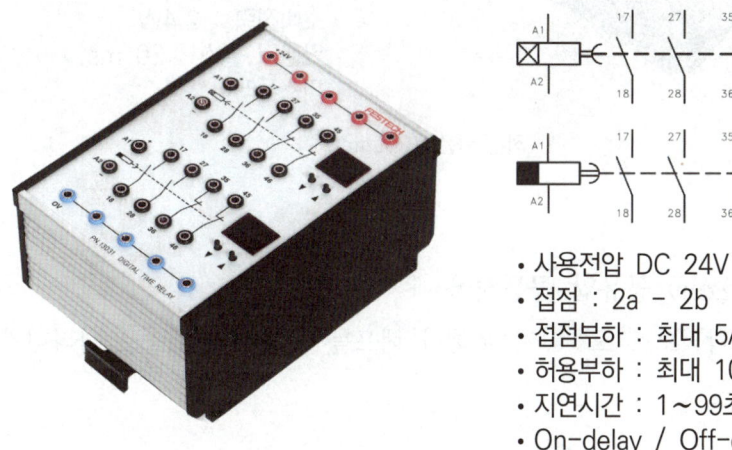

- 사용전압 DC 24V
- 접점 : 2a - 2b
- 접점부하 : 최대 5A
- 허용부하 : 최대 100W
- 지연시간 : 1~99초
- On-delay / Off-delay

타임 릴레이(Time Relay)

(6) 적산 카운터(Counter)_공유압 공통사용

카운터는 신호가 입력되면 그 수를 계수하는 것으로써 입력 신호를 적산하여 계수하는 적산 카운터, 설정한 값과 입력 신호의 수가 같을 때 접점을 개폐하는 프리셋카운터가 있다. 카운터에 신호를 입력하는 것은 셋(set), 현재 값을 초기화하는 것을 리셋(reset)이라고 한다.

프리셋 카운터는 설정 값과 입력된 신호의 수가 같아지면 출력이 ON되며, 카운터를 리셋하기 전까지 ON 상태를 유지하게 된다.

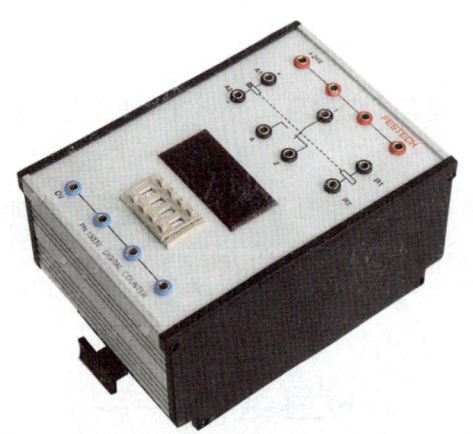
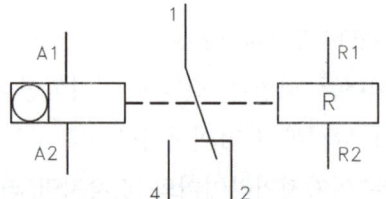

- 사용전압 DC 24V
- 접점 : 1개의 c 접점
- 접점부하 : 최대 5A
- 소비전력 : 2.4W
- 카운터 펄스 : 20 ms
- 디스플레이 : 4

적산 카운터(Counter)

(7) 램프(Lamp), 부저(Buzzer)_공유압 공통사용

시스템의 운전 상태를 시각적으로 표현하기 위해서 램프를 사용하고 소리로 나타내기 위해서는 부저를 사용한다.

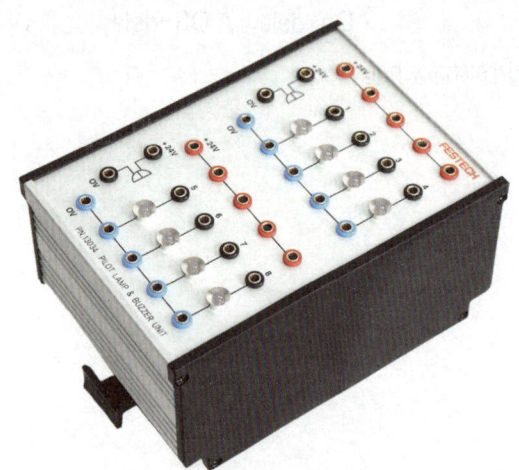
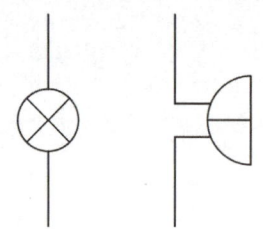

- 사용전압 DC 24V
- 램프소비전력 : 1.2W
- 부저소비전력 : 0.04W
- 부저주파수 : 420Hz

(8) 리밋 스위치(Limit Switch) 좌측_공유압 공통사용

수동으로 조작하는 푸시버튼스위치를 대신하여 기기의 운동 행정 중 정해진 위치에서 동작하는 제어용 검출 스위치로서 스냅액션형의 ON, OFF 접점을 갖추고 있다.

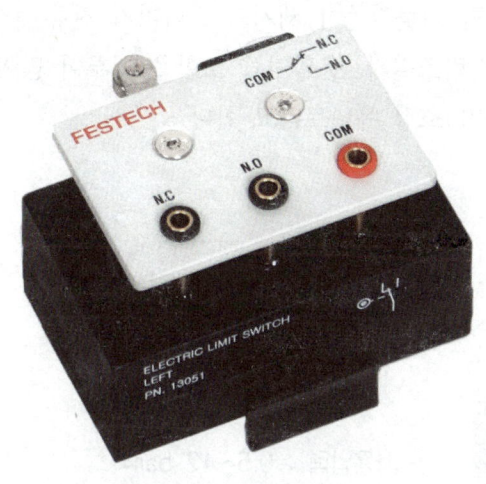

- 접점정격 : DC24V, 5A
- 접점 : 1c
- 응답시간 : 1ms
- 스위칭주파수 : 최대 200Hz
- 기계식롤러레버 전기스위치

(9) 리밋 스위치(Limit Switch) 우측_공유압 공통사용

수동으로 조작하는 푸시버튼스위치를 대신하여 기기의 운동 행정 중 정해진 위치에서 동작하는 제어용 검출 스위치로서 스냅액션형의 ON, OFF 접점을 갖추고 있다.

- 접점정격 : DC24V, 5A
- 접점 : 1c
- 응답시간 : 1ms
- 스위칭주파수 : 최대 200Hz
- 기계식롤러레버 전기스위치

2. 전기 공기압 제어기기

(1) 서비스 유니트(Service Unit)

압축공기에는 많은 이물질이 포함되어 있는데 이러한 이물질들이 공기압 시스템에 들어가며 문제를 일으킬 수 있다. 일차적으로 건조기에서 수분 및 기타의 이물질들이 제거되고 나머지 잔유 물질들은 필터에서 제거되어야 한다. 필터는 개별적으로 사용되지만 압력조절기, 윤활기와 조합을 이루어 많이 사용되는데 이때의 조합을 서비스 유니트(Service Unit) 또는 공기 조정 유니트라고 한다.

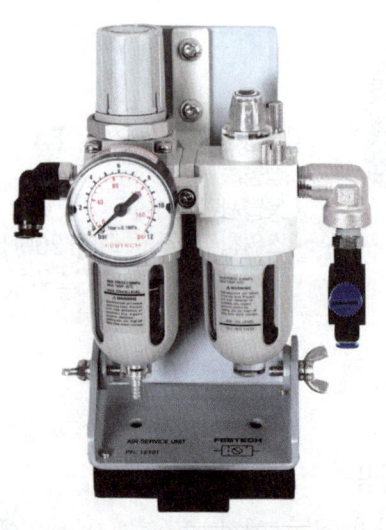
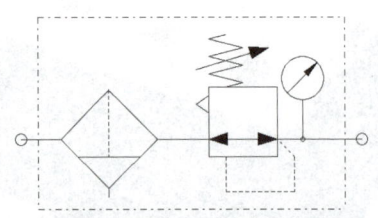

- 사용압력 : 0.5~12 bar
- 에어필터, 압력조절빌브
- 차단밸브 부착형
- 필터여과도 : 10㎛
- 정상유량 : 750 ℓ/min

(2) 복동실린더, 쿠션내장형

공기압 시스템 중에서 최종적인 일을 하는 기기를 공기압 작동기(액추에이터)라고 하며 공기압 작동기 중에서 회전운동을 하는 것을 공기압 모터, 직선운동을 하는 것을 공기압 실린더라고 한다.

공기압 실린더는 작동 방식에 따라서 한쪽 방향으로 운동은 압축 공기에 의해 일어나고 반대 방향의 운동은 내장된 스프링이나 외력에 의해 일어나는 단동실린더, 압축 공기에 의해 전진 및 후진 운동을 하는 복동 실린더로 구분된다.

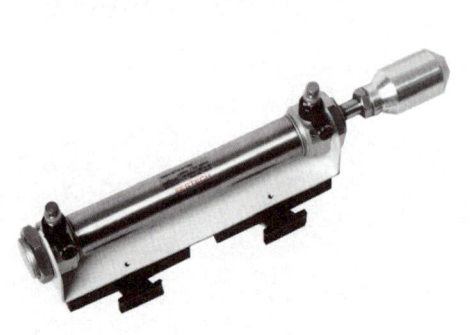
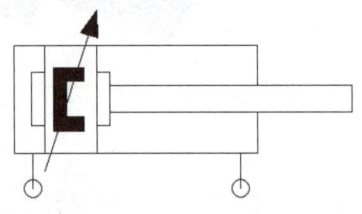

- 사용압력 : 0~10 bar
- 최대 압력 : 15 bar
- 실린더내경 : 25mm
- 행정거리 : 125mm
- 센서감지 자석내장
- 쿠션 내장

(3) 감압밸브(압력조절밸브)

공기압 회로에서 일부분의 압력을 주회로의 압력보다 저압으로 감압하는 목적으로 사용되는 밸브이다. 공기압 서비스 유니트의 압력 제어 밸브는 감압 밸브가 사용되며, 공기 압축기에서 생산된 압축 공기의 압력을 감압하여 사용하는 장치에 공급한다.

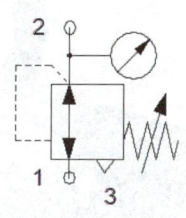

- 사용압력 : 0~12 bar
- 최대 압력 : 16 bar
- 압력게이지 부착형
- 정상유량 : 800 ℓ/min

(4) 일방향 유량제어 밸브

유체의 흐름은 양쪽 방향으로 가능하지만 유량의 조절은 한쪽 방향으로만 가능하도록 체크밸브와 교축 밸브를 조합하여 구성한 밸브이다. 체크밸브는 한쪽 방향의 유체 흐름을 차단하므로 압축 공기의 유량은 교축 밸브에 의해 조절된다.

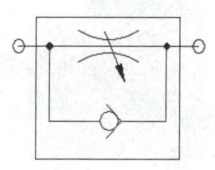

- 사용압력 : 0~10 bar
- 조절방향 1(A)→2(B)
     0~150 ℓ/min
- 자유방향 2(B)→1(A)
     160/130 ℓ/min

(5) 급속 배기 밸브

급속 배기 밸브는 공기압 실린더에서 배기되는 공기를 빠르게 배기하여 실린더의 속도를 증가시키고자 할 때 사용된다.

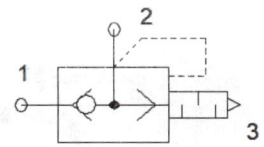

- 사용압력 : 0~10 bar
- 조절방향 1(A)→2(B)
  0~150 ℓ/min
- 자유방향 2(B)→1(A)
  160/130 ℓ/min

(6) 5/2-way 편 솔레노이드 밸브

5포트 2위치 편 솔레노이드 밸브는 초기 상태에서는 1(P)포트로 공급된 압축공기가 2(B)포트로 전달되고, 4(A)포트로 유입되는 압축 공기는 3(R)포트를 통해 배기된다. 솔레노이드에 전원이 Y1 코일에 인가되면 1(P)포트로 공급된 압축 공기는 4(A)포트로 전달되고, 2(B)포트로 유입되는 압축 공기는 3(R)포트를 통해 배기된다. 솔레노이드에 전원이 차단되면 스프링에 의해 밸브는 초기 상태로 복귀하게 된다.

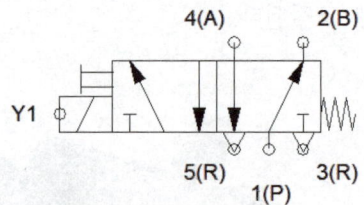

- 사용압력 : 0.5~10 bar
- 응답시간 : 20ms
- LED 및 보호회로 내장
- 복귀방식 :
  스프링+내부파이롯트 압력
- 수동작동가능

(7) 5/2-way 양솔레노이드 밸브

5포트 2위치 양솔레노이드 밸브는 두 개의 솔레노이드 동작에 의해서 초기 1(P)포트로 공급되는 압축공기를 상태에서는 4(A), 2(B)포트로 전달한다. 1(P)포트의 압축공기는 왼쪽 솔레노이드에 전원(Y1 코일)이 인가되면 4(A)포트로 전달되고, 오른쪽의 솔레노이드에 전원(Y2 코일)이 인가되면 2(B)포트로 전달된다. 밸브를 초기 상태로 복귀시키는 스프링이 내장되지 않으므로 솔레노이드에 전원이 차단되어도 밸브는 마지막 동작 상태를 유지하게 된다.

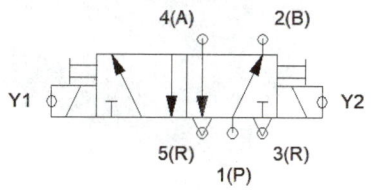

- 사용압력 : 0.5~10 bar
- 응답시간 : 20ms
- LED 및 보호회로 내장
- 수동작동가능

(8) 정전용량형 근접 센서(Capacitive Proximity Sensor)

금속, 비금속 물체와 액체의 레벨 검출이 가능하며, 범용의 레벨 스위치에 비해 일반적으로 검출 감도가 높고, 미세한 정전 용량의 변화에 대해서도 반응을 한다.

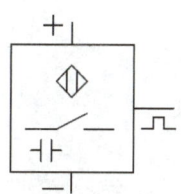

- 스위칭전압 : DC10V~30V
- 검출거리 : 8mm
- 스위칭주파수 : 최대 500Hz
- 출력접점 : N/O접점, PNP형
- 출력전류 : 최대 200mA
- 보호회로 내장

(9) 유도형 근접 센서(Inductive Proximity Sensor)

유도형 근접 센서는 금속만 감지하며 일반적으로 검출거리는 센서의 검출면의 크기에 따른다.

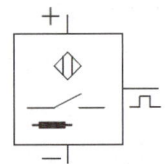

- 스위칭전압 : DC10V~30V
- 검출거리 : 5mm
- 스위칭주파수 : 최대 500Hz
- 출력접점 : N/O접점, PNP형
- 출력전류 : 최대 200mA
- 보호회로 내장

(10) 광전형 센서(Photo Electric Sensor)

광전형 센서는 빛을 매체로 하는 검출기로서 포토 트랜지스트 등을 이용한 투광기, 수광기, 앰프, 비교회로 및 출력회로를 갖추고 있다. 비금속의 검출도 가능하고 비교적 원거리에서의 검출도 가능하며, 부착 장소, 환경 온도, 진동 등의 제약도 적어 미소 물체 검출 등에 적합하다.

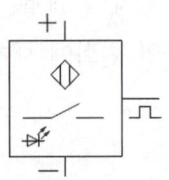

- 스위칭전압 : DC10V~30V
- 검출거리 : 100mm
- 응답시간 : 1ms
- 출력접점 : N/O접점, PNP형
- 출력전류 : 최대 200mA
- 보호회로 내장

3 전기 유압 제어 기기

(1) 파워 유니트(Power Unit)

파워 유니트(유압 동력 발생 장치)는 전기 모터에 의해 구동되는 유압펌프는 흡입필터를 통과하여 이물질이 제거된 작동유를 흡입하고 토출한다. 유압회로의 최대 압력은 릴리프 밸브에 의해 제한되고 압력 게이지는 유압회로의 압력을 지시한다. 유압회로에서 사용된 작동유는 냉각기와 복귀라인 필터를 통과하여 기름탱크로 복귀된다. 기름탱크의 유면 변화에 따라서 외부로부터 먼지나 수분이 혼입될 경우가 있으므로 이를 방지하기 위하여 기름탱크에는 통기 필터가 설치되어 있다.

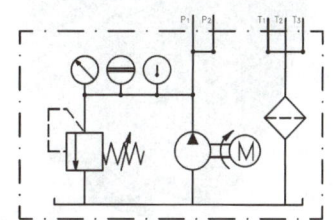

- 모터 : AC 220, 1.5 KW, 12.3 A
- 외접 기어펌프 형
- 토출유량 : 4 ℓ/min
- 사용압력 : 5 ~ 60 bar
- 탱크용량 : 30 ℓ
- 압력게이지 부착형
- 필터부착 오일주입구, 유면계, 온도계 부착

(2) 복동 실린더

복동 실린더는 유압 작동유의 유체 에너지를 이용하여 직선 왕복 운동을 기계적 에너지로 변환시키는 기기로 유압 시스템에서 양 방향의 힘이 필요할 때 사용된다. 복동 실린더는 한쪽은 유압유를 공급하면 다른 한쪽은 배출시켜야 하므로 4포트 밸브가 주로 사용된다.

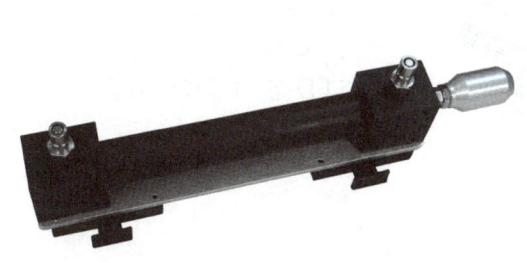
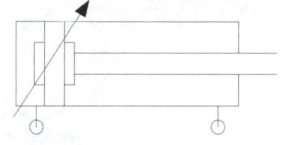

- 사용압력범위 : 0~120 bar
- 사용압력 : 60 bar
- 피스톤 직경 : 25mm
- 실린더 행정거리 : 200mm
- 피스톤 로드 직경 : 18mm
- 수압 면적비 : 2.08 : 1

(3) 유압모터

유압모터는 유체 에너지를 연속 회전 운동을 하는 기계적인 에너지로 변환시켜주는 작동기이다. 유압모터는 무단으로 회전속도를 조정할 수 있으며, 모터의 입출력 포트에 작동유를 교대로 공급하여 정/역회전의 운전이 가능하다.

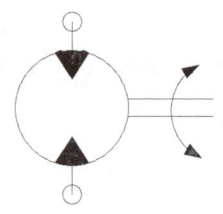

- 사용압력범위 : 0~120 bar
- 사용압력 : 60 bar
- 정,역회전 양방향 작동
- 모터구조 : 내접기어
- 이송체적 : 8.2 cc/rev
- 최대속도 : 1950rpm

(4) 2/2-way 편 솔레노이드 밸브(N/O)

2포트 2위치 편 솔레노이드 밸브는 두 개의 포트와 두 개의 위치를 갖는 밸브로써 솔레노이드에 전원을 공급하여 유로를 접속하거나 차단하는 데 사용된다.

초기 상태에서 P 포트와 A 포트가 접속되어 있는 Normal Open 밸브의 기호를 나타낸 것이다.

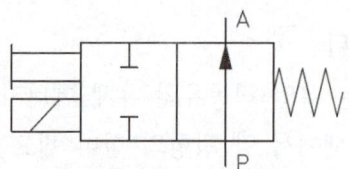

- 사용압력범위 : 0~120 bar
- 사용압력 : 60bar
- 소비전력 : 27W
- 사용전압 : DC 24V
- LED 및 보호회로 내장

(5) 2/2-way 편 솔레노이드 밸브(N/C)

2포트 2위치 편 솔레노이드 밸브는 두 개의 포트와 두 개의 위치를 갖는 밸브로써 솔레노이드에 전원을 공급하여 유로를 접속하거나 차단하는데 사용된다.

초기 상태에서 P포트와 A포트가 접속되어 있는 Normal Close 밸브의 기호를 나타낸 것이다.

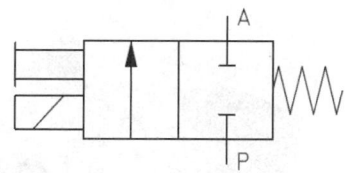

- 사용압력범위 : 0~120 bar
- 사용압력 : 60bar
- 소비전력 : 27W
- 사용전압 : DC 24V
- LED 및 보호회로 내장

(6) 3/2-way 편 솔레노이드 밸브

3포트 2위치 편 솔레노이드 밸브는 두 개의 포트와 두 개의 위치를 갖는 밸브로써 솔레노이드에 전원을 공급하여 유로를 접속하거나 차단하는데 사용된다.

초기 상태에서 P포트와 A포트가 접속되어 있는 Normal Close 밸브의 기호를 나타낸 것이다.

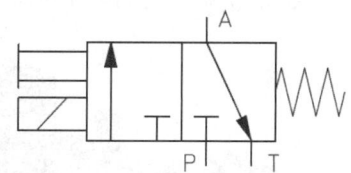

- 사용압력범위 : 0~120 bar
- 사용압력 : 60bar
- 소비전력 : 27W
- 사용전압 : DC 24V
- LED 및 보호회로 내장

(7) 4/2-way 편 솔레노이드 밸브

4포트 2위치 편 솔레노이드 밸브는 초기 상태는 P 포트는 B 포트와 접속되고, A 포트는 T 포트와 접속된다. 솔레노이드에 전원이 인가되면 P 포트는 A 포트와 접속되고, B 포트는 T 포트와 접속된다. 전원이 차단되면 밸브는 초기 상태로 복귀한다.

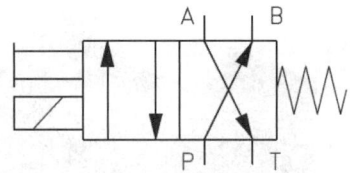

- 사용압력범위 : 0~120 bar
- 사용압력 : 60bar
- 소비전력 : 27W
- 사용전압 : DC 24V
- LED 및 보호회로 내장

(8) 4/2-way 양 솔레노이드 밸브

4포트 2위치 양 솔레노이드 밸브는 양측의 솔레노이드 동작에 의해서 P-B, A-T 접속과 P-A, B-T 접속 상태가 변화한다. 밸브를 초기 상태로 복귀시키는 스프링이 내장되지 않으므로 솔레노이드에 전원이 차단되어도 밸브는 마지막 동작 상태를 유지하게 된다.

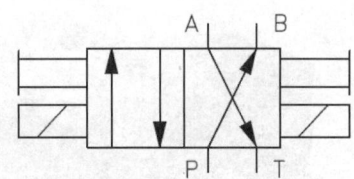

- 사용압력범위 : 0~120 bar
- 사용압력 : 60bar
- 소비전력 : 27W
- 사용전압 : DC 24V
- LED 및 보호회로 내장

(9) 4/3-way 양 솔레노이드 밸브 (PABT 차단형)

4포트 3위치 양 솔레노이드 밸브는 양측의 솔레노이드 동작에 의해서 P, T, A, B 포트의 접속 상태가 변화한다. 양측의 솔레노이드에 전원이 인가되지 않으면 양쪽의 스프링에 의해서 밸브는 중립 위치 상태를 유지하게 된다. 4포트 3위치 밸브는 중립 위치에서 포트와 유로의 접속 관계에 따라 여러 종류가 있다. PABT 차단형은 중립 위치에서 모든 포트가 차단되어 있다.

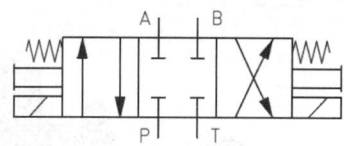

- 사용압력범위 : 0~120 bar
- 사용압력 : 60bar
- 소비전력 : 27W
- PABT차단형(ALL BLOCK TYPE)
- 사용전압 : DC 24V
- LED 및 보호회로 내장

(10) 4/3-way 양 솔레노이드 밸브 (ABT 접속형)

4포트 3위치 양 솔레노이드 밸브는 양측의 솔레노이드 동작에 의해서 P, T, A, B 포트의 접속 상태가 변화한다. 양측의 솔레노이드에 전원이 인가되지 않으면 양쪽의 스프링에 의해서 밸브는 중립 위치 상태를 유지하게 된다. 4포트 3위치 밸브는 중립 위치에서 포트와 유로의 접속 관계에 따라 여러 종류가 있다. ABT 접속형은 중립 위치에서 P 포트만 차단되고 A, B 포트는 모두 T 포트에 접속된다. 이 형식을 펌프 클로즈드 센터형 또는 프레셔 포트 블록형 이라고도 한다.

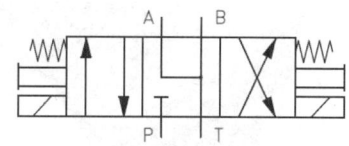

- 사용압력범위 : 0~120 bar
- 사용압력 : 60bar
- 소비전력 : 27W
- ABT접속형
- 사용전압 : DC 24V
- LED 및 보호회로 내장

(11) 4/3-way 양 솔레노이드 밸브 (PT 접속형)

4포트 3위치 양솔 레노이드 밸브는 양측의 솔레노이드 동작에 의해서 P, T, A, B 포트의 접속 상태가 변화한다. 양측의 솔레노이드에 전원이 인가되지 않으면 양쪽의 스프링에 의해서 밸브는 중립 위치 상태를 유지하게 된다. 4포트 3위치 밸브는 중립 위치에서 포트와 유로의 접속 관계에 따라 여러 종류가 있다. ABT 접속형은 중립 위치에서 P, T 포트가 접속되고 A, B 포트는 차단된다. 이 형식을 텐덤 센터형 또는 센터 바이패스형이라고도 한다.

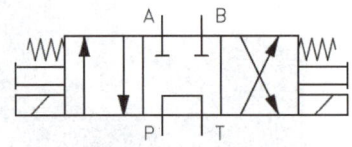

- 사용압력범위 : 0~120 bar
- 사용압력 : 60bar
- 소비전력 : 27W
- PT접속형
- 사용전압 : DC 24V
- LED 및 보호회로 내장

(12) 압력 릴리프 밸브(직동형)

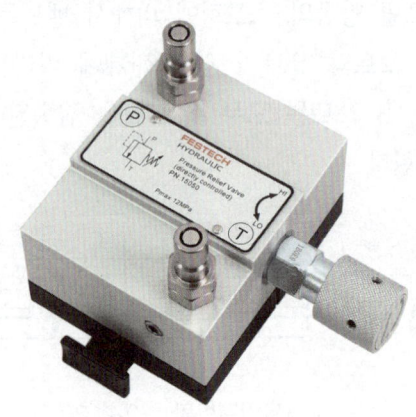
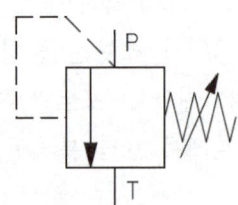

- 사용압력범위 : 0~120 bar
- 사용압력 : 60bar
- 수동동작방식

(13) 3-way 감압 밸브

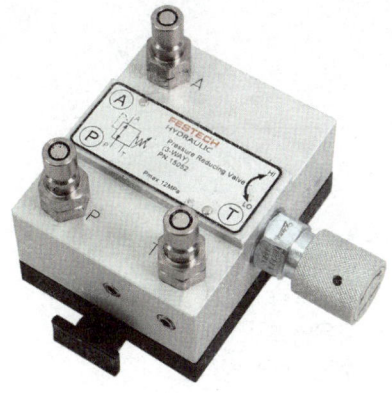
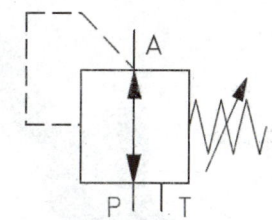

- 사용압력범위 : 0~120 bar
- 사용압력 : 60bar
- 수동동작방식

(14) 카운터밸런스 밸브

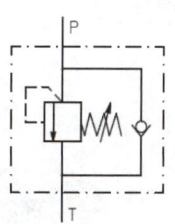

- 사용압력범위 : 0~120 bar
- 사용압력 : 60bar
- 수동 동작 방식
- 외부 파일럿 접속
- 외부 드레인

(15) 압력보상 유량 제어밸브

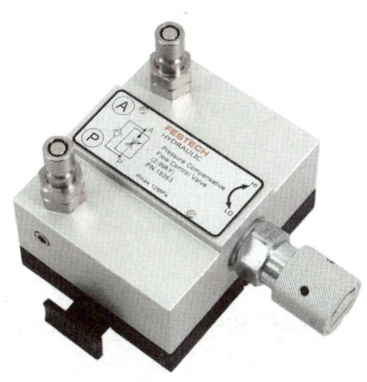
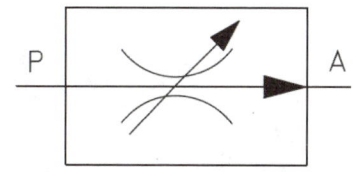

- 사용압력범위 : 0~120 bar
- 사용압력 : 60bar
- 수동 동작 방식
- 2-way 유량 조절 밸브
- 압력보상기구 내장

(16) 양방향 유량 제어밸브

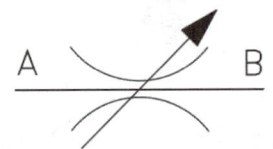

- 사용압력범위 : 0~120 bar
- 사용유량 : 10 $l/\min$
- 사용압력 : 60 bar
- 수동 동작 방식

(17) 일방향 유량 제어밸브

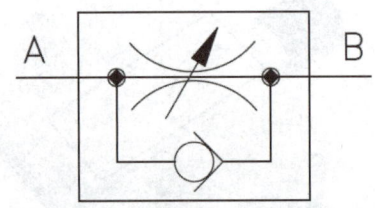

- 사용압력범위 : 0~120 bar
- 사용유량 : 10 $l/\min$
- 사용압력 : 60 bar
- 수동 동작 방식

(18) 간접작동형 체크밸브

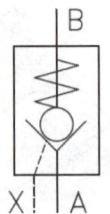

- 사용압력범위 : 0~120 bar
- 사용압력 : 60 bar
- 파일럿 작동

(19) 차단 밸브

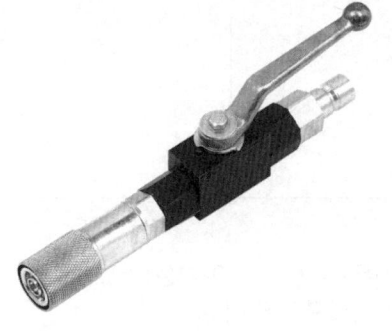

- 사용압력범위 : 0~120 bar
- 사용압력 : 60 bar
- 수동 동작 방식

(20) 체크 밸브 (1bar)

- 사용압력범위 : 0~120 bar
- 사용압력 : 60 bar
- 체크 개방 압력 : 1 bar

(21) 체크 밸브 (5bar)

- 사용압력범위 : 0~120 bar
- 사용압력 : 60 bar
- 체크 개방 압력 : 5 bar

(22) T-컨넥터

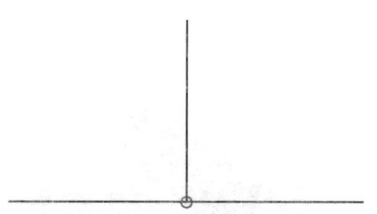

- 사용압력범위 : 0~120 bar
- 사용압력 : 60 bar

(23) 압력 게이지

- 사용압력범위 : 0~100 bar
- 정밀도 : 1.6%
- 완충유 : 글리세린
- 작동유체 : 유압
- 게이지 직경 : 60 ㎜

(24) 압력 게이지 및 분배기

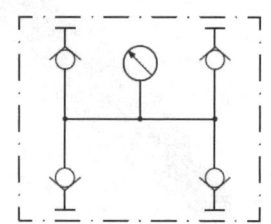

- 사용압력범위 : 0~100 bar
- 정밀도 : 1.6%
- 완충유 : 글리세린
- 작동유체 : 유압
- 게이지 직경 : 60 ㎜
- 분배용 컨넥터 : 4 ea

(25) 유압호스(600, 1000, 1500)

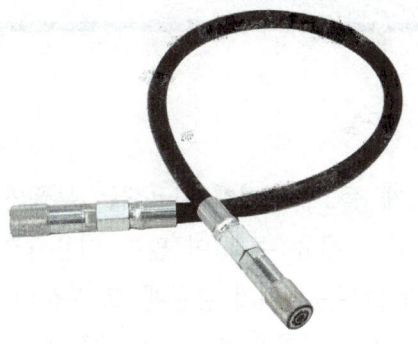

- 사용압력범위 : 0~120 bar
- 사용압력 : 60 bar
- 사용온도 : -40℃~125℃
- 최소굽힘 반경 : 80 ㎜

(26) 압력제거기

- 잔압 제거용
- 수동 동작 방식

Chapter 4 공유압 전기회로 구성 및 응용

전기 릴레이를 이용한 제어방법은 가장 비용이 적게 들고, 제어에 사용되는 부품의 종류와 작동원리가 간단하기 때문에 전기공학을 전공하지 않은 사람도 쉽게 배울 수 있어 많이 이용되고 있다. 그러나 전기 릴레이를 이용하는 제어는 기계적인 부품의 접점이 작동하는 것이기 때문에 그 부품의 수명이 작동회수 기준으로 약 100만 회 정도로 짧고, 습기나 먼지 등의 주변 환경에 민감하기 때문에 높은 신뢰성을 보장할 수 없는 단점이 있어 현재는 그 이용 추세가 감소하고 있다. 이와 같은 제어 시스템을 구성하기 위하여 전기회로를 구성할 수 있어야 한다. 기본적인 전기 회로도를 구성하기 위하여 아래 그림과 같이 다음의 4가지 부품이 필요하다.

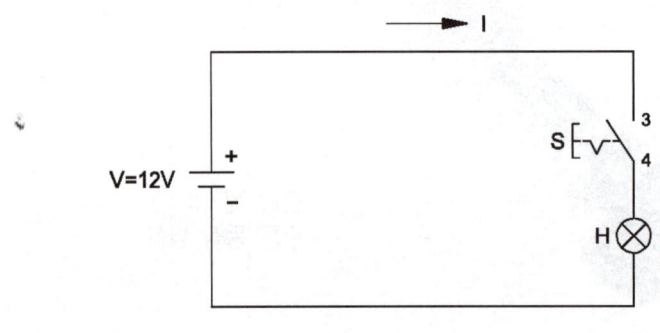

전기회로의 기본구성

① 전원 공급을 담당하는 에너지원(power source)
② 제어계의 입력과 제어기능의 구성을 위한 스위치(switch)
③ 램프, 모터, 솔레노이드코일 등 동작을 위한 부하(load)
④ 회로를 구성하는 요소를 연결하는 전선(cables)

전기회로의 구성에 있어서 전기신호의 흐름방향을 결정하는 것이 스위치라고 하는 접점을 사용하는 것이며, 실제의 제어회로 구성에서 필요한 것은 이 스위치가 전기 신호에 의하여 동작할 수 있어야 한다는 것이다. 이것이 릴레이이다. 전기회로에서 스위치의 기능은 전기 신호의 흐름 방향을 결정하는 요소로 신호가 있을 때 출력을 존재하게 만드는 접점과 그 반대의 기능을 가진 접점을 사용하게 된다.

1 전기 스위치의 종류

1. a 접점

a접점 스위치는 외력이 작용하지 않은 상태에서 접점이 열려있기 때문에 정상상태 열림형(normally open contact, N.O형) 접점이라고도 한다. 접점에 외력이 작용하지 않은 상태에서는 접점이 열려 있어 전기가 통할 수 없고 일을 할 수 없는 상태이지만, 스위치가 작동되면 접점이 연결되어 일을 할 수 있게 되기 때문에 arbeit contact라 하며, 이를 약하여 a접점이라 한다.

다음 그림은 a접점의 구조와 기호이다.

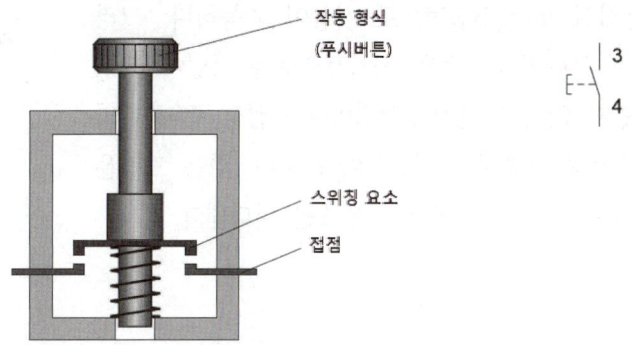

a접점의 구조와 기호

제어회로도에서는 모든 부품은 표준화된 기호로서 표시하게 되어 있다. 제어회로도의 표현방법은 유럽에서 많이 이용되는 IEC(International Electrotechnical Commission)에서 정한 방식과 미국에서 많이 이용되는 래더(Ladder)방법의 두 가지가 있다. 이 두 방법은 표현방법의 차이일 뿐이지 사용되는 부품은 마찬가지이다. a접점을 IEC방법으로 표현할 때 접점의 단자를 3번과 4번의 기호로 표현한다.

스위치의 기호를 표시할 때 유·공압의 밸브와 다른 것은 밸브의 기호는 밸브가 작동하기 전과 작동한 다음의 상태를 모두 표시하지만 스위치는 작동하기 전의 상태만 표시하고 귀환 방법은 표시하지 않는다. 이는 스위치의 귀환 방법은 스프링으로 모두 동일하기 때문이다

2. b 접점

b접점 스위치는 a접점스위치와는 반대로 스위치가 작동되지 않은 상태에서 접점이 닫혀 있기 때문에 정상상태 닫힘형 접점 (Normally Closed Contact, N.C형)이라고 한다. 그리고 스위치를 작동시키면 연결되어 있던 접점이 떨어지게 되기 때문에 break contact라 하며, 이를 약하여 b 접점이라 한다. 다음 그림은 b접점 스위치의 기호와 구조이다. IEC방법에서 접점의 단자에는 1과 2의 기호로 표시된다.

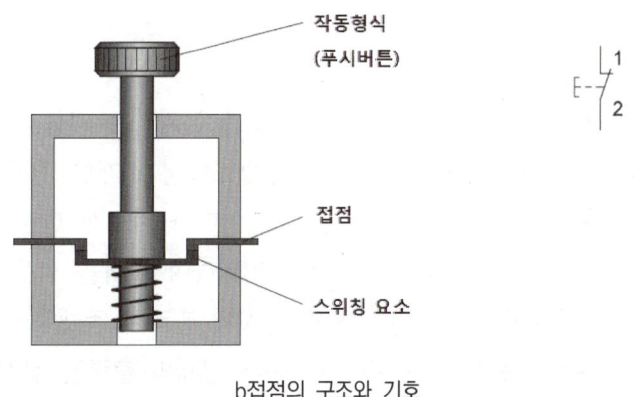

b접점의 구조와 기호

3. c 접점

c접점 스위치는 하나의 스위치를 a접점이나 b접점으로 사용이 가능한 스위치이다. 이 스위치는 작동되면 접점의 전환(change-over)이 일어나기 때문에 c접점이라 한다. 실제로 대부분의 전기스위치는 c접점 형태로 제작되어 있어, 사용하기에 따라 a접점 또는 b접점으로 사용이 가능하다. 그러나 하나의 c접점은 전기적으로는 독립이 되어 있지 않기 때문에 a접점이나 b접점 중 하나의 기능을 선택하여 사용하여야 한다. 다음 그림은 c접점 스위치의 구조와 기호를 나타낸다.

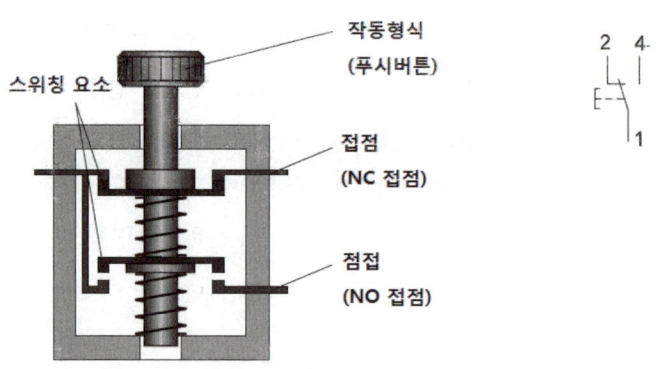

c접점의 구조와 기호

4. 전기 릴레이

릴레이(relay)는 전기 신호에 의하여 작동되는 여러 개의 절연된 접점을 가지고 있는 스위치로 정의할 수 있다. 일반적으로 수동조작 스위치는 여러 개의 독립된 접점을 갖고 있지만 전기 리밋 스위치나 센서는 하나의 독립된 접점밖에 없다. 그러므로 전기적으로 독립된 여러 개의 접점이 필요한 경우에는 다른 전기 부품을 이용하여 접점을 늘려 주어야만 한다. 이때 접점을 늘려주는 것이 전기제어에서 핵심적인 역할을 수행하는 전기릴레이이다. 전기 릴레이는 옛날에는 통신 분야에서 약해진 신호를 중계해 주는 증폭기의 역할을 많이 담당하였으나 현재는 통신분야 보다는 공장 자동화를 위한 제어분야에 이용되고 있다. 다음 그림은 전기릴레이의 구조와 기호이다.

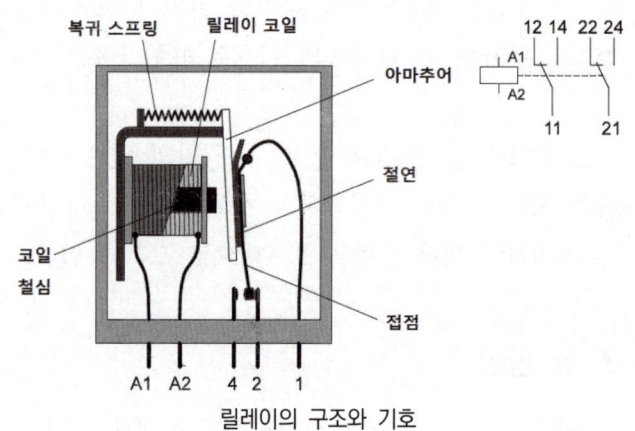

릴레이의 구조와 기호

이와 같은 릴레이의 기능은 신호를 분기하는 기능, 신호의 증폭, 논리의 변환, 자기유지회로를 구성할 수 있는 기능이 있다. 릴레이도 공압밸브에서 소개한 바와 같이 시간을 지연하는 기능을 가진 릴레이도 있다. 시간을 지연하는 릴레이는 공압 타이머와 다르게 한시지연과 한시복귀을 모두 가지고 있다. 한시지연은 신호가 입력되면 그때부터 시간을 지연하여 출력을 발생하며 입력된 신호가 제거되면 출력도 동시에 없어진다. 한시복귀는 신호가 있으면 동시에 출력이 존재하고 신호가 없어지면 그때부터 시간을 지연하여 출력을 없애주는 기능을 가진 것이다. 물론 실제의 출력은 접점을 a접점을 사용할 것인가 혹은 b접점을 사용할 것인가에 따라 달라진다.

2 전기 공유압 기본 및 응용 회로

1. 전기 공기압 기본 회로

(1) a접점, b접점, c접점에 의한 실린더 제어

공기압회로는 5/2-way 편 솔레노이드 밸브와 복동 실린더를 이용하여 구성한다. 푸시버튼스위치(PB1)의 a접점, b접점, c접점에 의해 실린더 전후진을 제어하는 전기회로도를 각각 구성하고 동작을 확인한다.

- a접점

푸시버튼스위치(PB1)를 누르면 열려 있던 접점이 닫히면서 솔레노이드 Y1에 여자된다. 그러면 공압회로도에서 5/2-way 편 솔레노이드 밸브의 제어위치가 전환된다. 그러면 파워포트 1번으로 작업포트 4번으로 공압이 나가게 되고 공압실린더의 피스톤 측으로 공급된다. 피스톤 로드측 공기는 작업포터 2번으로부터 배기포트 3번을 통하여 배기된다. 그러면 피스톤은 전진운동을 하게 된다. 푸시버튼스위치(PB1)를 놓으면 솔레노이드 Y1이 소자 된다. 그러면 공압회로도에서 5/2-way 편 솔레노이드 밸브의 제어위치가 원위치로 전환된다. 그러면 파워포트 1번으로부터 작업포트 2번으로 공압이 나가게 되고 공압실린더의 피스톤 로드측으로 공급된다. 피스톤측 공기는 작업포터 4번으로부터 배기포트 5번을 통하여 배기된다. 그러면 피스톤은 후진운동을 한다.

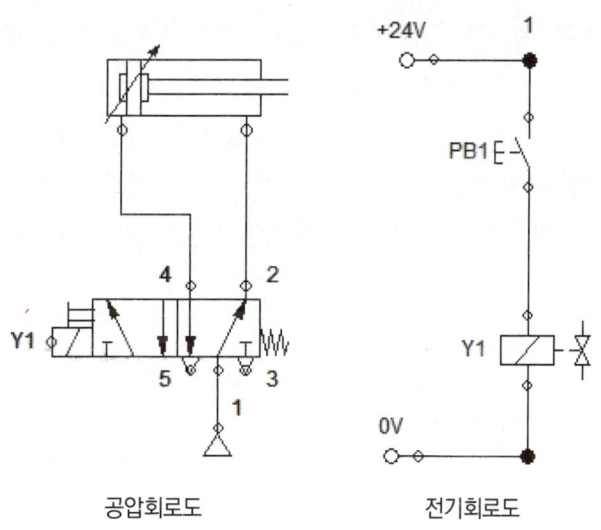

공압회로도   전기회로도

- b 접점

초기 상태에서 푸시버튼스위치(PB2)의 접점이 닫혀 있으므로 전원이 인가하면 솔레노이드 Y2에 여자된다. 그러면 공압회로도에서 5/2-way 편 솔레노이드 밸브의 제어위치가 전환된다. 그러면 파워포트 1번으로 작업포트 4번으로 공압이 나가게 되고 공압실린더의 피스톤 측으로 공급된다. 피스톤 로드측 공기는 작업포터 2번으로부터 배기포트 3번을 통하여 배기되어 피스톤은 전진운동을 하게 된다. 푸시버튼스위치(PB2)를 누르면 닫혀 있던 접점이 열리면 작동 솔레노이드 Y2이 소자 된다. 그러면 공압회로도에서 5/2-way 편 솔레노이드 밸브의 제어위치가 원위치로 전환된다. 그러면 파워포트 1번으로부터 작업포트 2번으로 공압이 나가게 되고 공압실린더의 피스톤 로드측으로 공급된다. 피스톤측 공기는 작업포터 4번으로부터 배기포트 5번을 통하여 배기되어 피스톤은 후진운동을 한다. 그리고, 푸시버튼스위치(PB2)를 놓으면 전원이 인가할 때의 상태로 된다.

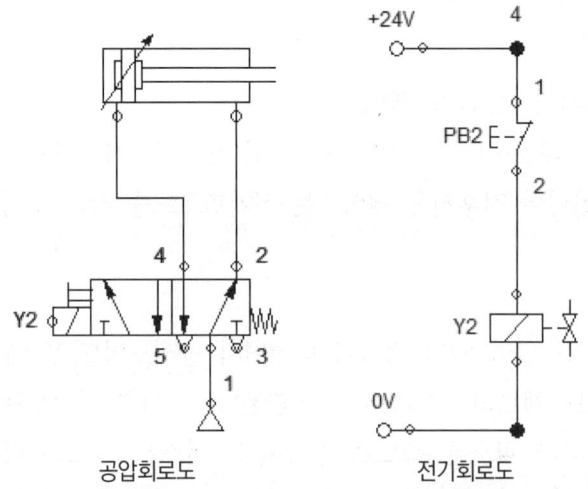

공압회로도　　　　　전기회로도

- c 접점

　초기 상태에서 푸시버튼스위치(PB3)는 b접점으로 닫혀 있는 쪽으로 전원이 인가되어 램프에 점등된다. 푸시버튼스위치(PB3)를 누르면 램프는 소등되고 솔레노이드 Y3에 여자된다. 그러면 공압회로도에서 5/2-way 편 솔레노이드 밸브의 제어위치가 전환된다. 그러면 파워포트 1번으로 작업포트 4번으로 공압이 나가게 되고 공압실린더의 피스톤 측으로 공급된다. 피스톤 로드측 공기는 작업포터 2번으로부터 배기포트 3번을 통하여 배기되어 피스톤은 전진운동을 하게 된다. 푸시버튼스위치(PB3)를 놓으면 닫혀 있던 접점이 열리면 작동 솔레노이드 Y3이 소자 된다. 그러면 공압회로도에서 5/2-way 편 솔레노이드 밸브의 제어위치가 원위치로 전환된다. 그러면 파워포트 1번으로부터 작업포트 2번으로 공압이 나가게 되고 공압실린더의 피스톤 로드측으로 공급된다. 피스톤측 공기는 작업포터 4번으로부터 배기포트 5번을 통하여 배기되어 피스톤은 후진운동을 한다.

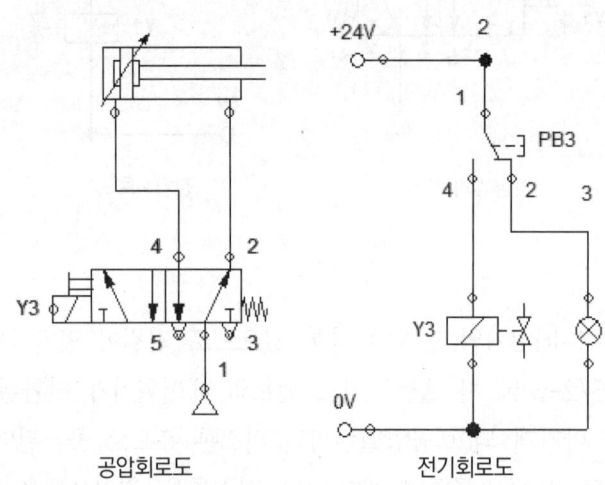

공압회로도　　　　　전기회로도

- 전원이 인가한 상태(초기 상태)

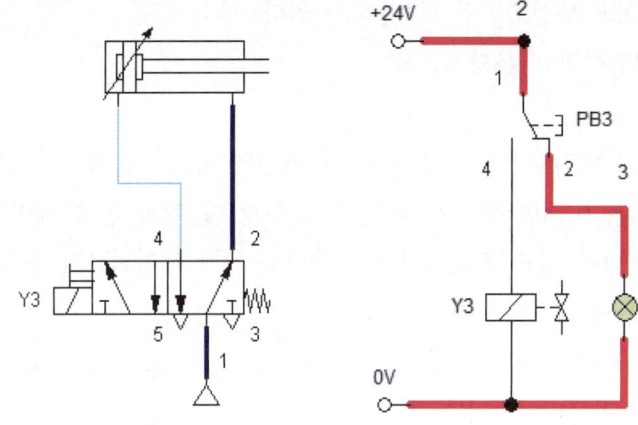

- 푸시버튼스위치(PB3)가 작동된 상태

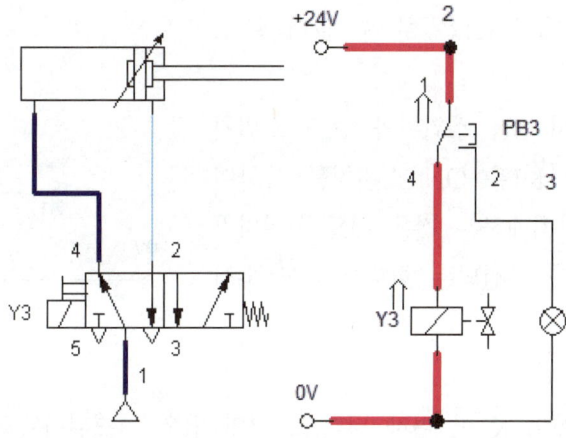

(2) 자기유지회로에 의한 실린더 제어
(전진/후진 푸시버튼 스위치 사용)

편 솔레노이드 밸브가 포함된 전기제어회로를 구성하기 위해서는 특별한 회로가 필요하다. 왜냐하면 편 솔레노이드 밸브인 경우 솔레노이드 Y1에 계속해서 전기 신호가 주어져야 5/2-way 솔레노이드 밸브의 제어위치가 유지되기 때문이다. 따라서 전진 스위치를 눌렀다 놓아도 계속해서 솔레노이드 Y1에 전기 신호가 주어지는 특별한 회로가 필요하게 되고 이는 자기유지회로로 통하여 구현된다.

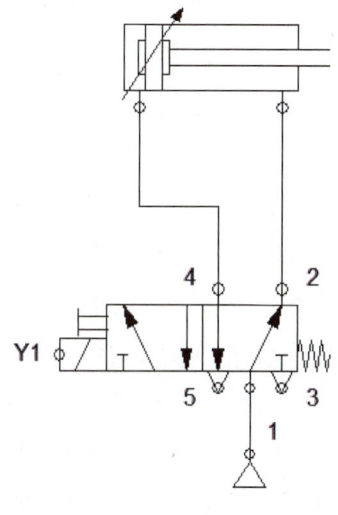

편 솔레노이드 5/2-way 밸브

- 자기유지회로

자기유지회로에는 ON 우선회로와 OFF 우선회로의 두 가지가 있다.
ON 우선 자기유지회로의 동작을 설명하면 다음과 같다.

ON 푸시버튼을 누르면 릴레이 K1이 여자 된다. 그러면 병렬 연결된 K1의 a 접점이 닫혀서 이 라인을 통하여도 릴레이 K1에 전기가 공급된다. 이러한 상태가 되면 ON 푸시버튼에서 손을 떼어도 K1의 a 접점을 통하여 K1은 계속 여자 된 상태로 남아 있게 된다. 이러한 상태를 '자기유지회로가 구성되었다'고 한다. 자기유지회로를 풀기 위해서는 OFF 푸시버튼을 누른다. 그러면 OFF 푸시버튼의 b 접점이 열리게 되고 K1 릴레이에 공급되던 전기가 끊겨 릴레이 K1이 소자된다. 그러면 릴레이 K1의 a 접점이 열리게 된다. 이 상태에서 OFF 푸시버튼을 놓으면 b 접점이 닫히게 되지만 릴레이 K1의 a 접점이 열려 있으므로 더 이상 릴레이 K1은 살 수 없게 된다. 즉, 자기유지회로가 해제된다.

ON 우선 자기 유지회로에서 ON 스위치와 OFF 스위치를 동시에 작동시키면 릴레이 K1은 ON 스위치를 통하여 여자 된다. 즉, 릴레이 K1을 지배하는 것은 ON 스위치가 된다. 이와 같이 ON 스위치가 우선되는 회로를 ON 우선 자기유지회로라고 한다.

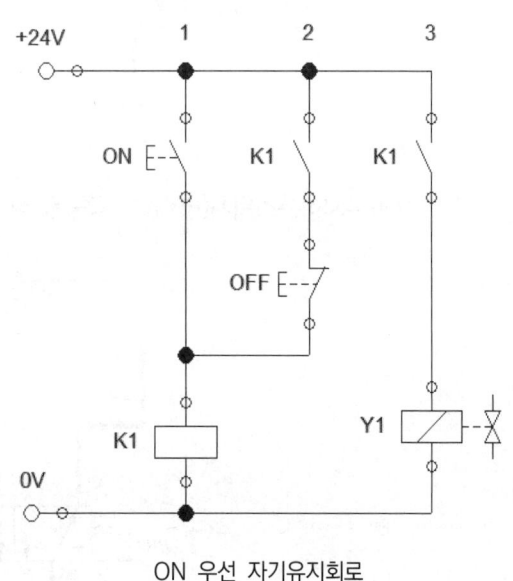

ON 우선 자기유지회로

ON 푸시버튼을 누르면 릴레이 K1이 여자 된다. 그러면 병렬 연결된 K1의 a 접점이 닫혀서 이 라인을 통하여도 릴레이 K1에 전기가 공급된다. 이러한 상태가 되면 ON 푸시버튼에서 손을 떼어도 K1의 a 접점을 통하여 K1은 계속 여자 된 상태로 남아 있게 된다. 이러한 상태를 '자기유지회로가 구성되었다'고 한다. 자기유지회로를 풀기 위해서는 OFF 푸시버튼을 누른다. 그러면 OFF 푸시버튼의 b 접점이 열리게 되고 K1 릴레이에 공급되던 전기가 끊겨 릴레이 K1이 소자된다. 그러면 릴레이 K1의 a 접점이 열리게 된다. 이 상태에서 OFF 푸시버튼을 놓으면 b 접점이 닫히게 되지만 릴레이 K1의 a 접점이 열려 있으므로 더 이상 릴레이 K1은 살 수 없게 된다. 즉, 자기유지회로가 해제된다.

OFF 우선 자기 유지회로에서 ON 스위치와 OFF 스위치를 동시에 작동시키면 릴레이 K1은 OFF 스위치를 통하여 소자된다. 즉, 릴레이 K1을 지배하는 것은 OFF 스위치가 된다. 이와 같이 OFF 스위치가 우선되는 회로를 OFF 우선 자기유지회로라고 한다.

전기 제어회로도에서는 일반적으로 ON 우선 자기유지회로보다는 OFF 우선 자기유지회로가 많이 사용된다.

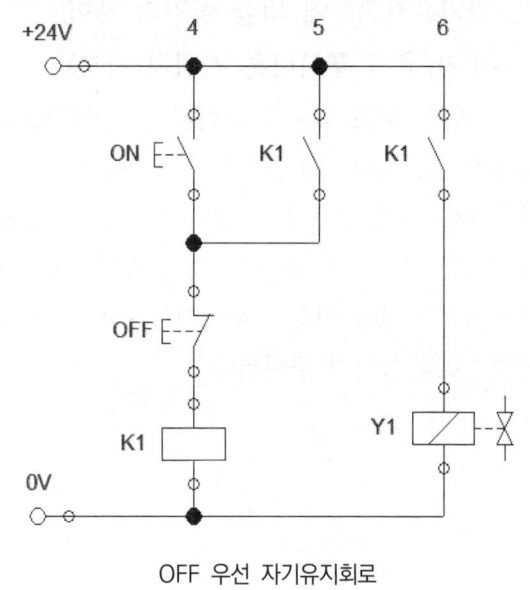

OFF 우선 자기유지회로

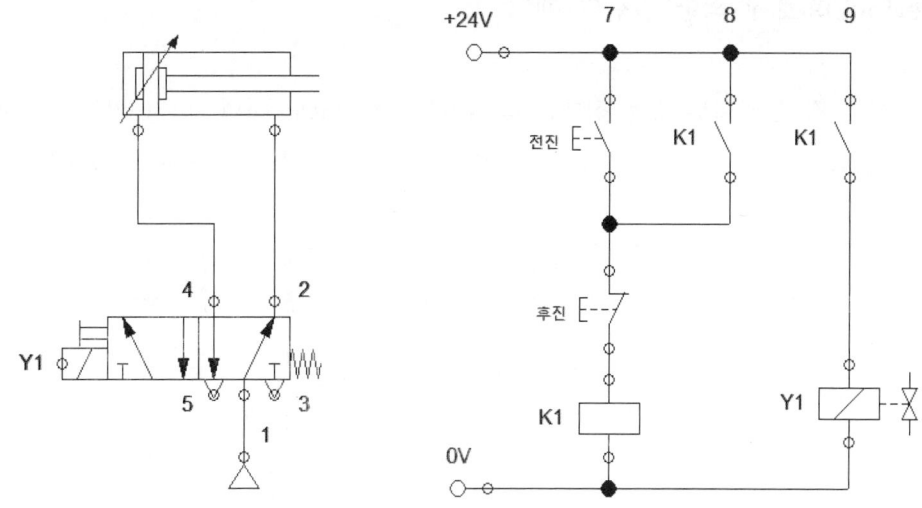

자기유지회로를 이용한 실린더의 전진/후진 제어

　7번 라인에서 전진 스위치를 누르면 릴레이 K1이 여자 된다. 그러면 8번 라인의 릴레이 K1 a 접점을 통하여 릴레이 K1에 전기가 공급된다. 동시에 9번 라인의 릴레이 K1 a 접점을 통하여 솔레노이드 Y1에 전기 신호가 전달된다. 그러면 5/2-way 편 솔레노이드 밸브의 제어위치가 전환된다. 공압이 파워포트 1번으로부터 작업포트 4번으로 나가게 되고 공압실린더의 피스톤 측으로 공급된다. 피스톤 로드 측 공기는 작업포트 2번으로부터 배기포트 1번을 통하여 배기된다. 그러면 피스톤을 전진운동을 하게 된다. 이 상태에서 전진 스위치를 놓아도 8번 라인의 릴레이 K1 a 접점을 통하여 릴레이 K1에 계속해서 전기가 공급된다. 즉, 자기유지회로가 구성되었다. 9번 라인의 릴레이 K1 a 접점을 통하여 솔레노이드 Y1에 계속해서 전기 신호가 전달되므로 5/2-way 편 솔레노이드 밸브의 제어위치는 전환된 상태를 유지하게 되고 실린더는 전진운동을 완료하게 된다.

　7번 라인에서 후진 스위치를 누르면 릴레이 K1이 소자된다. 그러면 8번 라인의 릴레이 K1 a 접점이 열리게 되고 더 이상 릴레이 K1에 전기가 공급되지 않는다. 동시에 9번 라인의 릴레이 K1 a 접점도 열리게 되므로 솔레노이드 Y1에 전기 신호가 끊기게 된다. 그러면 5/2-way 편 솔레노이드 밸브는 스프링에 의하여 제어위치가 원래대로 전환된다. 공압이 파워포트 1번으로부터 작업포트 2번으로 나가게 되고 공압실린더의 피스톤 로드 측으로 공급된다. 피스톤 측 공기는 작업포트 4번으로부터 배기포트 3번을 통하여 배기된다. 그러면 피스톤은 후진운동을 하게 된다. 후진 스위치를 놓게 되면 7번 라인의 전진스위치 a 접점도 열려 있고, 8번 라인의 릴레이 K1 a 접점도 열려 있으므로 더 이상 릴레이 K1은 살 수 없게 된다. 즉, 자기유지회로가 해제된다. 따라서 공압 실린더는 후진운동을 완료하게 된다.

(3) 인터록(interlock)회로에 의한 실린더 제어

• 양 솔레노이드 밸브

인터록 회로는 선 입력 우선회로 또는 상대 동작 금지 회로라고도 하며, 먼저 입력된 신호에 의한 동작이 우선이 되도록 신호의 우선순위를 결정하여 회로에서 어떤 두 동작이 동시에 일어나지 않도록 할 때 사용된다.

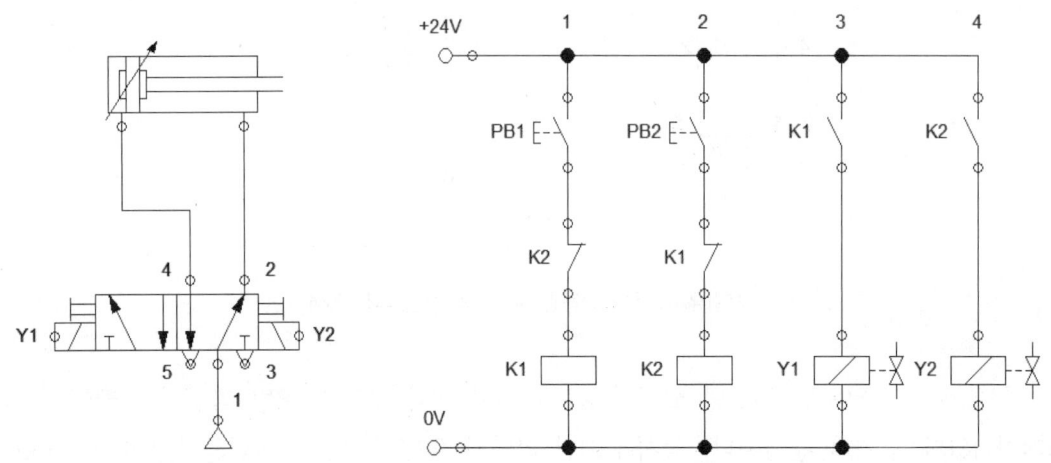

인터록회로에 의한 실린더 제어(양솔레노이드 밸브)

5/2-way 양 솔레노이드 밸브와 복동 실린더를 이용하여 공기압 회로를 구성한다. 두 개의 푸시버튼 스위치(PB1, PB2)와 두 개의 릴레이(K1, K2)를 이용하여 전기회로도를 구성하고 실린더의 동작을 확인한다.

양 솔레노이드 밸브는 방향제어 밸브의 양쪽에 솔레노이드가 설치되어 있어서 공기압실린더의 전후진 동작 모두를 전기적 방식으로 제어할 수 있다. 양 솔레노이드 밸브는 편 솔레노이드 밸브와는 달리, 솔레노이드 밸브의 작동에 의해 방향제어 밸브의 제어위치가 변경된 상태에서 솔레노이드의 작동을 중지시켜도 방향제어 밸브의 제어위치가 변경되지 않는다. 따라서 양 솔레노이드밸브를 이용한 공기압 실린더의 전, 후진 동작을 위해서는 각각의 전진 및 후진동작을 제어하기 위한 전기회로가 필요하다.

1번 라인에서 PB1 스위치를 누른다. 릴레이 K1이 여자되면, 3번 라인에서 K1 a 접점이 닫혀서 솔레노이드 Y1가 여자된다. 그러면 5/2-way 양솔레노이드 밸브의 제어위치가 전환되어 공압이 공압실린더의 피스톤 측으로 공급된다. 이에 따라 실린더는 전진운동을 한다.

전진운동을 한 상태에서 2번 라인에서 PB2 스위치를 누른다. 릴레이 K2가 여자 되면, 4번 라인에서 K2 a 접점이 닫혀서 솔레노이드 Y2가 여자 된다. 그러면 5/2-way 양 솔레노이드 밸브의 제어위치가 전환되어 공압이 공압실린더의 로드 측으로 공급된다. 이에 따라 실린더는 후진운동을 한다.

PB1 또는 PB2를 누른 상태에서는 동작하고 있는 릴레이 b 접점이 열려 있으므로 다른 스위치를 눌러도 상대 릴레이는 여자되지 않는다. 따라서 먼저 스위치의 동작만 실행하게 된다.

• 편 솔레노이드 밸브

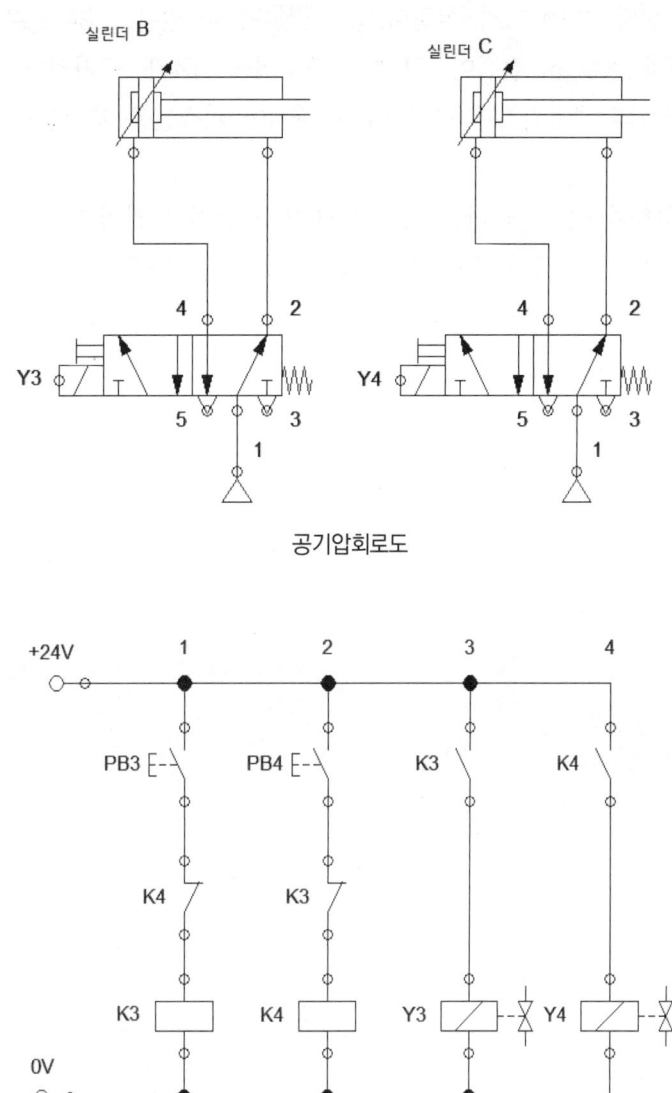

공기압회로도

전기회로도
인터록회로에 의한 실린더 제어(편 솔레노이드 밸브)

   2개의 5/2-way 편 솔레노이드 밸브와 2개의 복동 실린더를 이용하여 공기압 회로를 구성한다. 두 개의 푸시버튼 스위치(PB3, PB4)와 두 개의 릴레이(K3, K4)를 이용하여 전기회로도를 구성하고 실린더의 동작을 확인한다.

   1번 라인에서 PB3 스위치를 누른다. 릴레이 K3가 여자 되면, 3번 라인에서 K3 a 접점이 닫혀서 솔레노이드 Y3가 여자 된다. 그러면 좌측 5/2-way 편 솔레노이드 밸브의 제어위치가 전환되어 공압이 공압실린더의 피스톤 측으로 공급된다. 이에 따라 실린더B는 전진운동을 한다. PB3 스위치를 놓으면 릴레이 K3가 소자된다. 3번 라인에서 K3 a 접점이 열려 솔레노이드 Y3가 소자된다. 그러면 공압 회로도에서 5/2-way 편 솔레노이드 밸브의 제어위치가 원위치로 전환되어 피스톤은 후진운동을 한다.

   2번 라인에서 PB4 스위치를 누른다. 릴레이 K4가 여자 되면, 4번 라인에서 K4 a 접점이 닫혀서 솔레노이드 Y4가 여자 된다. 그러면 우측 5/2-way 편 솔레노이드 밸브의 제어위치가 전환되어 공압이 공압실린더의 피스톤 측으로 공급된다. 이에 따라 실린더B는 전진운동을 한다. PB4 스위치를 놓으면 릴레이 K4가 소자된다. 4번 라인에서 K4 a 접점이 열려 솔레노이드 Y4가 소자된다. 그러면 공압회로도에서 5/2-way 편 솔레노이드 밸브의 제어위치가 원위치로 전환되어 피스톤은 후진운동을 한다.

PB3 또는 PB4를 누른 상태에서는 동작하고 있는 릴레이 b 접점이 열려 있으므로 다른 스위치를 눌러도 상대 릴레이는 여자 되지 않는다. 따라서 먼저 스위치의 동작만 실행하게 된다.

2. 기본 제어 동작 (A+ A-)

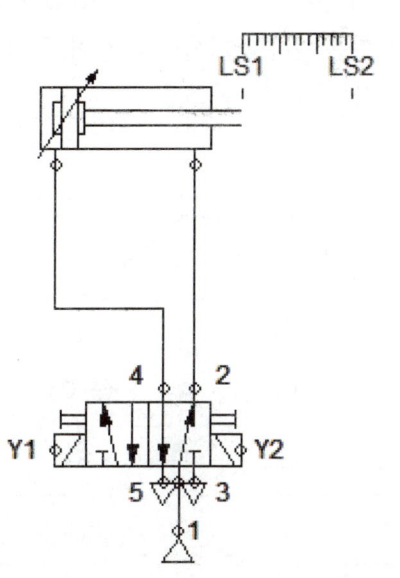

① 기본제어동작

초기상태에서 시작(PB1) 스위치를 On-Off하면 다음 변위단계선도와 같이 동작

② 변위-단계선도

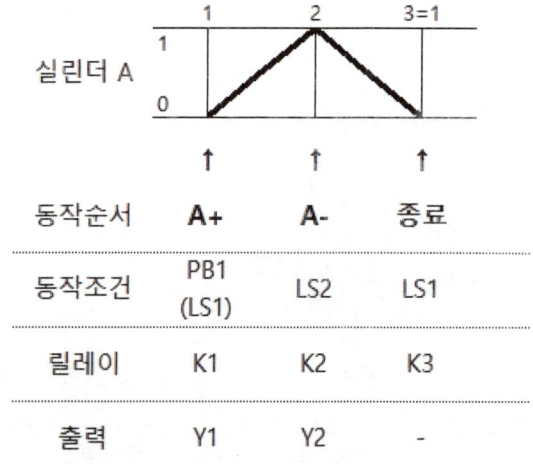

동작순서	A+	A-	종료
동작조건	PB1 (LS1)	LS2	LS1
릴레이	K1	K2	K3
출력	Y1	Y2	-

기본제어동작 - 전기회로도

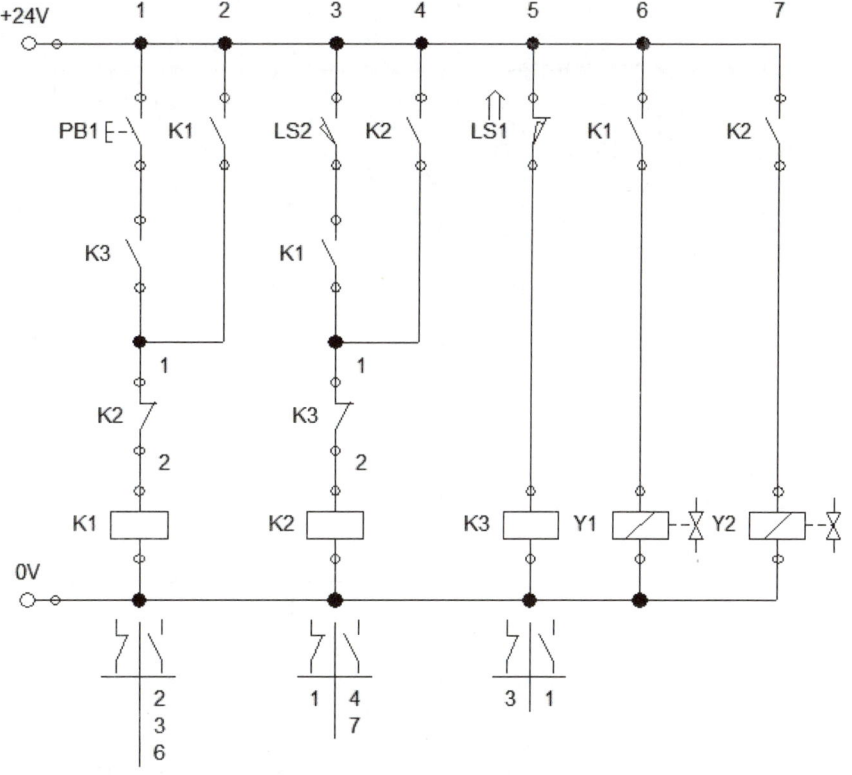

3. 응용 제어 동작 - 타이머 회로

❶ 응용제어동작

기본회로에 타이머릴레이 추가하여 시작(PB1) 스위치를 On-Off하면 다음 변위단계선도와 같이 동작

❷ 변위-단계선도

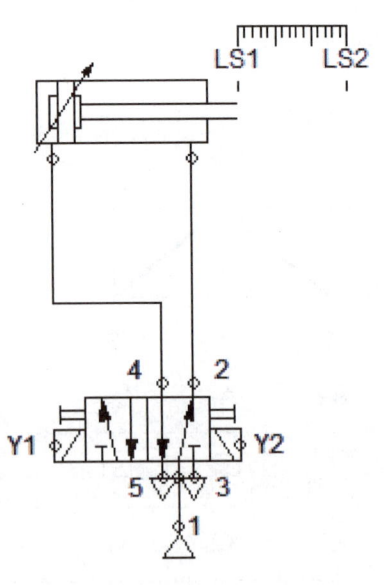

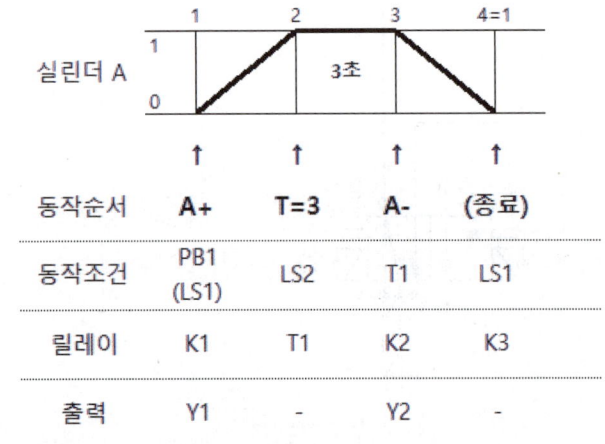

타이머 회로 추가 - 전기회로도

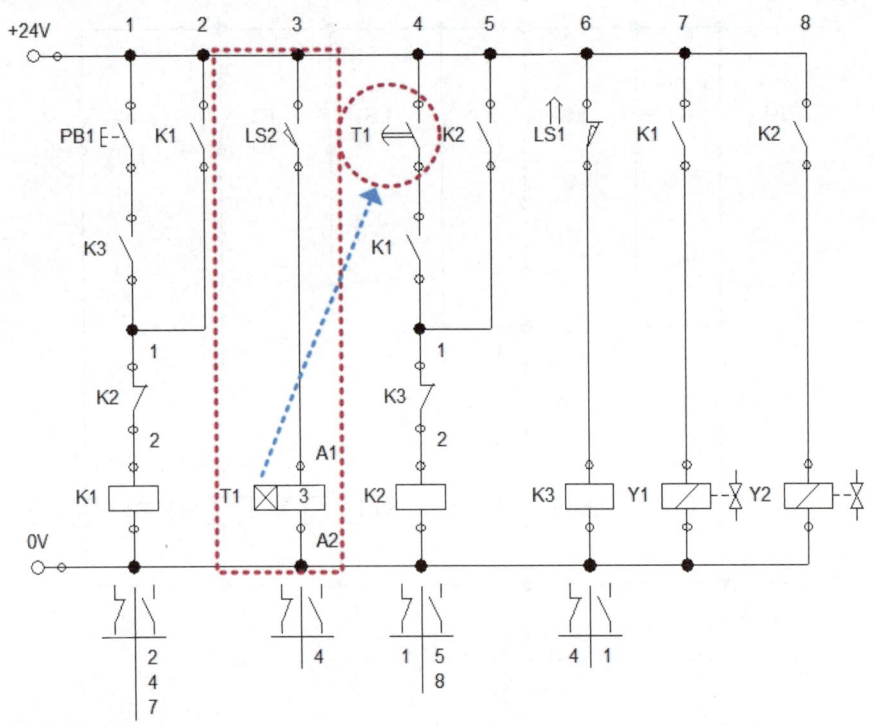

(1) 여자지연(On-Delay) 타이머 회로

• 편 솔레노이드 밸브

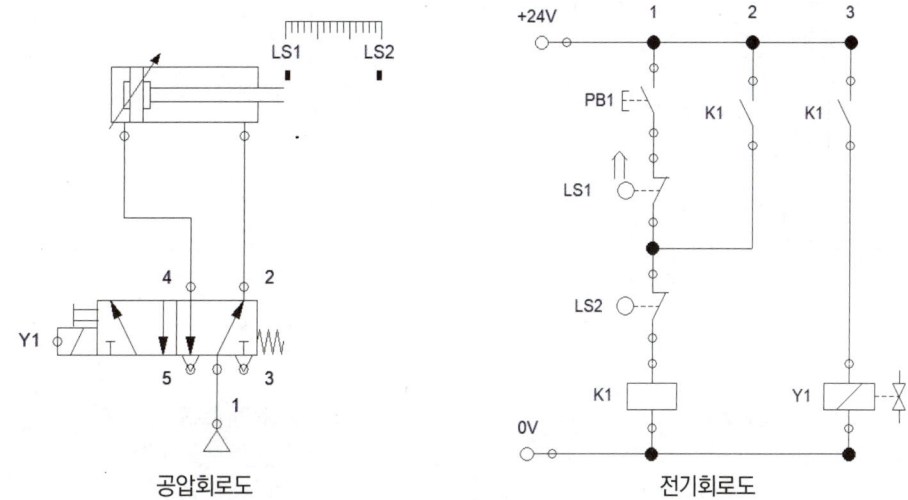

공압회로도   전기회로도

    5/2-way 편 솔레노이드 밸브, 복동 실린더, 리미트 스위치를 이용하여 공기압 회로를 구성한다. 한 개의 푸시버튼 스위치와 릴레이를 이용하여 실린더가 전진동작 완료 후 3초 후 후진동작을 하도록 전기회로도를 구성하고 실린더의 동작을 확인한다.

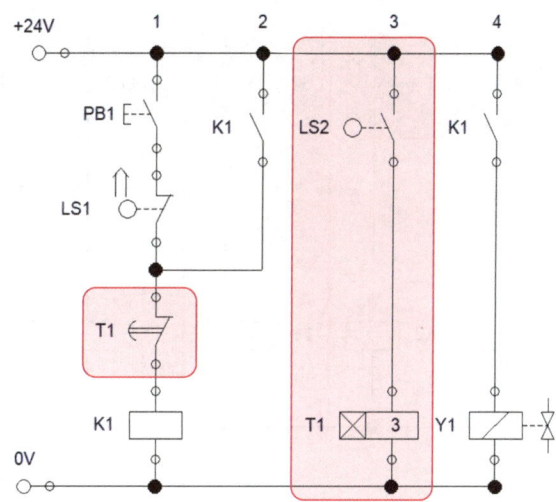

    여자지연(On-Delay) 타이머의 설정 시간이 지나면 타이머 릴레이 T1이 여자 되어 접점이 개폐되고, T1 b 접점에 의해 K1 자기유지가 해제되면서 실린더는 후진하게 된다.

- 양 솔레노이드 밸브

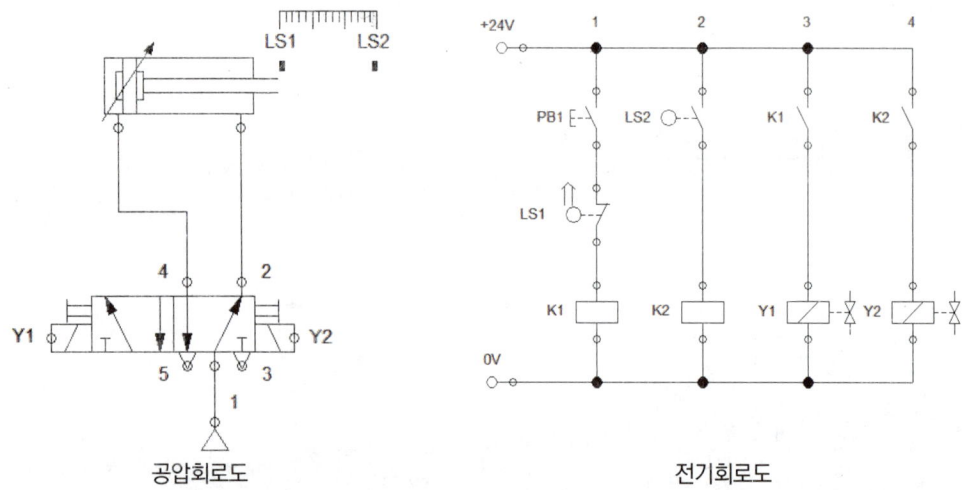

공압회로도 　　　　　　　전기회로도

5/2-way 편 솔레노이드 밸브, 복동 실린더, 리미트 스위치를 이용하여 공기압 회로를 구성한다. 한 개의 푸시버튼 스위치와 릴레이를 이용하여 실린더가 전진동작 완료 후 3초 후 후진동작을 하도록 전기회로도를 구성하고 실린더의 동작을 확인한다.

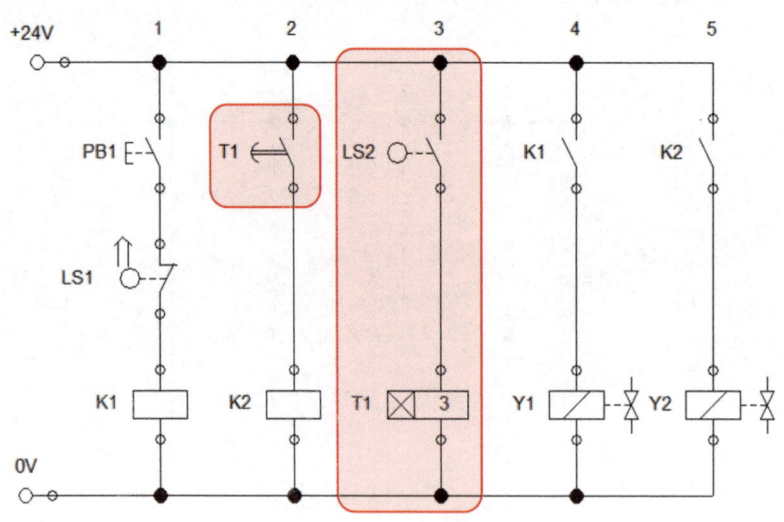

여자지연(On-Delay) 타이머의 설정 시간이 지나면 타이머 릴레이 T1이 여자 되어 접점이 개폐되고, T1 a 접점에 의해 K1 자기유지가 해제되면서 실린더는 후진하게 된다.

4. 응용 제어 동작 - 연속시작/정지 회로

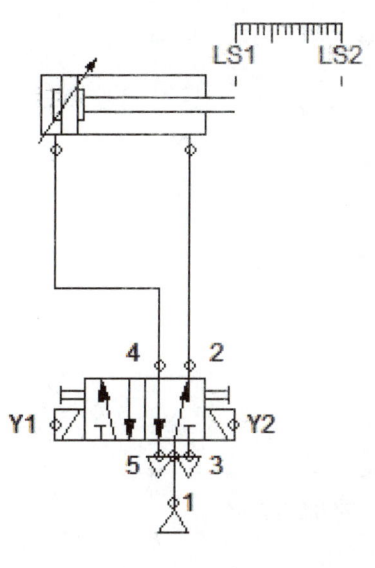

❶ 응용제어동작
 ⓐ [3.응용제어동작 타이머회로]에 연속시작(PB2) 스위치를 누르면 연속 사이클로 계속 동작한다.
 ⓑ 정지(PB3) 스위치를 누르면 연속 사이클의 어떤 위치에서도 그 사이클이 완료된 후 정지한다.

❷ 변위-단계선도

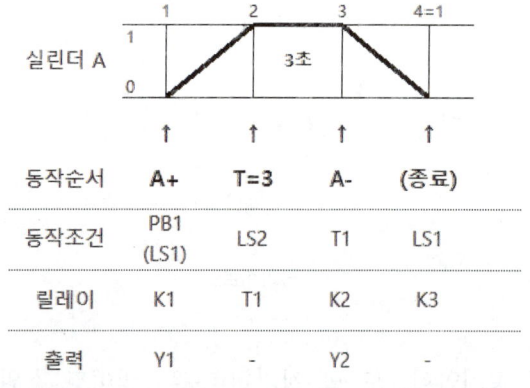

동작순서	A+	T=3	A-	(종료)
동작조건	PB1 (LS1)	LS2	T1	LS1
릴레이	K1	T1	K2	K3
출력	Y1	-	Y2	-

연속시작/정지 회로 추가 - 전기회로도

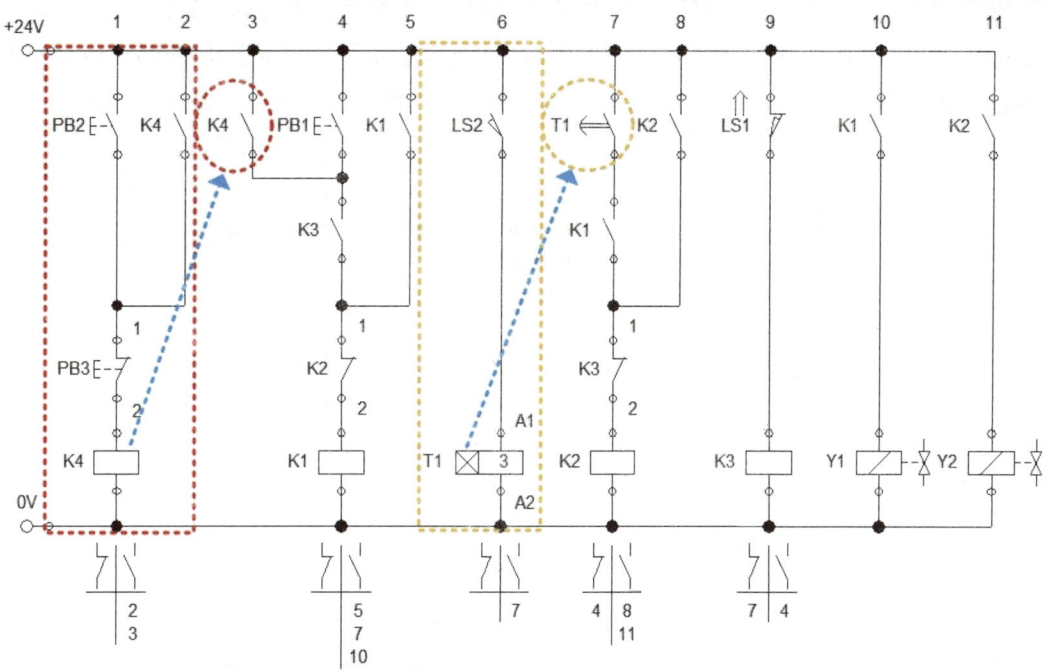

▶ PB2 : 연속시작 스위치 / PB3 : 정지 스위치

[K4 릴레이 : 연속시작 스위치(PB2)가 눌러지면 K4 코일이 여자가 되어 자기유지가 되며, 정지 스위치(PB3)가 눌러지면 K4 코일이 소자가 되면서 자기유지가 해제가 된다.]

(1) 연속/정지 회로

- 편 솔레노이드 밸브

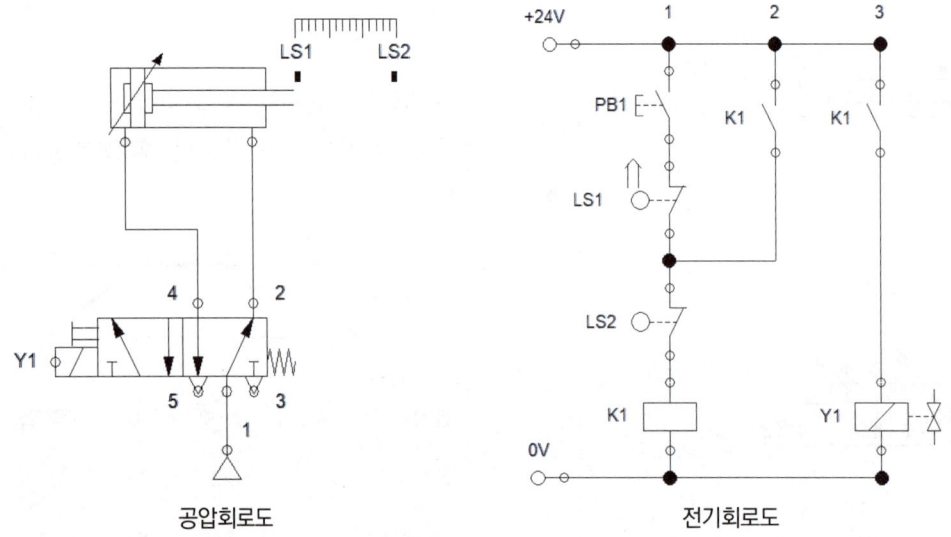

공압회로도   전기회로도

주어진 공기압회로도 및 전기회로도는 리미트 스위치 LS1이 작동상태(b 접점)에서 푸시버튼스위치 PB1을 On-Off하면 실린더 전진운동을 완료하면 리미트 스위치 LS2에 의해서 자기유지가 해제되고 실린더가 후진운동을 하는 회로이다. 전기회로에서 시작 신호인 PB1을 계속 누르고 있는 경우에 실린더는 다시 전진을 시작하는 연속 왕복 운전을 한다. 푸시버튼스위치 PB2(연속시작), PB3(연속정지)와 릴레이를 추가하여 연속정지회로를 구성한다.

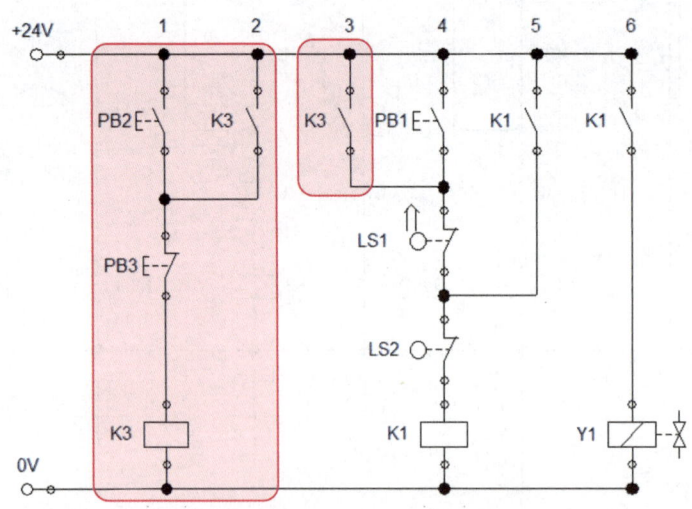

• 양솔레노이드 밸브

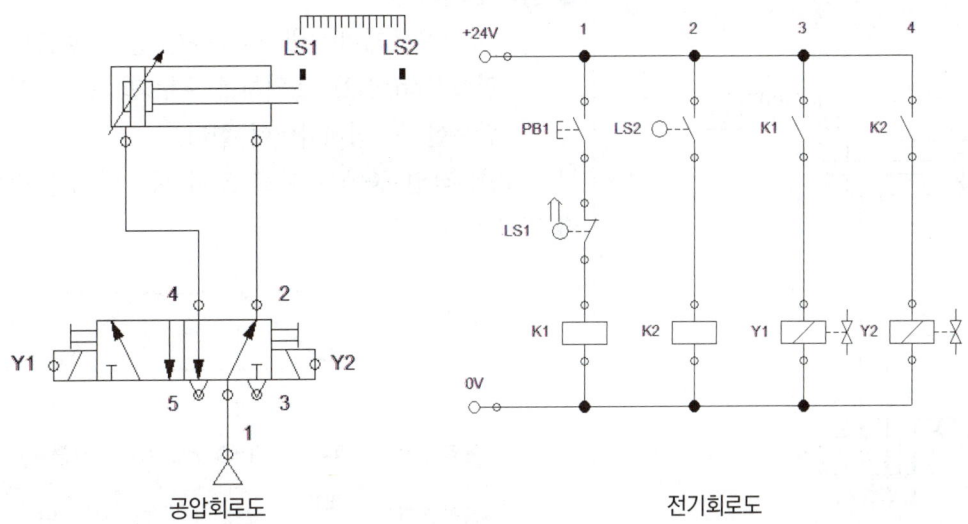

공압회로도   전기회로도

주어진 공기압회로도 및 전기회로도는 리미트 스위치 LS1이 작동상태(b 접점)에서 푸시버튼스위치 PB1를 On-Off하면 실린더 전진운동을 완료하면 리미트 스위치 LS2에 의해서 솔레노이드 Y1이 소자되고 Y2가 여자 되어 실린더가 후진운동을 하는 회로이다. 전기회로에서 시작 신호인 PB1을 계속 누르고 있는 경우에 실린더는 다시 전진을 시작하는 연속 왕복 운전을 한다. 푸시버튼스위치 PB2(연속시작), PB3(연속정지)와 릴레이를 추가하여 연속정지회로를 구성한다.

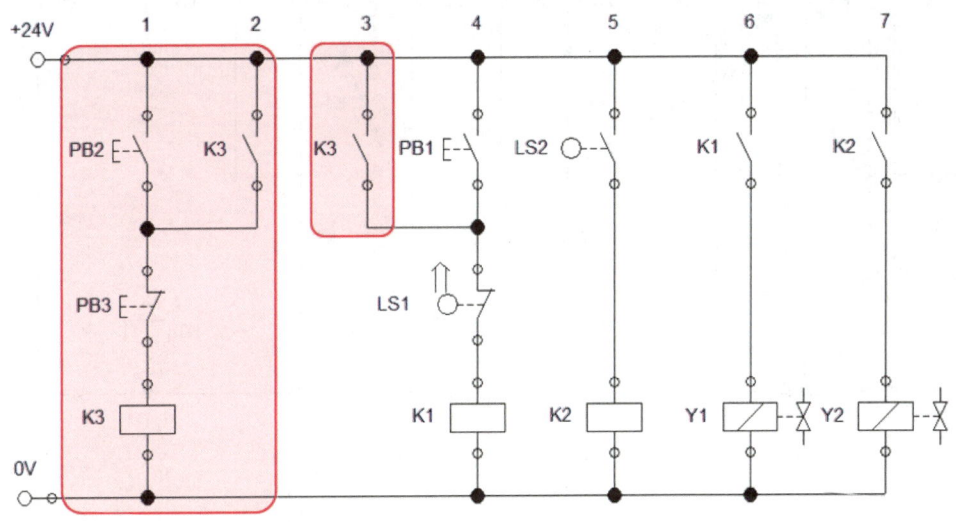

Chapt. 4 공유압 전기회로 구성 및 응용 | 107

5. 응용 제어 동작 - 카운터 회로

❶ 응용제어동작

ⓐ [4. 응용제어동작 연속시작/정지 회로]초기상태에서 연속시작(PB2) 스위치를 누르면 연속 사이클이 3회 반복한 후 정지하여야 한다.
(단, 작업 중에는 이를 표시하는 램프가 점등)

❷ 변위-단계선도

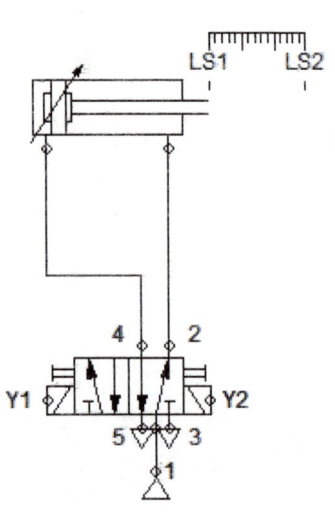

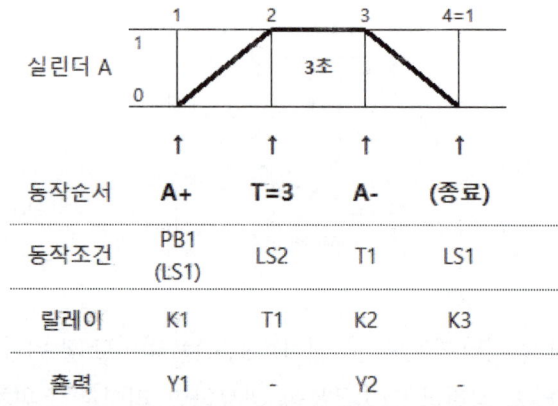

동작순서	A+	T=3	A-	(종료)
동작조건	PB1 (LS1)	LS2	T1	LS1
릴레이	K1	T1	K2	K3
출력	Y1	-	Y2	-

카운터 회로 추가 - 전기회로도 (Counter Reset 방식 1)

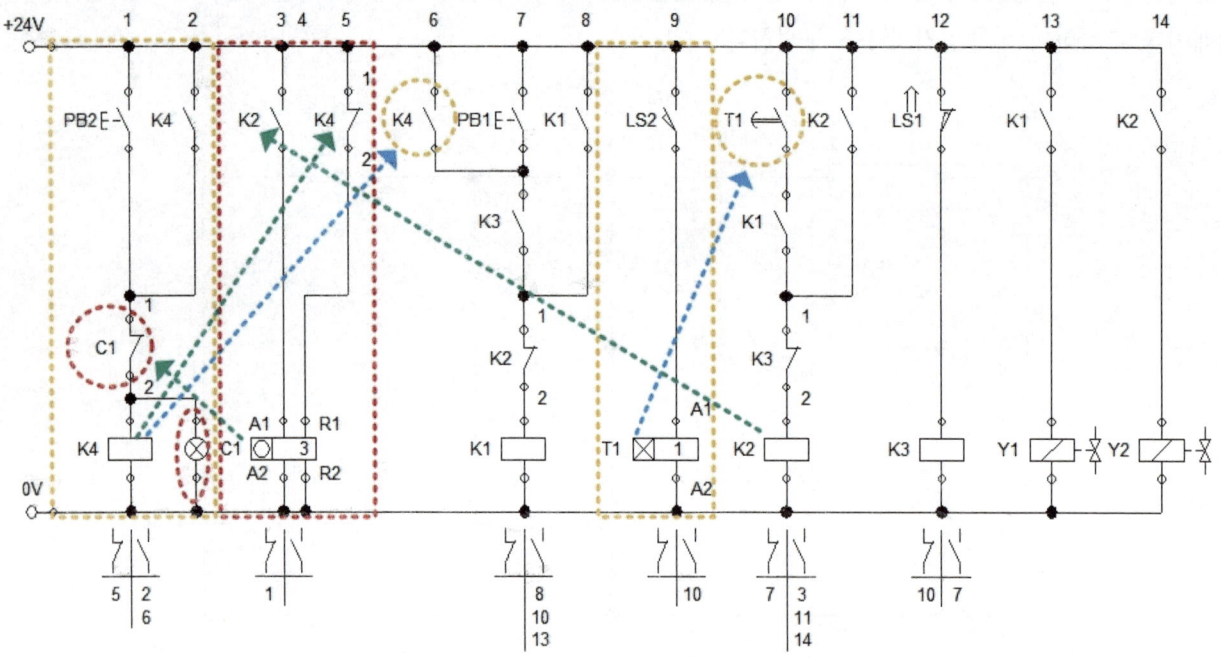

▶ 정지 스위치(PB3)를 카운터 릴레이(C1)의 b접점으로 대체하여야 사이클 3회 반복후 정지를 한다.

▶ 동작 사이클 3회 반복 후 C1의 b접점이 연속동작을 할 수 있게 하는 K4 릴레이 코일을 소자시킴에 따라 연속동작 "자기유지"가 해제된다.

▶ 카운터 릴레이(C1)의 Reset 신호는 반복 동작이 완료된 후 발생한 K4 릴레이 b접점 신호를 이용한다.

카운터 회로 추가 - 전기회로도 (Counter Reset 방식 2)

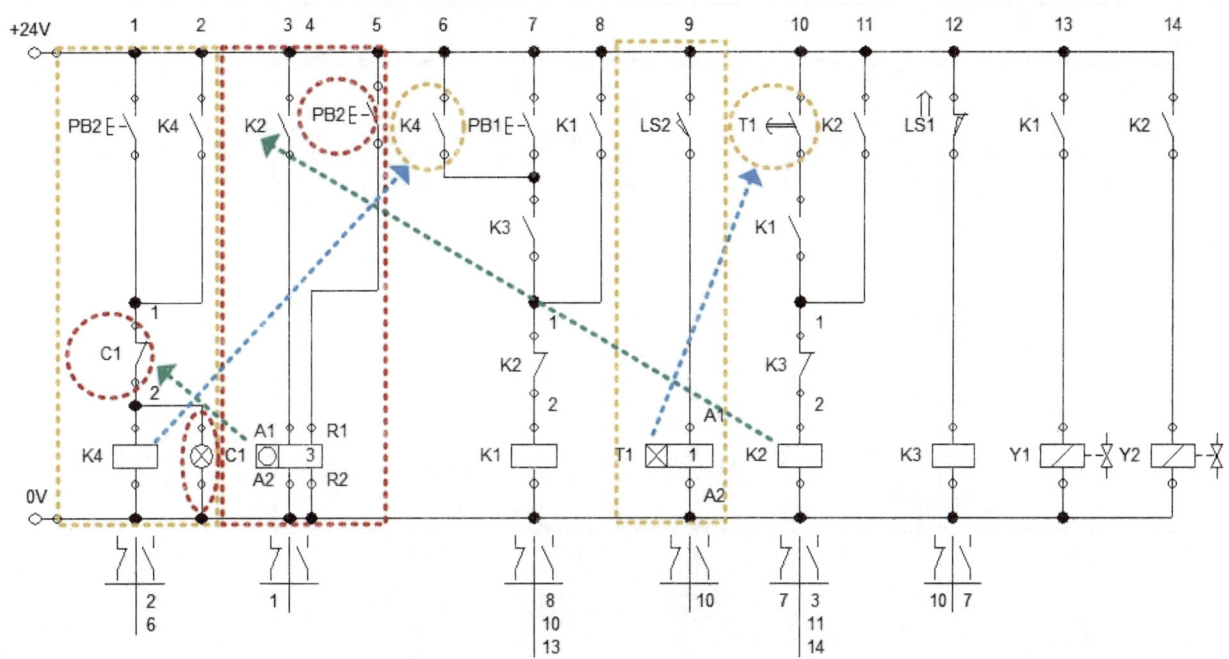

▶ 카운터 릴레이(C1)의 Reset 신호는 연속시작 스위치(PB2)가 눌러질 때 카운터 초기화가 된다.(이후 동작 사이클이 반복한다.)

설비보전기사 실기

(참고) 연속 사이클 횟수가 완료된 후 전기회로도 상태도 비교

Counter Reset 방식 1 - 자동 Reset

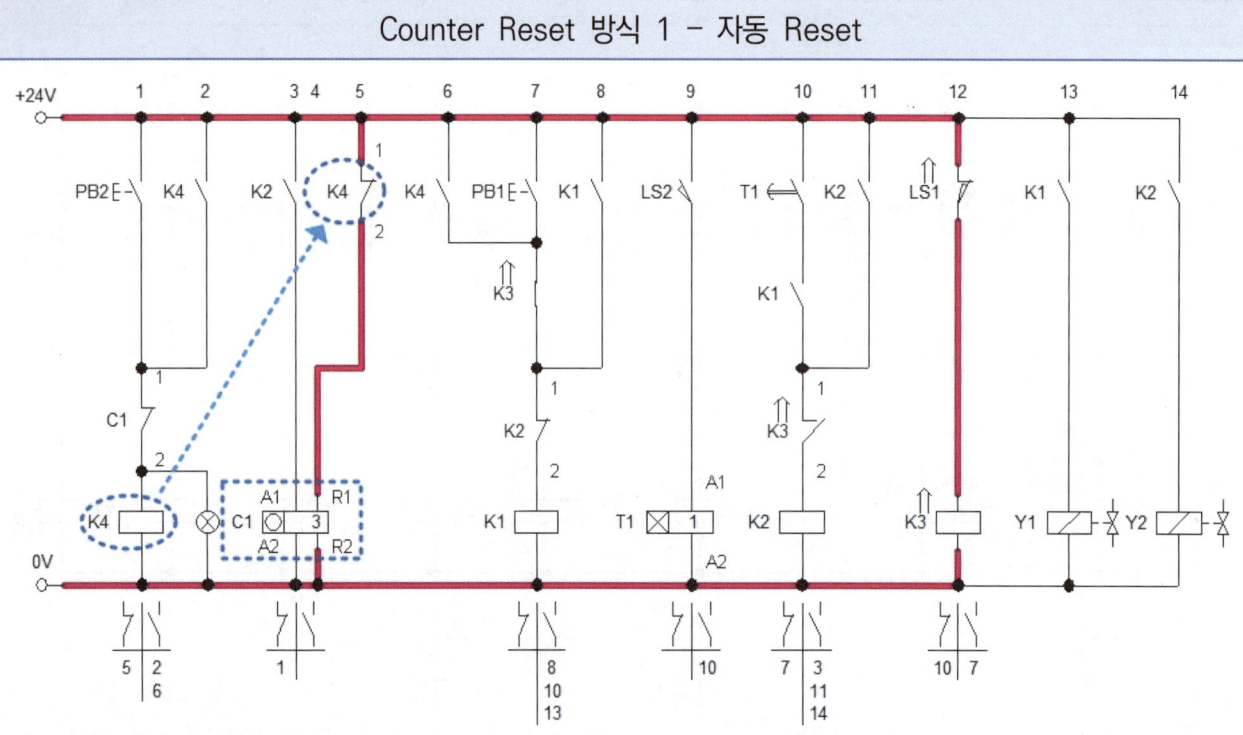

▶ 연속 사이클 완료 후 Reset이 된 상태

Counter Reset 방식 2 - 수동 Reset

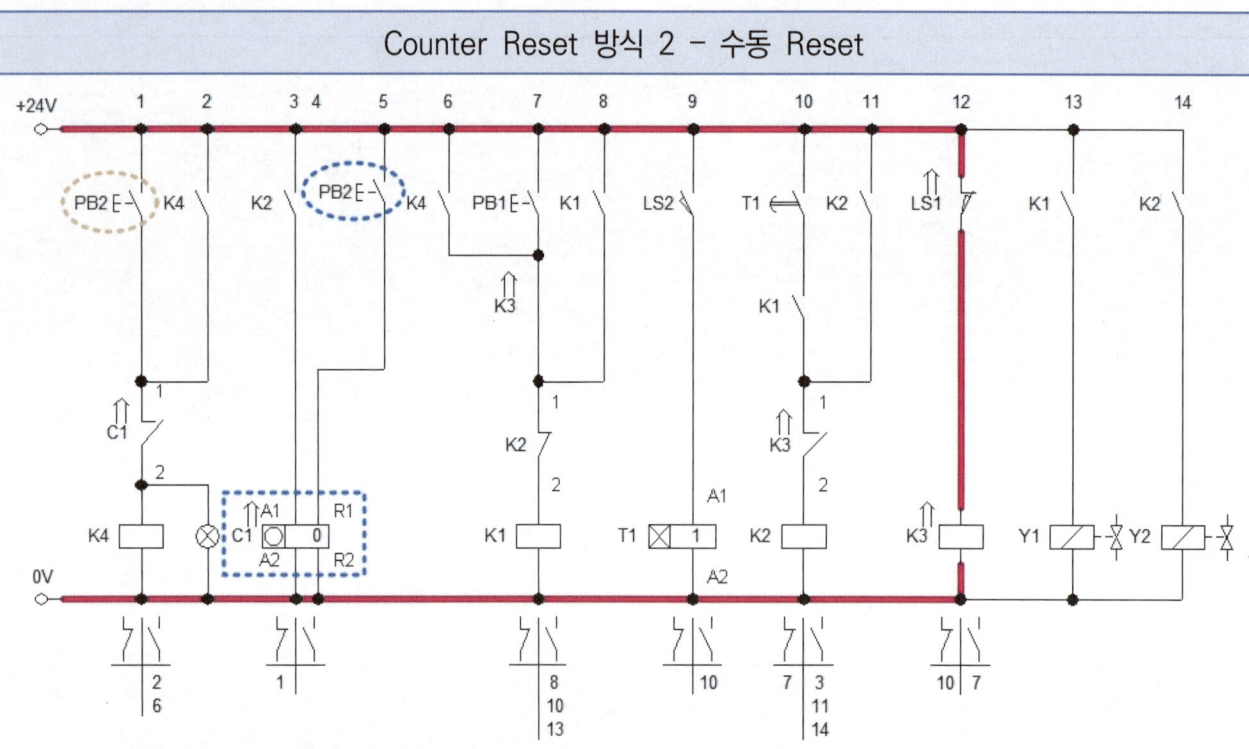

▶ 연속 사이클 완료 후 Reset이 되지 않은 상태
  (다시 PB2 스위치가 ON-OFF시 사이클 동작되면서 Reset이 된다.)

(1) 카운터 제어회로

연속 작업을 하는 경우에는 원하는 횟수만큼만 반복하도록 제어하는 것이 필요하다. 이러한 경우에 카운터를 설치하여 제어할 수 있다. 카운터(counter)란 우리말로 계수기라고 하는데 어떤 값을 기억하고 있다가 계수 신호가 들어올 때마다 1만큼 증가하거나 감소시킨다. 증가식 카운터는 작업을 1회 반복할 때만다 실제 작업 횟수가 증가하여 설정된 값에 도달하면 카운터 출력 신호를 나오게 하여 반복 작업을 정지시키는 등의 제어를 한다. 감소식 카운터는 설정된 작업 횟수에서 작업을 1회 반복할 때만다 설정된 작업 횟수가 감소하여 0에 도달하면 카운터 출력 신호를 나오게 하여 반복 작업을 정지시키는 등의 제어를 한다.

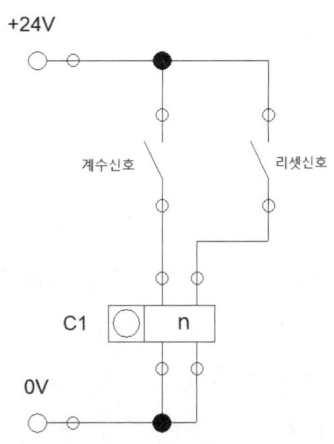

카운터 릴레이 기호 및 회로 간략도

위의 그림에서 n은 설정 값이다. 예를 들어 5회 반복 작업을 원하면 설정 값이 5가 되는 것이다. 계수 신호는 반복 작업을 할 때마다 카운터 릴레이에 신호를 전달하는 접점이다. 계수 신호 접점이 한 번 닫힐 때마다 실제 값은 1씩 증가하거나 감소한다. 공기압 시스템에서 계수 신호는 1회 작업할 때마다 한 번 나오는 신호를 이용한다. 그리고 한 번의 작업 중 앞쪽 신호보다는 뒤쪽 신호를 사용한다. 왜냐하면 뒤쪽 신호를 사용해야 1회 작업이 끝났다는 것을 의미하고, 그 신호를 계수 신호로 사용해야 하기 때문이다. 실제 시스템에서 많이 사용되고 있는 증가식 카운터에서 작업이 1회 진행될 때마다 계수 신호에 반복적으로 신호가 입력되고 실제값이 증가한다. 실제 값이 설정 값과 일치하면 카운터 릴레이 C1이 여자 되어 그 접점을 이용하여 제어시스템을 정지시키는 것이다.

리셋신호는 카운터 릴레이를 처음 상태로 되돌리는 신호이다. 리셋신호에 신호가 입력되면 실제 값은 0이 되며 카운터 릴레이 C1은 소자된다. 리셋신호에 따라 카운트 회로 1, 2, 3을 소개하고자 한다.

카운트 회로 1은 카운팅 된 실제 값이 설정 값과 일치하면 카운터 릴레이 C1이 여자 될 때 연속동작 자기유지회로 릴레이 K3는 소자된다. 이때 K3 b 접점을 리셋신호로 사용한다.
카운트 회로 2는 연속동작을 하기 위해 시작 스위치(PB2)를 누를 때 PB2 a 접점을 리셋시호로 사용한다.
카운트 회로 3은 별도의 푸시버튼 스위치(PB4)를 사용하여 리셋신호를 발생시킨다. 작업을 재시작하기 위해서는 카운터 리셋에 연결된 PB4를 눌러 카운트를 초기화해야 한다.

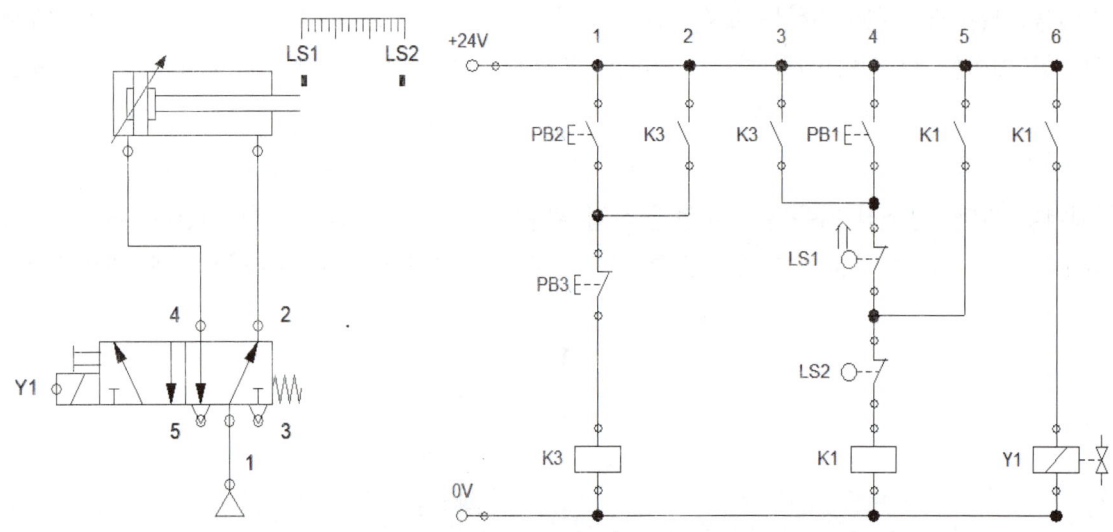

편 솔레노이드 밸브의 연속/정지회로

- 편 솔레노이드 밸브의 카운트 회로 1[자동 Reset 방식]

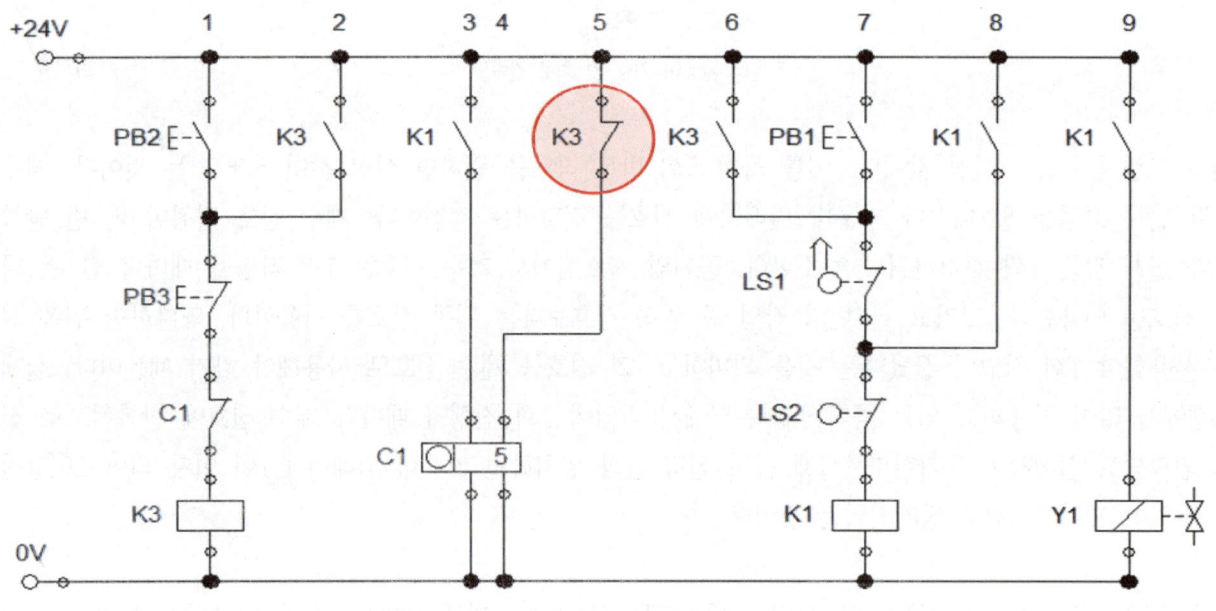

편 솔레노이드 밸브의 카운트 회로 1

    1번 라인의 시작스위치(PB2)를 누르면 실린더는 왕복운동을 한다. 릴레이 K1에 여자 될 때마다 3번 라인의 릴레이 K1 접점이 닫히면서 계수신호가 카운터 릴레이 C1에 전달된다. 그러면 카운터의 실제 값이 1씩 증가하게 된다. 작업이 5회 반복되면 카운터 릴레이 C1이 여자 된다. 그러면 1번 라인의 카운터 릴레이 C1 b 접점이 열리게 되고 릴레이 K3가 소자된다. 그러면 6번 라인의 연속동작 릴레이 K3 a 접점이 열려 연속동작이 정지되면서 동시에 5번 라인의 릴레이 K3 b 접점이 닫히면서 카운터(C1) 리셋도 일어난다. 연속 동작이 정지되면서 카운터 리셋이 되었기에 1번 라인의 시작스위치(PB2)를 누르면 재시작이 된다.

• 편 솔레노이드 밸브의 카운트 회로 2 [수동 Reset 방식 1]

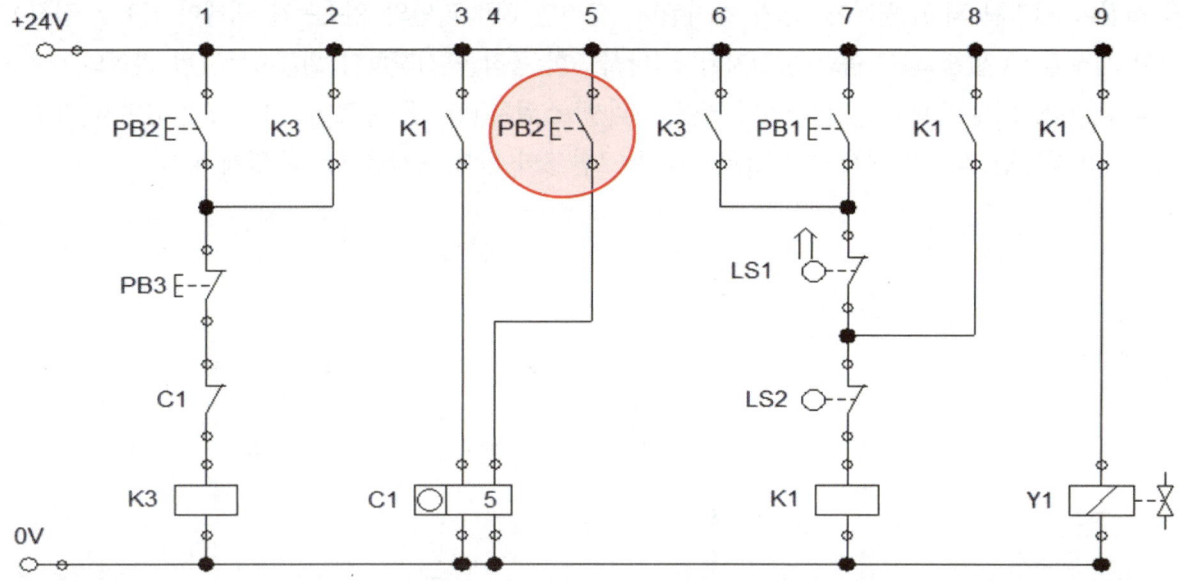

　회로에서 시작스위치는 2a 접점으로 구성된다. 1번 라인의 시작스위치(PB2)를 누르면 실린더는 왕복운동을 한다. 릴레이 K1에 여자 될 때마다 3번 라인의 릴에이 K1 접점이 닫히면서 계수신호가 카운터 릴레이 C1에 전달된다. 그러면 카운터의 실제 값이 1씩 증가하게 된다. 작업이 5회 반복되면 카운터 릴레이 C1이 여자 된다. 그러면 1번 라인의 카운터 릴레이 C1 b 접점이 열리게 되고 릴레이 K3가 소자된다. 그러면 6번 라인의 연속동작 릴레이 K3 a 접점이 열려 동작이 시작될 수 없게 되고 동작은 정지된다. 다시 5회 동작을 시작하기 위해서는 1번 라인의 시작스위치(PB2)를 누르면 카운터(C1)가 리셋이 되면서 재시작이 된다.

• 편 솔레노이드 밸브의 카운트 회로 3[수동 Reset 방식 2]

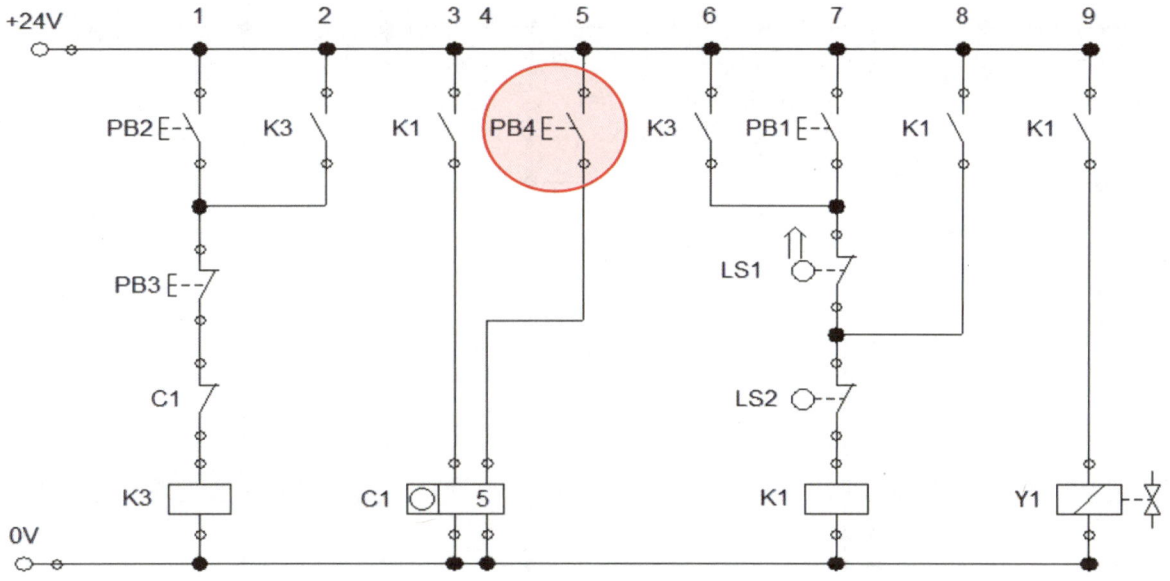

　1번 라인의 시작스위치(PB2)를 누르면 실린더는 왕복운동을 한다. 릴레이 K1에 여자 될 때마다 3번 라인의 릴레이 K1 접점이 닫히면서 계수신호가 카운터 릴레이 C1에 전달된다. 그러면 카운터의 실제 값이 1

씩 증가하게 된다. 작업이 5회 반복되면 카운터 릴레이 C1이 여자 된다. 그러면 1번 라인의 카운터 릴레이 C1 b 접점이 열리게 되고 릴레이 K3가 소자된다. 그러면 6번 라인의 연속동작 릴레이 K3 a 접점이 열려 동작이 시작될 수 없게 되고 동작은 정지된다. 다시 5회 동작을 시작하기 위해서는 1번 라인의 C1 b 접점이 닫혀야 한다. 이를 위해서 5번 라인의 카운터 리셋 스위치(PB4)를 누르면 C1이 소자되면서 카운터가 리셋 된다. 이제 1번 라인의 시작 스위치(PB2)를 누르면 5회 반복 동작을 할 수 있게 된다.

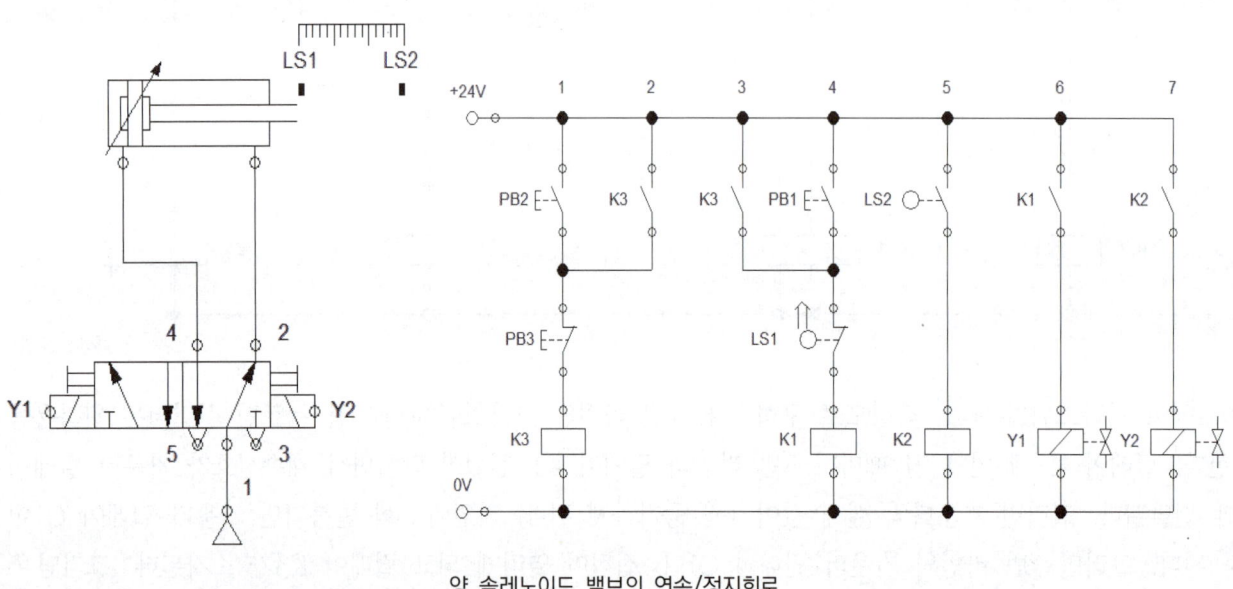

양 솔레노이드 밸브의 연속/정지회로

- 양 솔레노이드 밸브의 카운트 회로 1

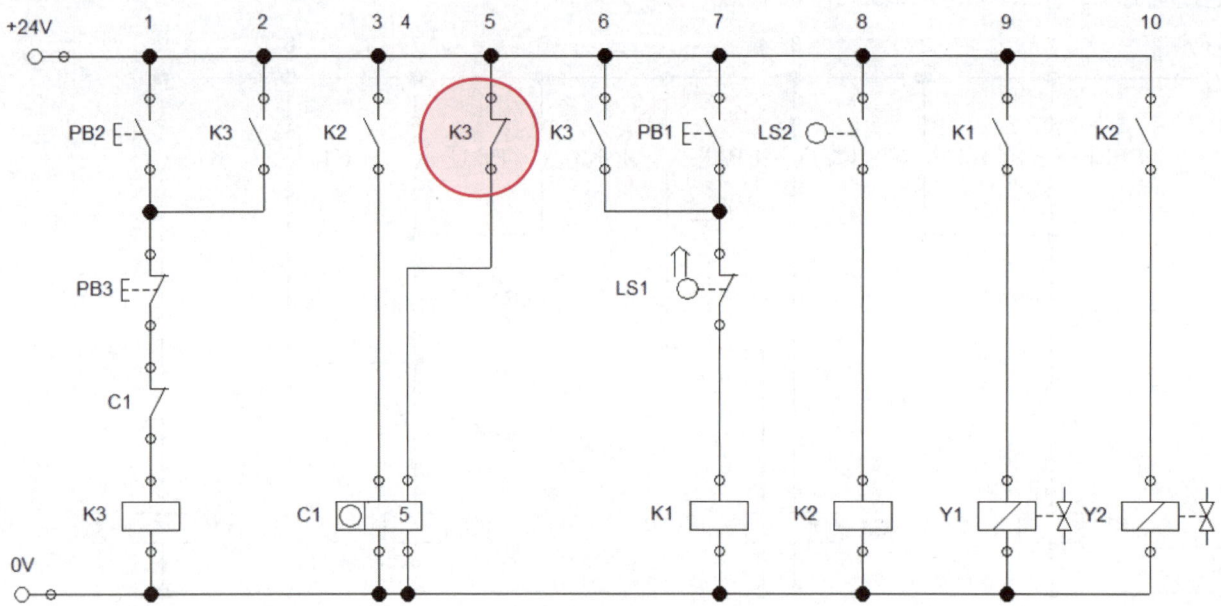

1번 라인의 시작스위치(PB2)를 누르면 실린더는 왕복운동을 한다. 릴레이 K2에 여자될 때마다 3번 라인의 릴레이 K2 접점이 닫히면서 계수신호가 카운터 릴레이 C1에 전달된다. 그러면 카운터의 실제값이 1씩 증가하게 된다. 작업이 5회 반복되면 카운터 릴레이 C1이 여자된다. 그러면 1번 라인의 카운터 릴레이 C1 b 접점이 열리게 되고 릴레이 K3가 소자된다. 그러면 6번 라인의 연속동작 릴레이 K3 a 접점이 열려 연속 동작이 정지되면서 동시에 5번 라인의 릴레이 K3 b 접점이 닫히면서 카운터(C1) 리셋도 일어난다. 연속 동작이 정지되면서 카운터 리셋이 되었기에 1번 라인의 시작스위치(PB2)를 누르면 재시작이 된다.

- 양 솔레노이드 밸브의 카운트 회로 2

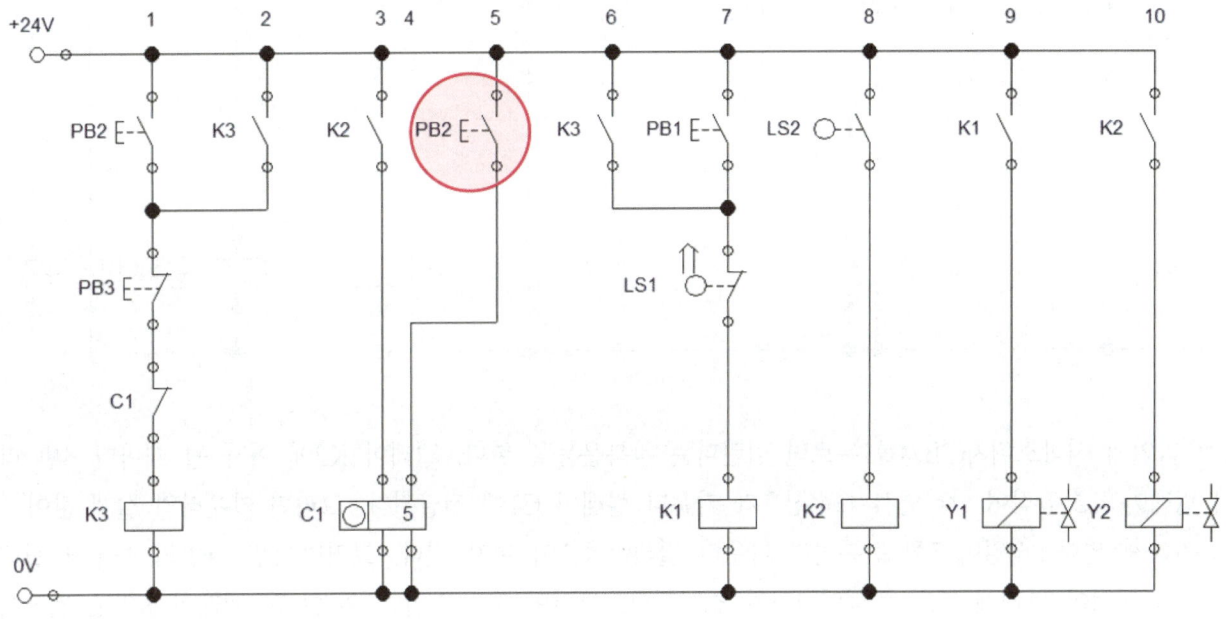

회로에서 시작스위치는 2a 접점으로 구성된다. 1번 라인의 시작스위치(PB2)를 누르면 릴레이 K3가 여자되고 2번 라인을 통하여 자기유지회로가 구성된다. 6번 라인에서 시작신호 K3 a 접점이 닫히면서 실린더는 왕복운동을 한다. 계수 신호는 릴레이 K1, K2 접점 신호가 사용될 수 있는데 여기에서는 동작의 뒤쪽 신호인 K2 접점 신호를 계수 신호로 사용하는 것이 바람직하다. 5회 동작이 완료되면 카운터 릴레이 C1이 여자 된다. 그러면 1번 라인의 카운터 릴레이 C1 b 접점이 열려 릴레이 K3가 소자되고 6번 라인의 시작 신호인 K3 a 접점이 열려 동작이 시작될 수 없게 되어 동작이 정지한다. 다시 5회 동작을 하기위해서는 1번 라인의 시작스위치(PB2)를 누르면 카운터(C1)가 리셋이 되면서 재시작이 된다.

- 양 솔레노이드 밸브의 카운트 회로 3

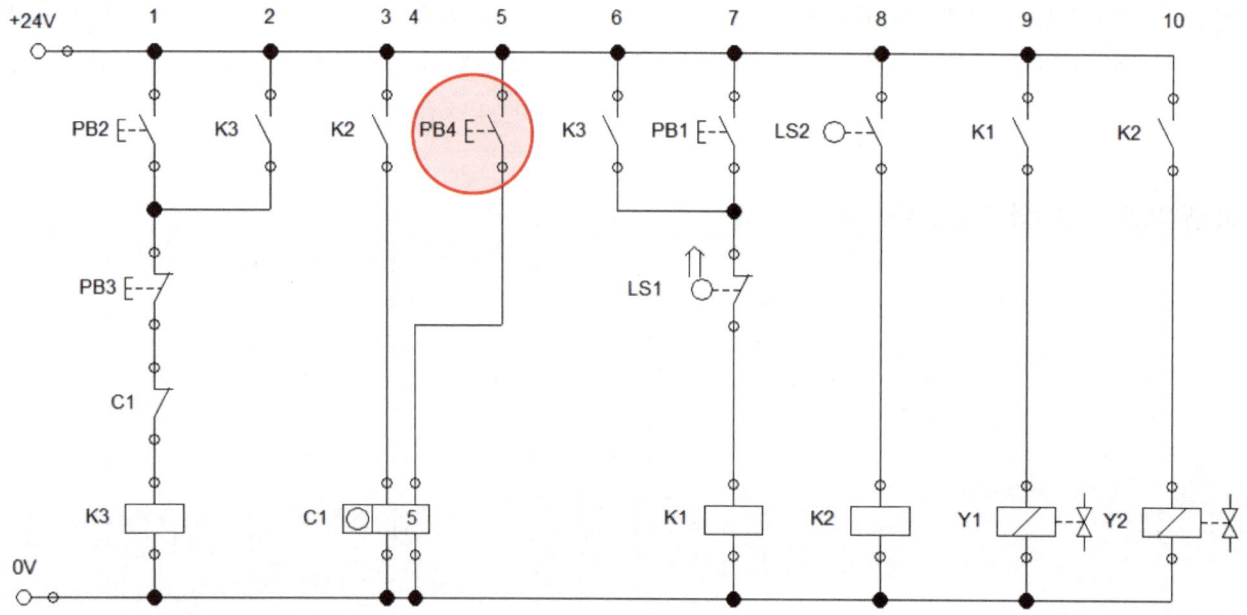

    1번 라인의 시작스위치(PB2)를 누르면 실린더는 왕복운동을 한다. 릴레이 K2에 여자 될 때마다 3번 라인의 릴레이 K2 접점이 닫히면서 계수신호가 카운터 릴레이 C1에 전달된다. 그러면 카운터의 실제 값이 1씩 증가하게 된다. 작업이 5회 반복되면 카운터 릴레이 C1이 여자 된다. 그러면 1번 라인의 카운터 릴레이 C1 b 접점이 열리게 되고 릴레이 K3가 소자된다. 그러면 6번 라인의 연속동작 릴레이 K3 a 접점이 열려 동작이 시작될 수 없게 되고 동작은 정지된다. 다시 5회 동작을 시작하기 위해서는 1번 라인의 C1 b 접점이 닫혀야 한다. 이를 위해서 5번 라인의 카운터 리셋 스위치(PB4)를 누르면 C1이 소자되면서 카운터가 리셋 된다. 이제 1번 라인의 시작 스위치(PB2)를 누르면 5회 반복 동작을 할 수 있게 된다.

6. 응용 제어 동작 - 비상정지 회로

❶ 응용제어동작

[5. 응용제어동작 카운터 회로] 제어동작에서 다음과 같이 변경하시오.

ⓐ 연속 작업에서 비상 스위치(EMG)가 동작되면 실린더를 전진하며 램프가 점등이 된다.

ⓑ 비상 스위치를 해제하면 램프가 소등되고 시스템은 초기화된다.

❷ 변위-단계선도

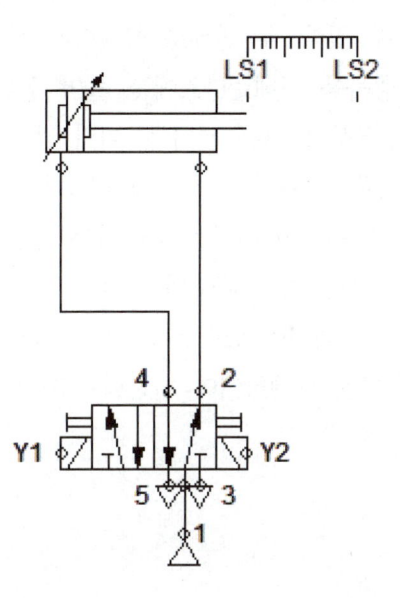

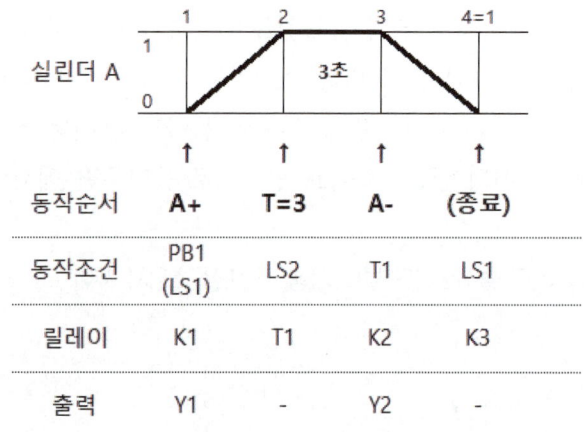

비상정지 회로 추가 - 전기회로도

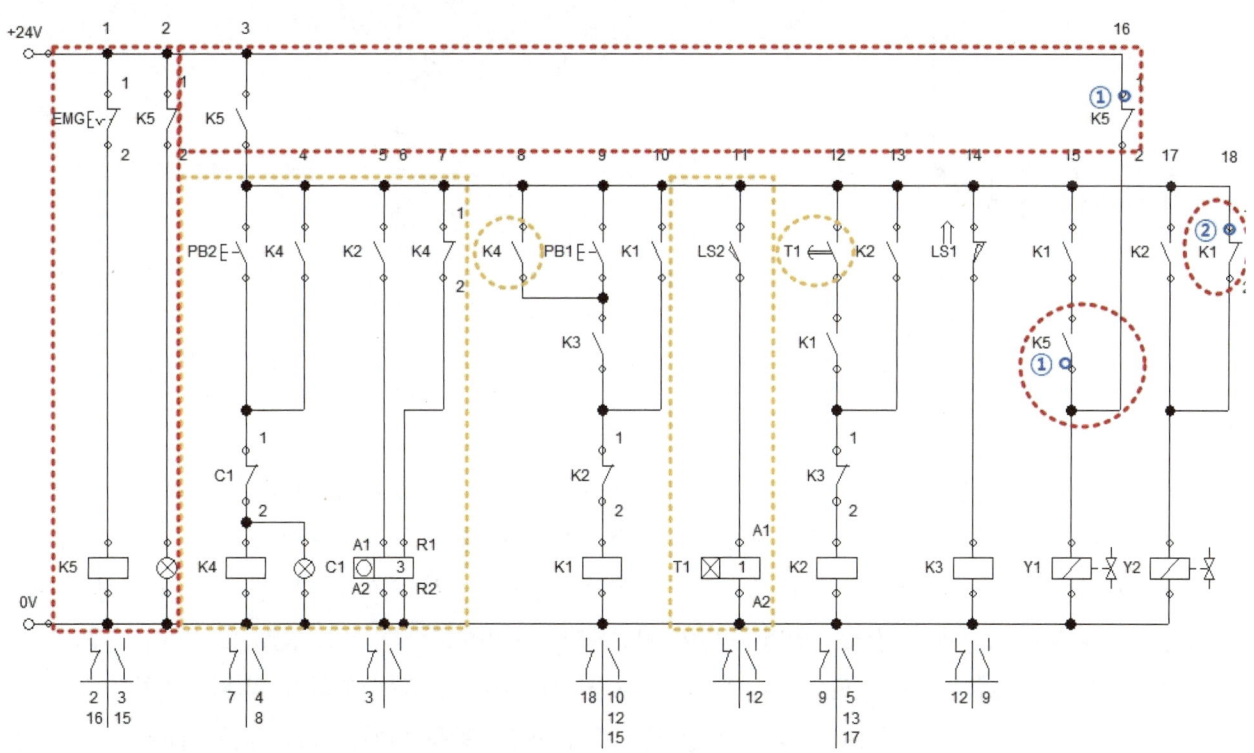

▶ ① K5릴레이 a, b접점 : 비상정지가 동작되었을 때 실린더를 전진시킨다.
▶ ② K1릴레이 : 비상스위치가 해제가 되었을 때 시스템을 초기화시킨다.

(1) 비상 스위치 회로

공기압 제어시스템에서 비상 스위치를 작동시키면 공기압 엑추에이터가 어떠한 동작을 해야 하는지 생각해보자. 우선 공기압 실린더가 전진운동을 하고 있을 때 비상상황이 발생하게 되면, 비상 스위치를 누르면 실린더가 즉시 멈추어야 한다. 이러한 경우에는 제어위치에 차단 중립위치가 포함되어 있어야 한다. 5/3-way 차단 중립위치의 밸브를 사용하면 이와 같은 제어를 이룰 수 있다. 두 번째로 실린더가 어떤 운동을 하다가 장애가 발생되면 실린더를 원위치 시켜서 장애물과의 충돌을 피해준다. 예를 들어 실린더가 전진운동을 하다가 장애물이 떨어지면 전진운동을 중지하고 즉시 후진운동을 하는 것이다. 이와 같이 하면 장애물과의 충돌을 피할 수 있게 된다. 공기압 시스템에서는 많은 경우 5/3-way 솔레노이드 밸브보다는 5/2-way 솔레노이드 밸브가 많이 사용되므로 비상 스위치가 눌렸을 때 원래의 위치로 되돌리는 방법을 많이 사용한다. 비상 스위치는 눌렀을 때 그 상태가 유지되면서 비상 신호를 계속 내보내야 하므로 잠금 기능이 포함된다. 대부분의 비상 스위치는 노란색 바탕에 빨간 버튼으로 구성되어 있다. 비상 스위치가 눌려서 실린더가 정지하거나 원래 위치로 돌아간 후에는 잠긴 비상 스위치를 해제하여야 하는데 이때는 빨간 버튼 위에 표시되어있는 화살표 방향으로 돌려주면 해제된다.

- 5/2-way 편 솔레노이드 밸브 사용 시 비상 스위치 제어

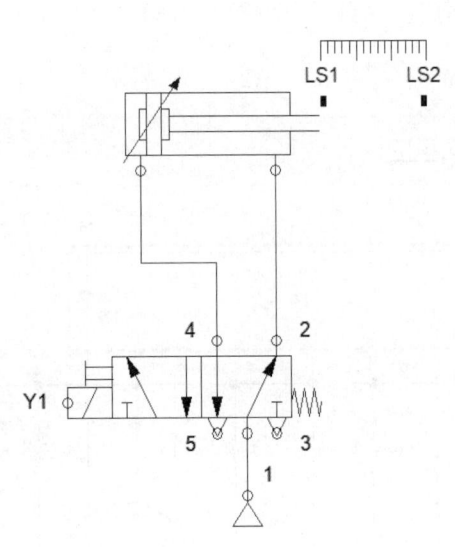

공기압 회로도(편 솔레노이드 밸브 사용)

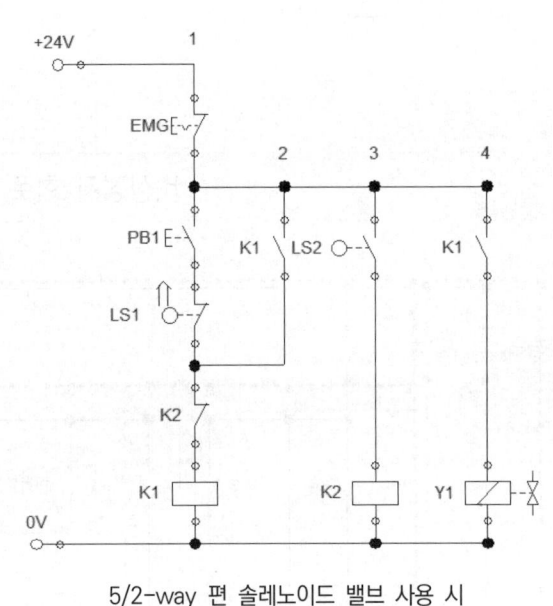

5/2-way 편 솔레노이드 밸브 사용 시
비상 스위치(b 접점) 제어

5/2-way 편 솔레노이드 밸브로 전, 후진 운동시키는 회로도이다. 현재 비상 스위치 EMG의 b접점을 통하여 모선에 전원이 공급되고 있다. 시작스위치 PB1을 작동시키면 실린더는 왕복운동을 한다. 현재 릴레이 K1이 여자 되어 실린더가 전진운동을 하고 있다고 가정하자. 이 상태에서 비상 스위치를 누르면 비상 스위치의 b 접점이 열리면서 모선에 공급되고 있던 전원이 차단된다. 그러면 릴레이 K1, K2, 솔레노이드 Y1은 소자 된다. 솔레노이드 Y1이 소자되면 5/2-way 편 솔레노이드 밸브는 스프링에 의하여 원래의 위치로 즉시 복귀한다. 따라서 공기압의 방향이 바뀌게 되고 실린더는 즉시 후진운동을 하게 되어 원위치 된다. 정상 작업을 하기 위해서는 비상 스위치를 돌려서 원래의 위치로 되돌리면 비상 스위치의 b 접점이 닫히게 된다. 그러면 모선에 다시 전원이 연결되고 시스템이 초기화 된다.

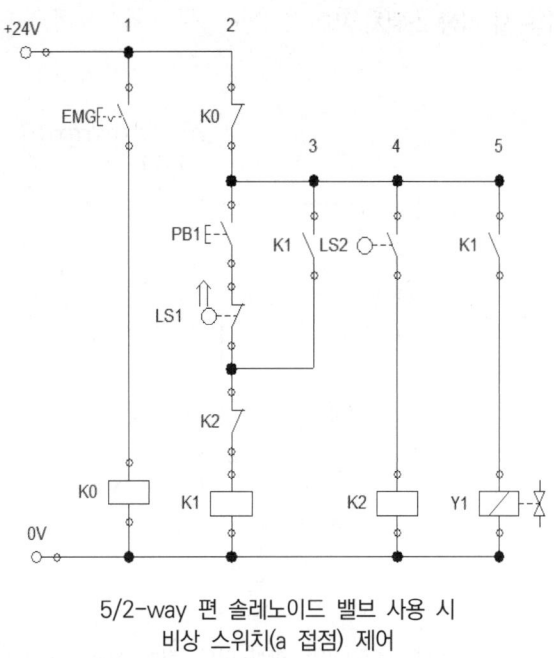

5/2-way 편 솔레노이드 밸브 사용 시
비상 스위치(a 접점) 제어

　비상 스위치 릴레이 K0 b 접점을 통하여 모선에 전원이 공급되고 있다. 시작스위치 PB1을 작동시키면 실린더는 왕복운동을 한다. 현재 릴레이 K1이 여자 되어 실린더가 전진운동을 하고 있다고 가정하자. 이 상태에서 비상 스위치를 누르면 비상 스위치가 잠기면서 릴레이 K0가 여자 된다. 그러면 릴레이 K0 b접점이 열리면서 모선에 공급되고 있던 전원이 차단된다. 그러면 릴레이 K1, K2, 솔레노이드 Y1은 소자된다. 솔레노이드 Y1이 소자되면 5/2-way 편 솔레노이드 밸브는 스프링에 의하여 원래의 위치로 즉시 복귀한다. 따라서 공기압의 방향이 바뀌게 되고 실린더는 즉시 후진운동을 하게 되어 원위치 된다. 정상 작업을 하기 위해서는 비상 스위치를 돌려서 원래의 위치로 되돌리면 비상 스위치의 a 접점이 열리면서 비상 스위치 릴레이 K0가 소자되고, 2번 라인의 비상 스위치 릴레이 K0 b 접점이 닫히게 되면 모선에 다시 전원이 연결되고 시스템이 초기화 된다.

　일반적으로 비상 스위치는 a 접점을 사용하지 않는다. 그 이유는 릴레이 K0가 고장이 나 있는 경우 릴레이 K0 b 접점이 닫혀 있으므로 정상 동작을 하는 데에는 문제가 발생되지 않는다. 이러한 상황에서 비상사태가 발생되어 비상 스위치를 누르면 릴레이 K0가 고장 나 있으므로 K0 b 접점이 열리지 않게 되고, 모선에 공급되는 전원이 차단되지 않게 된다. 즉, 비상 작업을 할 수 없게 된다.

　반면에 비상 스위치로 b접점을 사용하게 되면 접점에 이상이 발생되었을 때 즉시 모선에 공급되는 전원이 차단되므로 비상 스위치를 점검할 수 있는 기회를 제공하게 된다. 따라서 비상 스위치에는 b 접점을 기본적으로 사용하는 것을 원칙으로 한다.

- 5/2-way 양 솔레노이드 밸브 사용 시 비상 스위치 제어

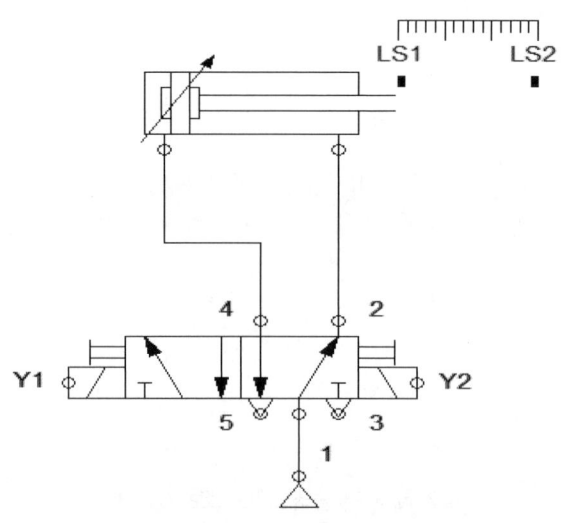

공기압 회로도(양 솔레노이드 밸브 사용)

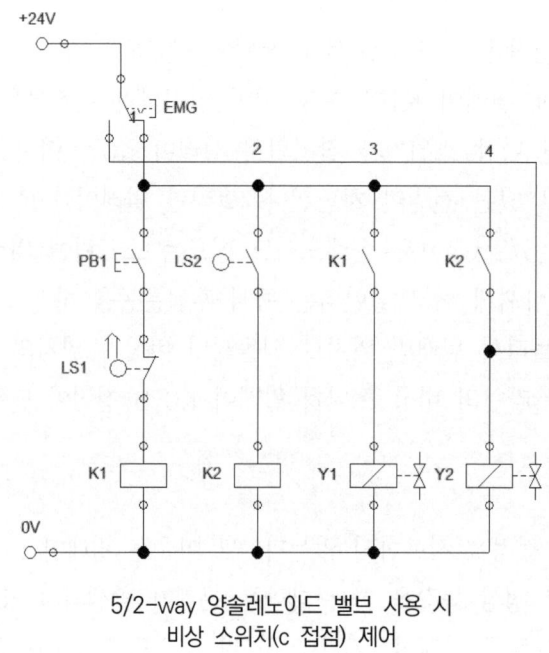

5/2-way 양솔레노이드 밸브 사용 시
비상 스위치(c 접점) 제어

    5/2-way 양 솔레노이드 밸브를 사용하여 실린더를 왕복시키는 회로도이다. 현재 비상 스위치(EMG)의 b 접점을 통하여 모선에 전원이 공급되고 있다. 시작 스위치(PB1)를 누르면 실린더는 전진운동을 시작한다. 실린더가 전진운동을 하게 되면 리미트 스위치 LS1이 떨어져서 3번 라인의 K1 a 접점이 떨어져서 솔레노이드 Y1이 소자된다. 그러나 5/2-way 양 솔레노이드 밸브는 솔레노이드 Y2에 신호가 들어오기 전까지는 전진 제어위치를 유지하고 있다. 이러한 상황에서 비상 스위치를 작동시킨다. 그러면 비상 스위치의 b 접점이 열리게 되어 모선에 공급되던 전원이 차단되고 릴레이 K1, K2, 솔레노이드 Y1, Y2 모두가 소자된다. 그러나 양 솔레노이드 밸브는 반대 측 신호 즉, 솔레노이드 Y2DP 신호가 들어오지 않는 한 전진위치를 계속 유지하고 있으므로 비상스위치를 눌렀음에도 실린더는 계속해서 전진운동을 하게 된다. 따라서 비

상 스위치를 작동시켰을 때 강제로 실린더를 원위치 시켜야 한다. 위의 전기회로도에서 비상 스위치를 작동시키게 되면 b 접점은 열리게 되고 a 접점은 닫히게 된다. 그러면 비상 스위치의 a 접점을 솔레노이드 Y2에 연결시킨다. 그러면 5/2-way 양 솔레노이드 밸브의 제어위치가 후진위치로 전환하게 되어 실린더는 후진운동을 하여 원위치 된다. 제어시스템을 초기화하기 위해서 비상 스위치를 돌려서 풀면 b 접점은 닫히게 되고 a 접점은 열리게 된다. 그러면 모선에 다시 전원이 공급되고 솔레노이드 Y2에 전기 차단된다. 이 상태에서 시작 스위치(PB1)를 누르면 실린더는 다시 왕복운동을 하게 된다.

실린더 한 개를 사용하여 왕복운동을 하는 경우에는 위와 같이 비상 스위치 제어회로도를 구성하여도 문제가 발생되지 않는다. 그러나 실린더가 여러 개 사용되는 경우에는 문제가 발생하게 된다.

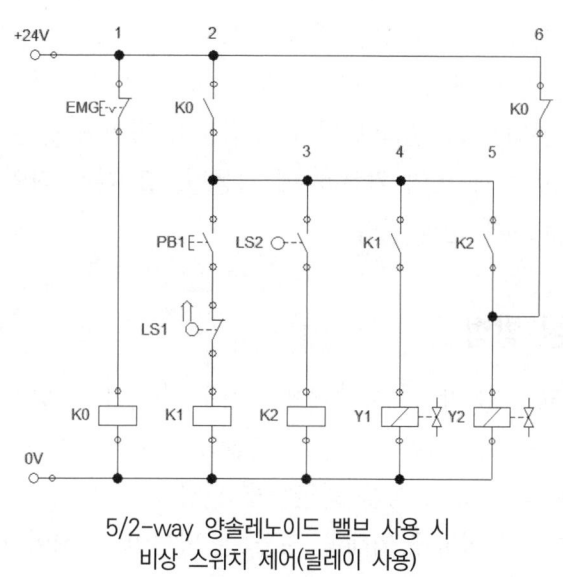

5/2-way 양솔레노이드 밸브 사용 시
비상 스위치 제어(릴레이 사용)

위의 전기회로도는 비상 작업에 릴레이를 이용한 것이다. 회로도에서 전원이 들어오면 비상 릴레이 K0는 여자 된다. 그러면 2번 라인의 K0 a 접점이 닫혀서 모선에 전원이 공급되고 6번 라인의 K0 b 접점이 열려서 솔레노이드 Y2에 공급되는 전기는 차단된다. 시작 스위치 PB1을 작동시키면 실린더는 왕복운동을 하게 된다. 비상 상황이 발생되어 비상 스위치를 누르면 릴레이 K0는 소자된다. 그러면 2번 라인의 K0 a 접점이 열려서 모선에 전원이 차단되어 원위치 된다. 비상 스위치를 돌려서 풀면 비상 릴레이 K0는 여자 된다. 그러면 2번 라인의 K0 a 접점이 닫혀서 모선에 전원이 공급되고 6번 라인의 K0 b 접점이 열려서 솔레노이드 Y2에 공급되는 전기는 차단된다. 시작 스위치(PB1)을 누르면 정상 작업이 이루어진다.

Chapter 5 공유압 전기회로도 설계 및 응용

1 시퀀스 제어 회로

1. 시퀀스 제어 회로의 개념

시퀀스 제어(Sequence Control)란 기계, 설비 따위에서 기기를 조작할 때 미리 정해진 여러 조건에 따라서 각 단계의 제어 작동을 순차적으로 진행하는 제어 방법으로 순차제어라고도 한다. 시퀀스 제어회로도를 작성하기 위해서는 작업 순서를 정해야 한다. 작업 순서는 동력 요소, 기계, 제조 요소의 작업 공정을 기본으로 하여 단계(스텝)로 구성된다. 밸브나 모터의 변환, 슬라이딩 기구의 시동 및 정지와 같은 상태 변화는 하나의 새로운 스텝으로 구분되고 그 변화에 따라 작동된다. 작업 공정은 스텝 1에서 마지막으로 표시되는 스텝 n까지 진행된다. 마지막 스텝 n의 완료 후에 자동적으로 다음 작업 순서가 따라오면 마지막 스텝의 마지막 점은 처음 스텝의 첫 번째 점과 같다.

2. 시퀀스 제어 회로 표현 방법

시퀀스 제어 회로를 설계하고자 할 때 그 문제에서의 작동 순서와 작업의 스위칭 조건 및 작업 제어요소를 분명하게 표시하여야 한다. 공기압 제어 시스템이 복잡하고 조건이 많을 때 적당한 표현 방법을 선택하여야 여러 관련된 동작조건 및 작업 순서 등을 명확하게 결정할 수 있다. 또한 시스템이 방대한 경우 적절한 표현 방법이 문제를 정확하고 분명하게 이해할 수 있는 방법이다. 제어 시스템에서 여러 요소의 연속적인 동작과 개폐 조건을 빨리, 그리고 확실하게 이해하기 위해서는 적절한 표현 방식이 필요하다. 이러한 표현 방식을 사용함으로써 제어계의 작동을 말로 표현하지 않아도 된다. 또 다른 효과로 기계, 전기 및 전자공학의 전문가들 간의 의사소통에도 도움이 된다. 다음과 같은 작업을 예를 들어 시퀀스 제어 회로 표현 방법을 알아보도록 한다.

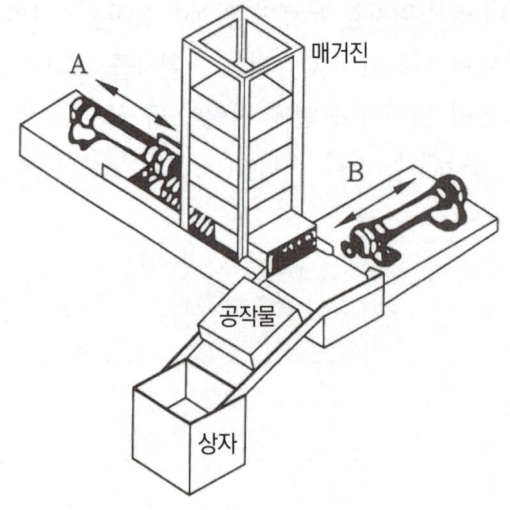

Magazine Type 자동 이송장치

상기 Magazine Type 자동 이송장치에서 공작물 이송 작업은 공작물은 자유 낙하에 의하여 매거진 아래로 내려온다. 시작 스위치를 누르면, 이송 실린더 A가 공작물을 매거진에서 밀어 이송하고, 추출 실린더 B가 공작물을 포장박스에 보내고 귀환한다.

이러한 동작 상태를 여러 가지 방법으로 표현할 수 있는데 이에 대해 알아보자.

- **작업의 공정에 따른 표현**

작업 공정 순서	작업 요소	작업 내용
0	시작 스위치	작업을 시작하기 위해 시작스위치를 누른다
1	실린더 A	공작물을 매거진에서 밀어 이송한다
2	실린더 A	원위치로 복귀한다
3	실린더 B	공작물을 포장박스에 보낸다
4	실린더 B	원위치로 복귀한다

- **도표를 이용한 형태**

작업 내용을 도표로 정리하면 작업 상황을 쉽게 파악할 수 있다.

작동 순서	실린더 A		실린더 B	
	동작상태	기호	동작상태	기호
1	전진	A+		-
2	후진	A-		
3			전진	B+
4			후진	B-

동작 상태를 간략히 표현하기 위해서 전진운동을 +로 표현하고 후진운동을 -로 표기한다. 즉, 전진 운동의 경우에는 엑추에이터 기호에 +를 붙여주고 후진 운동의 경우에는 - 기호를 붙여준다. 실린더는 첫 번째 실린더는 A 실린더, 두 번째 실린더는 B 실린더 등과 같이 표현한다.

- **변위 단계 선도**

변위 단계 선도는 공기압 시스템의 작업 요소인 실린더, 모터, 램프 등의 동작 순서를 표현하기 위해서 사용된다. 만일 공기압 시스템 내에 여러 개의 작업 요소가 있을 경우에는 각 작업 요소를 세로로 배열하고, 각각에 대하여 동일한 방법으로 표현한다. 작업 순서에 따른 서로 간의 관계는 단계에 의해 나타난다.

아래의 그림은 'Magazine Type 자동 이송장치'의 실린더 A, B의 동작 순서를 나타낸 변위 단계 선도이며, 시스템이 운전을 시작하면 실린더 A 전진, 실린더 A 후진, 실린더 B 전진, 실린더 B 후진의 순서로 동작하는 것을 알 수 있다.

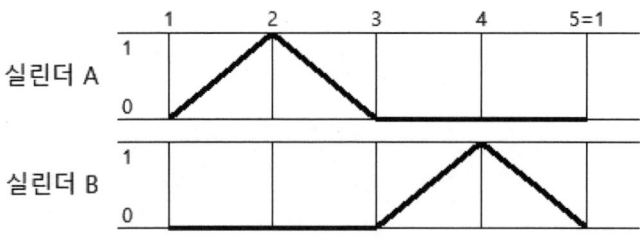

Magazine Type 자동 이송장치의 변위 단계 선도

위 그림에서 실린더 A, 실린더 B의 아래쪽 숫자 0은 후진 위치를 나타낸다. 마찬가지로 숫자 1은 전진 위치를 나타낸다.

변위 단계 선도를 그릴 때 고려하여야 할 사항은 다음과 같다.
- 단계는 같은 크기의 공간에 수평선이나 대각선으로 나타낸다.
- 모든 요소에 대하여, 변위는 실제 거리에 비례하지 않고 모두 동일한 크기로 그린다.
- 여러 요소가 있는 경우, 각 성분의 변위 간의 수직 간격은 너무 작아서는 안 된다. 보통의 경우 단계 크기의 1/2~1배로 그린다.
- 하나의 작업이 일어나는 중간에 시스템의 조건이 변하거나(예를 들어 실린더가 중간 지점에 왔을 때 리미트 스위치가 작동되는 경우) 이송 속도가 변한다면 준간 단계를 첨가한다.
- 각 단계에 필요하다면 번호를 붙인다.
- 다이어그램의 왼쪽에 관련 요소를 표시하여야 한다.

2 주회로 차단법

1. 공기압 제어 시스템

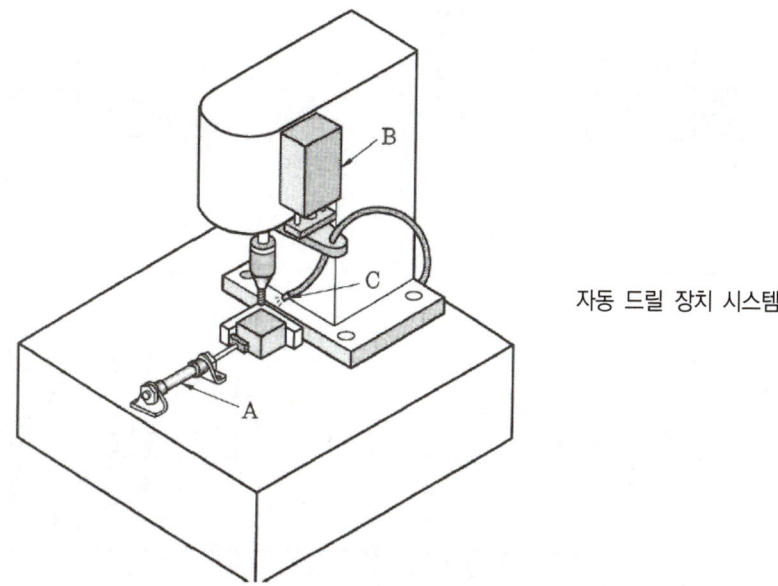

자동 드릴 장치 시스템

2. 제어 조건

소재는 수동으로 고정구에 삽입된다. 작업 시작스위치(PB1)를 누르면 클램핑 실린더A가 전진 운동하여 소재가 고정되면 드릴이송 실린더 B가 전진운동하여 드릴가공이 되도록 드릴을 이송한다. 드릴 이송이 완료되어 드릴작업이 완료되면 실린더 B는 원래의 위치로 복귀한다. 드릴 이송 실린더의 복귀가 완료되면 실린더 A의 후진운동으로 클램핑도 해제된다.

3. 변위 단계 선도

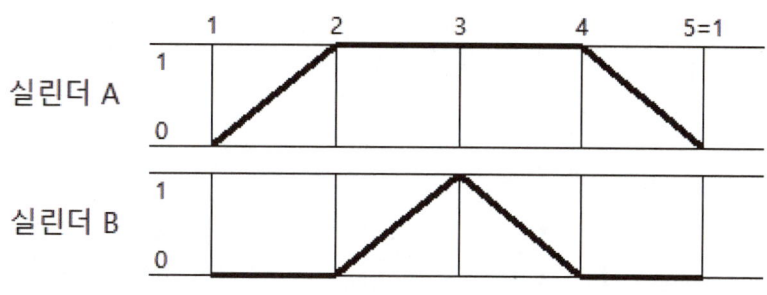

4. 공유압 회로도

(1) 공압 회로도

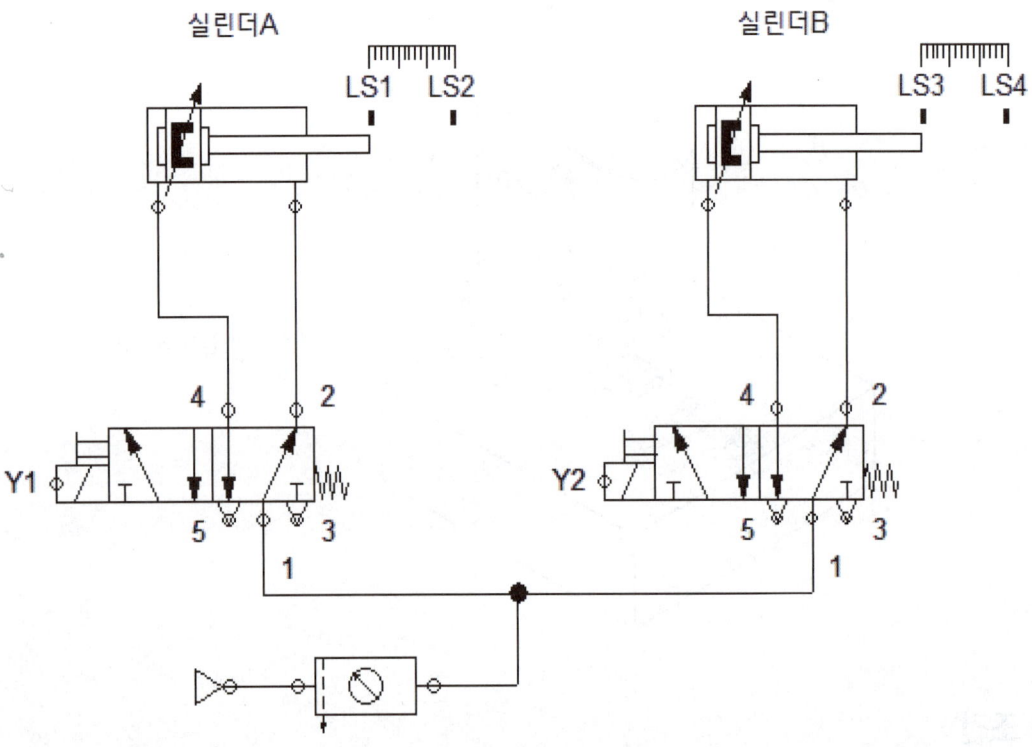

(2) 유압회로도

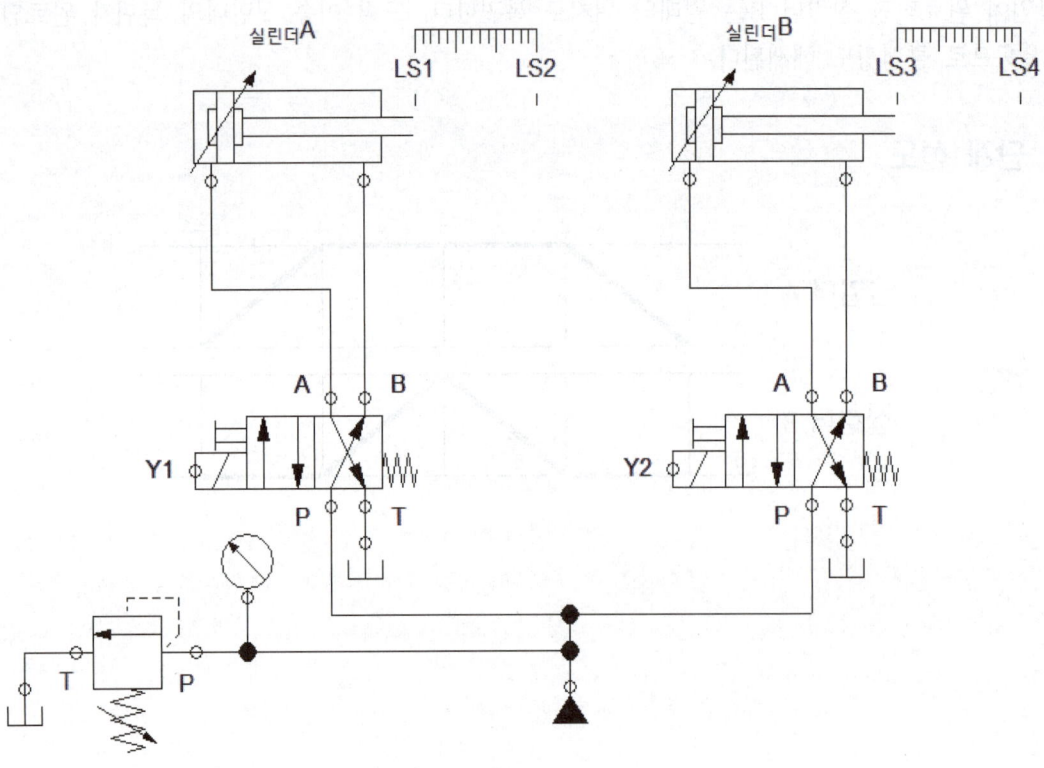

5. 동작흐름분석표

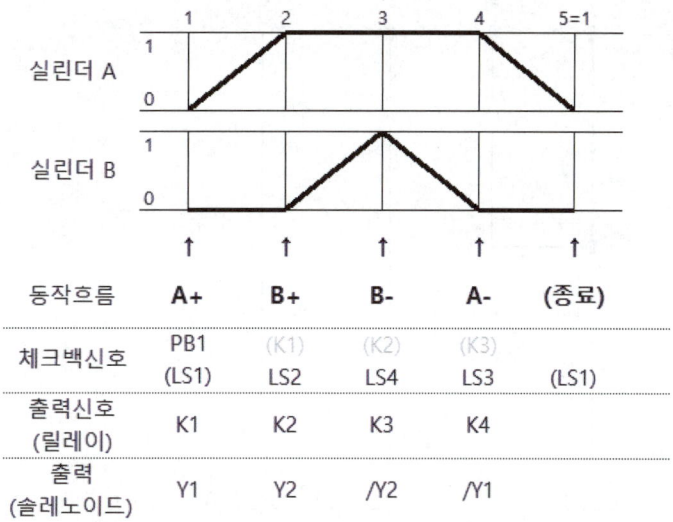

6. 전기회로도 설계

- 1단계 : 실린더A 전진운동(A+)

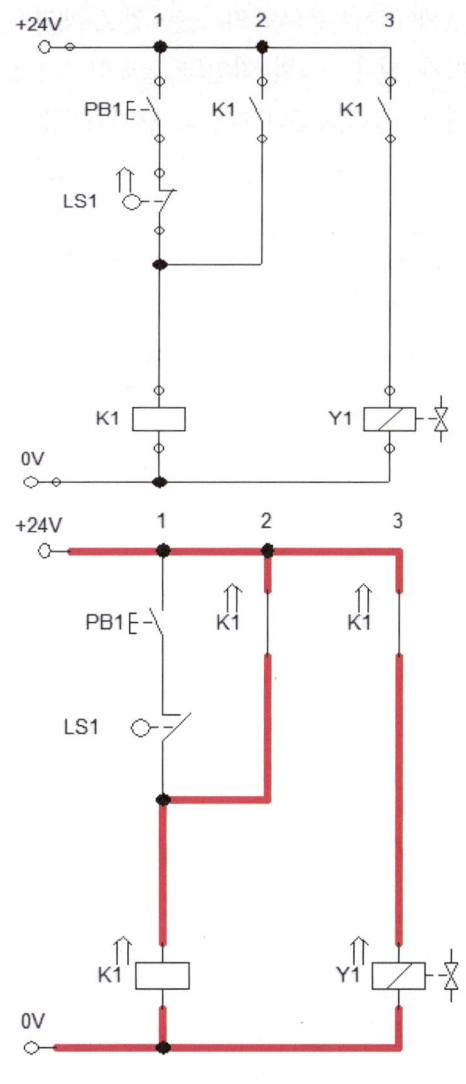

동작조건의 시작스위치(PB1)와 실린더A의 정상상태 체크백신호(LS1)의 AND 조건이 참(True)이며 1번 라인의 릴레이 K1이 여자 된다. 2번 라인의 릴레이 K1 a 접점으로 자기유지 회로를 구성하여 릴레이 K1이 여자 상태로 유지된다. 그리고 3번 라인의 릴레이 K1 a 접점으로 솔레노이드 Y1를 여자 된다. 솔레노이드 Y1이 여자가 되면 5/2-way 편 솔레노이드 밸브의 제어위치가 변환이 되어 실린더A가 전진운동(A+)을 하게 된다.

- 2단계 : 실린더B 전진운동(B+)

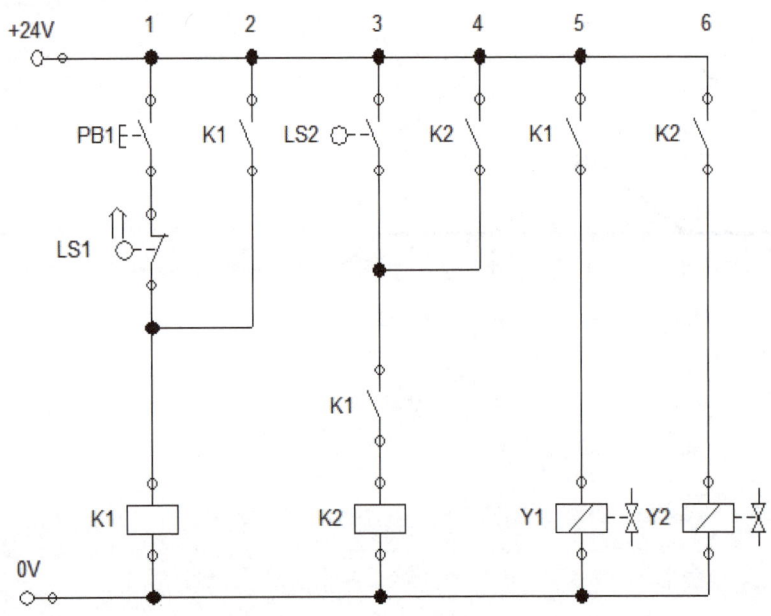

실린더A의 전진운동(A+)을 위한 압축공기 출력 신호(K1)와 실린더A의 전진운동(A+)의 작동 완료 체크백 신호(LS2)의 AND 조건이 참(True)이며 3번 라인의 릴레이 K2가 여자 된다. 4번 라인의 릴레이 K2 a 접점으로 자기유지 회로를 구성하여 릴레이 K2가 여자 상태로 유지된다. 그리고 6번 라인의 릴레이 K2 a 접점으로 솔레노이드 Y2를 여자 시킨다. 솔레노이드 Y2이 여자가 되면 5/2-way 편 솔레노이드 밸브의 제어위치가 변환이 되어 실린더B가 전진운동(B+)을 하게 된다.

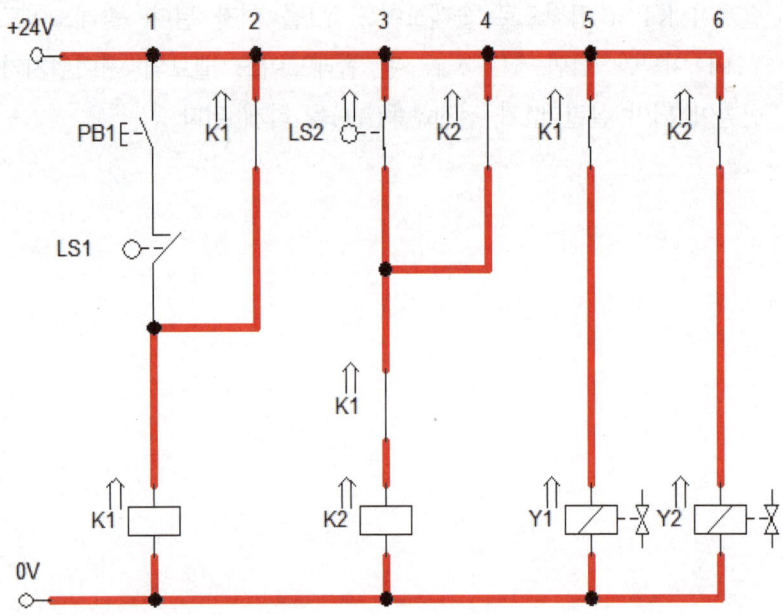

- 3단계 : 실린더B 후진운동(B-)

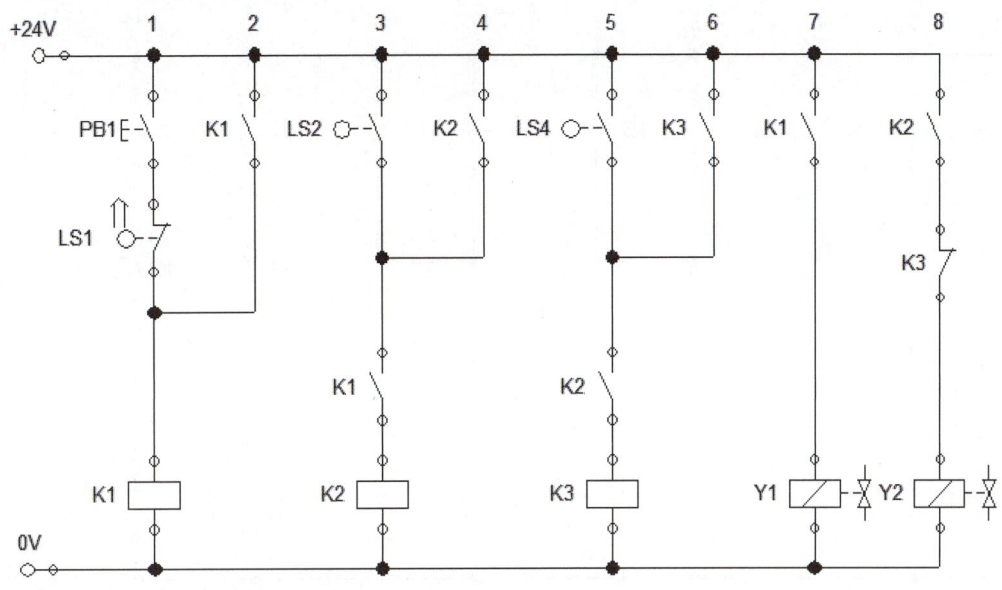

실린더B의 전진운동(B+)을 위한 압축공기 출력 신호(K2)와 실린더B의 전진운동(B+)의 작동 완료 체크백신호(LS4)의 AND 조건이 참(True)이며 5번 라인의 릴레이 K3이 여자 된다. 6번 라인의 K3 a 접점으로 자기유지 회로를 구성하여 K3이 여자 상태로 유지된다. 그리고 8번 라인의 릴레이 K3 b 접점으로 솔레노이드 Y2를 소자시킨다. 솔레노이드 Y2가 소자가 되면 5/2-way 편 솔레노이드 밸브의 제어위치가 원위치 되어 실린더B가 후진운동(B-)을 하게 된다.

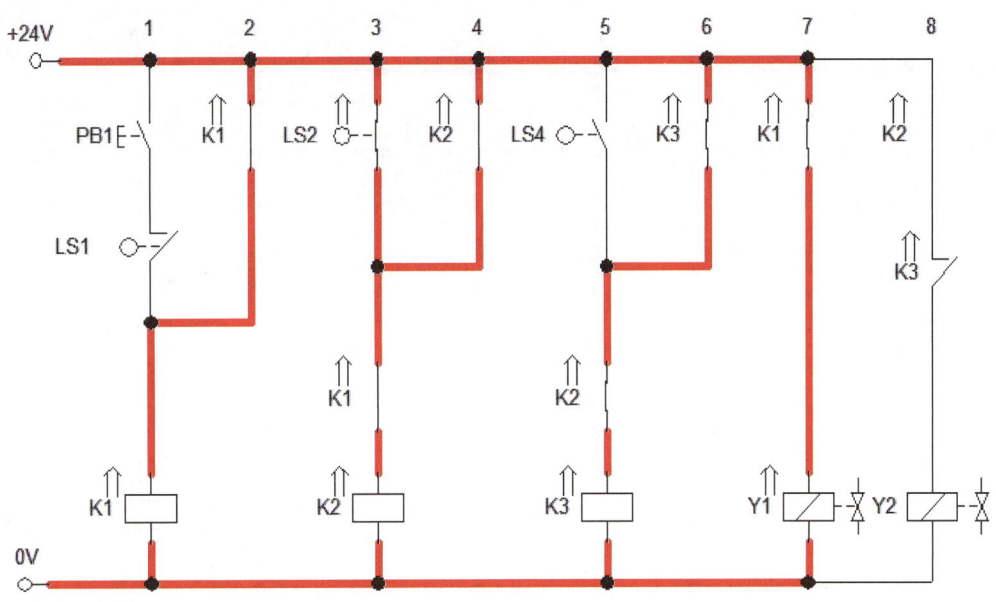

- 4단계 : 실린더A 후진운동(A-)

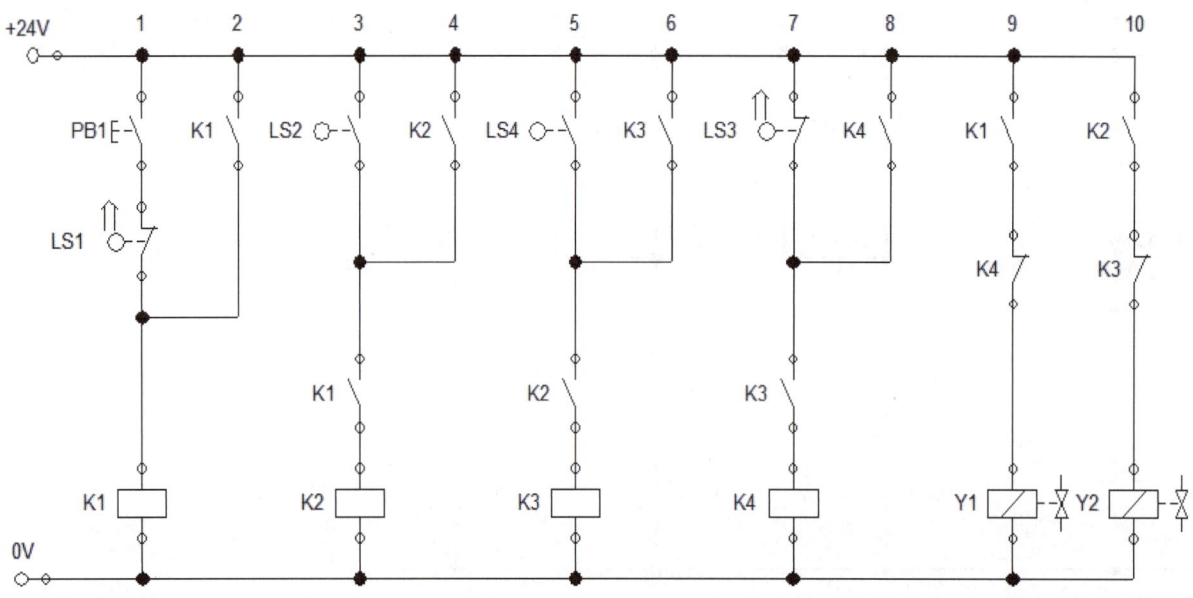

실린더B의 후진운동(B-)을 위한 압축공기 출력 신호(K3)와 실린더B의 후진운동(B-)의 작동 완료 체크백 신호(LS3)의 AND 조건이 참(True)이며 7번 라인의 릴레이 K4가 여자 된다. 8번 라인의 릴레이 K4 a 접점으로 자기유지 회로를 구성하여 릴레이 K4가 여자 상태로 유지된다. 그리고 9번 라인의 릴레이 K4 b 접점으로 솔레노이드 Y1를 소자시킨다. 솔레노이드 Y1이 소자가 되면 5/2-way 편 솔레노이드 밸브의 제어위치가 원위치 되어 실린더A가 후진운동(A-)을 하게 된다.

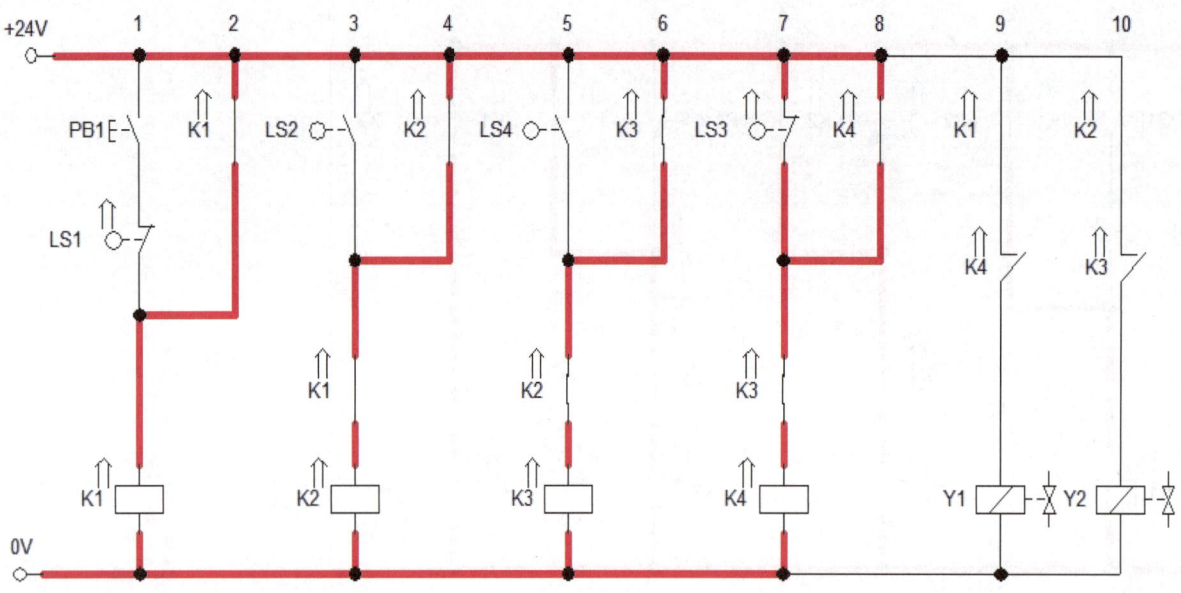

• 5단계 : 초기화

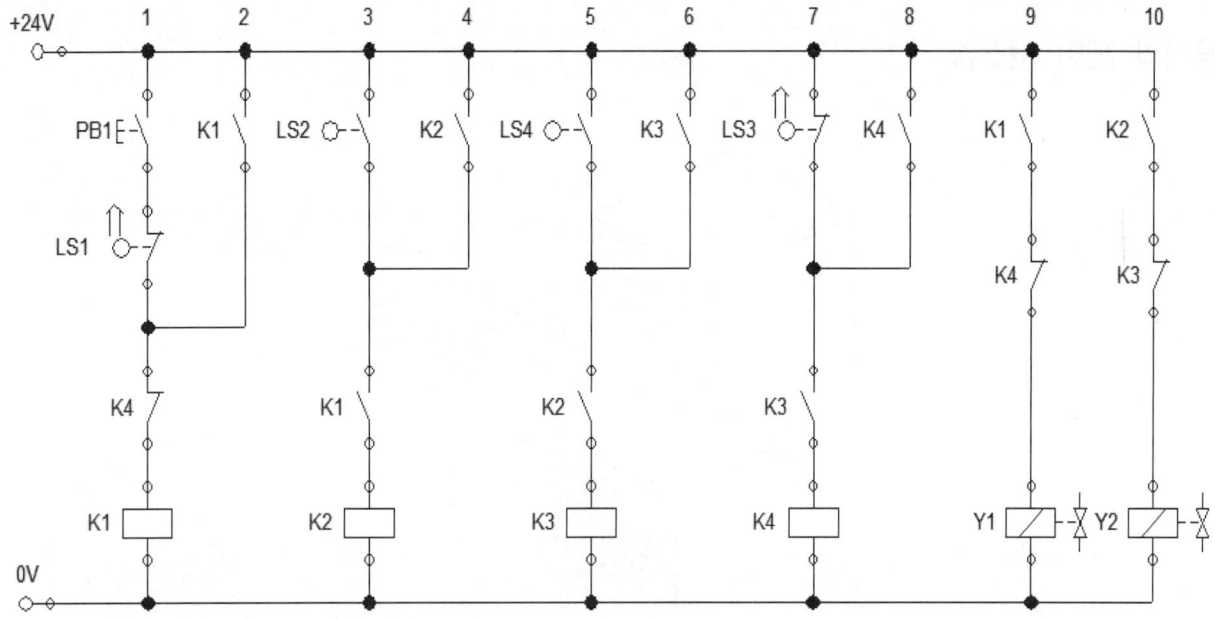

　　4단계에서의 전원이 공급된 상태 전기 회로를 보시다시피 동작이 완료되면 릴레이 K1, K2, K3, K4가 여자 된 상태로 유지되고 있다. 여자 된 상태의 릴레이 K1~K4를 소자된 상태, 즉 초기화 상태가 되어야 시작 스위치 PB1을 눌렀을 때 재시작을 할 수 있다. 따라서 1번 라인에 마지막 동작의 릴레이 K4 b접점으로 주회로의 전원을 차단함으로써 초기화 상태가 된다.

• 6단계 : 최적화

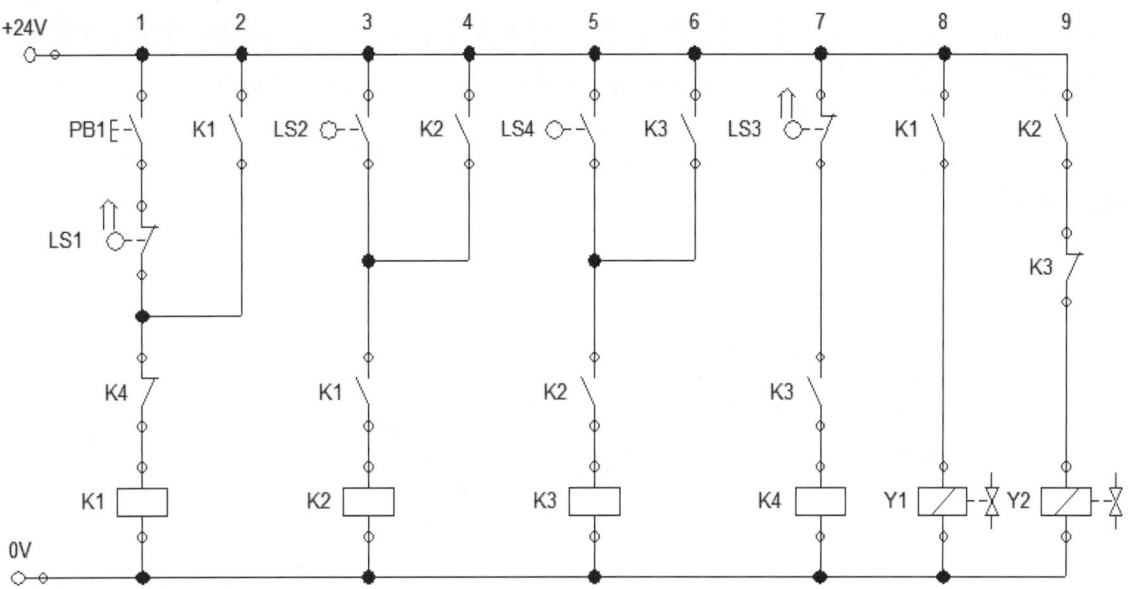

- 작업 공정 4단계에서 릴레이 K4 자기유지 회로 구성이 불필요하다.
- 초기화 5단계에서 1번 라인의 릴레이 K4 b 접점으로 주회로에 전원이 차단되면 10번 라인의 솔레노이드 Y2가 소자되므로 릴레이 K4 b 접점으로 솔레노이드 Y2를 소자시킬 필요가 없다.

3 최대신호 차단법

1. 공기압 제어 시스템

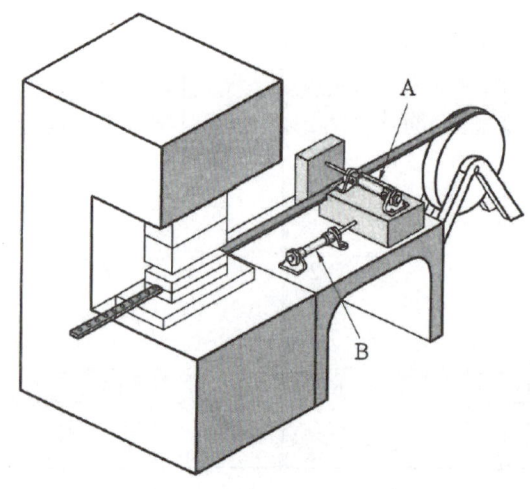

자동 공급 펀칭 장치 시스템

2. 제어조건

금속 재질의 시트는 드럼에서 펀칭 기계로 공급된다. 이 공급장치는 펀치 공구가 상단 위치에 있을 때만 작동된다.(이 신호는 누름 버튼 PB2에 의해 작동한다) 시작 스위치(PB1)를 1회 ON-OFF하면 실린더 A가 금속 시트를 잡고 있을 때 실린더 B가 후진운동을 한다. 실린더 A가 금속 시트를 놓으면 실린더 B가 최종 위치로 돌아가게 된다. 단, 실린더 A와 B의 초기 위치는 전진한 상태로 작업을 대기한다.

3. 변위 단계 선도

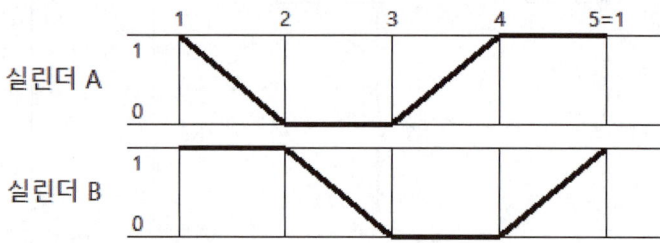

4. 공유압 회로도

(1) 공압 회로도

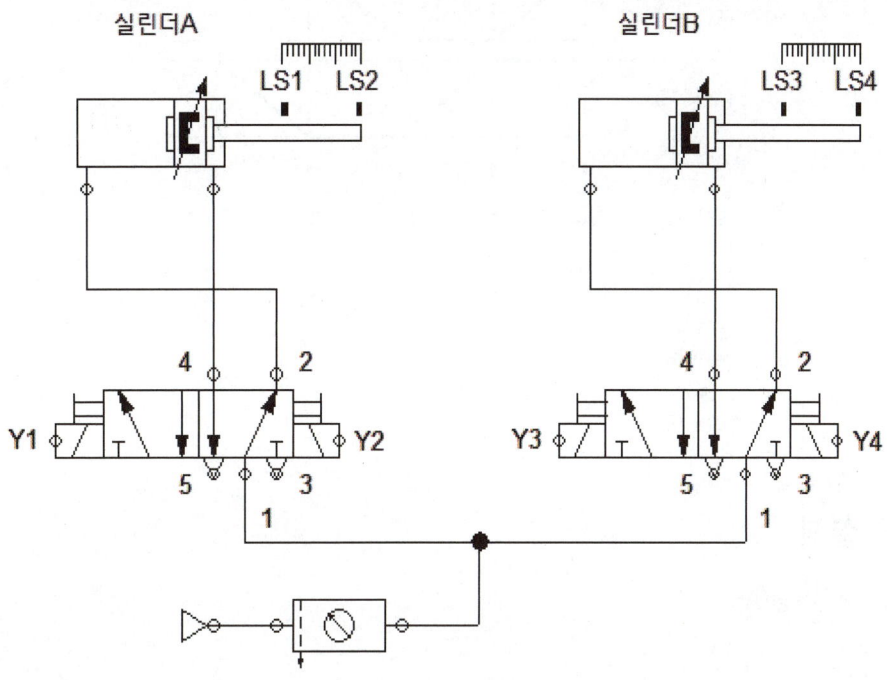

(2) 유압 회로도

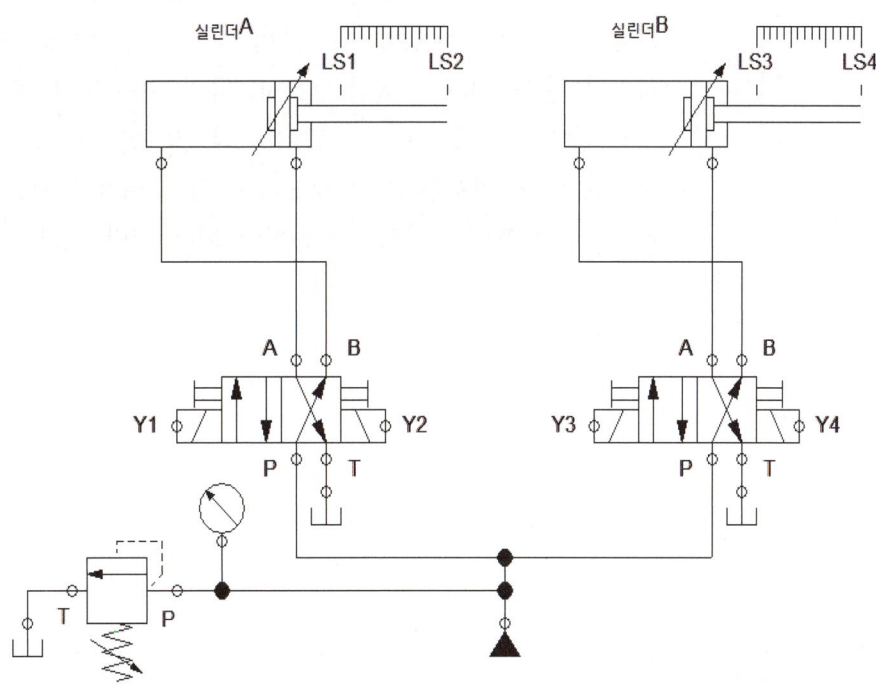

5. 동작흐름분석표

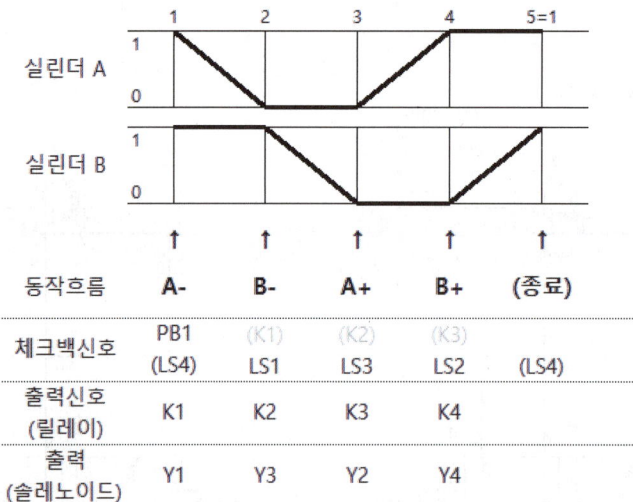

6. 전기회로도 설계

- 1단계 : 실린더A 후진운동(A-)

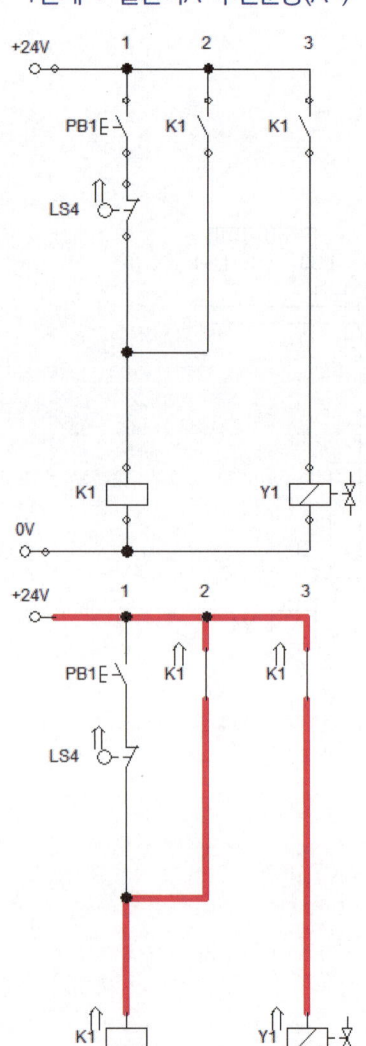

동작조건의 시작스위치(PB1)와 실린더B의 정상상태 체크백신호(LS4)의 AND 조건이 참(True)이며 1번 라인의 릴레이 K1이 여자 된다. 2번 라인의 릴레이 K1 a 접점으로 자기유지 회로를 구성하여 릴레이 K1이 여자 상태로 유지된다. 그리고 3번 라인의 릴레이 K1 a 접점으로 솔레노이드 Y1이 여자 된다. 솔레노이드 Y1이 여자가 되면 5/2-way 편 솔레노이드 밸브의 제어위치가 변환이 되어 실린더A가 후진운동(A-)을 하게 된다.

• 2단계 : 실린더B 후진운동(B-)

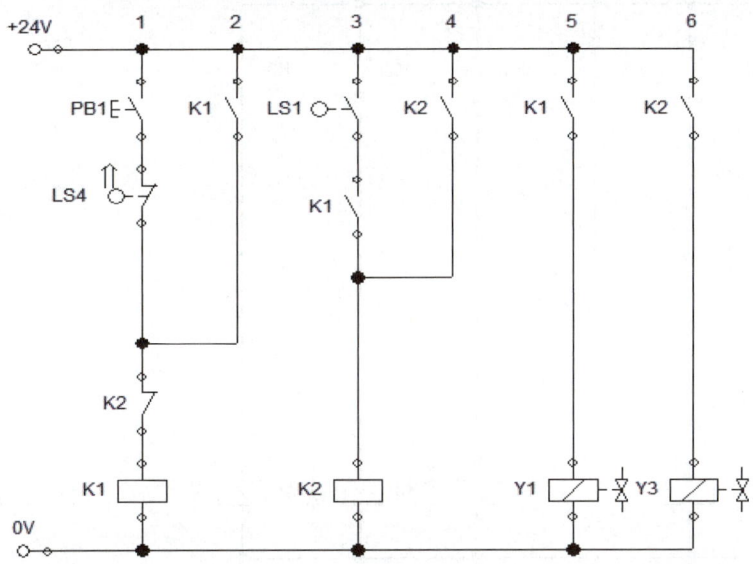

실린더A의 후진운동(A-)의 작동 완료 체크백신호(LS1)와 실린더A의 후진운동(A-)을 위한 압축공기 출력 신호(K1)의 AND 조건이 참(True)이며 3번 라인의 릴레이 K2가 여자 된다. 4번 라인의 릴레이 K2 a 접점으로 자기유지 회로를 구성하여 릴레이 K2가 여자 상태로 유지된다.

1번 라인의 릴레이 K2 b 접점으로 릴레이 K1를 소자시키고, 6번 라인의 릴레이 K2 a 접점으로 솔레노이드 Y3를 여자 된다. 솔레노이드 Y3이 여자가 되면 5/2-way 편 솔레노이드 밸브의 제어위치가 변환이 되어 실린더B가 후진운동(B-)을 하게 된다.

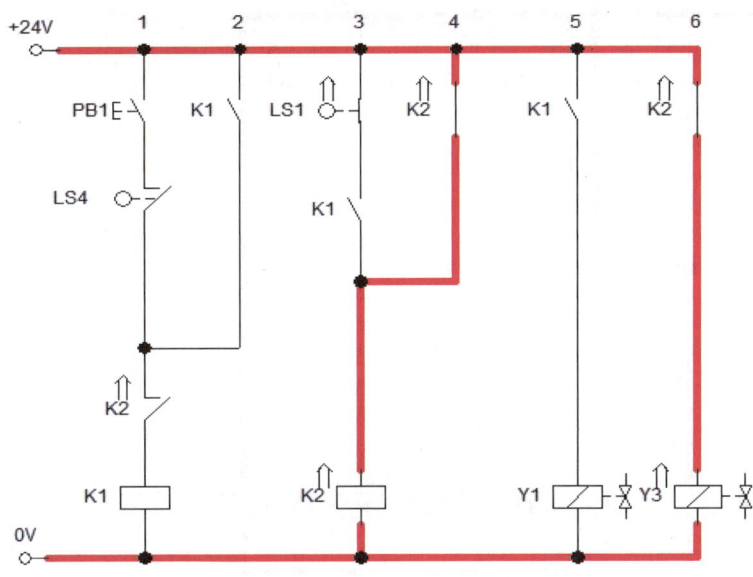

• 3단계 : 실린더A 전진운동(A+)

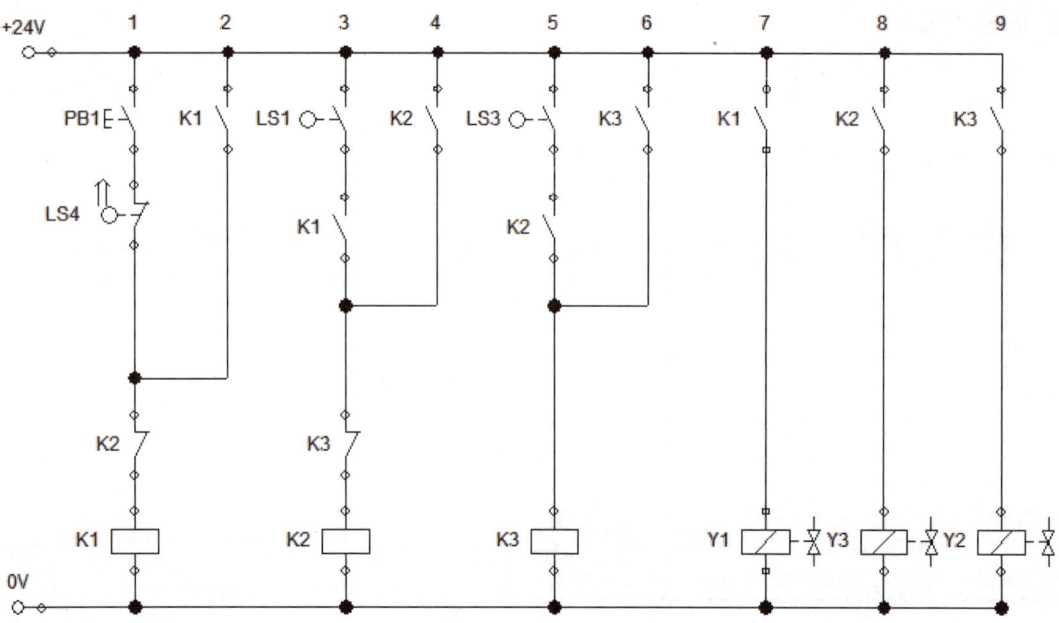

실린더B의 후진운동(B-)의 작동 완료 체크백신호(LS3)와 실린더B의 후진운동(B-)을 위한 압축공기출력신호(K2)의 AND 조건이 참(True)이며 5번 라인의 릴레이 K3가 여자 된다. 6번 라인의 릴레이 K2 a 접점으로 자기유지 회로를 구성하여 릴레이 K3가 여자 상태로 유지된다.

3번 라인의 릴레이 K3 b 접점으로 릴레이 K2를 소자시키고, 9번 라인의 릴레이 K3 a 접점으로 솔레노이드 Y2를 여자 된다. 솔레노이드 Y2이 여자가 되면 5/2-way 편 솔레노이드 밸브의 제어위치가 원위치되어 실린더A가 전진운동(A+)을 하게 된다.

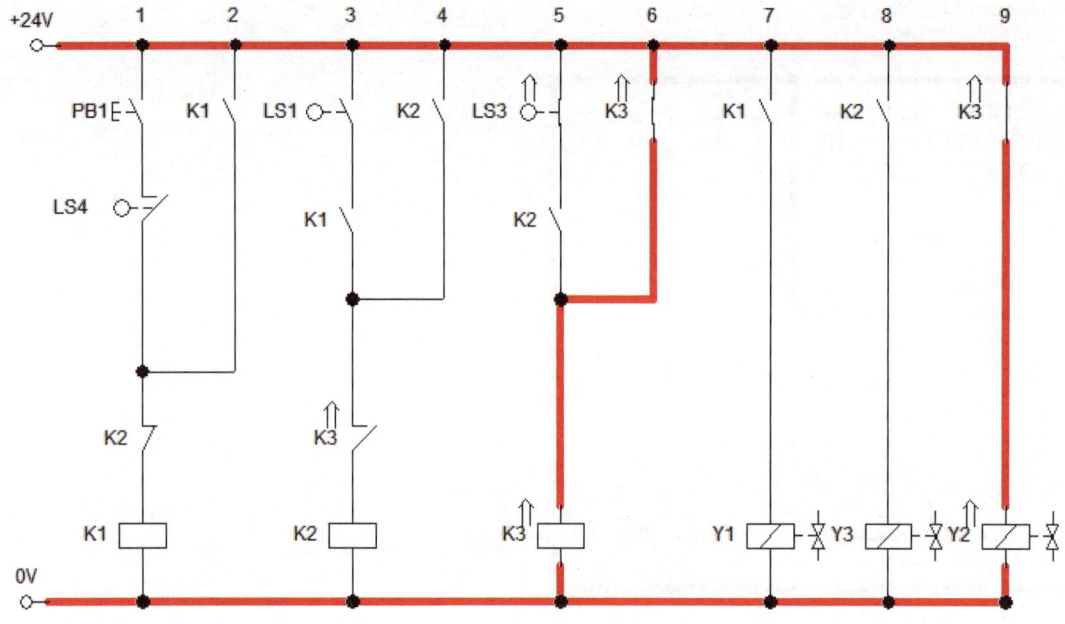

• 4단계 : 실린더B 전진운동(B+)

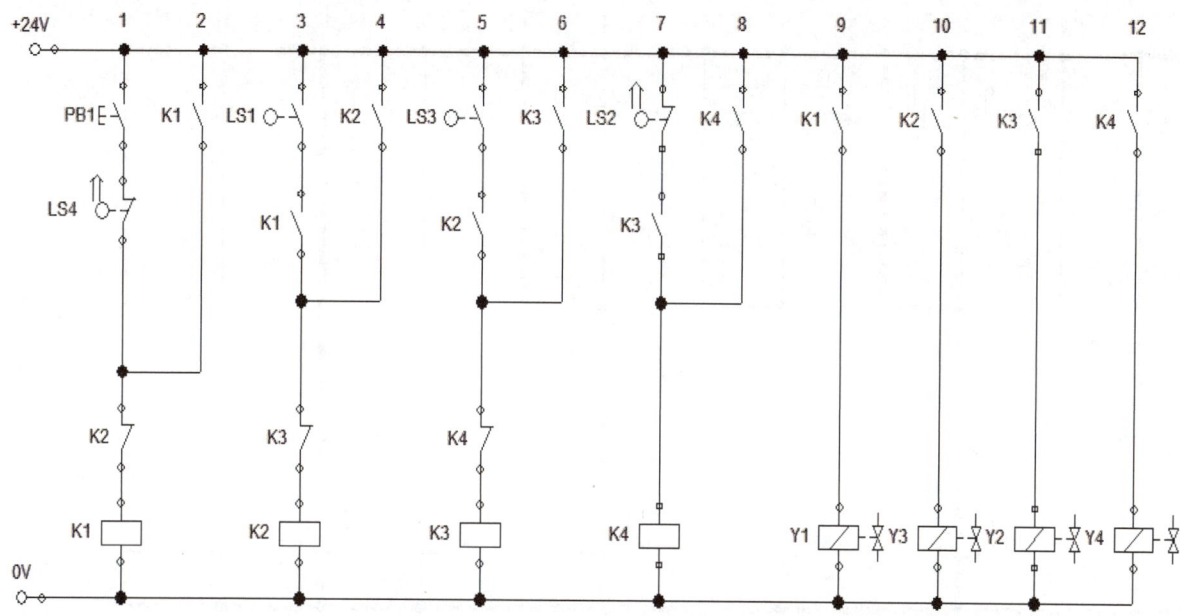

실린더A의 전진운동(A+)의 작동 완료 체크백신호(LS2)와 실린더A의 전진운동(A+)을 위한 압축공기 출력 신호(K3)의 AND 조건이 참(True)이며 7번 라인의 릴레이 K4가 여자 된다. 8번 라인의 릴레이 K3 a 접점으로 자기유지 회로를 구성하여 릴레이 K4가 여자 상태로 유지된다.

5번 라인의 릴레이 K4 b 접점으로 릴레이 K3를 소자시키고, 12번 라인의 릴레이 K4 a 접점으로 솔레노이드 Y4가 여자 된다. 솔레노이드 Y4이 여자가 되면 5/2-way 편 솔레노이드 밸브의 제어위치가 원위치 되어 실린더B가 전진운동(B+)을 하게 된다.

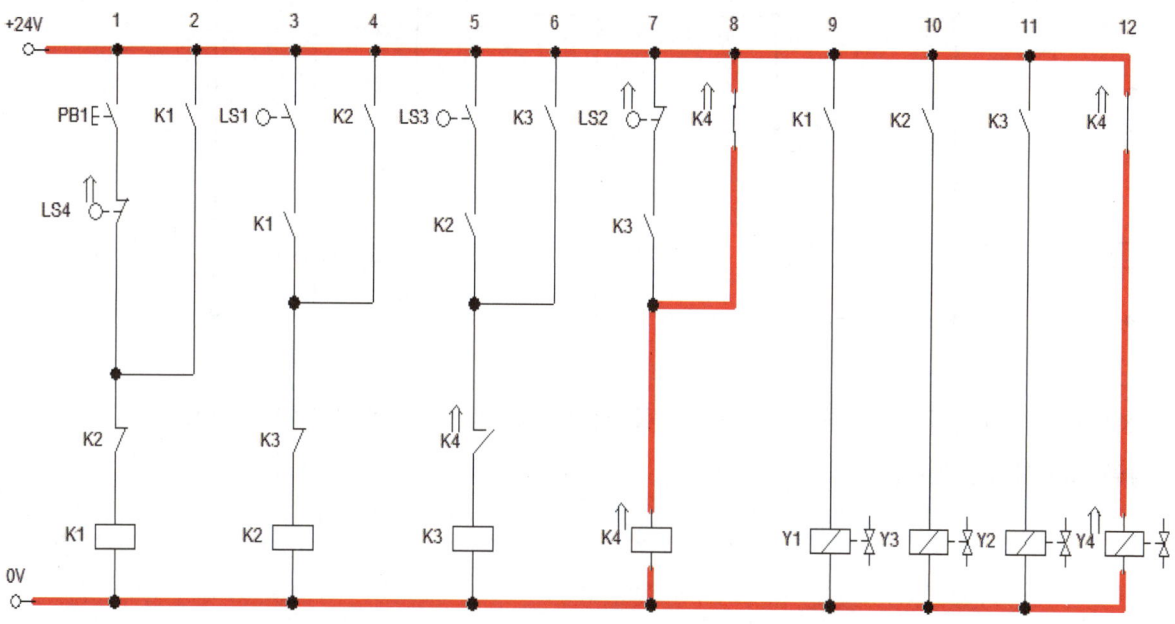

- 5단계 : 초기화

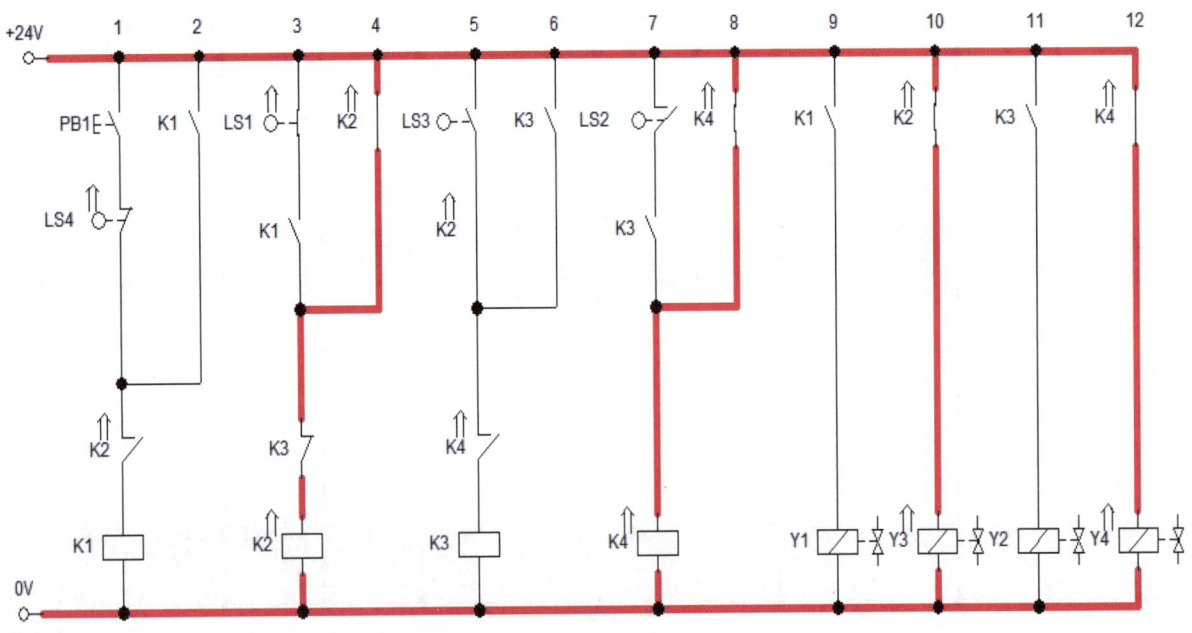

4단계 동작이 완료된 상태에서 시작스위치(PB1)를 다시 누르면 위와 같이 진행을 하고 멈추어 버린다.

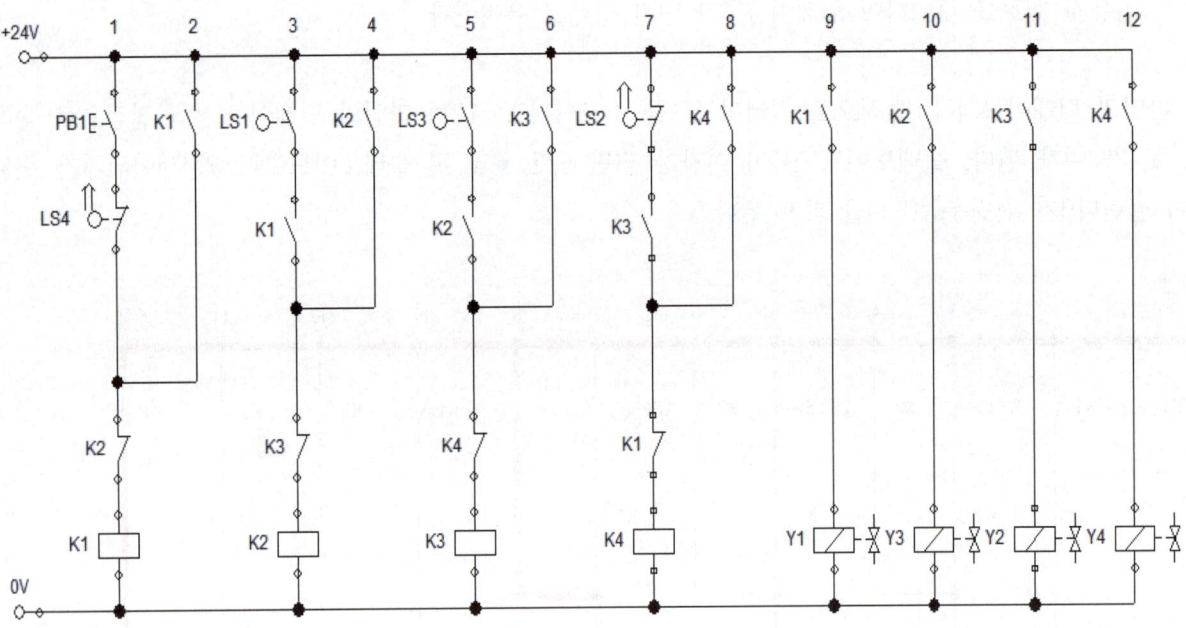

릴레이 K1이 여자 되었을 때 릴레이 K4를 소자를 시키면 된다. 즉, 7번 라인에 릴레이 K1 b 접점으로 릴레이 K4를 소자시키면 된다.

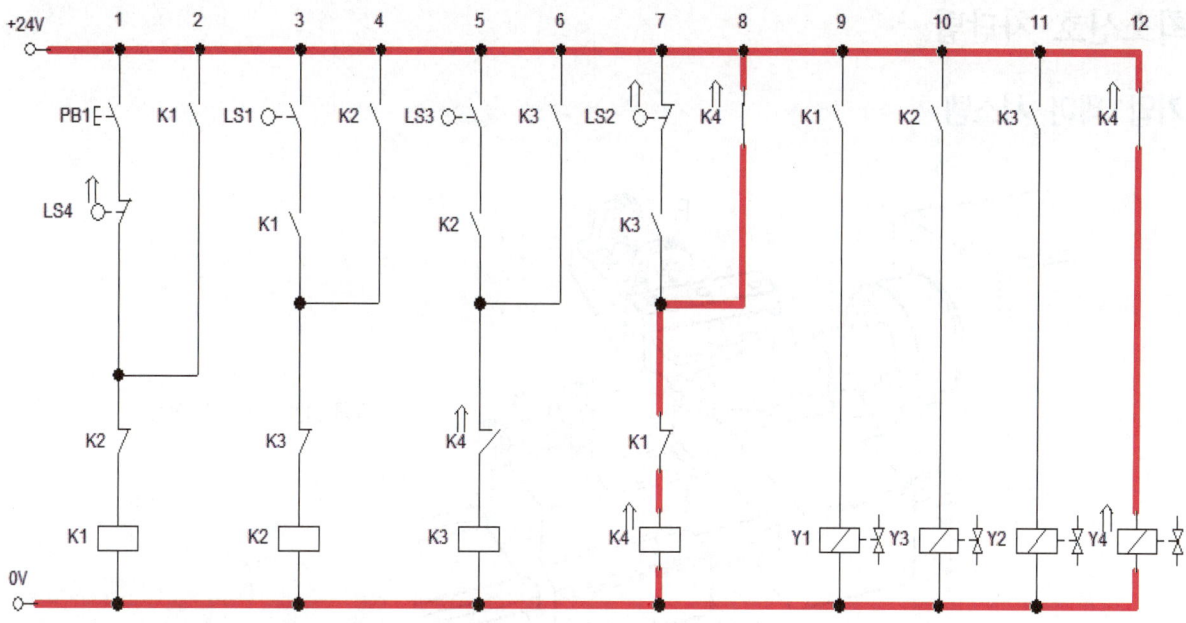

• 6단계 : 제어조건 최적화

  자동 공급 펀칭 장치 시스템의 제어 조건을 보면 펀치 공구가 상단 위치에 있을 때 누름 버튼 스위치 PB2를 ON-OFF 하고 시작 스위치 PB1를 눌렀을 때 원하는 동작이 이루어진다.

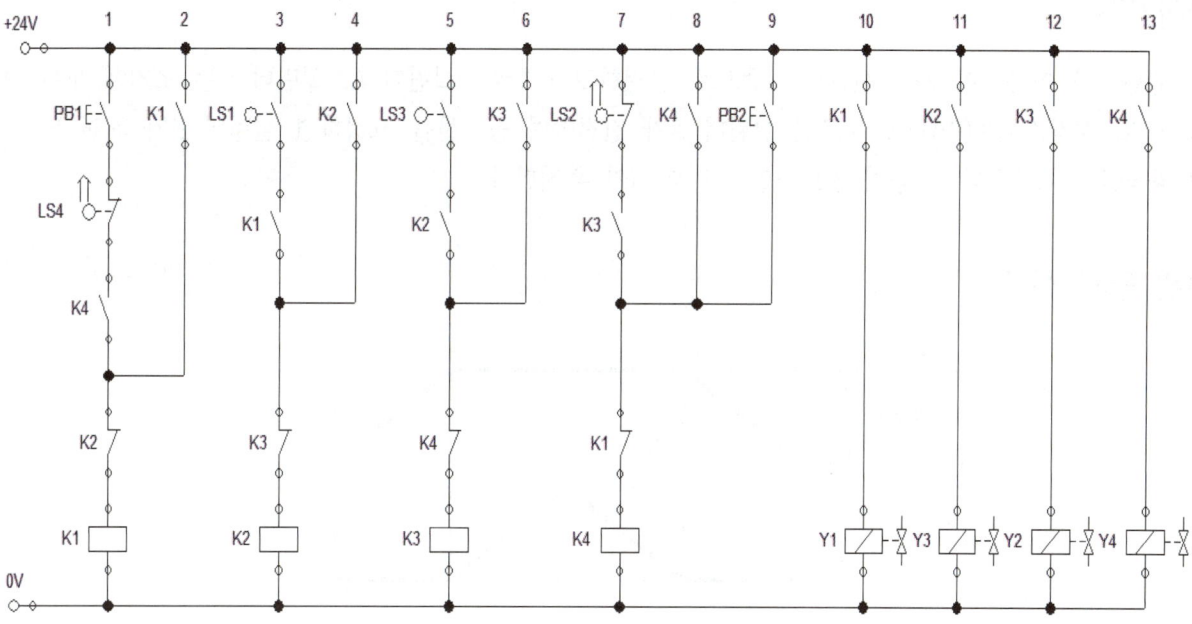

  9번 라인에 누름 버튼스위치(PB2) a 접점과 1번 라인에 릴레이 K4 a 접점을 추가 하면 제어 조건을 구현할 수 있다.

4 최소신호 차단법

1. 공기압 제어 시스템

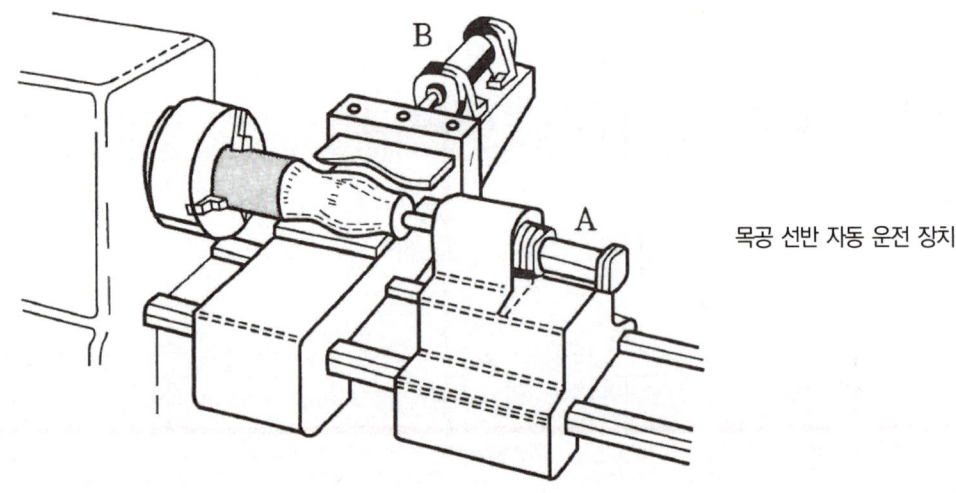

목공 선반 자동 운전 장치

2. 제어조건

공압 실린더를 이용하여 목공 선반을 자동으로 운전하고자 한다. 실린더 A, 실린더 B는 초기에 모두 후진하여 있고, 시작스위치(PB1)를 누르면 실린더 A가 전진하여 공작물을 고정하면 실린더 B가 전진 및 후진하여 공작물을 가공한다. 가공이 완료되면 실린더 A가 후진한다.

3. 변위 단계 선도

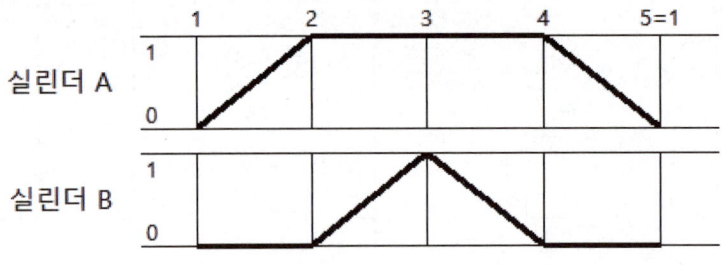

4. 공유압회로도

(1) 공압회로도

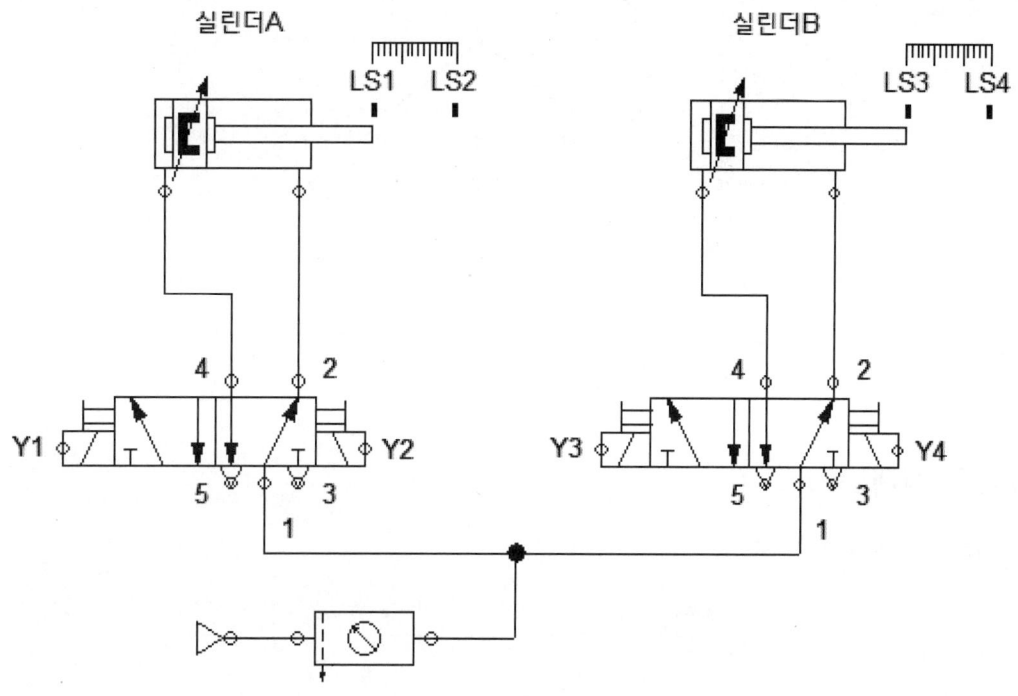

(2) 유압회로도

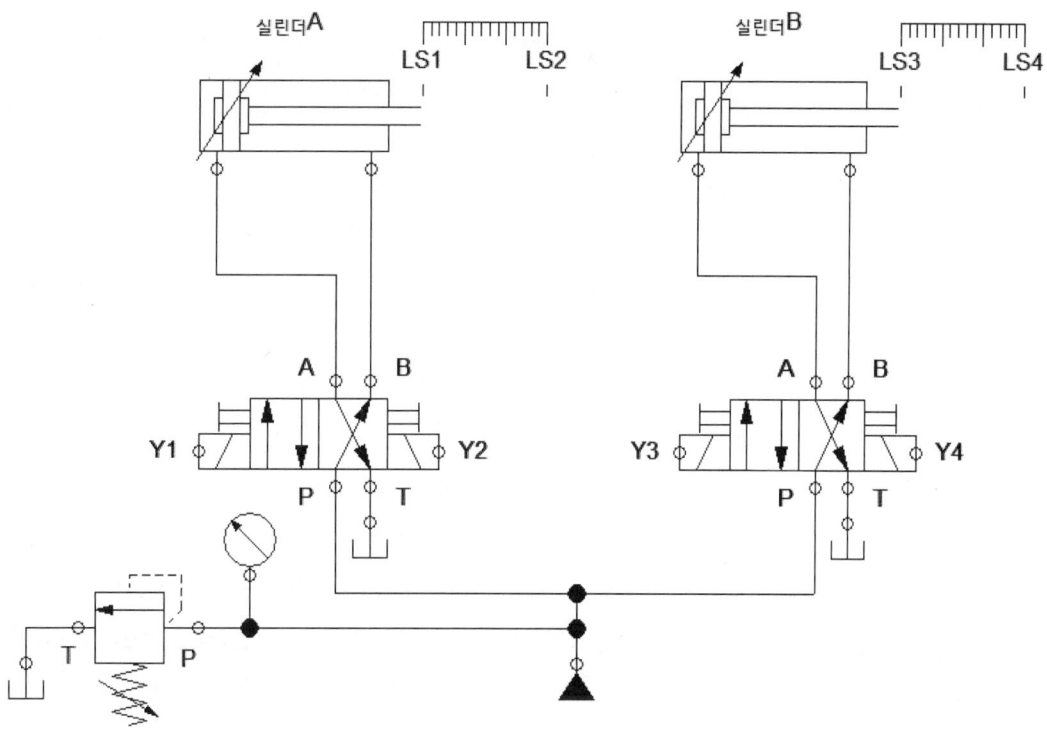

5. 동작흐름분석표

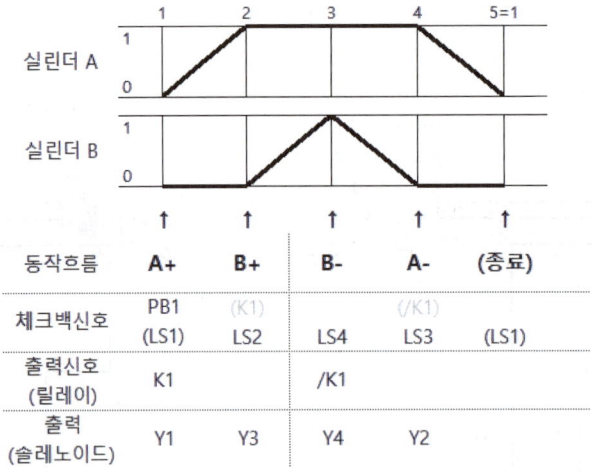

동작흐름	A+	B+	B-	A-	(종료)
체크백신호	PB1 (LS1)	(K1) LS2	(/K1) LS4	LS3	(LS1)
출력신호 (릴레이)	K1		/K1		
출력 (솔레노이드)	Y1	Y3	Y4	Y2	

6. 전기회로도 설계

• 1단계 : 실린더A 전진운동(A-)

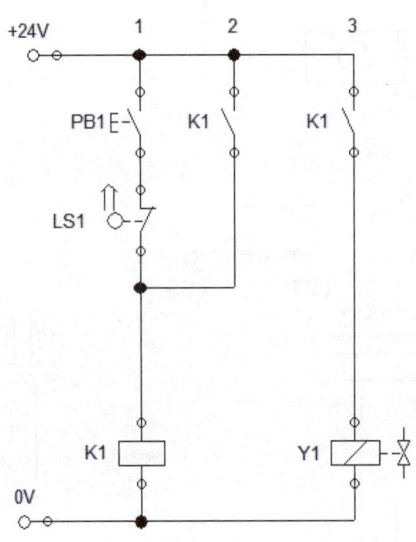

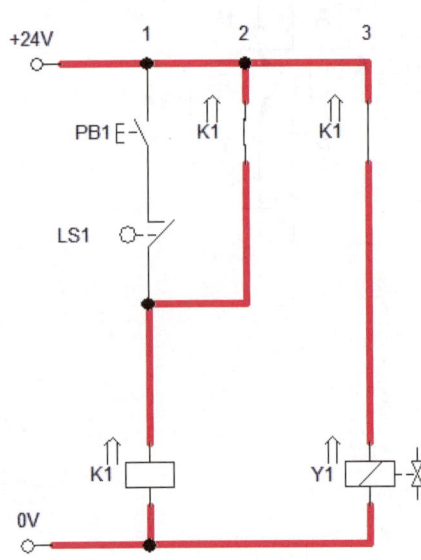

동작조건의 시작스위치(PB1)와 실린더A의 정상상태 체크백신호(LS1)의 AND 조건이 참(True)이며 1번 라인의 릴레이 K1이 여자 된다. 2번 라인의 릴레이 K1 a 접점으로 자기유지 회로를 구성하여 릴레이 K1이 여자 상태로 유지된다. 그리고 3번 라인의 릴레이 K1 a 접점으로 솔레노이드 Y1이 여자 된다. 솔레노이드 Y1이 여자가 되면 5/2-way 편 솔레노이드 밸브의 제어위치가 변환이 되어 실린더A가 전진운동(A+)을 하게 된다.

• 2단계 : 실린더B 전진운동(B+)

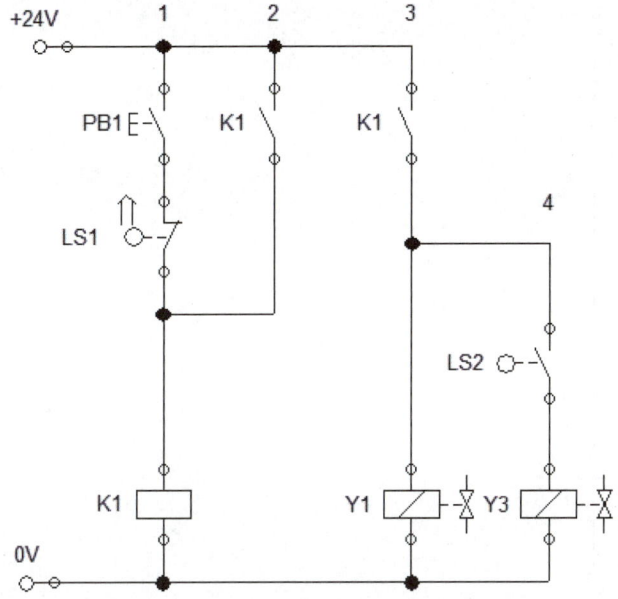

릴레이 K1이 여자 된 상태에서 실린더A의 전진운동(A+)의 체크백신호(LS2)에 의해 솔레노이드 Y3가 여자 된다. 솔레노이드 Y3가 여자가 되면 5/2-way 편 솔레노이드 밸브의 제어위치가 변환이 되어 실린더B가 전진운동(B+)을 하게 된다.

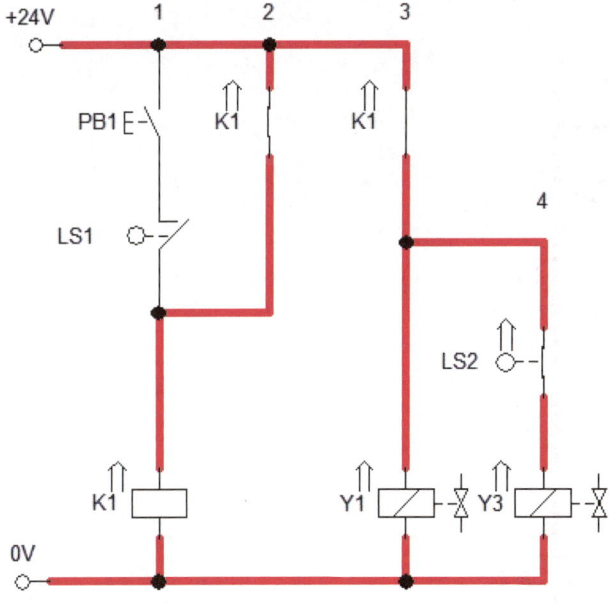

- 3단계 : 실린더B 후진운동(B-)

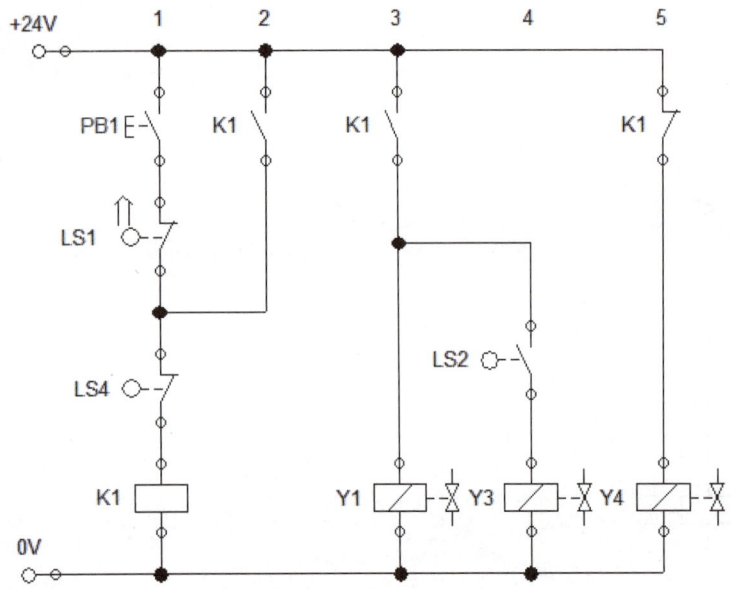

실린더B의 전진운동(B+)이 완료되면 리미트 스위치(LS4)의 체크백 신호가 들어오게 된다. 이 체크백신호(LS4) b 접점으로 1번 라인의 릴레이 K1을 소자시킨다. 릴레이 K1이 소자되면 3번 라인의 릴레이 K1 a 접점이 열려 공급 전원이 차단되어 솔레노이드 Y1, Y3가 소자된다. 그리고 5번 라인의 소자된 릴레이 K1 b 접점으로 솔레노이드 Y4를 여자 된다. 솔레노이드 Y4가 여자가 되면 5/2-way 편 솔레노이드 밸브의 제어위치가 원위치로 되어 실린더B가 후진운동(B-)을 하게 된다.

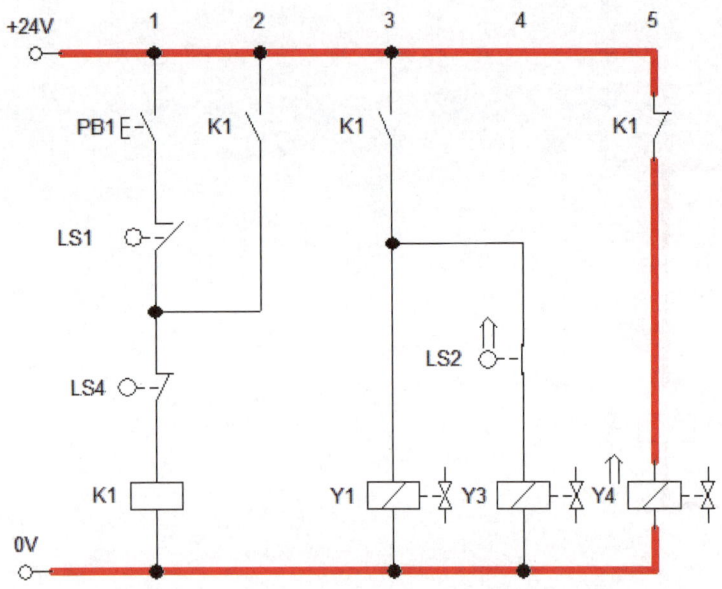

- 4단계 : 실린더A 전진운동(A-)

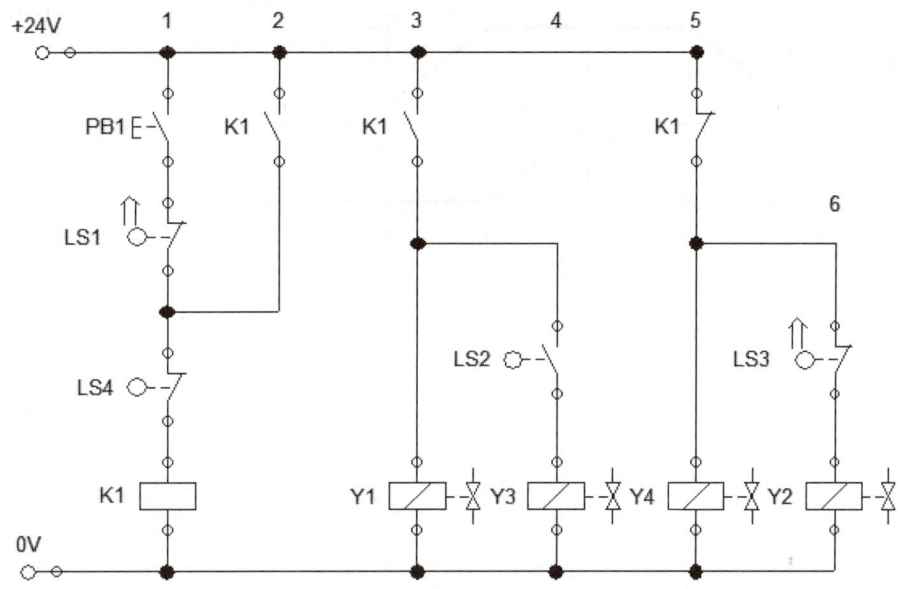

릴레이 K1이 소자된 상태에서 실린더B의 후진운동(B-)의 체크백신호(LS3)에 의해 솔레노이드 Y2가 여자가 된다. 솔레노이드 Y2가 여자가 되면 5/2-way 편 솔레노이드 밸브의 제어위치가 원위치로 되어 실린더A가 후진운동(A-)을 하게 된다.

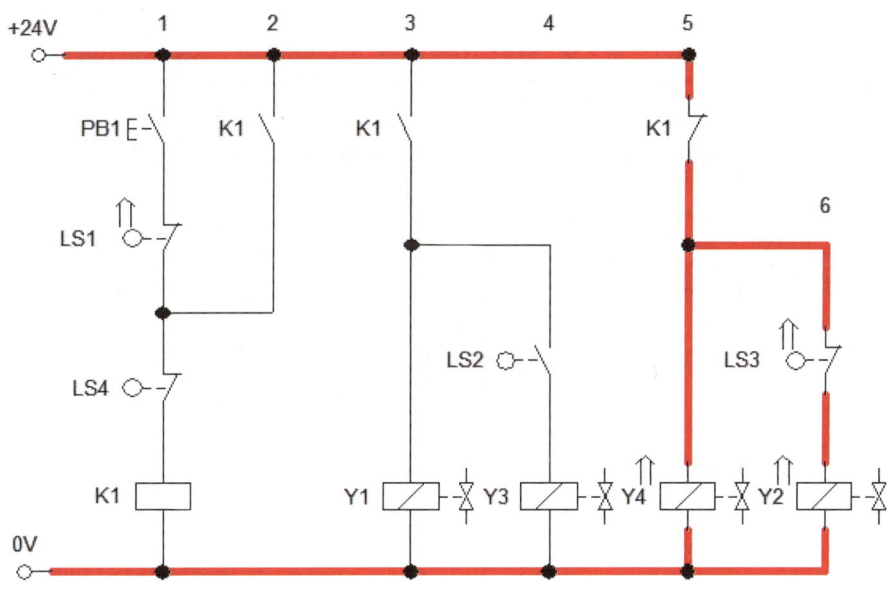

상기와 같은 상태에서 시작스위치(PB1)을 누르면 동작이 재시작이 된다.

이제까지 최소신호 차단법으로 전기회로 설계를 살펴보았다. 위에서는 리미트 스위치 LS2, LS4의 체크백 신호의 접점을 이용하여 직접적으로 솔레노이드 Y3, Y2 여자를 시켜 실린더의 동작을 제어하였다. 아래의 방법은 체크백신호 L2, LS4를 릴레이 K2, K3를 여자를 시켜 릴레이 K2, K3 a 접점을 이용하여 솔레노이드 Y3, Y2를 여자 시켜 실린더의 동작을 제어를 살펴보자.

• 동작흐름 분석표 작성

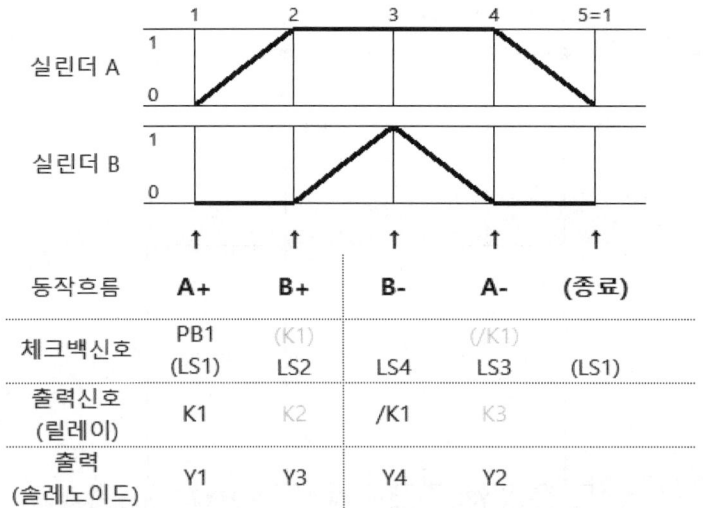

• 릴레이 a 접점을 이용한 전기 회로도

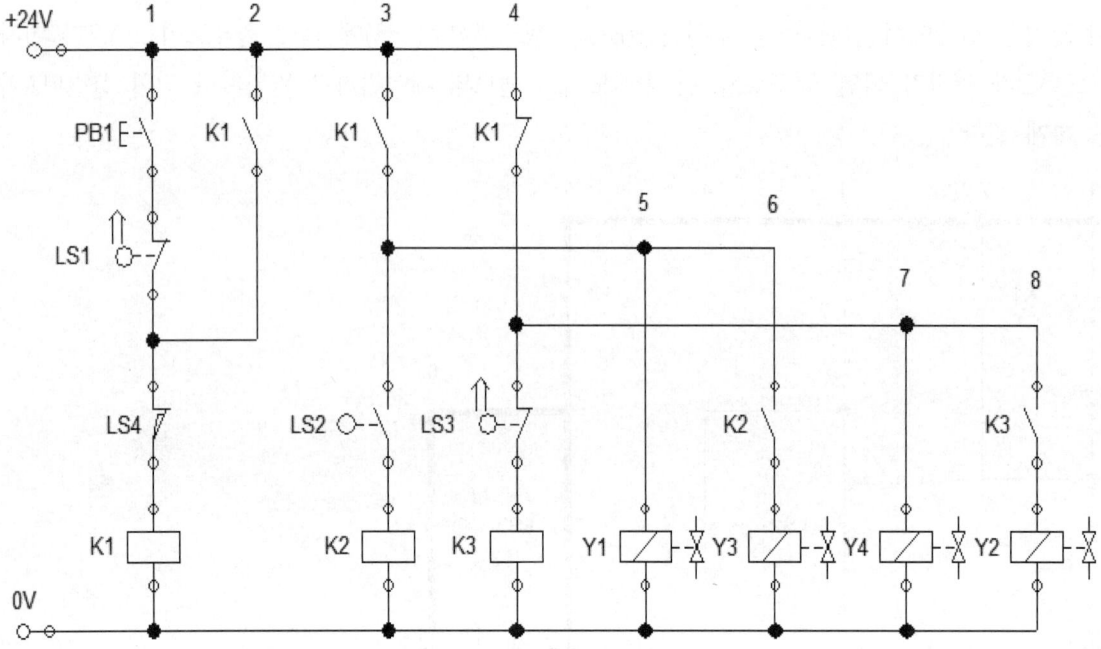

5 공유압 전기회로도 설계 예제(1-7)

1. 공기압 전기회로도 설계 예제 01 (주회로 차단법)

(1) 요구사항

가. 공기압 기기 배치
① 작업압력(서비스유니트)을 0.5±0.05MPa로 설정하시오.
② 실린더A 동작은 유도형 센서나 용량형 센서를 사용하고, 실린더B 동작은 전기 리밋 스위치를 사용하여 구성하시오.

나. 기본제어동작
① 초기 상태에서 시작 스위치(PB1)를 ON-OFF하면 다음 변위단계선도와 같이 동작을 연속적으로 반복합니다.
② 변위-단계선도

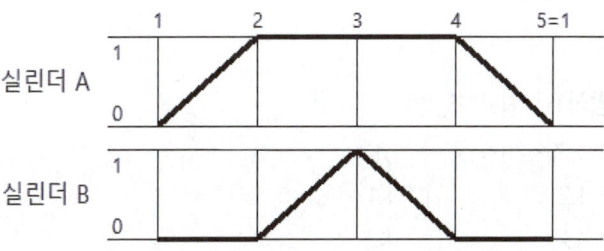

다. 응용제어동작
① 실린더 A의 전진 속도와 실린더 B의 후진 속도를 조절할 수 있도록 배기공기 교축(meter-out) 회로를 추가합니다.

(2) 공기압 회로도 및 전기 회로도

가. 공기압 회로도 (with 응용제어동작)

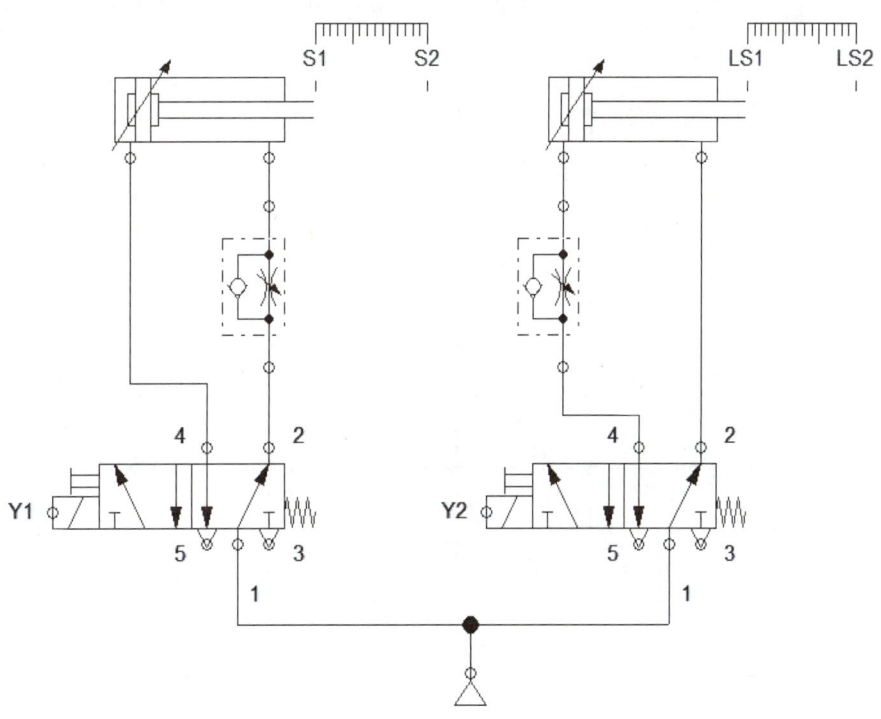

설비보전기사 실기

나. 동작 분석(A+ B+ B- A-)

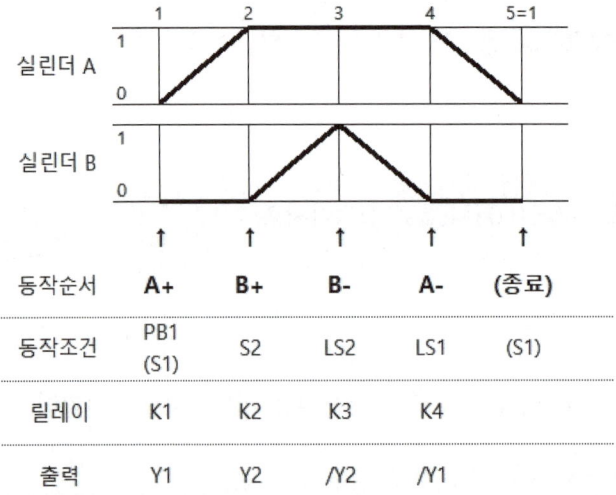

다. 전기회로 설계방식 : 편솔방식1(주회로차단법)

K1 코일 = [(시작스위치 * 시작 동작조건) + K1] * /K4
K2 코일 = [(2nd 동작조건) + K2   ] * K1
K3 코일 = [(3rd 동작조건) + K3   ] * K2
K4 코일 = [(4th 동작조건)   ] * K3

라. 전기 회로도 - 편솔방식 1

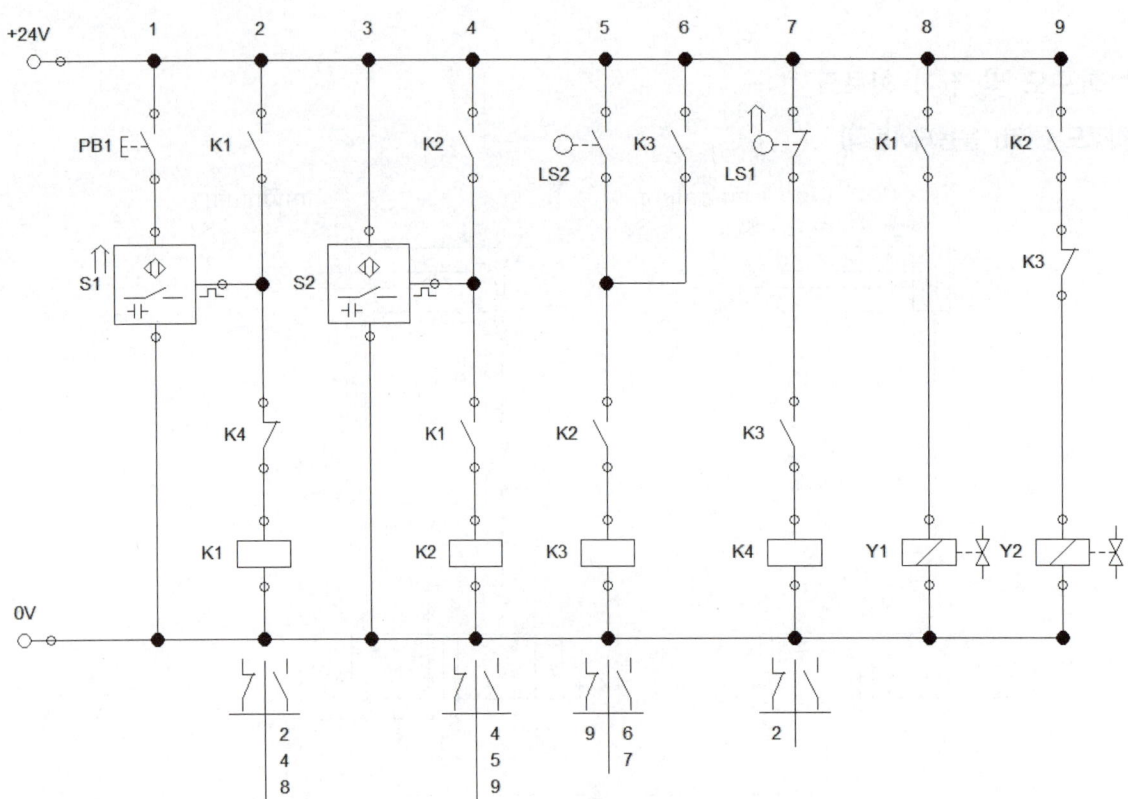

참고(1-1) 동작 분석(A+ B+ A- B-)

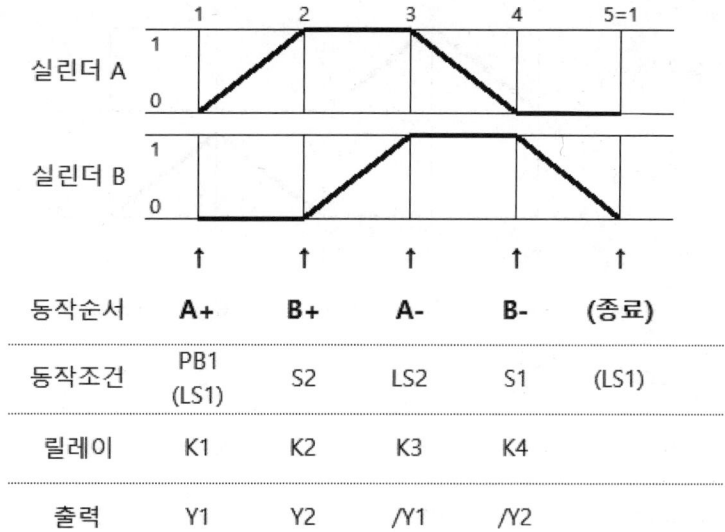

(편솔방식1 설계 회로도)

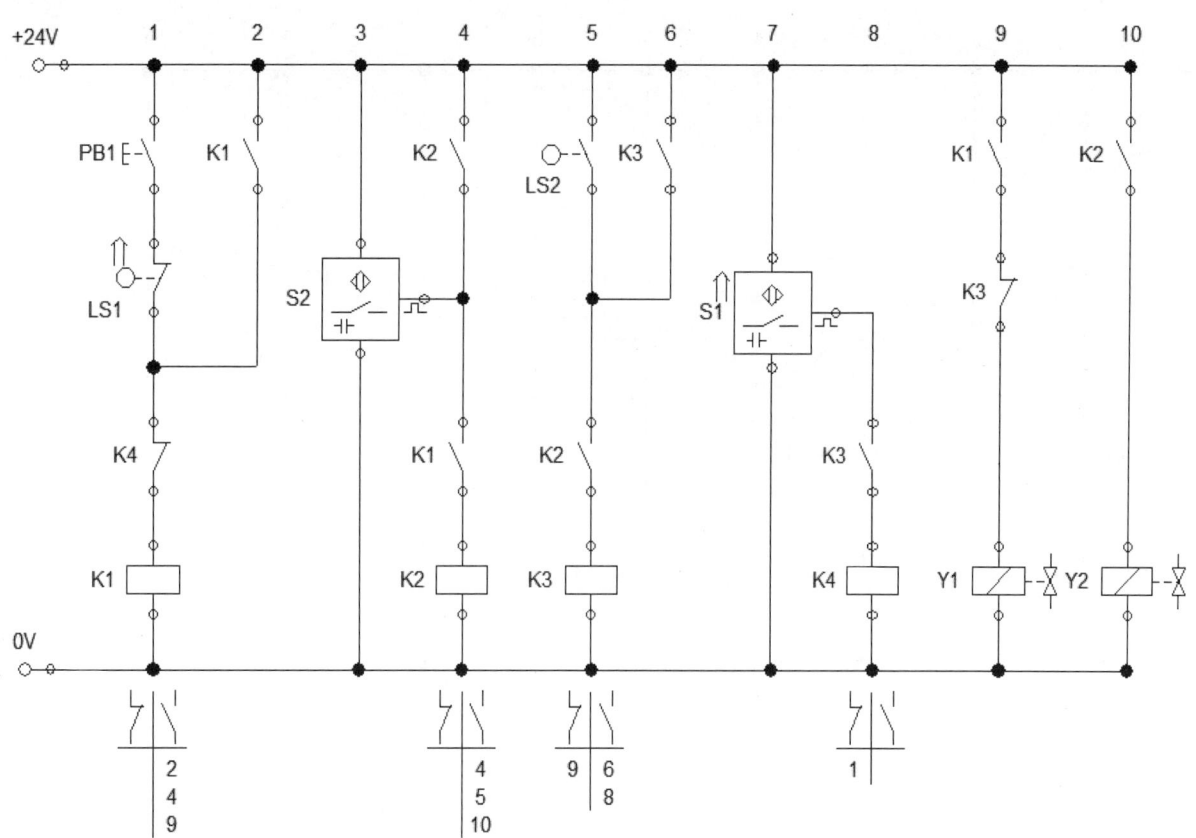

K1 코일 = [(PB1 * LS1) + K1] * /K4
K2 코일 = [(S2) + K2   ] * K1
K3 코일 = [(LS2) + K3   ] * K2
K4 코일 = [(S1)   ] * K3

참고(1-2) 동작 분석(A+ A- B+ B-)

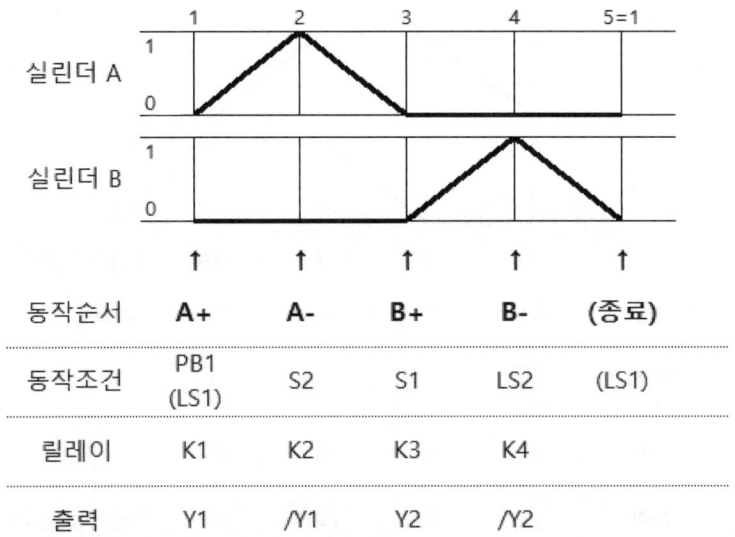

(편솔방식1 설계 회로도)

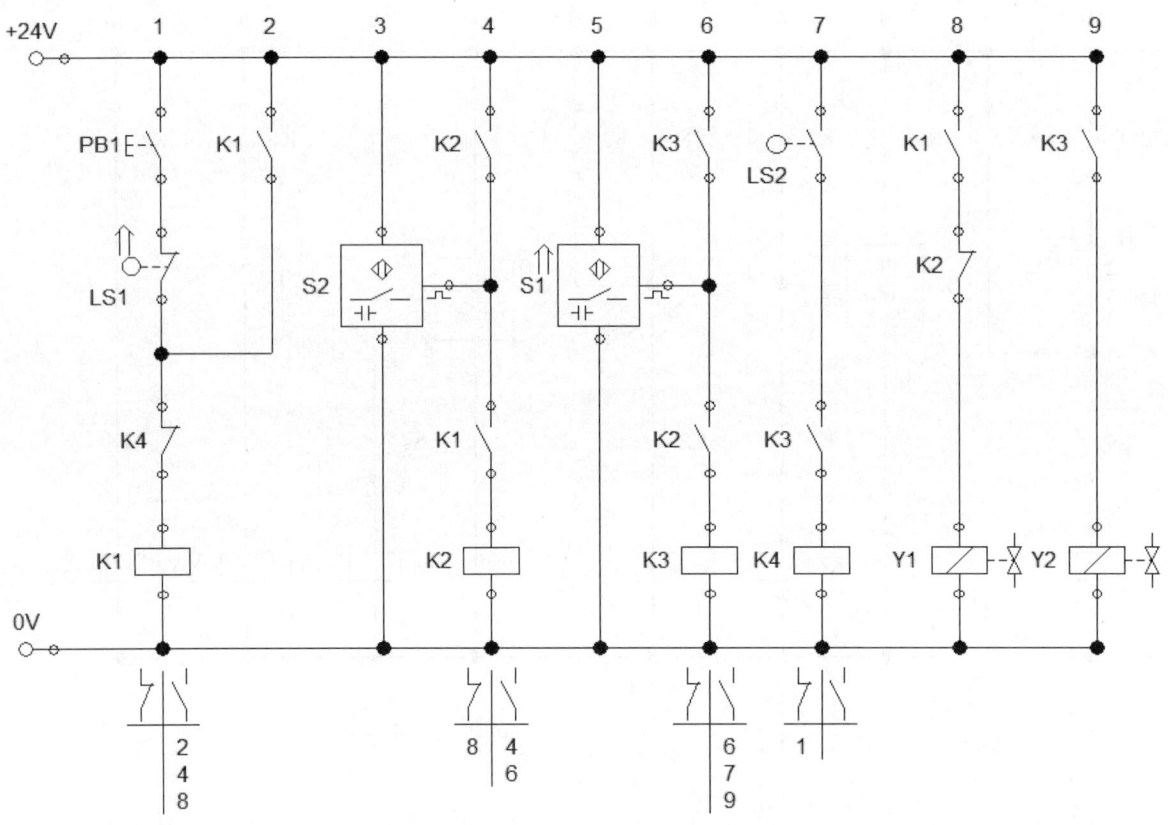

K1 코일 = [(PB1 * LS1) + K1] * /K4
K2 코일 = [(S2) + K2] * K1
K3 코일 = [(S1) + K3] * K2
K4 코일 = [(LS2)] * K3

2. 공기압 전기회로도 설계 예제 02 (최대신호 차단법)

(1) 요구사항
가. 공기압 기기 배치
① 작업압력(서비스유니트)을 0.5±0.05MPa로 설정하시오.
② 실린더A 동작은 유도형 센서나 용량형 센서를 사용하고, 실린더B 동작은 전기 리밋 스위치를 사용하여 구성하시오.

나. 기본제어동작
① 초기 상태에서 시작 스위치(PB1)를 ON-OFF하면 다음 변위단계선도와 같이 동작을 연속적으로 반복합니다.
② 변위-단계선도

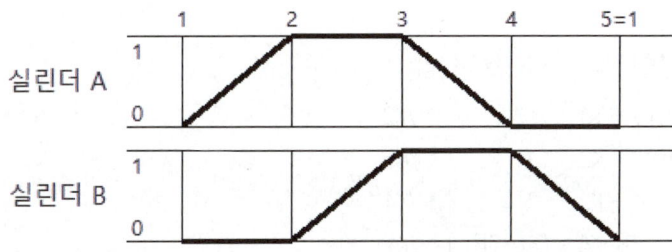

다. 응용제어동작
① 실린더 A의 후진 속도는 5초가 되도록 배기 교축(meter-out)회로를 구성하여 조정하고 실린더 B의 후진 속도를 가능한 빠르게 하기 위하여 급속배기밸브를 사용합니다.

(2) 공기압 회로도 및 전기 회로도
가. 공기압 회로도 (with 응용제어동작)

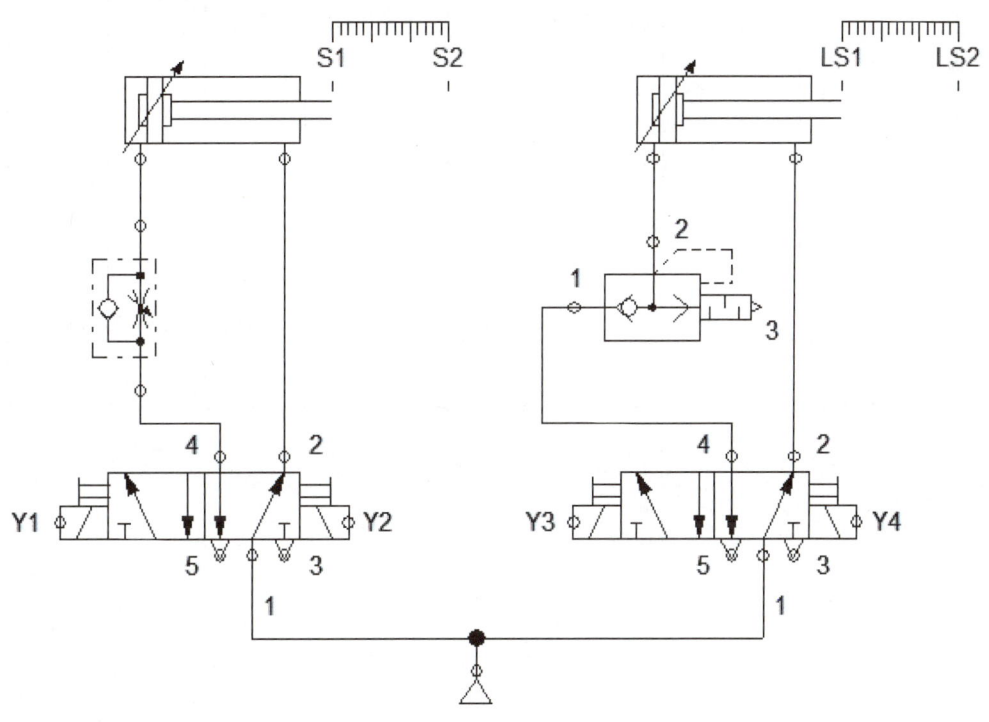

설비보전기사 실기

나. 동작 분석(A+ B+ A- B-)

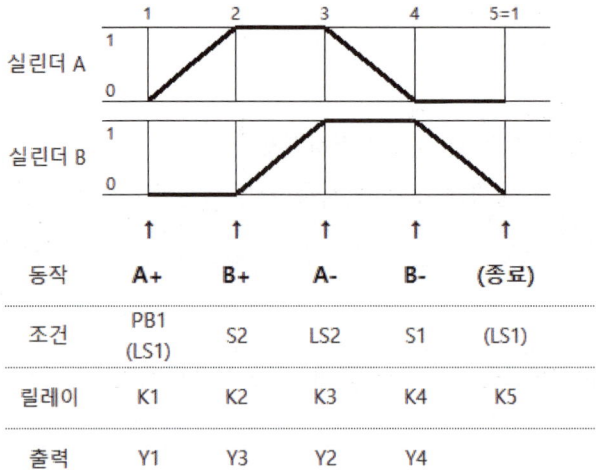

다. 전기회로 설계 방식 : 양솔방식1(최대신호차단법)

K1 = [(시작스위치 * 조건 * K4) + K1　　　] * /K2
K2 = [(2nd 동작조건 * K1)　+ K2　　　] * /K3
K3 = [(3rd 동작조건 * K2)　+ K3　　　] * /K4
K4 = [(4th 동작조건 * K3)　+ K4 + Set스위치] * /K1

라. 전기 회로도 - 양솔방식 1

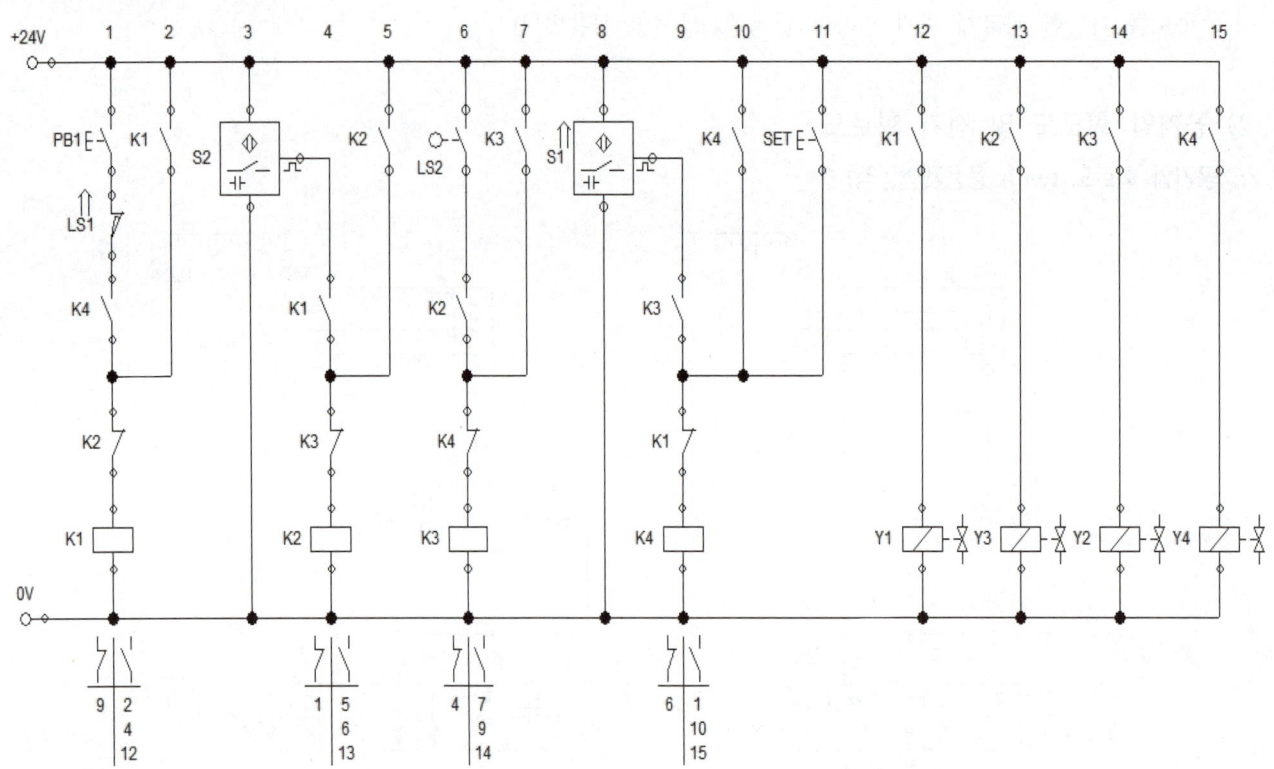

Part 1 공유압 제어이론

참고(2-1) 동작 분석(A+ A- B+ B-)

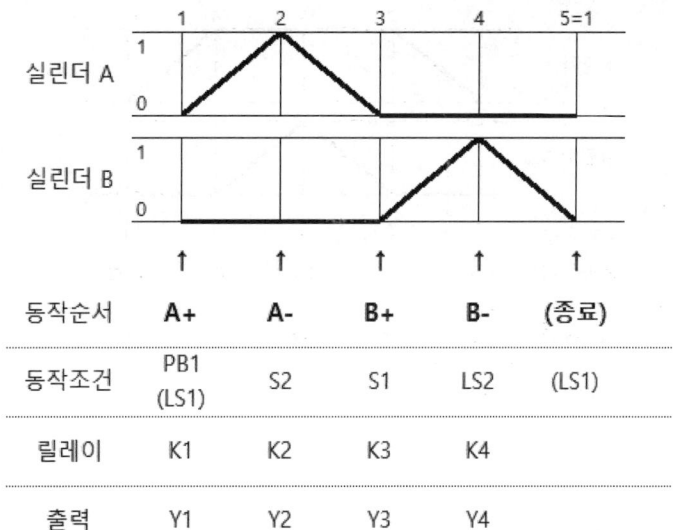

(양솔방식1 설계 회로도)

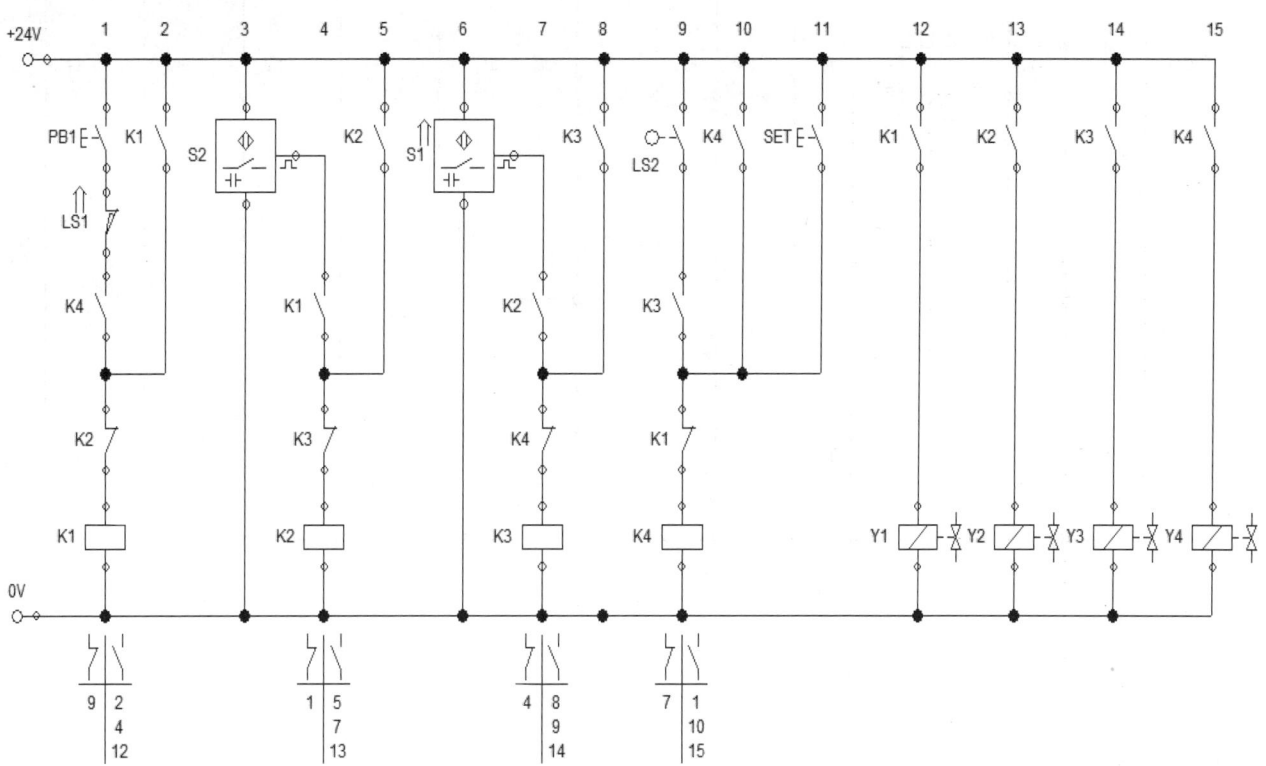

K1 = [(PB1 * LS1 * K4) + K1   ] * /K2
K2 = [(S2   * K1)   + K2   ] * /K3
K3 = [(S1   * K2)   + K3   ] * /K4
K4 = [(LS2 * K3)   + K4 + Set스위치] * /K1

참고(2-2) 동작 분석(A+ B+ B- A-)

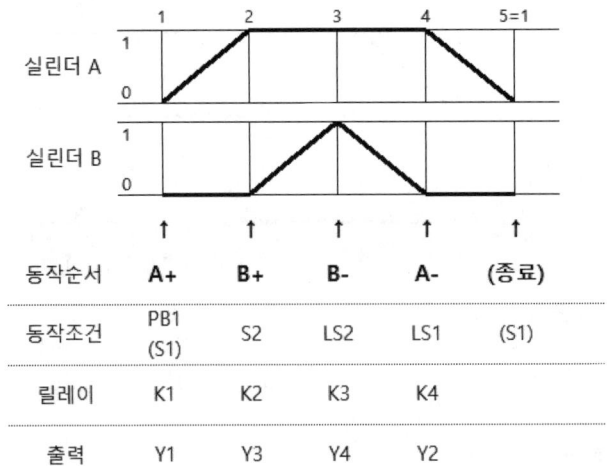

(양솔방식1 설계 회로도)

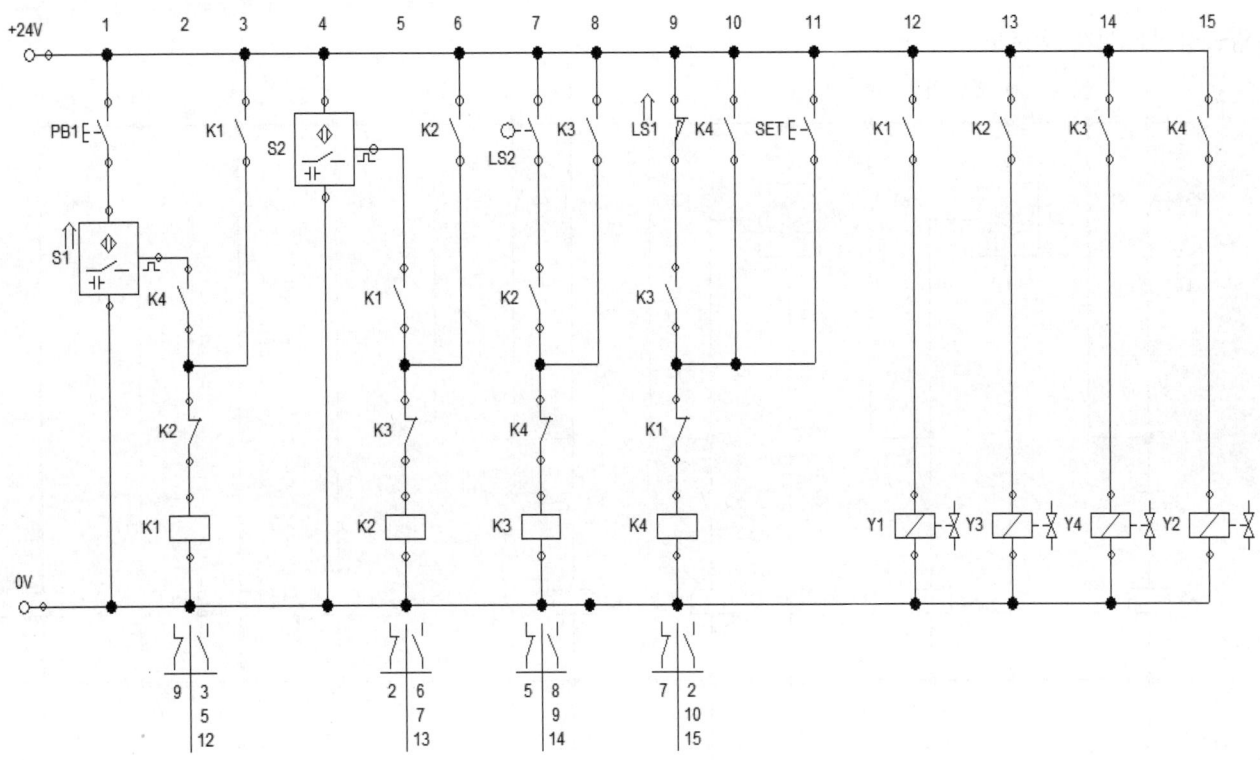

K1 = [(PB1 * S1 * K4) + K1   ] * /K2
K2 = [(S2   * K1)   + K2   ] * /K3
K3 = [(LS2 * K2)   + K3   ] * /K4
K4 = [(LS1 * K3)   + K4 + Set스위치] * /K1

3. 공기압 전기회로도 설계 예제 03 (주회로 차단법)

(1) 요구사항

가. 공기압 기기 배치

① 작업압력(서비스유니트)을 0.5±0.05MPa로 설정하시오.
② 실린더A 동작은 유도형 센서나 용량형 센서를 사용하고, 실린더B 동작은 전기 리밋 스위치를 사용하여 구성하시오.

나. 기본제어동작

① 초기 상태에서 시작 스위치(PB1)를 ON-OFF하면 다음 변위단계선도와 같이 동작을 연속적으로 반복합니다.
② 변위-단계선도

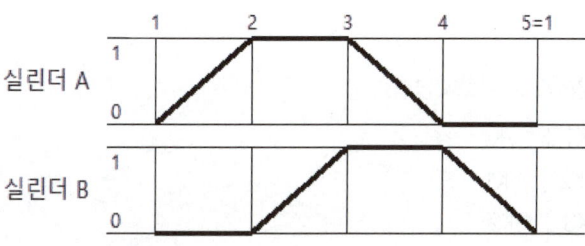

다. 응용제어동작

① 실린더 A의 전진 속도는 2초, 실린더 B의 후진 속도는 3초가 되도록 배기 교축(meter-out)방법에 의해 조정합니다.

(2) 공기압 회로도 및 전기 회로도

가. 공기압 회로도 (기본제어동작)

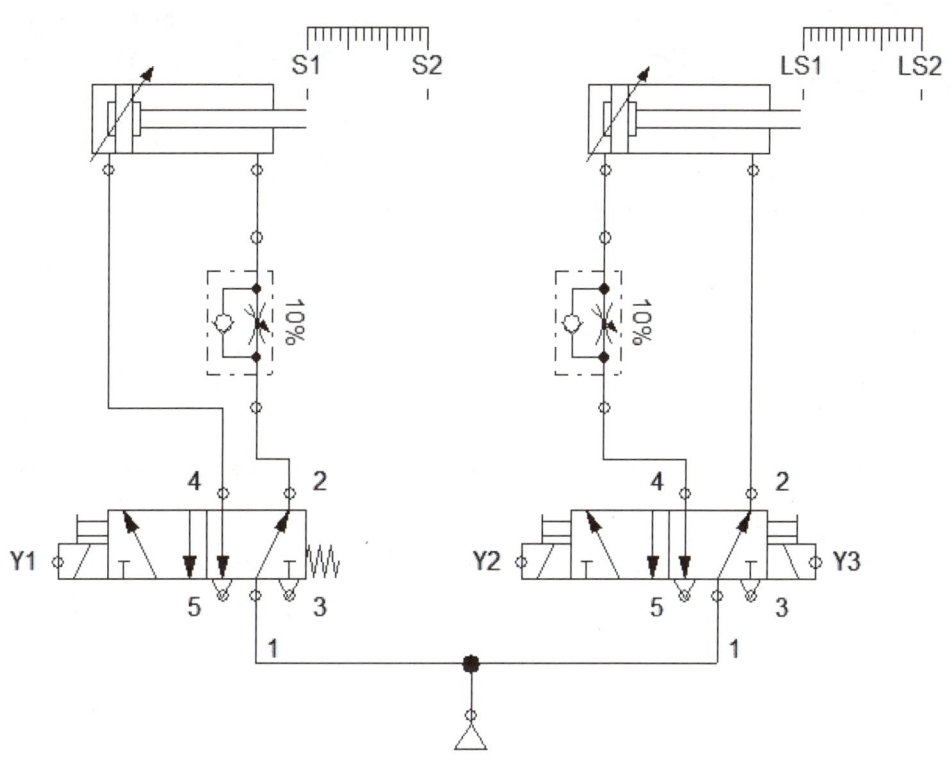

설비보전기사 실기

나. 동작 분석(A+ B+ A- B-)

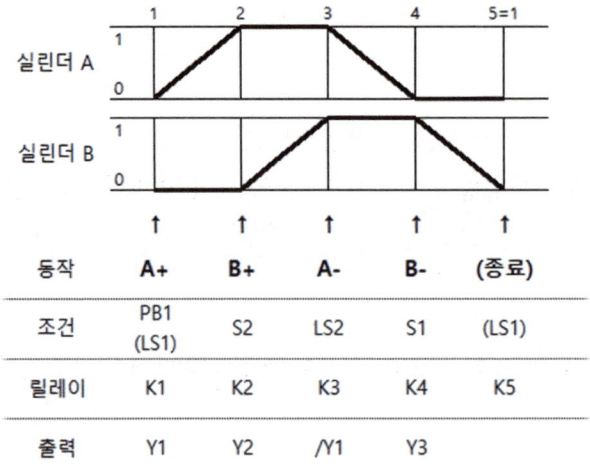

다. 전기회로 설계 방식 : 편솔방식2(주회로차단법)

K1 = [(시작스위치 * K5) + K1] * /K4
K2 = [(2nd 동작조건)   + K2] * K1
K3 = [(3rd 동작조건)   + K3] * K2
K4 = [(4th 동작조건 * K3) + (K4 * /K5)]
K5 = (종료조건)

라. 전기 회로도 - 편솔방식2

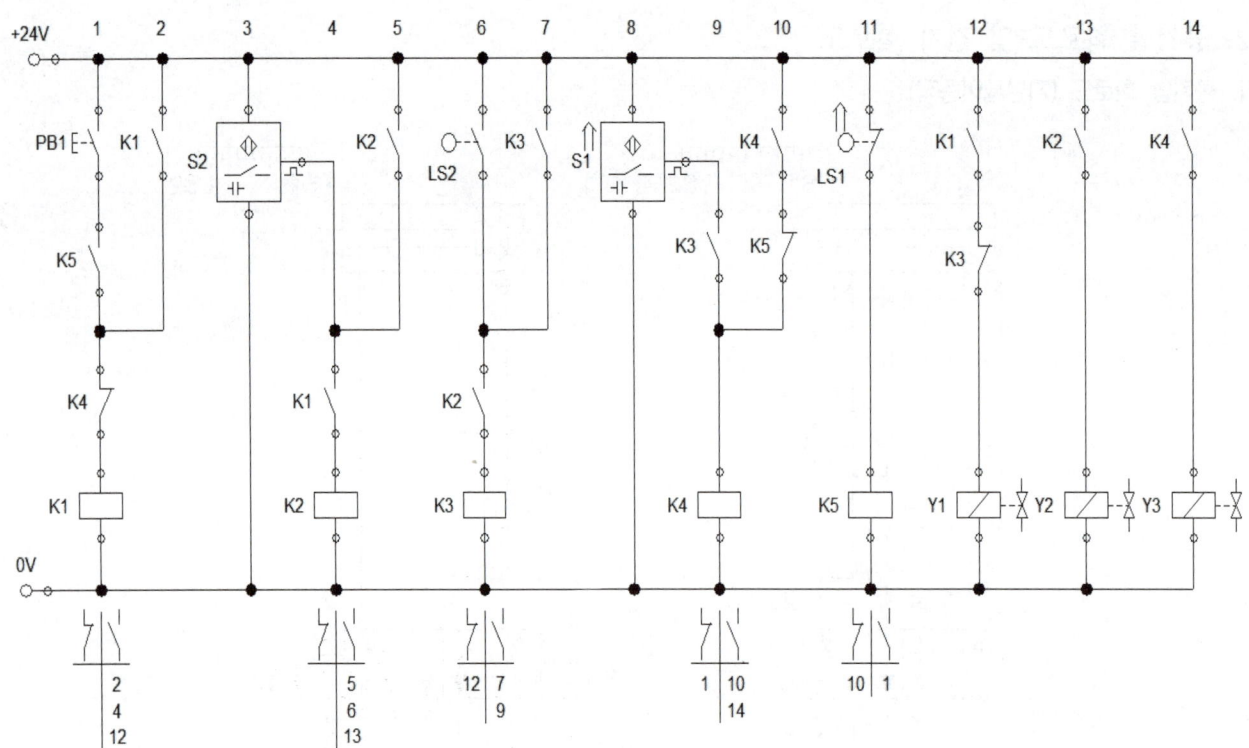

Part 1 공유압 제어이론

참고(3-1) 동작 분석(A+ A- B+ B-)

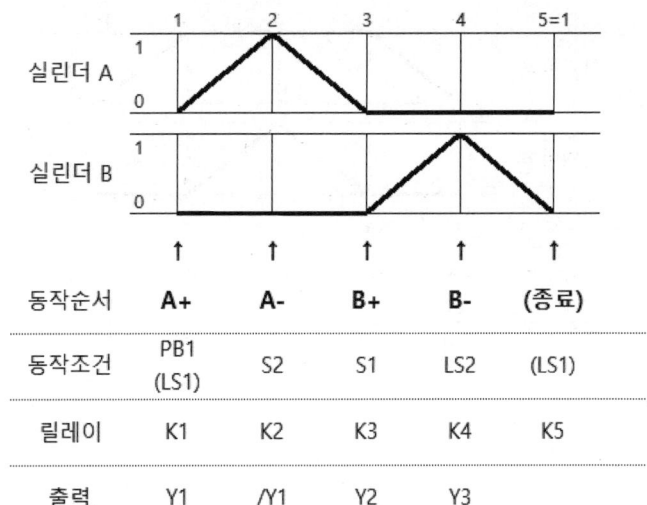

(편솔방식2 설계 회로도)

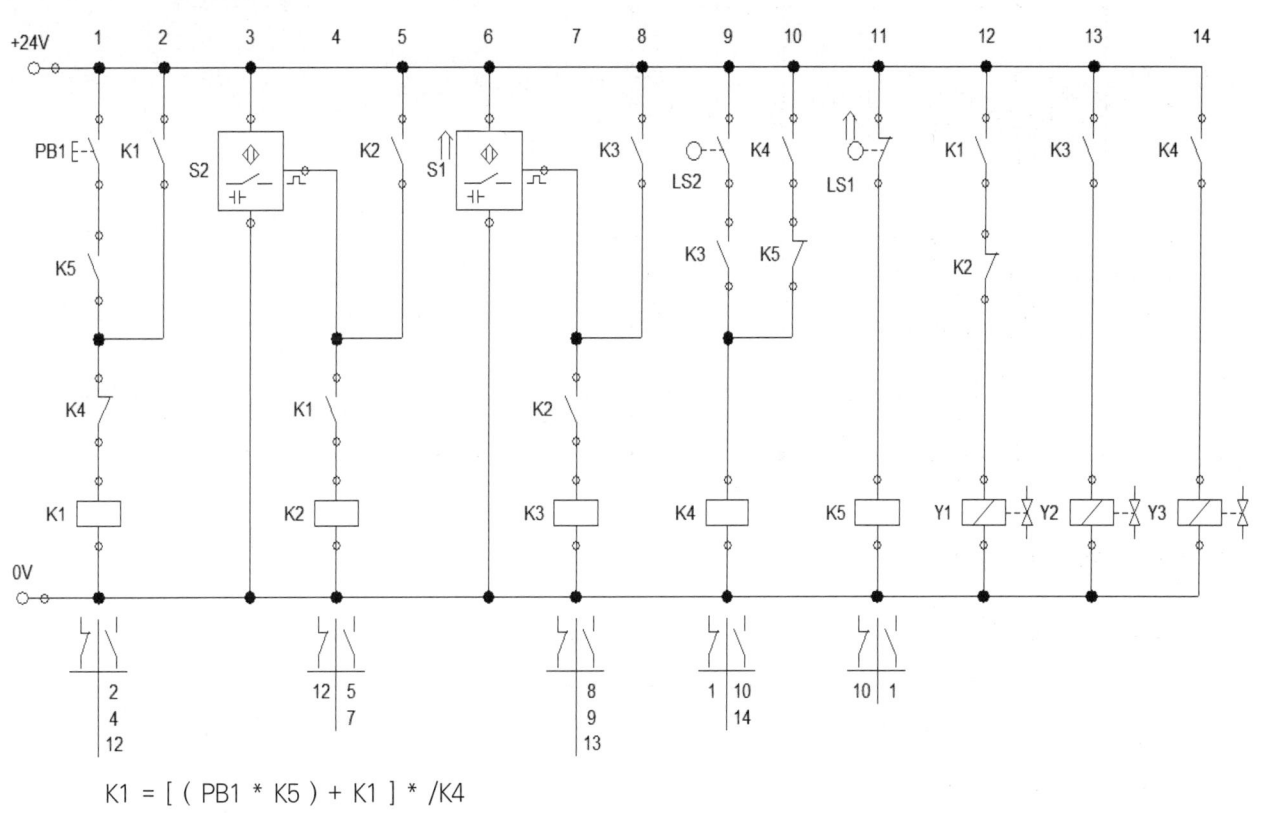

K1 = [(PB1 * K5) + K1] * /K4
K2 = [(S2)   + K2] * K1
K3 = [(S1)   + K3] * K2
K4 = [(LS2 * K3) + (K4 * /K5)]
K5 = (LS1)

참고(3-2) 동작 분석(A+ B+ B- A-)

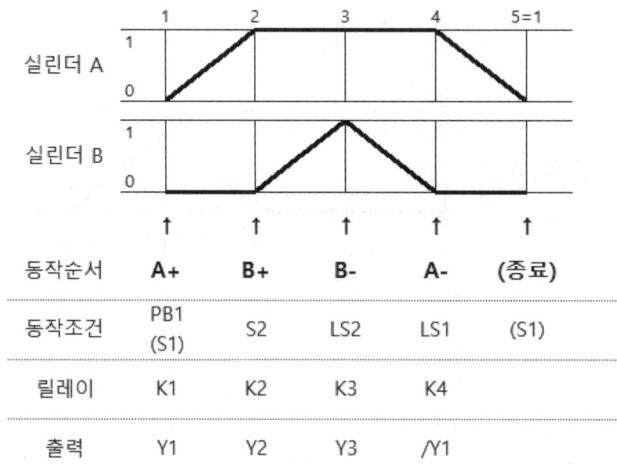

(편솔방식2 설계 회로도)

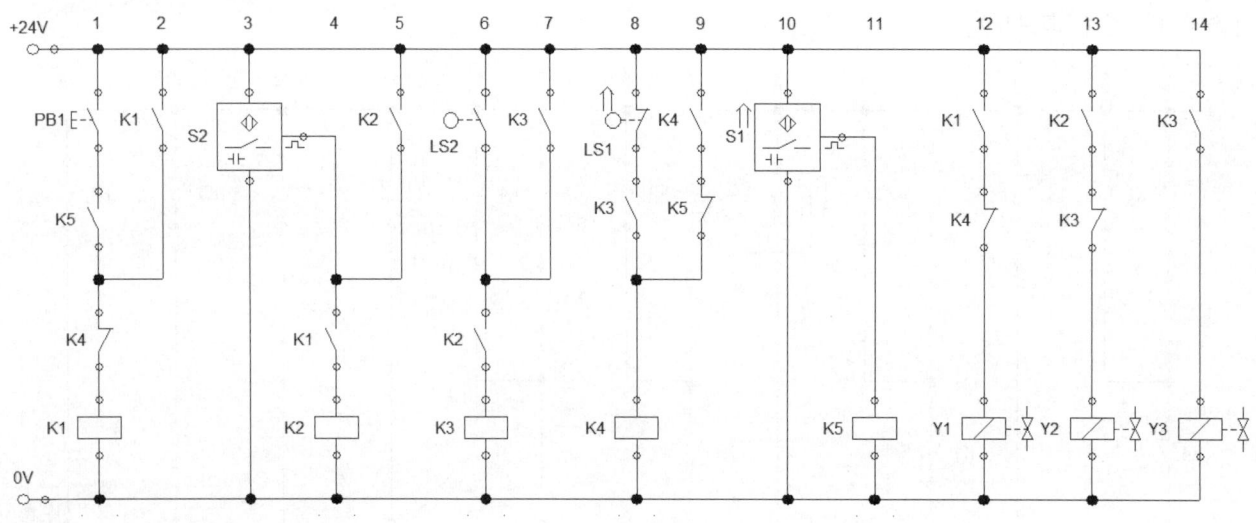

(편솔방식1 설계 회로도)

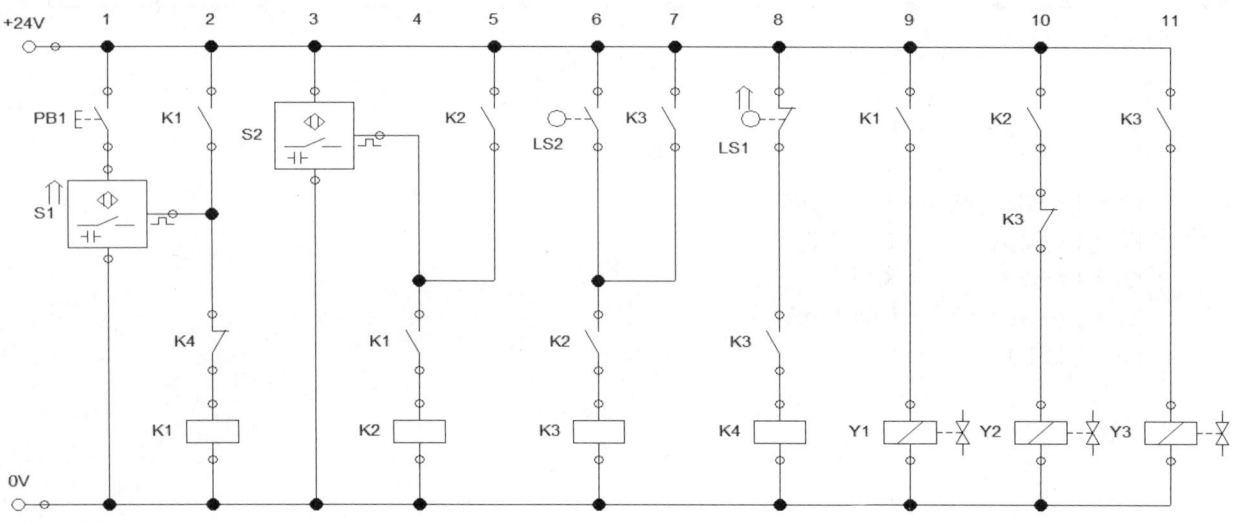

4. 공기압 전기회로도 설계 예제 04 (최대신호 차단법)

(1) 요구사항

가. 공기압 기기 배치

① 작업압력(서비스유니트)을 0.5±0.05MPa로 설정하시오.
② 실린더A 동작은 유도형 센서나 용량형 센서를 사용하고, 실린더B 동작은 전기 리밋 스위치를 사용하여 구성하시오.

나. 기본제어동작

① 초기 상태에서 시작 스위치(PB1)를 ON-OFF하면 다음 변위단계선도와 같이 동작을 연속적으로 반복합니다.
② 변위-단계선도

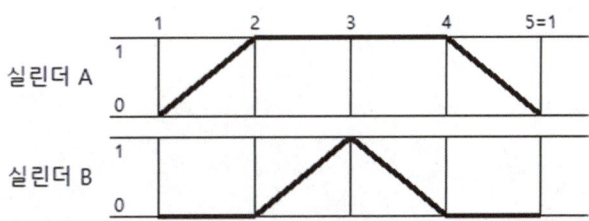

다. 응용제어동작

① 실린더 A의 전진운동 속도와 실린더 B의 전진운동 속도를 모두 배기 교축(meter-out)방법으로 조절할 수 있어야 합니다. 이때 실린더 A의 후진운동 속도는 급속배기밸브를 설치하여 가능한 빠른 속도로 작동하여야 합니다.

(2) 공기압 회로도 및 전기 회로도

가. 공기압 회로도 (with 응용제어동작)

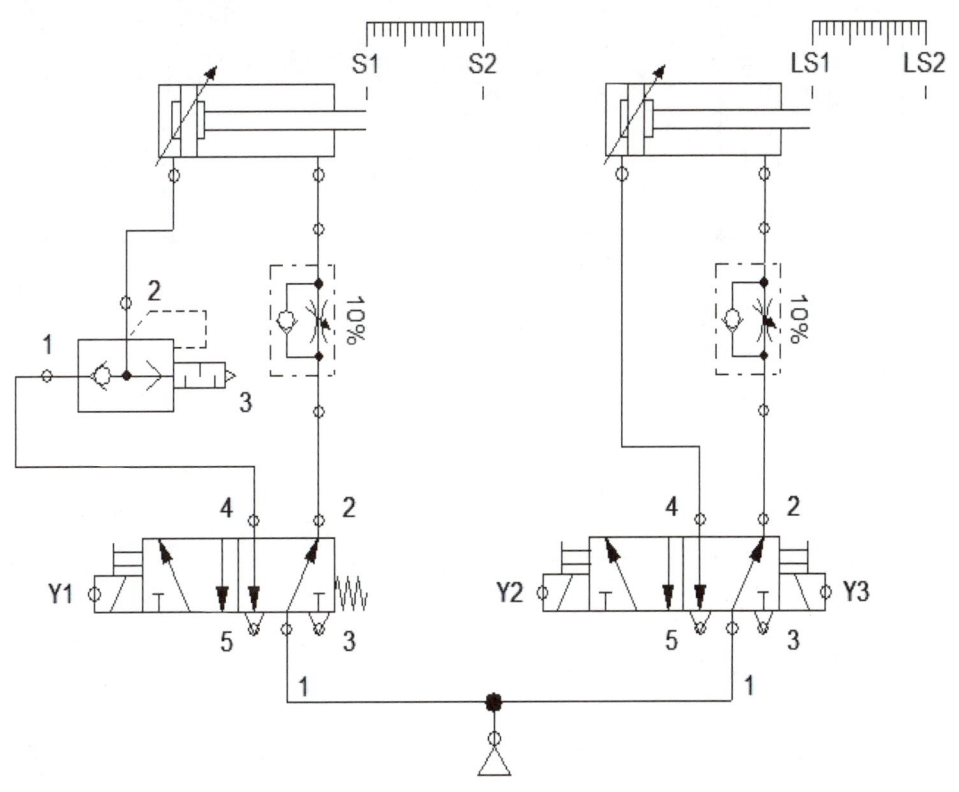

나. 동작 분석(A+ B+ B- A-)

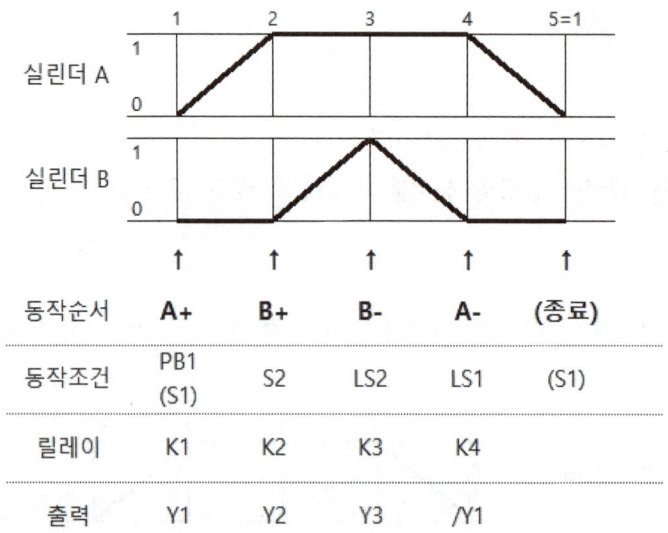

다. 전기 회로도 - 양솔방식2 (최대신호차단법)

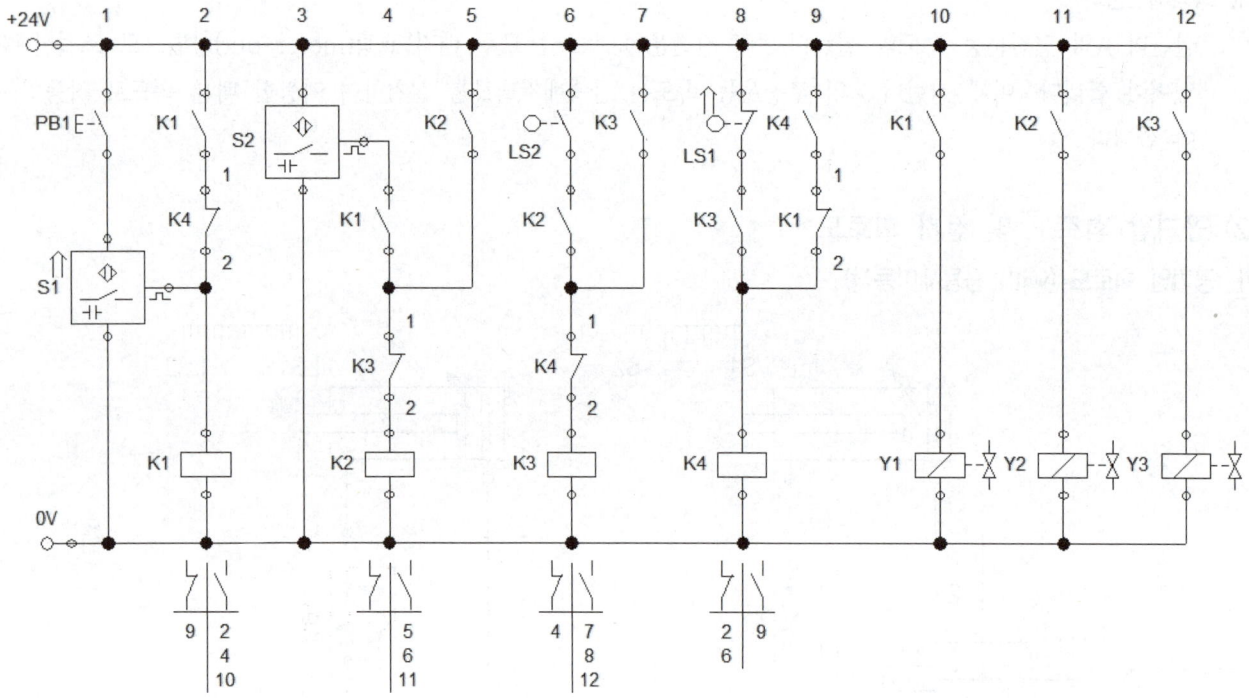

참고(4-1) 동작 분석(A+ B+ A- B-)

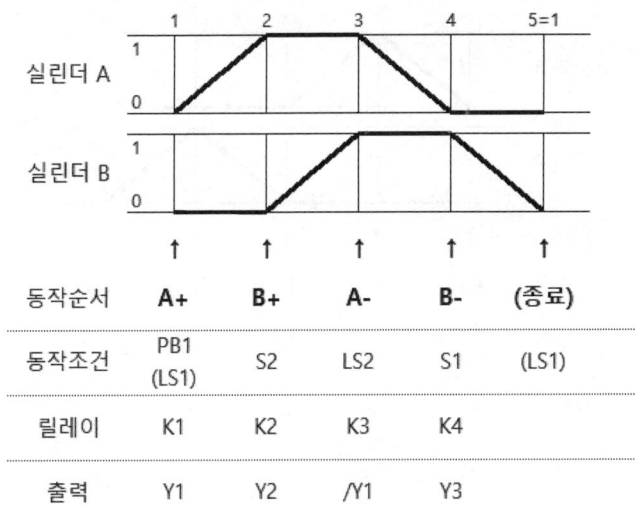

(양솔방식2 설계 회로도)

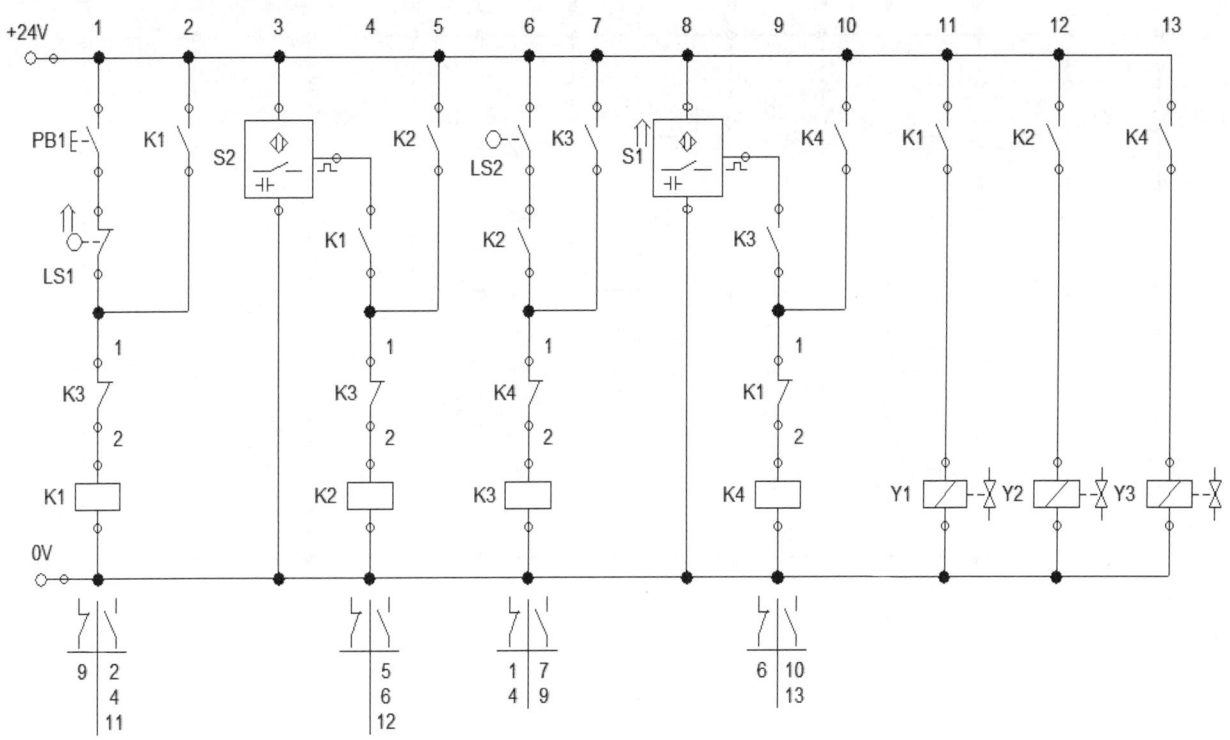

참고(4-2) 동작 분석(A+ A- B+ B-)

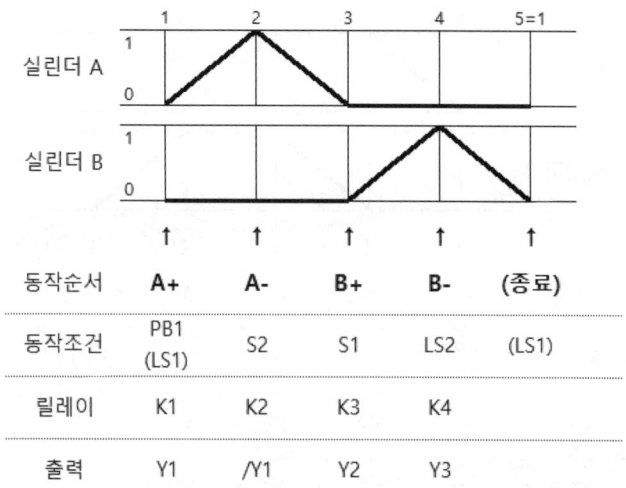

(양솔방식2 설계 회로도)

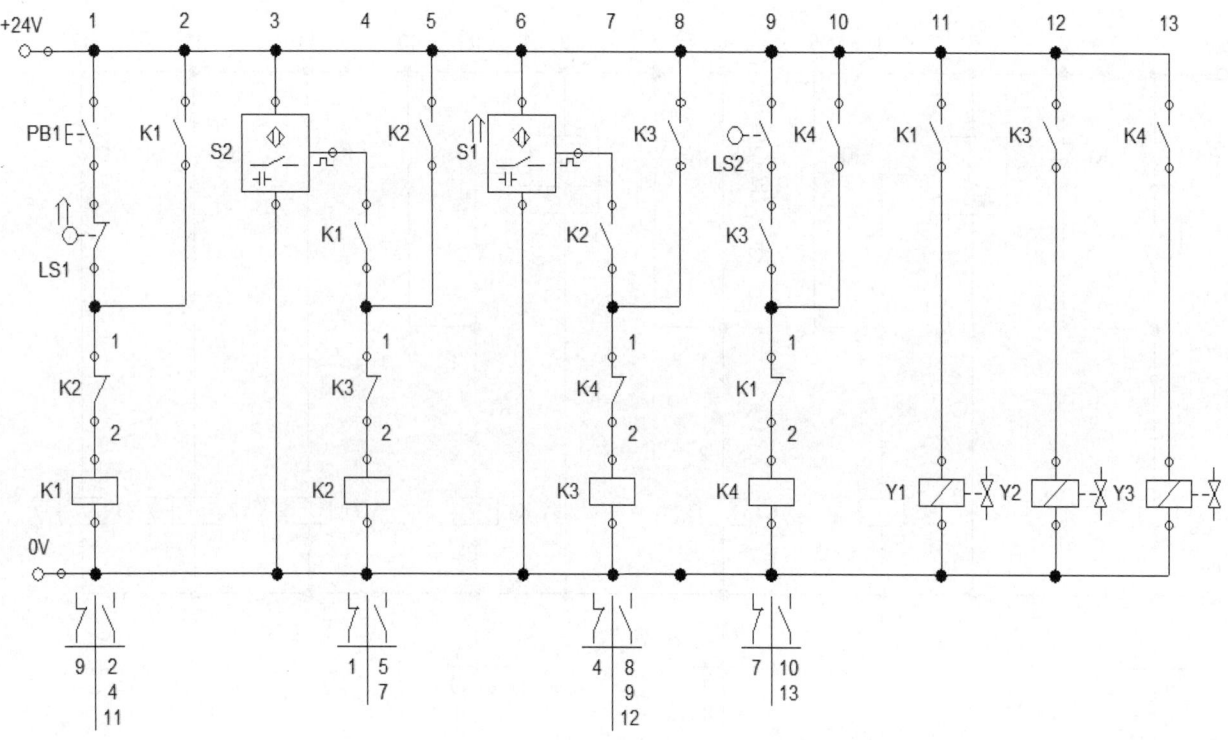

5. 공기압 전기회로도 설계 예제 05 (최대신호 차단법)

(1) 요구사항

가. 공기압 기기 배치

① 작업압력(서비스유니트)을 0.5±0.05MPa로 설정하시오.
② 실린더A 동작은 유도형 센서나 용량형 센서를 사용하고, 실린더B 동작은 전기 리밋 스위치를 사용하여 구성하시오.

나. 기본제어동작

① 초기 상태에서 시작 스위치(PB1)를 ON-OFF하면 다음 변위단계선도와 같이 동작을 연속적으로 반복합니다.
② 변위-단계선도

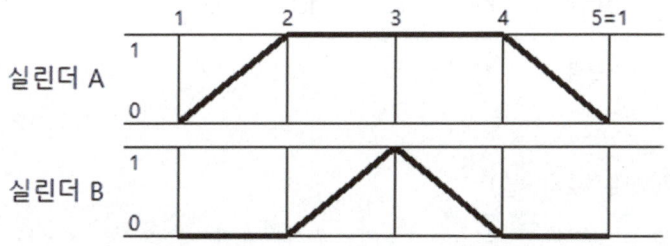

다. 응용제어동작

① 실린더 A의 전진운동 속도와 실린더 B의 전진운동 속도를 모두 배기 교축(meter-out)방법으로 조절할 수 있어야 합니다. 이때 실린더 A의 후진운동 속도는 급속배기밸브를 설치하여 가능한 빠른 속도로 작동하여야 합니다.

(2) 공기압 회로도 및 전기 회로도

가. 공기압 회로도 (with 응용제어동작)

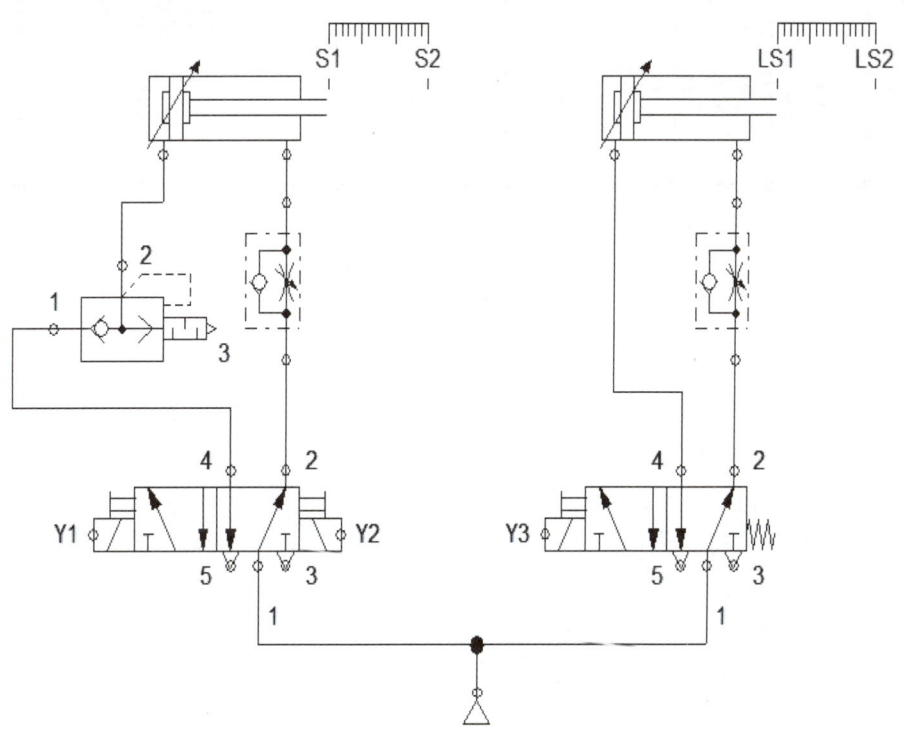

나. 동작 분석(A+ B+ B- A-)

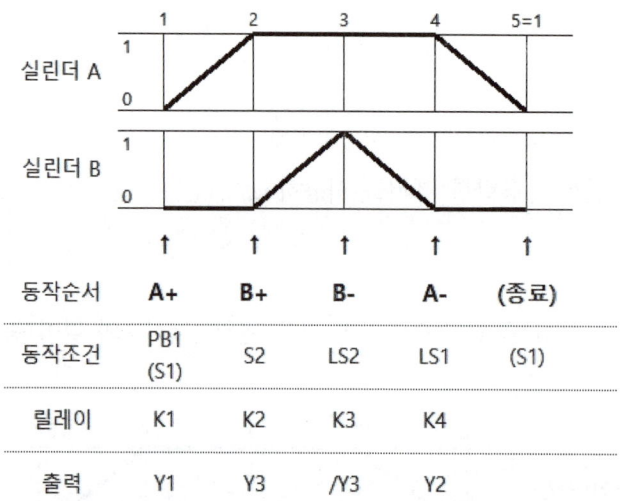

다. 전기 회로도 - 양솔방식2(최대신호차단법)

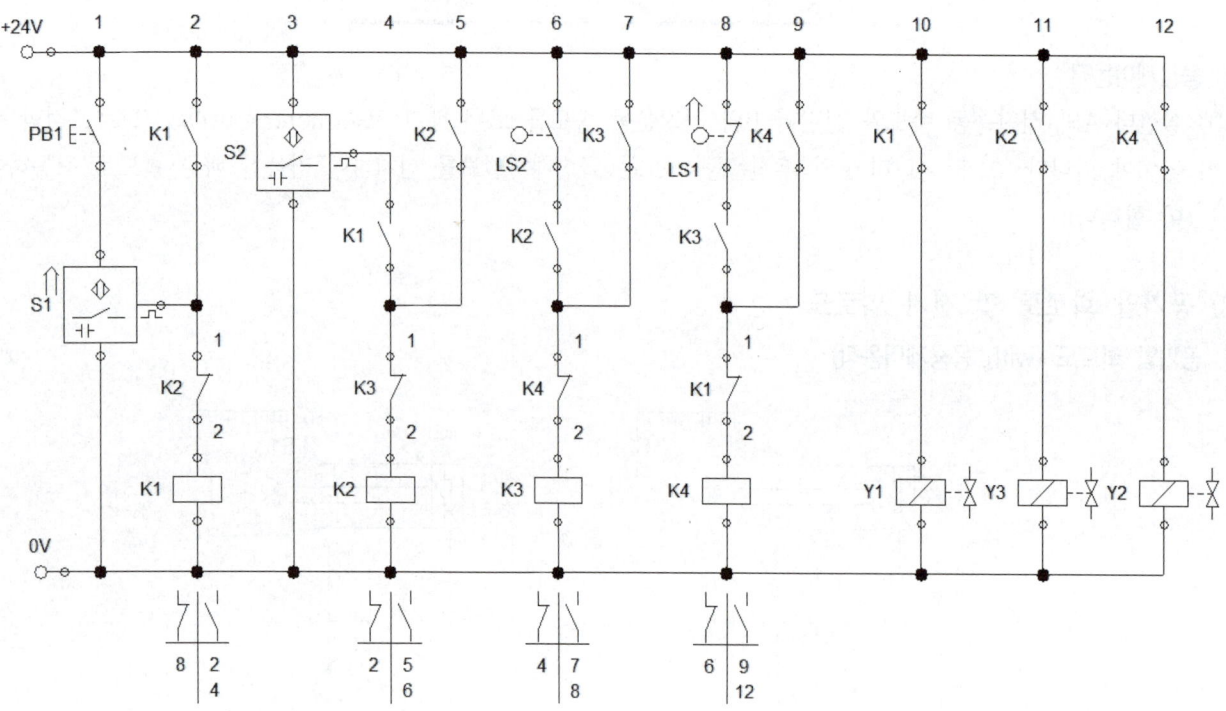

참고(5-1) 동작 분석(A+ B+ A- B-)

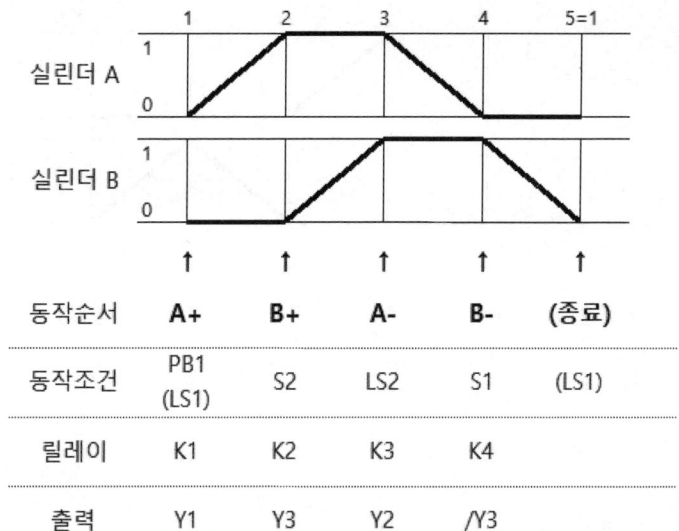

(양솔방식2 설계 회로도)

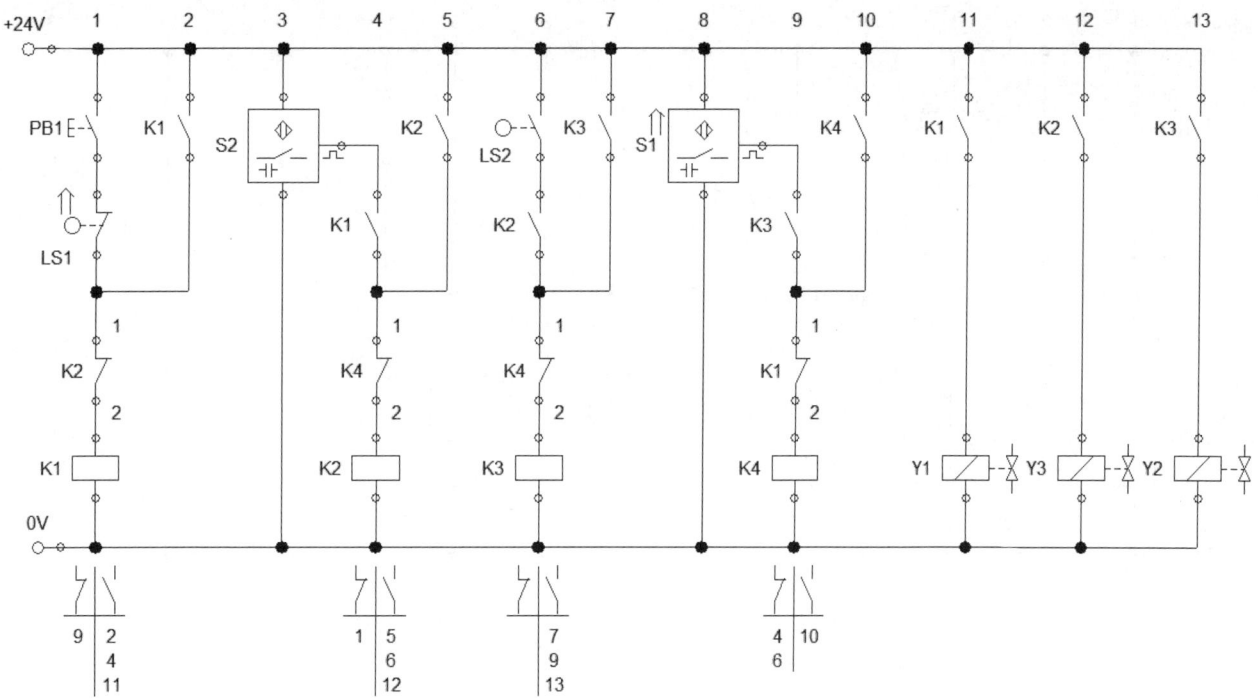

설비보전기사 실기

참고(5-2) 동작 분석(A+ A- B+ B-)

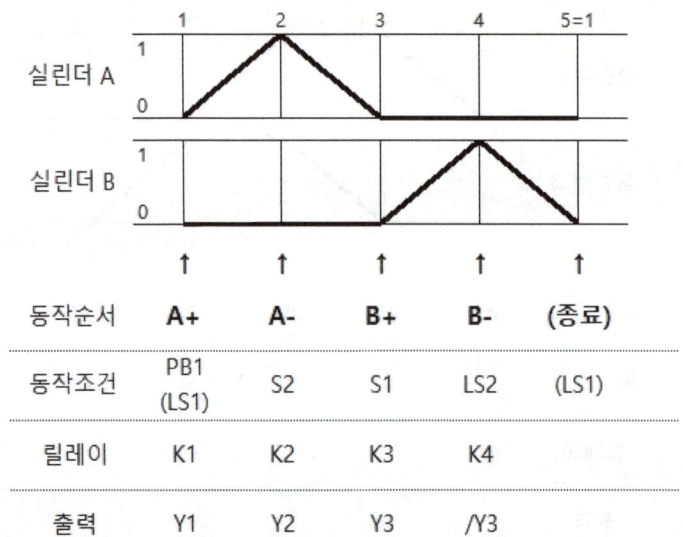

(양솔방식2 설계 회로도)

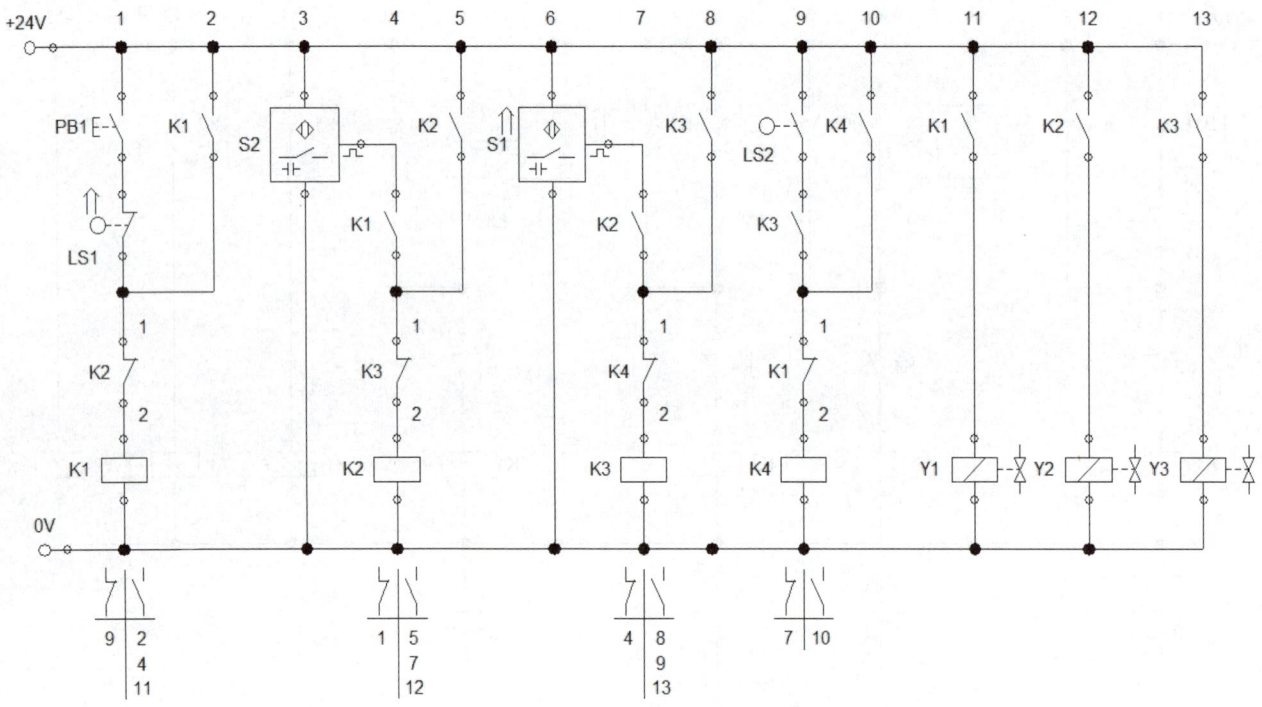

6. 공기압 전기회로도 설계 예제 06 (최소신호 차단법)

(1) 요구사항

가. 공기압 기기 배치
① 작업압력(서비스유니트)을 0.5±0.05MPa로 설정하시오.
② 실린더A 동작은 유도형 센서나 용량형 센서를 사용하고, 실린더B 동작은 전기 리밋 스위치를 사용하여 구성하시오.

나. 기본제어동작
① 초기 상태에서 시작 스위치(PB1)를 ON-OFF하면 다음 변위단계선도와 같이 동작을 연속적으로 반복합니다.
② 변위-단계선도

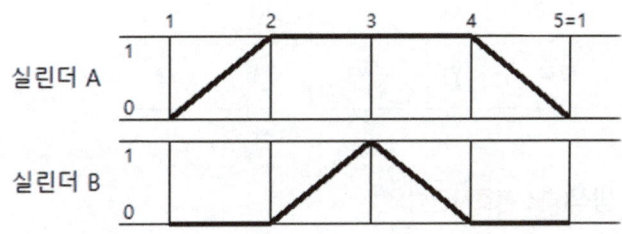

(2) 공기압 회로도 및 전기 회로도

가. 공기압 회로도

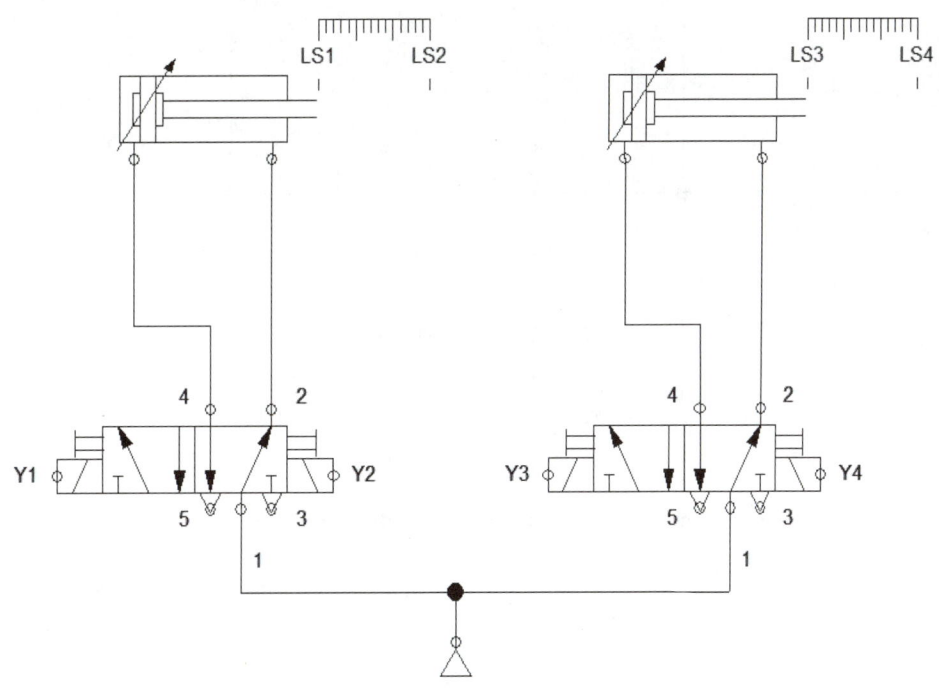

※ 캐스케이드 방식 : 공압실린더의 동작순서를 나열하여 서로 상반되는 조건이 포함되지 않는 범위내에서, 가능한 한 여러 개의 동작을 한 개의 자기유지 회로를 사용해서 제어하는 방식

설비보전기사 실기

나. 동작 분석 (A+ B+ B- A-)

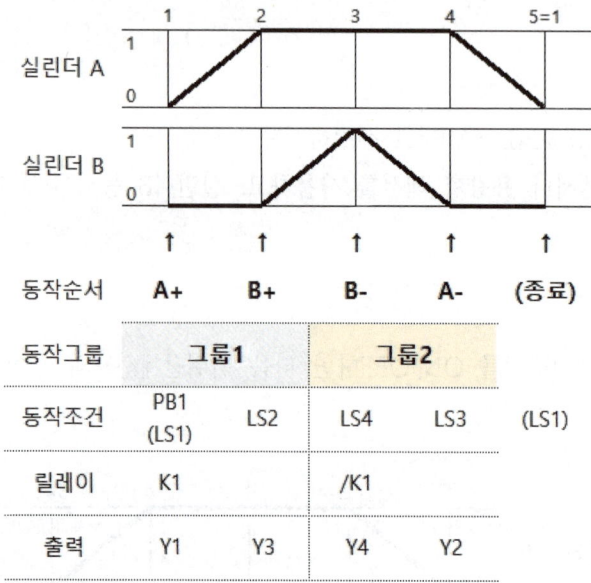

동작순서	A+	B+	B-	A-	(종료)
동작그룹	그룹1		그룹2		
동작조건	PB1 (LS1)	LS2	LS4	LS3	(LS1)
릴레이	K1		/K1		
출력	Y1	Y3	Y4	Y2	

다. 전기 회로도 - 캐스케이드 방식(최소신호자단법)

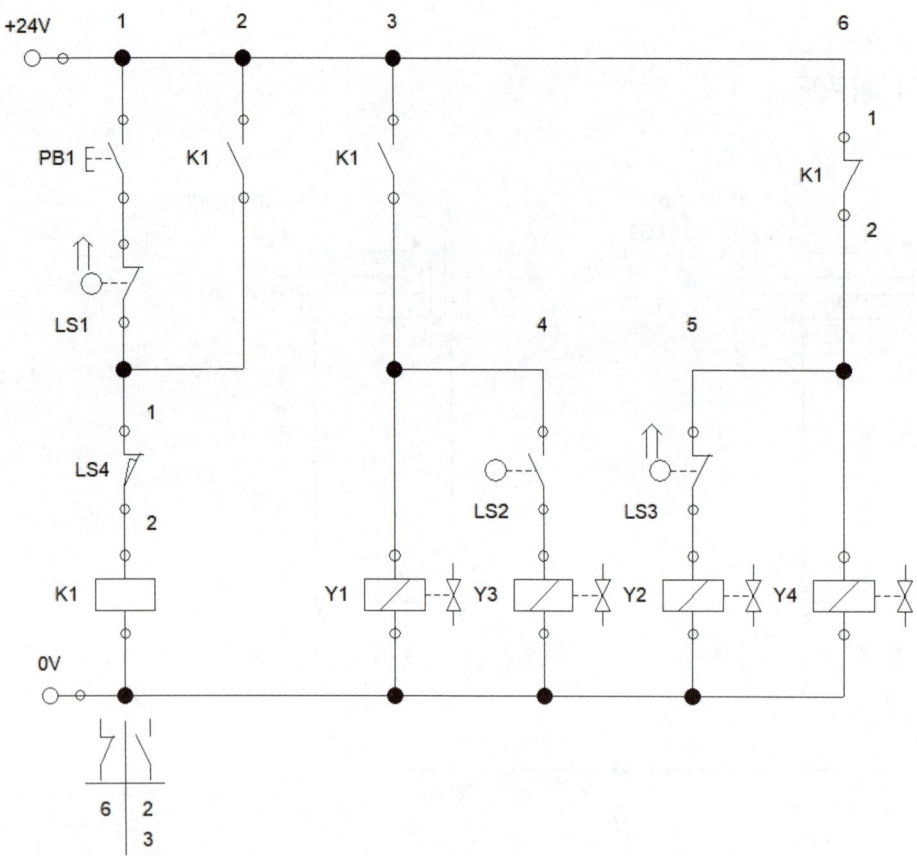

| 168 | Part 1 공유압 제어이론

7. 공기압 전기회로도 설계 예제 07 (캐스케이드 방식)

(1) 요구사항

가. 공기압 기기 배치
① 작업압력(서비스유니트)을 0.5±0.05MPa로 설정하시오.
② 실린더A 동작은 유도형 센서나 용량형 센서를 사용하고, 실린더B 동작은 전기 리밋 스위치를 사용하여 구성하시오.

나. 기본제어동작
① 초기 상태에서 시작 스위치(PB1)를 ON-OFF하면 다음 변위단계선도와 같이 동작을 연속적으로 반복합니다.
② 변위-단계선도

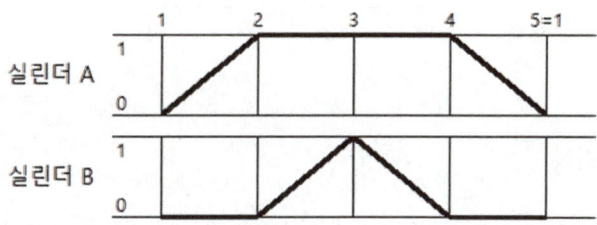

(2) 공기압 회로도 및 전기 회로도

가. 공기압 회로도

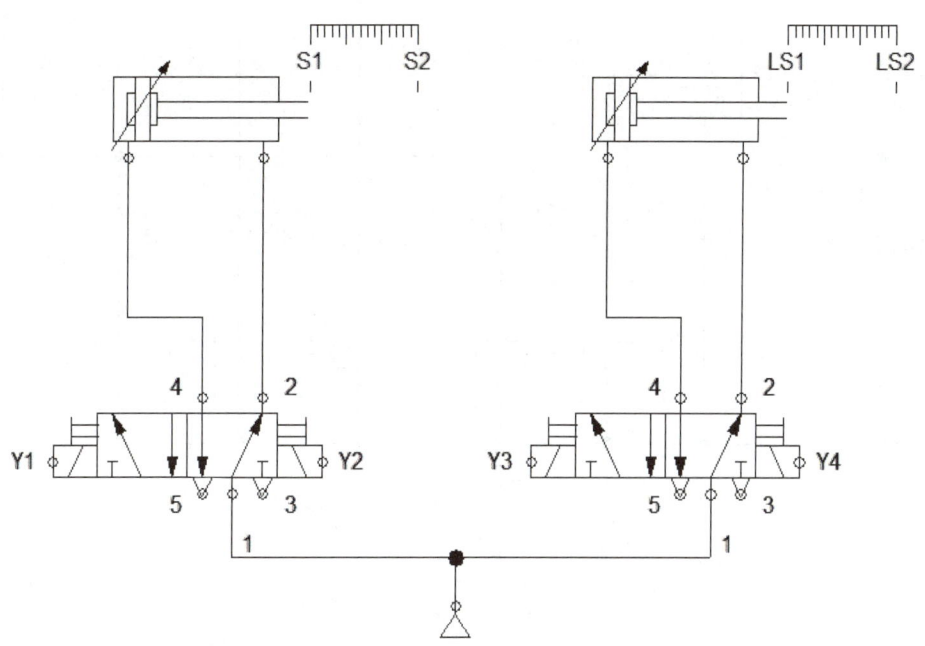

※ 캐스케이드 방식 : 전체 동작을 작동 순서상 간섭현상이 발생하지 않을 몇 개의 제어그룹으로 분리한 후, 작동 순서에 따라 필요한 제어그룹에만 전기 에너지가 공급되도록 제어회로를 설계하는 방식

나. 동작 분석 (A+ B+ B- A-)

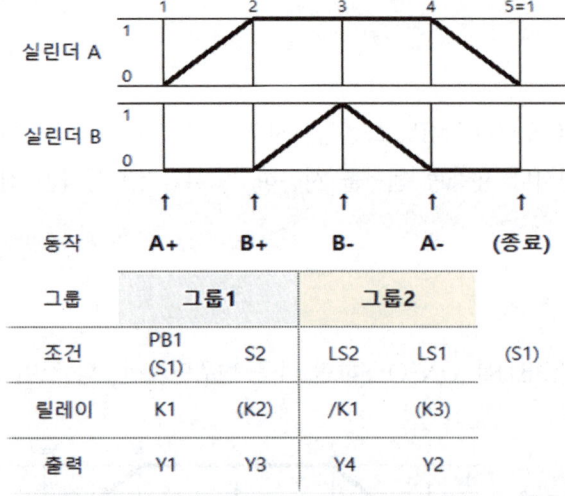

다. 전기 회로도 - 캐스케이드 방식

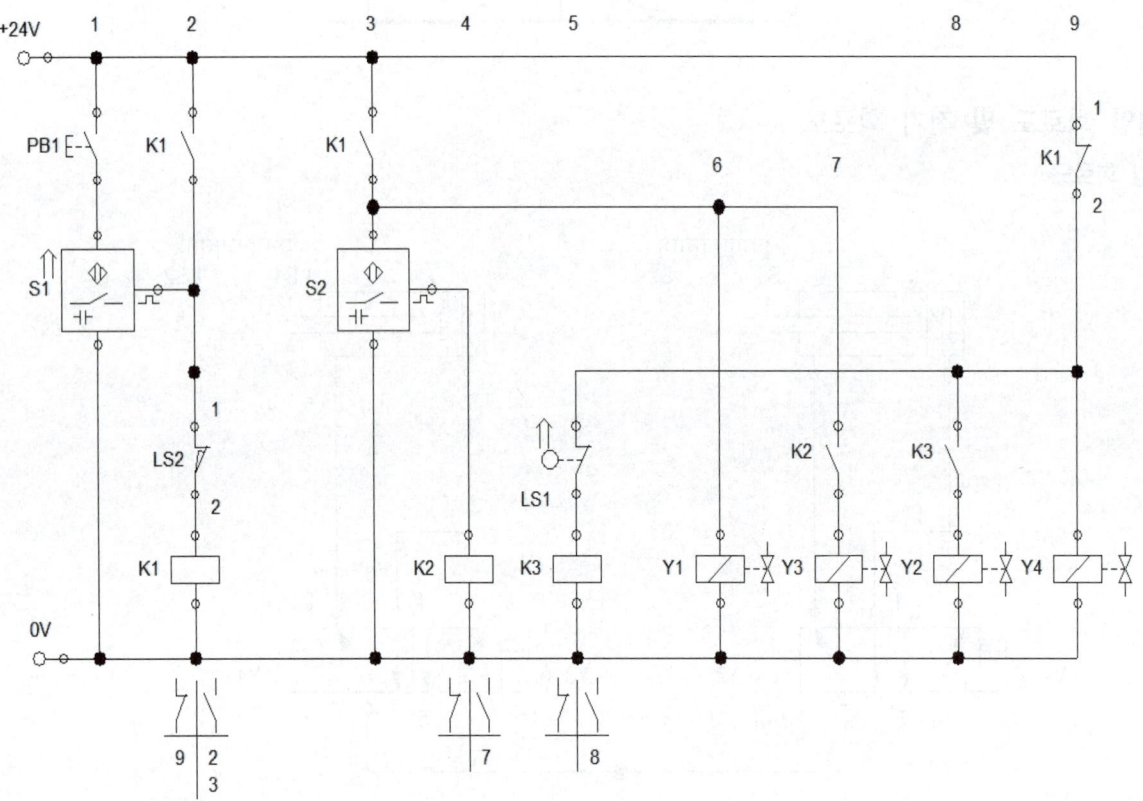

PART ②

설비보전 기사 공개문제 풀이

— 공유압 회로설계 및 구성작업 —

설비보전기사 실기

▶ **설비보전기사 작업형 [1과제] 요약**

공개문제	실린더 A (S1, S2)	실린더 B (LS1, LS2)	기본 동작 Relay 사용수	기본 동작 동작	응용동작 ①	응용동작 ②	응용동작 ③
1	Single	Double	K1~K5	5	A+B+A-B-	A+B+(T3)A-B-	연속시작/정지 회로	일방향유량제어, 급속배기밸브
2	Double	Single	K1~K4	4	A+B+B-A-	A+B+(T3)B-A-	일방향유량제어, 급속배기밸브	카운트 회로, 램프
3	Double	Double	K1~K3	3	A+B+B-A-	A+B+(T3)B-A-	연속시작/카운트 회로	일방향유량제어
4	Single	Single	K2~K6	5	A+B+B-A-	비상정지/램프 점등	비상정지 해제/램프	일방향유량제어
5	Double	Double	K1~K3	3	A+A-B+B-	연속시작	비상정지/해제, 램프	일방향유량제어
6	Single	Single	K2, K4~K7	5	A+A-B+B-	연속시작/카운트회로	비상정지/해제	일방향유량제어
7	Single	Double	K1~K4	4	A+B+B-A-	A+(T5)B+B-A-	연속시작, 비상정지/해제	일방향유량제어
8	Double	Single	K1~K4	4	A+A-B+B-	연속시작	카운트 회로, 램프	일방향유량제어
9	Single	Double	K1~K5	5	A+A-B+B-	A+A-(T3)B+B-	연속시작/카운트 회로, 비상정지	일방향유량제어
10	Double	Double	K1~K4	4	A+B+B-A-	연속시작	카운트 회로, 램프	일방향유량제어
11	Single	Single	K1~K4	4	A+B+B-A-	연속시작/정지 회로	비상정지	일방향유량제어
12	Double	Double	K1~K8	8	A-B-A+B+	A-B-A+(T3)B+	연속시작/카운트 회로, 비상정지	일방향유량제어
13	Double	Single	K1~K5	5	A+B-B+A-	A+B-B+(T3)A-	연속시작/카운트 회로, 비상정지	일방향유량제어
14	Single	Double	K1~K4	4	A+B+B-A-	A+(T3)B+B-A-	연속시작, 비상정지/해제	일방향유량제어

▶ 설비보전기사 작업형 [2과제] 요약

공개문제	A 솔타입	B 솔타입	기본 동작 Relay 사용수	기본 동작 동작순서	응용동작 ①	응용동작 ②
1	S(4/2)	S(3/2)	K1~K3	3	A+→B○, A-	연속시작/정지, 압력스위치	meter-out
2	D(4/2)	S(4/2)	K1~K4	4	A+ B+ B- A-	연속시작/정지	감압 밸브
3	S(4/2)	D(4/2)	K1~K3	3	A+,B○→A-,B○	타이머 회로	릴리프 밸브
4	S(4/2)	D(4/2)	K1	1	A+ B+ A- B-	연속시작/정지	카운트밸런스 밸브
5	D(4/3)	D(4/3)	K1~K4	4	A+ B+ A- B-	비상정지/해제, 램프	meter-in
6	S(2/2-NC)	D(4/2)	K1~K3	3	A○,B-→A○,B+	연속시작/정지	릴리프 밸브
7	D(4/3)	S(4/2)	K1~K3	3	A+→B○→A-	비상정지/해제, 램프	meter-in
8	D(4/3)	S(4/2)	K1~K5	5	A+ B+→A-,B-	타이머 회로, 비상정지/해제	meter-in
9	S(4/2)	D(4/3)	K1~K5	5	A+ B+ B- A-	복귀, 비상정지/해제	PILOT조작 체크밸브, meter-out
10	D(4/3)	D(4/3)	K1~K3	3	A+ A- B+ B-	타이머회로, 압력스위치	meter-out
11	D(4/3)	S(4/2)	K1~K4	4	A+ B+ B- A-	연속시작/정지, 타이머 회로	meter-out
12	D(4/2)	S(4/2, 2/2-NC)	K1~K3	3	A+,B○→A-,B○	연속시작/정지	양방향유량제어, meter-in
13	D(4/3)	D(4/2)	K1~K5	5	A+ B+ A- B-	연속시작/카운터 회로	압력스위치, meter-out
14	D(4/3)	S(4/2)	K1~K3	3	A+→B○→A-	비상정지/해제, 램프	meter-out, meter-in

Chapter 1 설비보전 기사 공압실습

〈공개문제 01 기본제어동작〉

가. 기본제어동작

① 초기상태에서 PB1 스위치를 ON-OFF 하면 다음 변위단계선도와 같이 동작합니다.
② 변위-단계선도

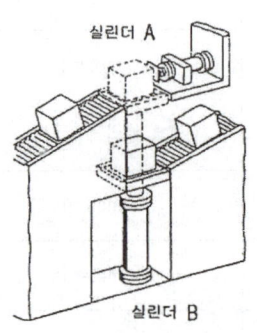
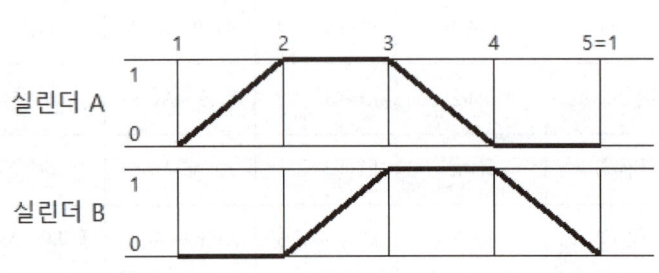

나. 공기압 회로도

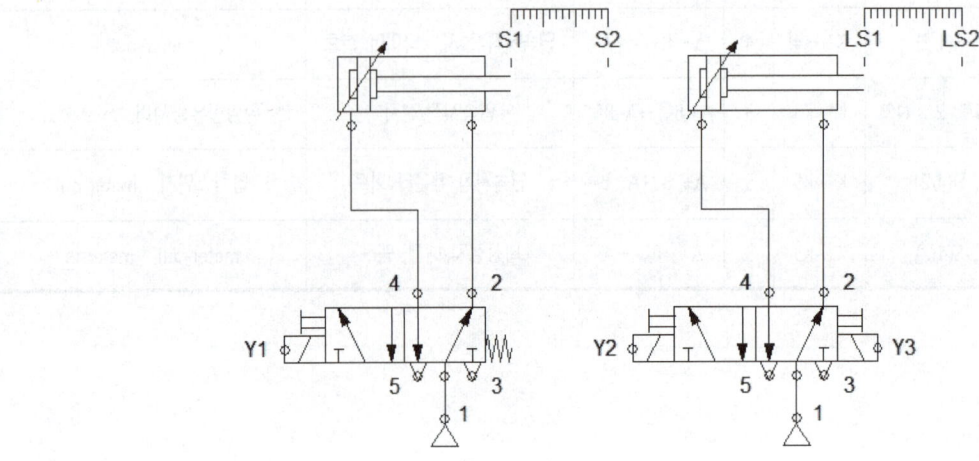

다. 전기 회로도

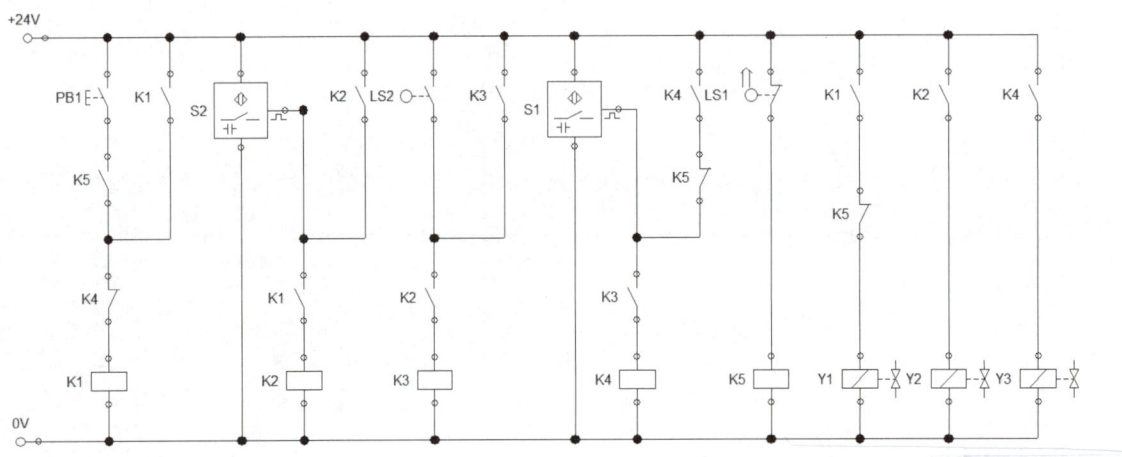

기본제어동작 ①
(오류수정 전)

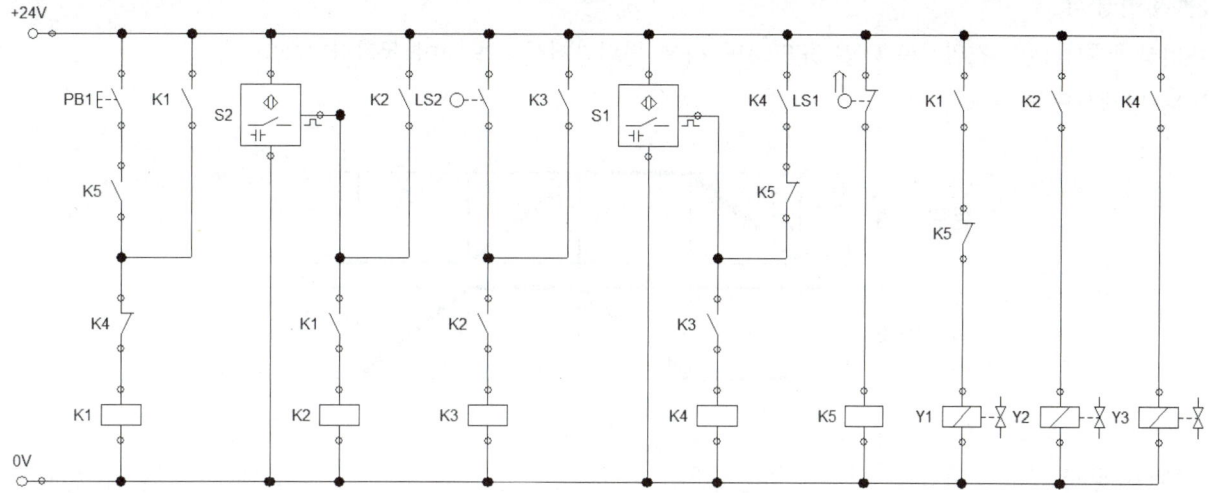

(기본제어동작 분석)

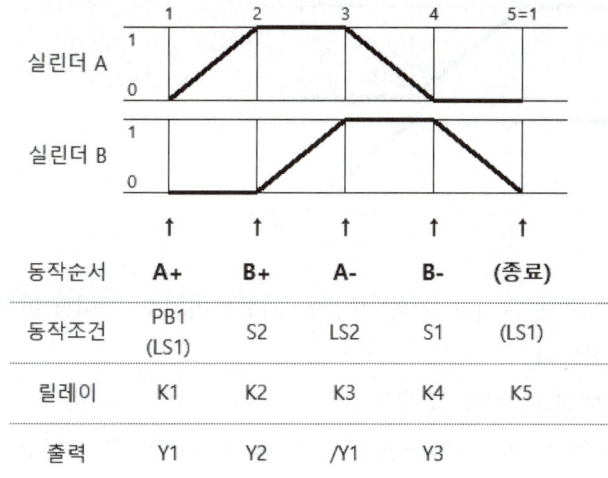

동작순서	A+	B+	A-	B-	(종료)
동작조건	PB1 (LS1)	S2	LS2	S1	(LS1)
릴레이	K1	K2	K3	K4	K5
출력	Y1	Y2	/Y1	Y3	

(공기압 회로도)
편솔/양솔 구성

(전기 회로도)
편솔방식으로 전기회로도 설계
출력부 - 인터록 처리
(인터록 - 동시에 동작하지 못하게 하는 동작)

(오류 찾기)
① 동작조건 순서 및 접점확인
② (편솔)설계방식 논리 확인
③ 출력부 오류 확인

(오류수정 후)

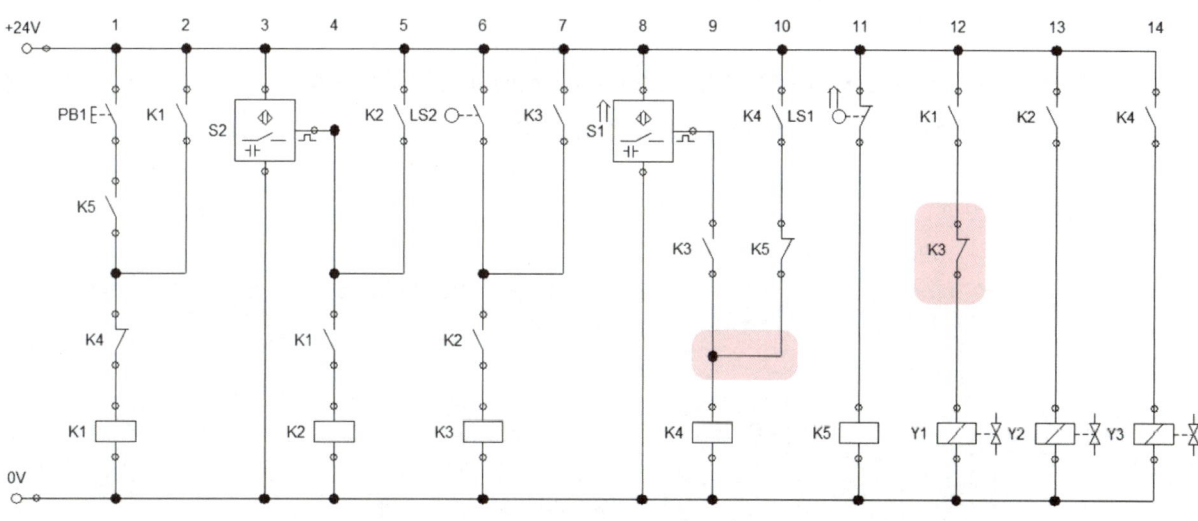

〈공개문제 01 응용제어동작〉

1) 기본제어동작

① 초기상태에서 PB1 스위치를 ON-OFF 하면 다음 변위단계선도와 같이 동작합니다.

② 변위-단계선도

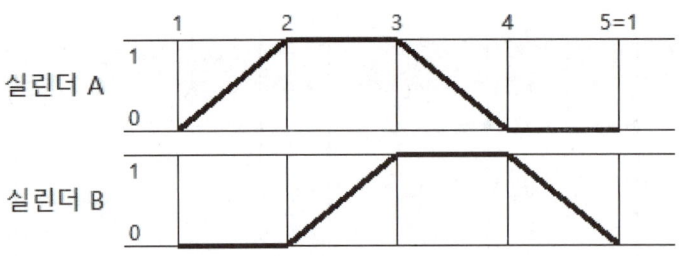

2) 응용제어동작

※ 기본제어동작을 다음 조건과 같이 변경하시오.

① 기존 회로에 타이머를 사용하여 다음 변위단계선도와 같이 동작되도록 합니다.

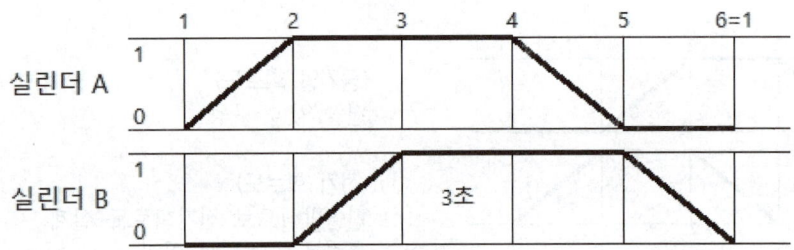

② 현재의 PB1 스위치 외에 연속시작 스위치와 정지 스위치 그리고 기타 부품을 사용하여 연속 사이클(반복 자동행정) 회로를 구성하여 다음과 같이 동작되도록 합니다.

　가) 연속시작 스위치를 누르면 연속 사이클(반복 자동행정)로 계속 동작합니다.

　나) 정지 스위치를 누르면 연속 사이클(반복 자동행정)의 어떤 위치에서도 그 사이클이 완료된 후 정지하여야 합니다.

　　(단, 연속, 정지 스위치는 주어진 어떤 형식의 스위치를 사용하여도 가능합니다.)

③ 실린더 A의 전진 속도는 5초가 되도록 배기 교축(meter-out)회로를 구성하여 조정하고 실린더 B의 전진 속도를 가능한 빠르게 하기 위하여 급속배기밸브를 사용합니다.

가. 공기압 회로도

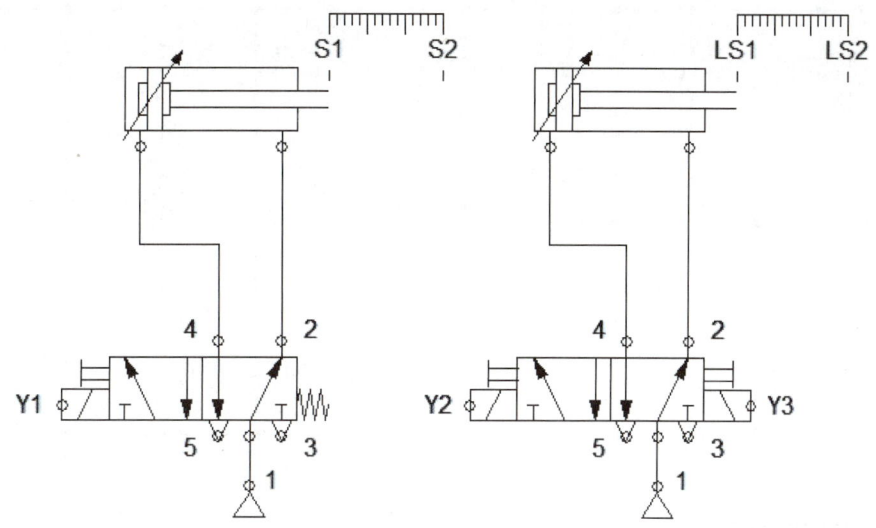

나. 전기 회로도

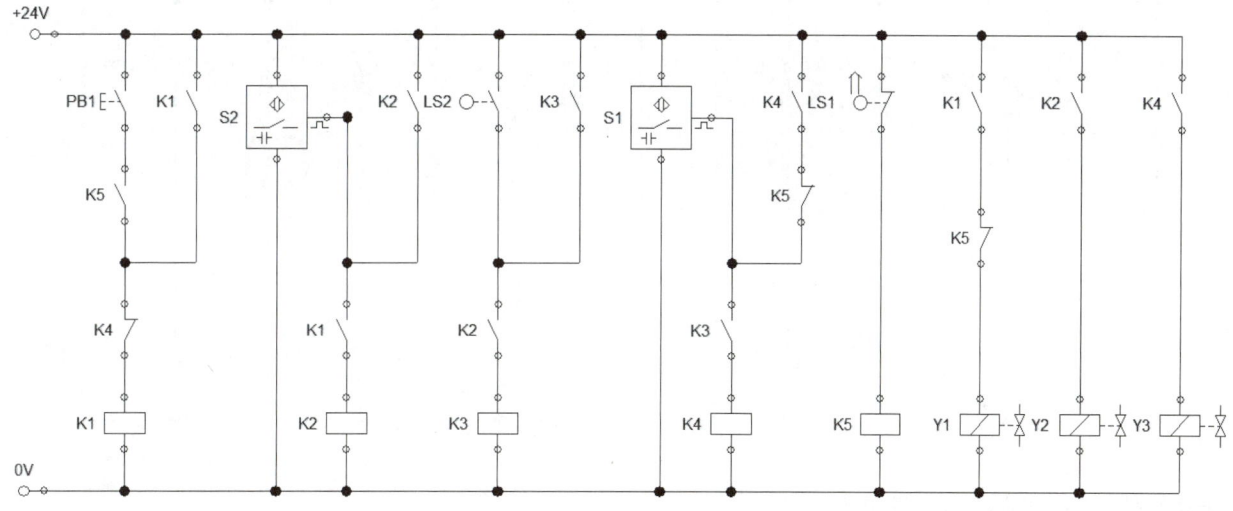

다. 전기회로도 오류 수정

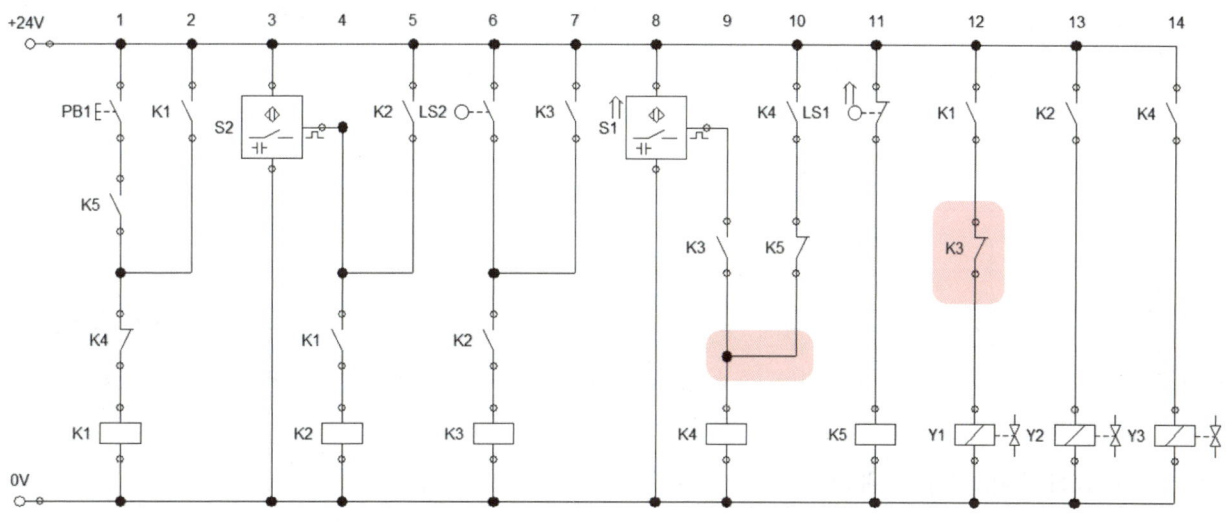

설비보전기사 실기

기본제어동작(오류수정)

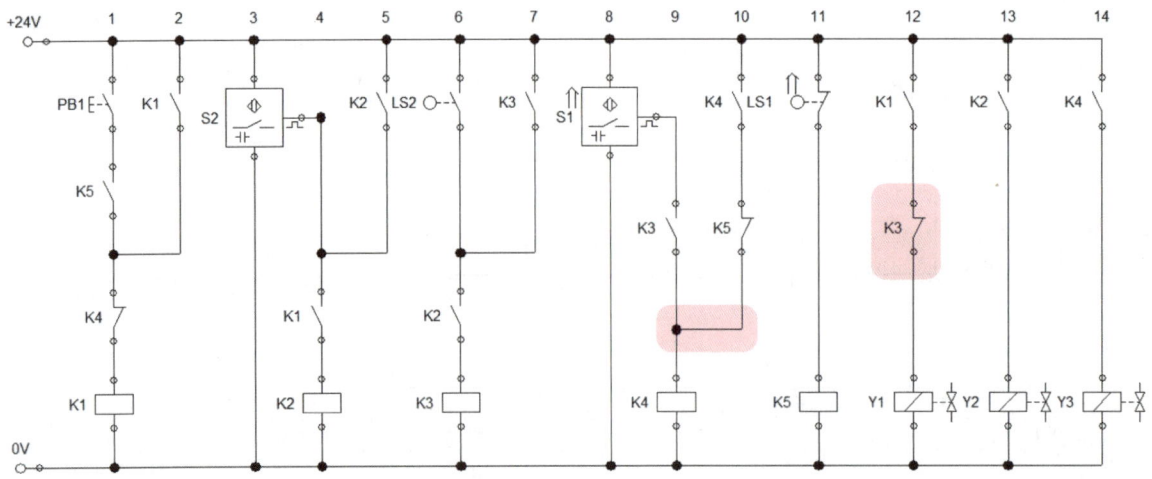

응용제어동작 ① - 타이머 회로

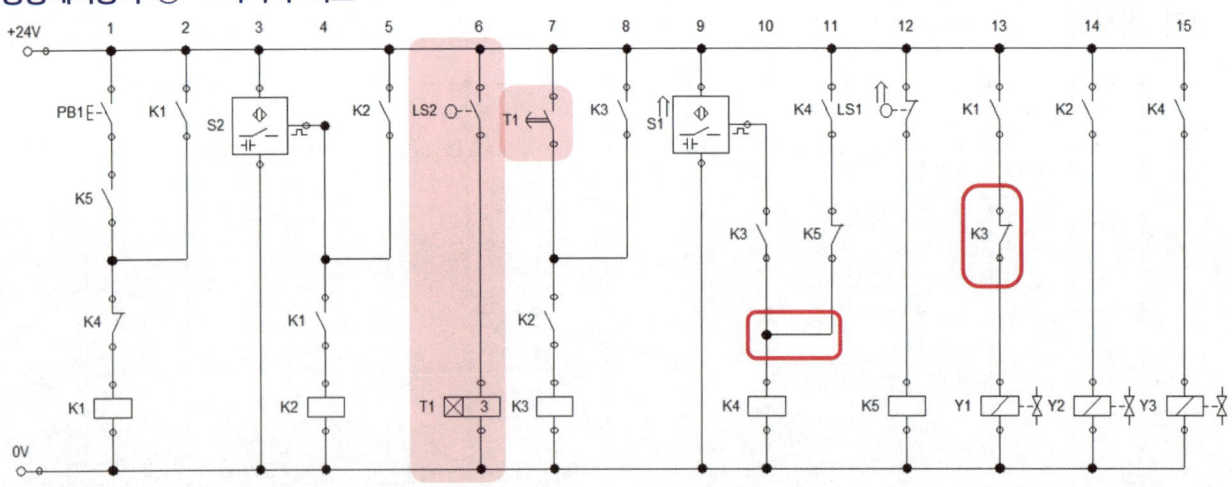

응용제어동작 ② - 연속시작/정지 회로

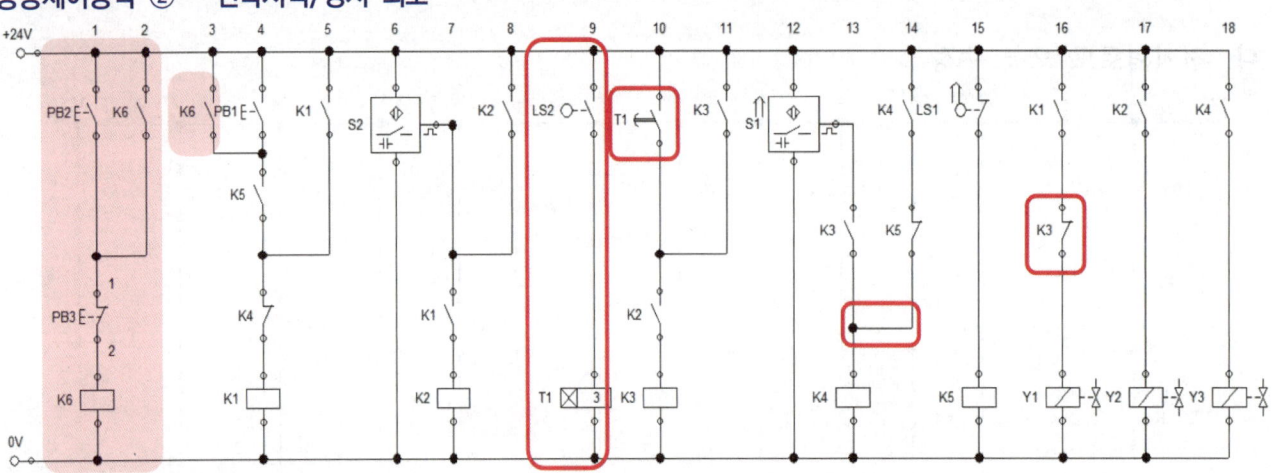

- PB1 : 기본동작 스위치 (자동복귀형)
- PB2 : 연속시작 스위치 (자동복귀형)
- PB3 : 정지 스위치 (자동복귀형)

응용제어동작 ③ - meter-out, 급속배기밸브

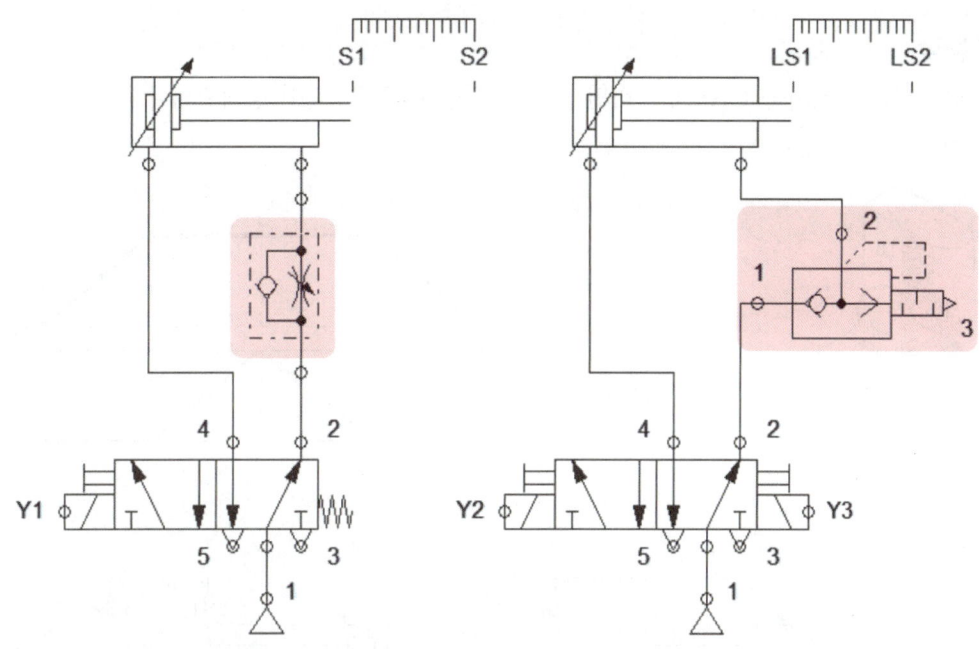

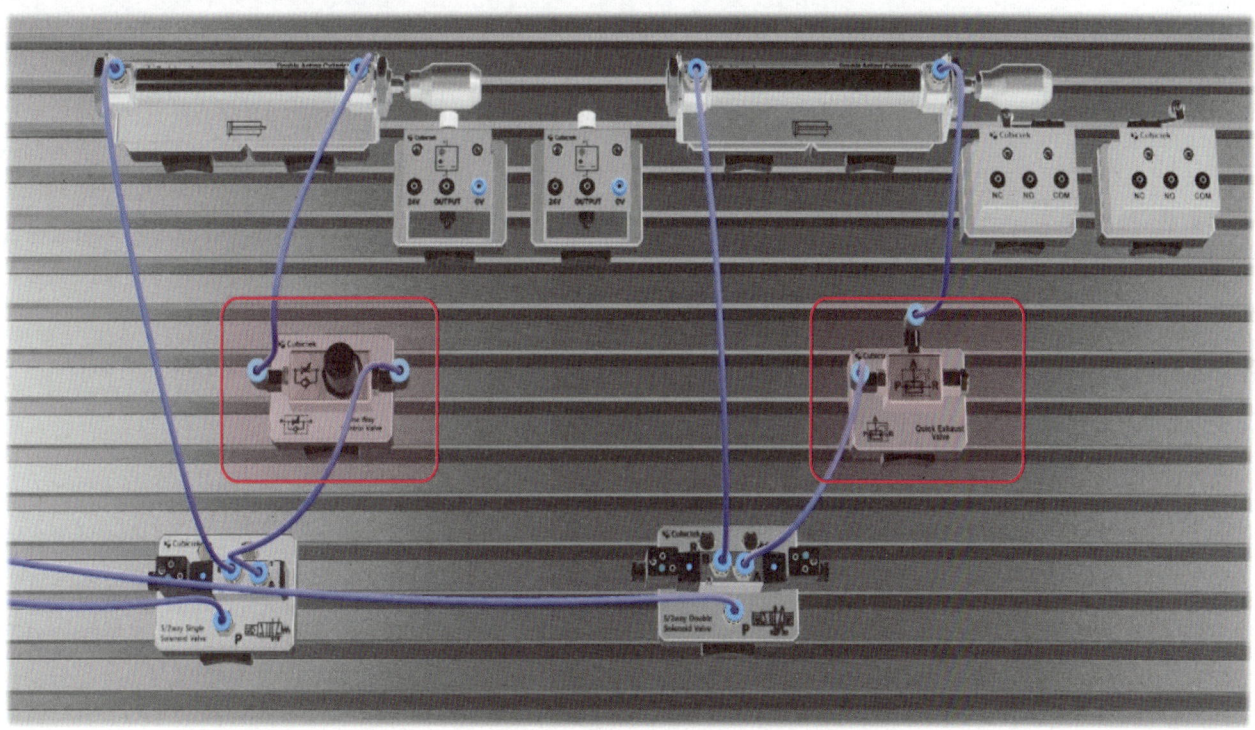

〈공개문제 02 기본제어동작〉

가. 기본제어동작

① 초기상태에서 PB1 스위치를 ON-OFF 하면 다음 변위단계선도와 같이 동작합니다.
② 변위-단계선도

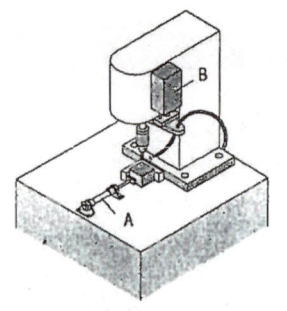
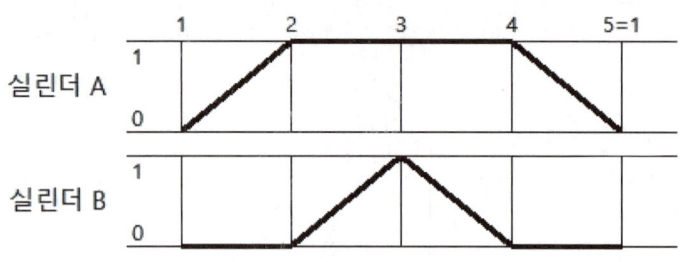

나. 공기압 회로도

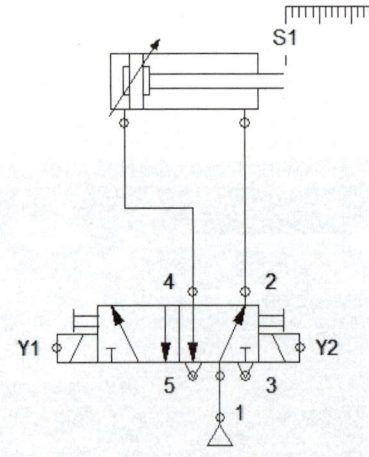
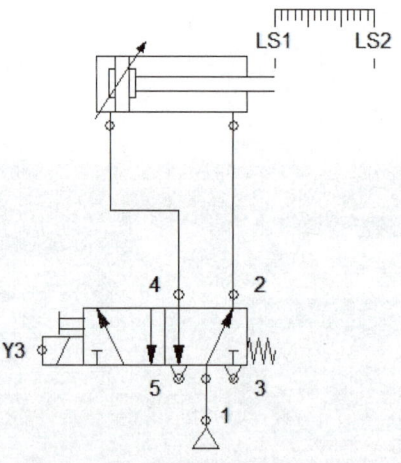

다. 전기회로도

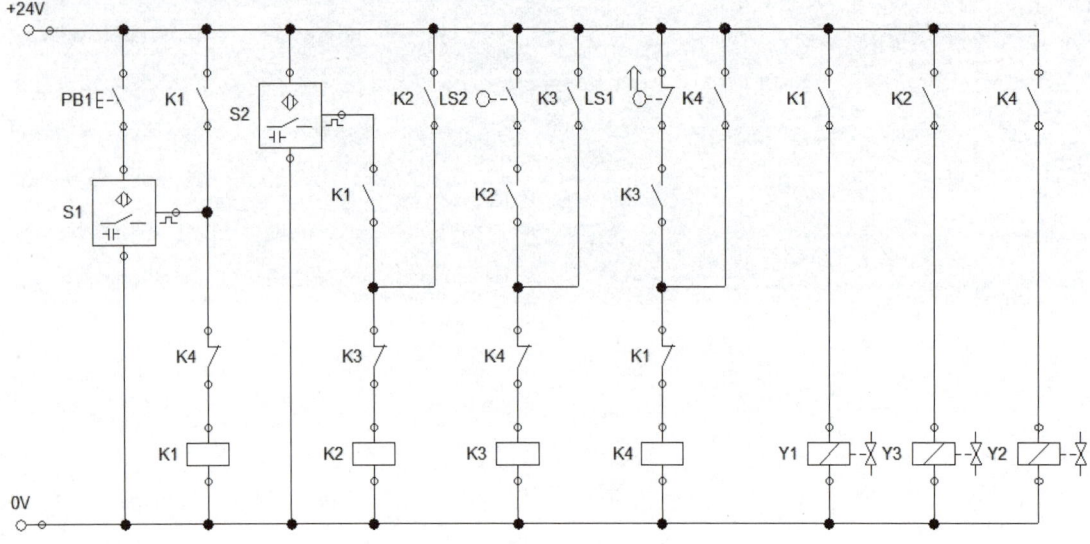

기본제어동작 ①
(오류수정 전)

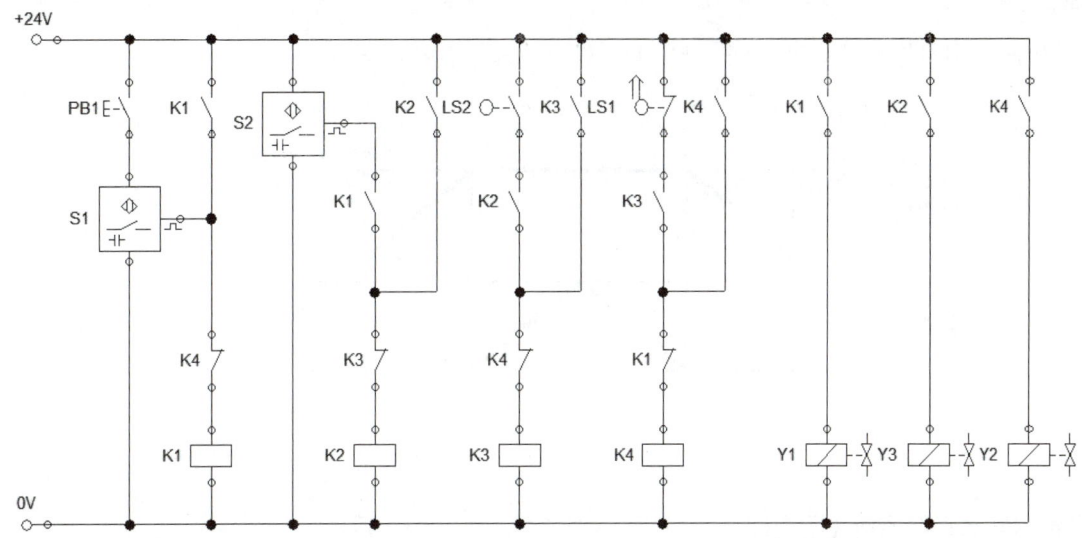

(기본제어동작 분석)

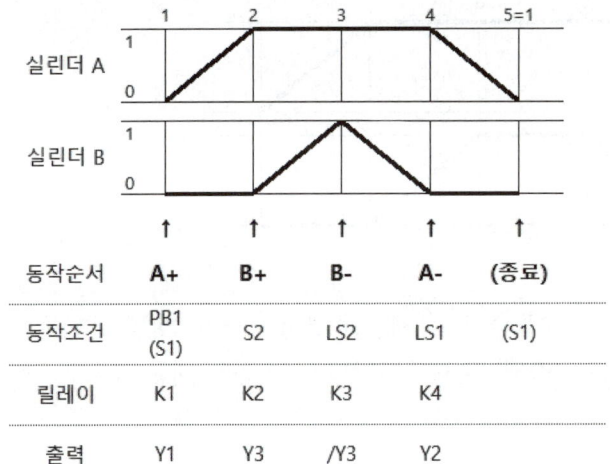

(공기압 회로도)
양솔/편솔 구성

(전기 회로도)
양솔방식으로 전기회로도 설계
입력(릴레이) - 인터록 처리

(오류 찾기)
① 동작조건 순서 및 접점확인
② (양솔)설계방식 논리 확인
③ 출력부 오류 확인

(오류수정 후)

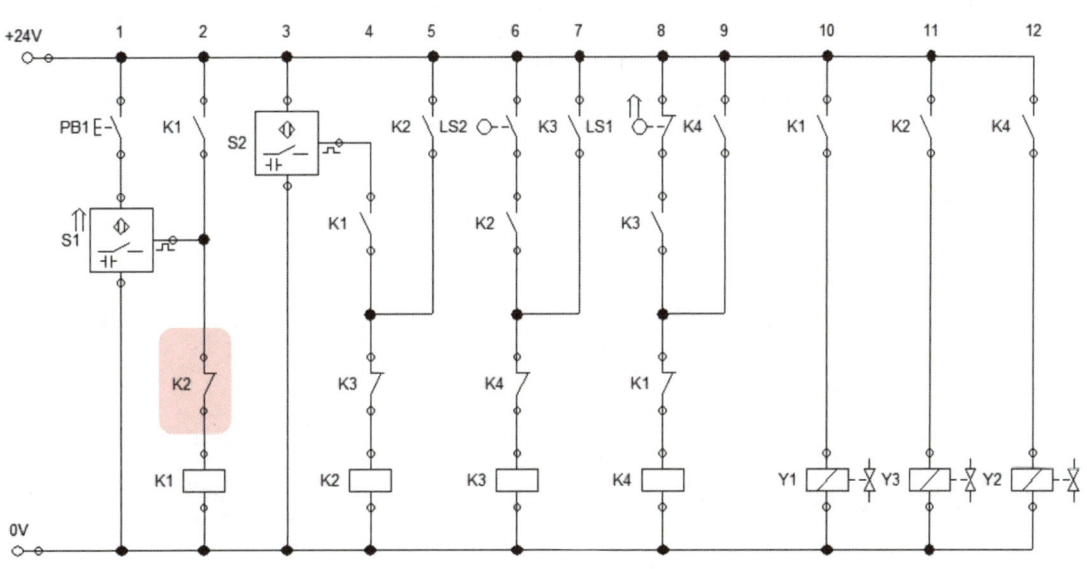

⟨공개문제 02 응용제어동작⟩

1) 기본제어동작

① 초기상태에서 PB1 스위치를 ON-OFF 하면 다음 변위단계선도와 같이 동작합니다.

② 변위-단계선도

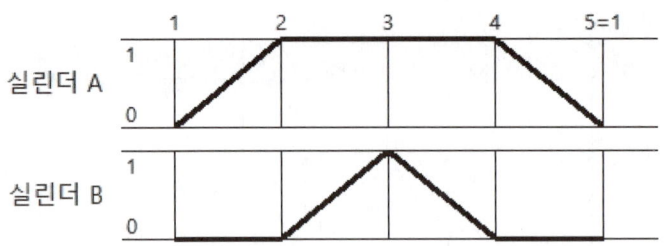

2) 응용제어동작

※ 기본제어동작을 다음 조건과 같이 변경하시오.

① 기존 회로에 타이머를 사용하여 다음 변위단계선도와 같이 동작되도록 합니다.

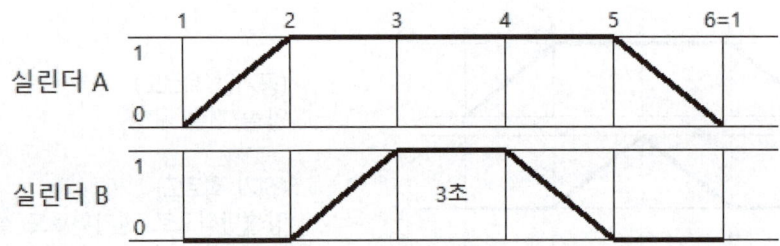

② 실린더 A의 전진운동 속도와 실린더 B의 전진운동 속도를 모두 배기교축(meter-out)방법으로 조절할 수 있어야 합니다. 이때 실린더 A의 후진운동 속도는 급속배기밸브를 설치하여 가능한 빠른 속도로 작동하여야 합니다.

③ 초기상태에서 PB1 스위치를 ON-OFF하면 기본제어동작의 사이클을 연속으로 반복하여 작업할 수 있어야 하며, 사이클의 정지는 사이클을 3회 반복한 후 정지하여야 합니다. 시작스위치(PB1)를 다시 ON-OFF하면 스위치를 누르는 것만으로 같은 작업이 반복되어야 합니다.
(단, 작업 중에는 이를 표시하는 램프가 점등될 수 있어야 합니다.)

가. 공기압 회로도

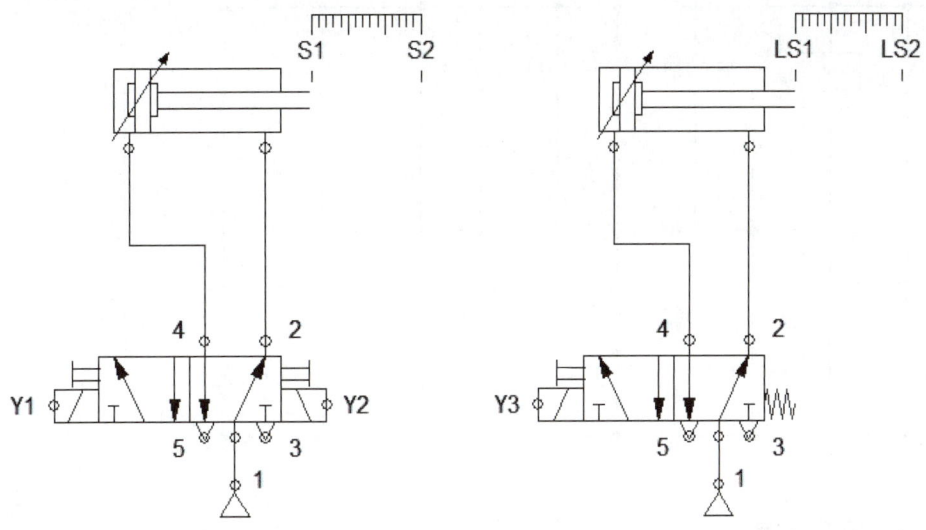

나. 전기회로도

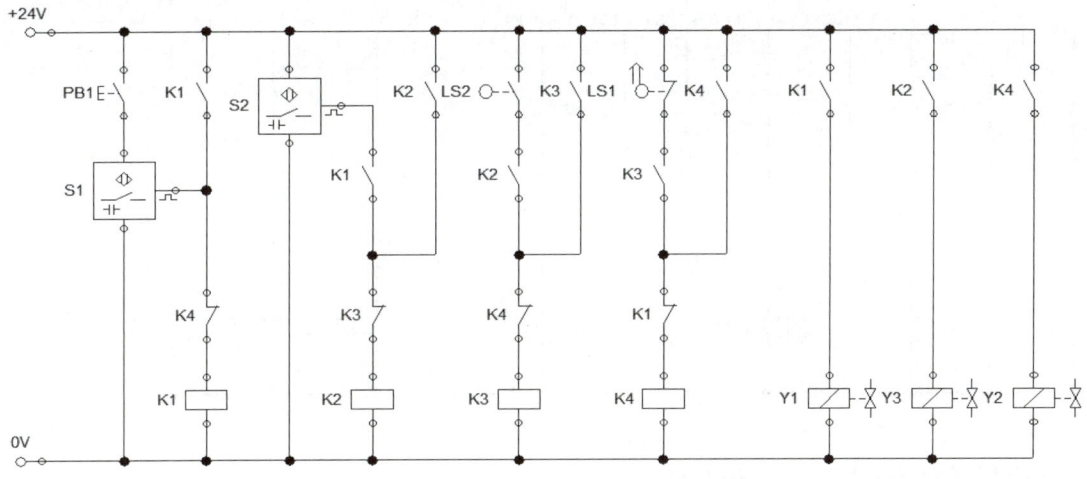

다. 전기회로도 오류 수정

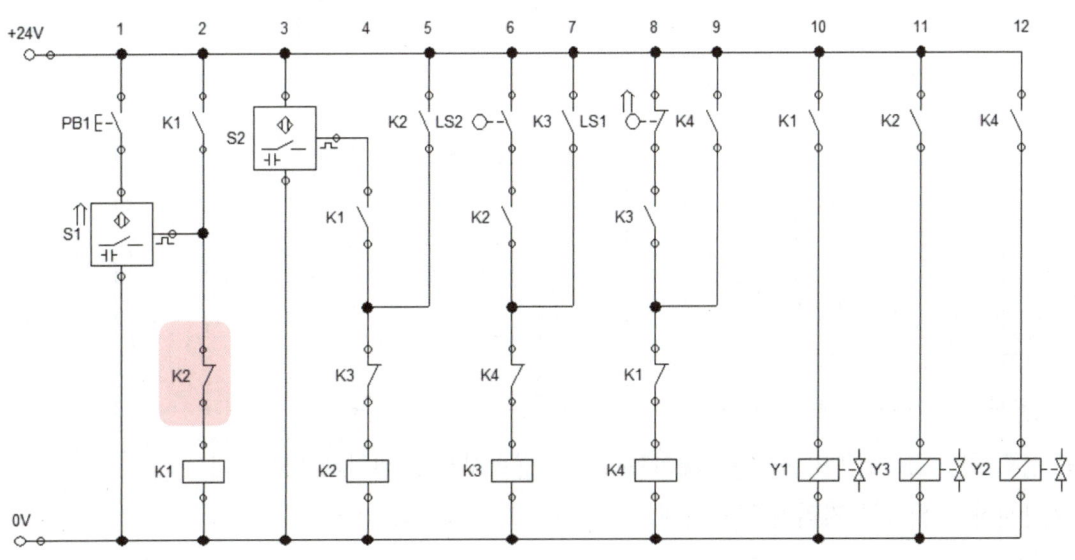

기본제어동작(오류수정)

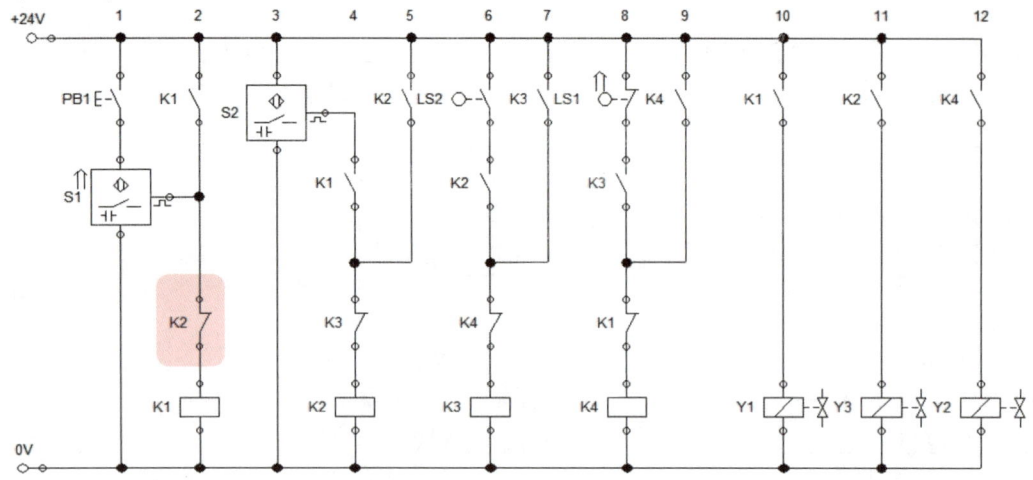

응용제어동작 ① - 타이머 회로

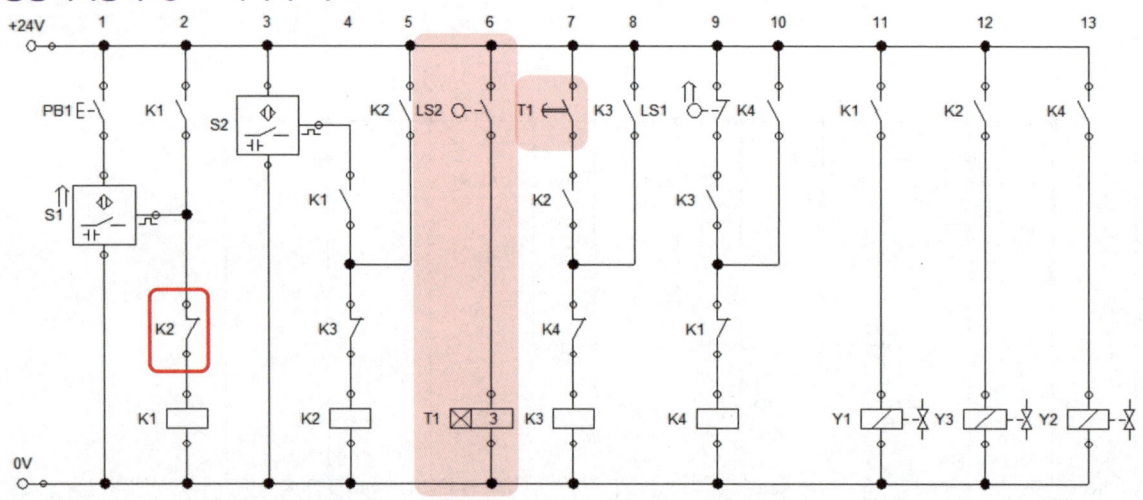

응용제어동작③ - 카운터 회로 (카운터 리셋 방법 1)

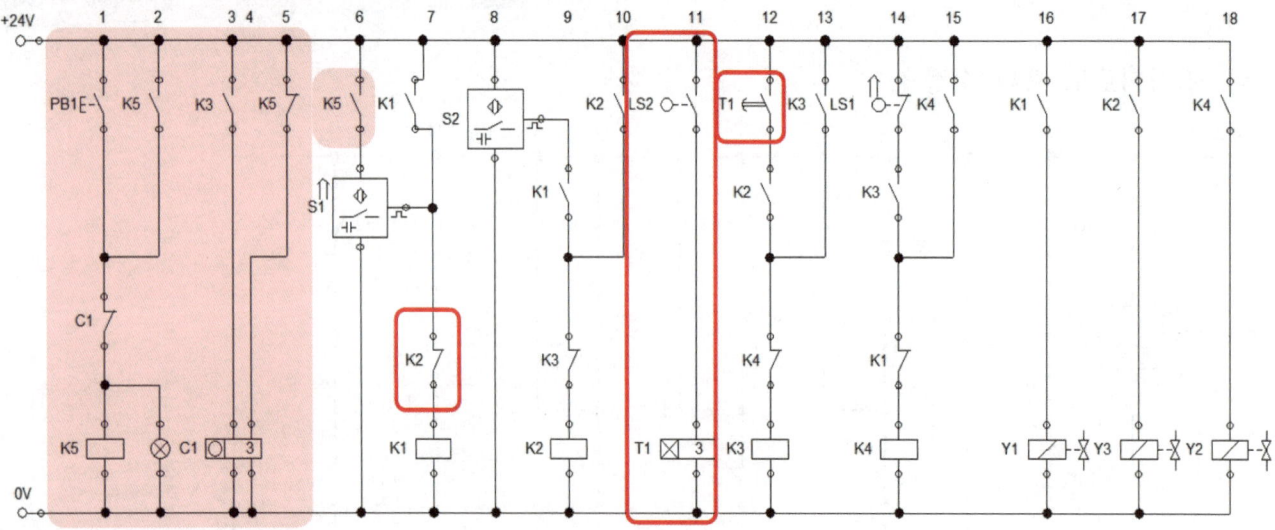

- 기본제어동작의 동작시작 스위치(PB1)를 응용제어동작에서 연속시작 스위치로 사용한다.
- 그래서, 이전 동작시작 스위치의 자리에 K5 릴레이의 a접점으로 대체하였다.

응용제어동작 ② - 급속배기밸브(A 후진), 미터아웃 회로(A, B 전진)

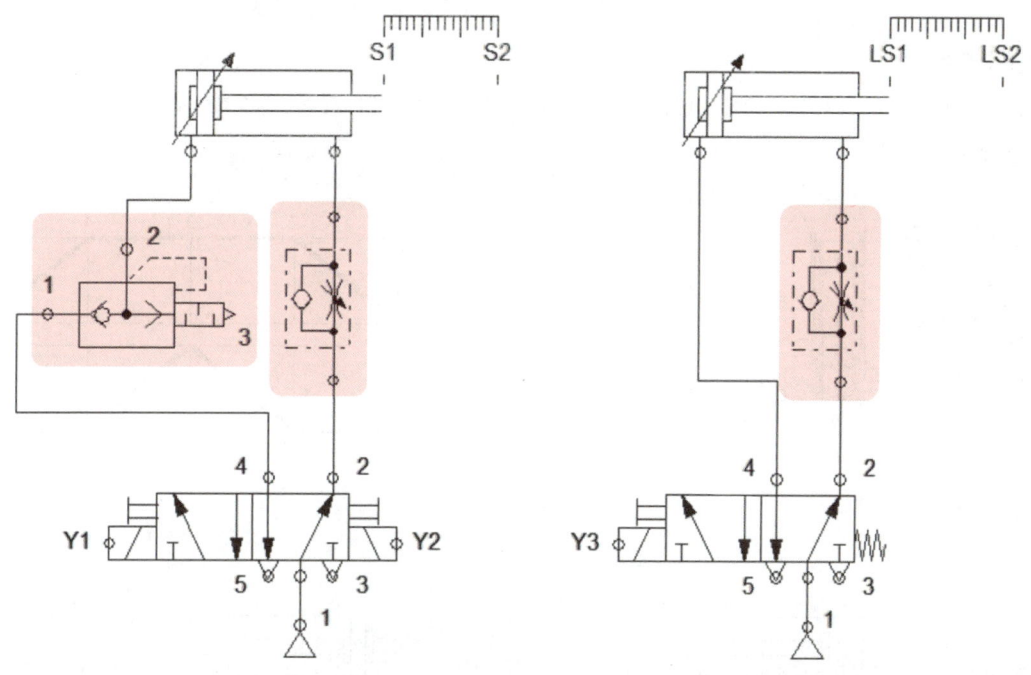

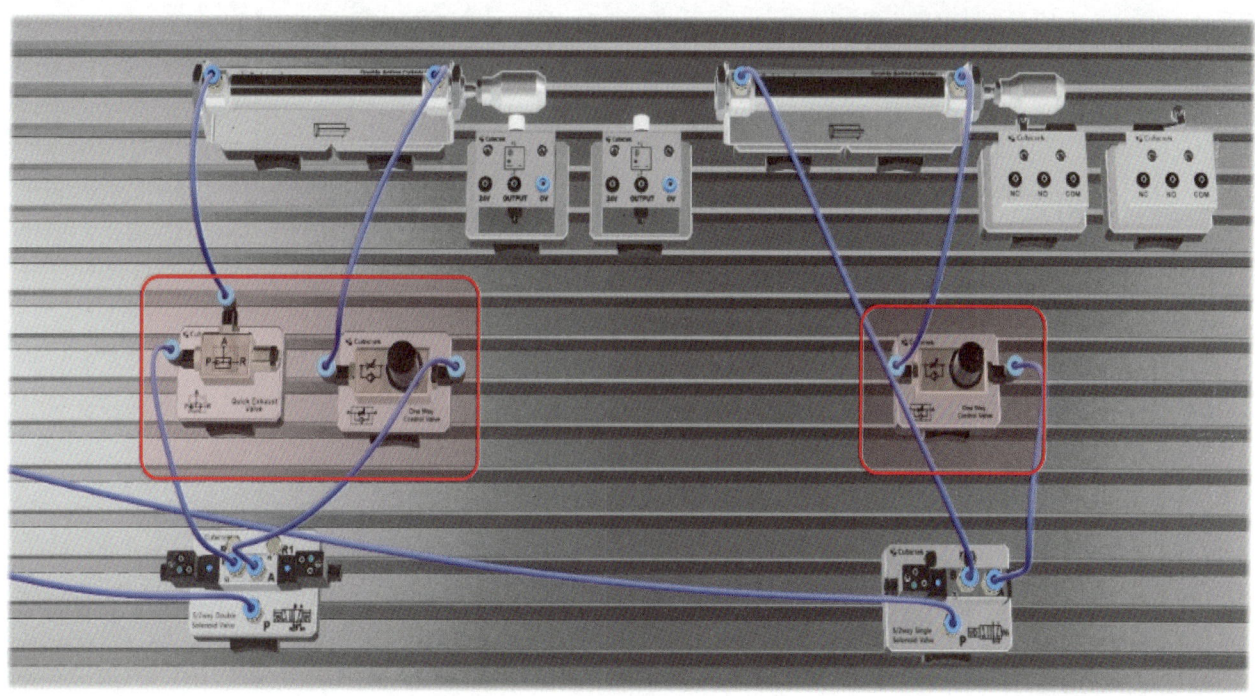

〈공개문제 03 기본제어동작〉

가. 기본제어동작
① 초기상태에서 PB1 스위치를 ON-OFF 하면 다음 변위단계선도와 같이 동작합니다.
② 변위-단계선도

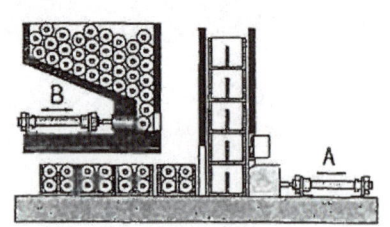
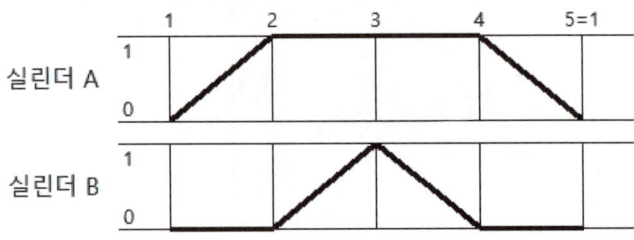

나. 공기압 회로도

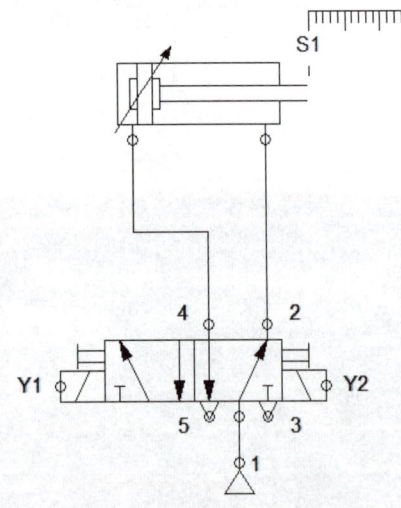
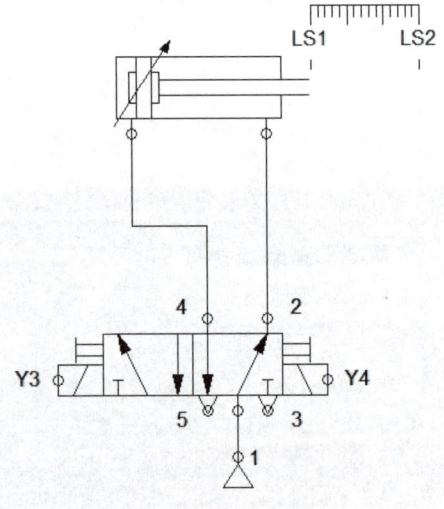

다. 전기 회로도

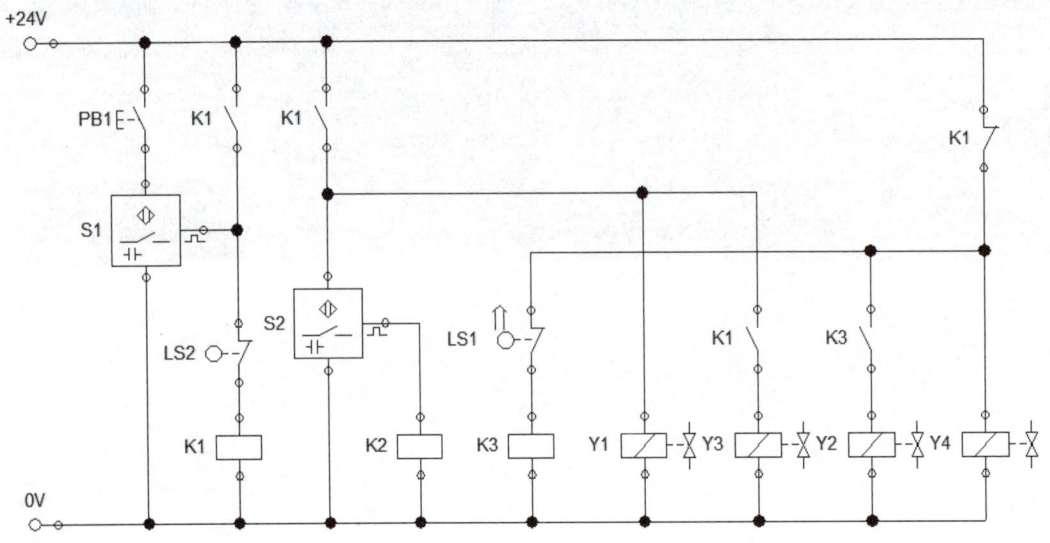

기본제어동작 ①
(오류수정 전)

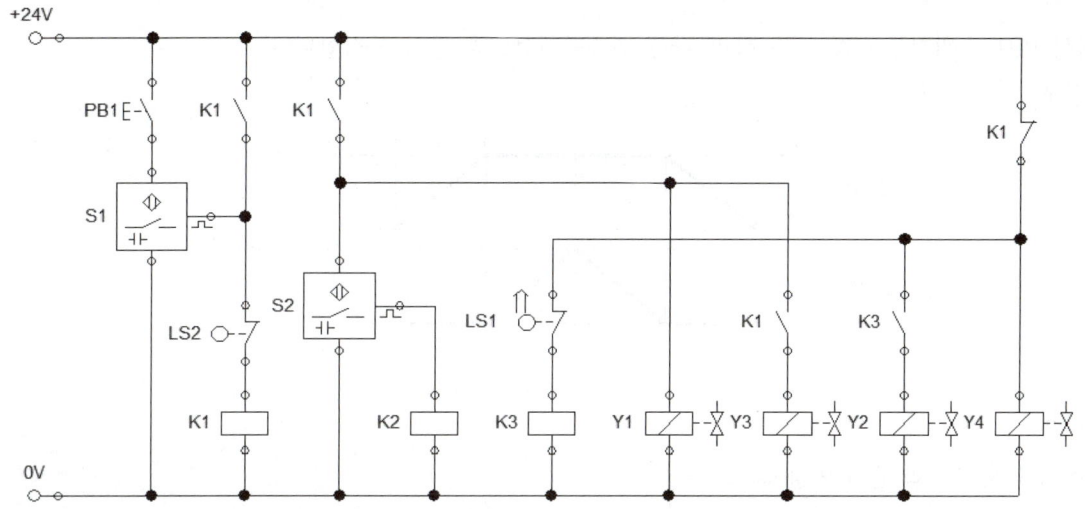

(기본제어동작 분석)

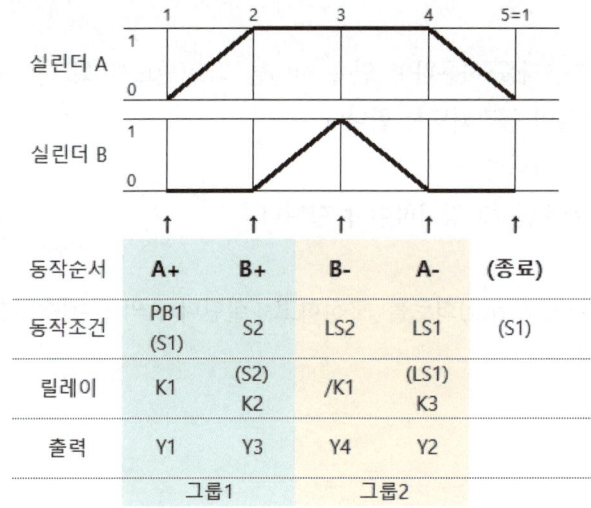

(공기압 회로도)
양솔/양솔 구성

(전기 회로도)
캐스케이드방식1로 전기회로도 설계

(오류 찾기)
① 캐스케이드 설계방식 논리 확인

(오류수정 후)

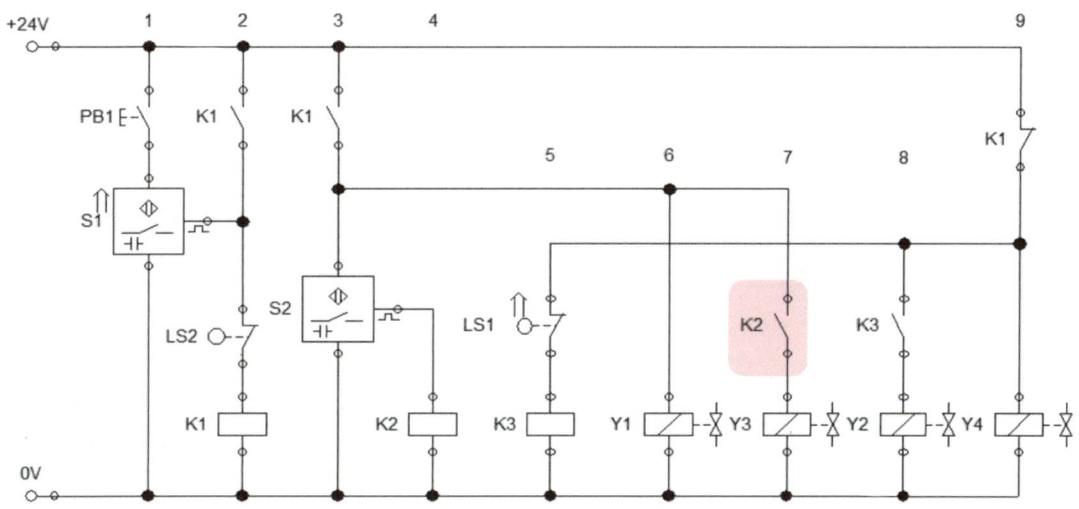

〈공개문제 03 응용제어동작〉

1) 기본제어동작
① 초기상태에서 PB1 스위치를 ON-OFF 하면 다음 변위단계선도와 같이 동작합니다.
② 변위-단계선도

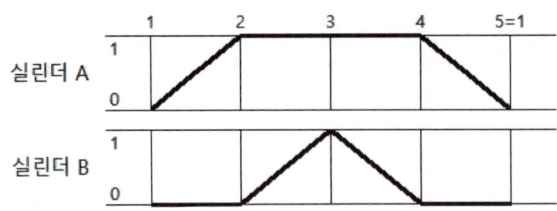

2) 응용제어동작
※ 기본제어동작을 다음 조건과 같이 변경하시오.
① 기존 회로에 타이머를 사용하여 다음과 같이 동작되도록 합니다.
  가) 실린더 B가 전진 완료 후 3초 후에 후진하고 실린더 B가 후진 완료 후 실린더 A가 후진 완료하고 정지합니다.

② 기존의 시작스위치(PB1) 외에 연속시작 스위치(PB2)와 카운터를 사용하여 연속 사이클 회로(반드시 회로를 구성하고 잠금장치 스위치는 사용불가)를 구성하여 다음과 같이 동작되도록 합니다.
  가) 연속시작 스위치를 누르면 연속 사이클로 계속 동작 합니다.
  나) 연속 사이클 횟수를 5회로 설정하고 그 사이클이 완료된 후 정지하여야 합니다.

③ 실린더 A, B의 전진 속도는 5초가 되도록 배기교축(meter-out)회로를 구성하고, 실린더 A의 후진속도를 조절하기 위한 meter-out 회로를 구성하여 조정합니다.

가. 공기압 회로도

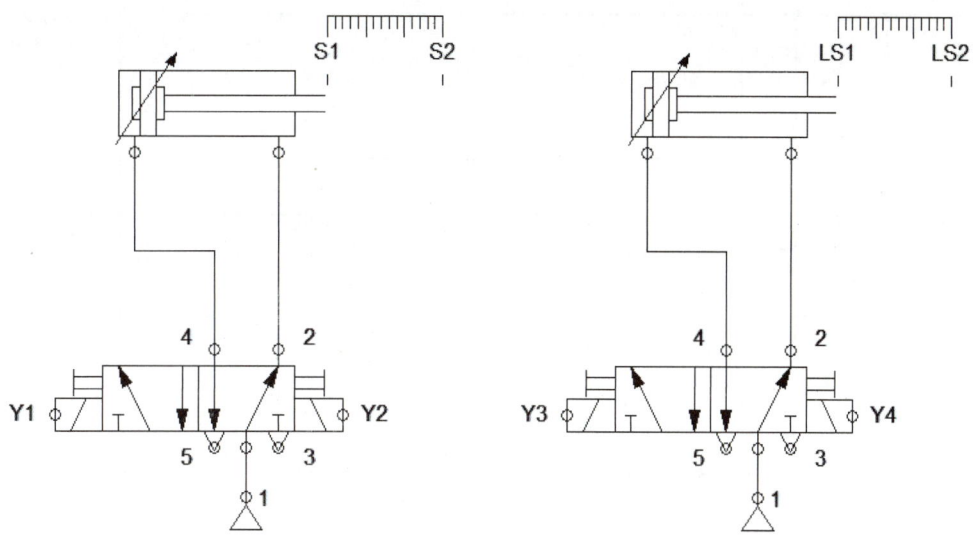

나. 전기 회로도

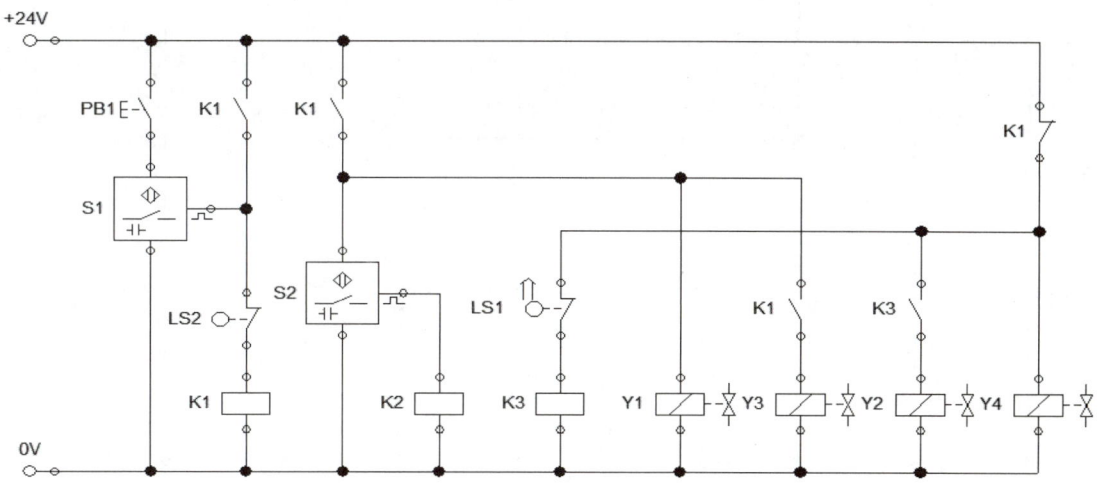

다. 전기회로도 오류 수정

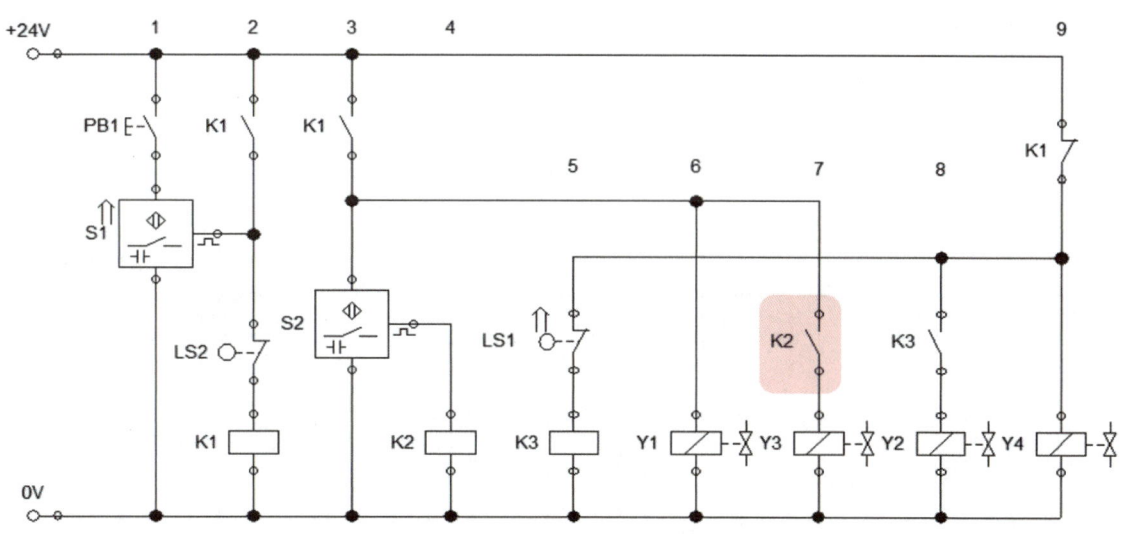

기본제어동작(오류수정)

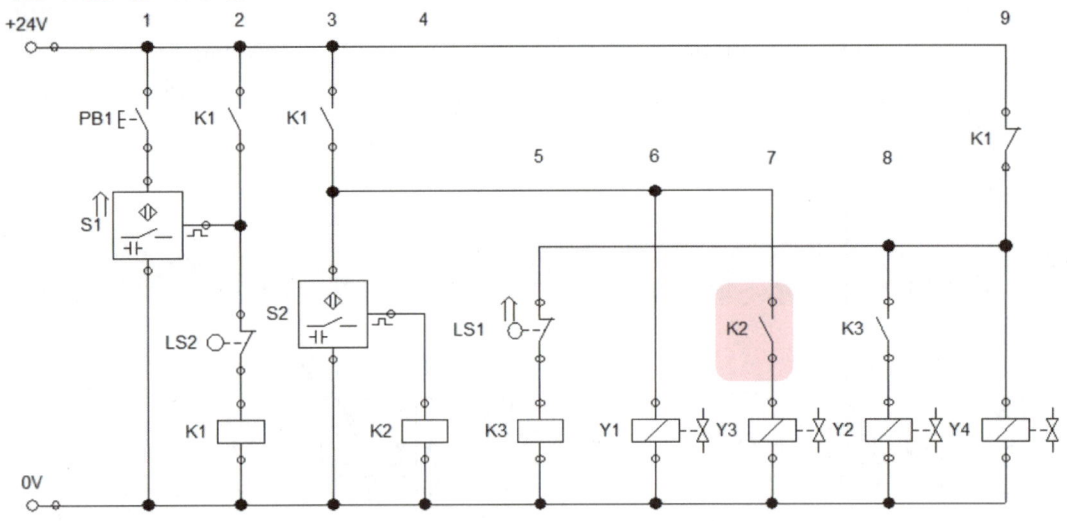

응용제어동작 ① - 타이머 회로

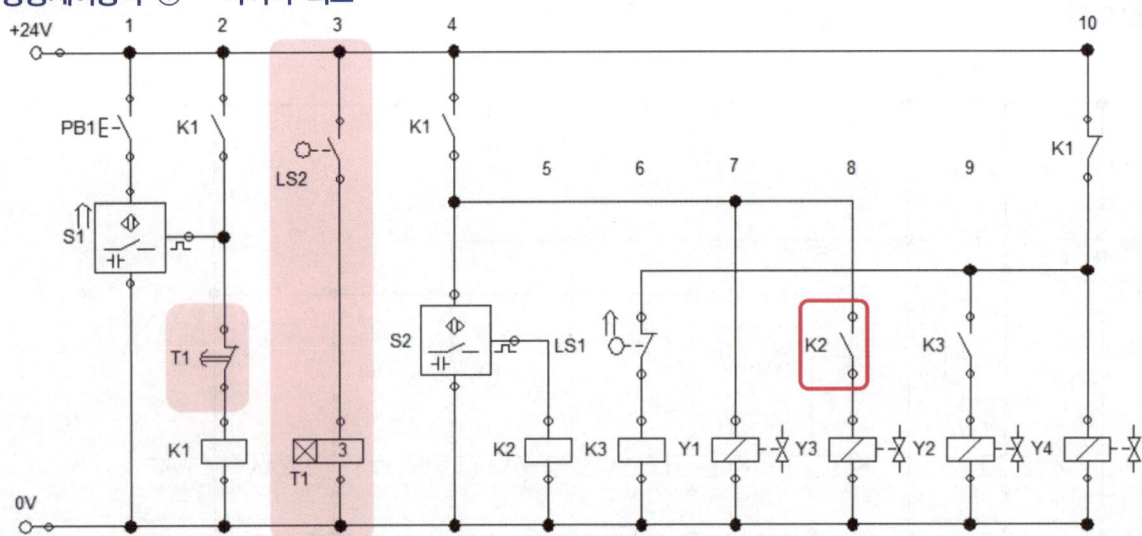

응용제어동작 ② - 카운터회로

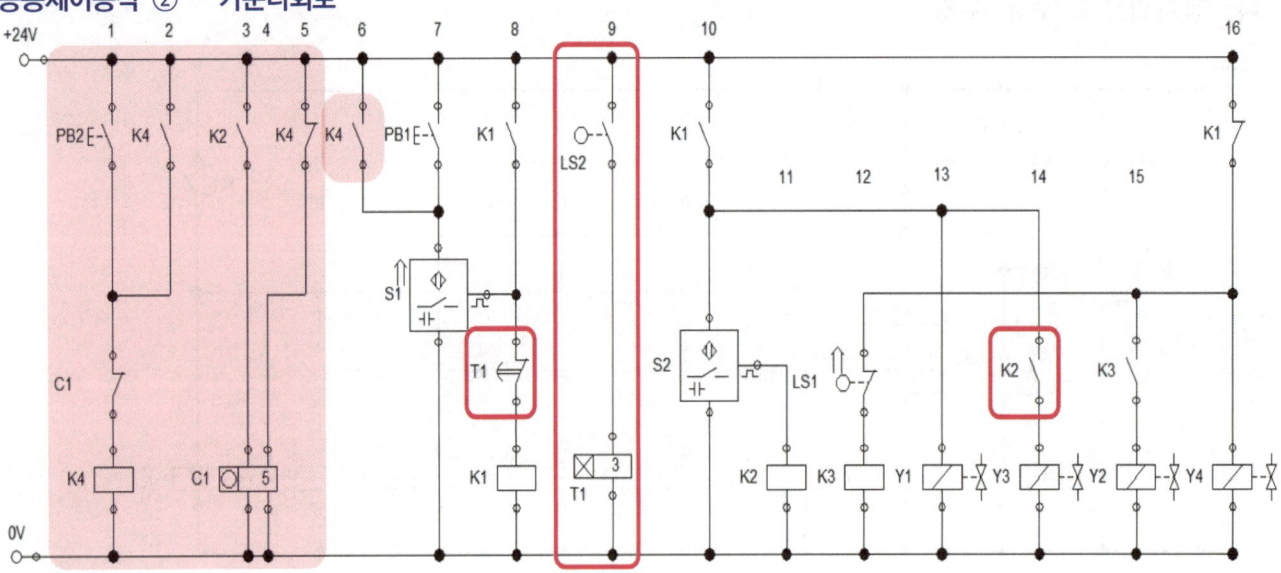

응용제어동작 ③ - 미터아웃 회로(A,B 전진, A후진)

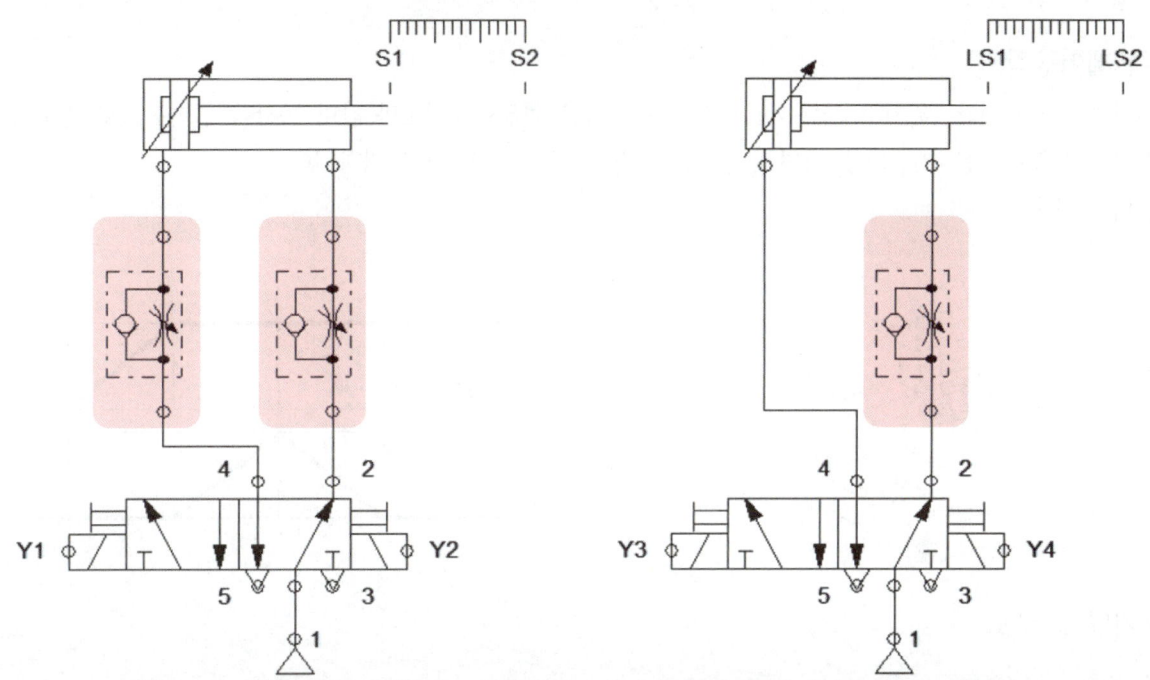

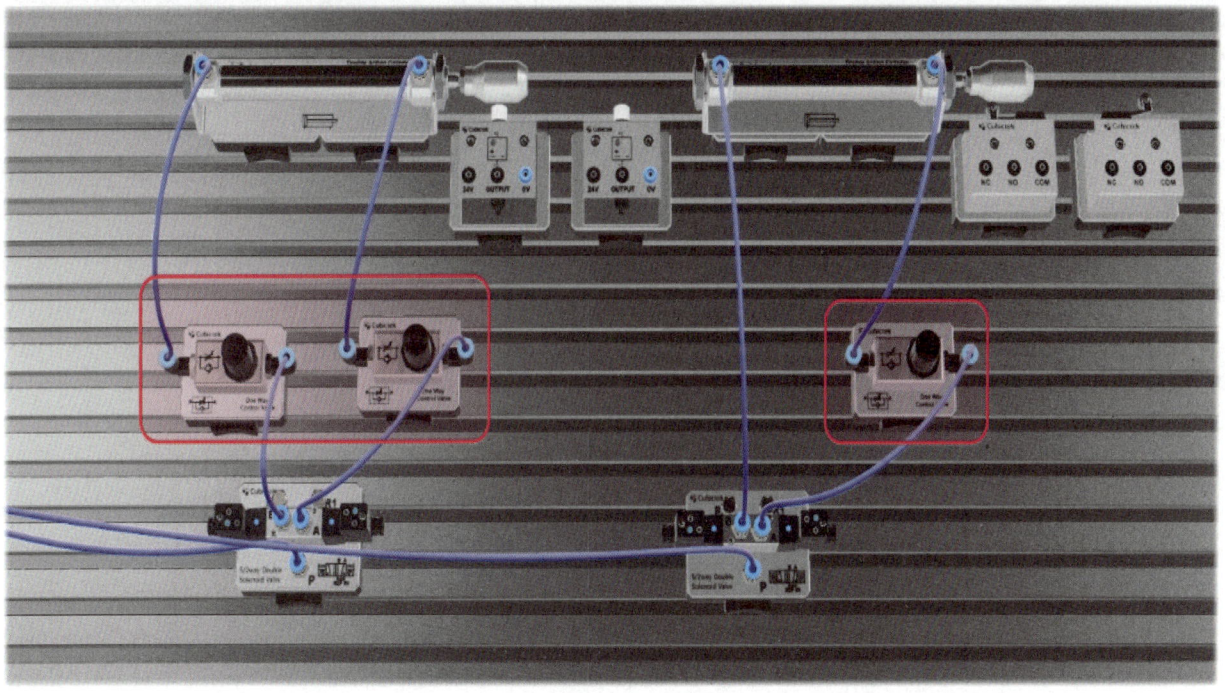

〈공개문제 04 기본제어동작〉

가. 기본제어동작

① 초기상태에서 시작스위치(PB1)를 ON-OFF 하면 다음 변위단계선도와 같이 동작을 연속적으로 반복합니다.
② 정지스위치(PB2)를 ON-OFF 하면 진행 중인 사이클을 종료한 후 정지합니다.
③ 변위-단계선도

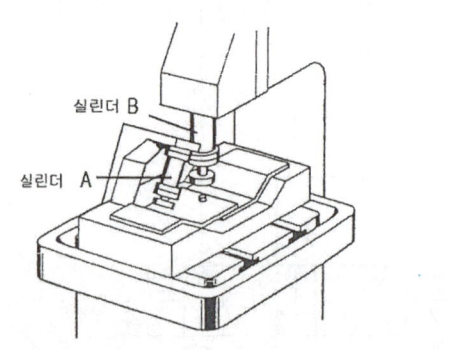
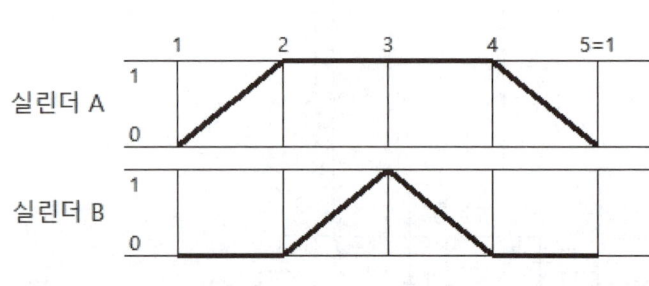

나. 공기압 회로도

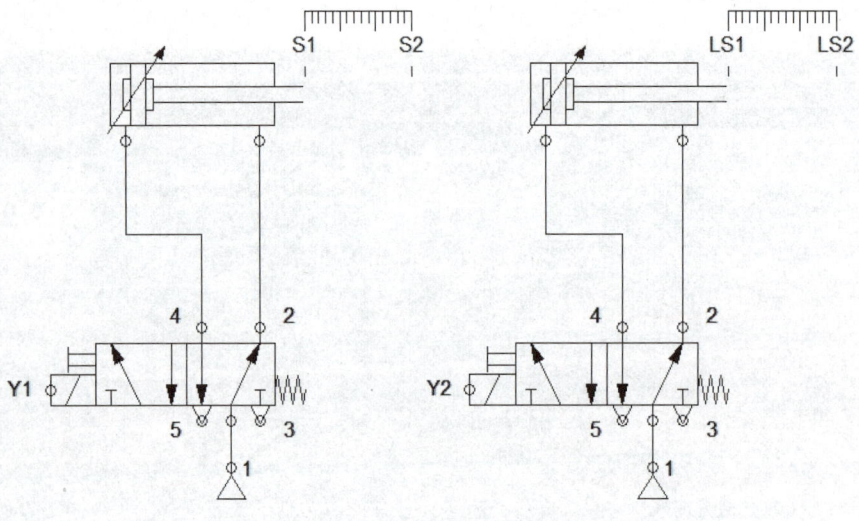

다. 전기 회로도

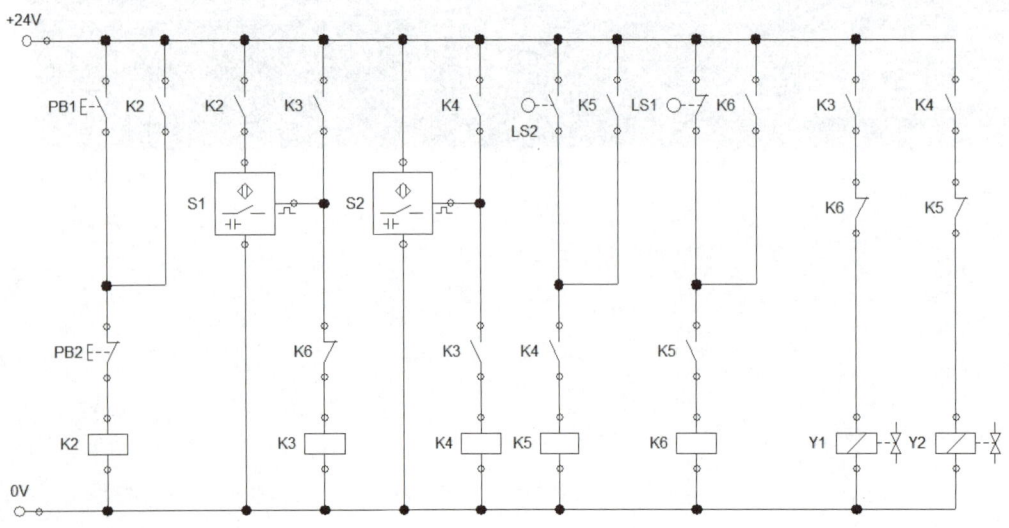

기본제어동작 ①
(오류수정 전)

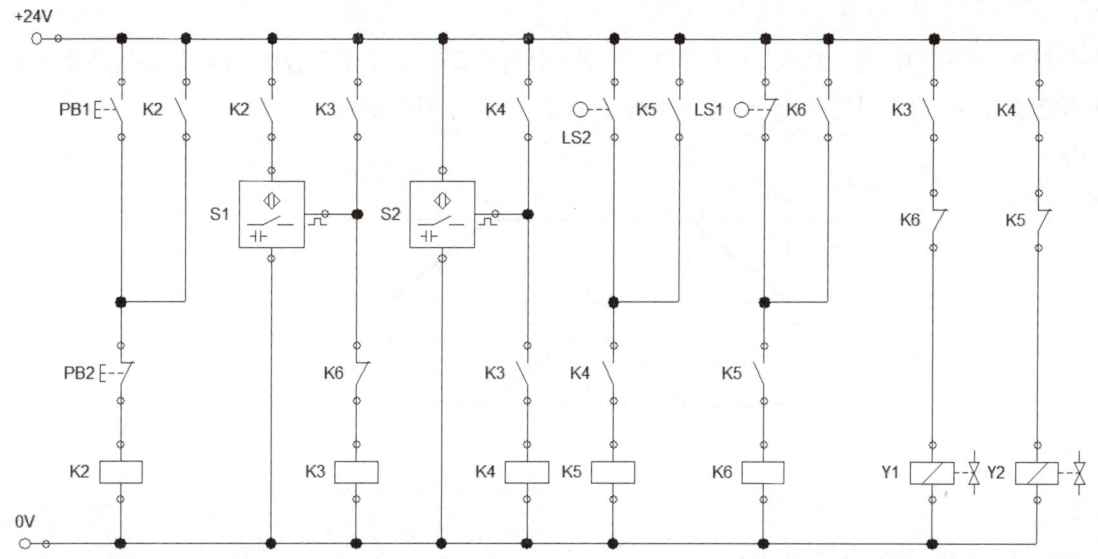

(기본제어동작 분석)

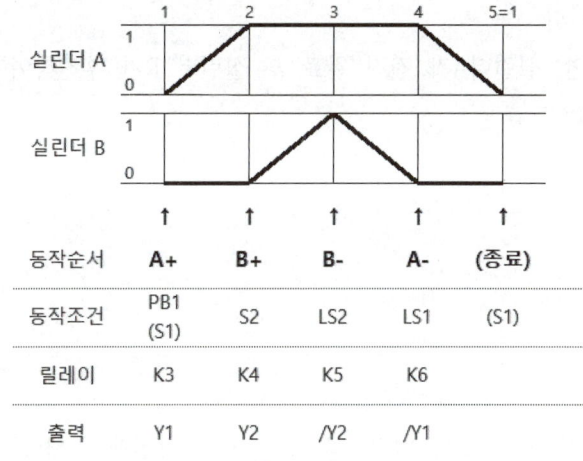

(공기압 회로도)
편솔/편솔 구성

(전기 회로도)
편솔방식으로 전기회로도 설계
출력 – 인터록 처리

(오류 찾기)
① 동작조건 순서 및 접점확인
② (편솔)설계방식 논리 확인
③ 출력부 오류 확인

(오류수정 후)

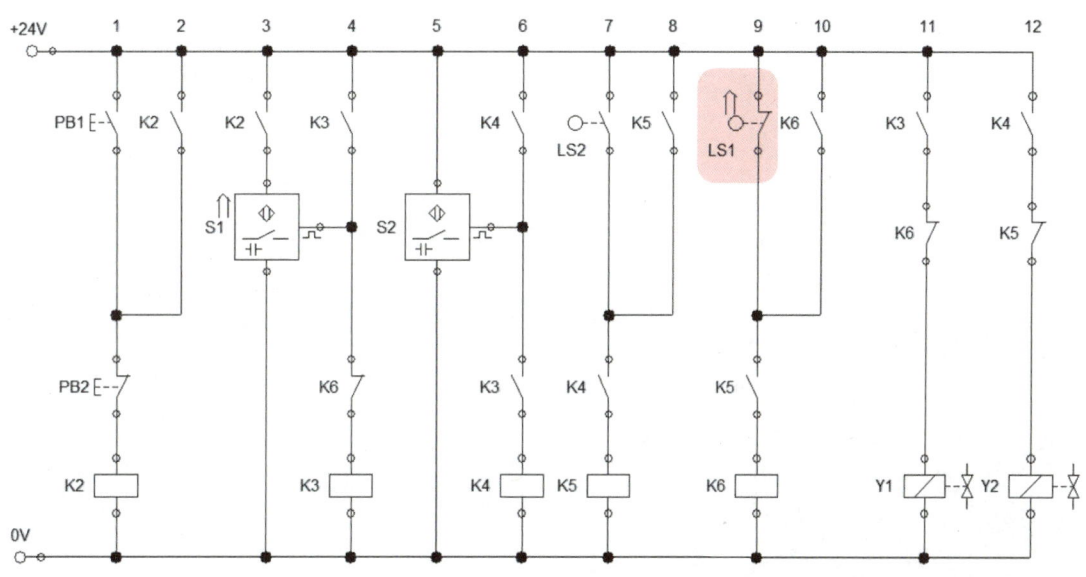

Chapt. 1 설비보전 기사 공압실습 | 193

〈공개문제 04 응용제어동작〉

1) 기본제어동작

① 초기상태에서 시작스위치(PB1)를 ON-OFF 하면 다음 변위단계선도와 같이 동작을 연속적으로 반복합니다.
② 정지스위치(PB2)를 ON-OFF 하면 진행 중인 사이클을 종료한 후 정지합니다.
③ 변위-단계선도

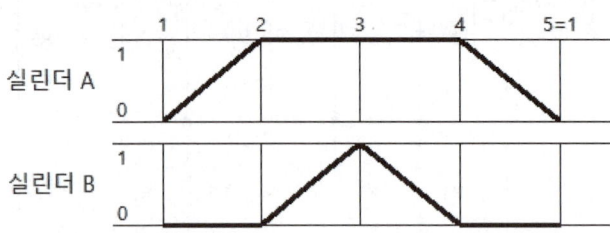

2) 응용제어동작

※ 기본제어동작을 다음 조건과 같이 변경하시오.

① 비상 스위치를 누르면 다음과 같이 동작합니다.
   가) 실린더 A가 전진동작 완료 후 실린더 B가 후진합니다.
      (단, 실린더 A가 후진완료 상태이거나 후진 중이면, 실린더A가 전진 완료 후 실린더 B가 후진하여야 하며, 실린더 A가 전진상태이면, B실린더는 후진합니다.)
   나) 램프가 점등되어야 합니다.

② 비상스위치를 해제하면 다음과 같이 동작합니다.
   가) 실린더 A가 후진한다.
   나) 램프가 소등되어야 합니다.

③ 실린더 A의 전진속도는 2초, 실린더 B의 후진속도는 3초가 되도록 배기교축(meter-out)방법에 의해 조정합니다.

가. 공기압 회로도

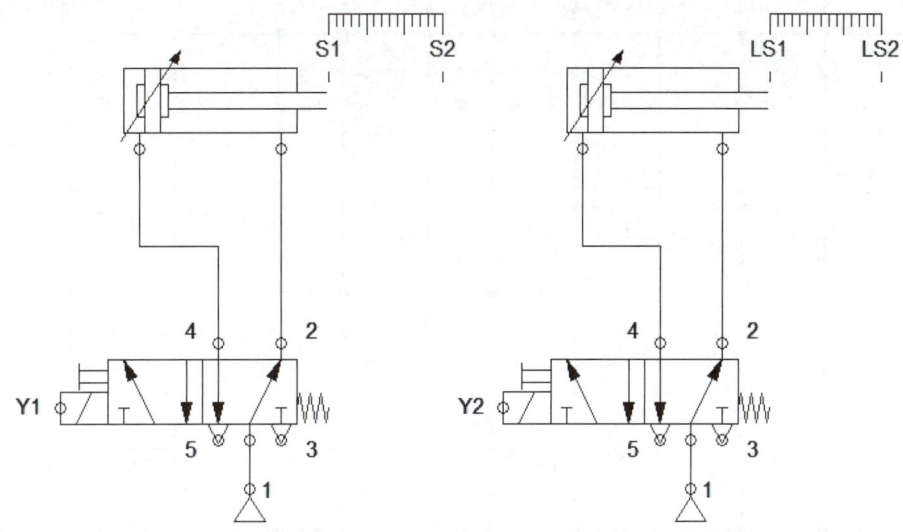

나. 전기 회로도

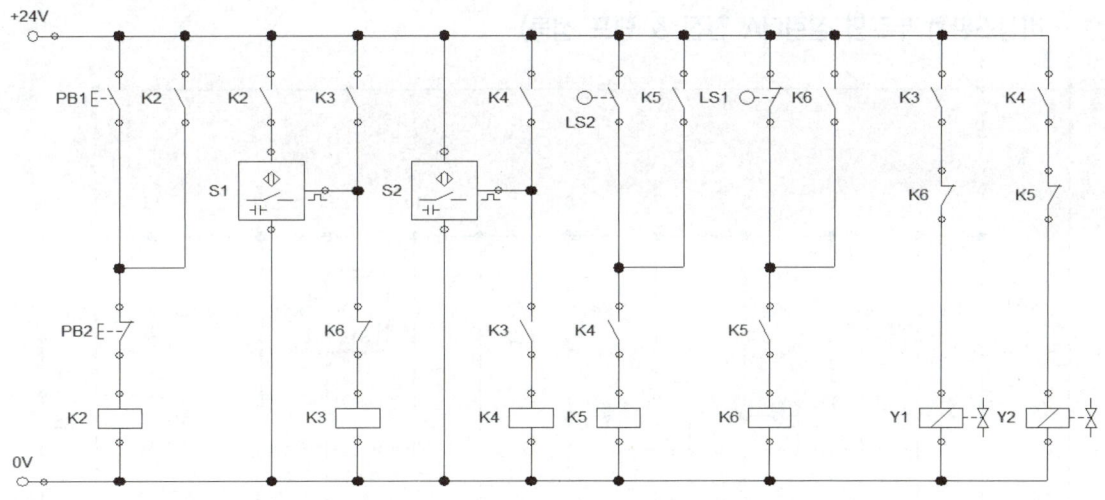

다. 전기 회로도 오류 수정

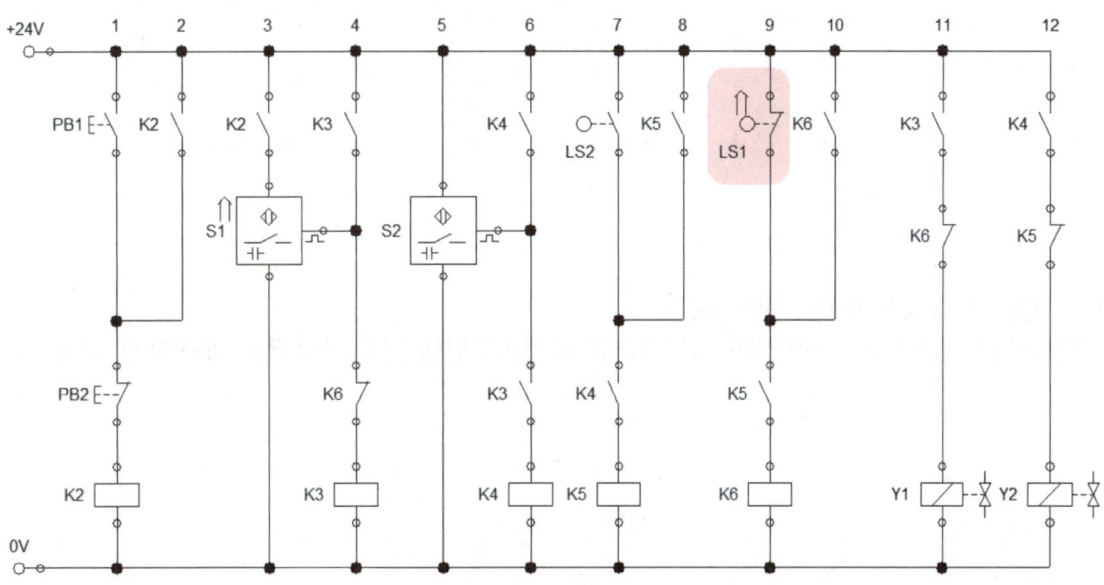

기본제어동작(오류수정)

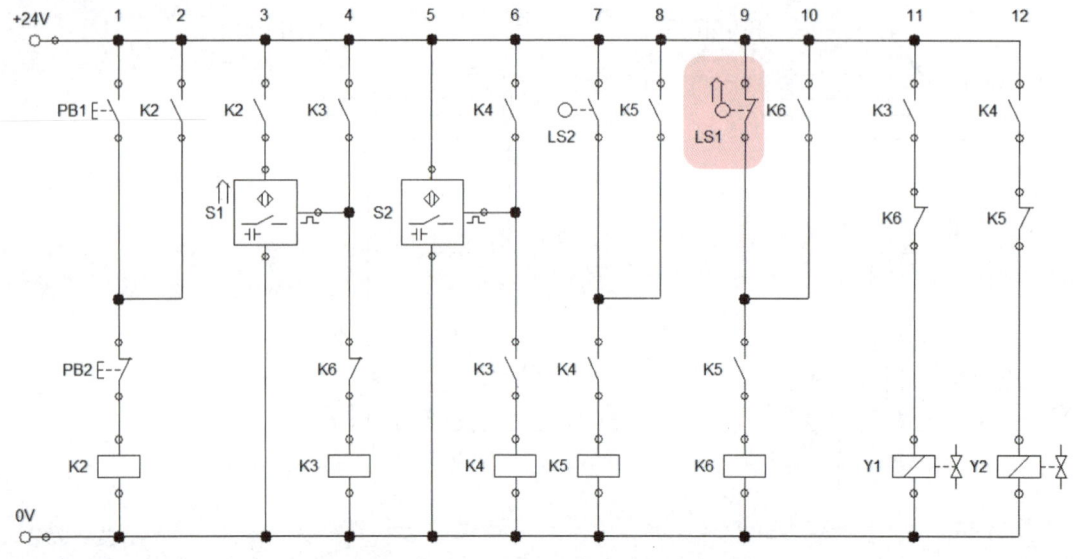

응용제어동작 ① - 비상스위치 누르면 실린더A 전진 & 램프 점등)

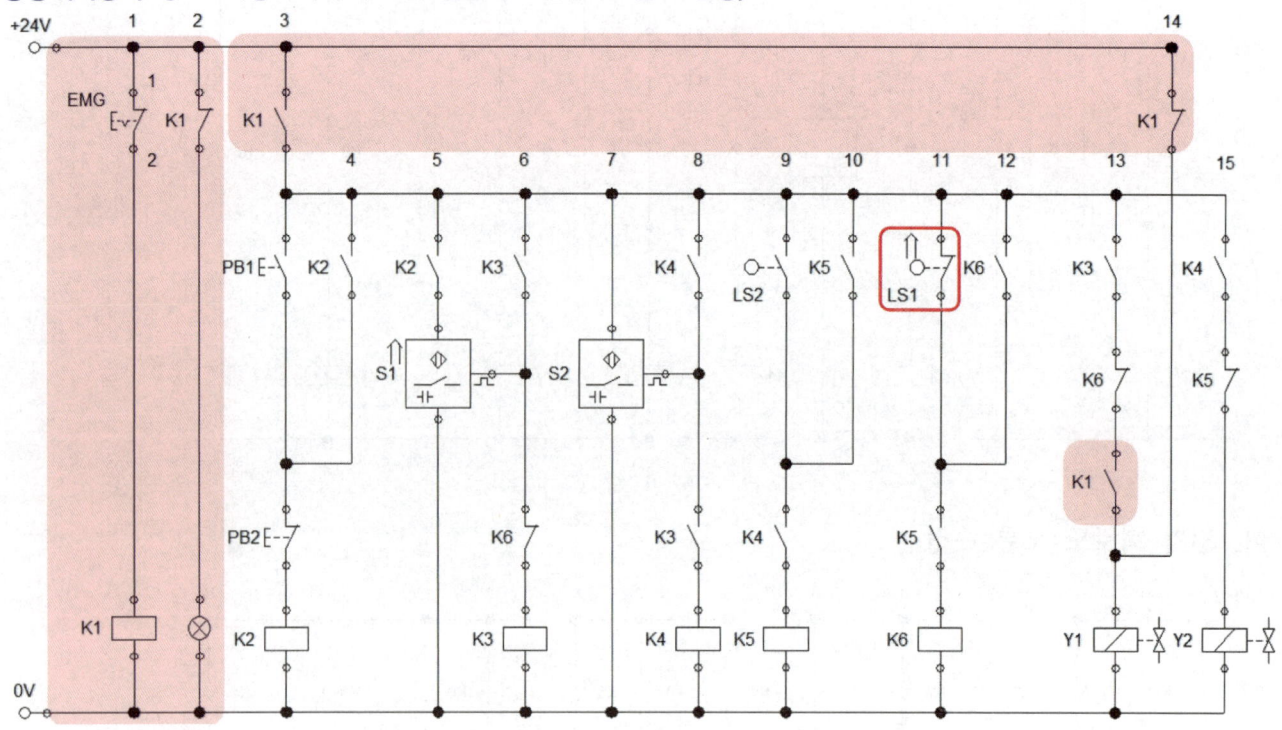

EMG : 비상스위치 (유지형 스위치 사용)

응용제어동작② - 비상스위치 해제(A후진, 램프 소등)
비상스위치 해제(OFF)시 실린더A의 방향제어 밸브가 편 솔레이드임에 따라 자동으로 후진하게 된다.

응용제어동작 ③ - 미터아웃 회로(A전진, B후진)

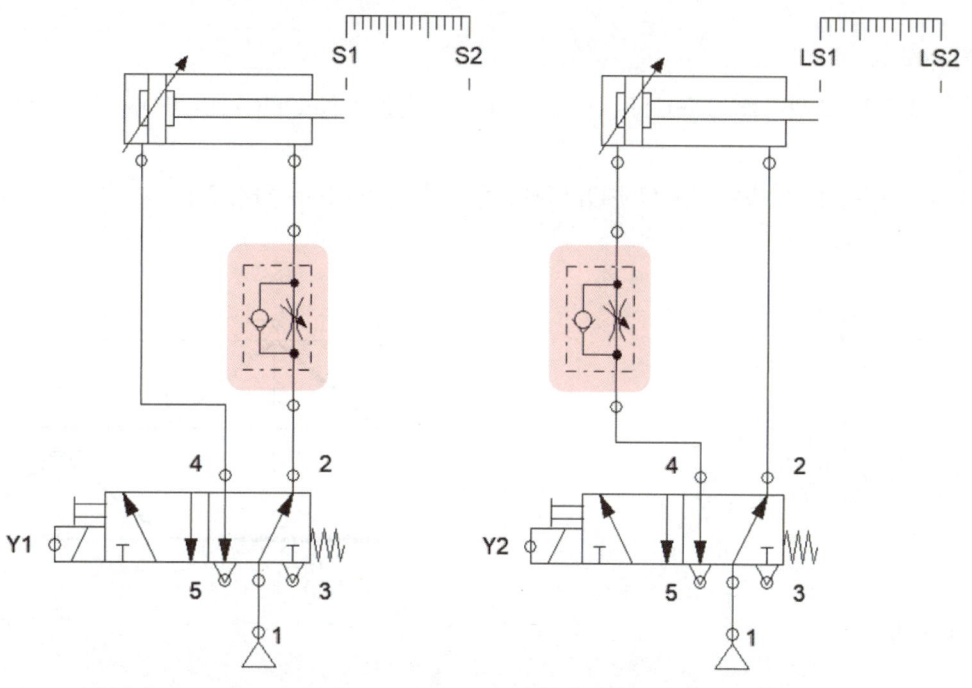

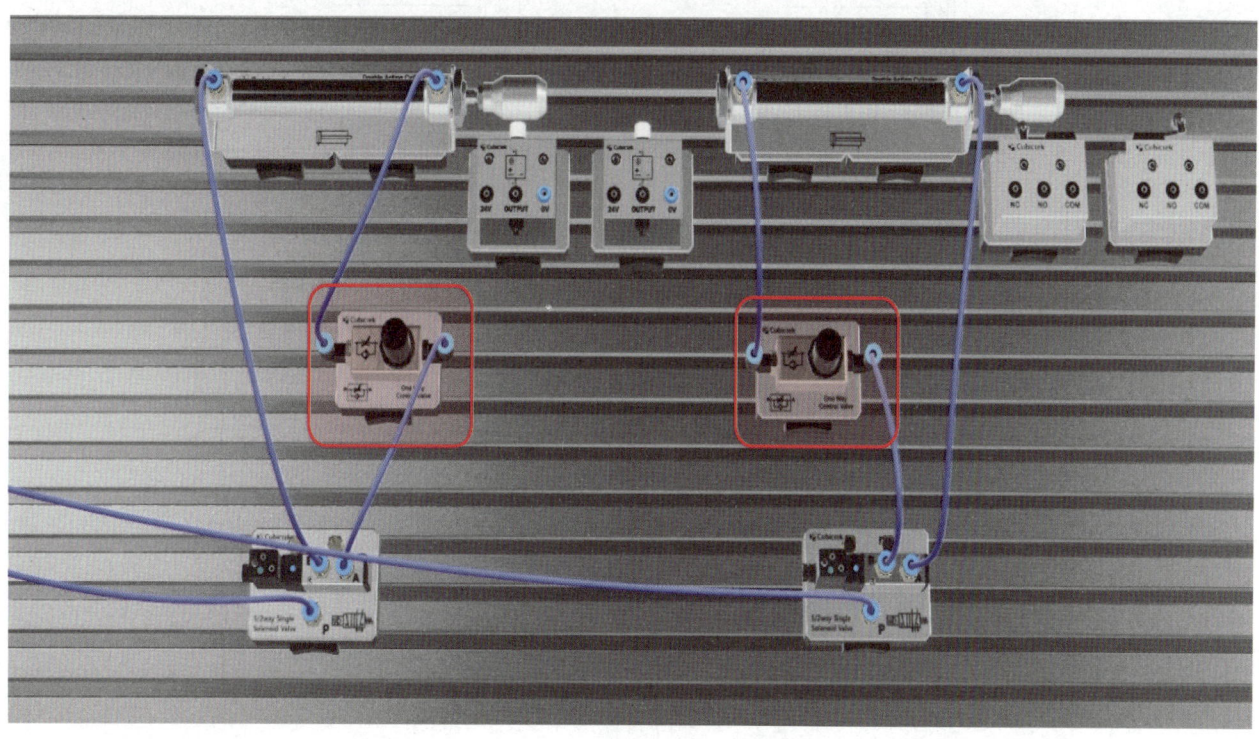

〈공개문제 05 기본제어동작〉

가. 기본제어동작

① 초기상태에서 PB2 스위치를 ON-OFF 한 후 PB1 스위치를 ON-OFF 하면 다음 변위단계선도와 같이 동작합니다.
   (단, 재동작 시에는 PB1 스위치만 ON-OFF하여 동작이 가능하도록 하시오.)

② 변위-단계선도

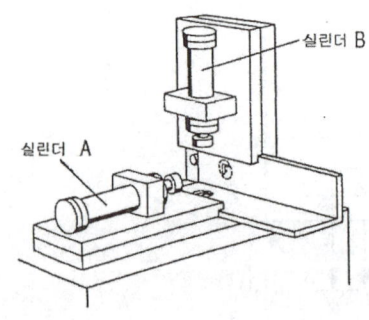
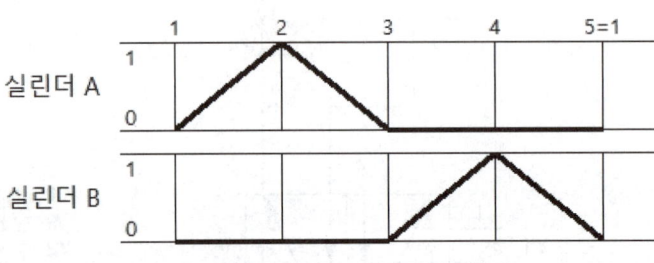

나. 공기압 회로도

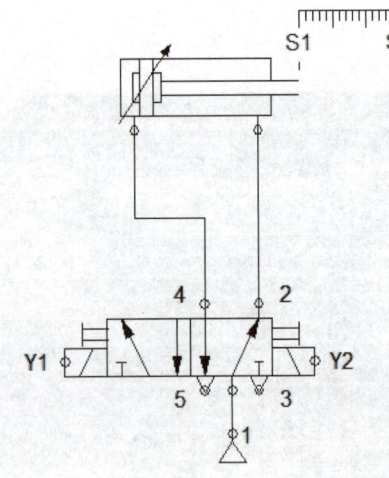
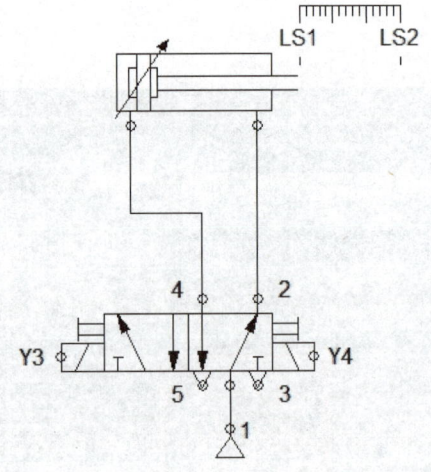

다. 전기 회로도

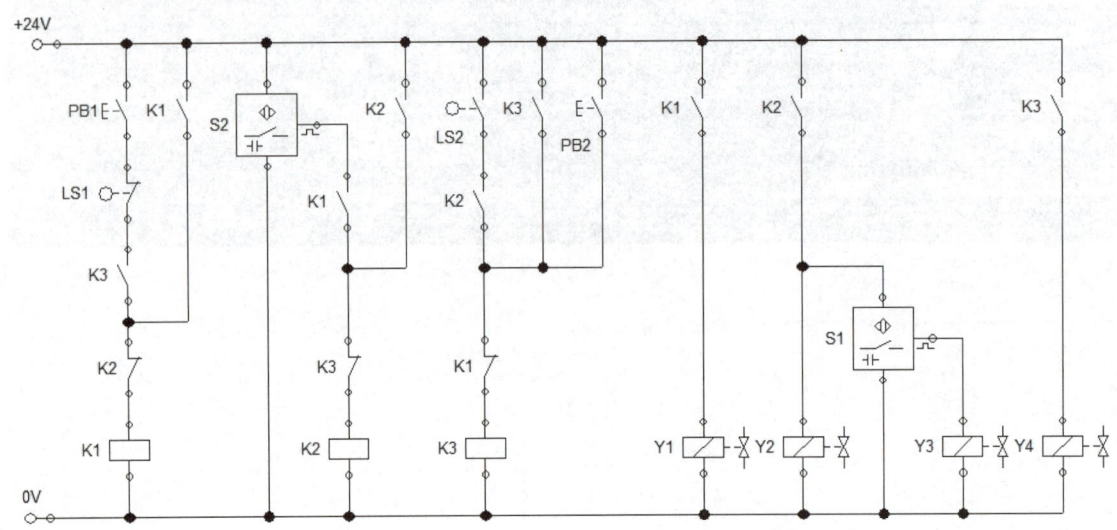

기본제어동작 ①
(오류수정 전)

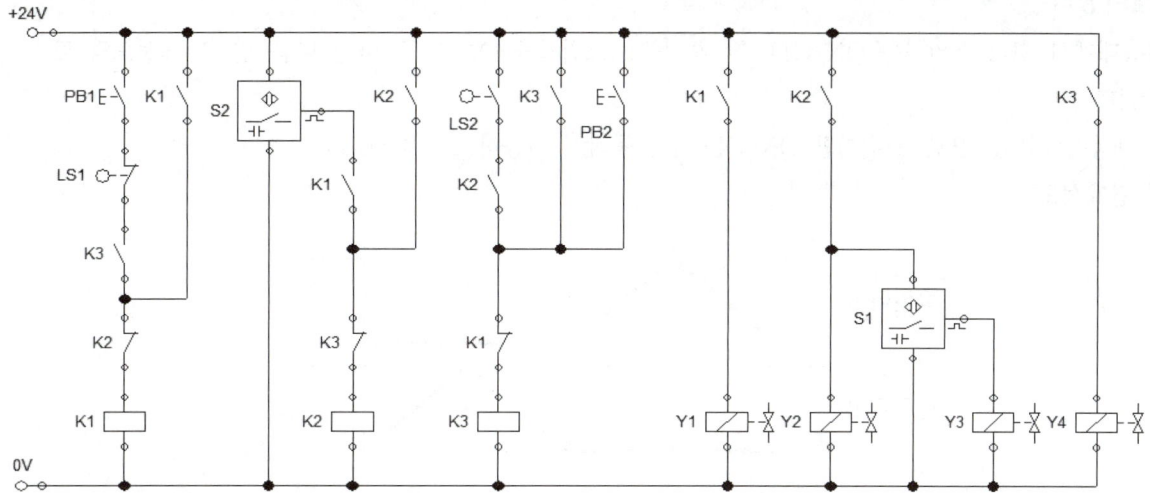

(기본제어동작 분석)

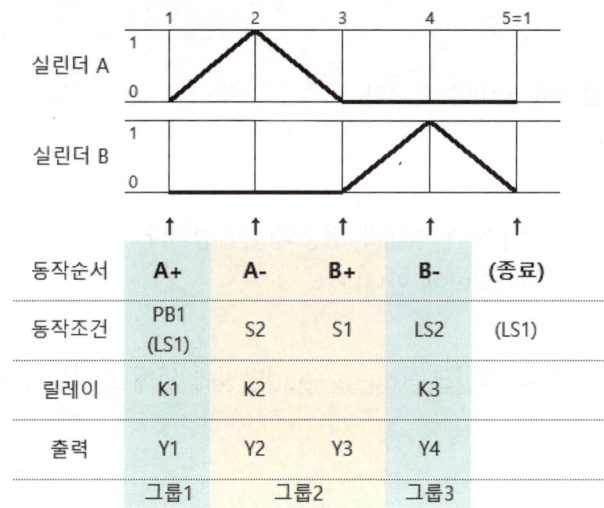

(공기압 회로도)
양솔/양솔 구성

(전기 회로도)
캐스케이드방식2로 전기회로도 설계
입력(릴레이) – 인터록 처리

(오류 찾기)
① 동작조건 순서 및 접점확인
② 양솔설계방식 논리 확인
③ 출력부 오류 확인

(오류수정 후)

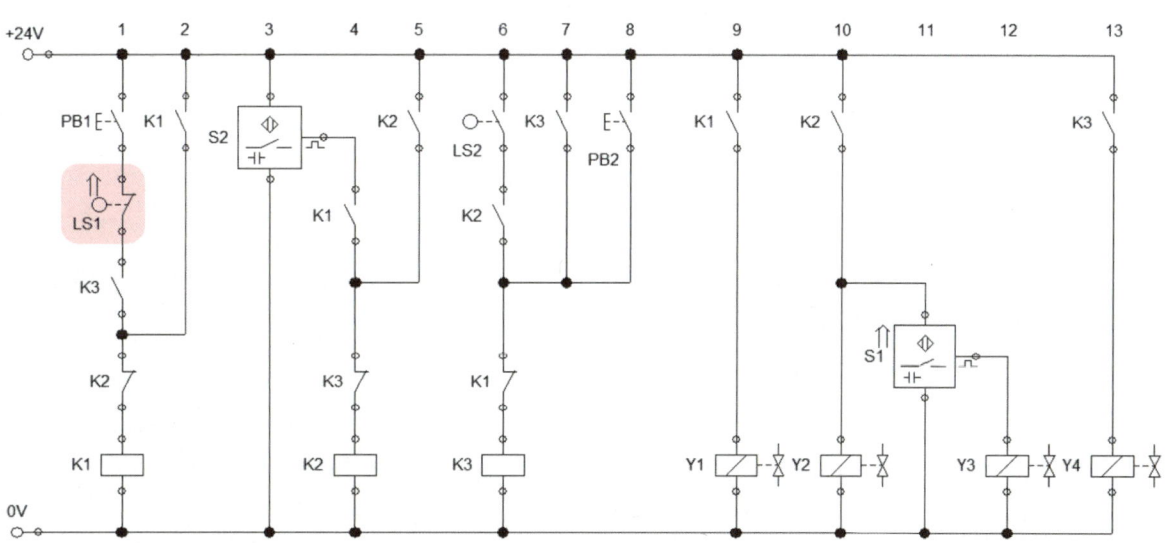

Chapt. 1 설비보전 기사 공압실습 | 199

⟨공개문제 05 응용제어동작⟩

1) 기본제어동작

① 초기상태에서 PB2 스위치를 ON-OFF 한 후 PB1 스위치를 ON-OFF 하면 다음 변위단계선도와 같이 동작합니다.
(단, 재동작 시에는 PB1 스위치만 ON-OFF하여 동작이 가능하도록 하시오.)

② 변위-단계선도

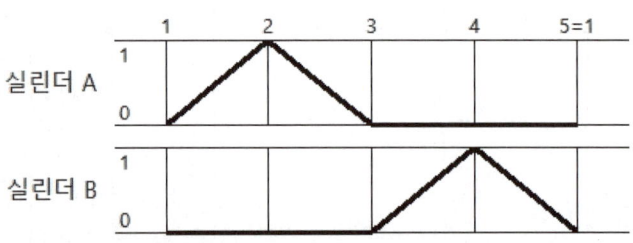

2) 응용제어동작

※ 기본제어동작을 다음 조건과 같이 변경하시오.

① 연속 스위치를 추가하여 다음과 같이 동작하도록 합니다.
  가) 연속 스위치를 선택하면 기본제어동작이 연속 행정으로 되어야 합니다.

② 비상 스위치와 램프를 추가하여 다음과 같이 동작하도록 합니다.
  가) 연속 작업에서 비상 스위치가 동작되면 모든 실린더는 후진하며 램프가 점등되어야 합니다.
  나) 비상 스위치를 해제하면 램프가 소등되고 시스템은 초기화되어야 합니다.

③ 실린더 A의 전·후진속도와 실린더 B의 전·후진속도가 같도록 배기교축(meter-out)방법에 의해 조정합니다.

가. 공기압 회로도

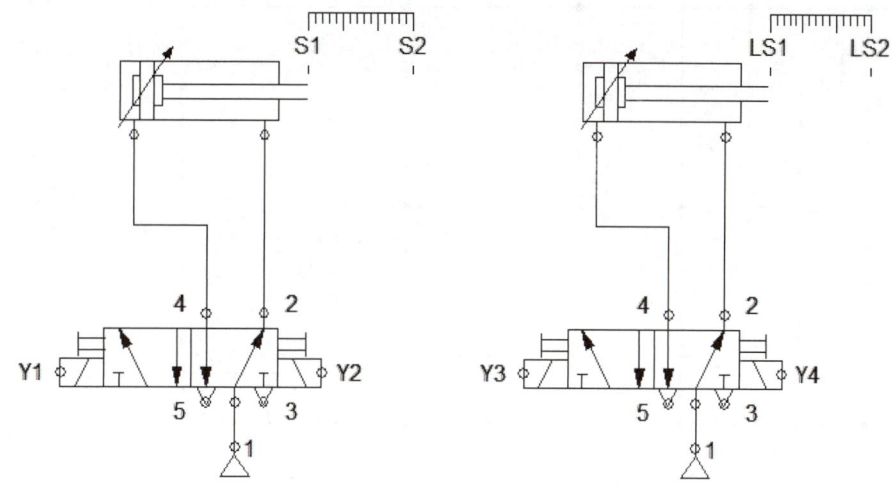

나. 전기 회로도

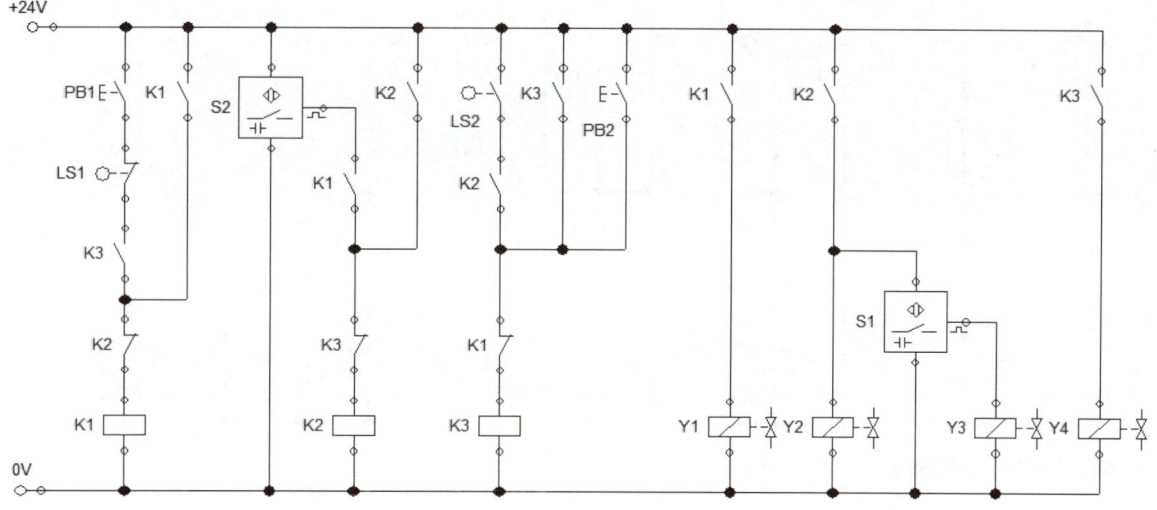

다. 전기회로도 오류 수정

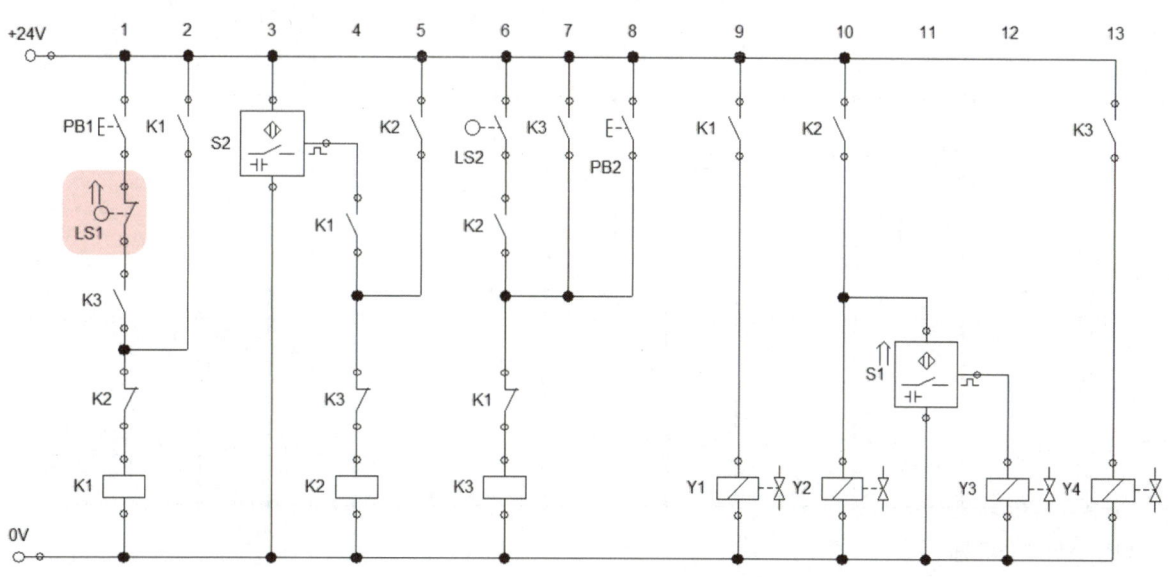

설비보전기사 실기

기본제어동작(오류수정)

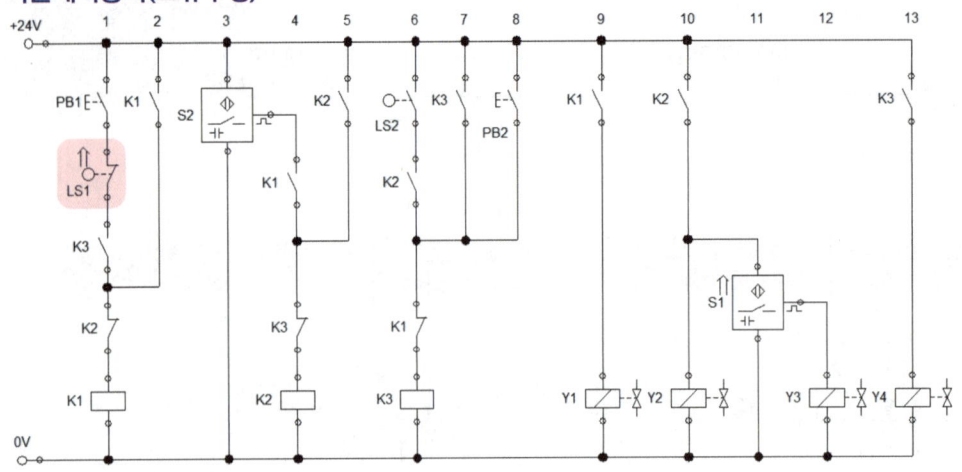

응용제어동작 ① - 연속시작

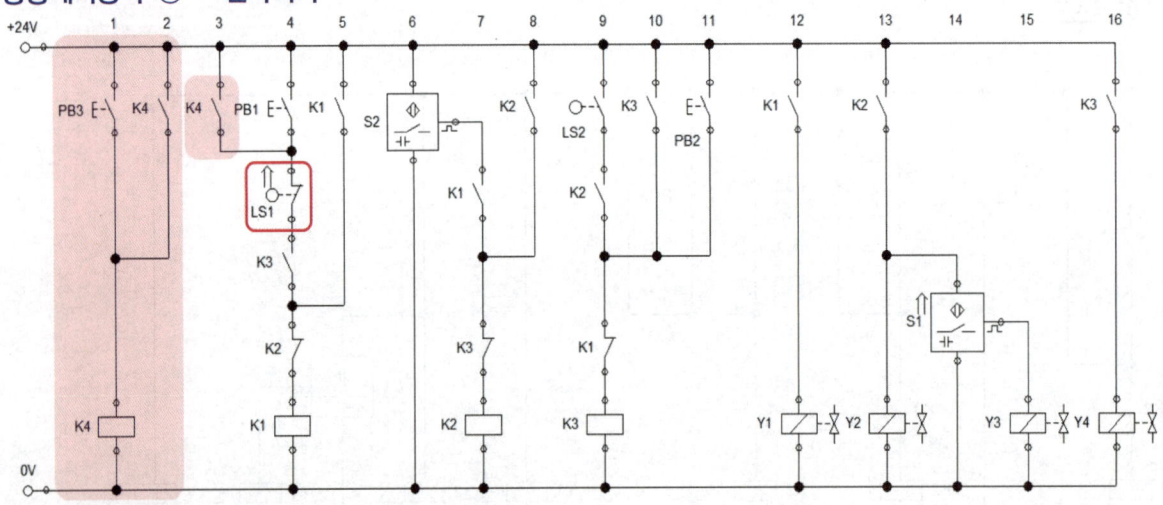

- PB3 : 연속정지 스위치 (자동복귀형)

응용제어동작 ② - 비상스위치 & 램프 ON ↔ 비상스위치 해제 & 램프OFF & 시스템 초기화

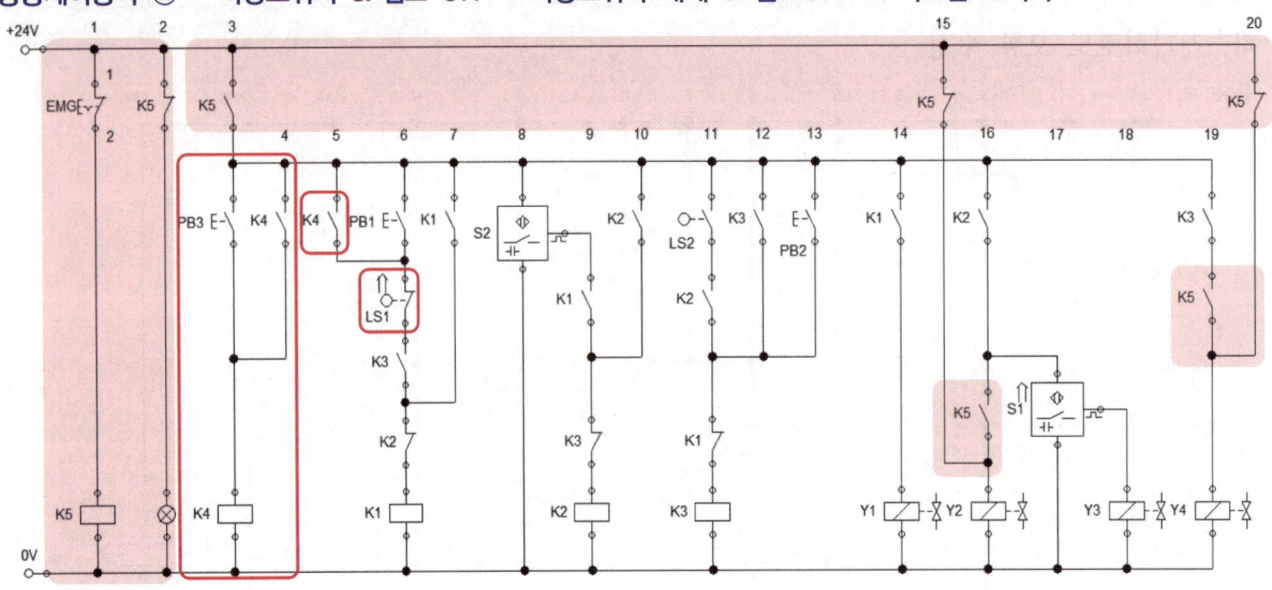

- EMG : 비상 스위치 (유지형)

응용제어동작 ③ - 미터아웃 회로(A 전후진, B 전후진)

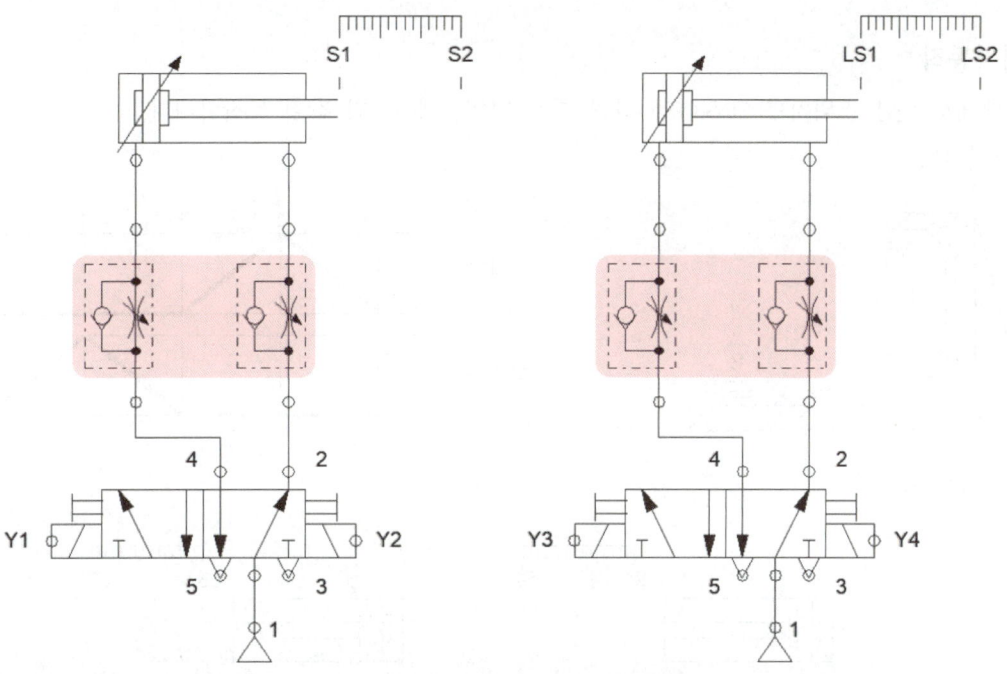

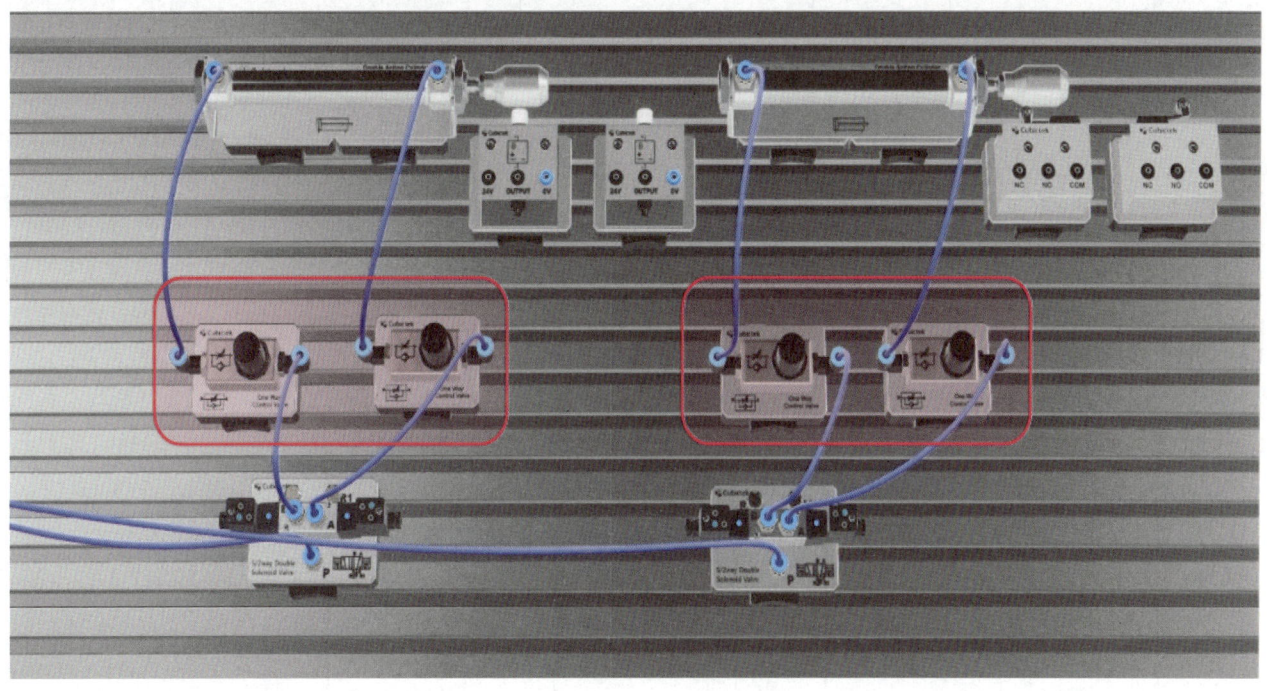

〈공개문제 06 기본제어동작〉

가. 기본제어동작

① 초기상태에서 PB1 스위치를 ON-OFF 하면 다음 변위단계선도와 같이 동작합니다.

② 변위-단계선도

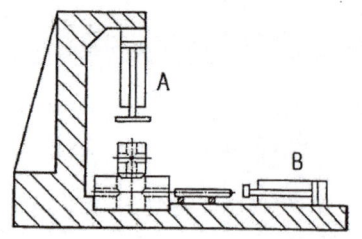
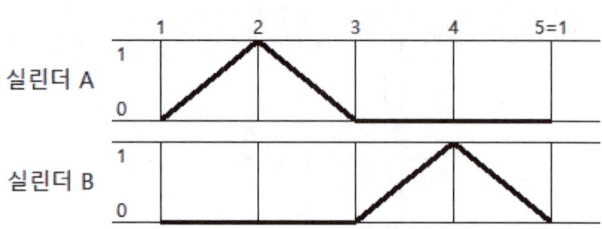

나. 공기압 회로도

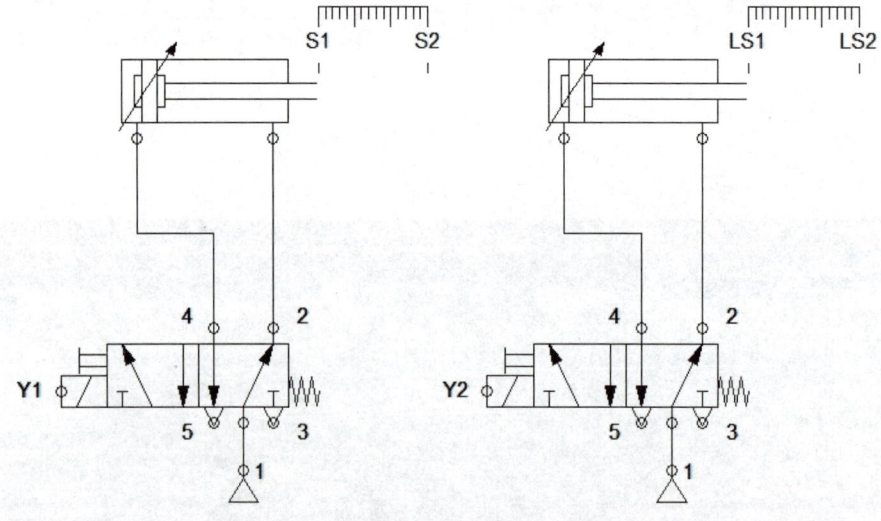

다. 전기 회로도

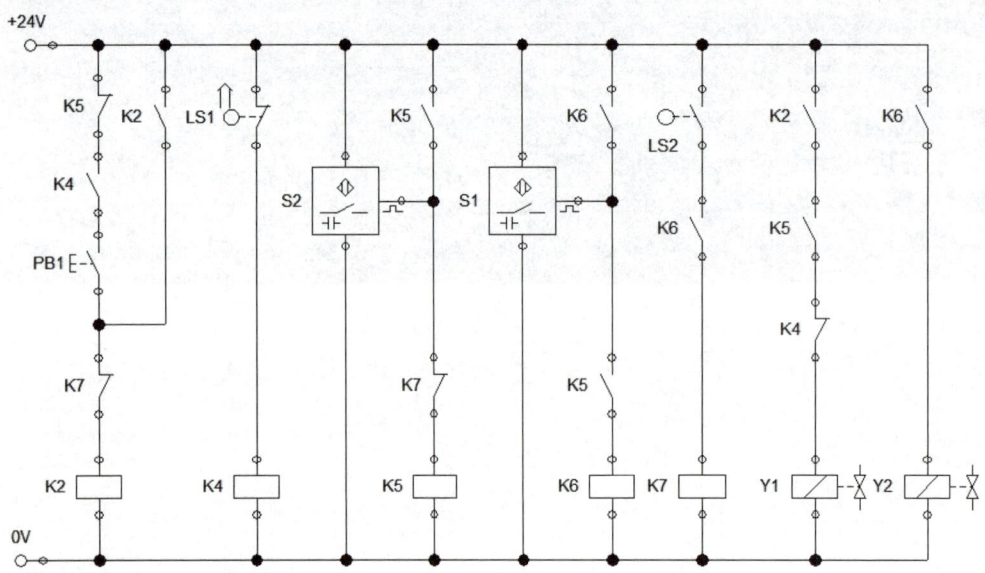

기본제어동작 ①
(오류수정 전)

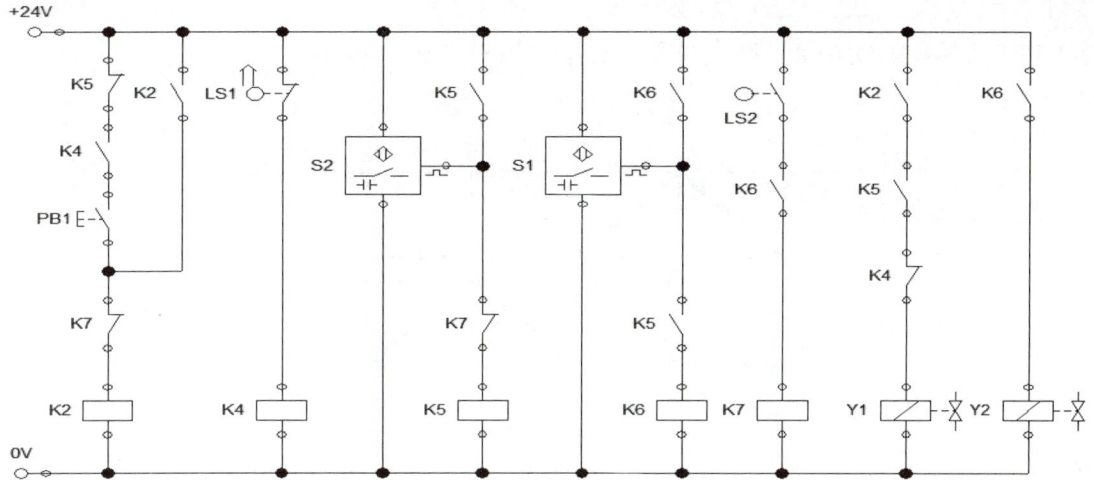

(기본제어동작 분석)

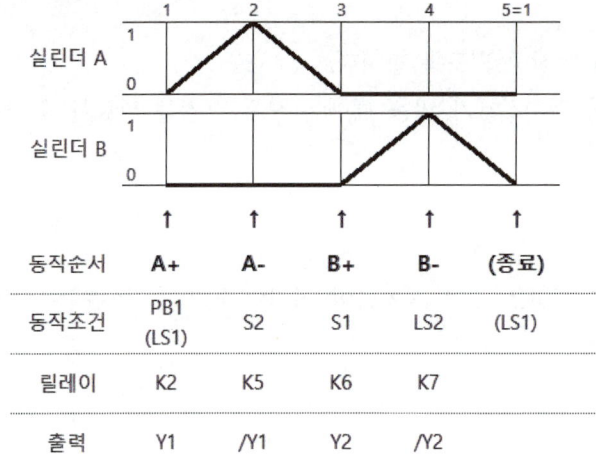

(공기압 회로도)
편솔/편솔 구성

(전기 회로도)
편솔방식으로 전기회로도 설계
출력부 – 인터록 처리

- 오류 찾기
① 동작조건 순서 및 접점확인
② (편솔)설계방식 논리 확인
③ 출력부 오류 확인

(오류수정 후)

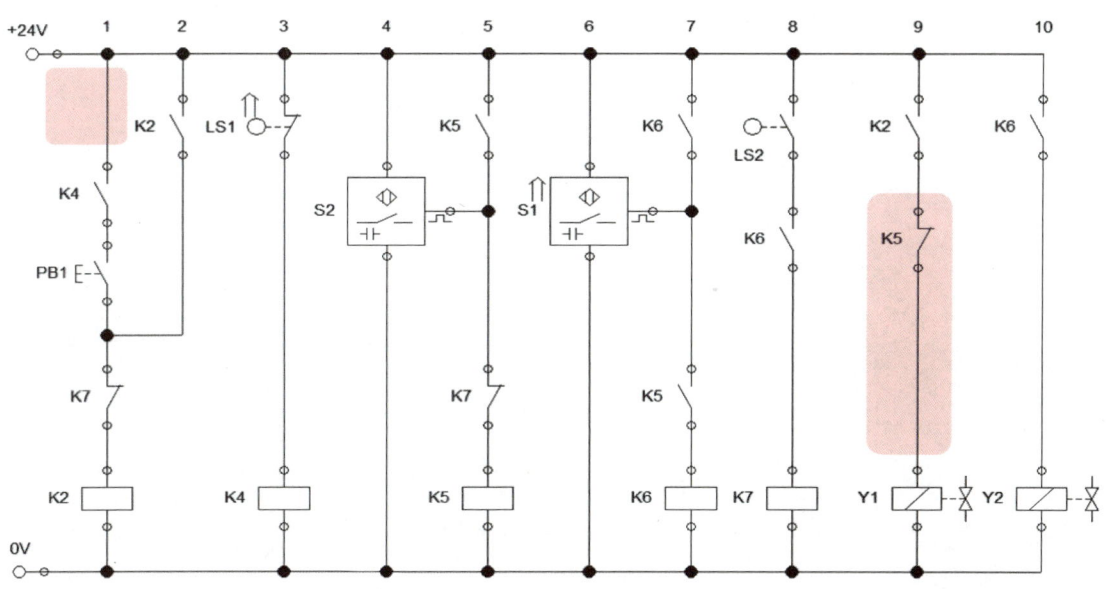

〈공개문제 06 응용제어동작〉

가. 기본제어동작
① 초기상태에서 PB1 스위치를 ON-OFF 하면 다음 변위단계선도와 같이 동작합니다.
② 변위-단계선도

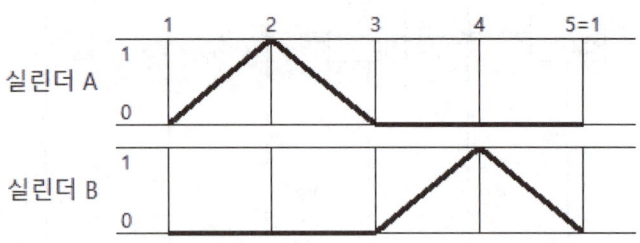

나. 응용제어동작
① 기본제어 동작이 5회 연속으로 이루어진 후 정지하도록 카운터를 제어합니다.
　가) 5회 연속 사이클 완료한 후 리셋 스위치(PB2)를 ON-OFF하여야 재작업이 이루어지도록 합니다.

② 비상 스위치(푸시버튼 잠금형)를 추가하여 다음과 같이 동작이 되도록 합니다.
　가) 실린더 A, B가 전진 및 후진동작을 하더라도 비상 정지신호가 있을 때에는 모두 후진을 완료한 후 정지합니다.
　나) 비상 스위치를 해제하면 시스템은 초기화되어야 합니다.

③ 실린더 A, B에 일방향 유량제어밸브를 미터 아웃 속도제어로 추가 설치하여 실린더 A의 전진속도는 2초, 실린더 B의 후진속도는 3초가 소요 되도록 조정합니다.

가. 공기압 회로도

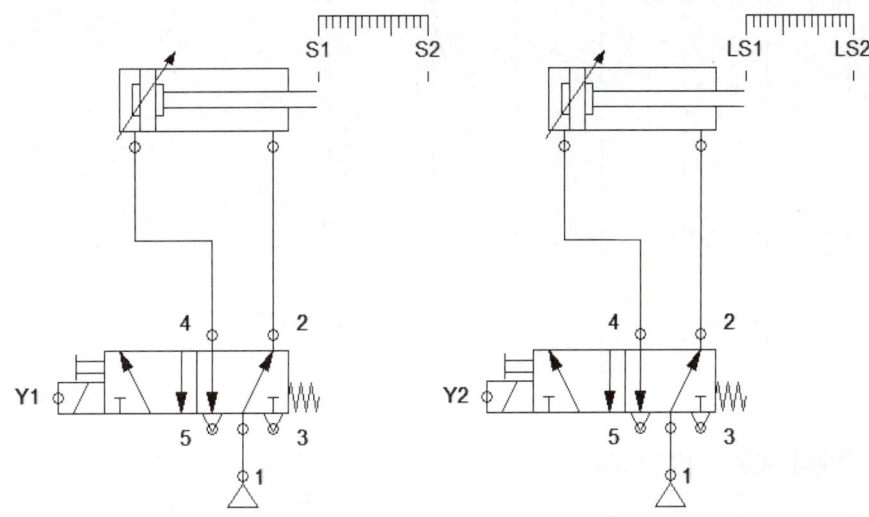

나. 전기 회로도

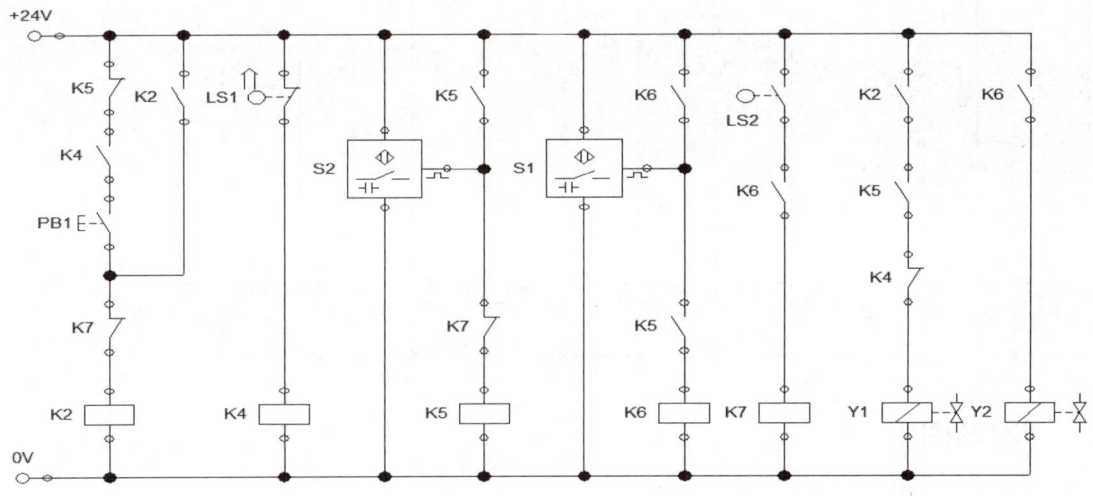

다. 전기회로도 오류 수정

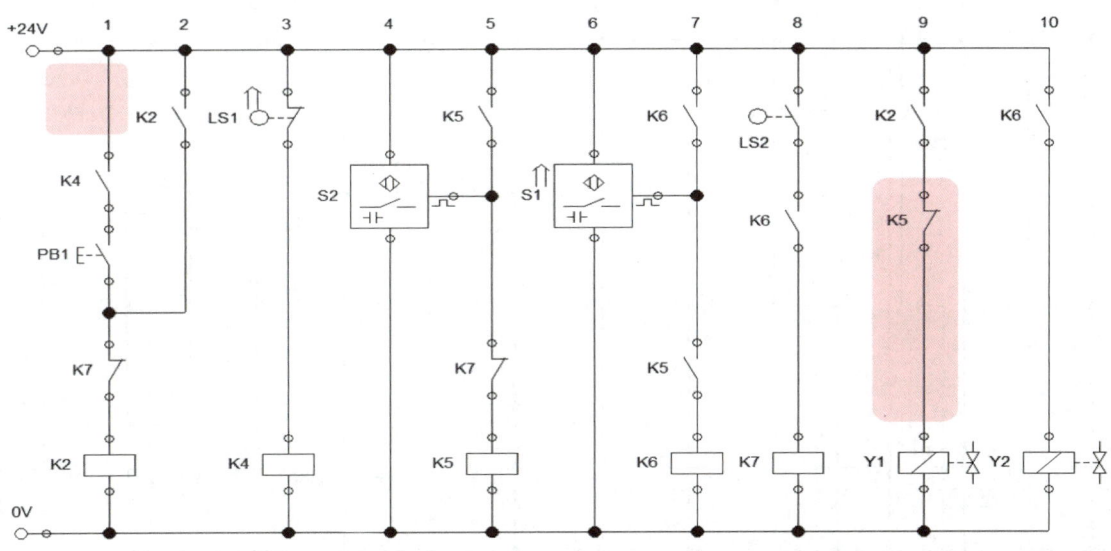

설비보전기사 실기

기본제어동작(오류수정)

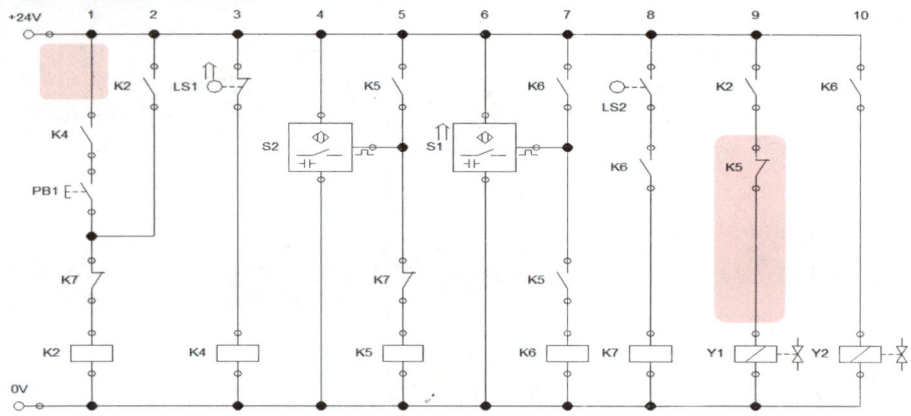

응용제어동작 ① - 카운터 회로, 리셋(PB2)

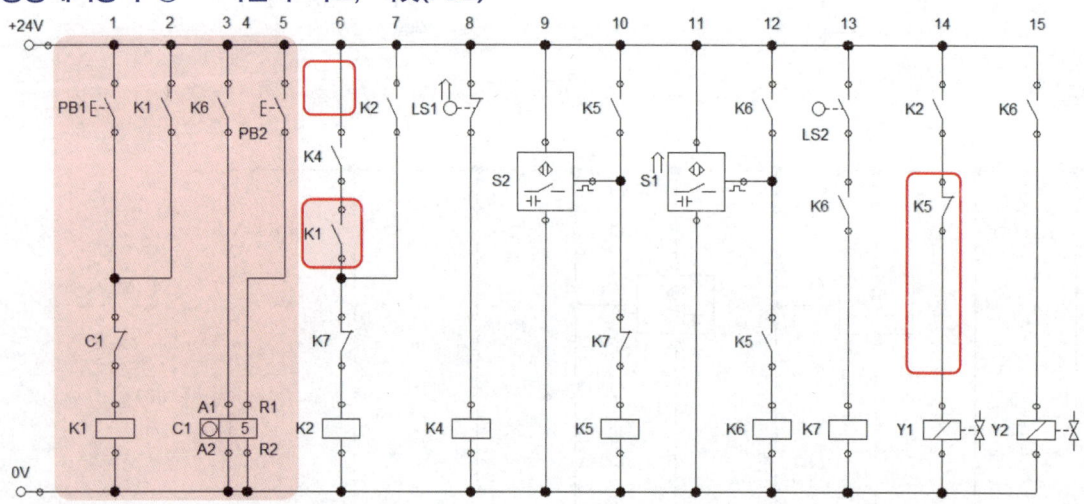

응용제어동작 ② - 비상스위치

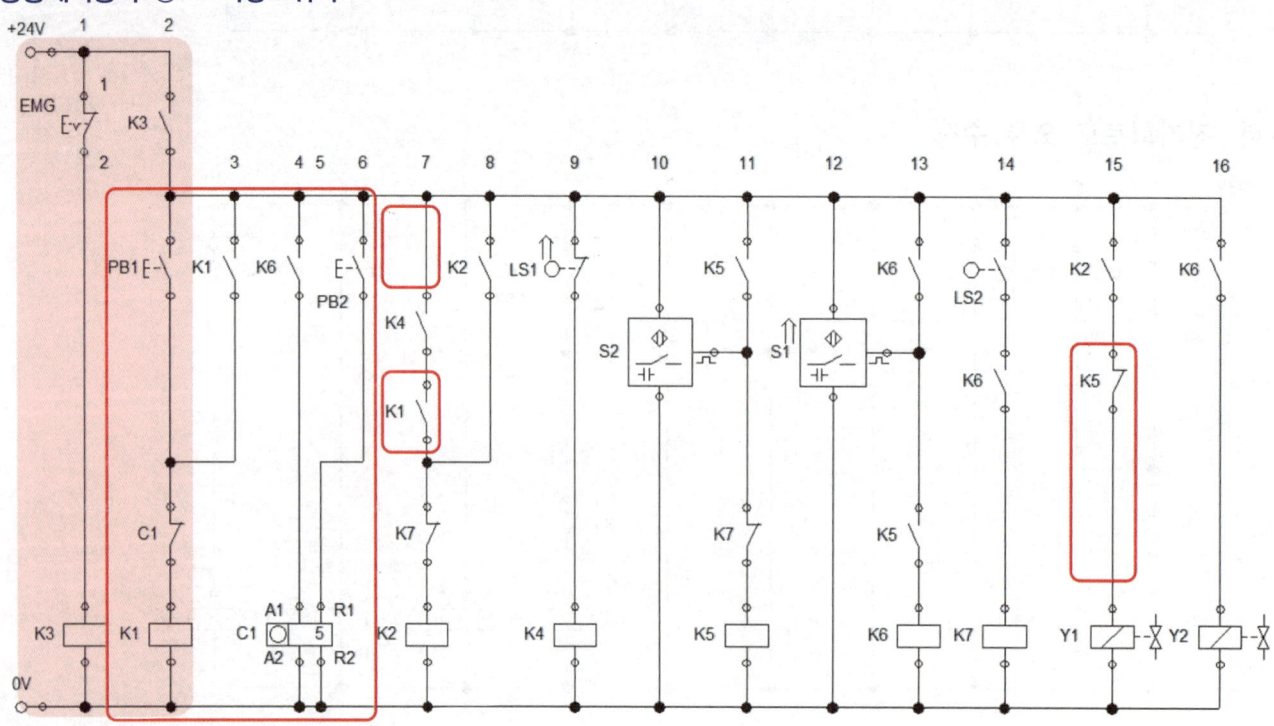

응용제어동작 ③ - 미터아웃 회로(A전진, B후진)

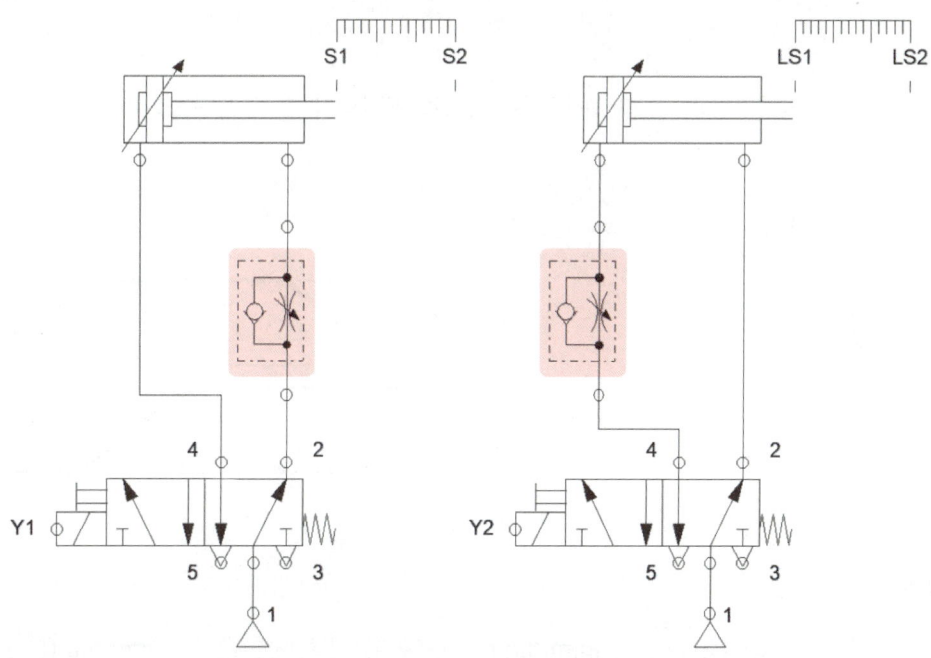

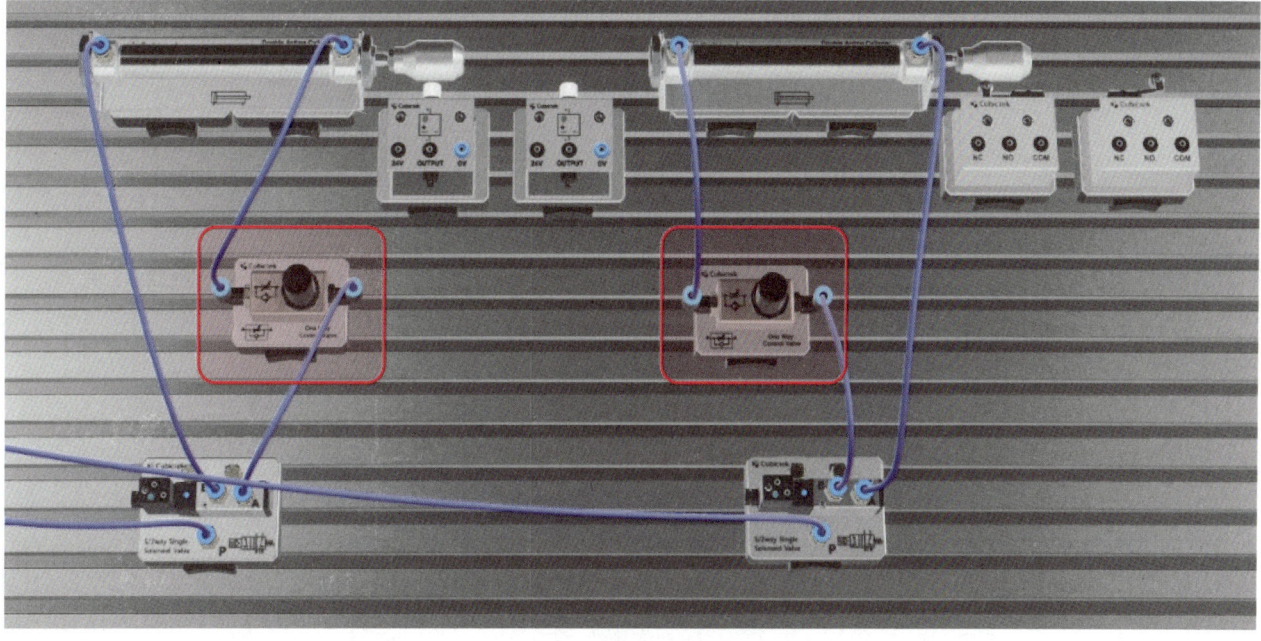

⟨공개문제 07 기본제어동작⟩

가. 기본제어동작
① 초기상태에서 PB1 스위치를 ON-OFF 하면 다음 변위단계선도와 같이 동작합니다.
② 변위-단계선도

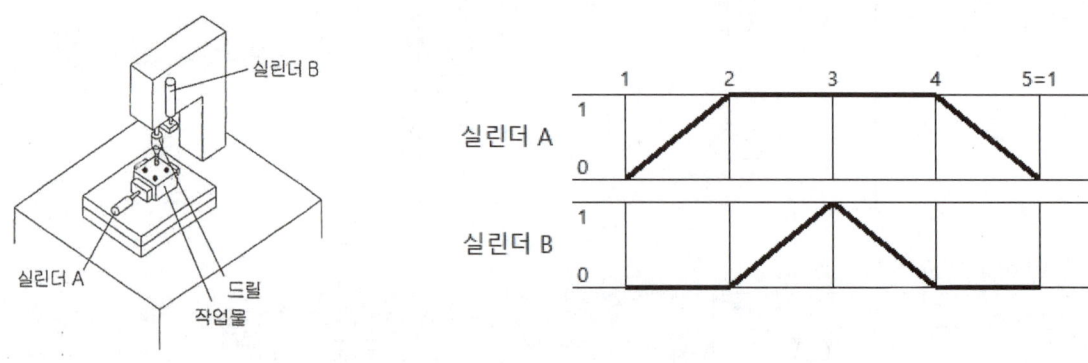

나. 공기압 회로도

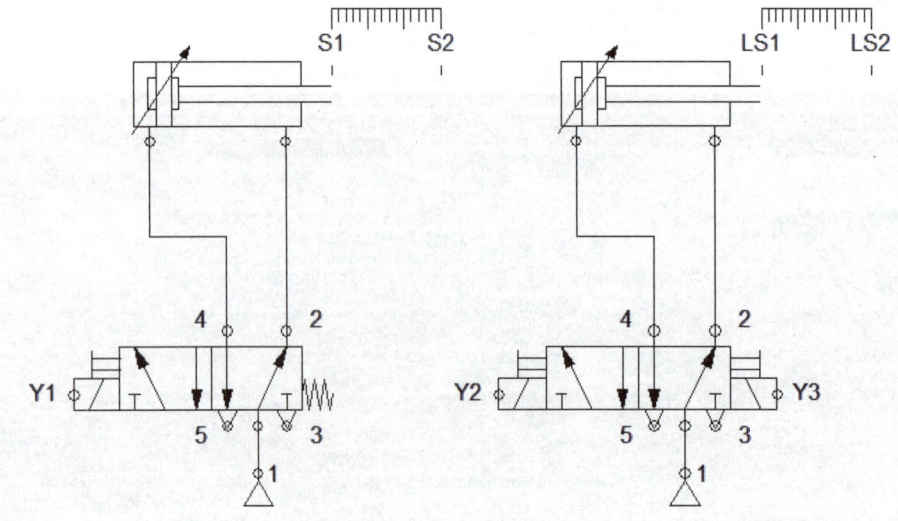

다. 전기 회로도

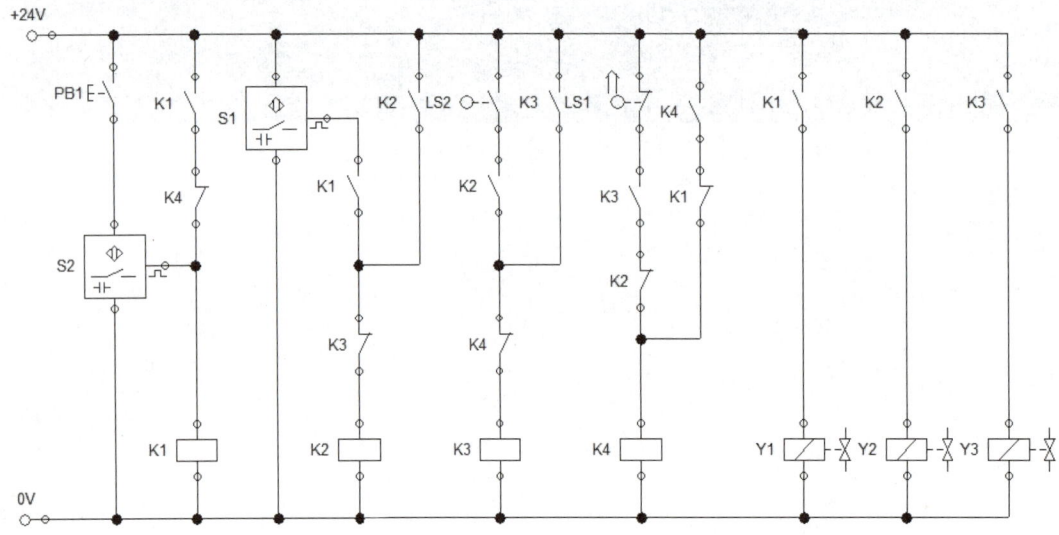

기본제어동작 ①
(오류수정 전)

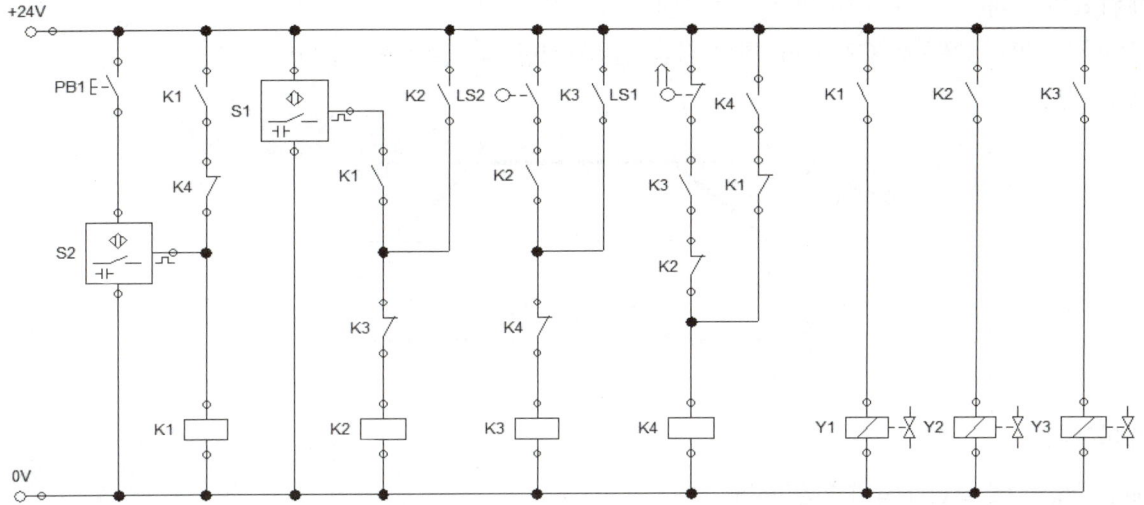

(기본제어동작 분석)

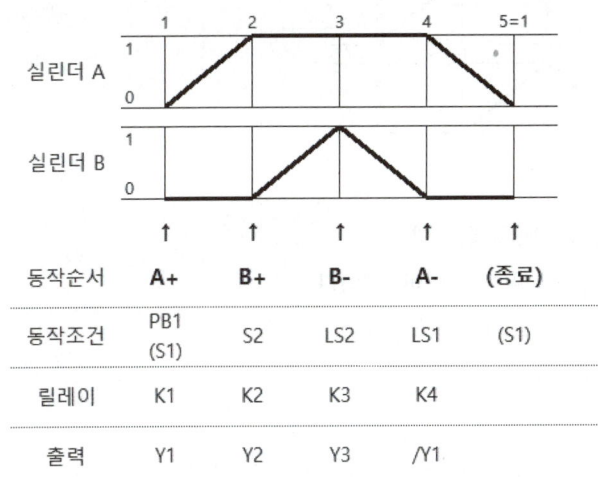

동작순서	A+	B+	B-	A-	(종료)
동작조건	PB1 (S1)	S2	LS2	LS1	(S1)
릴레이	K1	K2	K3	K4	
출력	Y1	Y2	Y3	/Y1	

(공기압 회로도)
편솔/양솔 구성

(전기 회로도)
양솔방식으로 전기회로도 설계
입력(릴레이) – 인터록 처리

(오류 찾기)
① 동작조건 순서 및 접점확인
② (양솔)설계방식 논리 확인
③ 출력부 오류 확인

(오류수정 후)

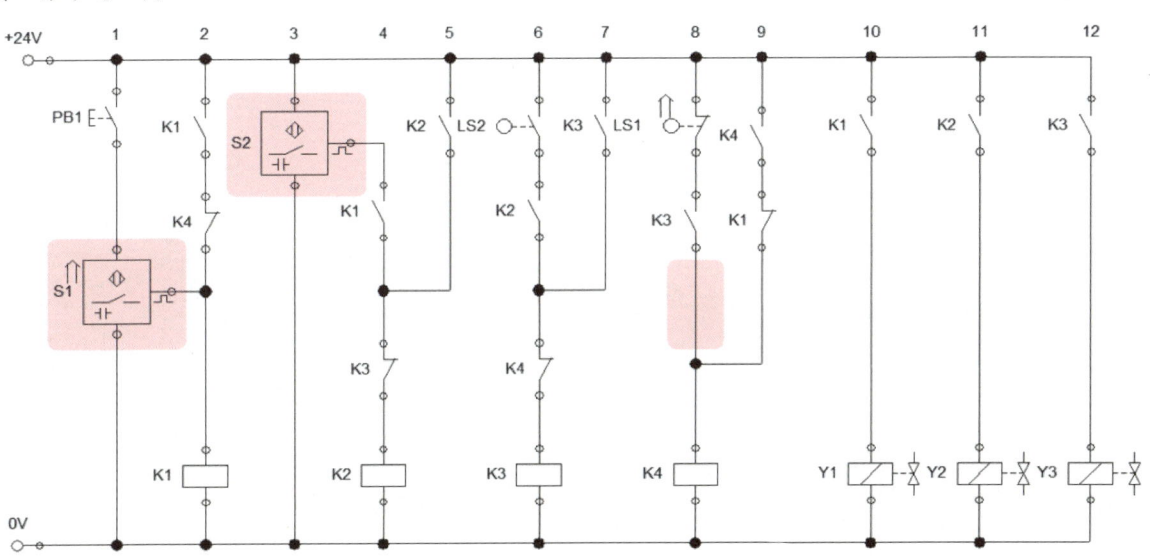

〈공개문제 07 응용제어동작〉

가. 기본제어동작

① 초기상태에서 PB1 스위치를 ON-OFF 하면 다음 변위단계선도와 같이 동작합니다.

② 변위-단계선도

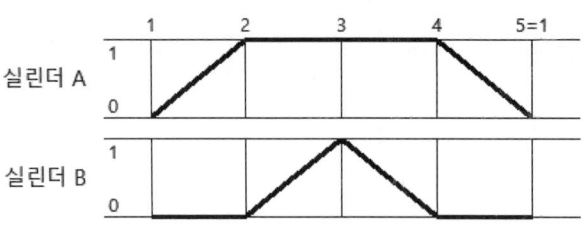

나. 응용제어동작

※ 기본제어동작을 다음 조건과 같이 변경하시오.

① 기존 회로에 타이머를 사용하여 다음 변위단계선도와 같이 동작되도록 합니다.

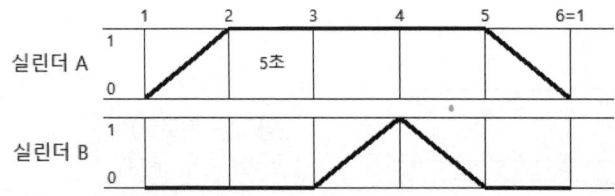

② 연속스위치와 비상 스위치를 추가하여 다음과 같이 동작하도록 합니다.
　가) 연속 스위치를 선택하면 기본제어동작이 연속 사이클로 동작되어야 합니다.
　나) 연속 작업에서 비상 스위치가 동작되면 모든 실린더는 후진되어야 합니다.
　다) 비상 스위치를 해제하면 시스템은 초기화되어야 합니다.

③ 실린더 A의 전·후진 속도와 실린더 B의 전·후진 속도를 조절할 수 있도록 배기공기교축(meter-out)회로를 추가합니다.

가. 공기압 회로도

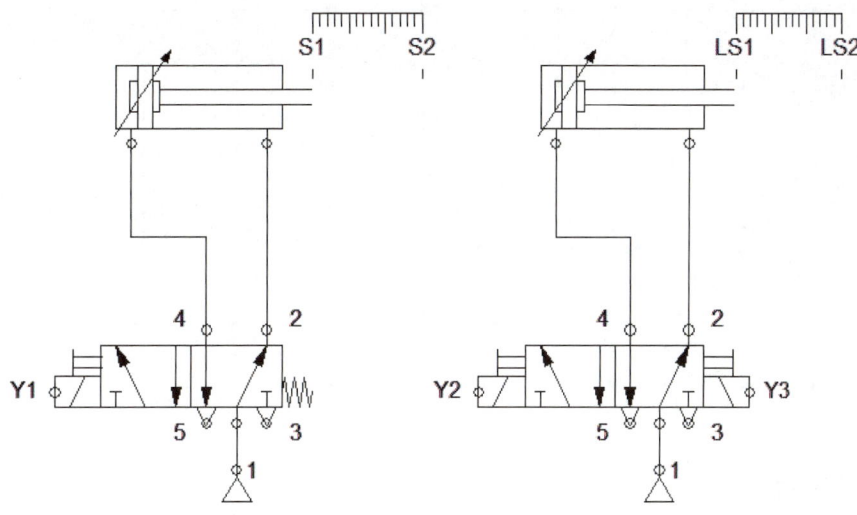

나. 전기 회로도

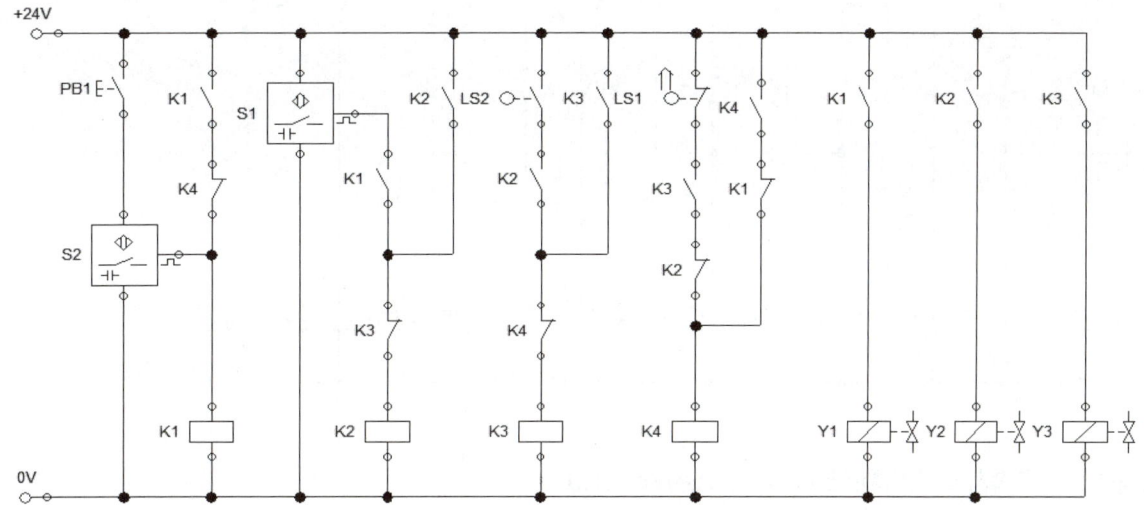

다. 전기회로도 오류 수정

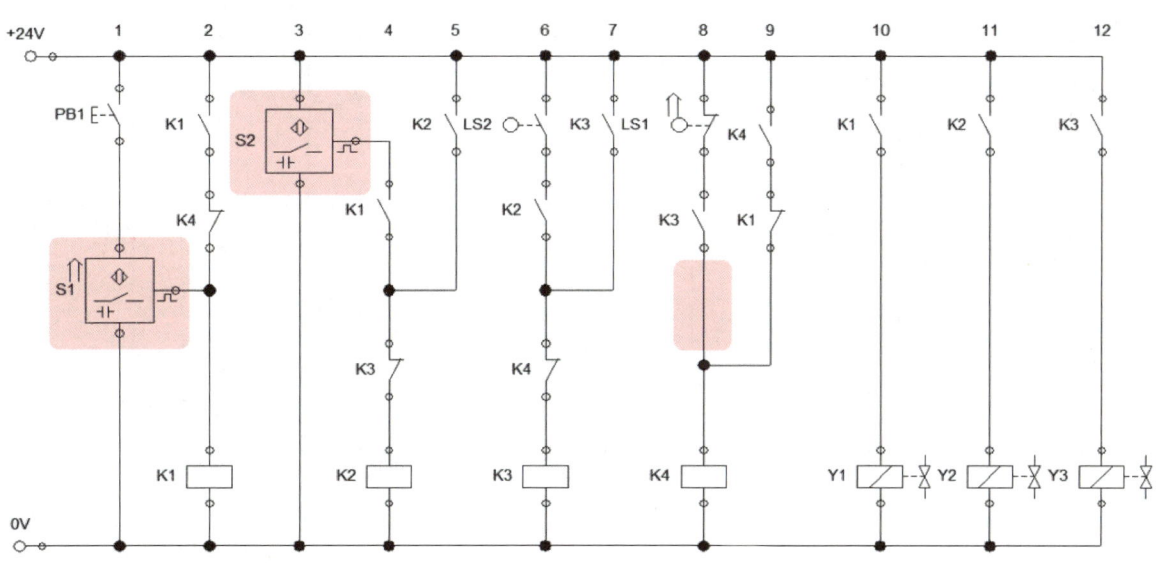

설비보전기사 실기

기본제어동작(오류수정)

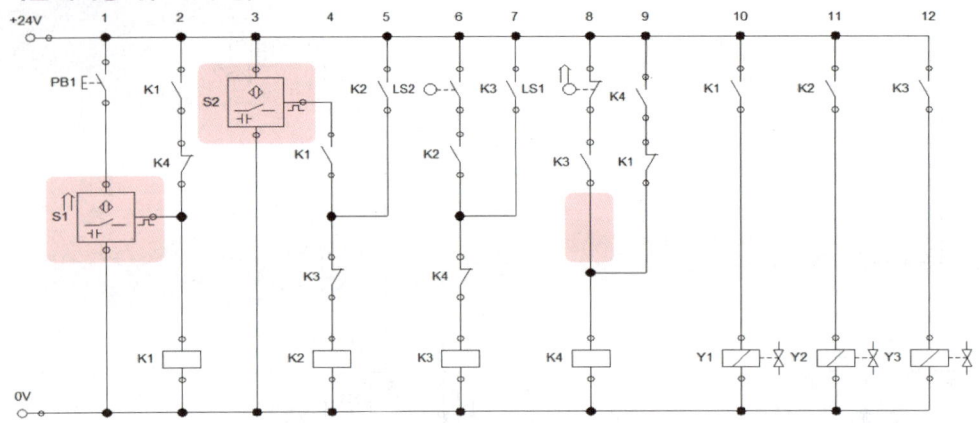

응용제어동작 ① - 타이머 회로

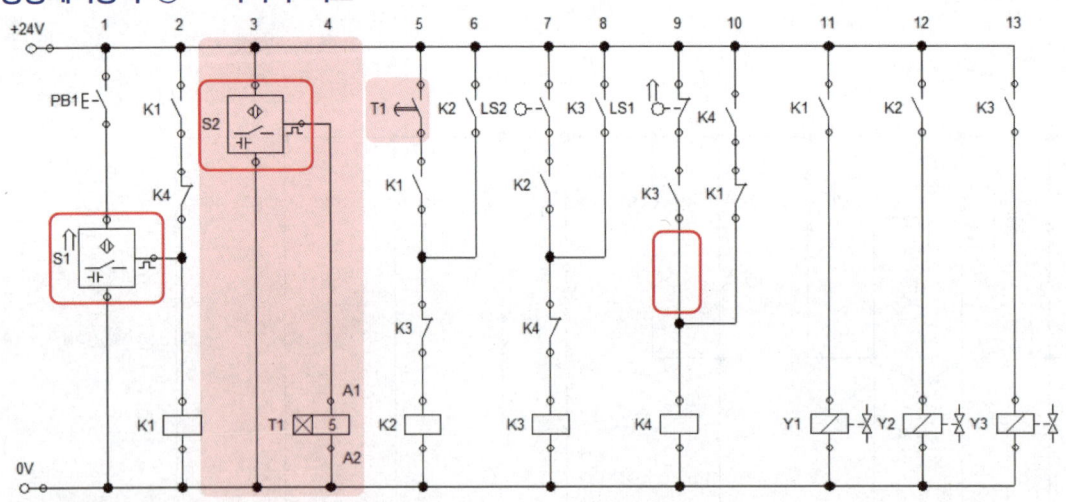

응용제어동작 ② - 연속시작 스위치(PB2), 비상 스위치(EMG)

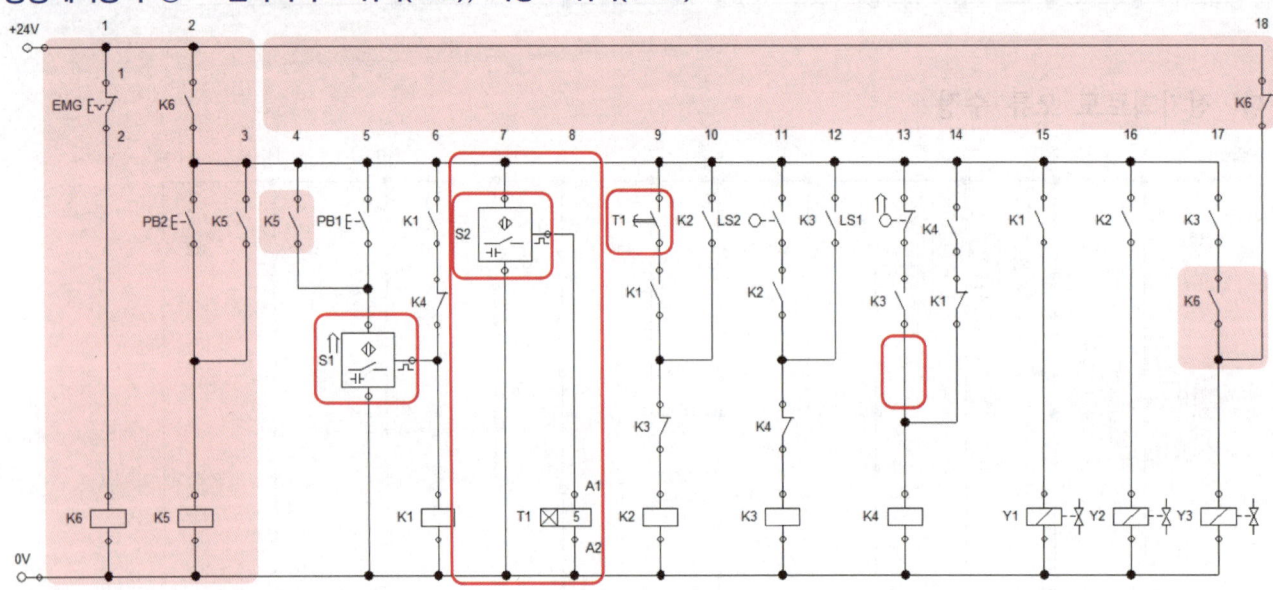

응용제어동작 ③ - 미터아웃 회로(A전후진, B전후진)

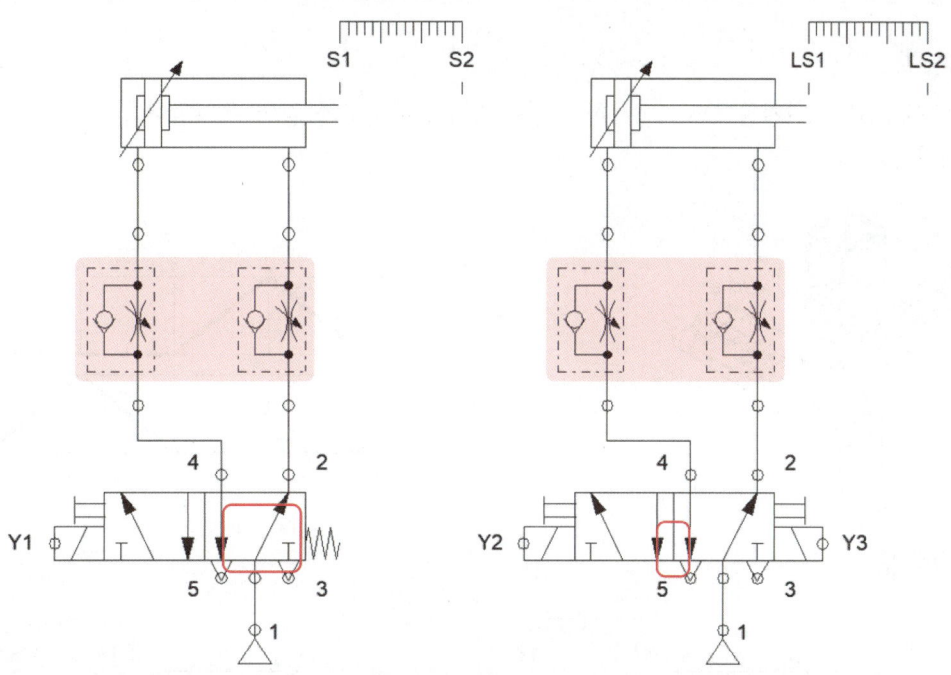

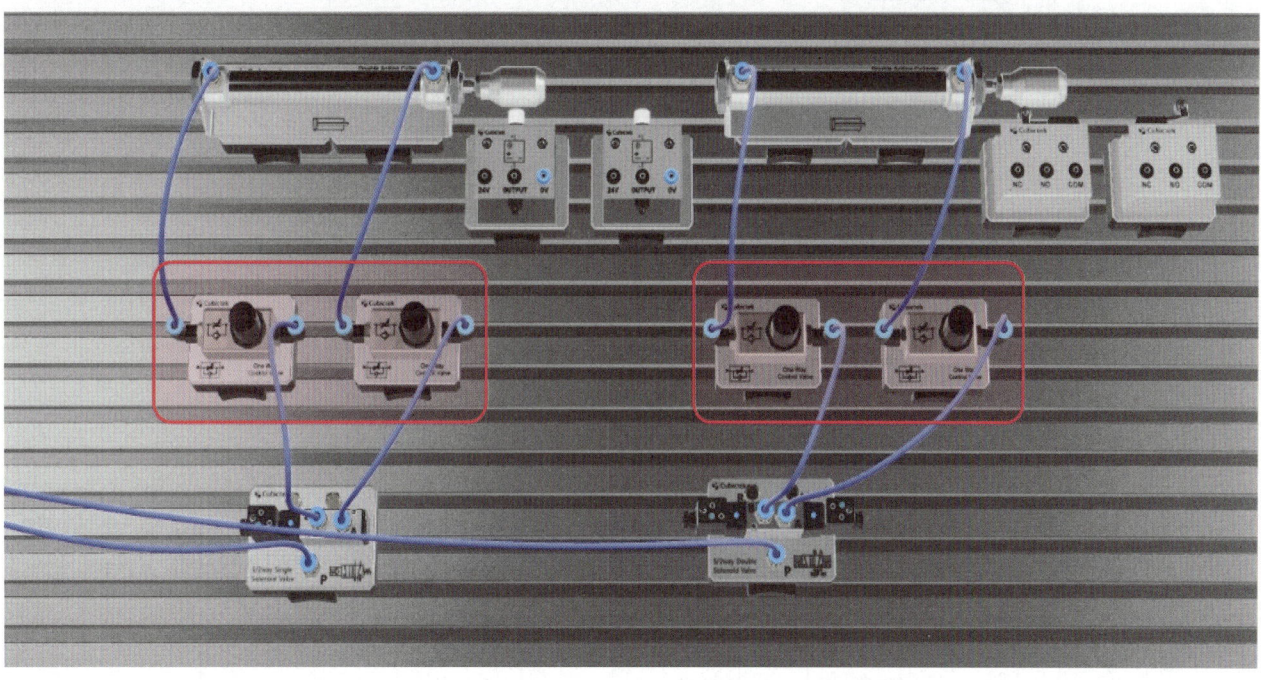

〈공개문제 08 기본제어동작〉

가. 기본제어동작

① 초기상태에서 PB1 스위치를 ON-OFF 하면 다음 변위단계선도와 같이 동작합니다.

② 변위-단계선도

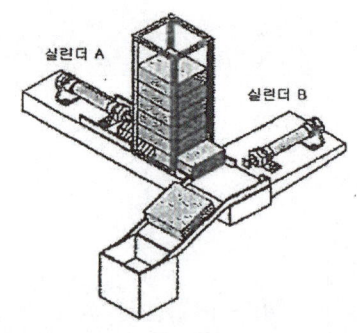
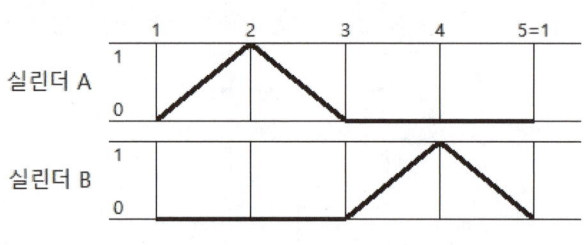

나. 공기압 회로도

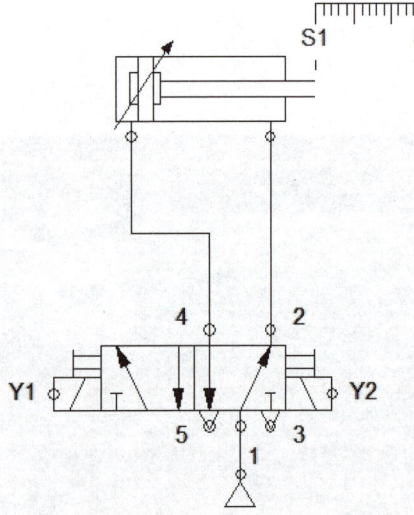
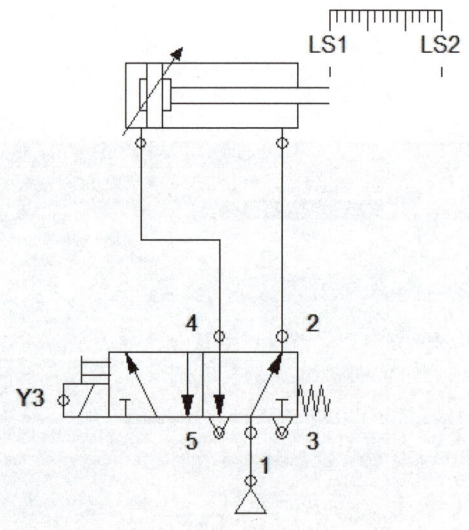

다. 전기 회로도

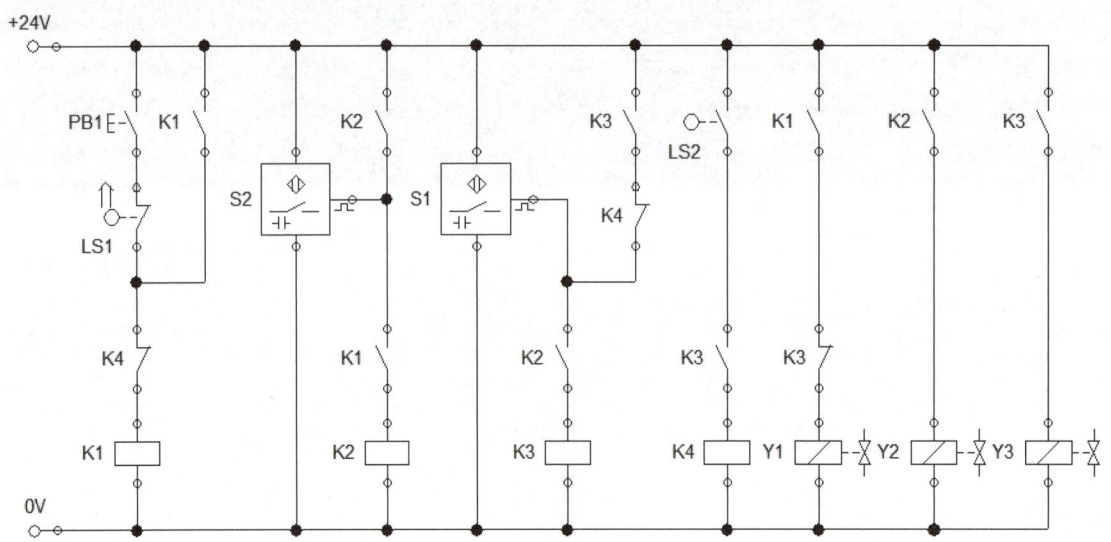

기본제어동작 ①
(오류수정 전)

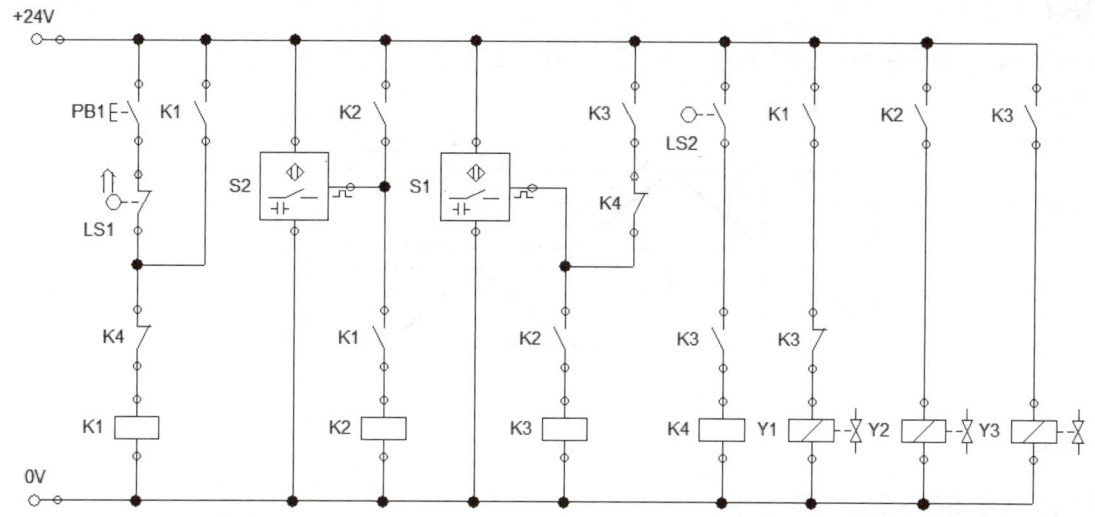

(기본제어동작 분석)

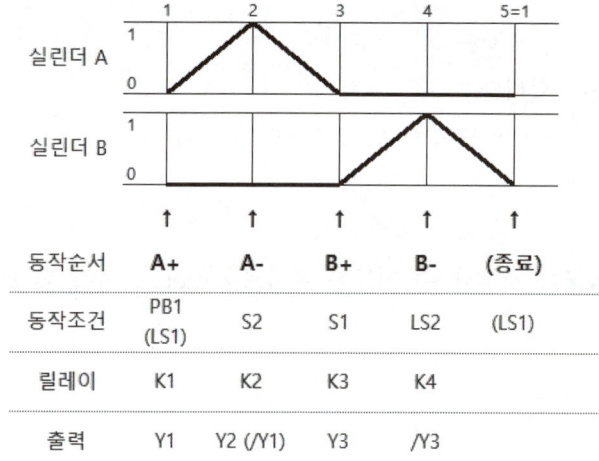

동작순서	A+	A-	B+	B-	(종료)
동작조건	PB1 (LS1)	S2	S1	LS2	(LS1)
릴레이	K1	K2	K3	K4	
출력	Y1	Y2 (/Y1)	Y3	/Y3	

(공기압 회로도)
양솔/편솔 구성

(전기 회로도)
편솔방식으로 전기회로도 설계
출력 - 인터록 처리

(오류 찾기)
① 동작조건 순서 및 접점확인
② (편솔)설계방식 논리 확인
③ 출력부 오류 확인

(오류수정 후)

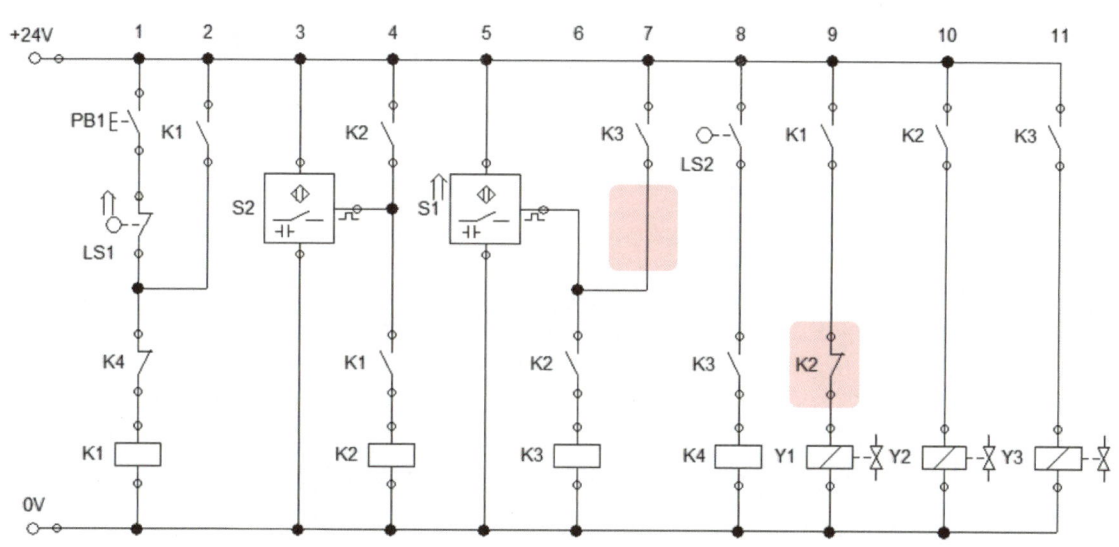

Chapt. 1 설비보전 기사 공압실습

〈공개문제 08 응용제어동작〉

가. 기본제어동작
① 초기상태에서 PB1 스위치를 ON-OFF 하면 다음 변위단계선도와 같이 동작합니다.
② 변위-단계선도

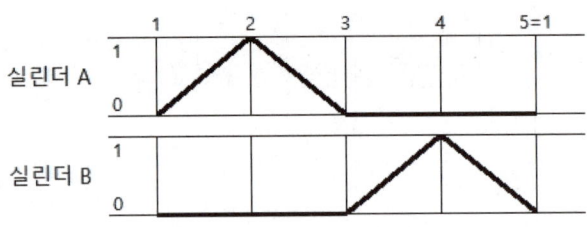

나. 응용제어동작
※ 기본제어동작을 다음 조건과 같이 변경하시오.
① 연속동작 스위치(PB2) 및 연속정지 스위치(PB3)를 추가하여 다음과 같이 동작하도록 합니다.
　가) 연속동작 스위치를 ON-OFF하면 기본제어동작이 연속 사이클로 동작되어야 하고 연속정지 스위치를 ON-OFF하면 실린더는 전부 후진한 후 정지합니다.

② 전기 카운트와 램프를 추가하여 다음과 같이 동작하도록 합니다.
　가) 연속 작업이 시작되면 변위-단계선도와 같은 사이클을 5회 반복한 후 정지하여야 합니다.
　나) 연속작업 완료와 동시에 램프가 점등 되어야 합니다.

③ 실린더 A의 전·후진 속도와 실린더 B의 전·후진 속도를 조절할 수 있도록 배기교축(meter-out) 회로를 추가합니다.

가. 공기압 회로도

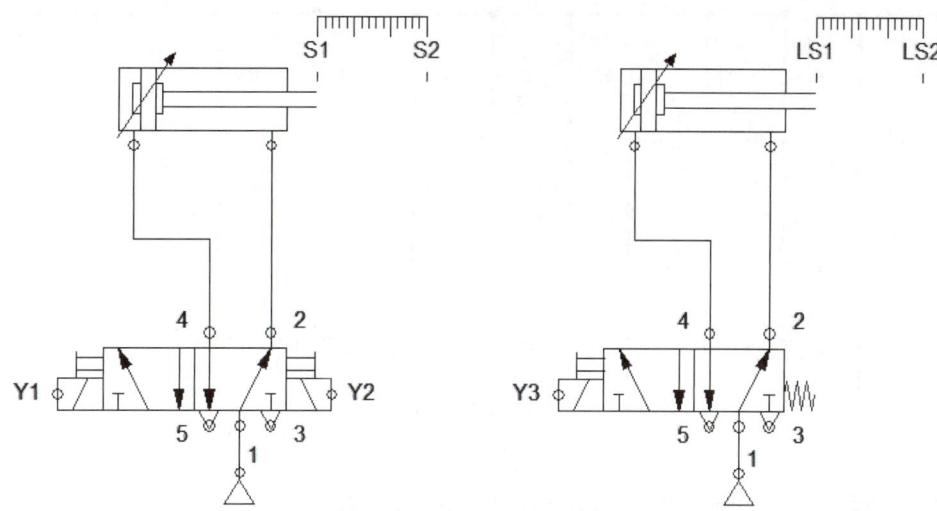

나. 전기 회로도

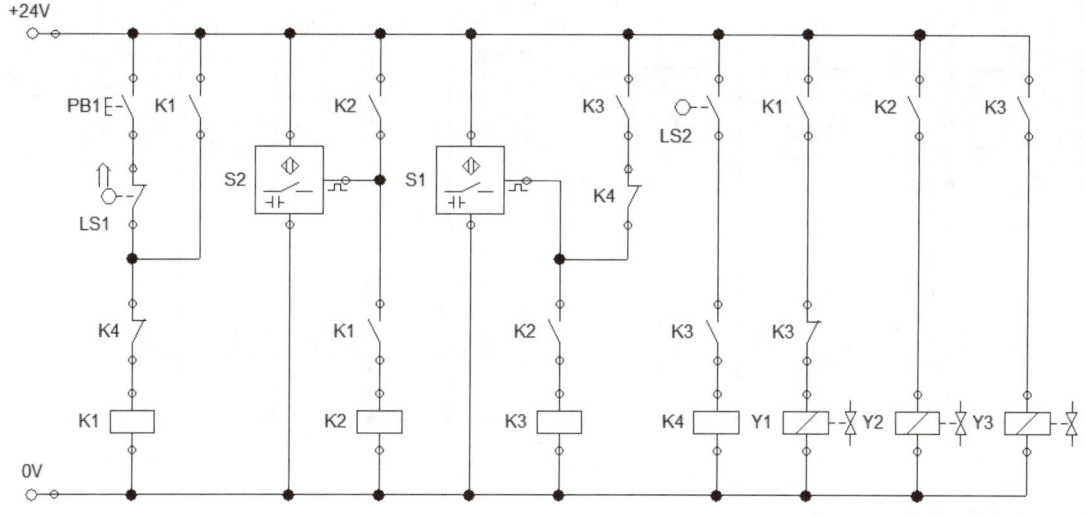

다. 전기회로도 오류 수정

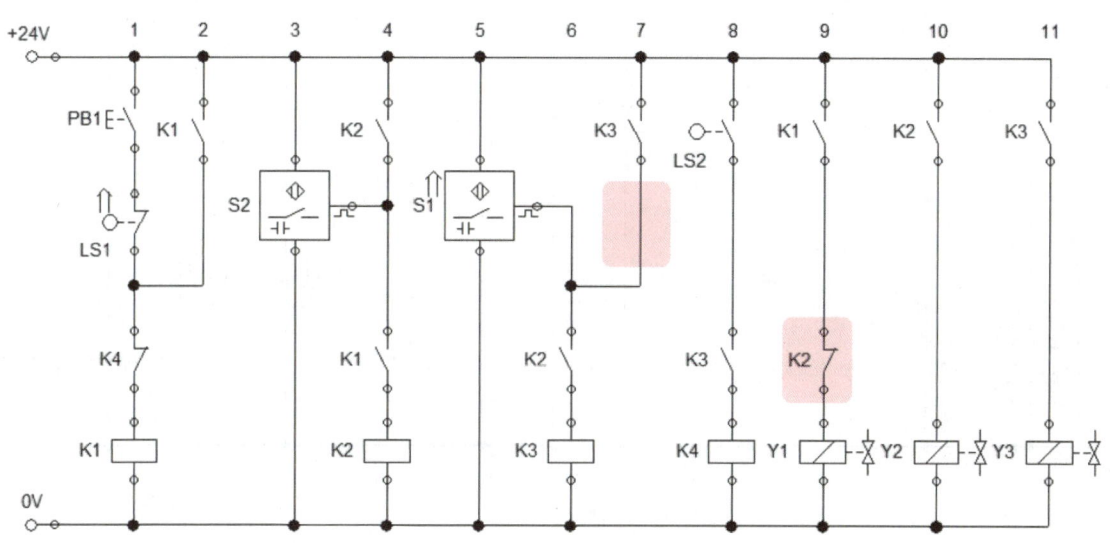

설비보전기사 실기

기본제어동작(오류수정)

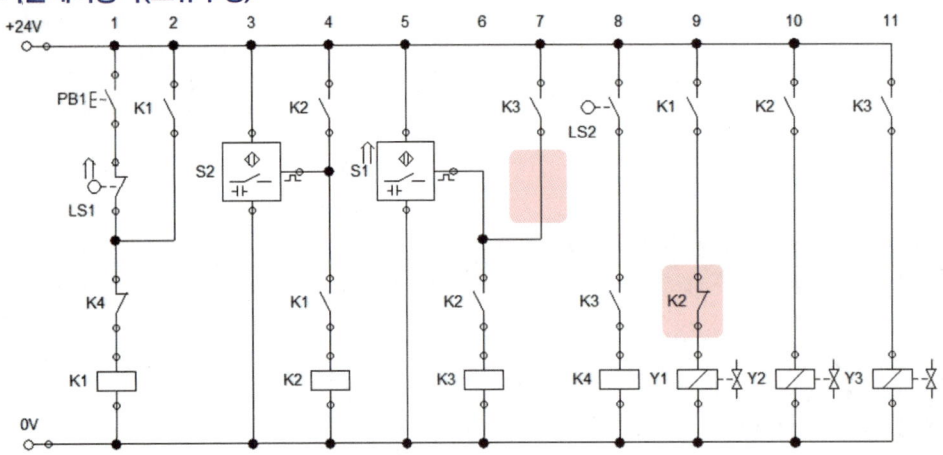

응용제어동작 ① - 연속동작 스위치(PB2), 연속정지 스위치(PB3) 추가

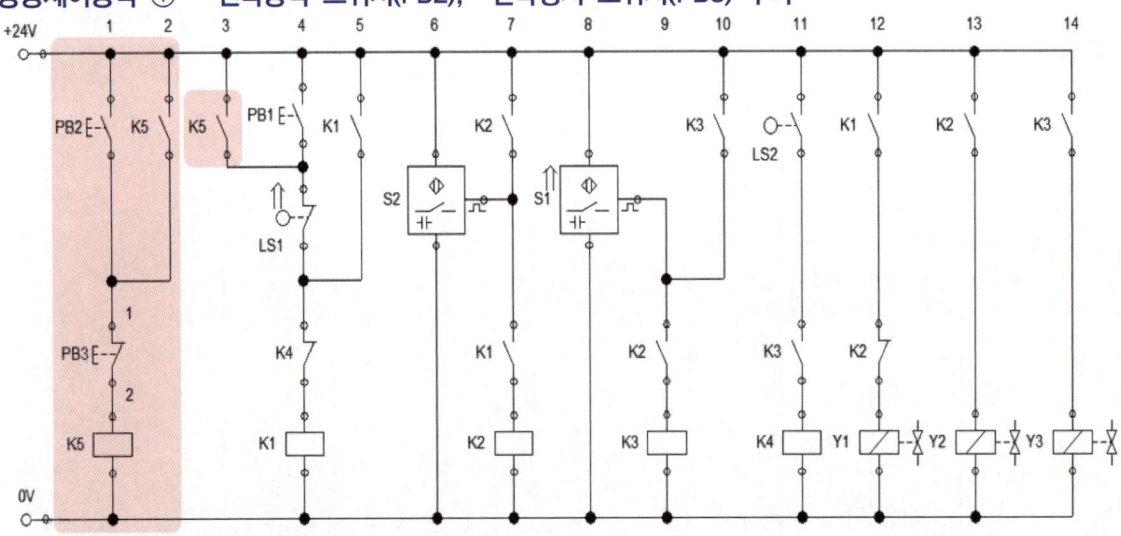

응용제어동작 ② - 카운트 회로 & 램프

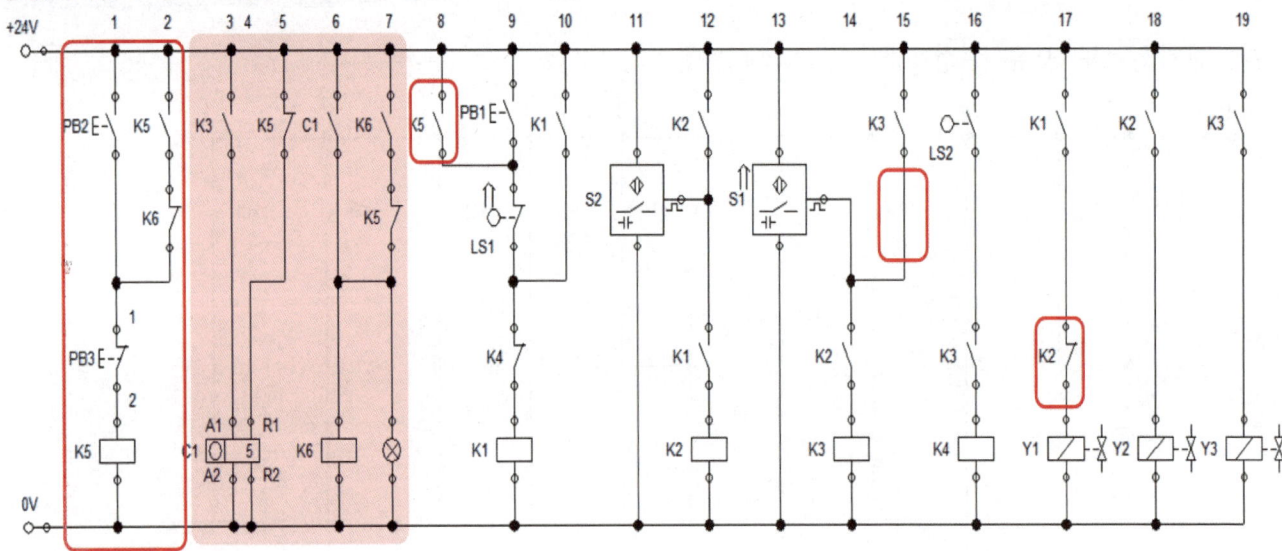

응용제어동작 ③

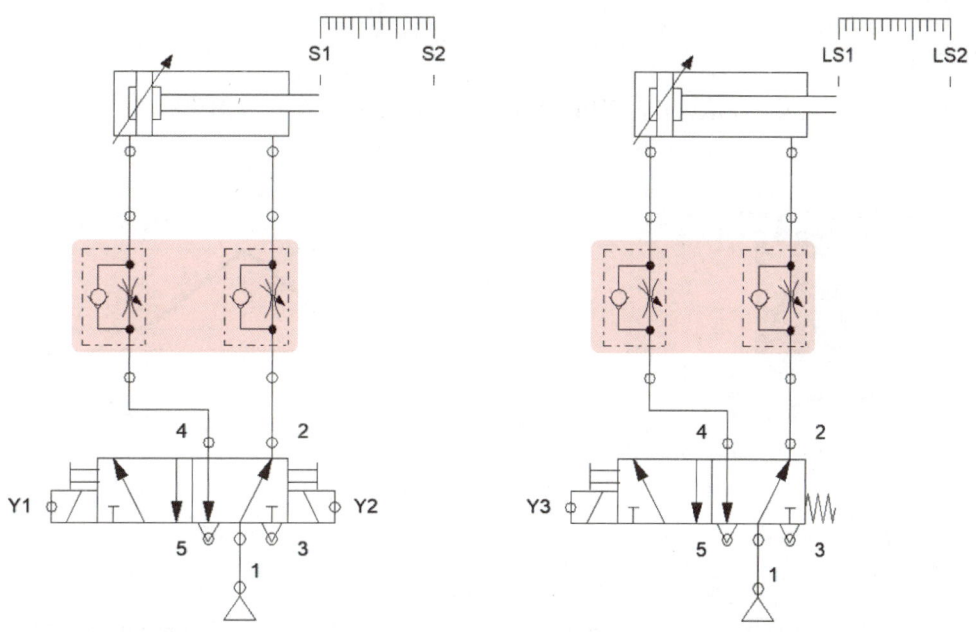

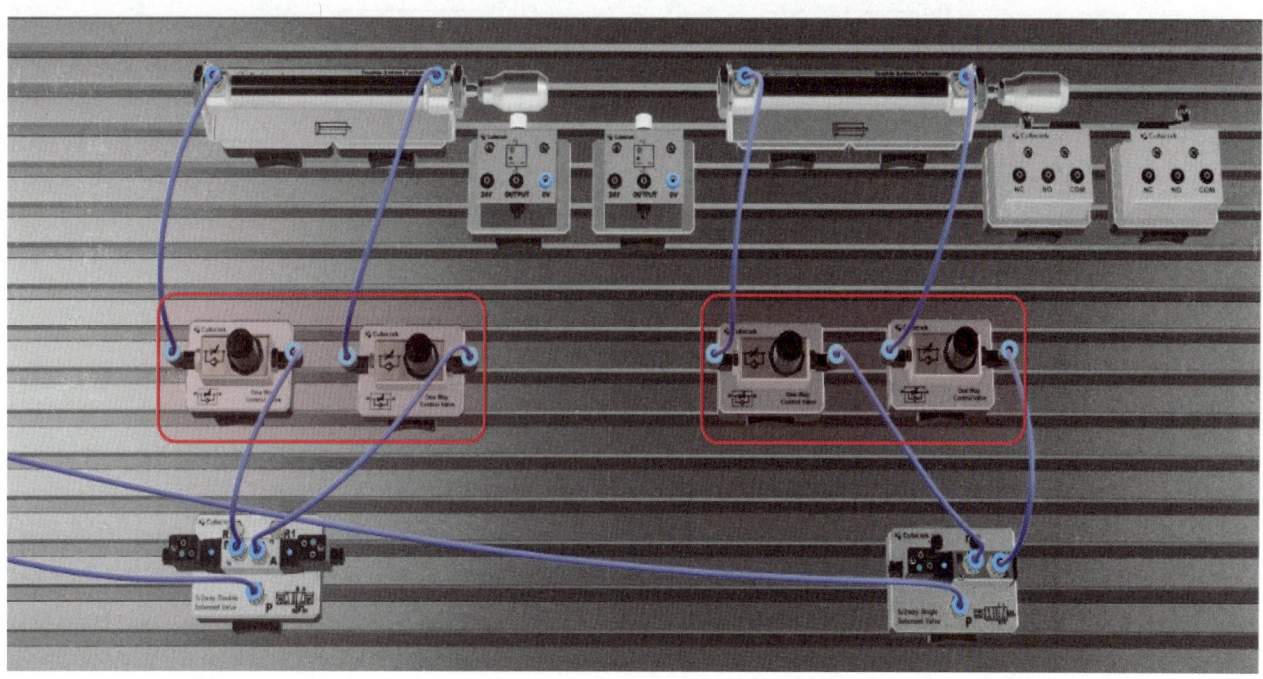

<공개문제 09 기본제어동작>

가. 기본제어동작

① 초기상태에서 PB1 스위치를 ON-OFF 하면 다음 변위단계선도와 같이 동작합니다.

② 변위-단계선도

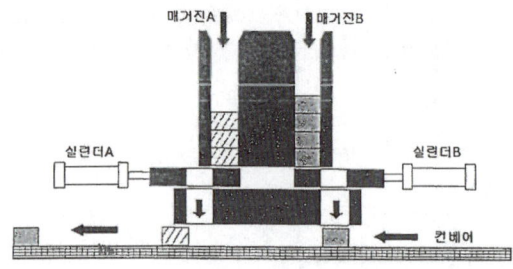
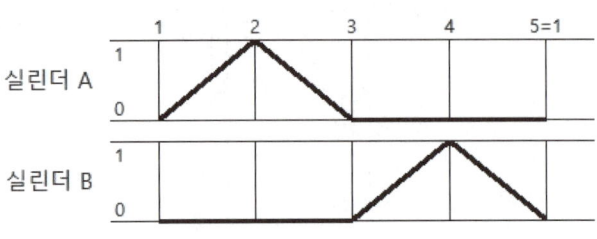

나. 공기압 회로도

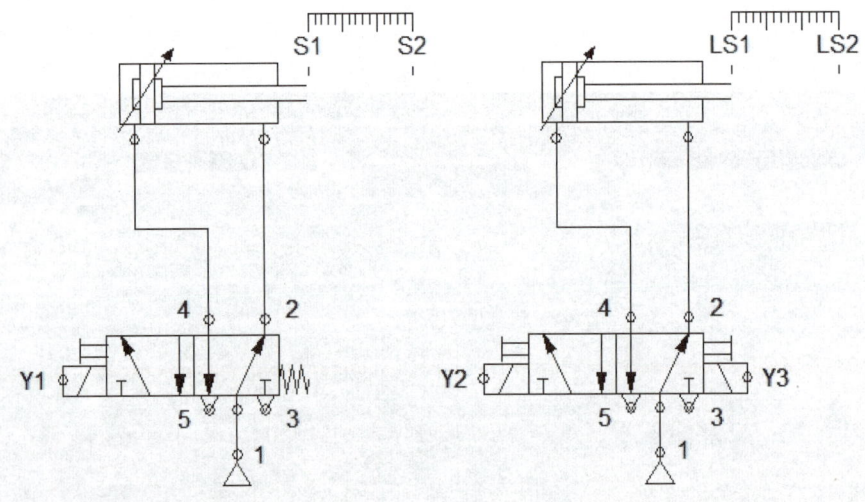

다. 전기 회로도

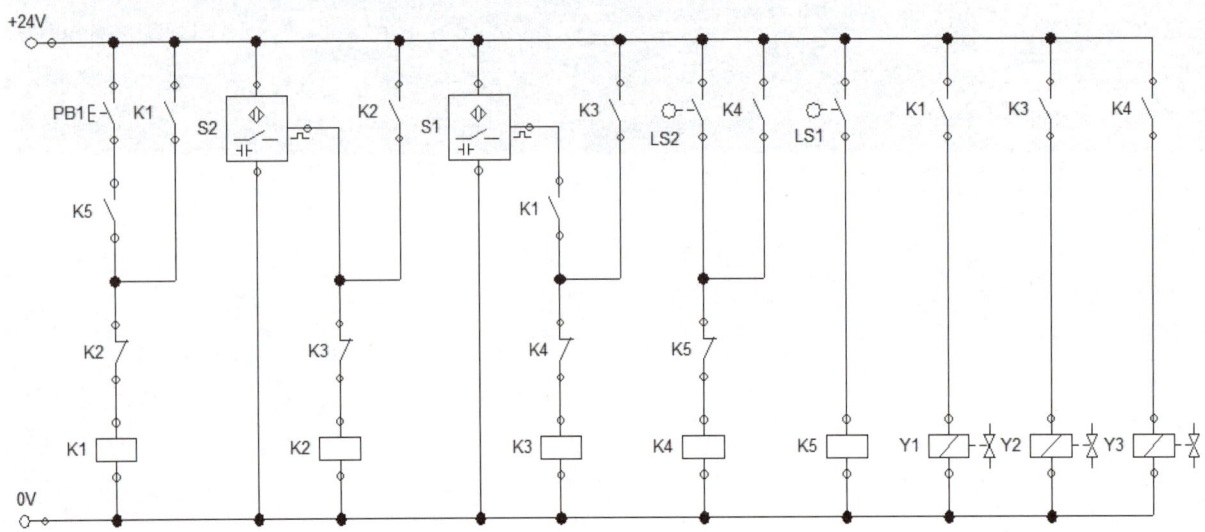

기본제어동작 ①
(오류수정 전)

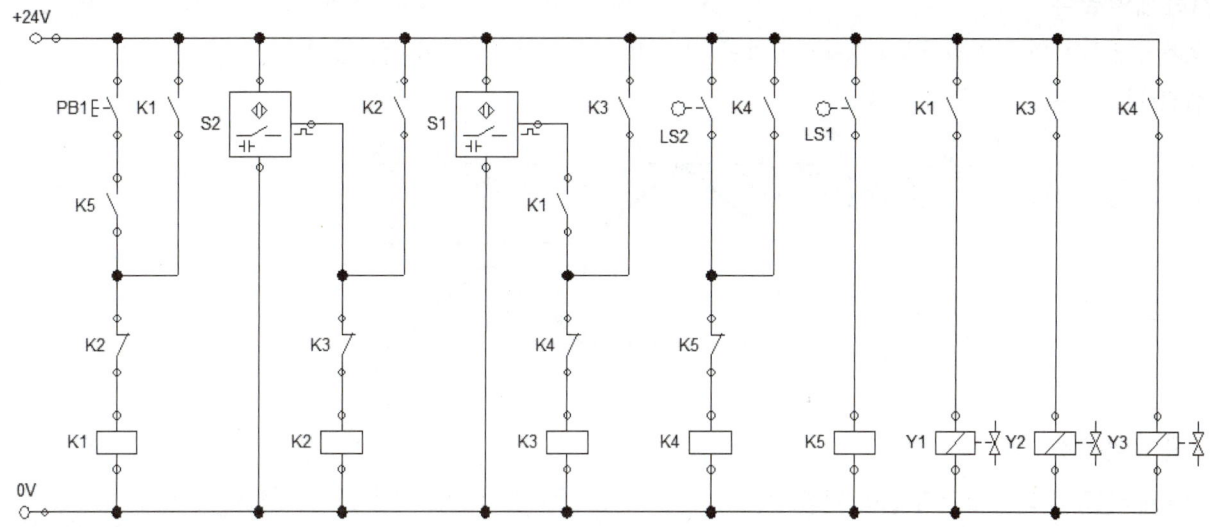

(기본제어동작 분석)

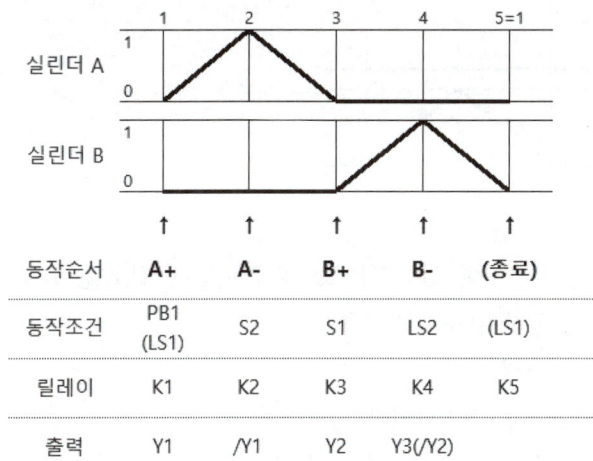

(공기압 회로도)
편솔/양솔 구성

(전기 회로도)
양솔방식으로 전기회로도 설계
입력(릴레이) - 인터록 처리

(오류 찾기)
① 동작조건 순서 및 접점확인
② (양솔)설계방식 논리 확인
③ 출력부 오류 확인

(오류수정 후)

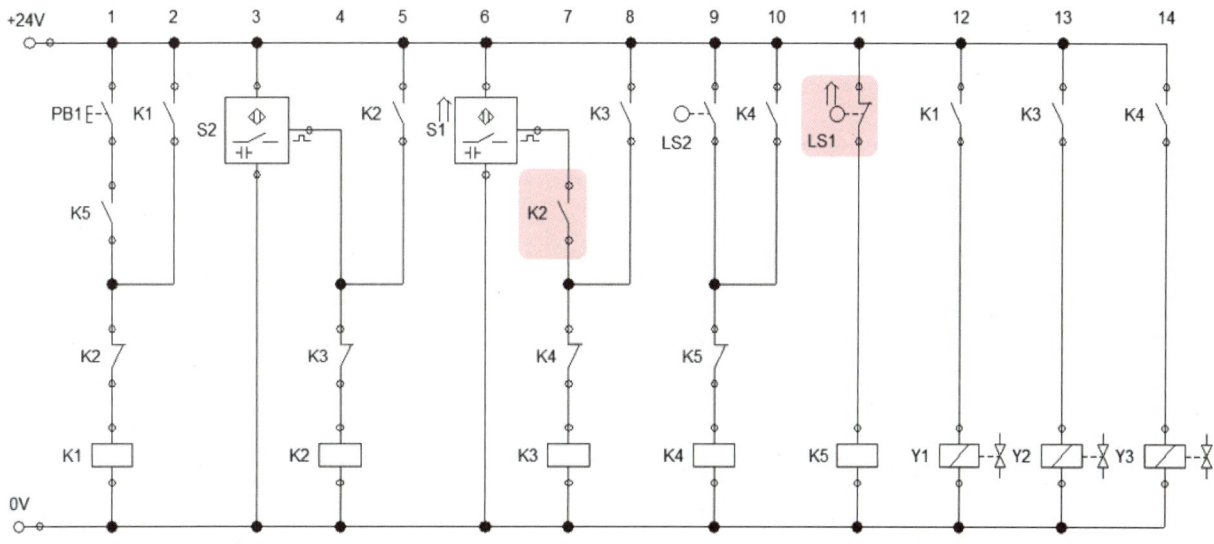

Chapt. 1 설비보전 기사 공압실습 | 223

<공개문제 09 응용제어동작>

가. 기본제어동작

① 초기상태에서 PB1 스위치를 ON-OFF 하면 다음 변위단계선도와 같이 동작합니다.

② 변위-단계선도

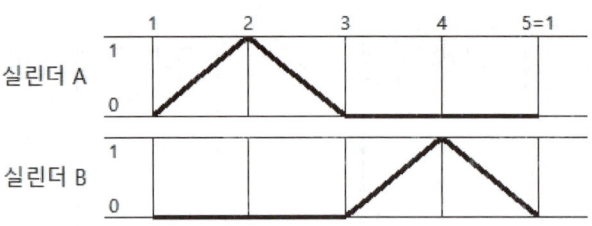

나. 응용제어동작

※ 기본제어동작을 다음 조건과 같이 변경하시오.

① 기존 회로에 타이머를 사용하여 다음 변위단계선도와 같이 동작되도록 합니다.

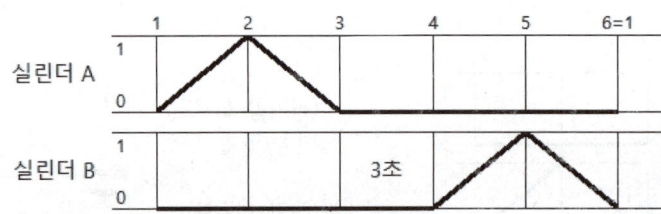

② 시작스위치(PB1) 외에 연속동작 스위치(PB2)와 카운터를 사용하여 연속 사이클 회로(반드시 회로를 구성하고 잠금장치 스위치는 사용불가)를 구성하여 다음과 같이 동작되도록 합니다.

가) 연속동작 스위치(PB2)를 누르면 연속 사이클로 계속 동작합니다.

나) 연속사이클 횟수를 3회로 설정하고 그 사이클이 완료된 후 정지하여야 합니다.

다) 연속동작 중에 비상정지 스위치를 누르면 A실린더는 전진하고 B실린더는 후진하여 정지합니다.

③ 실린더 A는 후진속도는 3초, B는 전진속도는 5초가 되도록 교축(meter-out)회로를 구성하여 조정합니다.

가. 공기압 회로도

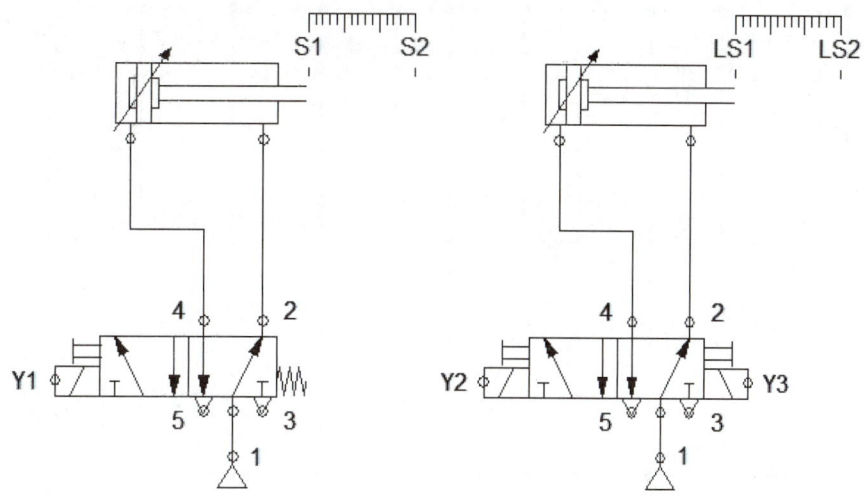

나. 전기 회로도

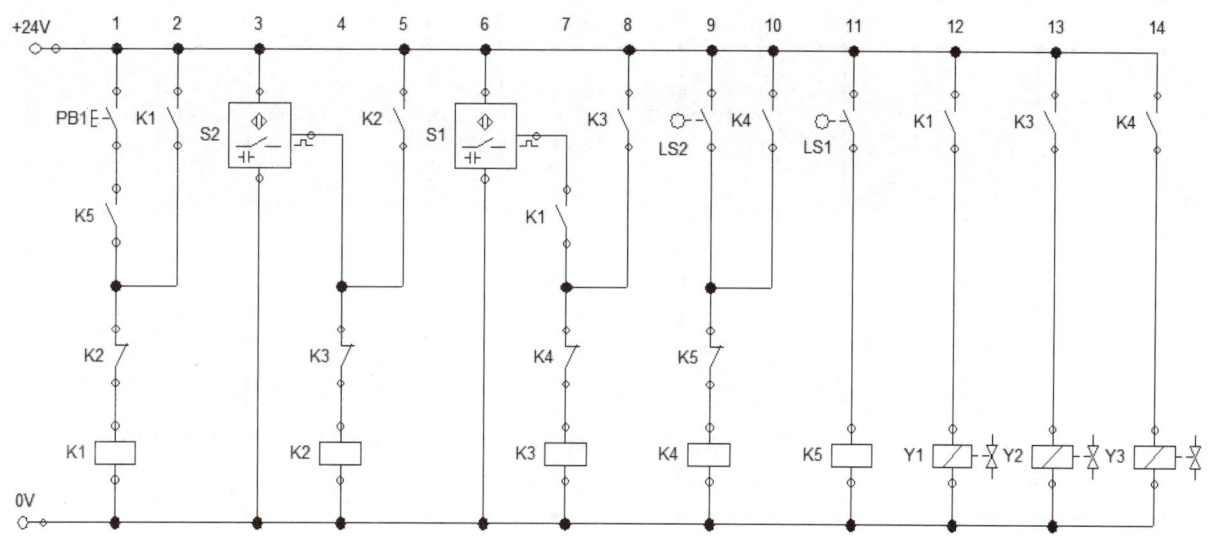

다. 전기회로도 오류 수정

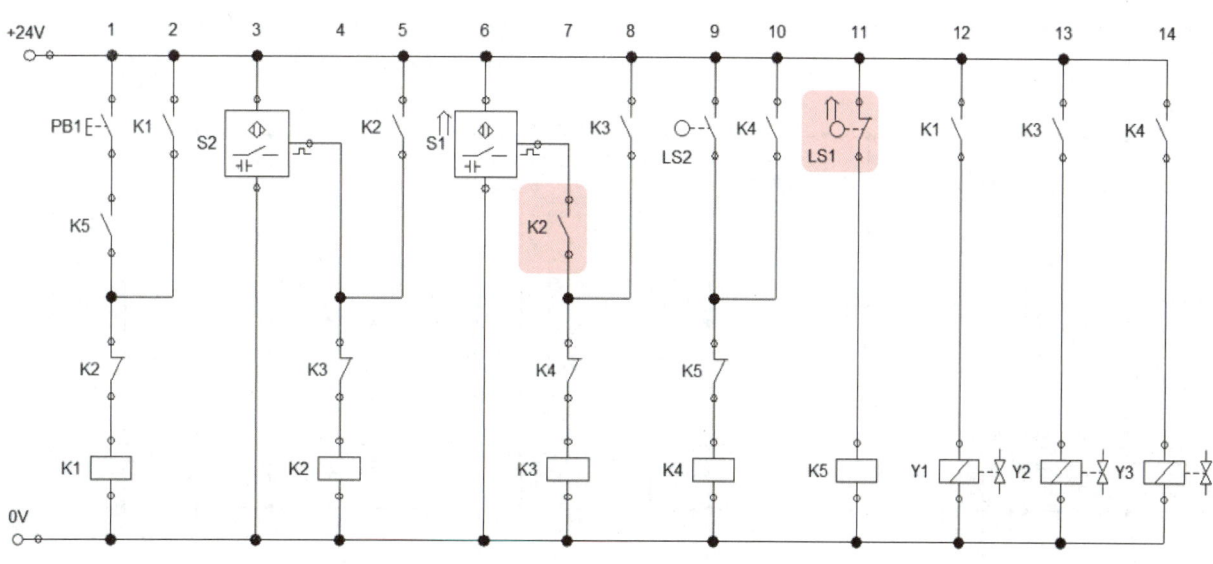

설비보전기사 실기

기본제어동작(오류수정)

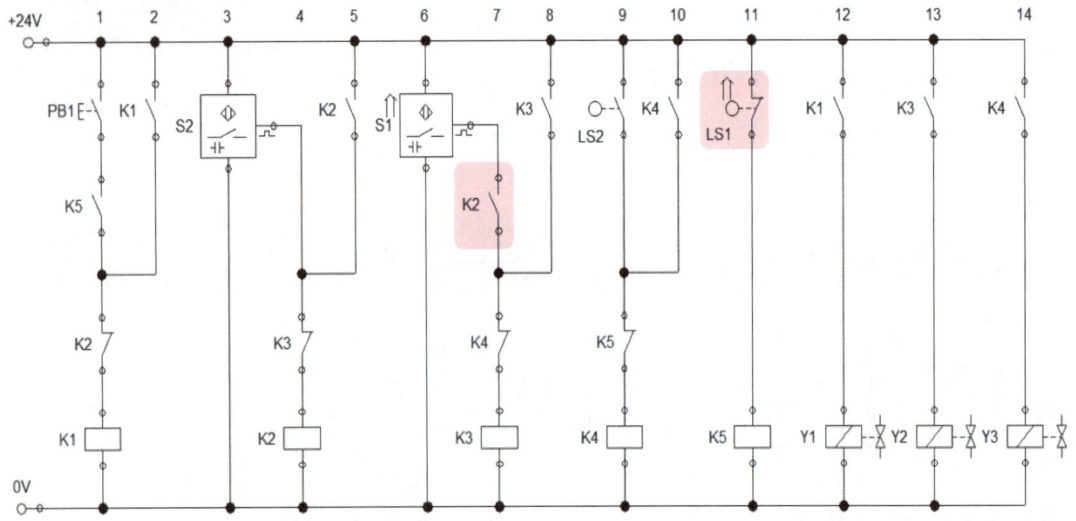

응용제어동작 ① - 타이머 회로

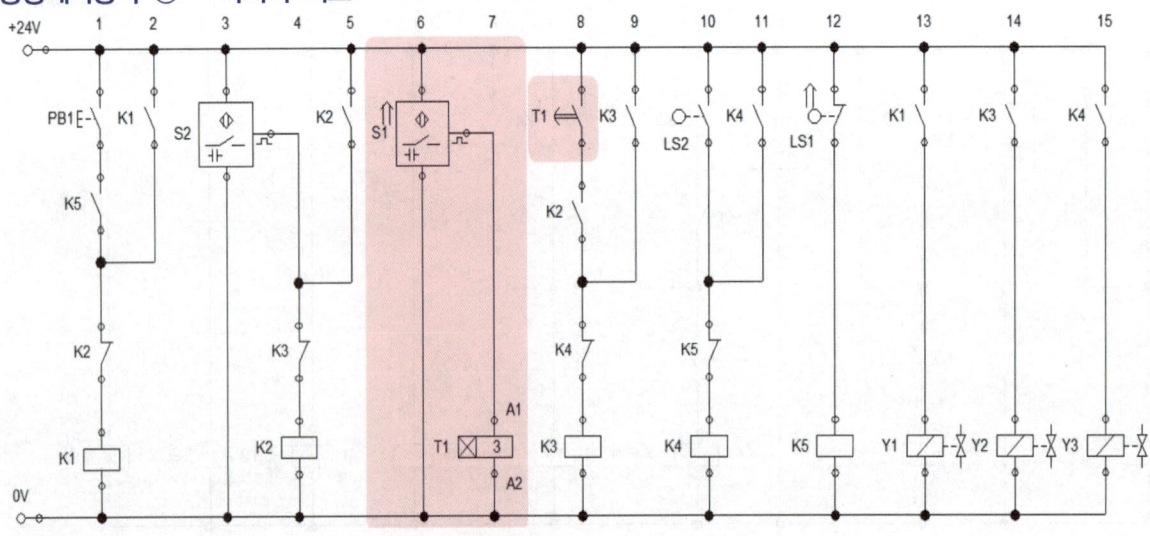

응용제어동작 ② - 연속시작(PB2) / 비상정지(EMG) / 카운트회로

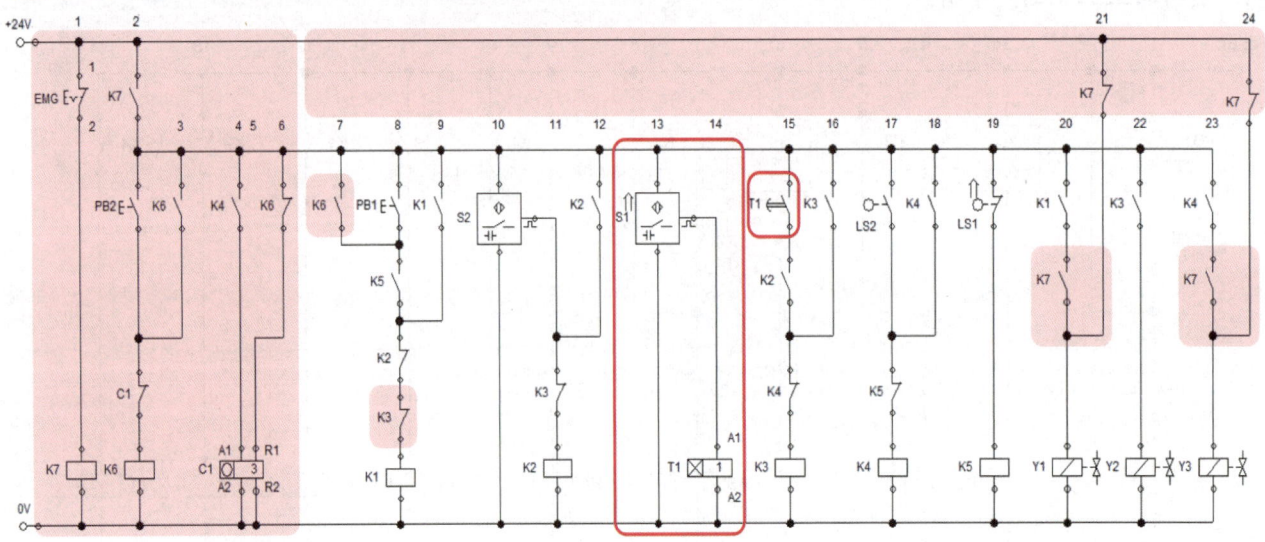

응용제어동작 ③

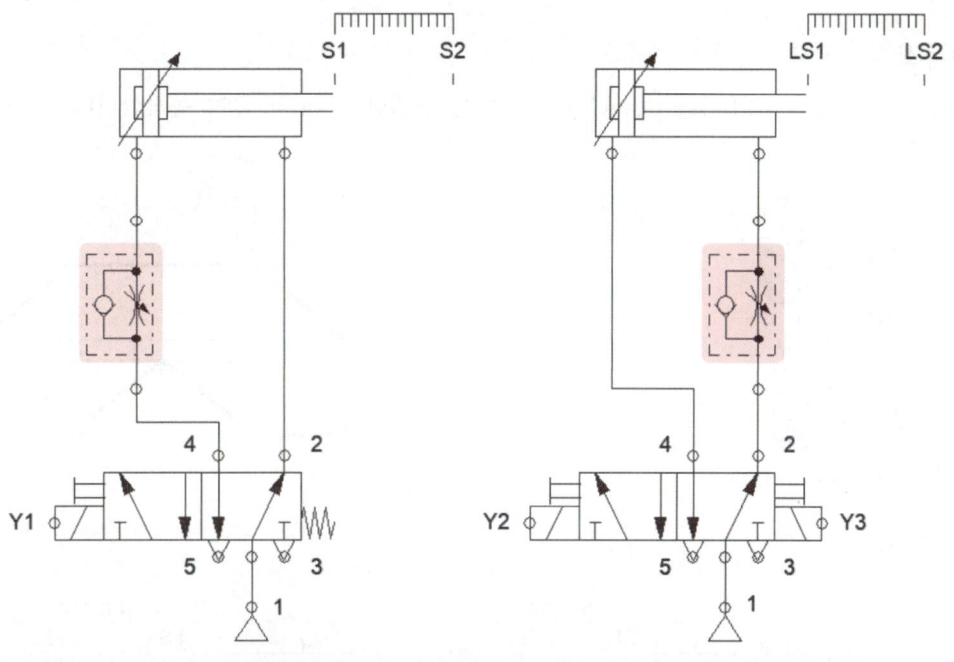

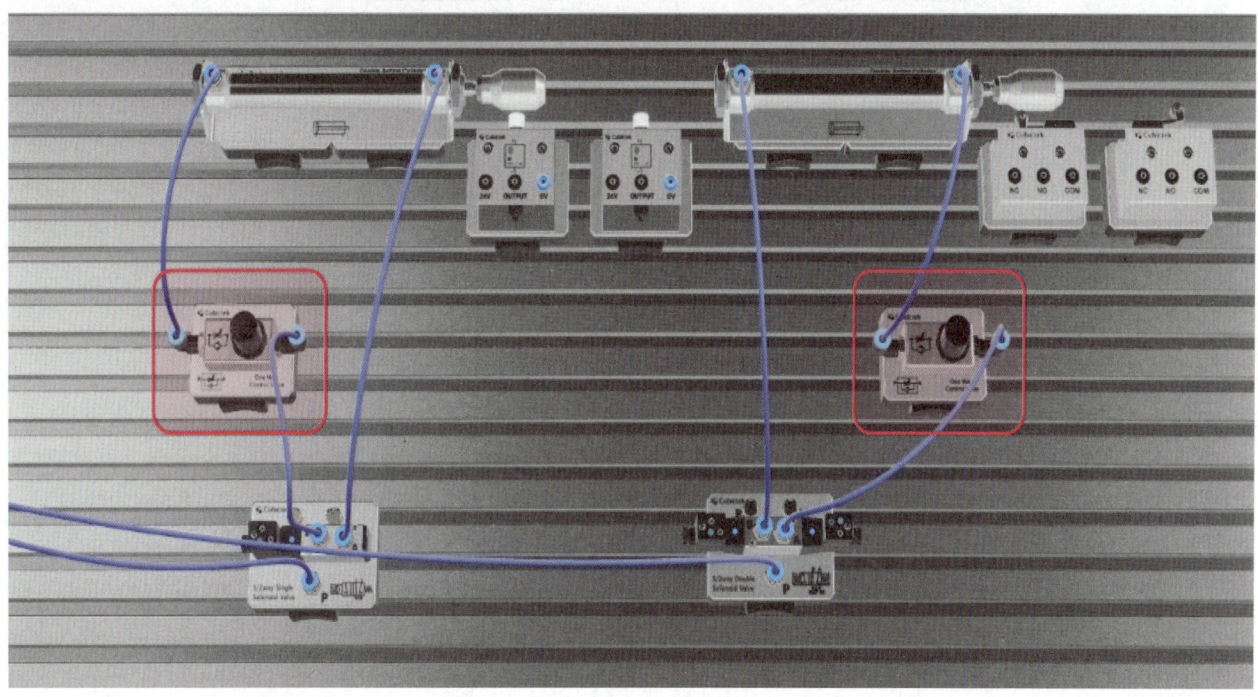

〈공개문제 10 기본제어동작〉

가. 기본제어동작
① 초기상태에서 시작 스위치(PB1)를 ON-OFF하면 다음 변위단계선도와 같이 동작합니다.
② 변위-단계선도

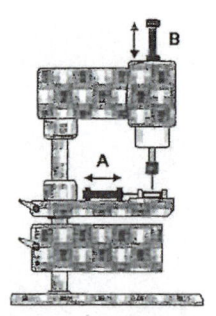
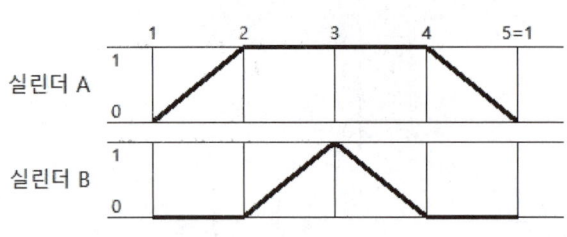

나. 공기압 회로도

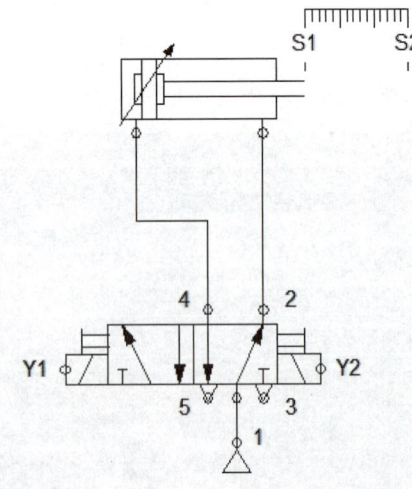
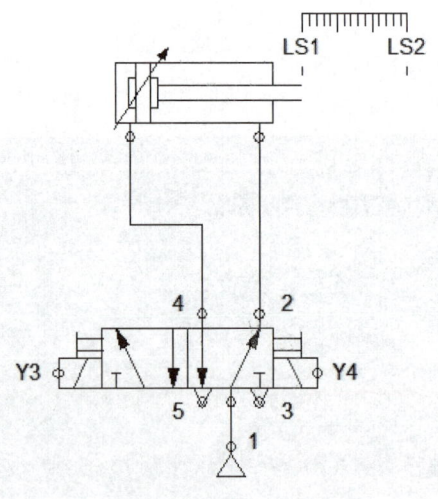

다. 전기 회로도

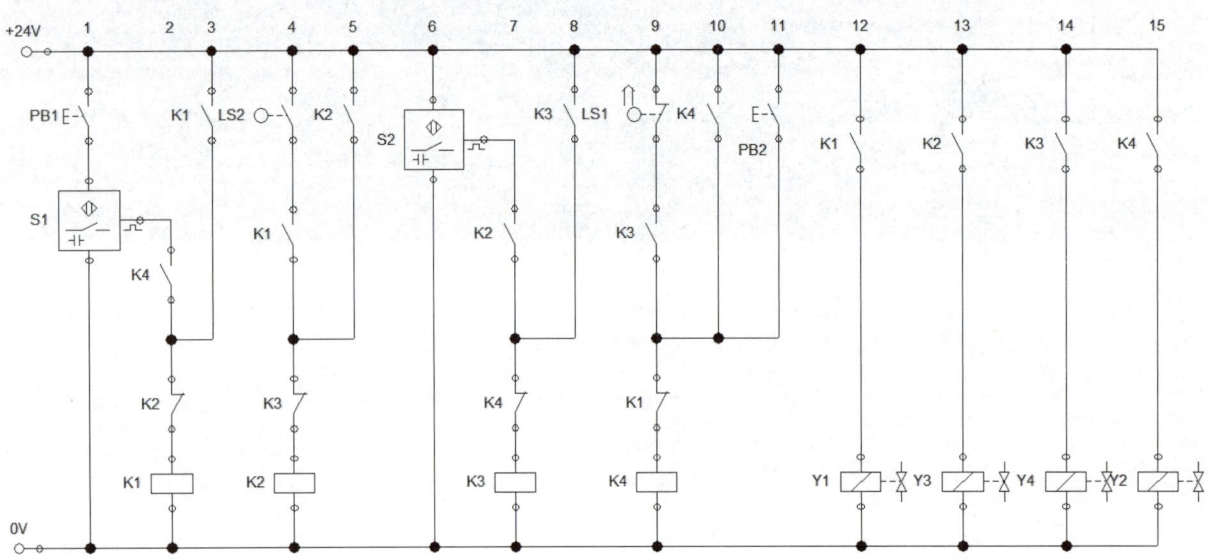

기본제어동작 ①
(오류수정 전)

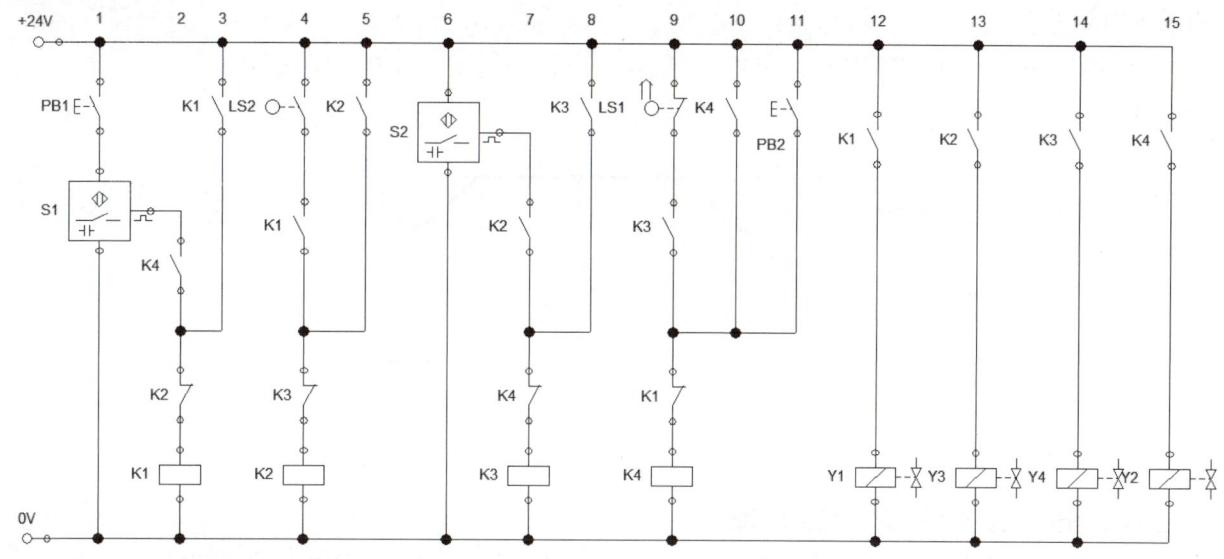

(기본제어동작 분석)

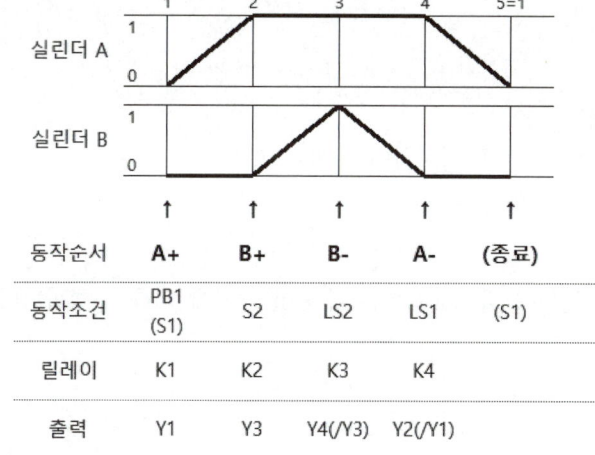

동작순서	A+	B+	B-	A-	(종료)
동작조건	PB1 (S1)	S2	LS2	LS1	(S1)
릴레이	K1	K2	K3	K4	
출력	Y1	Y3	Y4(/Y3)	Y2(/Y1)	

(공기압 회로도)
양솔/양솔 구성

(전기 회로도)
양솔방식으로 전기회로도 설계
입력(릴레이) - 인터록 처리

(오류 찾기)
① 동작조건 순서 및 접점확인
② (양솔)설계방식 논리 확인
③ 출력부 오류 확인

(오류수정 후)

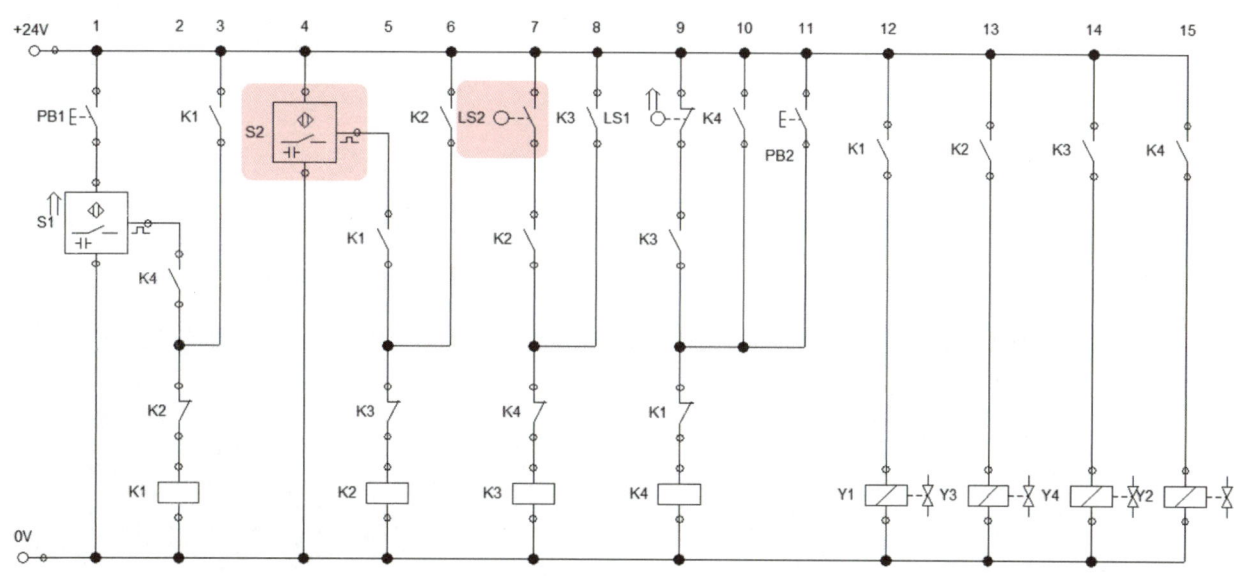

Chapt. 1 설비보전 기사 공압실습

〈공개문제 10 응용제어동작〉

가. 기본제어동작

① 초기상태에서 시작 스위치(PB1)를 ON-OFF하면 다음 변위단계선도와 같이 동작합니다.

② 변위-단계선도

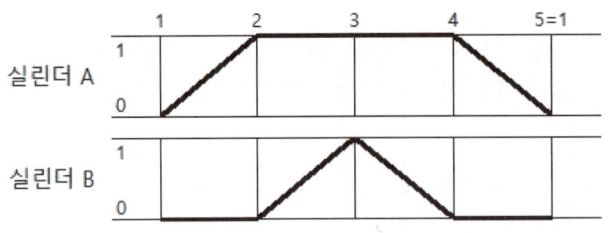

나. 응용제어동작

※ 기본제어동작을 다음 조건과 같이 변경하시오.

① 연속동작 스위치(PB2) 및 연속정지 스위치(PB3)를 추가하여 다음과 같이 동작하도록 합니다.

　가) 연속동작 스위치를 ON-OFF하면 기본제어동작이 연속 사이클로 동작되어야 하고 연속정지 스위치를 ON-OFF하면 실린더는 전부 후진한 후 정지합니다.

② 카운터와 램프를 추가하여 다음과 같이 동작하도록 합니다.

　가) 연속 사이클 횟수를 5회로 설정하고 그 사이클이 완료된 후 정지하여야 합니다.

　나) 연속사이클이 완료되면 램프가 점등되도록 회로를 구성합니다.

③ 실린더 A의 전·후진속도와 실린더 B의 전·후진속도가 같도록 배기교축(meter-out)방법에 의해 조정합니다.

가. 공기압 회로도

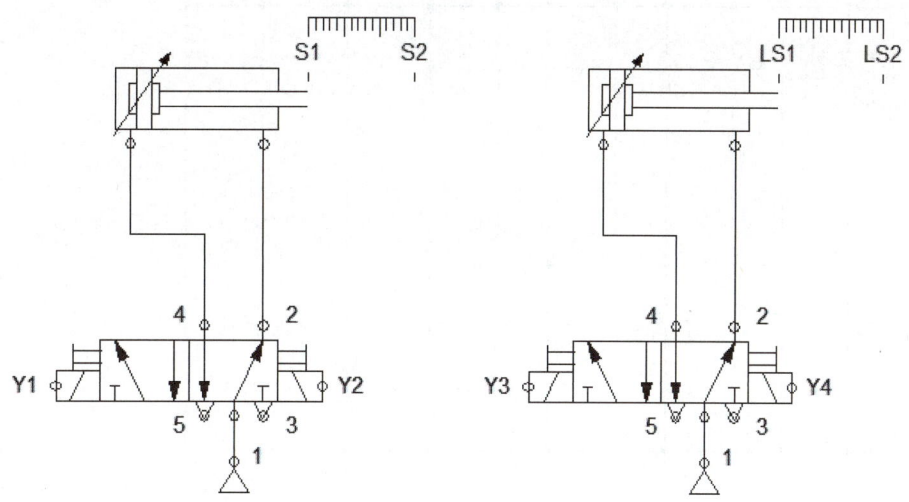

나. 전기 회로도

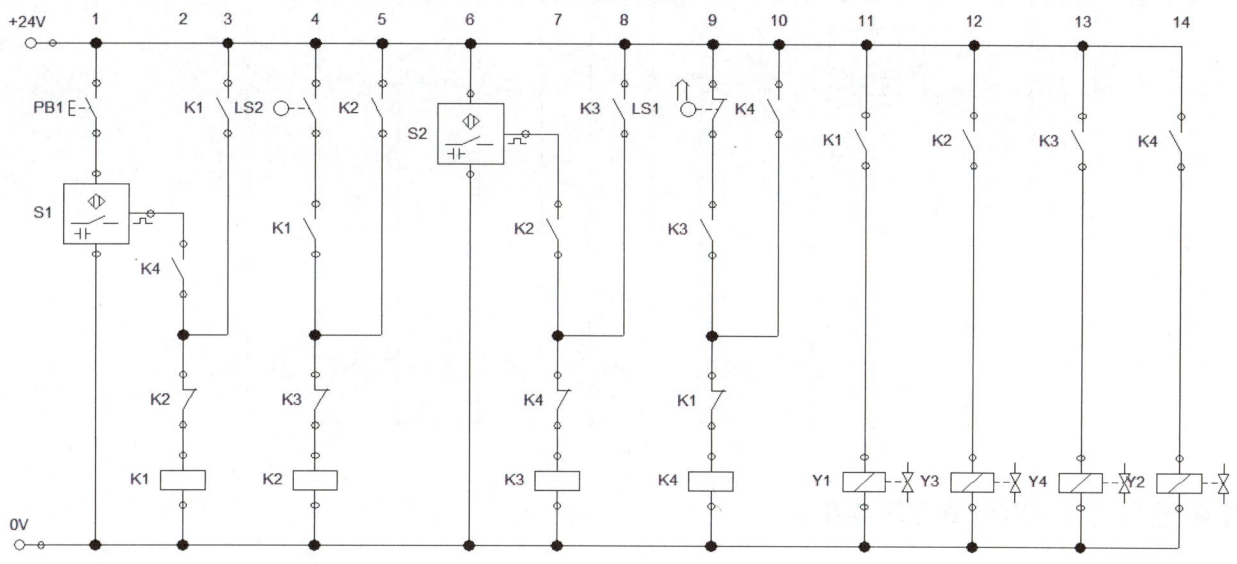

다. 전기회로도 오류 수정

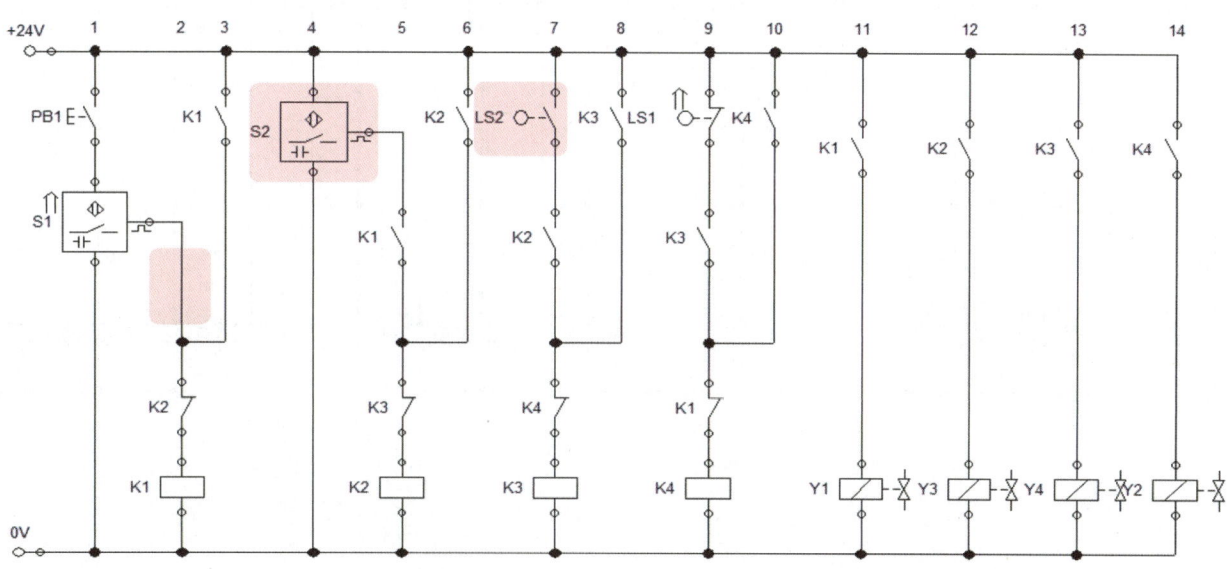

설비보전기사 실기

기본제어동작(오류수정)

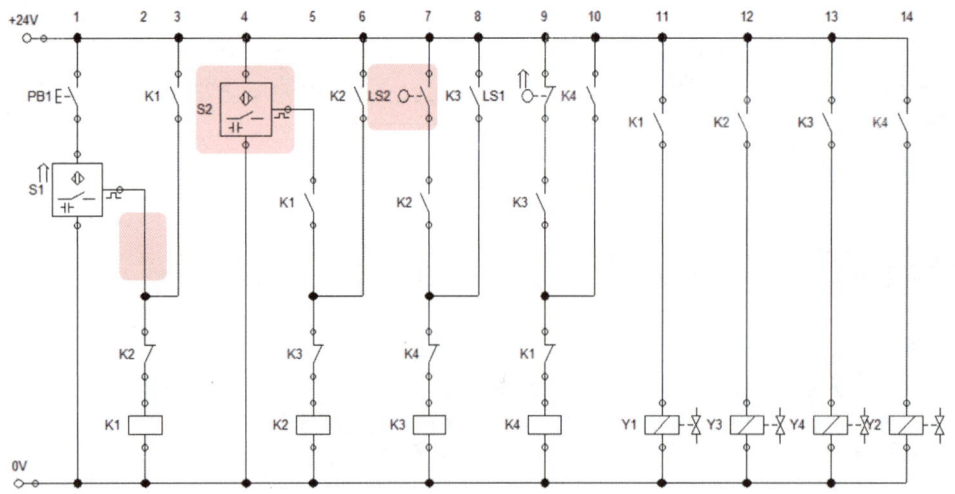

응용제어동작 ① - 연속동작 스위치(PB2) 및 연속정지 스위치(PB3) 추가

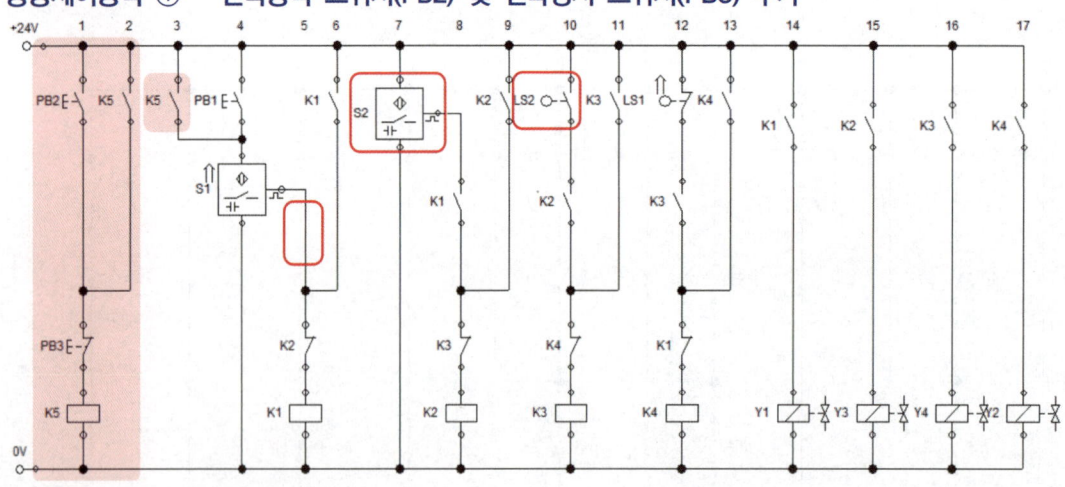

응용제어동작 ② - 카운터 & 램프 추가

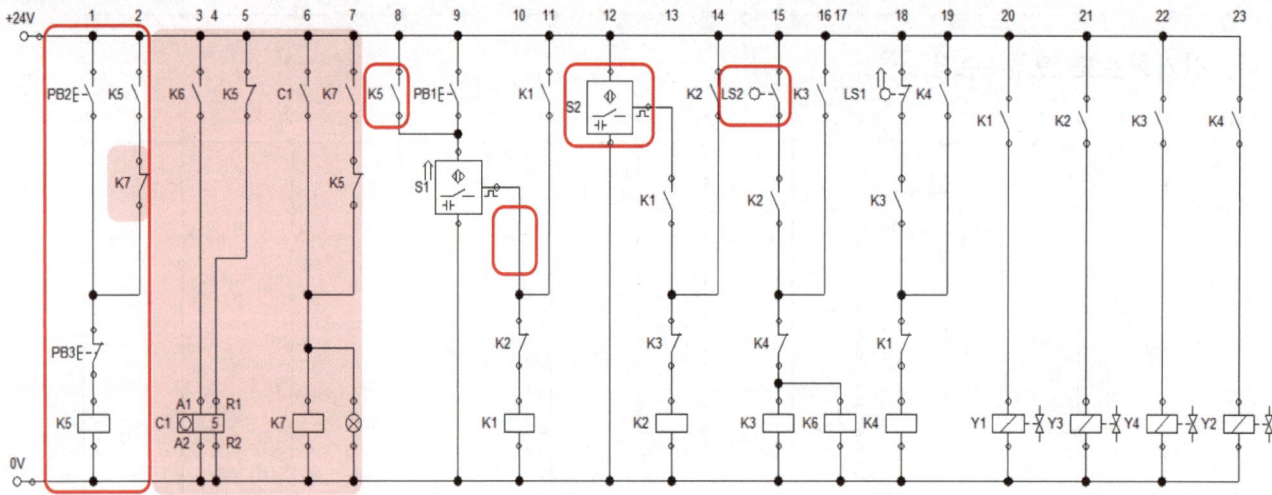

응용제어동작 ③

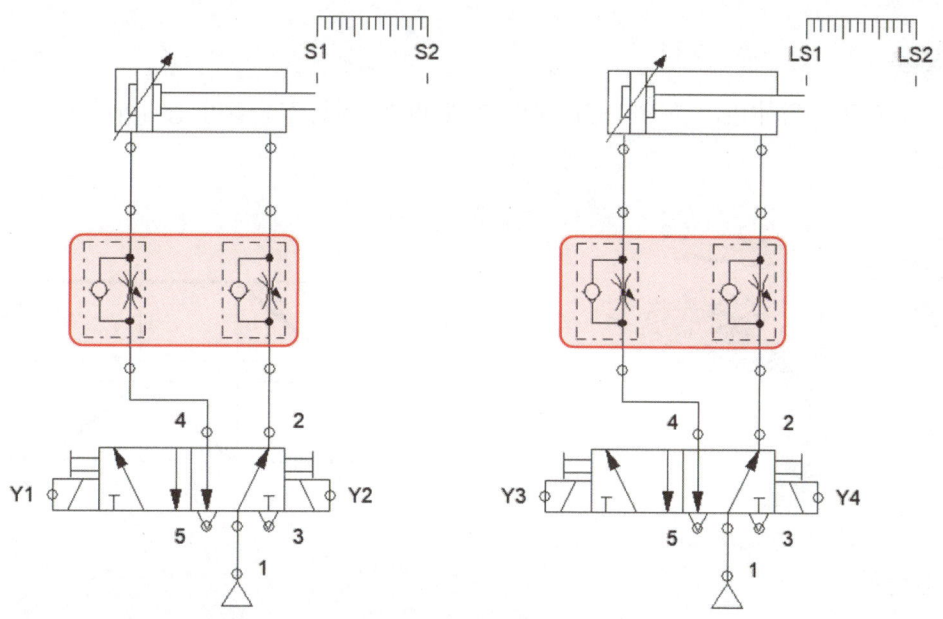

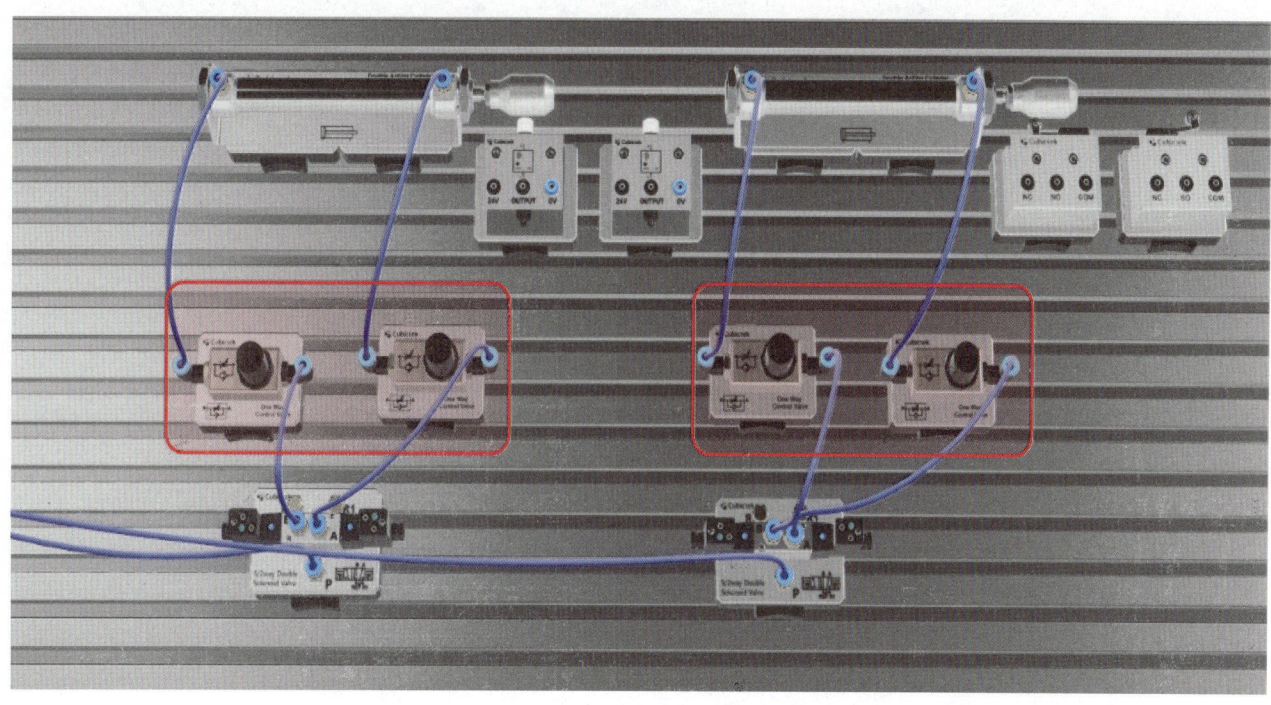

〈공개문제 11 기본제어동작〉

가. 기본제어동작
① 초기상태에서 시작 스위치(PB1)를 ON-OFF하면 아래 변위단계선도와 같이 동작합니다.
② 변위-단계선도

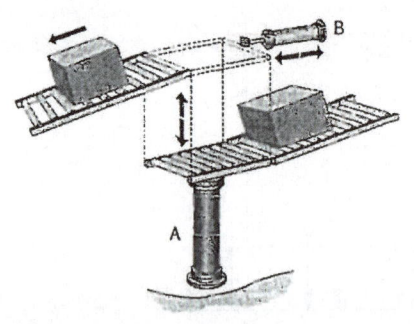
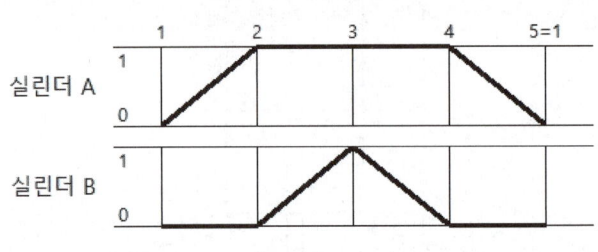

나. 공기압 회로도

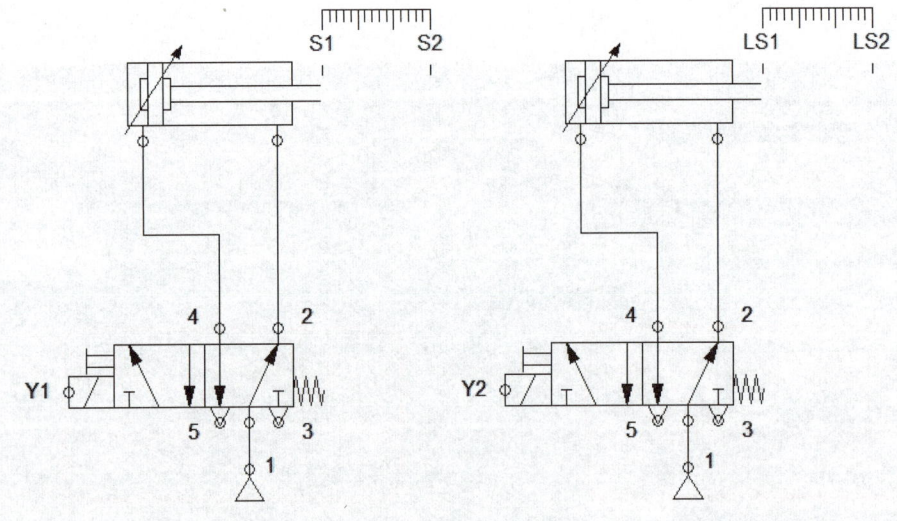

다. 전기 회로도

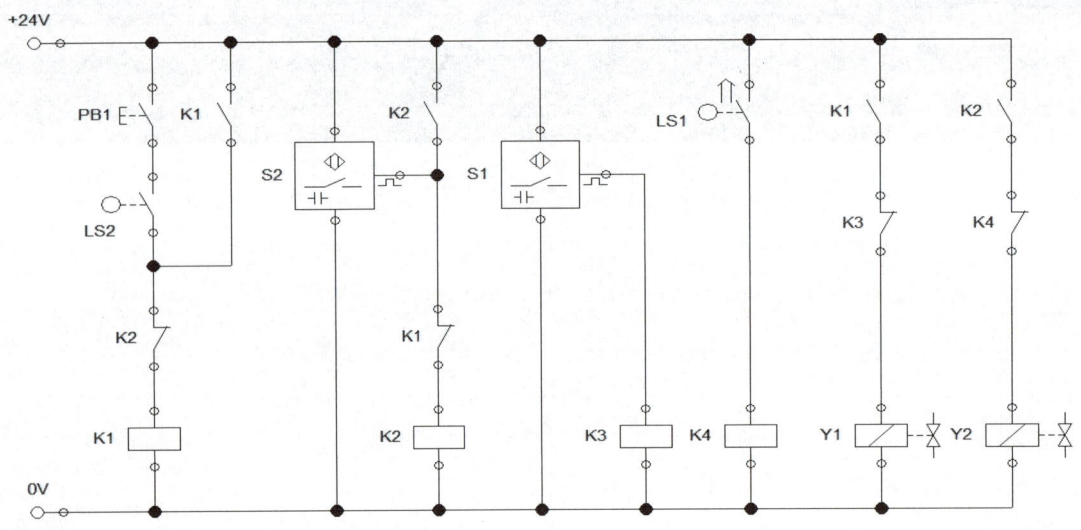

기본제어동작 ①
(오류수정 전)

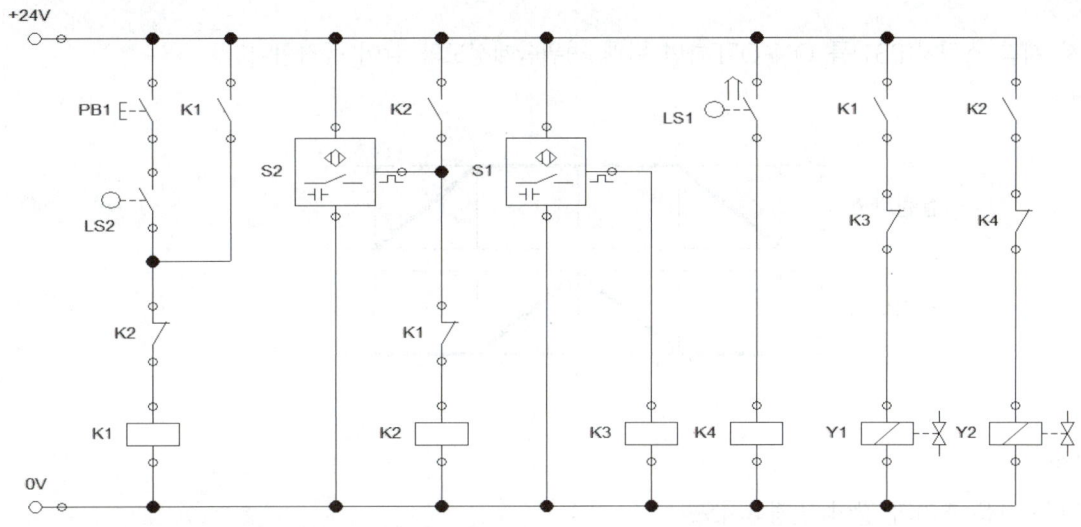

(기본제어동작 분석)

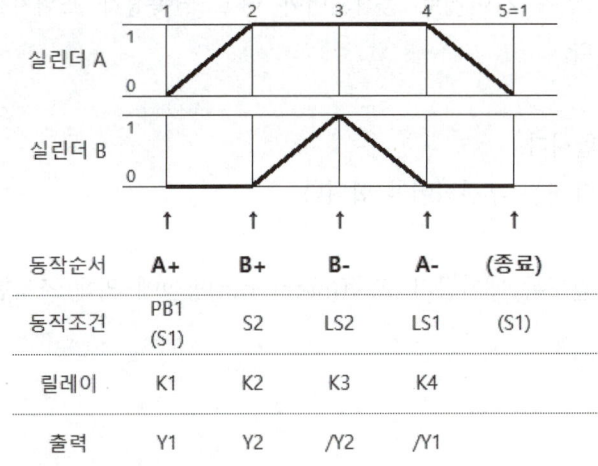

(공기압 회로도)
편솔/편솔 구성

(전기 회로도)
편솔방식으로 전기회로도 설계
출력 - 인터록 처리

(오류 찾기)
① 동작조건 순서 및 접점확인
② (편솔)설계방식 논리 확인
③ 출력부 오류 확인
※ 오류사항이 많아, 신규로 편솔설계방식으로 설계 필요.

(오류수정 후)

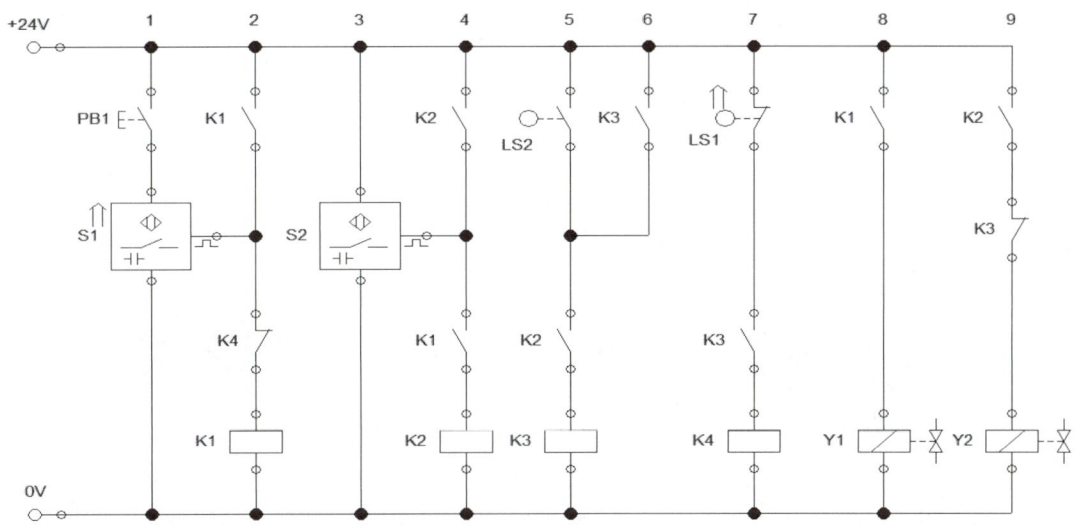

〈공개문제 11 응용제어동작〉

가. 기본제어동작
① 초기상태에서 시작 스위치(PB1)를 ON-OFF하면 아래 변위단계선도와 같이 동작합니다.
② 변위-단계선도

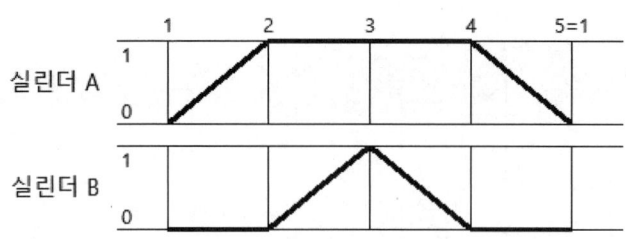

나. 응용제어동작
※ 기본제어동작을 다음 조건과 같이 변경하시오.
① 연속동작 스위치(PB2) 및 연속정지 스위치(PB3)를 추가하여 다음과 같이 동작하도록 합니다.
　가) 연속동작 스위치를 ON-FF하면 기본제어동작이 연속 사이클로 동작되어야 하고 연속정지 스위치를 ON-OFF하면 실린더는 전부 후진한 후 정지합니다.

② 비상 스위치(PB4)를 추가하여 다음과 같이 동작토록 합니다.
　가) 비상 스위치를 누르면 실린더 A는 전진하고 실린더 B는 후진되어야 합니다.

③ 실린더 A의 전후진속도와 실린더 B의 전후진속도가 같도록 배기공기 교축(meter-out)방법에 의해 조정합니다.

가. 공기압 회로도

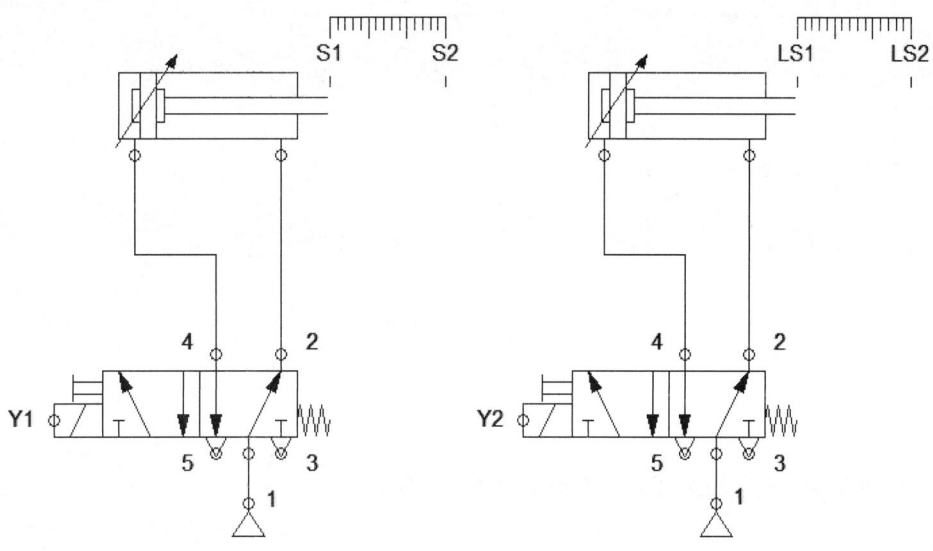

나. 전기 회로도

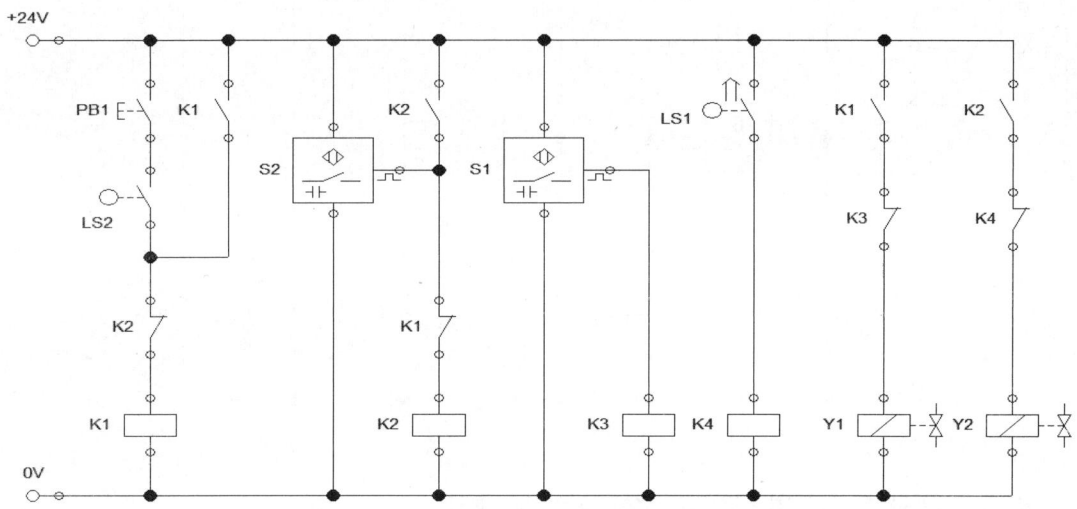

다. 전기회로도 오류 수정

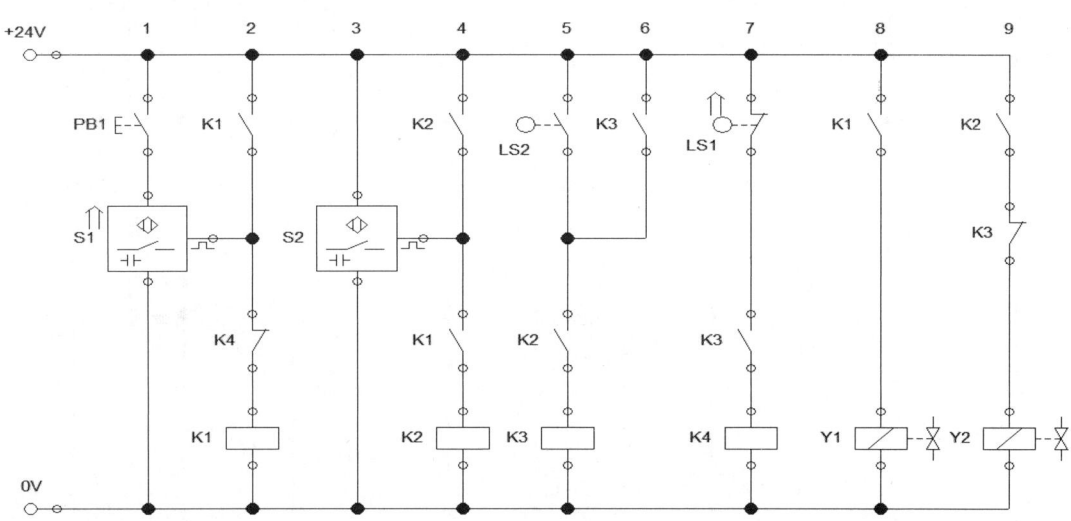

설비보전기사 실기

기본제어동작(오류수정)

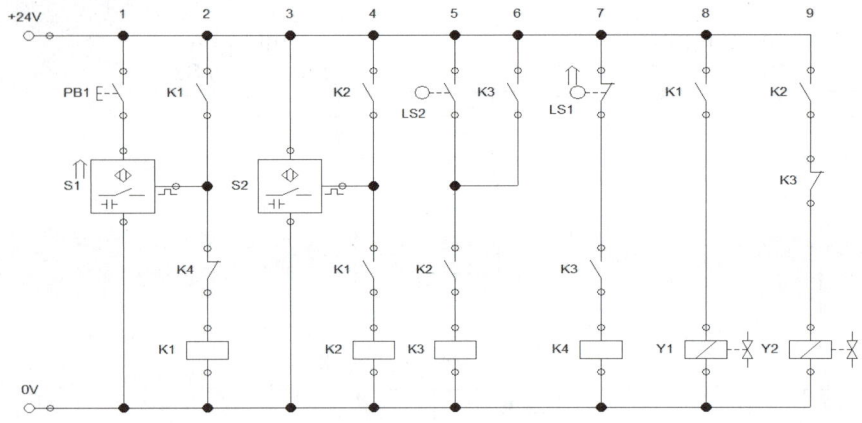

응용제어동작 ① - 연속동작 스위치(PB2), 연속정지 스위치(PB3)

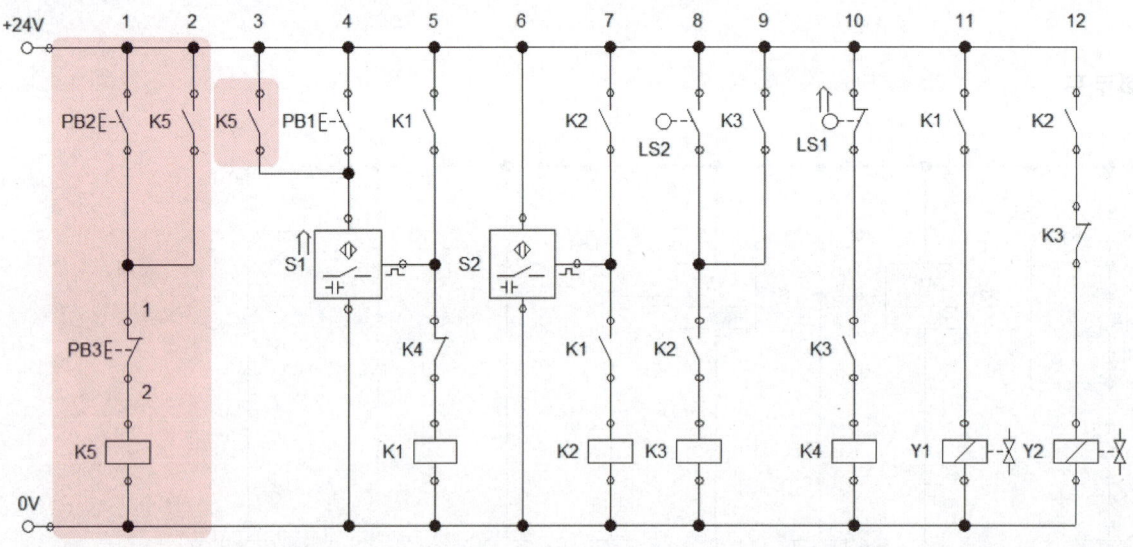

응용제어동작 ② - 비상스위치(EMG) 누르면 실린더A 전진, 실린더B 후진

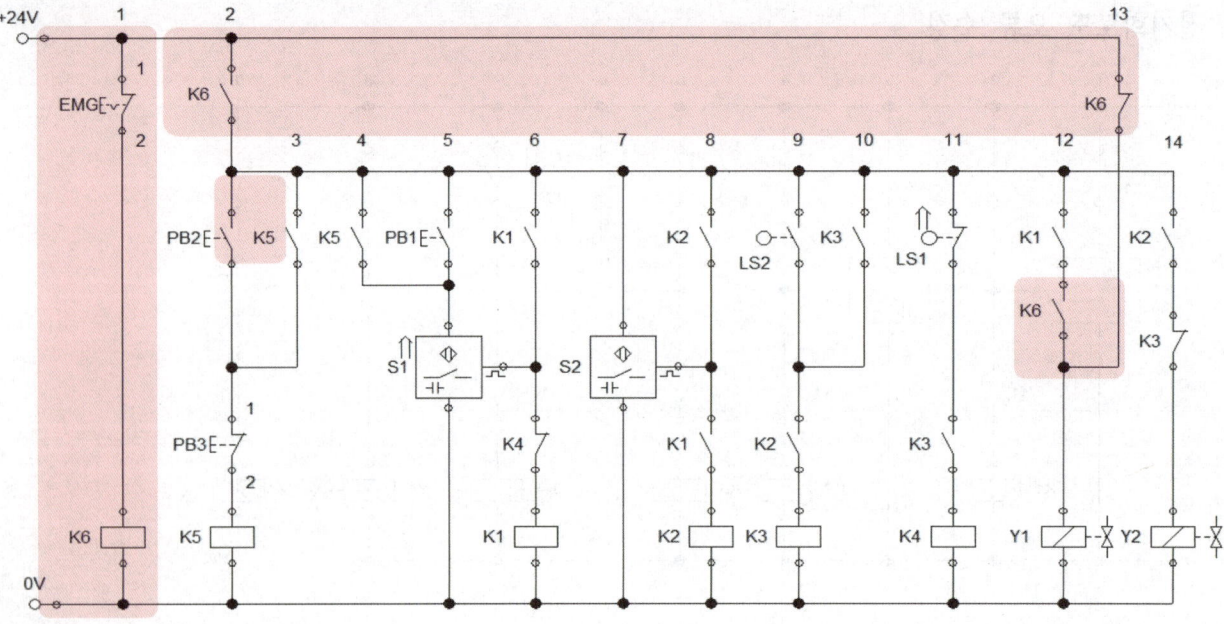

응용제어동작 ③

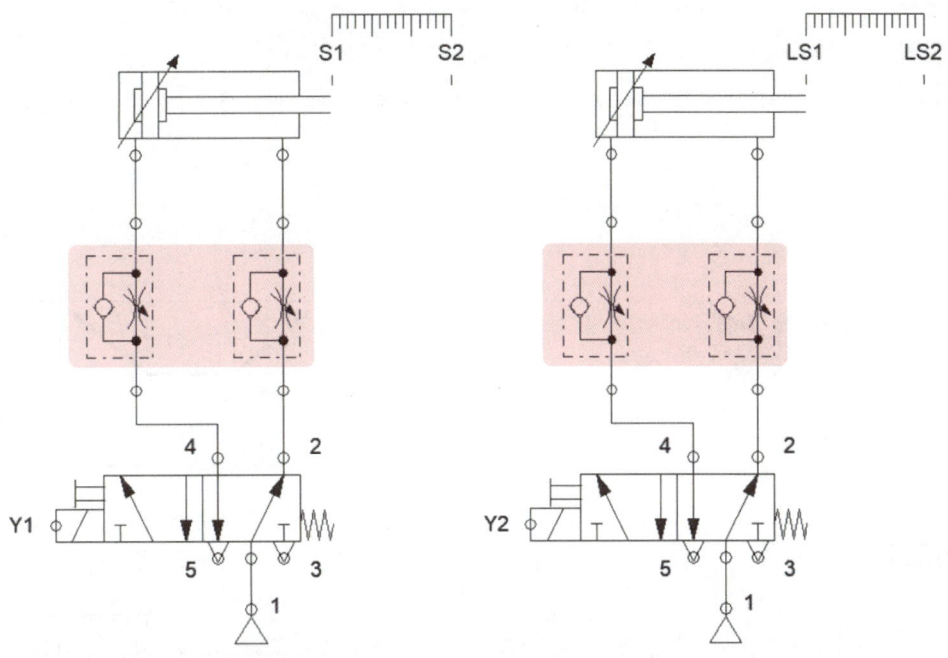

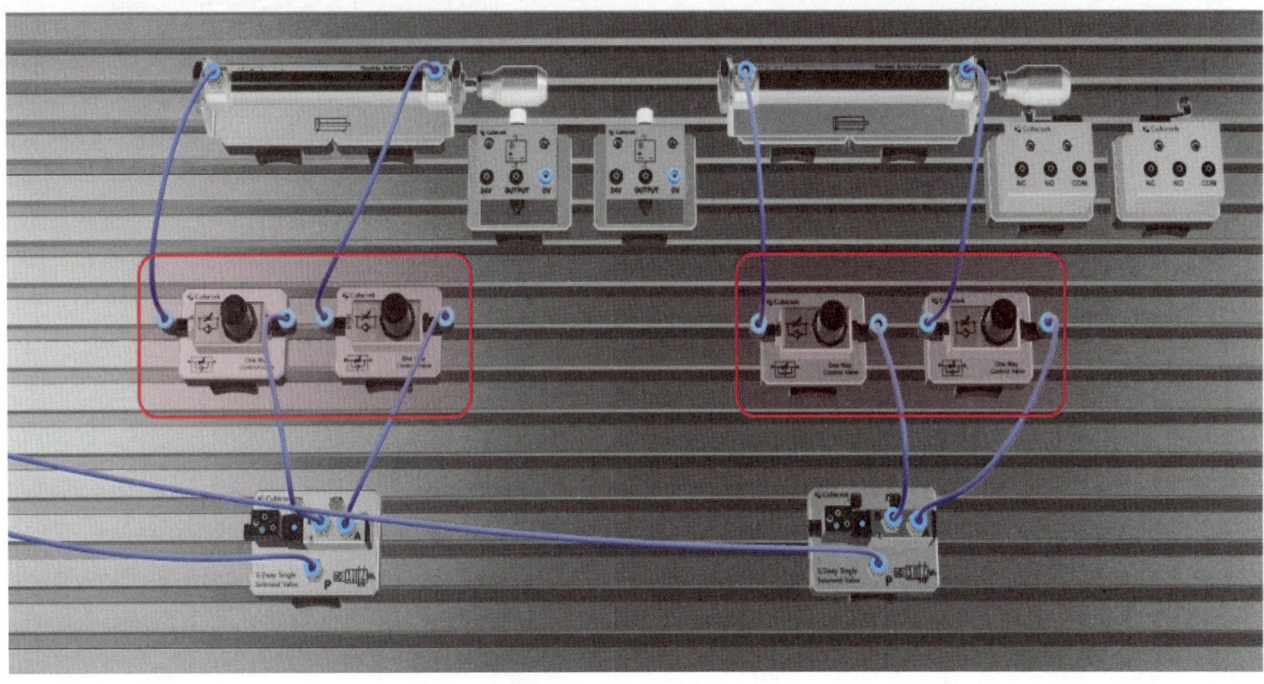

〈공개문제 12 기본제어동작〉

가. 기본제어동작

① 초기상태에서 리셋 스위치(PB2)를 ON-OFF한 후 시작 스위치(PB1)를 ON-OFF하면 다음 변위단계선도와 같이 동작합니다.

② 변위-단계선도

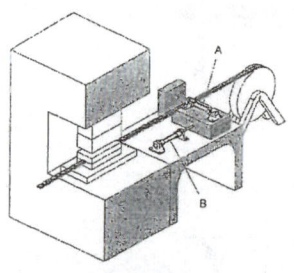
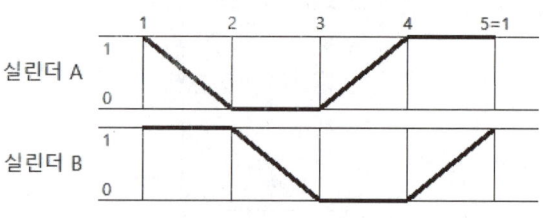

나. 공기압 회로도

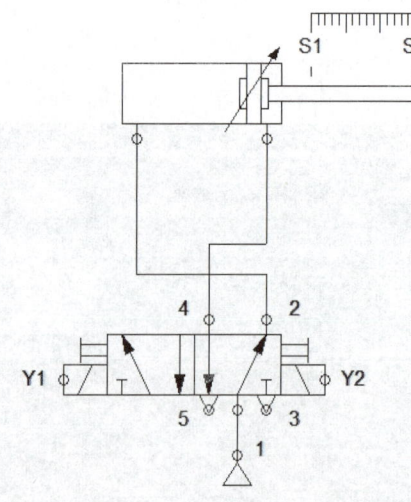
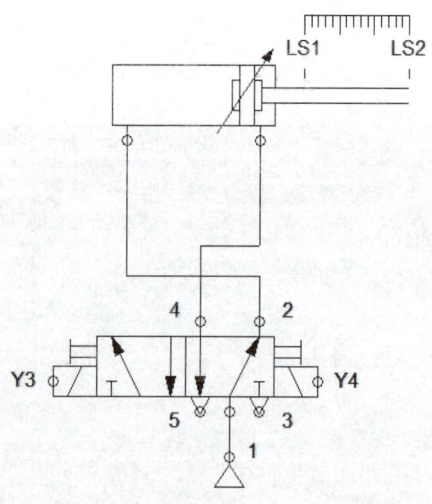

다. 전기 회로도

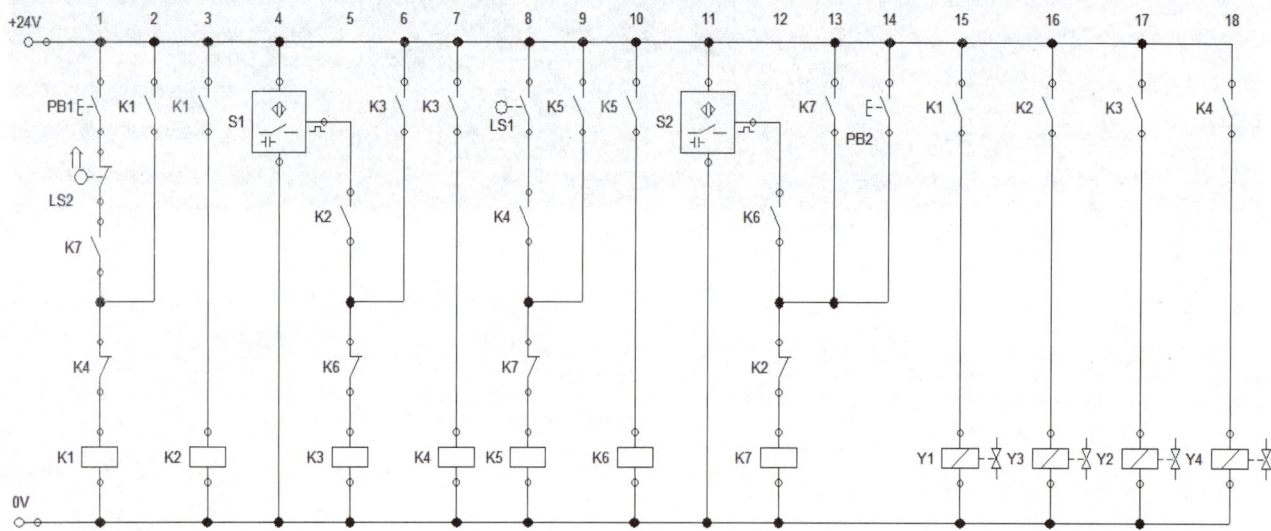

기본제어동작 ①
(오류수정 전)

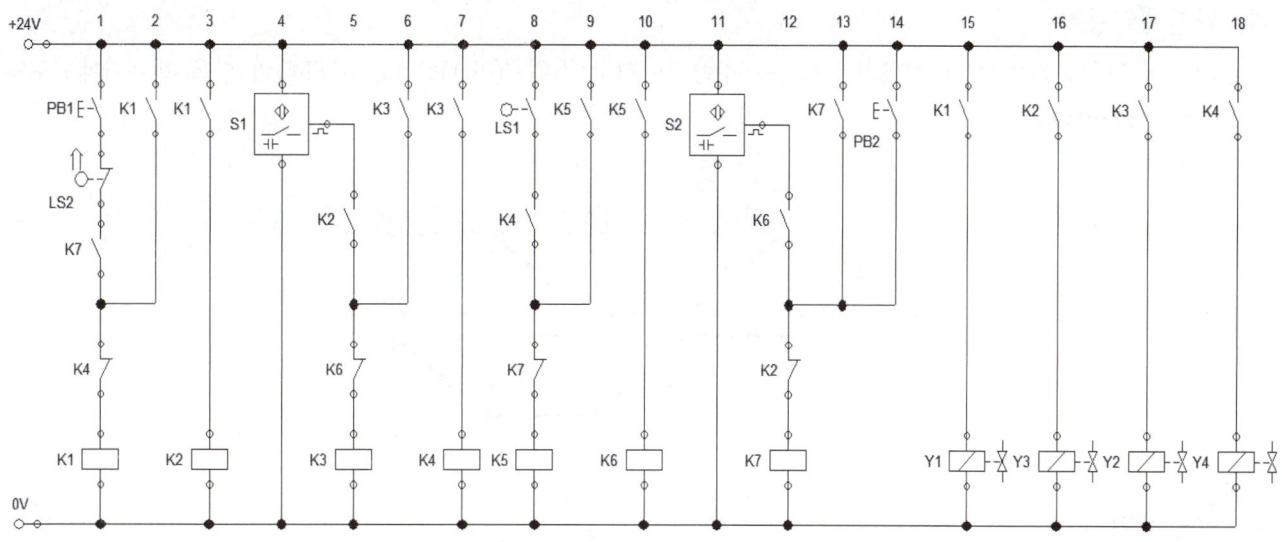

(기본제어동작 분석)

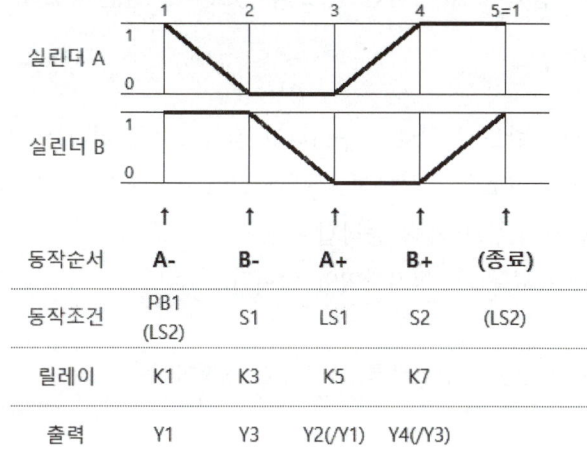

(공기압 회로도)
양솔/양솔 구성

(전기 회로도)
양솔방식으로 전기회로도 설계
입력(릴레이) - 인터록 처리

(오류 찾기)
① 동작조건 순서 및 접점확인
② (양솔)설계방식 논리 확인
③ 출력부 오류 확인

(오류수정 후)

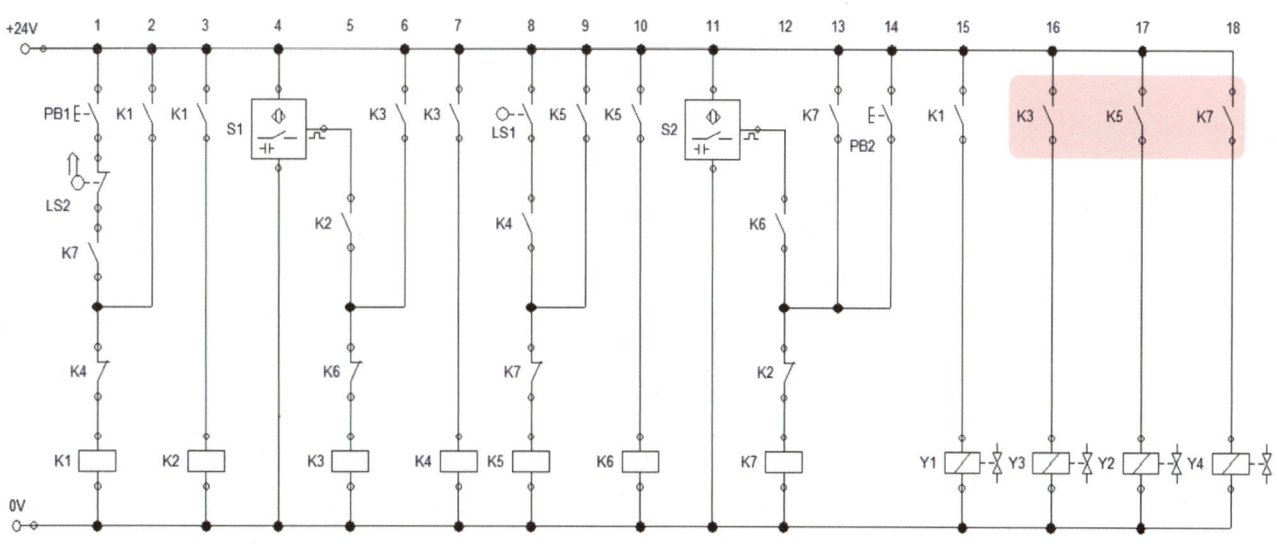

⟨공개문제 12 응용제어동작⟩

가. 기본제어동작

① 초기상태에서 리셋 스위치(PB2)를 ON-OFF한 후 시작 스위치(PB1)를 ON-OFF하면 다음 변위단계선도와 같이 동작합니다.

② 변위-단계선도

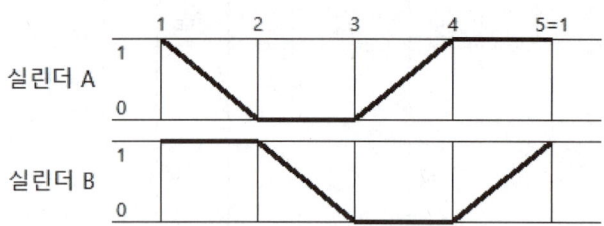

나. 응용제어동작

※ 기본제어동작을 다음 조건과 같이 변경하시오.

① 타이머를 사용하여 다음과 같이 동작되도록 해야 합니다.
　가) 실린더 A가 후진 완료 후 실린더 B가 후진하고, 실린더 A가 전진 완료 후 3초후에 실린더 B가 전진 완료하고 정지합니다.

② 기존의 시작 스위치, 리셋 스위치 외에 연속동작 스위치(반드시 회로를 구성하고 잠금장치 스위치는 사용불가)와 카운터를 사용하여 연속 사이클(반복 자동사이클) 회로를 구성하여 다음과 같이 동작되도록 합니다.
　가) 연속동작 스위치를 누르면 연속 사이클(반복 자동사이클)로 계속 동작합니다.
　나) 연속 사이클 횟수를 3회로 설정하고 그 사이클이 완료된 후 정지하여야 합니다.

③ 실린더 A는 전진속도, B는 후진속도를 조절하기 위한 meter-out회로를 구성하고 조정합니다.

가. 공기압 회로도

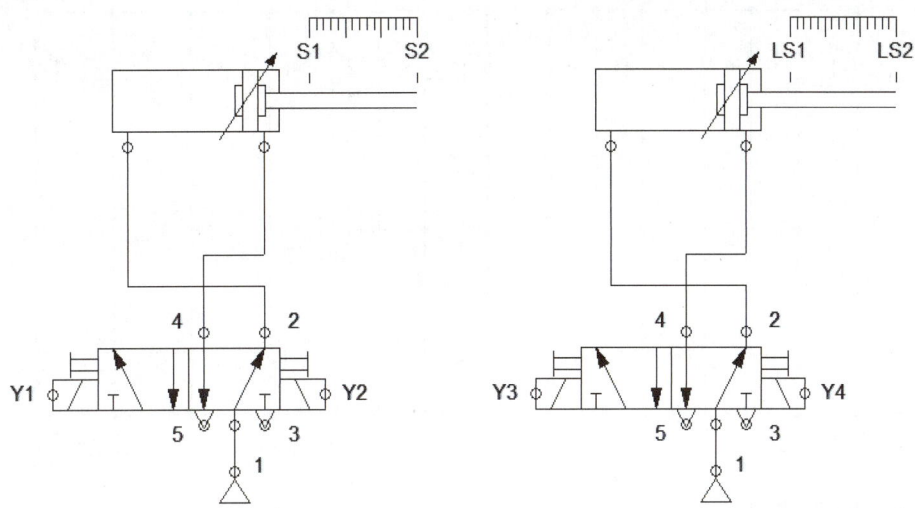

나. 전기 회로도

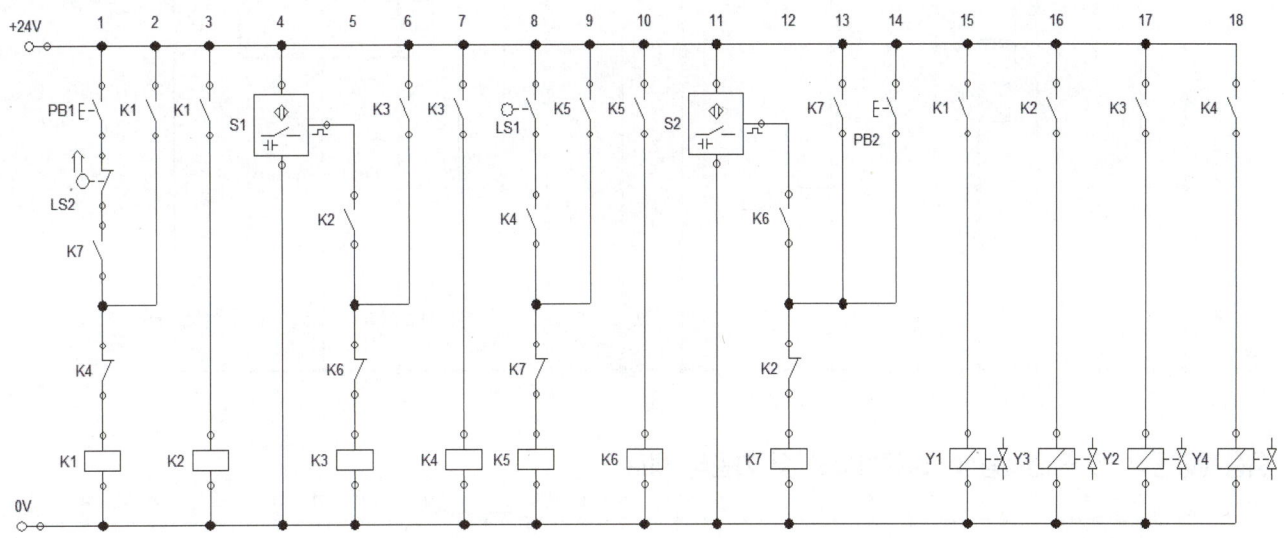

다. 전기회로도 오류 수정

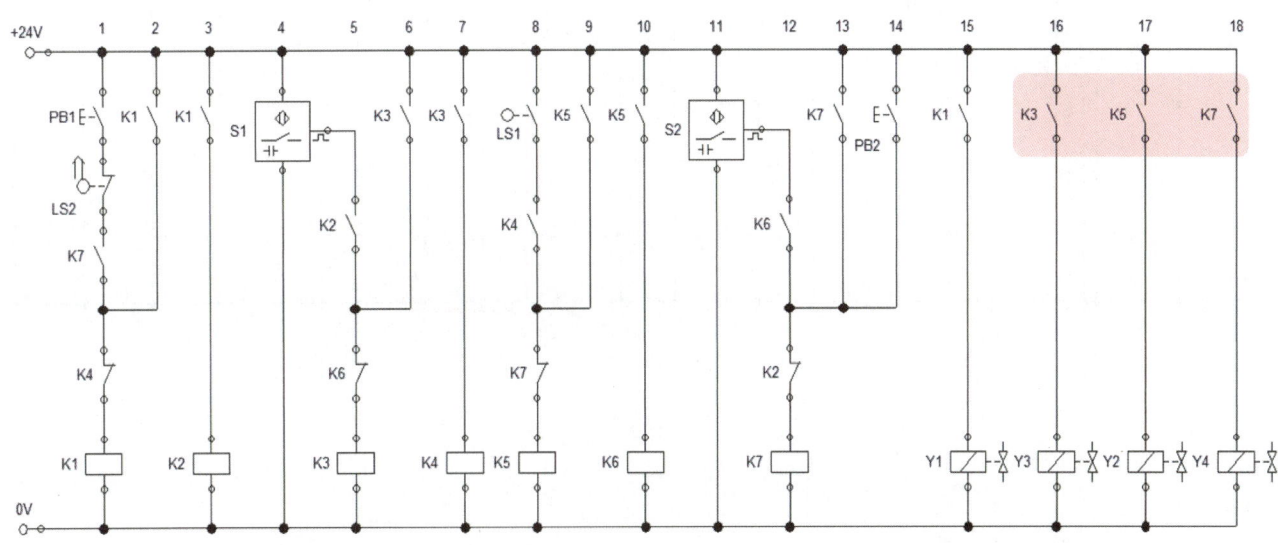

설비보전기사 실기

기본제어동작(오류수정)

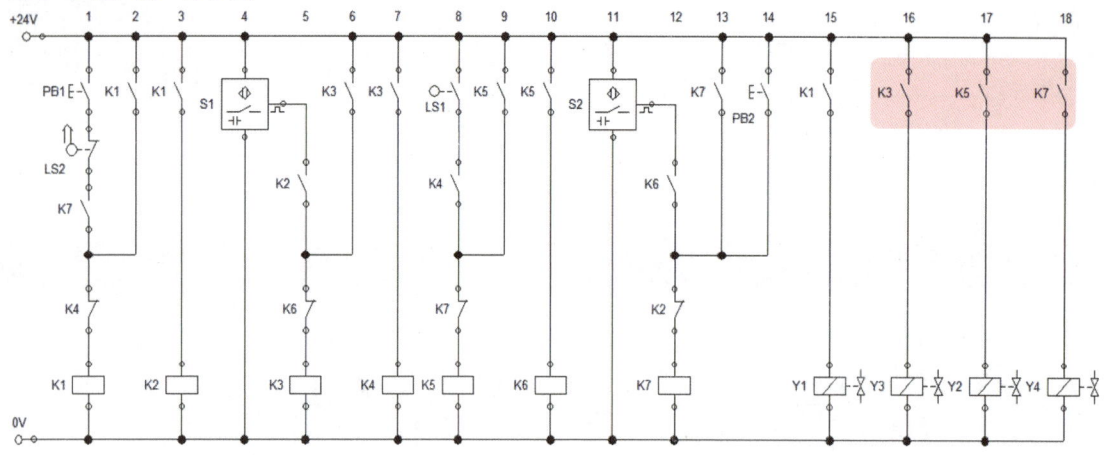

응용제어동작 ① – 타이머 회로

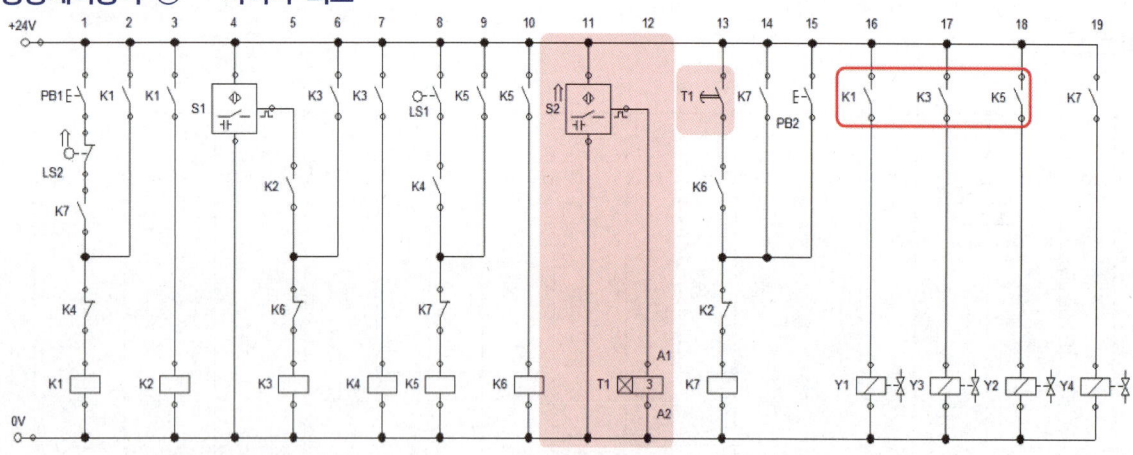

응용제어동작 ② – 연속동작 스위치(PB3) 및 카운터 회로

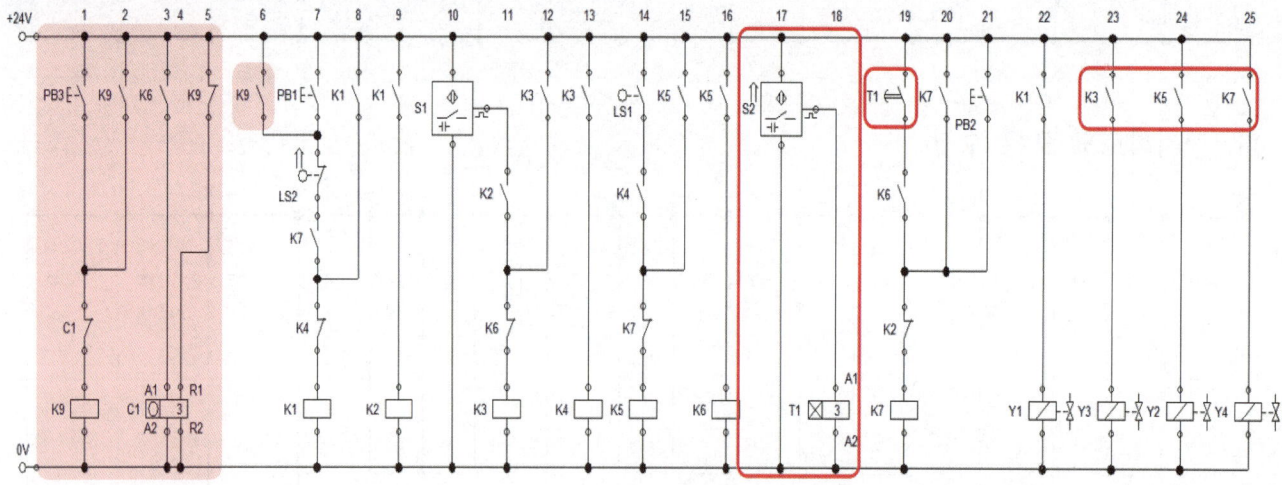

응용제어동작 ③

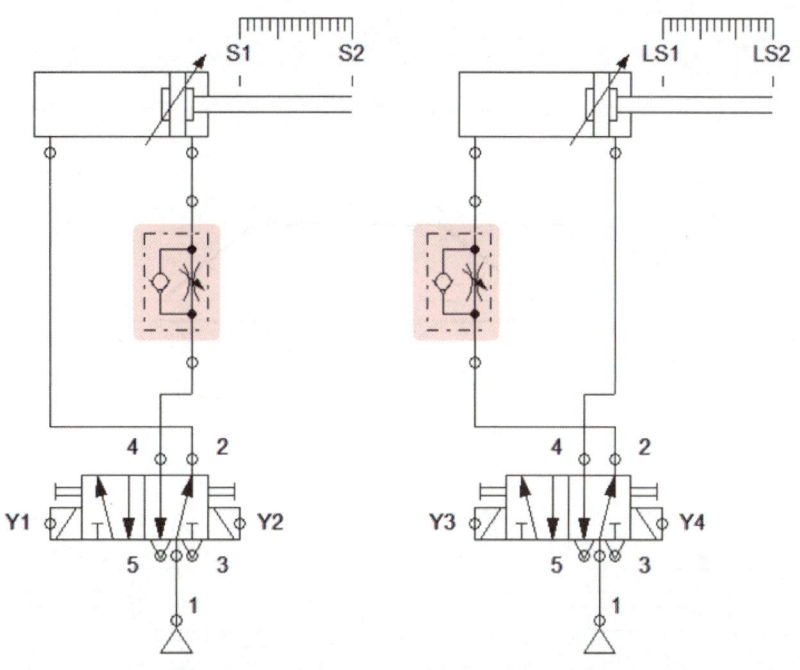

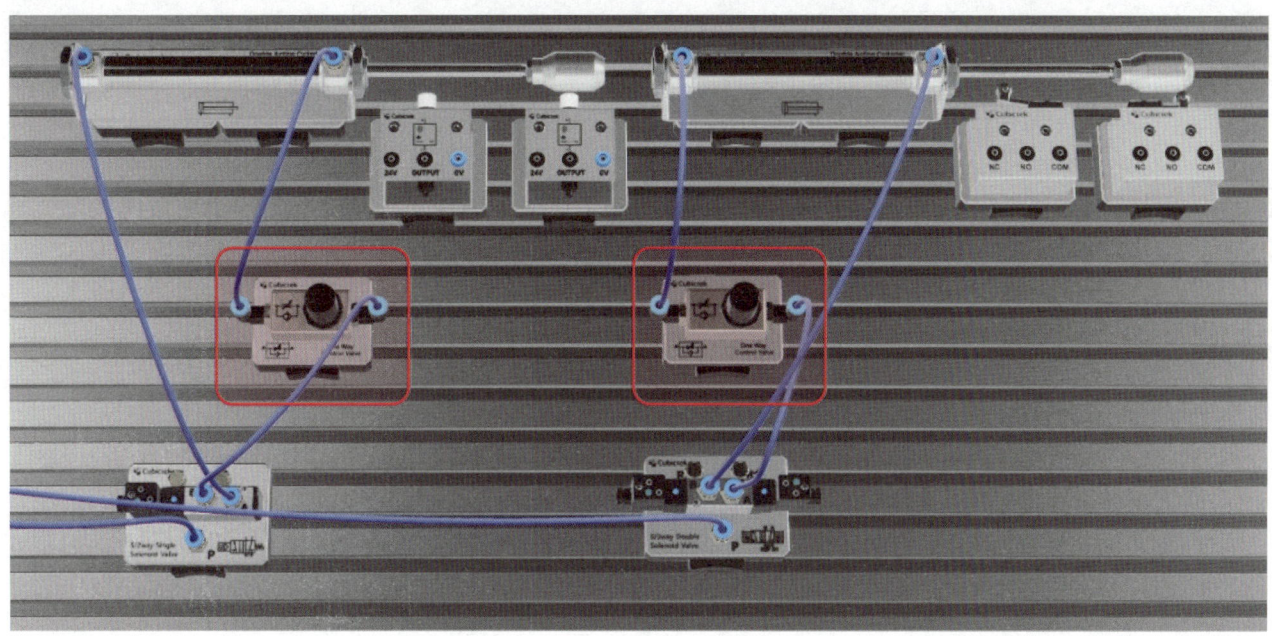

⟨공개문제 13 기본제어동작⟩

가. 기본제어동작

① 초기상태에서 시작 스위치(PB1)를 ON-OFF하면 아래 변위단계선도와 같이 동작합니다.

② 변위-단계선도

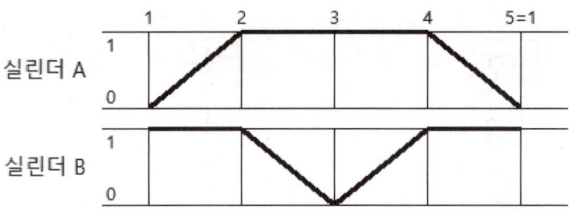

나. 공기압 회로도

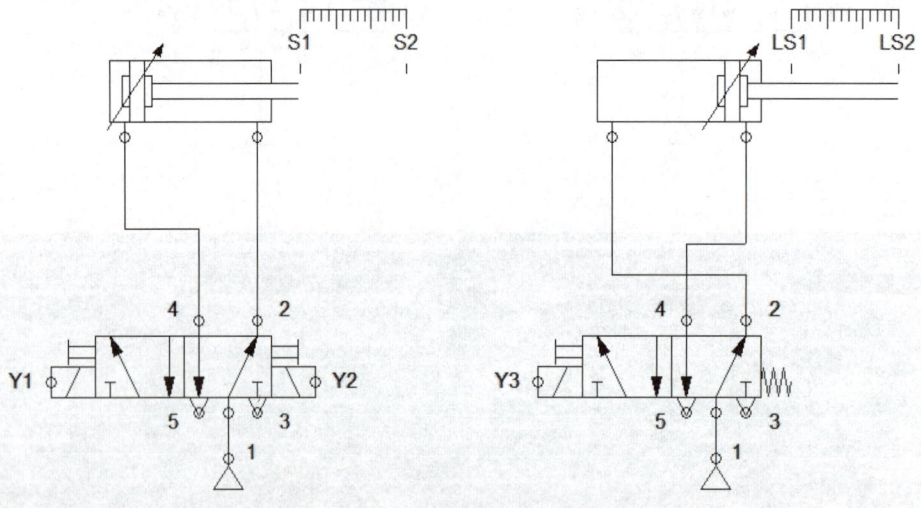

다. 전기 회로도

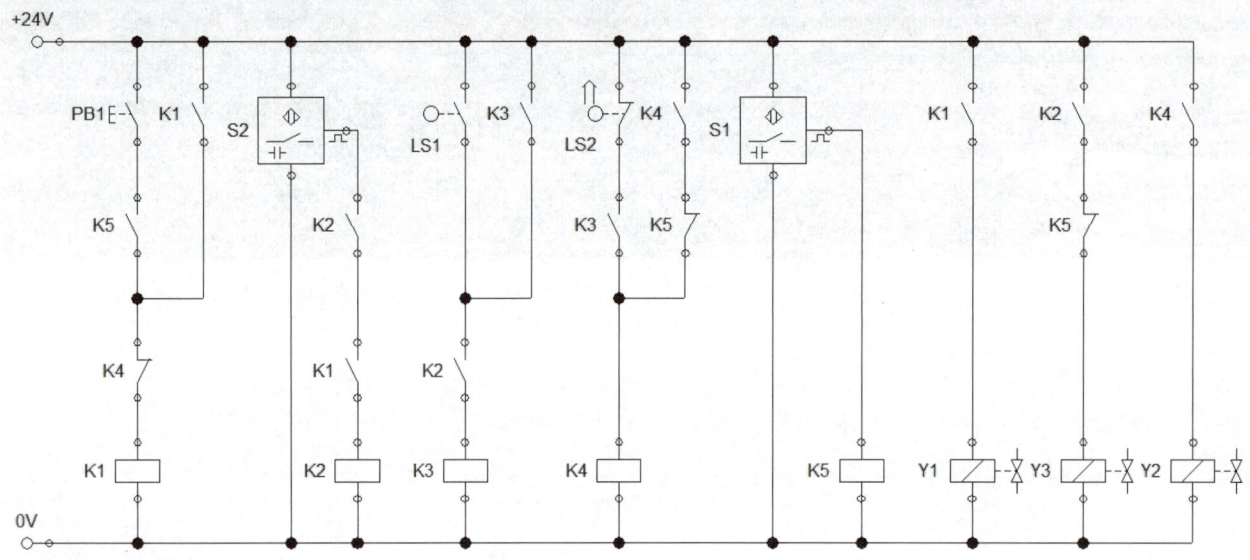

기본제어동작 ①
(오류수정 전)

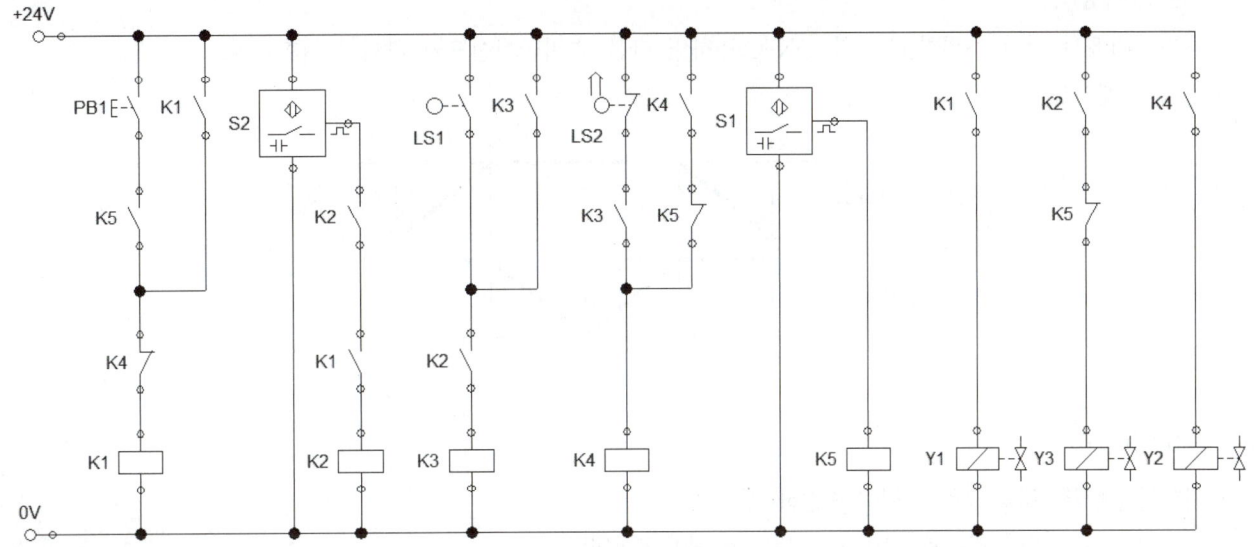

(기본제어동작 분석)

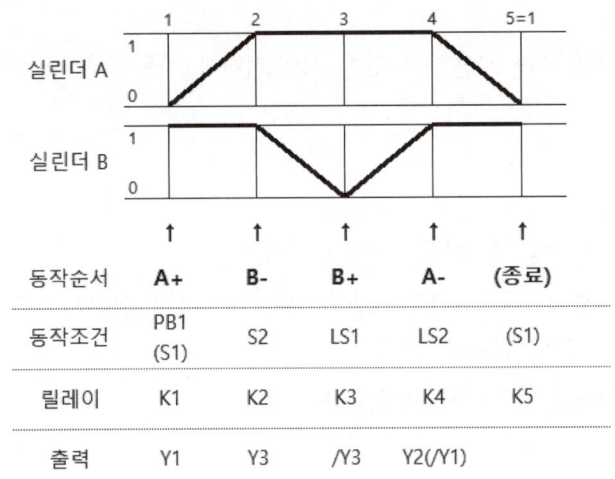

(공기압 회로도)
양솔/편솔 구성

(전기 회로도)
편솔방식으로 전기회로도 설계
출력 - 인터록 처리

(오류 찾기)
① 동작조건 순서 및 접점확인
② (편솔)설계방식 논리 확인
③ 출력부 오류 확인

(오류수정 후)

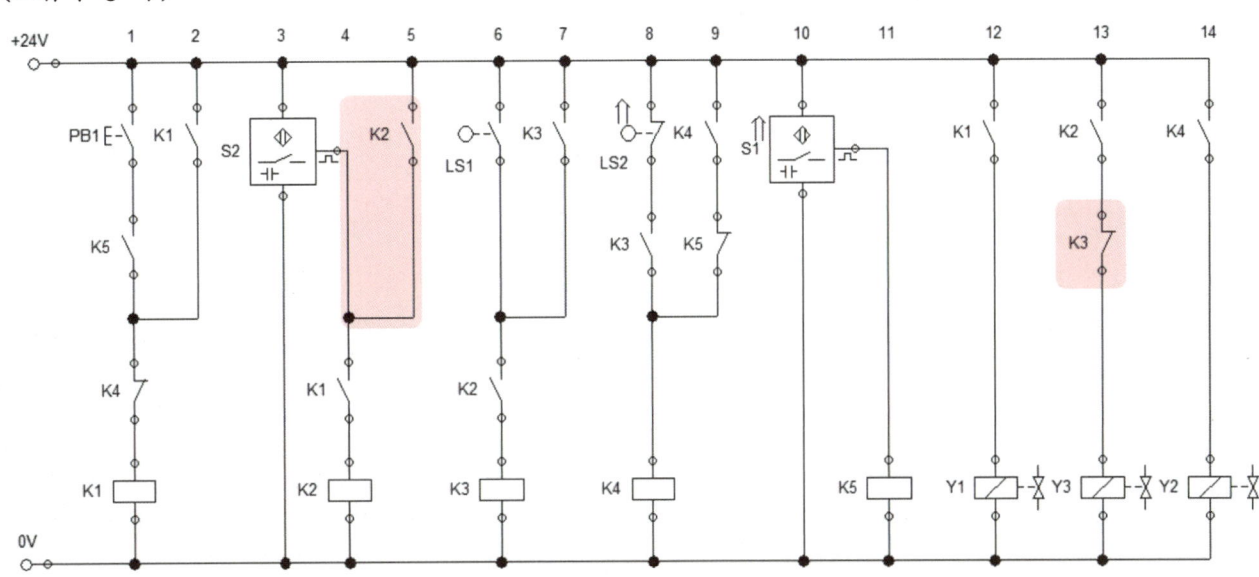

<공개문제 13 응용제어동작>

가. 기본제어동작
① 초기상태에서 시작 스위치(PB1)를 ON-OFF하면 다음 변위단계선도와 같이 동작합니다.
② 변위-단계선도

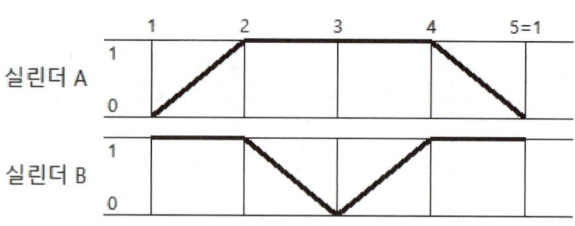

나. 응용제어동작
※ 기본제어동작을 다음 조건과 같이 변경하시오.
① 타이머를 사용하여 다음과 같이 동작되도록 해야 합니다.
　가) 실린더 A가 전진 완료 후 실린더 B가 후진하고, 실린더 B가 전진 완료 후 3초후에 실린더 A가 후진 완료하고 정지합니다.
② 기존의 시작 스위치 외에 연속동작 스위치(PB2)와 카운터를 사용하여 연속 사이클(반복 자동행정) 회로를 구성하여 다음과 같이 동작되도록 합니다.

　가) 연속동작 스위치를 누르면 연속 사이클(반복 자동사이클)로 계속 동작합니다.
　나) 연속 사이클 횟수를 3회로 설정하고 그 사이클이 완료된 후 정지하여야 합니다.
　다) 연속동작 중에 비상정지 스위치(PB3)를 누르면 실린더 A와 실린더 B 모두 후진하여 정지합니다.
　라) 카운터 리셋스위치(PB4)를 누르면 카운터는 0으로 리셋 되도록 합니다.
③ 실린더 A, B 전진속도를 조절하기 위한 meter-out회로를 구성하고 조정합니다.

가. 공기압 회로도

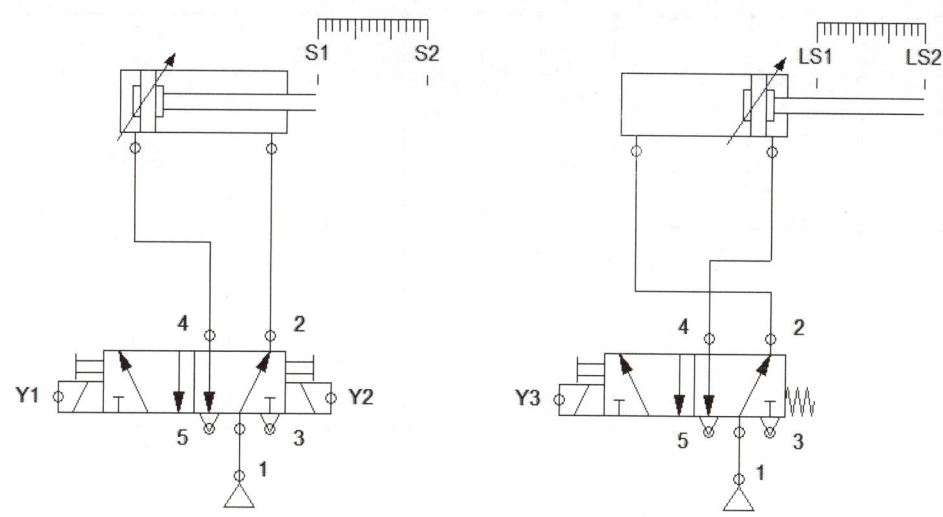

나. 전기 회로도

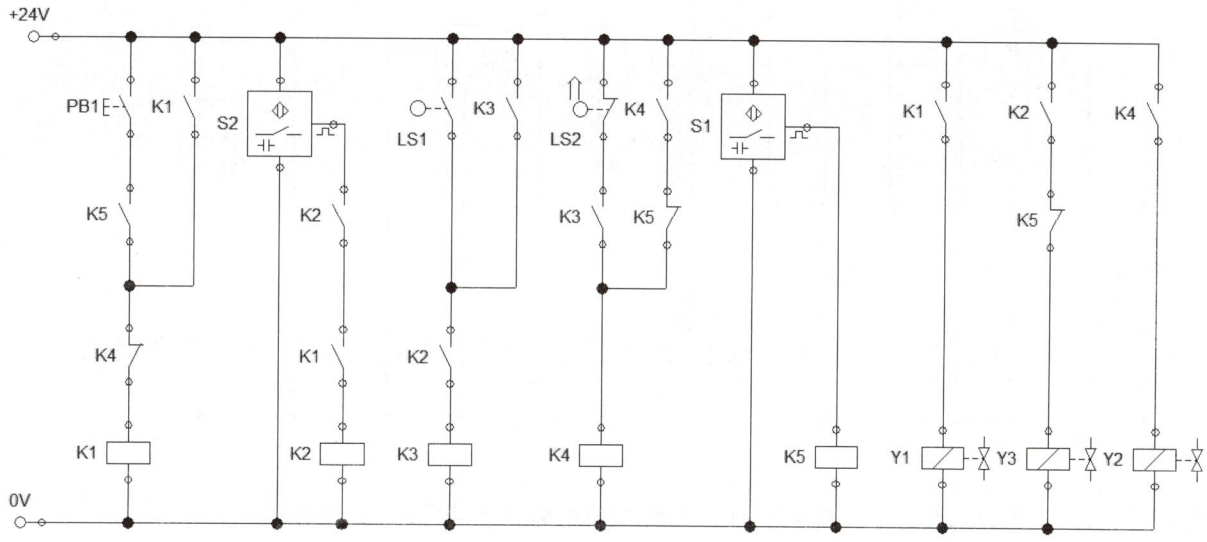

다. 전기회로도 오류 수정

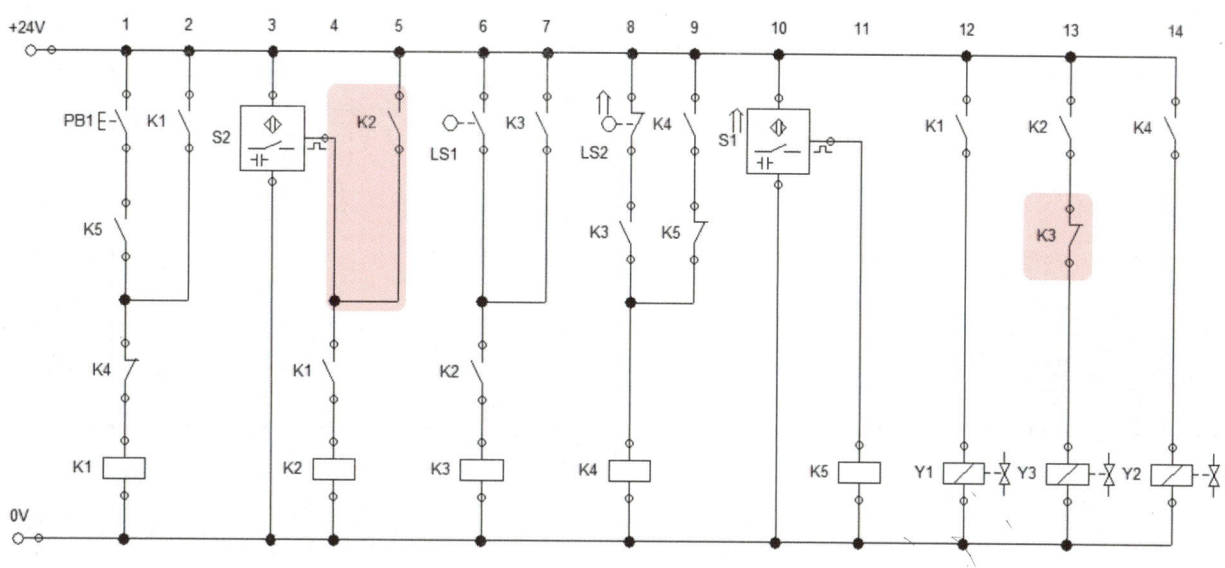

설비보전기사 실기

기본제어동작(오류수정)

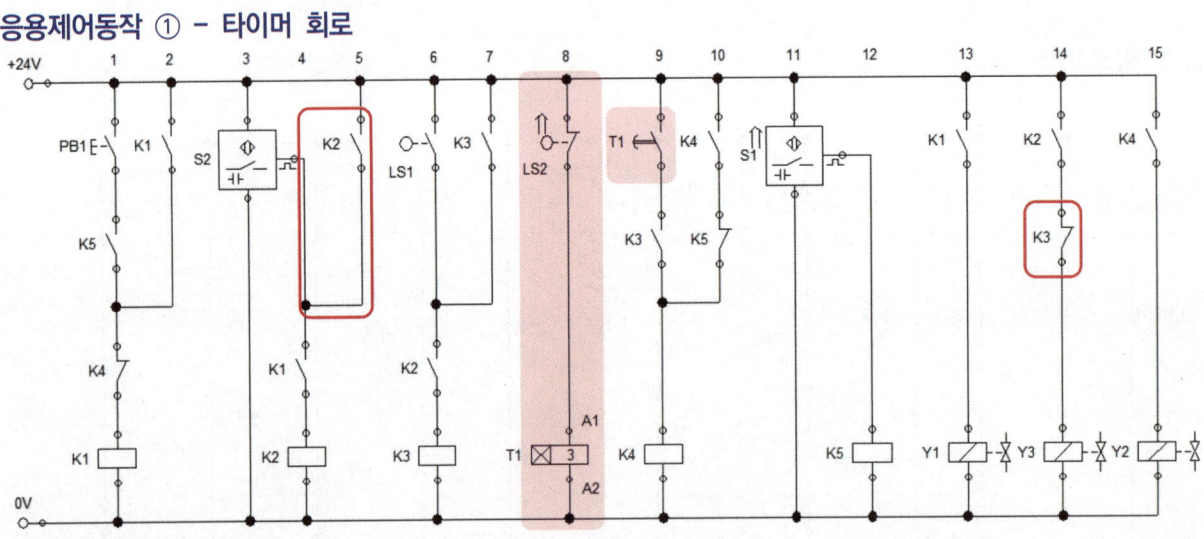

응용제어동작 ① - 타이머 회로

응용제어동작 ② - 연속시작(PB2) / 카운터 회로 / 비상정지(PB3) / 카운터 리셋(PB4)

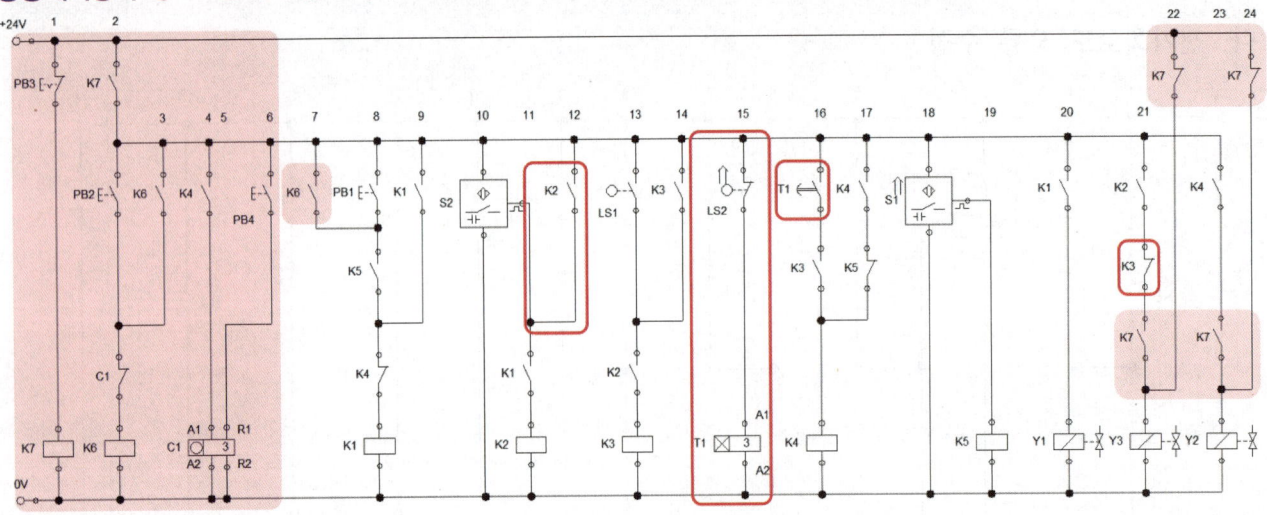

응용제어동작 ③

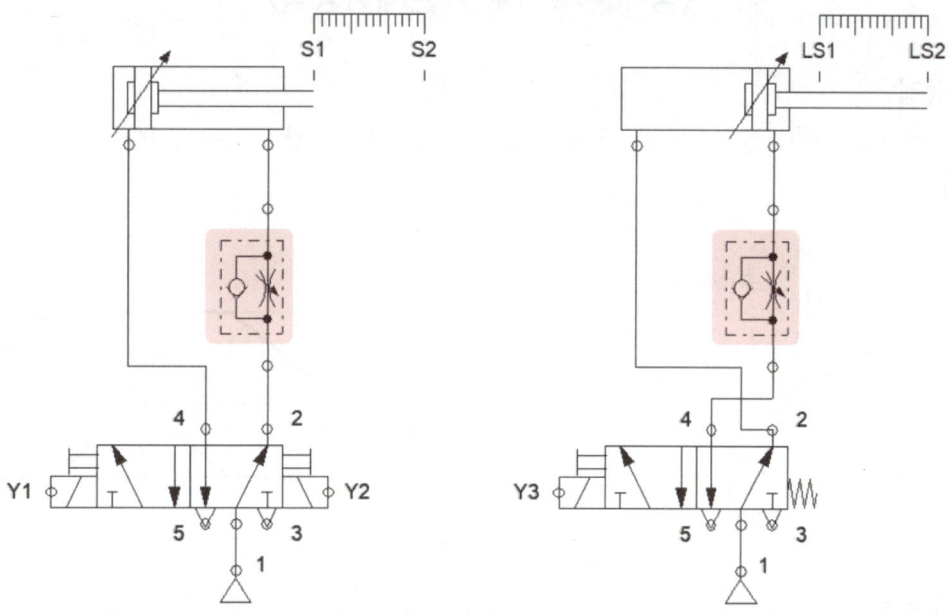

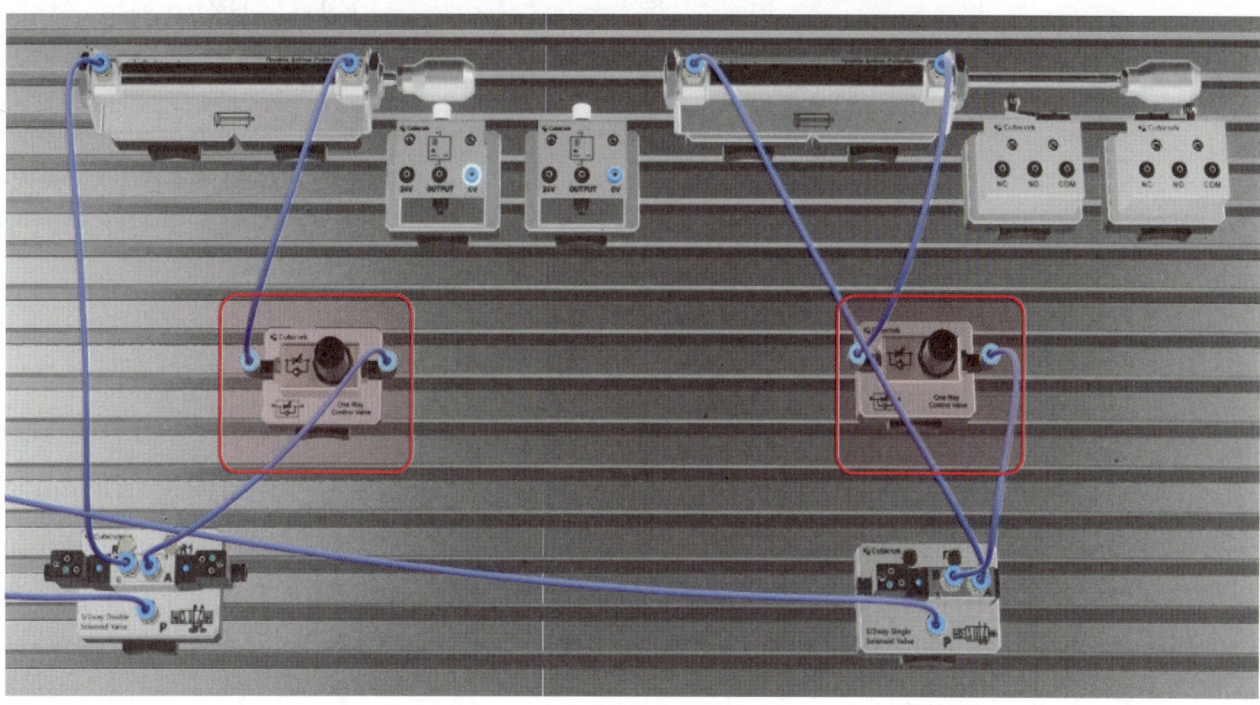

⟨공개문제 14 기본제어동작⟩

가. 기본제어동작

① 초기상태에서 PB1 스위치를 ON-OFF 하면 다음 변위단계선도와 같이 동작합니다.
② 변위-단계선도

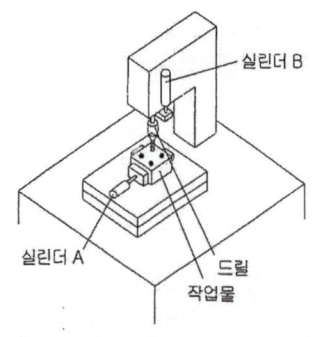

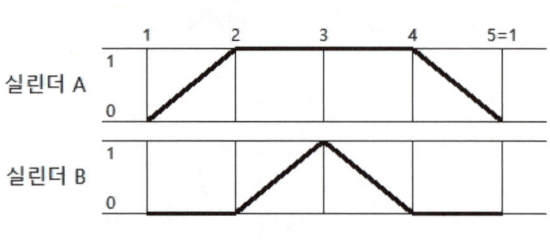

나. 공기압 회로도

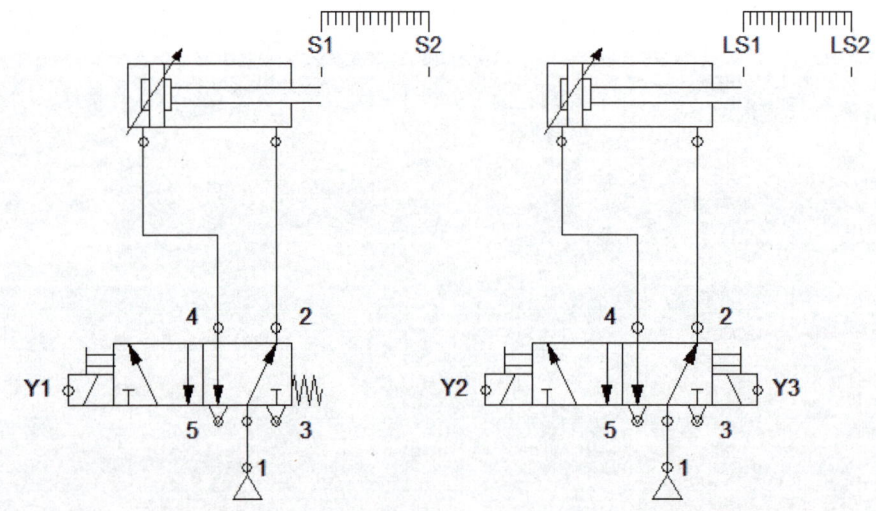

다. 전기 회로도

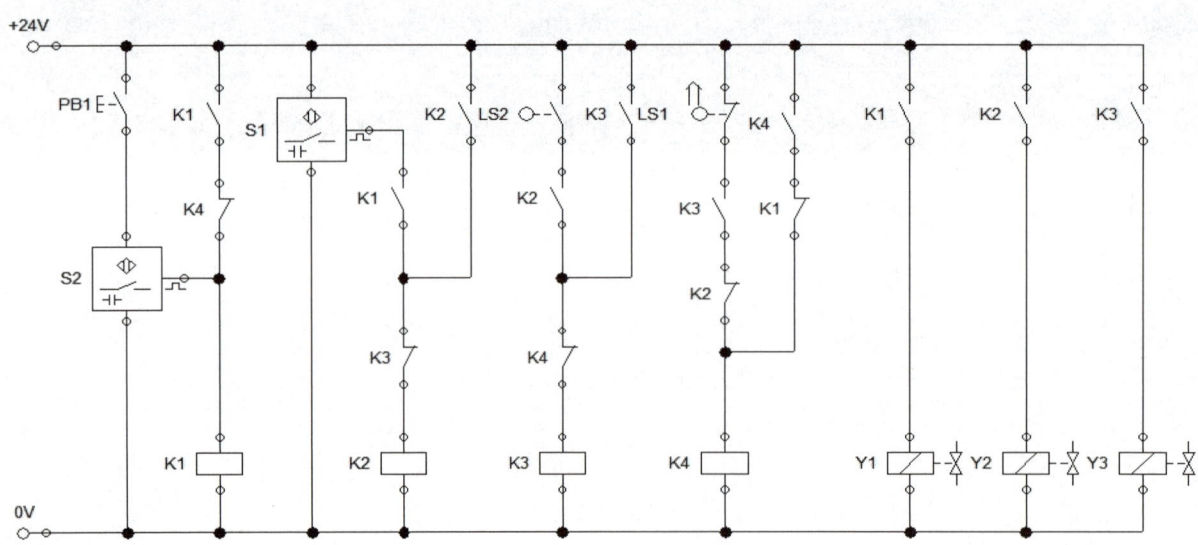

기본제어동작 ①
(오류수정 전)

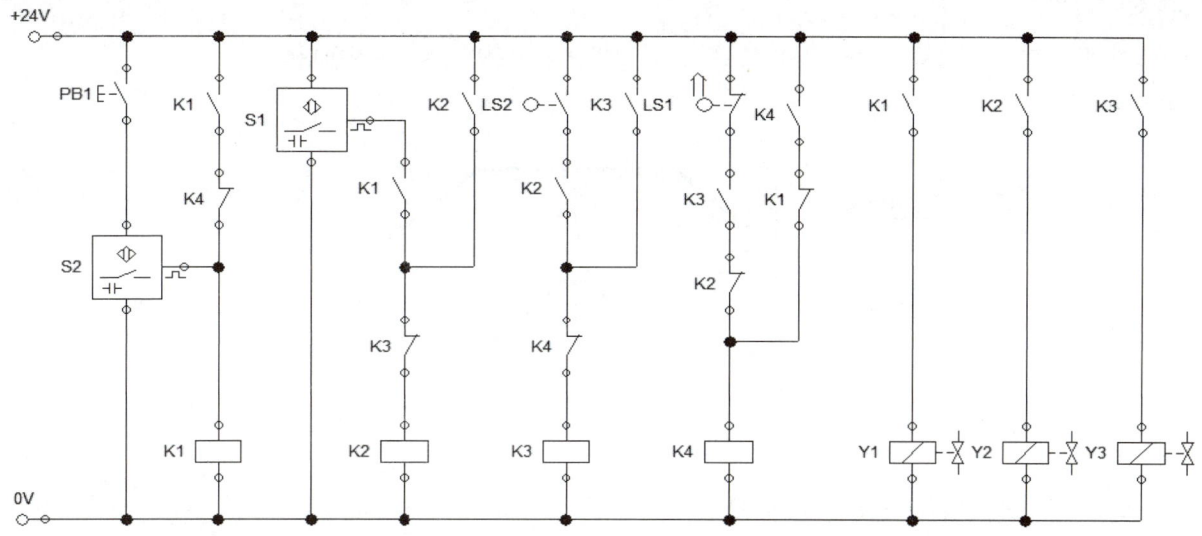

(기본제어동작 분석)

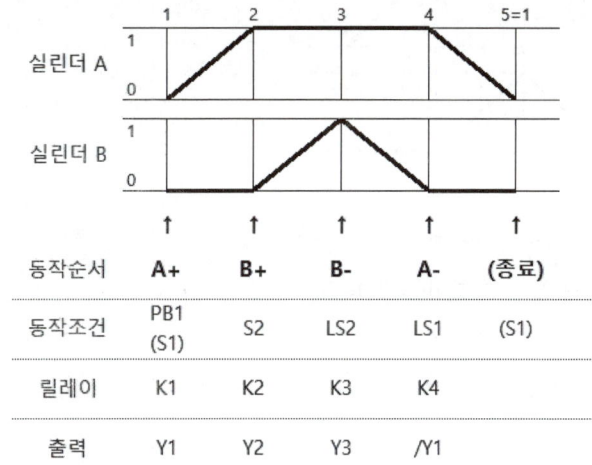

(공기압 회로도)
편솔/양솔 구성

(전기 회로도)
양솔방식으로 전기회로도 설계
입력(릴레이) - 인터록 처리

(오류 찾기)
① 동작조건 순서 및 접점확인
② (양솔)설계방식 논리 확인
③ 출력부 오류 확인

(오류수정 후)

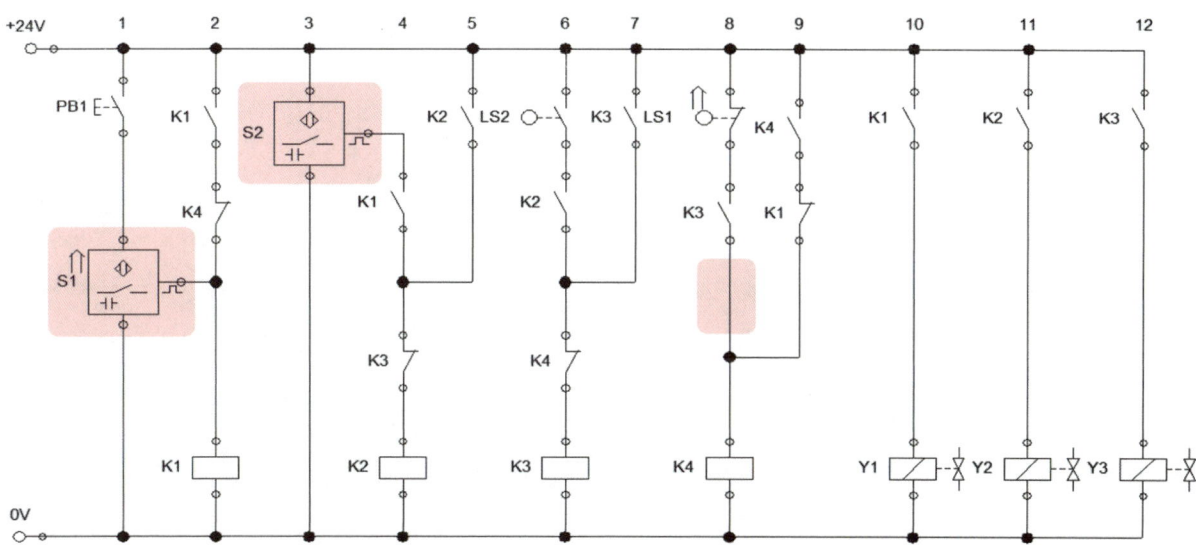

Chapt. 1 설비보전 기사 공압실습 | 253

⟨공개문제 14 응용제어동작⟩

가. 기본제어동작
① 초기상태에서 PB1 스위치를 ON-OFF 하면 다음 변위단계선도와 같이 동작합니다.
② 변위-단계선도

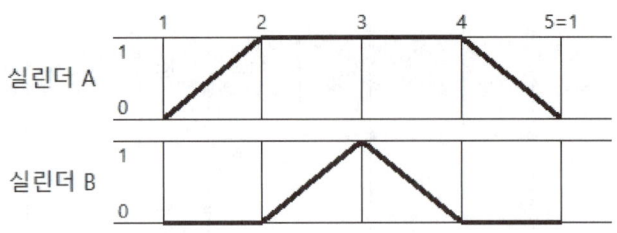

나. 응용제어동작
※ 기본제어동작을 다음 조건과 같이 변경하시오.
① 기존 회로에 타이머를 사용하여 다음 변위단계선도와 같이 동작되도록 합니다.

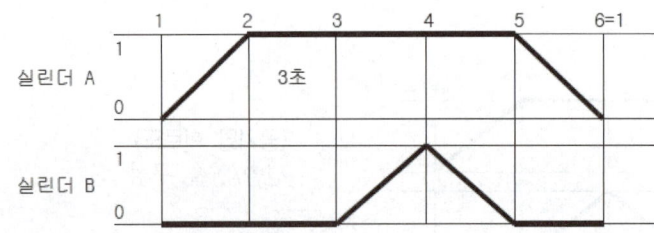

② 연속스위치와 비상 스위치를 추가하여 다음과 같이 동작하도록 합니다.
　가) 연속 스위치를 선택하면 기본제어동작이 연속 사이클로 동작되어야 합니다.
　나) 연속 작업에서 비상 스위치가 동작되면 모든 실린더는 후진되어야 합니다.
　다) 비상 스위치를 해제하면 시스템은 초기화되어야 합니다.

③ 실린더 A의 전·후진 속도와 실린더 B의 전·후진 속도를 조절할 수 있도록 배기공기교축(meter-out)회로를 추가합니다.

가. 공기압 회로도

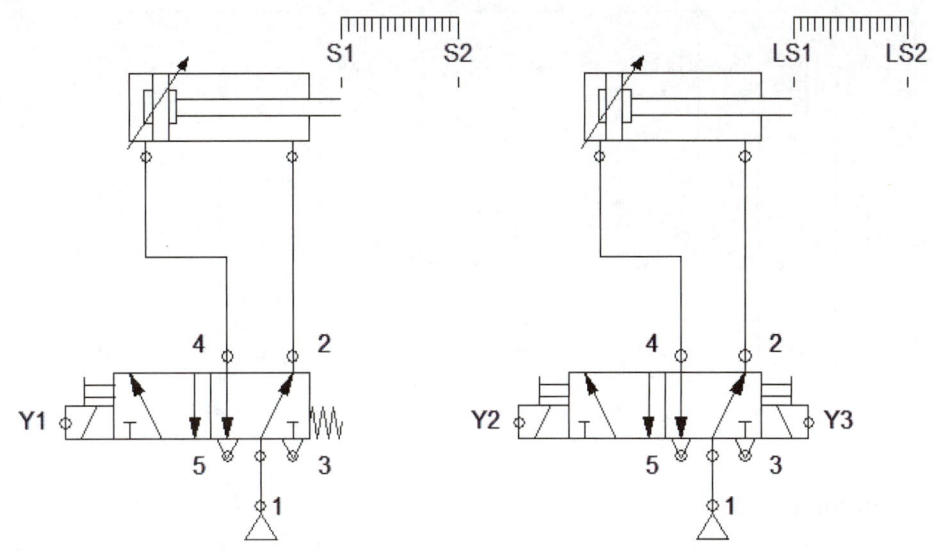

나. 전기 회로도

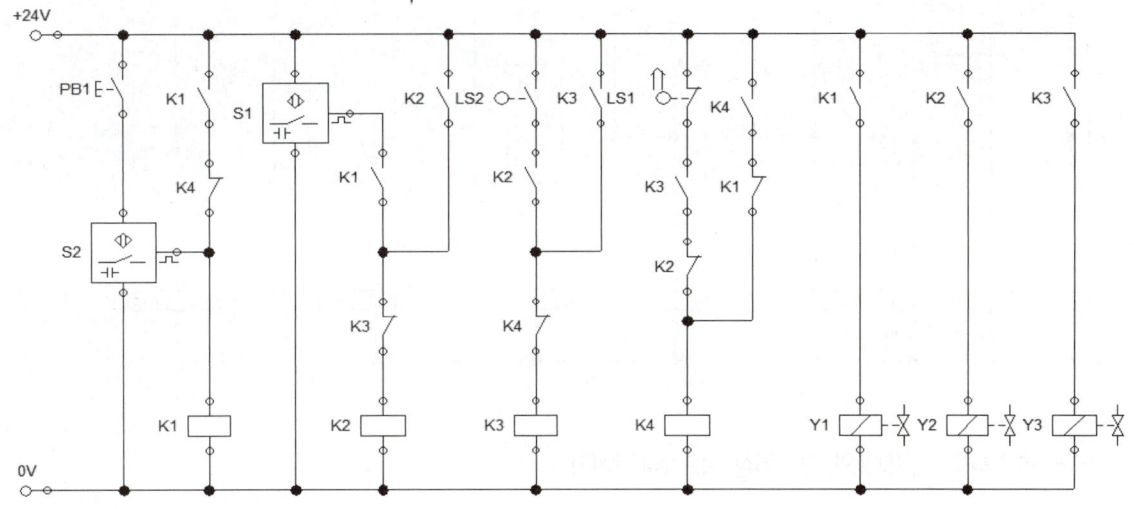

다. 전기회로도 오류 수정

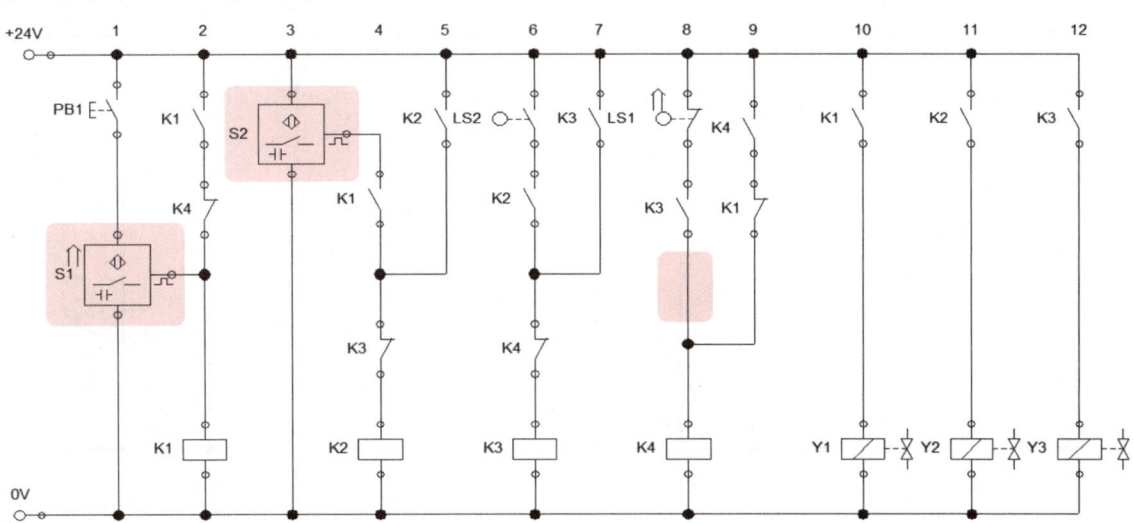

기본제어동작(오류수정)

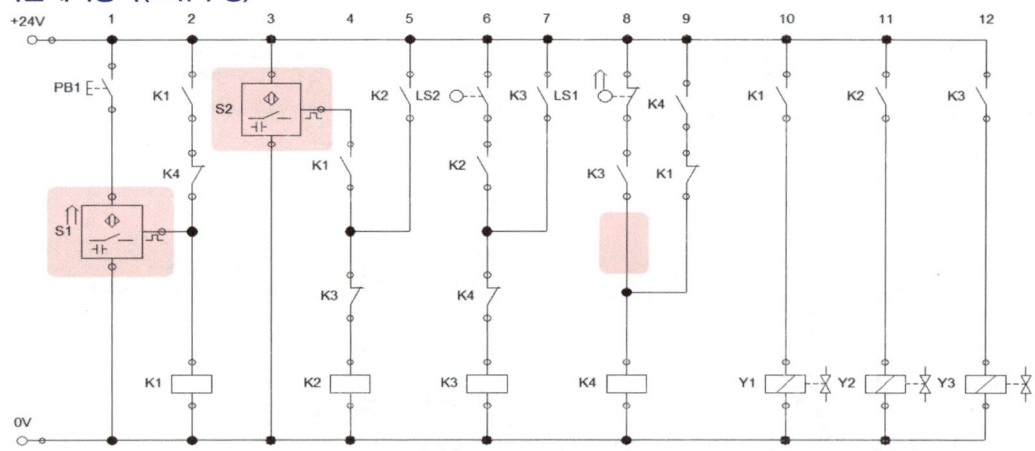

응용제어동작 ① - 타이머 회로

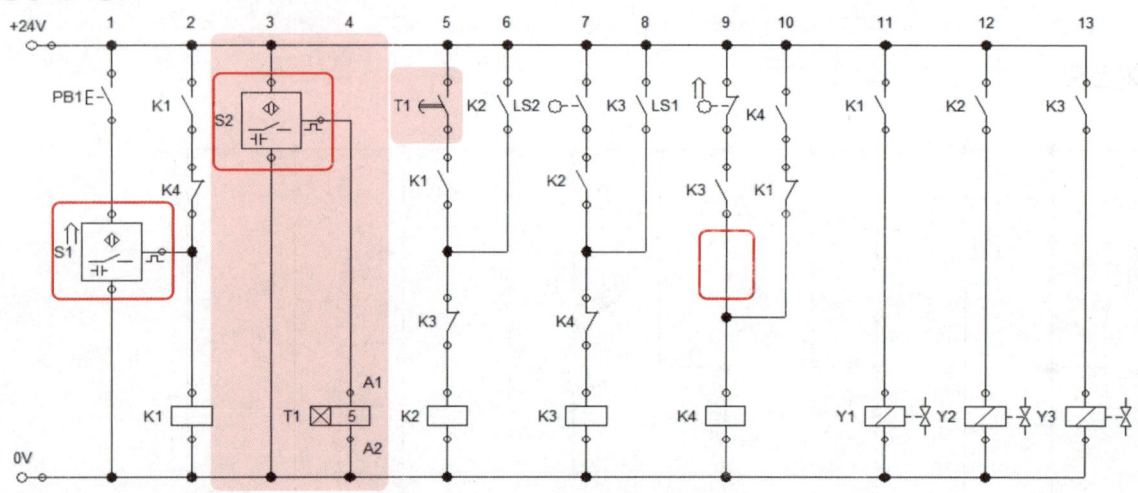

응용제어동작 ② - 연속시작 스위치(PB2), 비상 스위치(EMG)

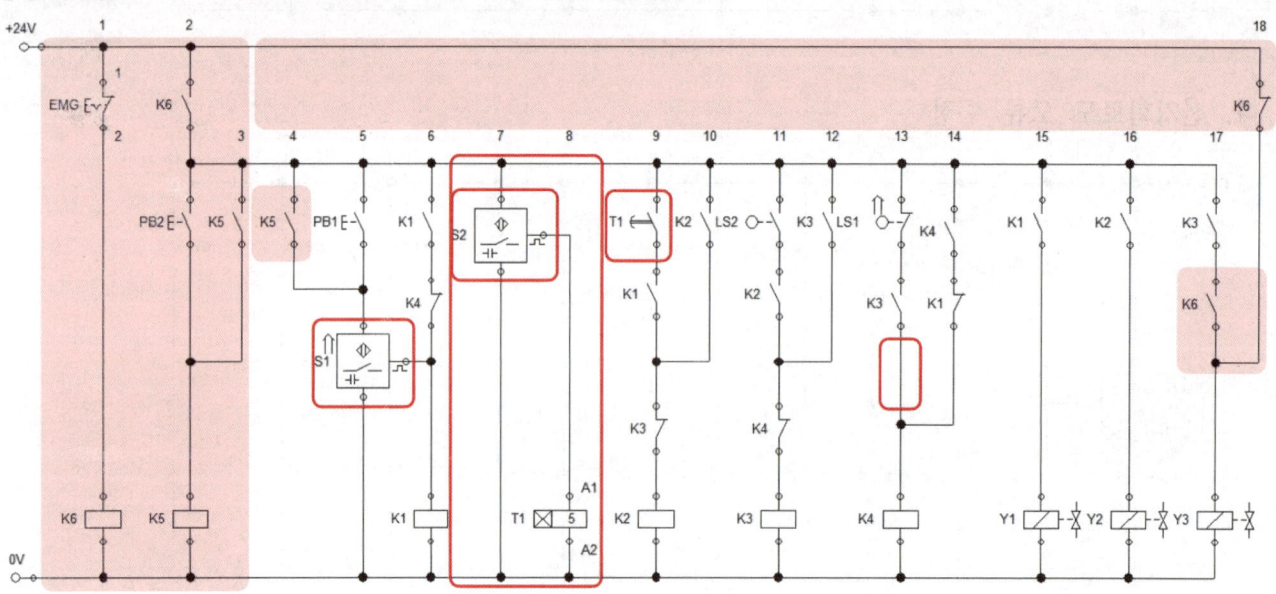

응용제어동작 ③ - 미터아웃 회로(A전후진, B전후진)

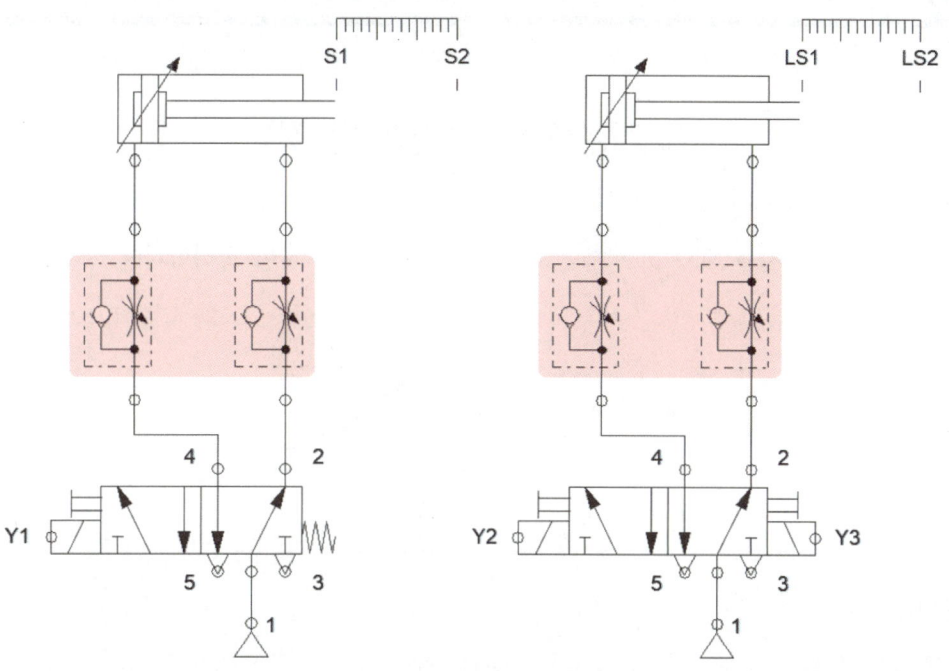

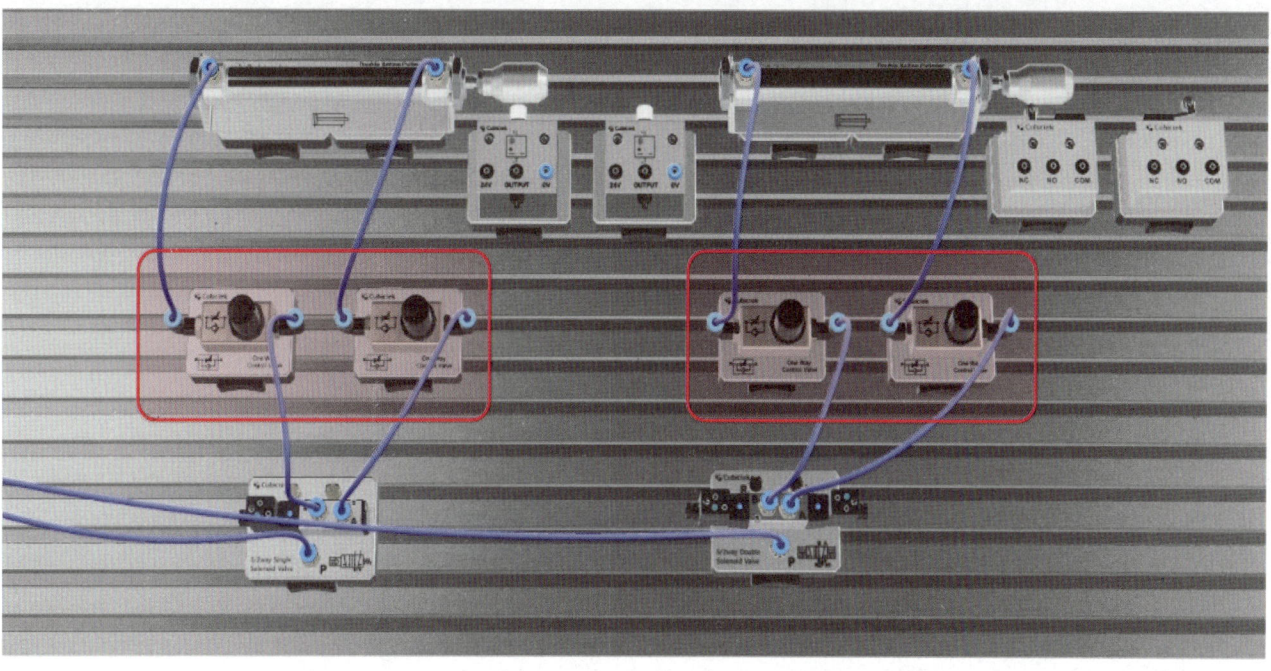

Chapter 2 설비보전 기사 유압실습

〈공개문제 01 기본제어동작〉

가. 기본제어동작
① 초기상태에서 PB1 스위치를 ON-OFF 하면 다음 변위단계선도와 같이 동작합니다.
② 변위-단계선도

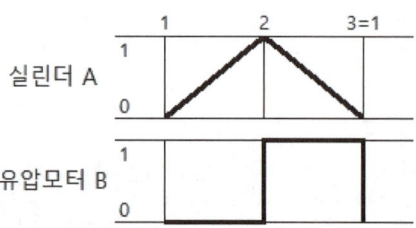

나. 유압 회로도

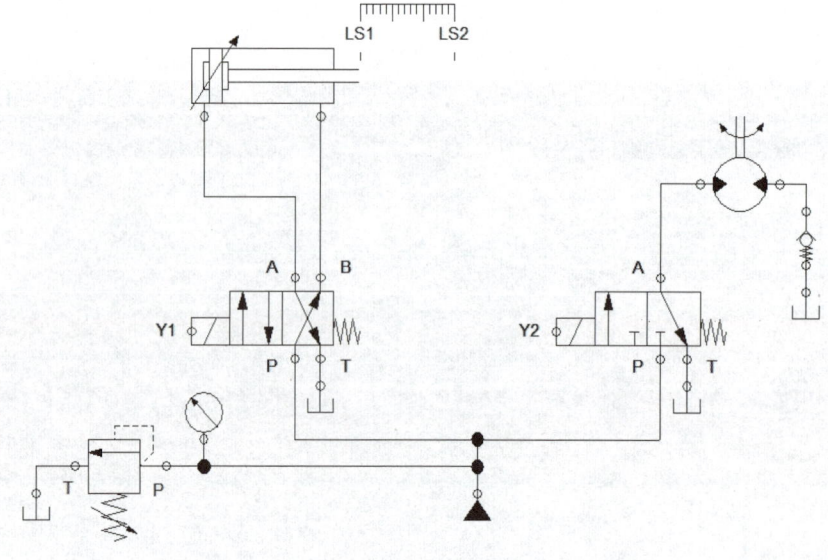

다. 전기 회로도

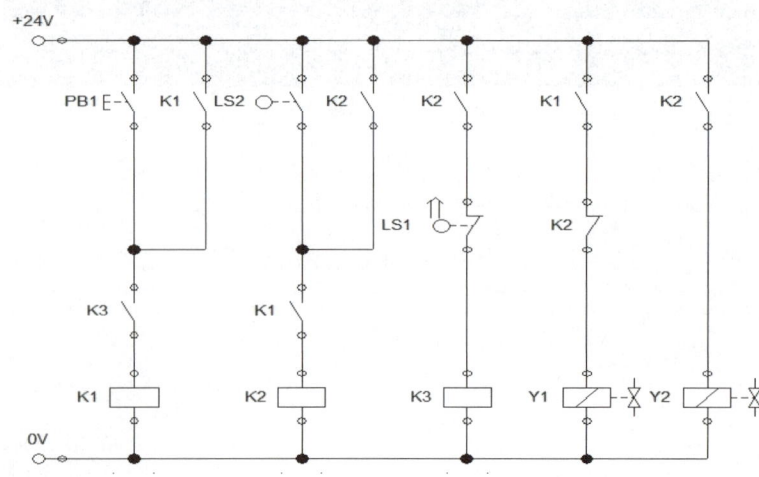

기본제어동작 ①
(오류수정 전)

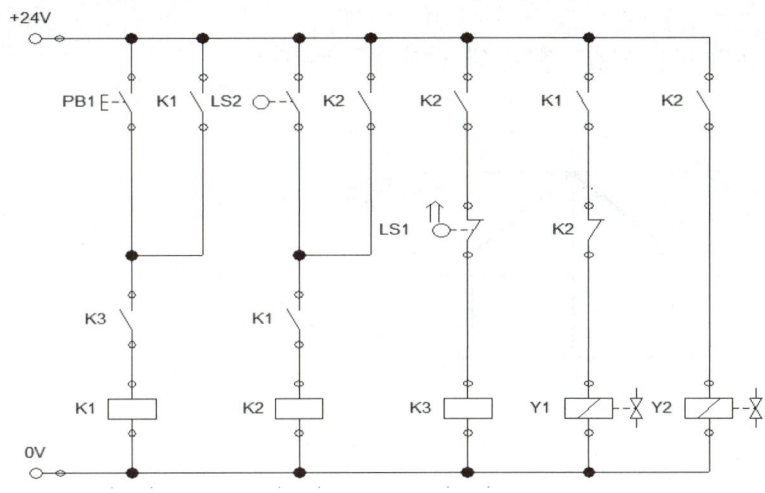

(기본제어동작 분석)

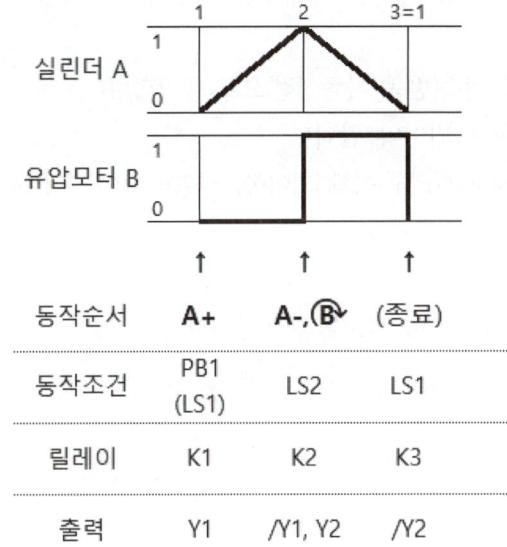

(유압 회로도)
편솔/편솔 구성

(전기 회로도)
편솔방식으로 전기회로도 설계
출력 - 인터록 처리

(오류 찾기)
① 동작조건 순서 및 접점확인
② (편솔)설계방식 논리 확인
③ 출력부 오류 확인

(오류수정 후)

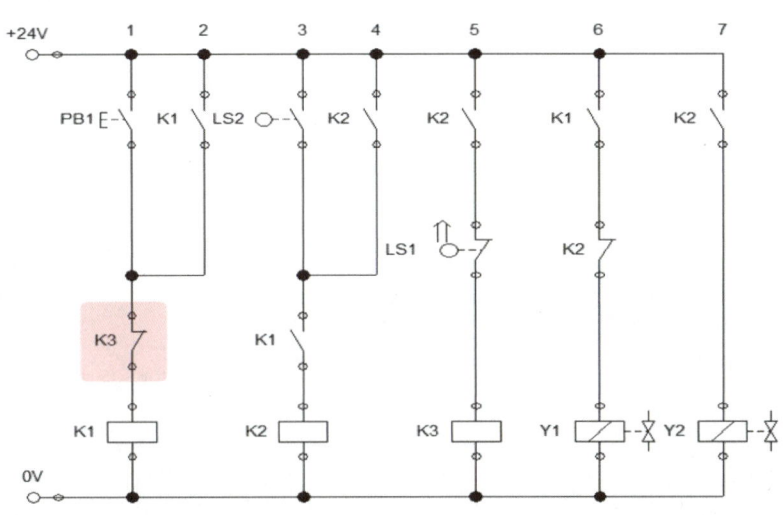

〈공개문제 01 응용제어동작〉

1) 기본제어동작

① 초기상태에서 PB1 스위치를 ON-OFF 하면 다음 변위단계선도와 같이 동작합니다.

② 변위-단계선도

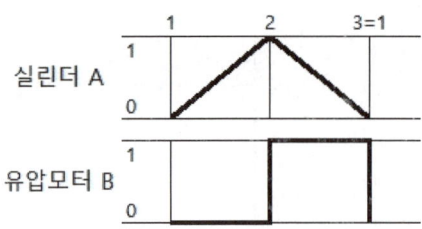

2) 응용제어동작

※ 기본제어동작을 다음 조건과 같이 변경하시오.

① 누름버튼 스위치(PB2)(유지형 스위치 사용 가능)와 압력스위치(PS) 및 기타 부품을 추가하여 다음과 같이 동작되도록 합니다.

　가) 누름버튼 스위치(PB2)를 한번 누르면 기본제어 동작이 연속(반복 자동행정)으로 동작합니다.

　나) 누름버튼 스위치(PB2)를 다시 누르면 모두 초기상태가 되어야 합니다.

　다) 실린더 A가 전진 완료 후 전진측 공급압력이 3MPa(30kgf/cm^2)이상 되어야, 실린더 A가 후진되고 유압모터 B가 회전하도록 압력스위치를 사용하여 회로를 구성합니다.

② 실린더 A의 후진속도가 7초가 되도록 meter-out회로를 구성하여 속도를 조정합니다.

가. 유압 회로도

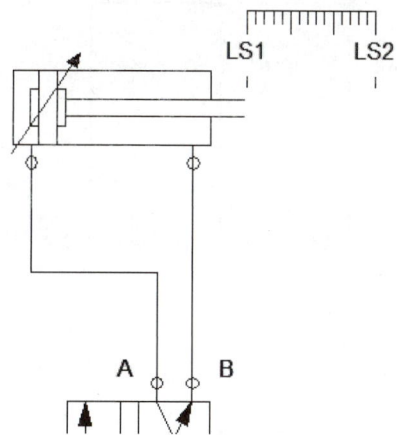

나. 전기 회로도

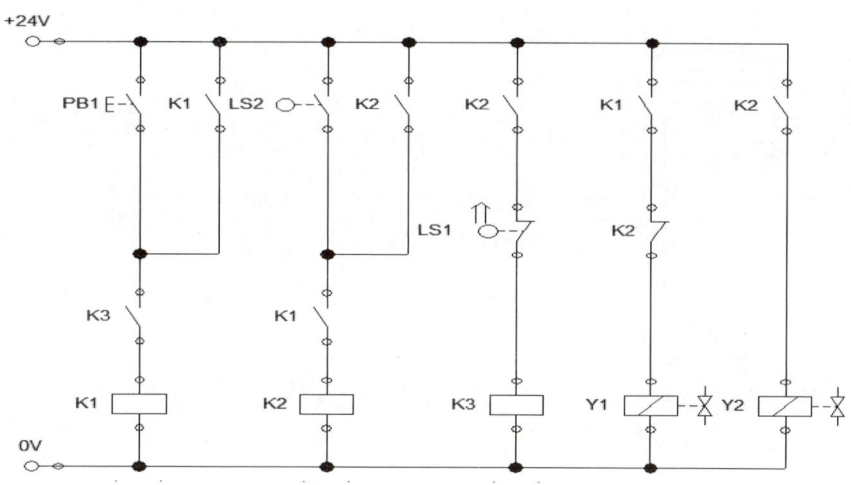

다. 전기 회로도 오류 수정

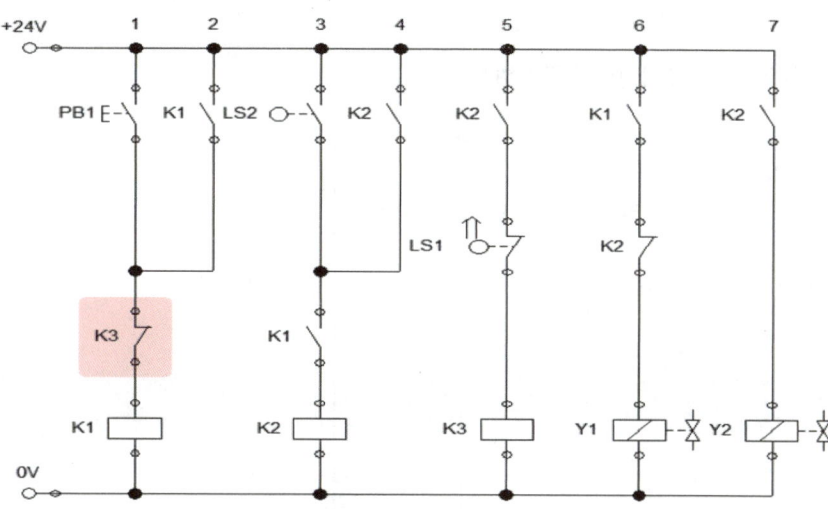

설비보전기사 실기

기본제어동작(오류수정)

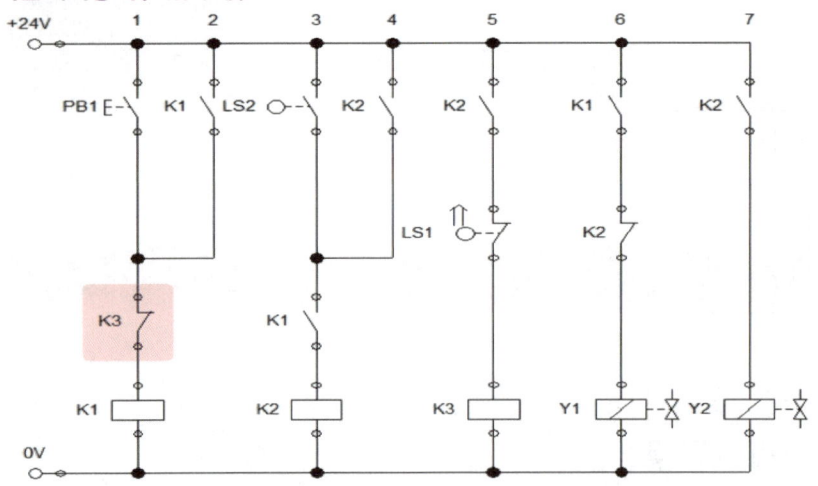

응용제어동작 ① - 연속시작/정지 스위치(PB2, 유지형), 압력스위치

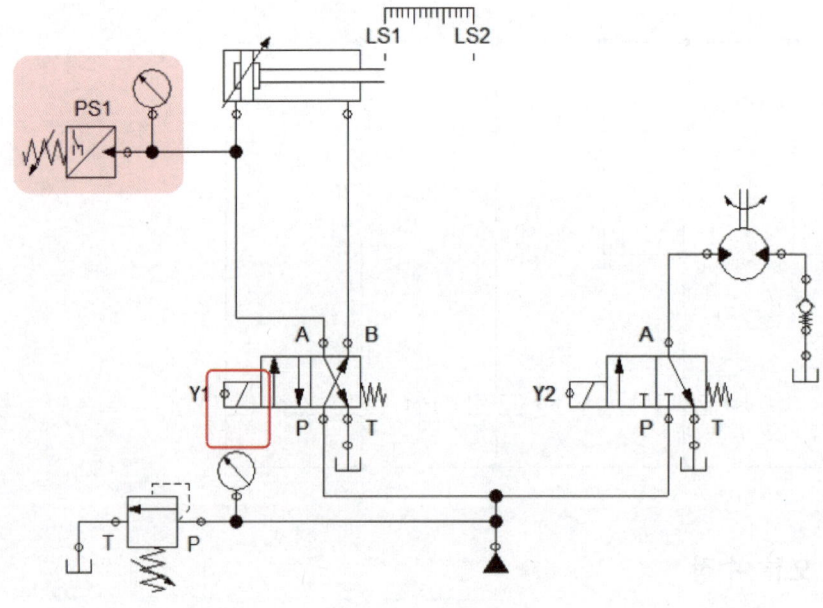

응용제어동작 ① - 연속시작/정지 스위치(PB2, 유지형), 압력스위치

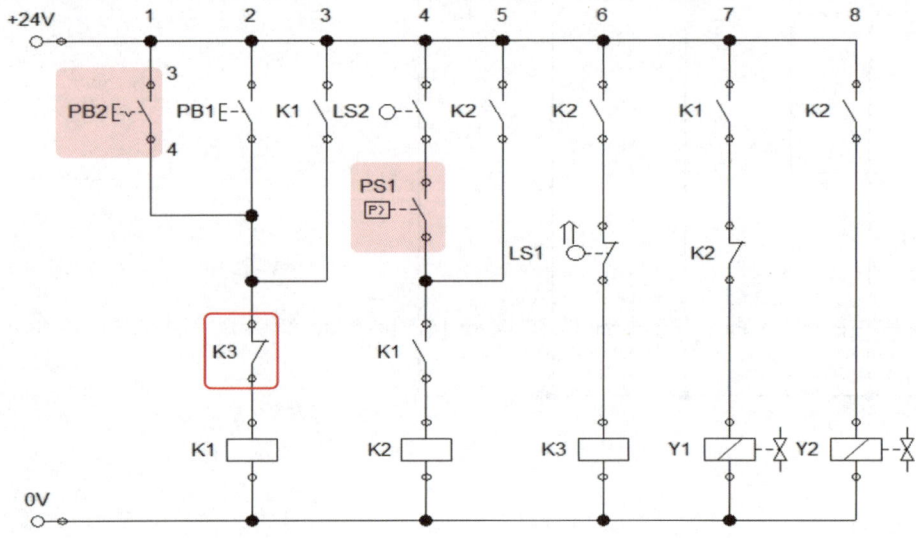

응용제어동작 ② - 미터아웃 회로 (A후진)

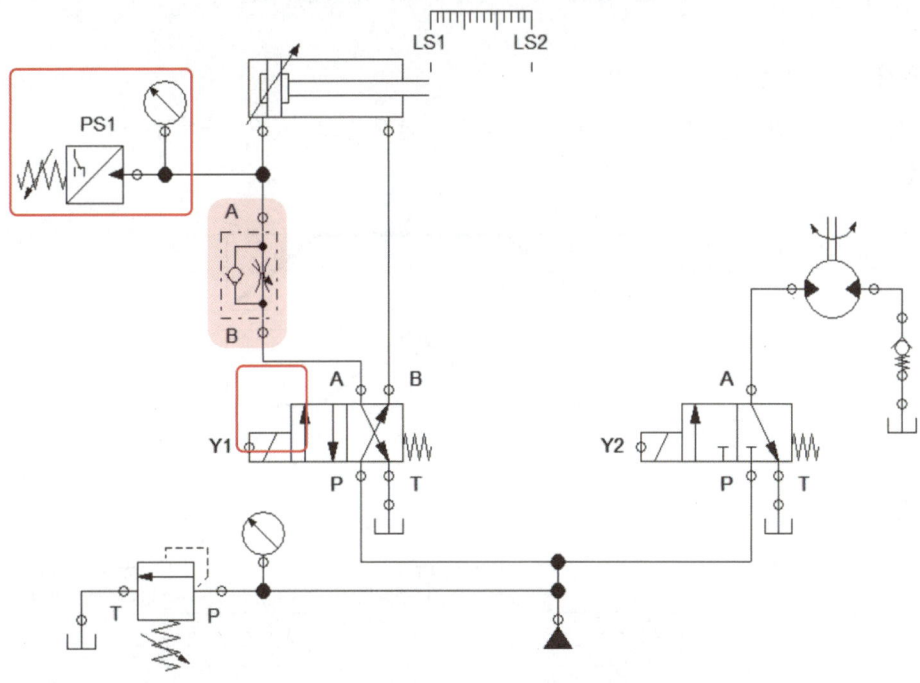

기본(응용)제어동작 실습 배치

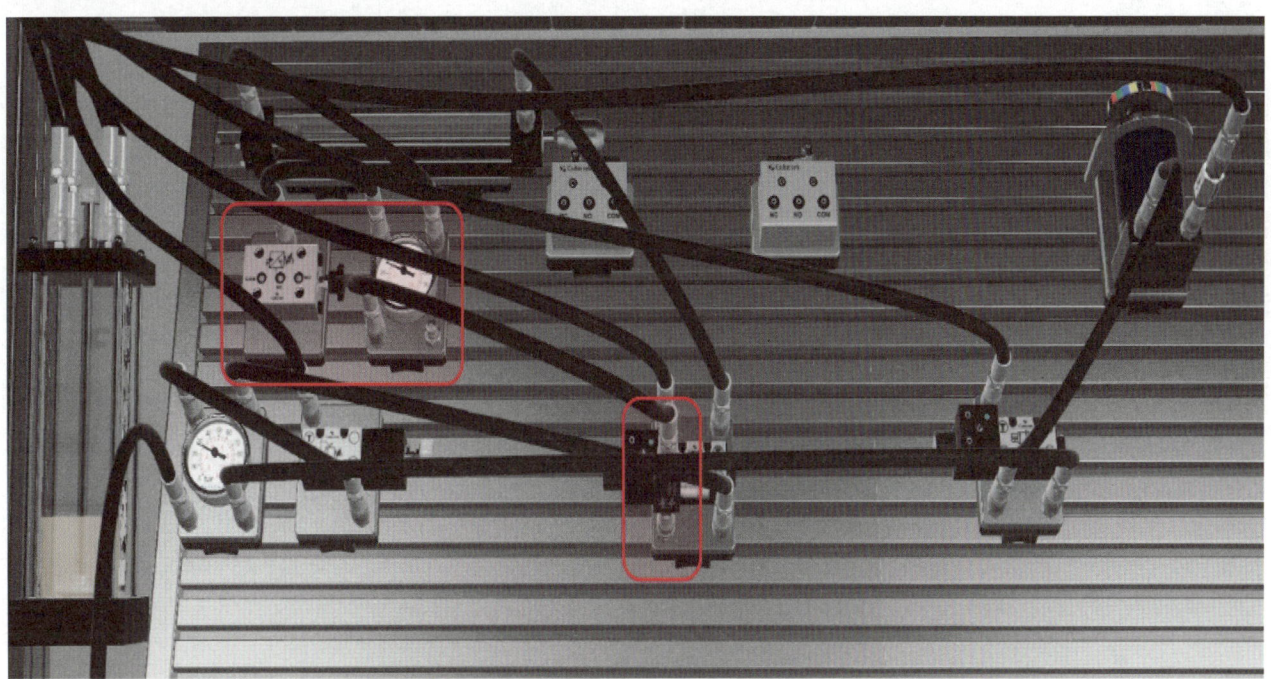

⟨공개문제 02 기본제어동작⟩

가. 기본제어동작
① 초기상태에서 PB1 스위치를 ON-OFF 하면 다음 변위단계선도와 같이 동작합니다.
② 변위-단계선도

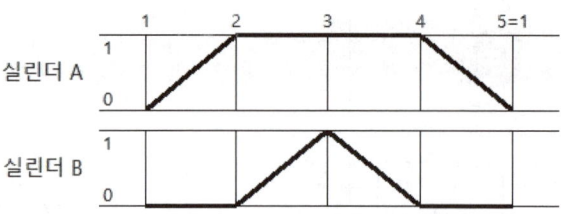

나. 유압 회로도

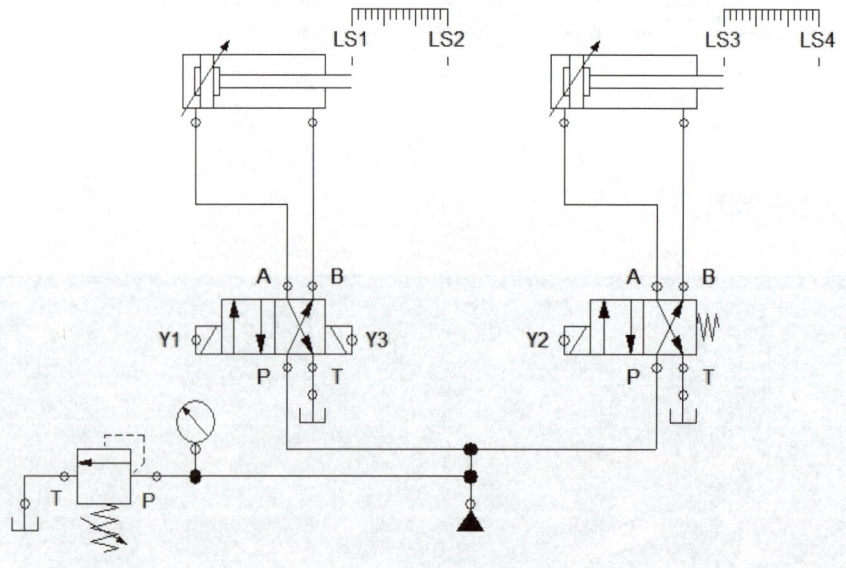

다. 전기 회로도

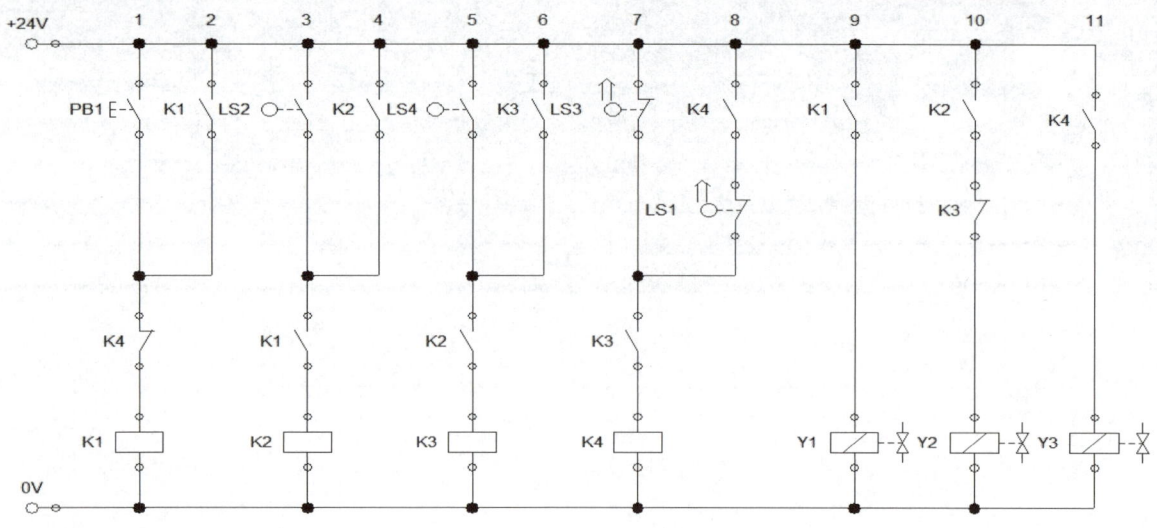

기본제어동작 ①
(오류수정 전)

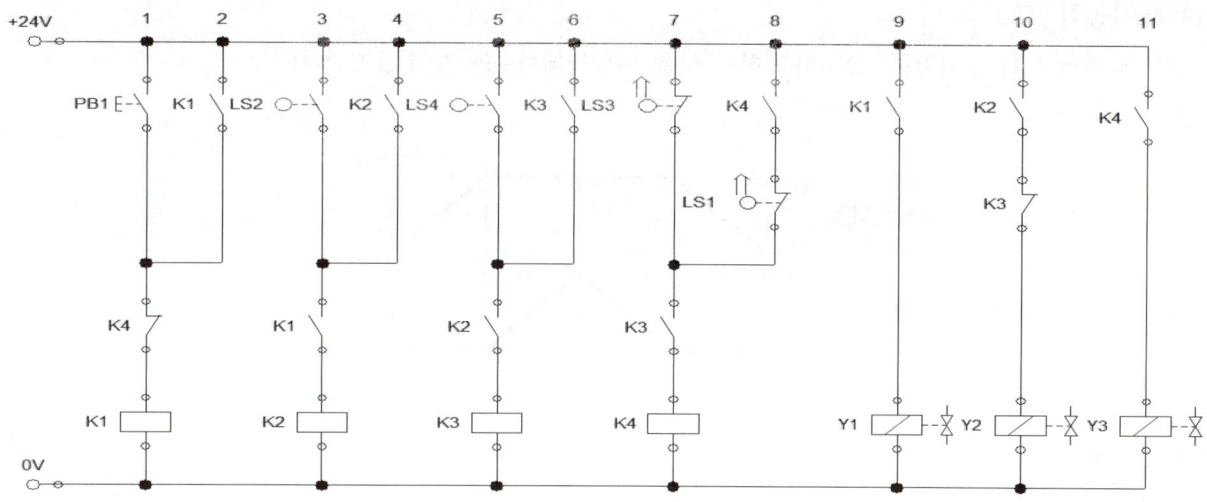

(기본제어동작 분석)

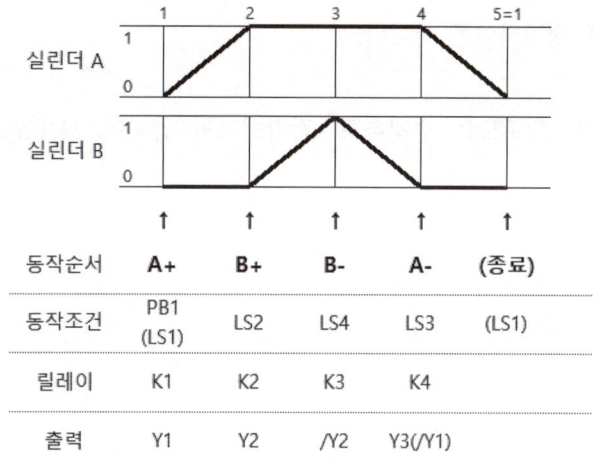

(유압 회로도)
양솔/편솔 구성

(전기 회로도)
편솔방식으로 전기회로도 설계
출력 - 인터록 처리

(오류 찾기)
① 동작조건 순서 및 접점확인
② (편솔)설계방식 논리 확인
③ 출력부 오류 확인

(오류수정 후)

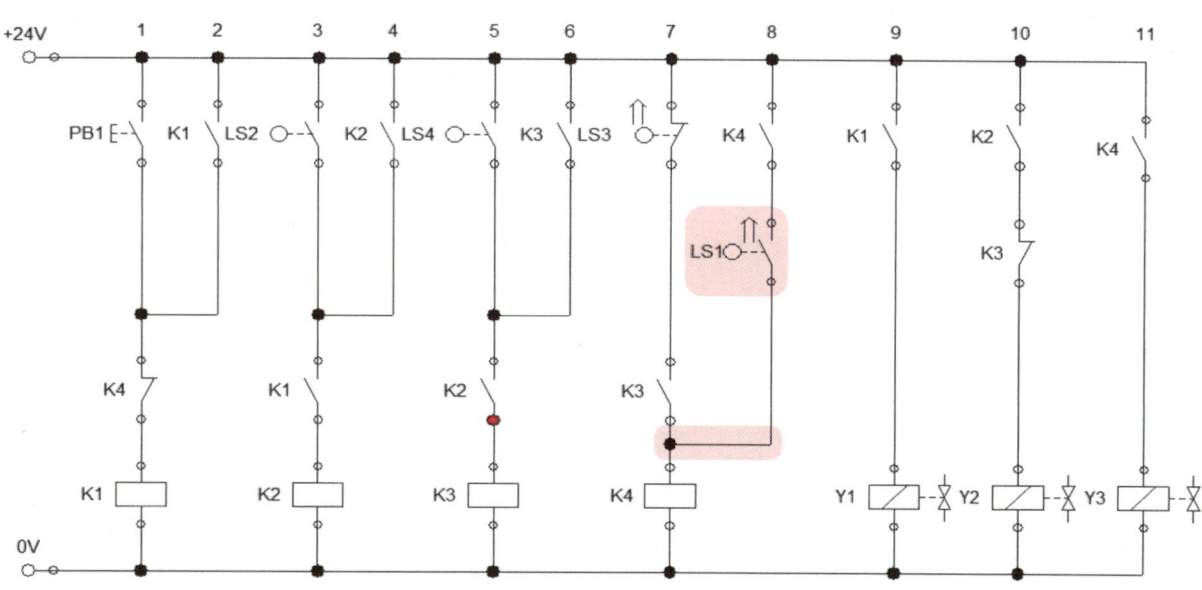

⟨공개문제 02 응용제어동작⟩

1) 기본제어동작

① 초기상태에서 PB1 스위치를 ON-OFF 하면 다음 변위단계선도와 같이 동작합니다.

② 변위-단계선도

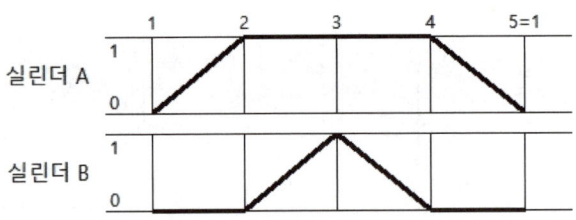

2) 응용제어동작

※ 기본제어동작을 다음 조건과 같이 변경하시오.

① 누름버튼 스위치를 추가하여 다음과 같이 동작 합니다.

　가) 누름버튼 스위치(PB2)를 누르면 기본제어동작이 연속동작하여야 합니다.

　나) 누름버튼 스위치(PB3)를 누르면 행정이 완료된 후 정지하여야 합니다.

② 실린더 B측 압력라인(P)에 감압밸브를 설치하여 유압 회로도를 변경하고, 감압밸브의 압력이 2MPa(20 kgf/cm^2)(오차 ±0.1 MPa)이 되도록 조정합니다.

가. 유압 회로도

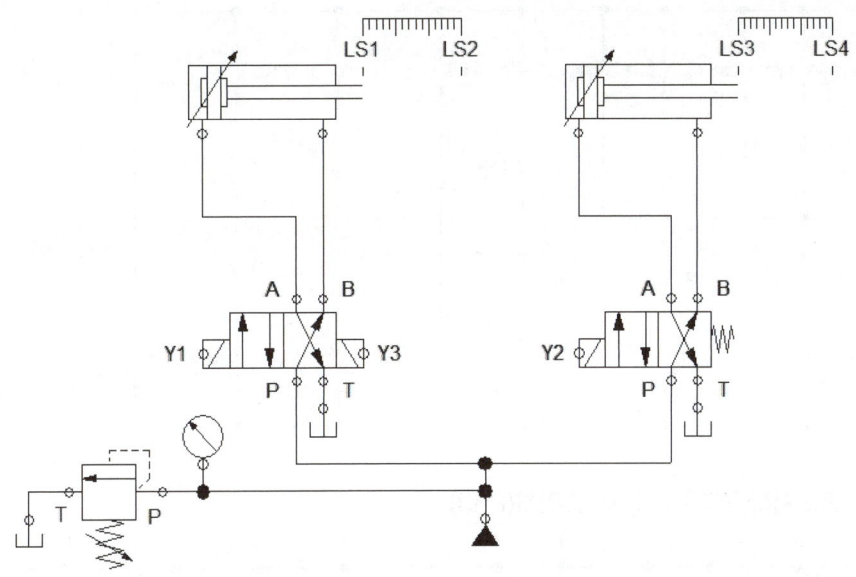

나. 전기 회로도

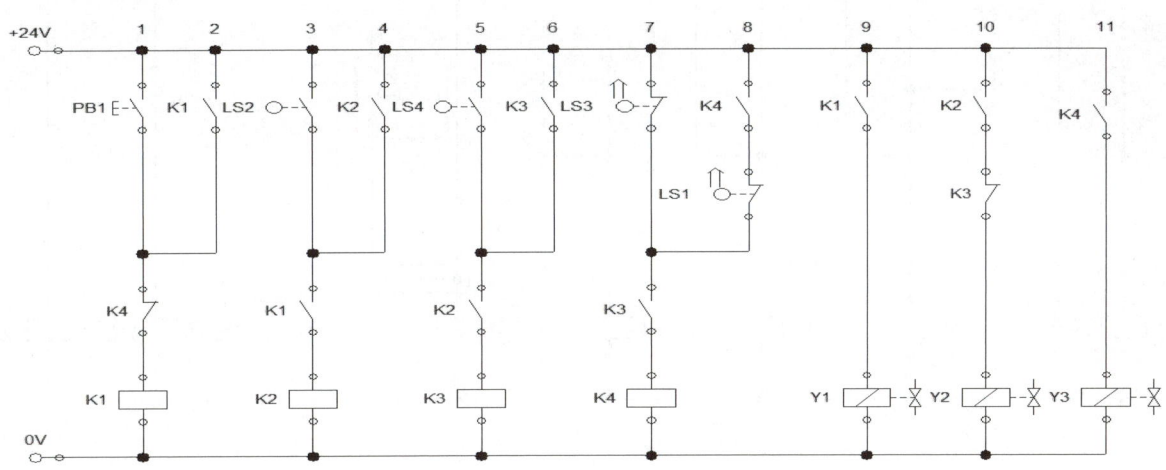

다) 전기 회로도 오류 수정

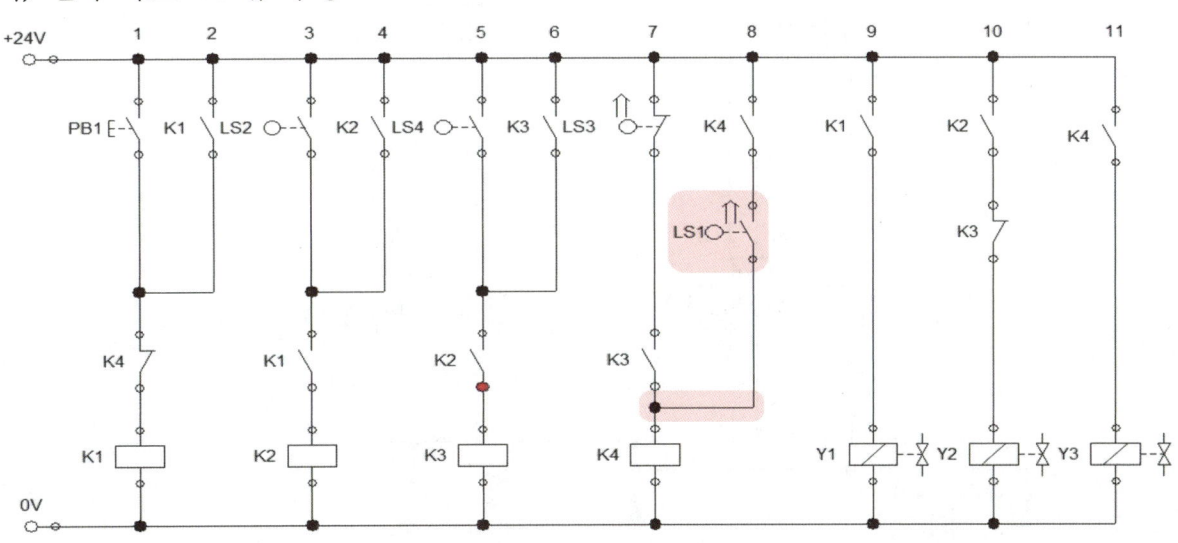

설비보전기사 실기

기본제어동작(오류수정)

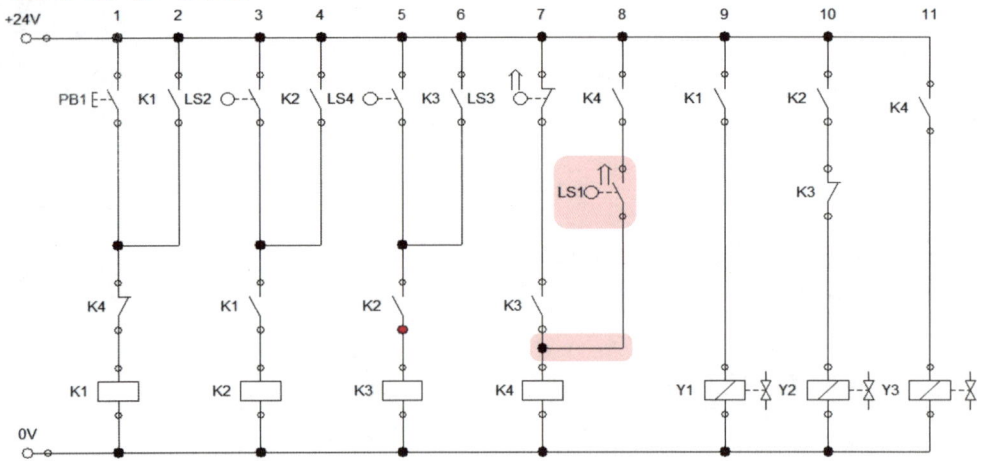

응용제어동작 ① - 연속시작(PB2) / 정지 스위치(PB3)

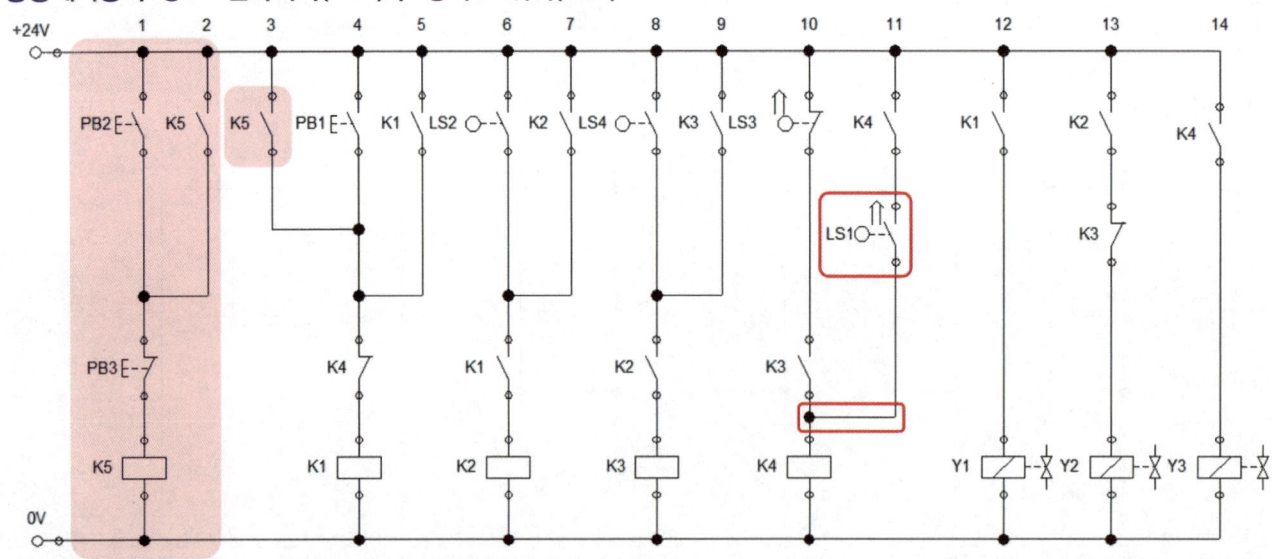

응용제어동작 ② - B측 압력라인(P)에 감압밸브 설치

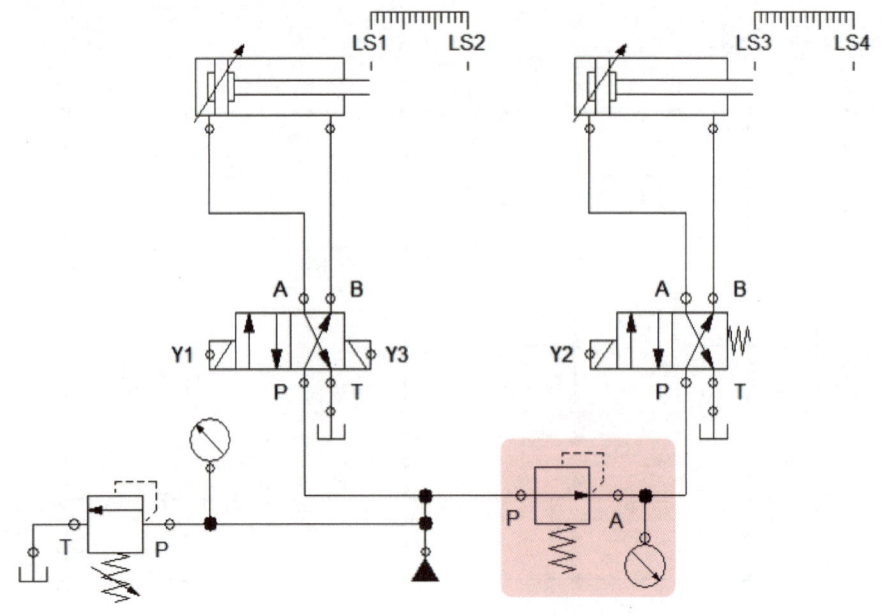

응용제어동작 ② - B측 압력라인(P)에 감압밸브 설치

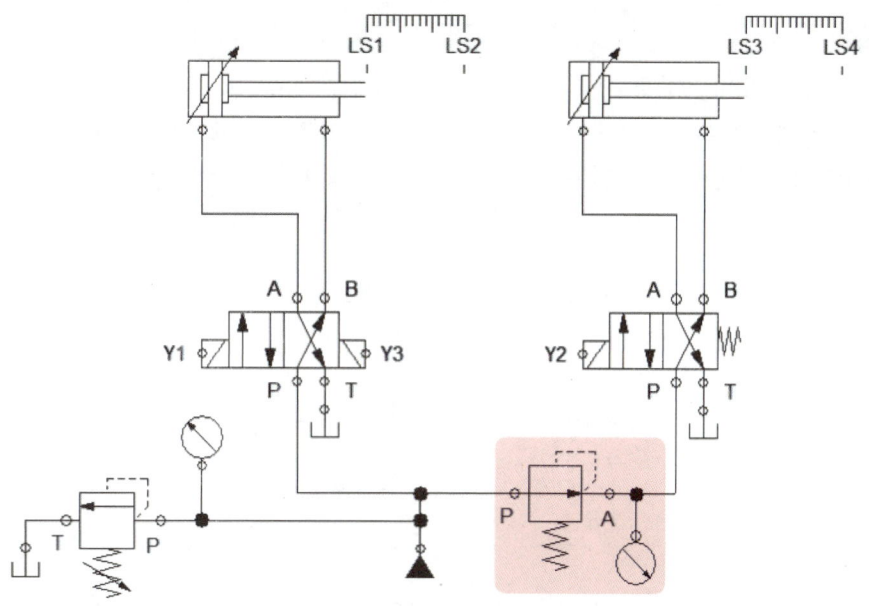

기본(응용)제어동작 실습 배치

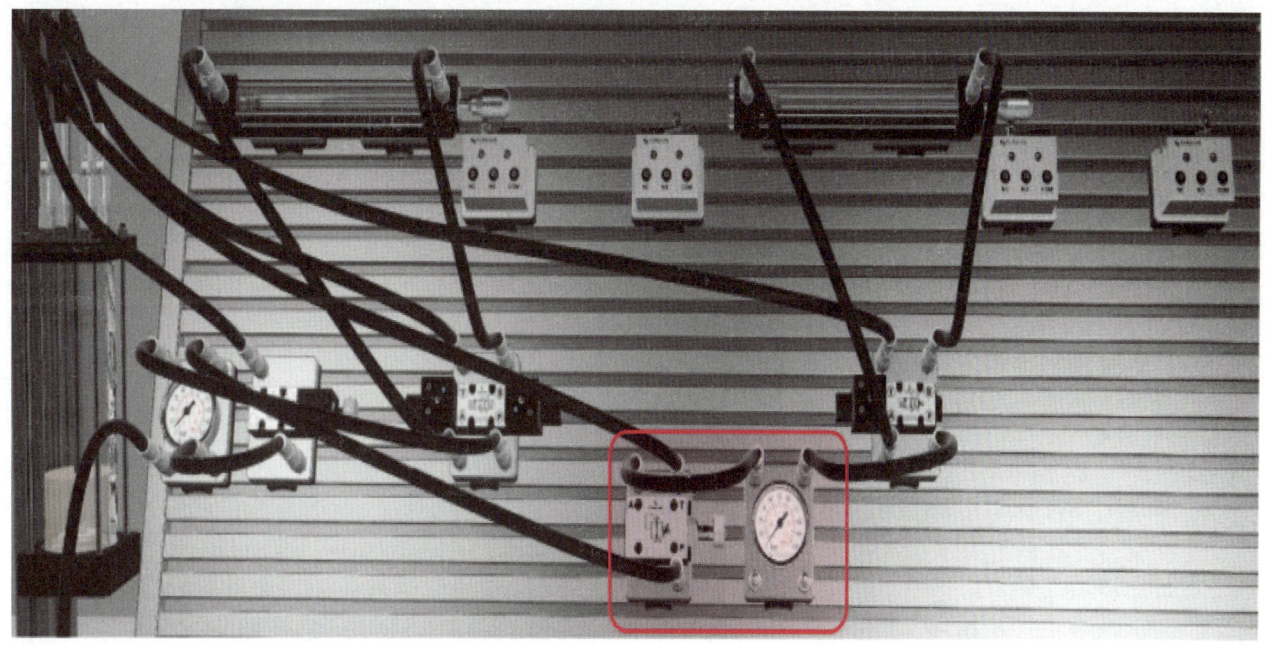

〈공개문제 03 기본제어동작〉

가. 기본제어동작

① 초기상태에서 시작 스위치(PB1)를 ON-OFF하면 다음 변위단계선도의 동작이 연속사이클로 계속 동작되어야 합니다. (단, 정회전은 축방향에서 볼 때 시계방향, 역회전은 반시계방향이다.)
② 정지 스위치(PB2)를 ON-OFF하면 연속동작을 멈추고 초기상태로 되어야 합니다.
③ 변위단계선도

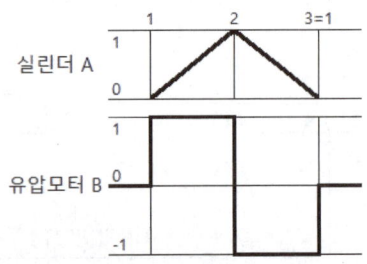

나. 유압 회로도

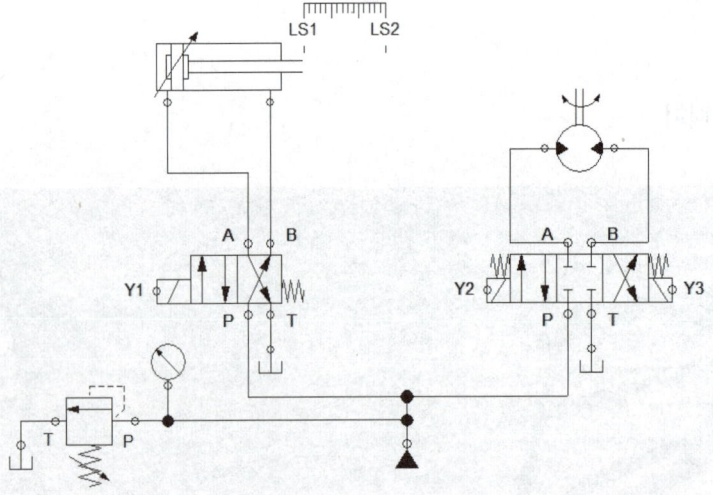

다. 전기 회로도

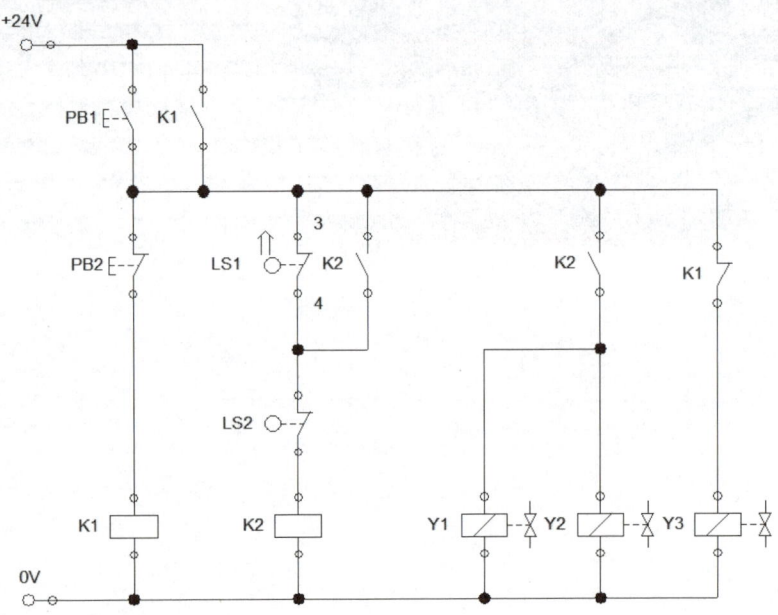

기본제어동작 ①
(오류수정 전)

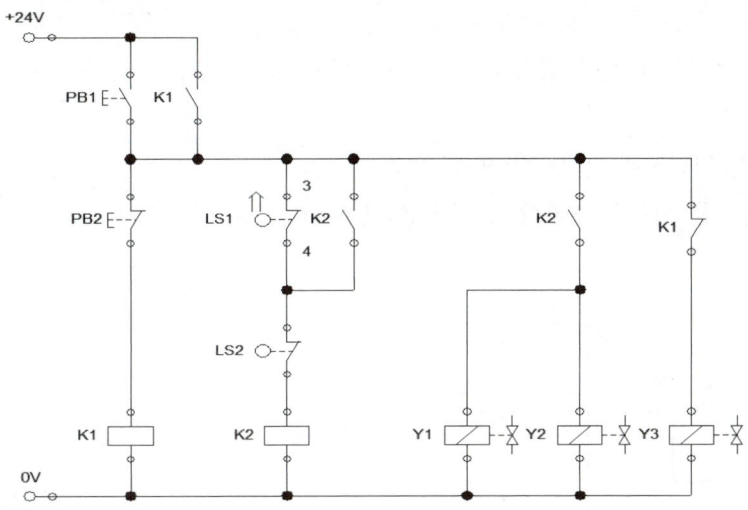

(기본제어동작 분석)

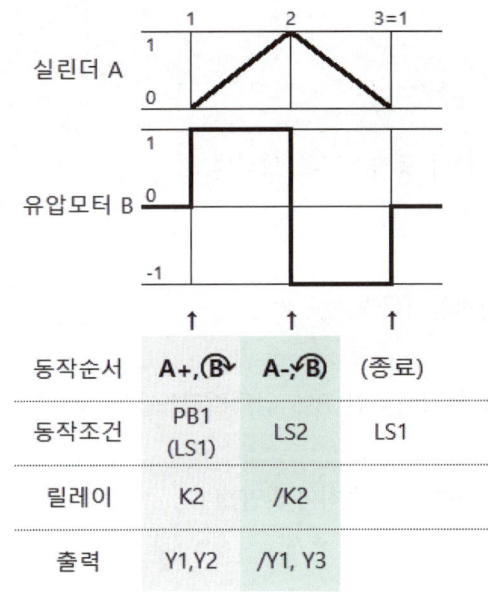

(유압 회로도)
편솔/양솔 구성

(전기 회로도)
캐스케이드방식으로 전기회로도 설계

(오류 찾기)
① 캐스케이드 설계방식 논리 확인

(오류수정 후)

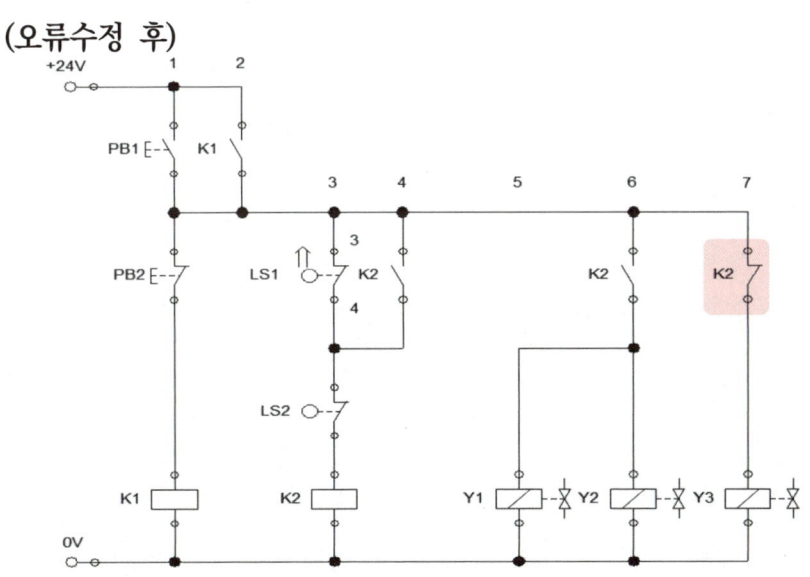

〈공개문제 03 응용제어동작〉

1) 기본제어동작

① 초기상태에서 시작 스위치(PB1)를 ON-OFF하면 다음 변위단계선도의 동작이 연속사이클로 계속 동작되어야 합니다.
   (단, 정회전은 축방향에서 볼 때 시계방향, 역회전은 반시계방향이다.)
② 정지 스위치(PB2)를 ON-OFF하면 연속동작을 멈추고 초기상태로 되어야 합니다.
③ 변위단계선도

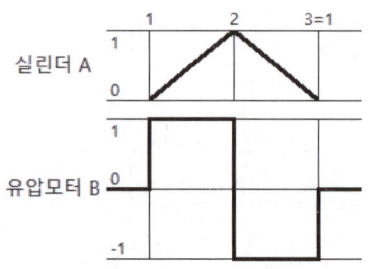

2) 응용제어동작

※ 기본제어동작을 다음 조건과 같이 변경하시오.

① 기본회로에 타이머릴레이 및 기타 부품을 추가하여 다음과 같이 동작되도록 합니다.
   가) 시작 스위치(PB1)를 ON-OFF하여 기본제어동작을 실행시킵니다.
   나) 실린더 A 전진 완료 5초 후 실린더 A가 후진합니다.
      (단, 실린더 전·후진 시 모터는 기본제어동작과 같이 동작합니다.)

② 유압모터 B의 정지 시 발생되는 서지압력을 방지하기 위하여 작업라인 B에 압력릴리프밸브 및 체크밸브를 설치하여 서지압 방지회로를 구성합니다.
   가) 설치된 릴리프밸브의 압력은 2MPa(20kgf/cm^2)로 설정하고, 압력계를 설치하여 확인합니다.

가. 유압 회로도

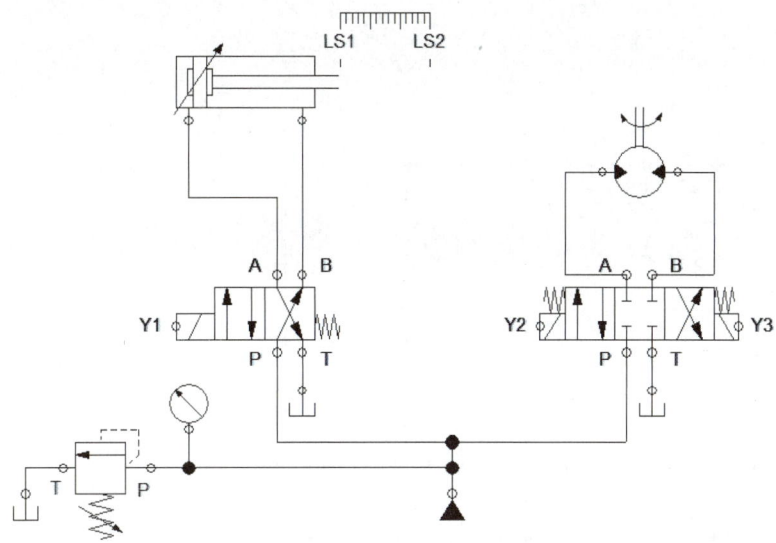

나. 전기 회로도

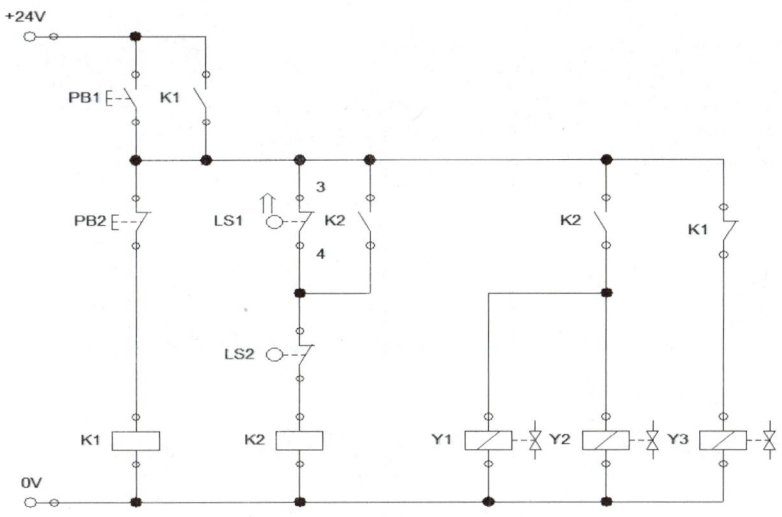

다) 전기 회로도 오류 수정

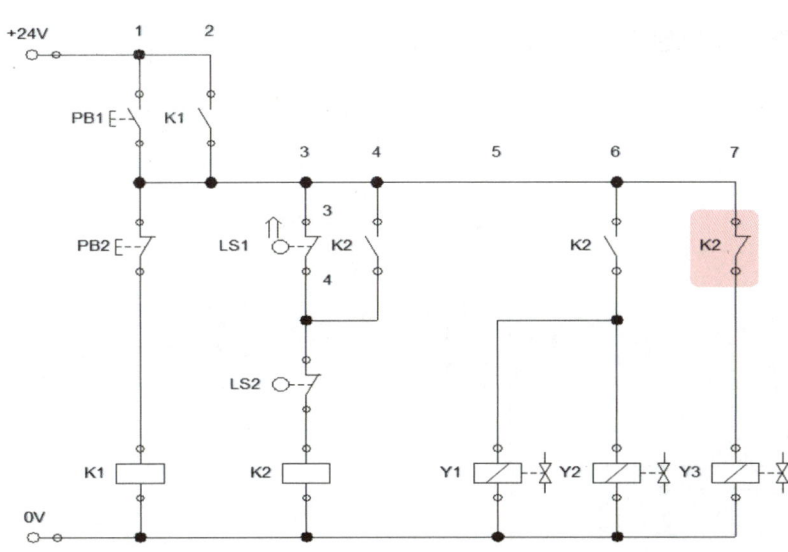

기본제어동작(오류수정)

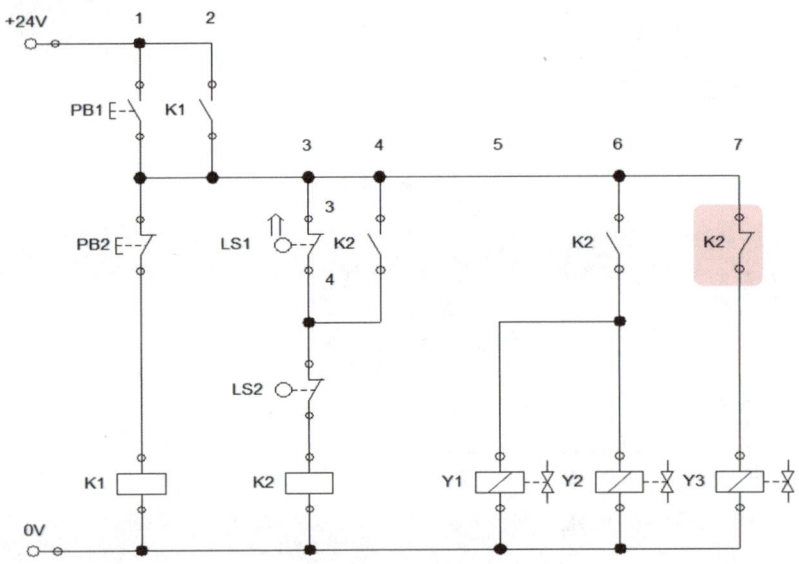

응용제어동작 ① - A전진후 5초후 A후진

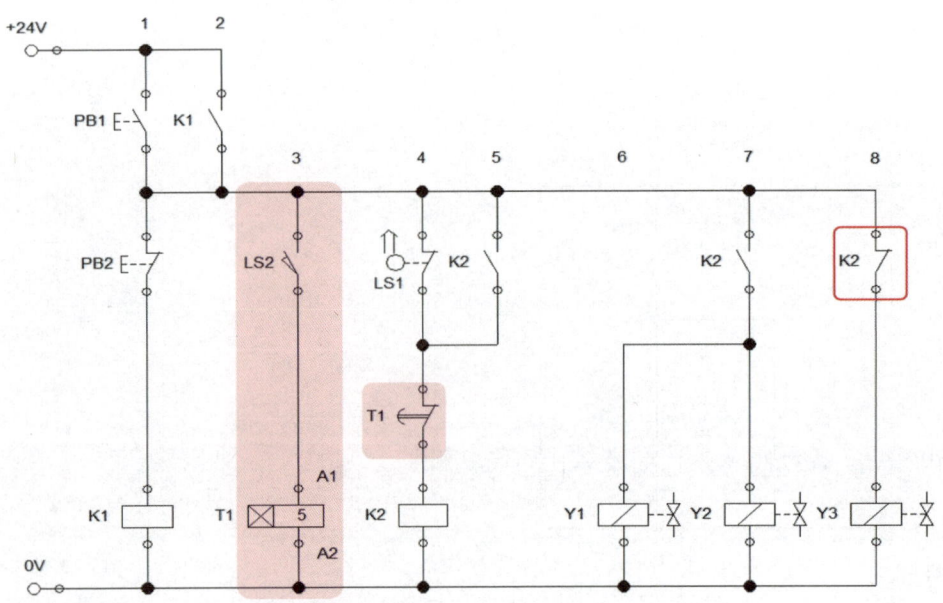

응용제어동작② - 서지압력 방지 : 릴리프밸브 및 체크밸브 설치

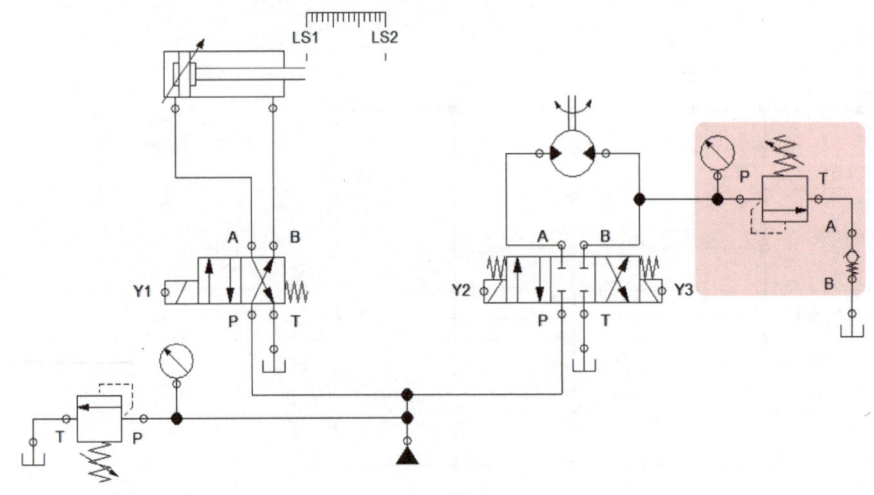

응용제어동작 ②

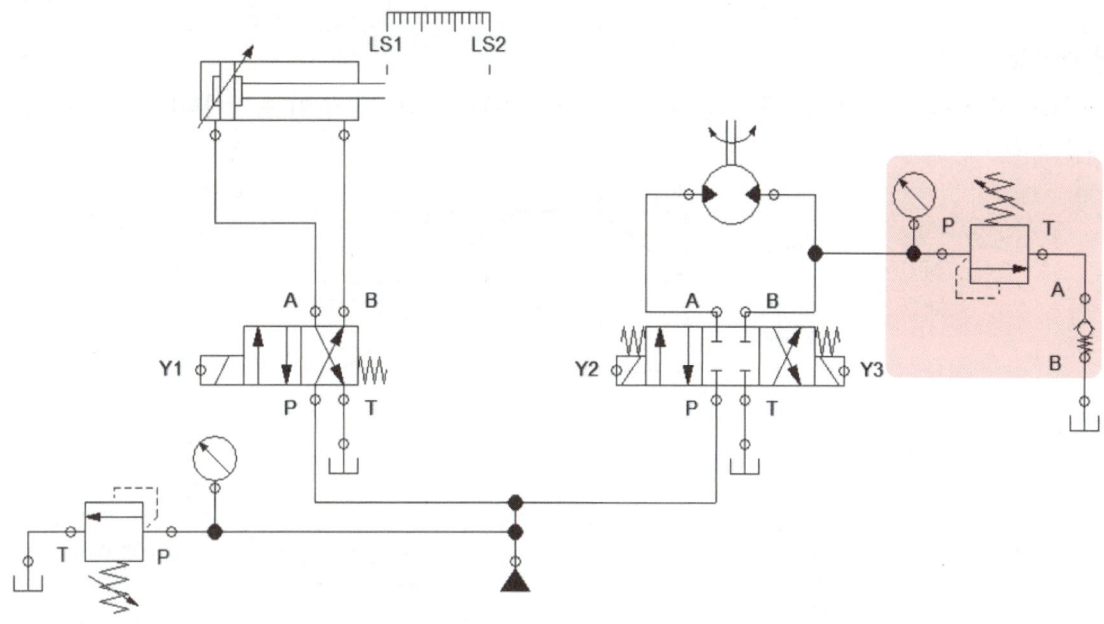

기본(응용)제어동작 실습 배치

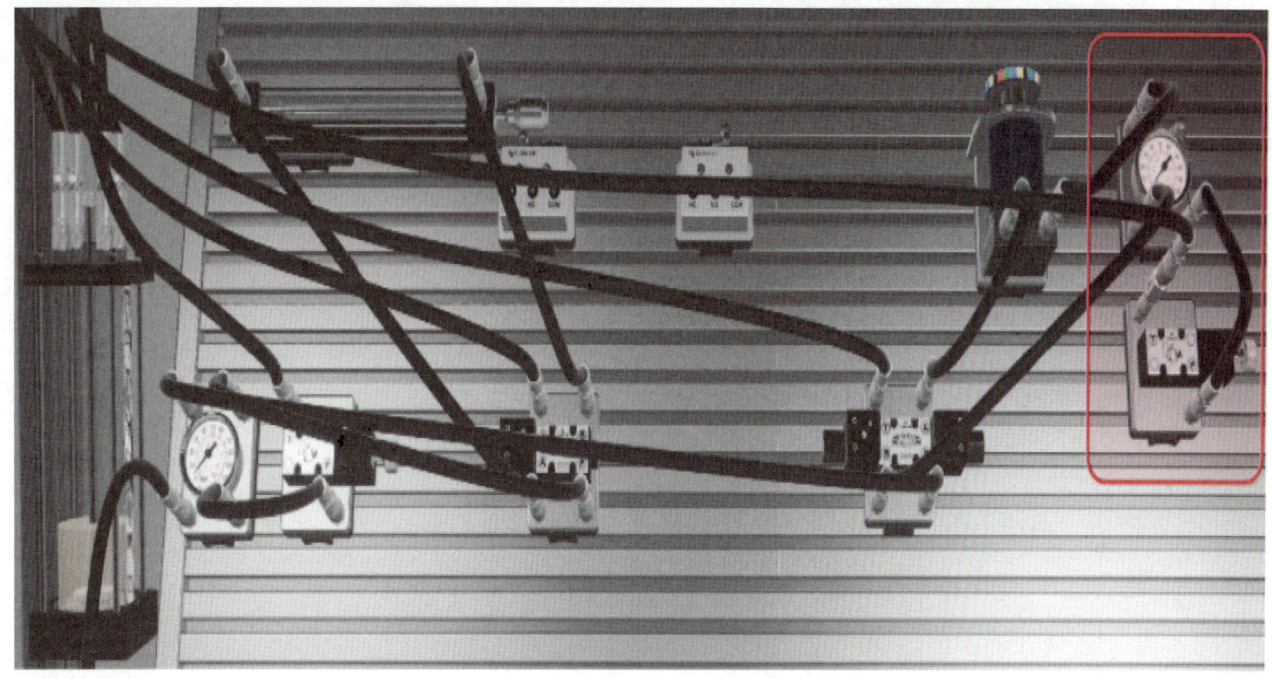

〈공개문제 04 기본제어동작〉

가. 기본제어동작
① 초기상태에서 시작 스위치(PB1)를 ON-OFF하면 다음 변위단계선도와 같이 동작합니다.
② 변위단계선도

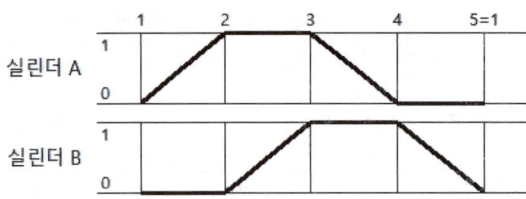

가) 유압 회로도

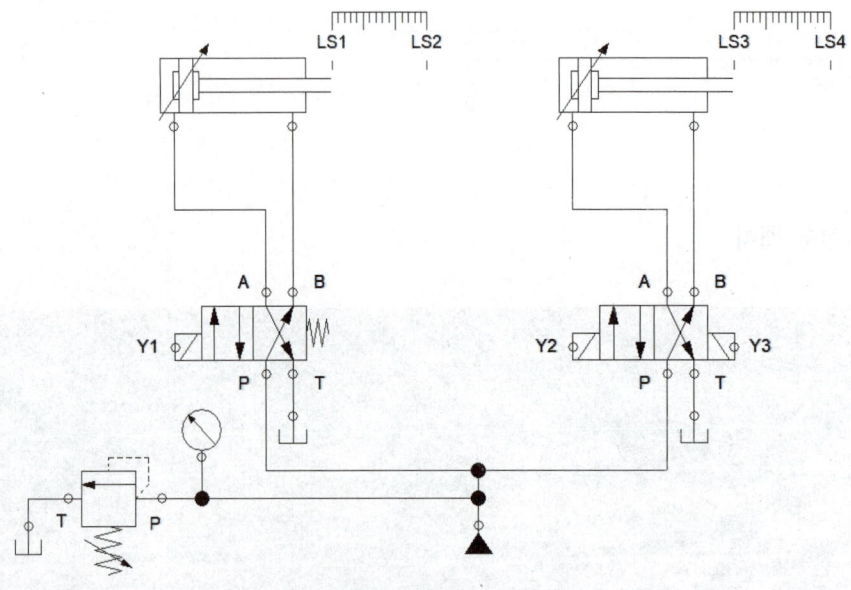

나) 전기 회로도

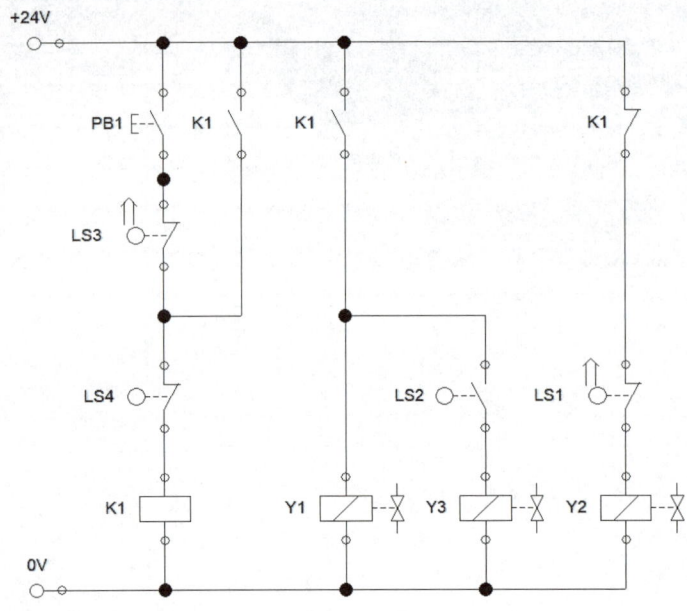

기본제어동작 ①
(오류수정 전)

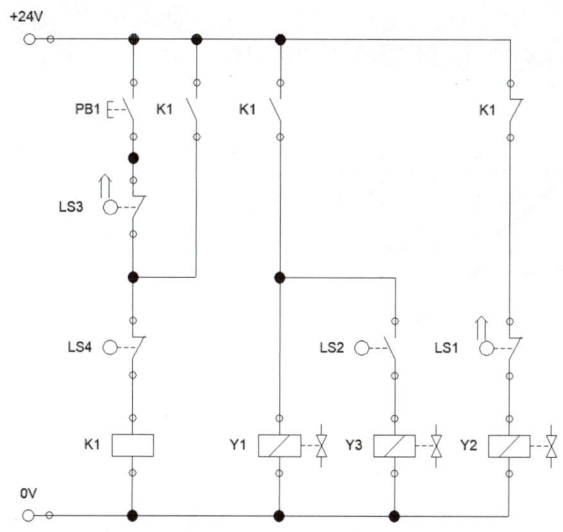

(기본제어동작 분석)

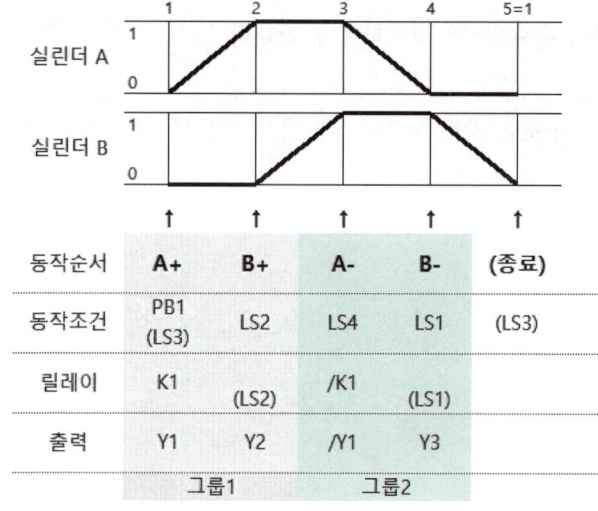

(유압 회로도)
편솔/양솔 구성

(전기 회로도)
캐스케이드방식으로 전기회로도 설계

(오류 찾기)
① 캐스케이드 설계방식 논리 확인

(오류수정 후)

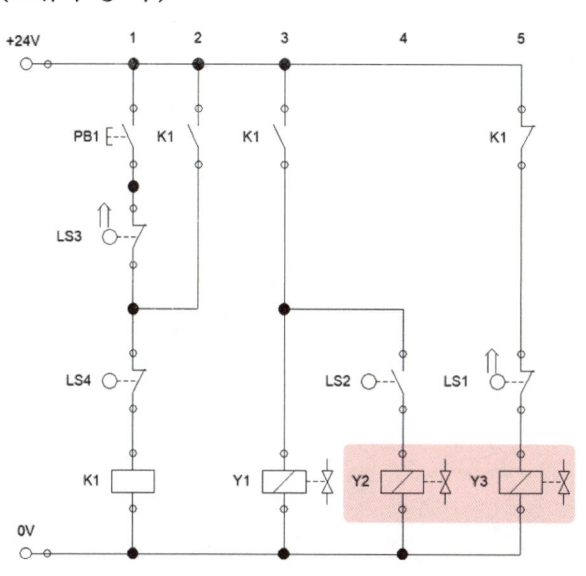

〈공개문제 04 응용제어동작〉

1) 기본제어동작

① 초기상태에서 시작 스위치(PB1)를 ON-OFF하면 다음 변위단계선도와 같이 동작합니다.

② 변위단계선도

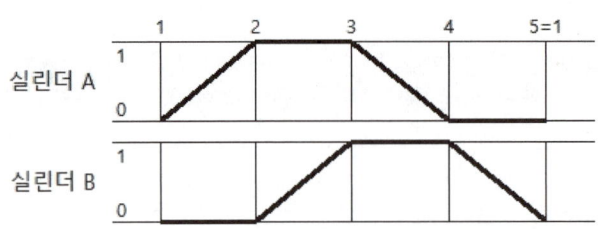

2) 응용제어동작

※ 기본제어동작을 다음 조건과 같이 변경하시오.

① 누름버튼 스위치를 추가하여 다음과 같이 동작합니다.

　가) 연속동작 스위치(PB2)를 1회 ON-OFF하면 기본제어동작이 연속동작하여야 합니다.

　나) 정지 스위치(PB3)를 1회 ON-OFF하면 해당 행정이 완료된 후 정지하여야 합니다.

② 실린더 B의 로드측이 하중에 의하여 종속된 상태로 낙하하지 않도록 카운터밸런스 밸브를 부착하고, 카운터밸런스 밸브의 압력은 3MPa(30 kgf/cm^2)로 설정하고, 압력계를 설치하여 확인합니다.

가. 유압 회로도

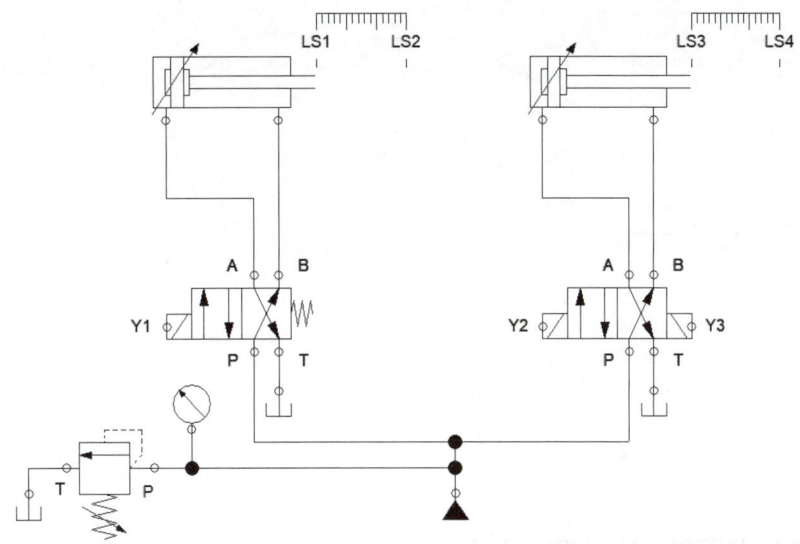

나. 전기 회로도

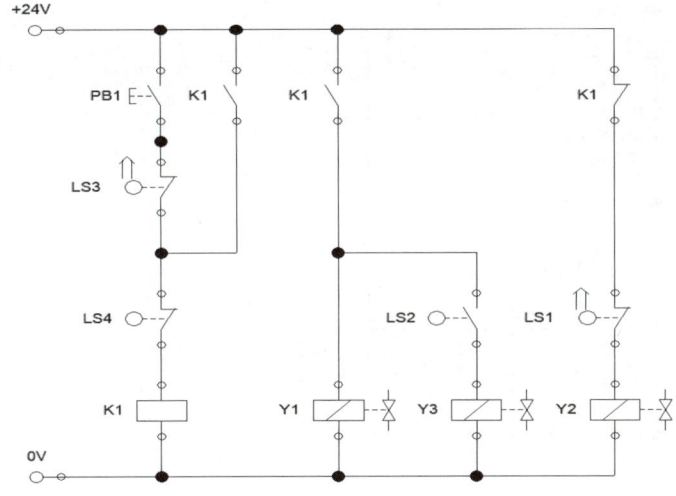

다. 전기 회로도 오류 수정

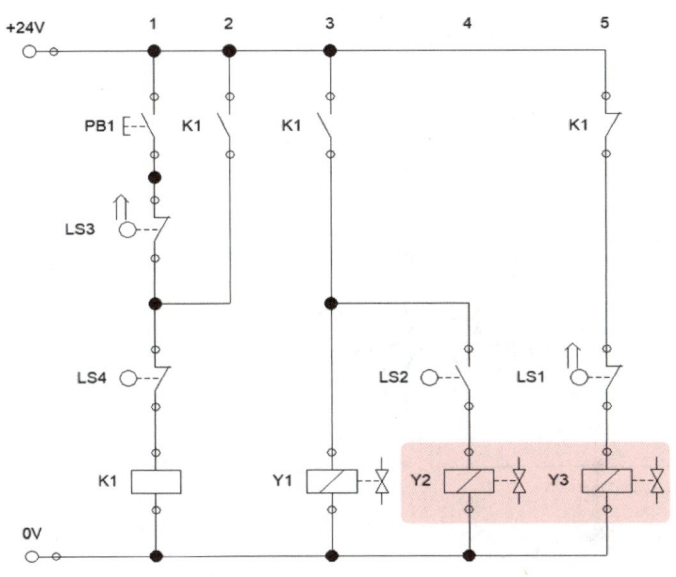

설비보전기사 실기

기본제어동작(오류수정)

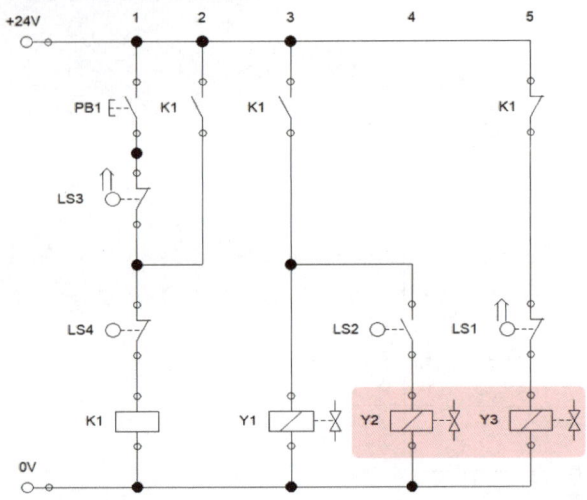

응용제어동작 ① - 연속시작(PB2)/정지(PB3) 회로

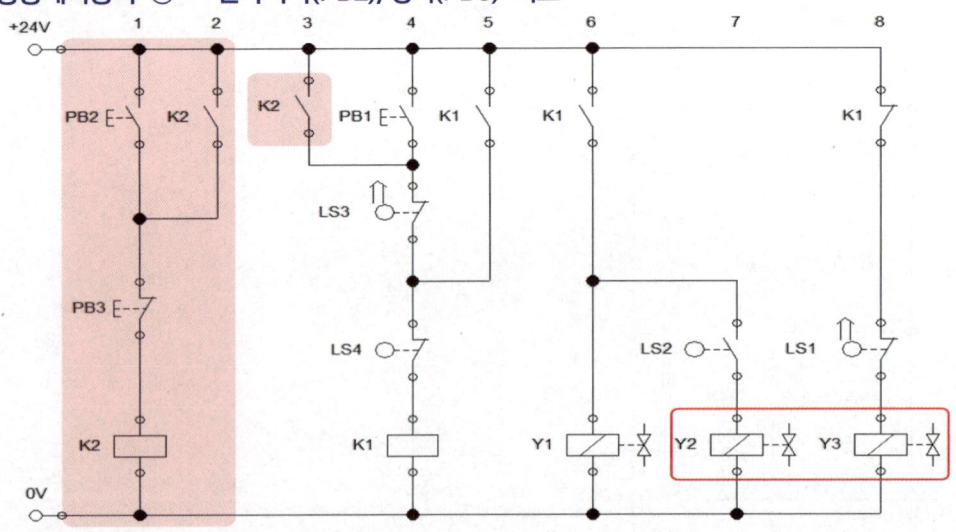

응용제어동작 ② - B로드측 카운트밸런스 밸브 부착

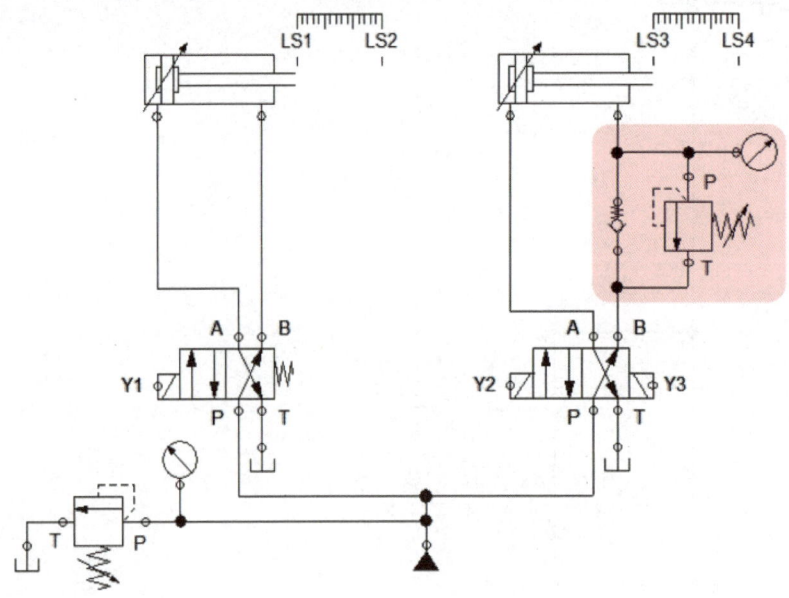

응용제어동작 ② - B로드측 카운트밸런스 밸브 부착

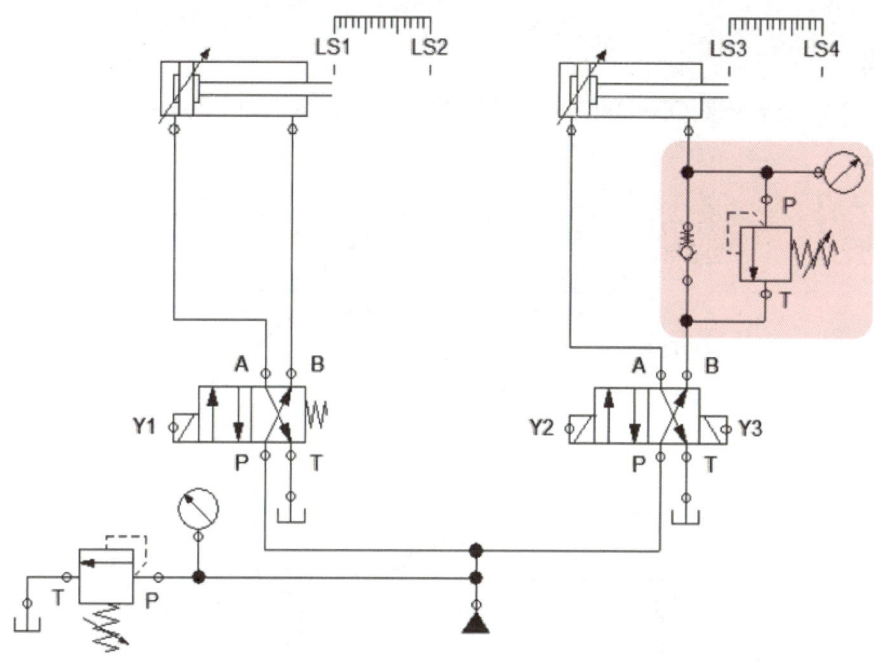

기본(응용)제어동작 실습 배치

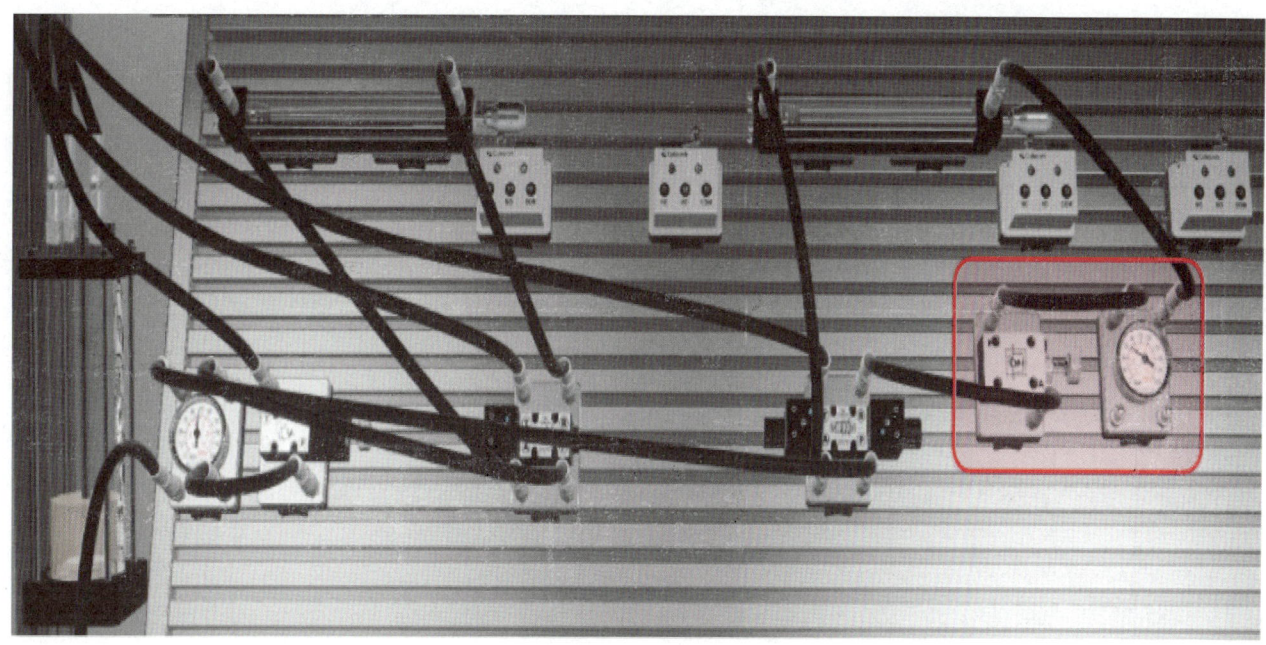

〈공개문제 05 기본제어동작〉

가. 기본제어동작
① 초기상태에서 PB1 스위치를 ON-OFF 하면 다음 변위단계선도와 같이 동작합니다.
② 변위-단계선도

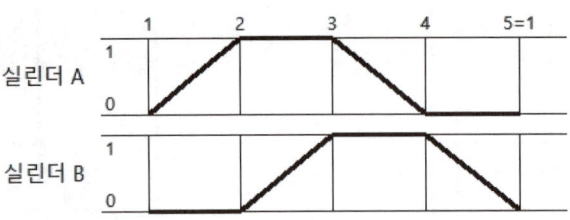

나. 유압 회로도

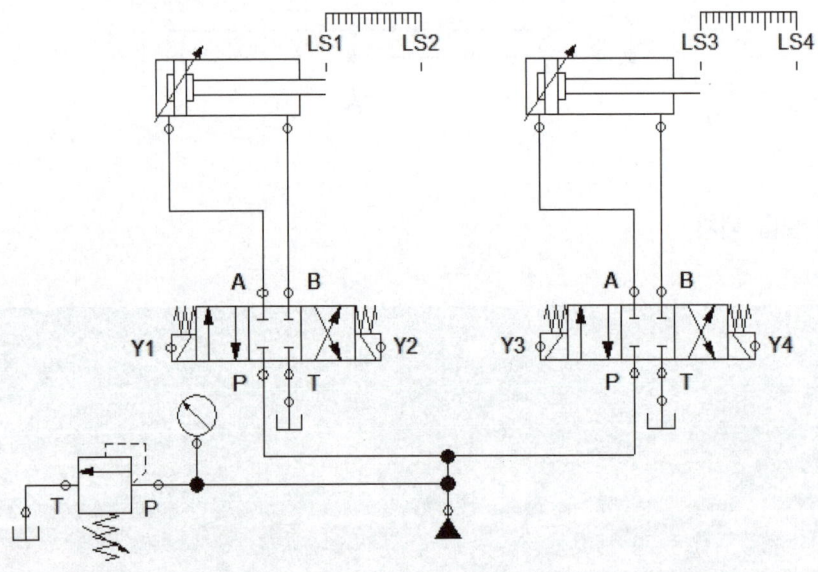

다. 전기 회로도

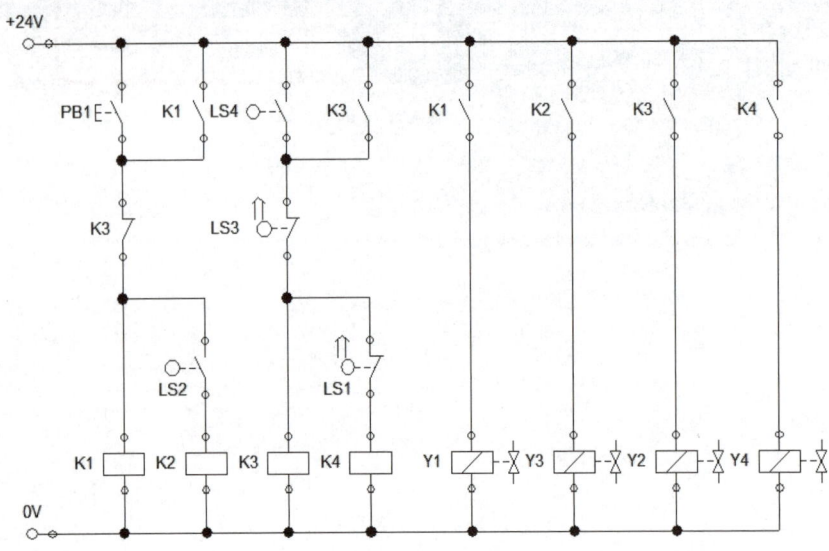

기본제어동작 ①
(오류수정 전)

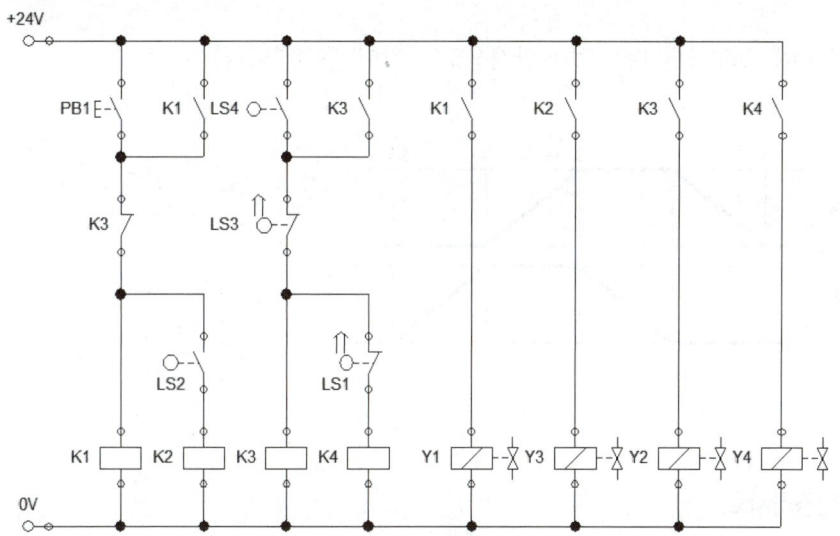

(기본제어동작 분석)

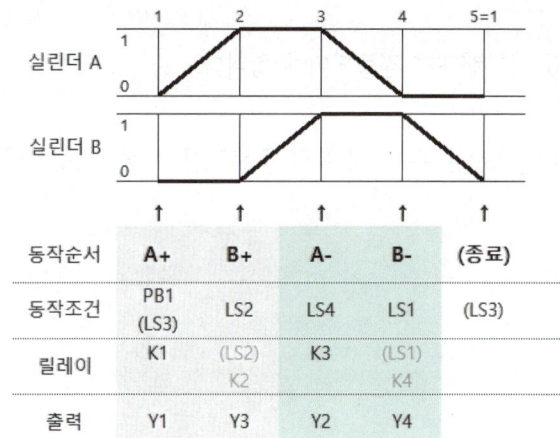

(유압 회로도)
양솔/양솔 구성

(전기 회로도)
캐스케이드방식으로 전기회로도 설계

(오류 찾기)
① 캐스케이드 설계방식 논리 확인

(오류수정 후)

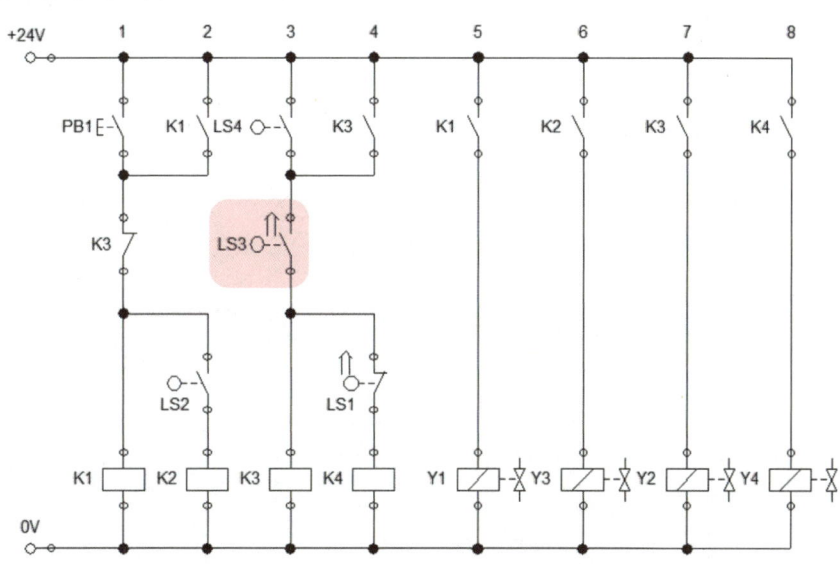

〈공개문제 05 응용제어동작〉

1) 기본제어동작
① 초기상태에서 시작 스위치(PB1)를 ON-OFF하면 다음 변위단계선도와 같이 동작합니다.
② 변위단계선도

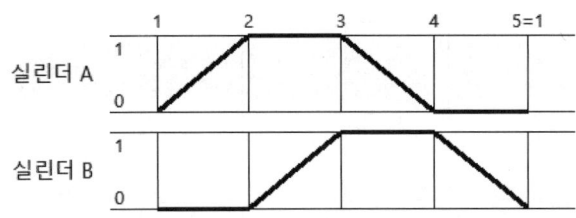

2) 응용제어동작
※ 기본제어동작을 다음 조건과 같이 변경하시오.
① 비상정지 스위치(유지형 스위치 가능) 및 기타 부품을 추가하여 다음과 같이 동작되도록 합니다.
   가) 기본제어동작 상태에서 비상정지 스위치(PB2)를 한번 누르면(ON) 동작이 즉시 정지되어야 합니다.
   나) 비상정지 스위치(PB2)를 해제하면 초기상태로 복귀하여 시작스위치(PB1)를 ON-OFF하면 기본제어 동작이 되어야 합니다.
   다) 비상정지 스위치가 동작 중일 때는 작업자가 알 수 있도록 램프가 점등되어야 합니다.

② 실린더 A와 실린더 B의 전진속도를 meter-in 방법에 의해 조정할 수 있게 유압 회로도를 변경·조정합니다.

가. 유압 회로도

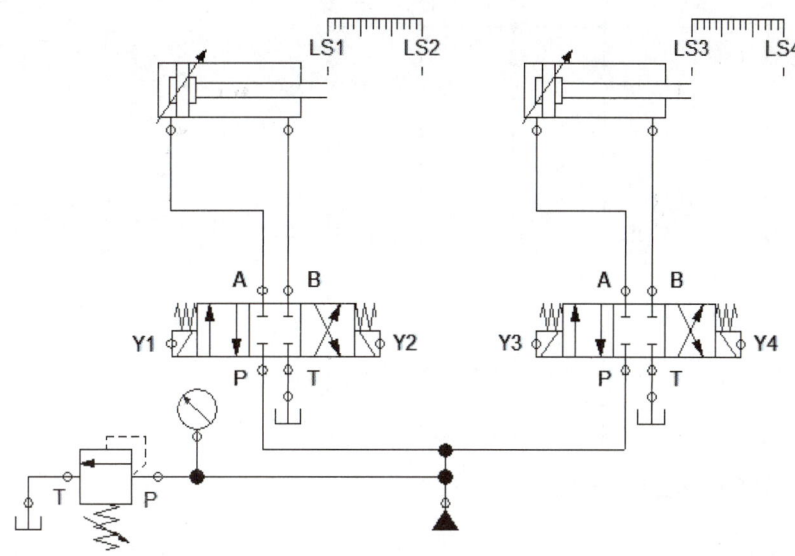

나. 전기 회로도

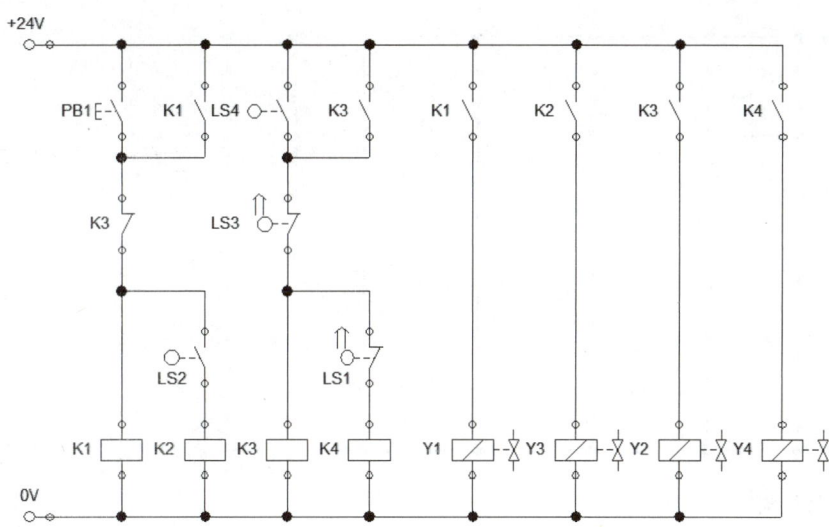

다. 전기 회로도 오류 수정

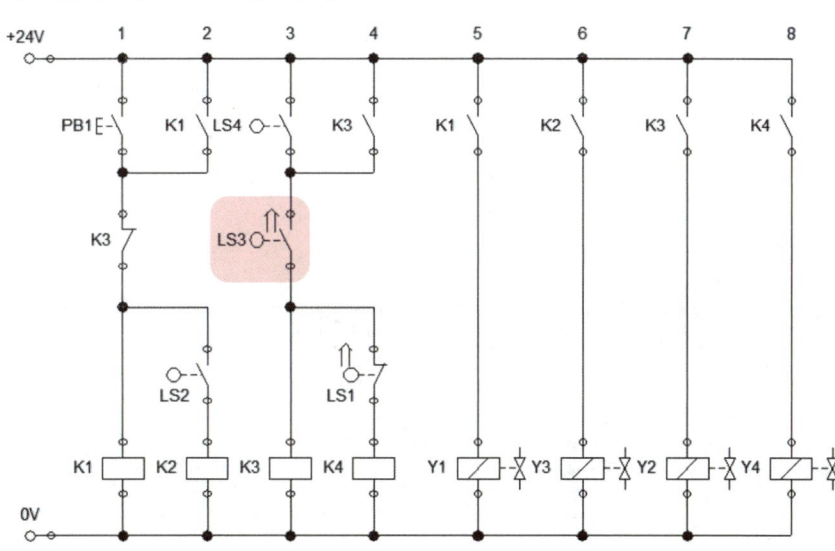

설비보전기사 실기

기본제어동작(오류수정)

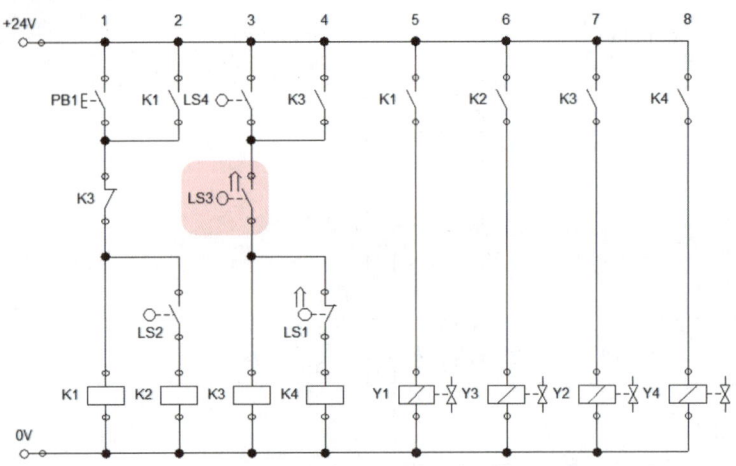

응용제어동작 ① - 비상정지(PB2) 스위치

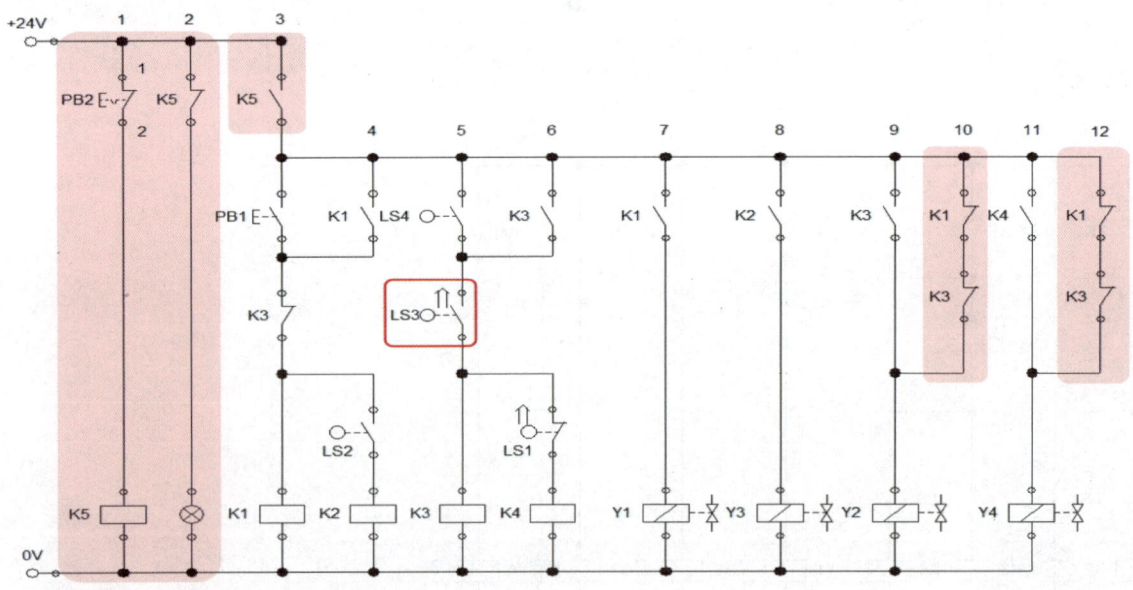

응용제어동작 ② - A, B 전진속도 미터인 회로

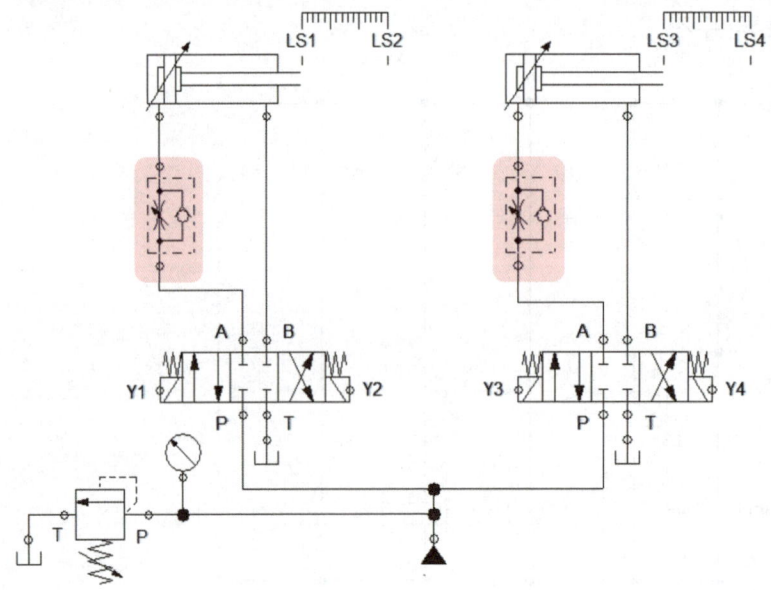

응용제어동작 ② - A, B 전진속도 미터인 회로

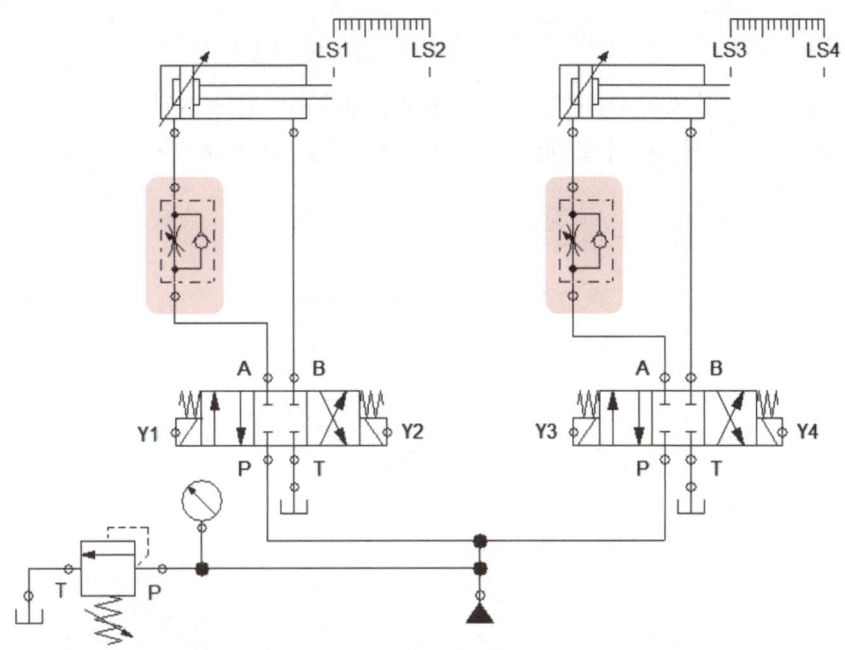

기본(응용)제어동작 실습 배치

〈공개문제 06 기본제어동작〉

가. 기본제어동작

① 초기상태에서 PB1 스위치를 ON-OFF 하면 다음 변위단계선도와 같이 동작합니다.
  (단, 모터 A는 축방향에서 볼 때 시계방향은 정회전, 반시계방향은 역회전이며, 유압 회로도와 관계없이 정회전이 되도록 작업하시오.)

② 변위-단계선도

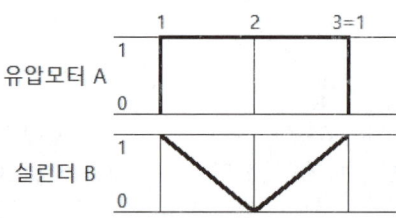

나. 유압 회로도

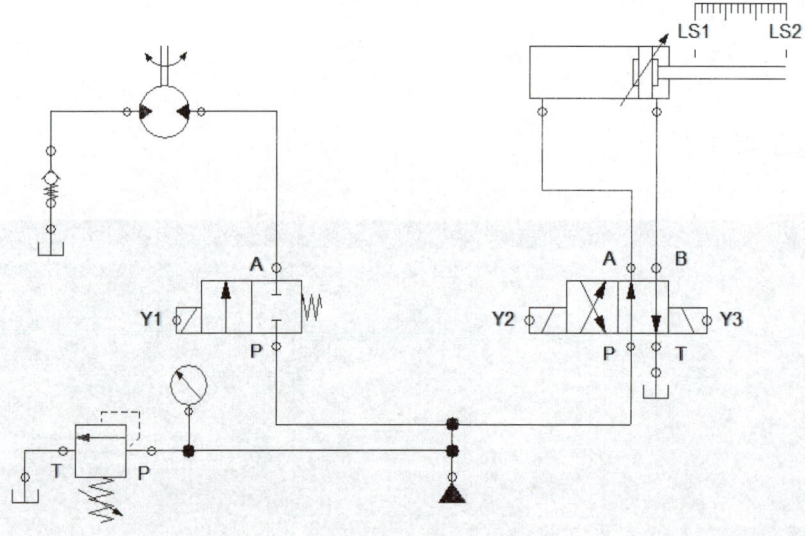

다. 전기 회로도

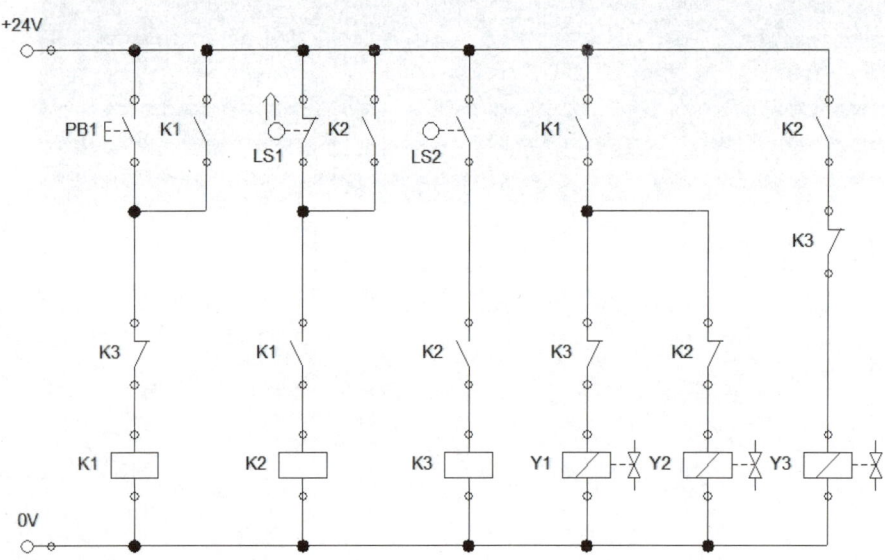

기본제어동작 ①
(오류수정 전)

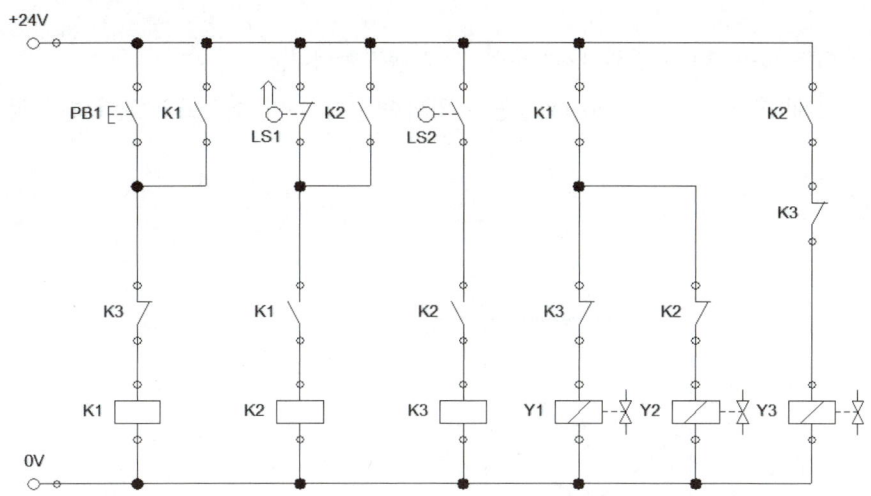

(기본제어동작 분석)

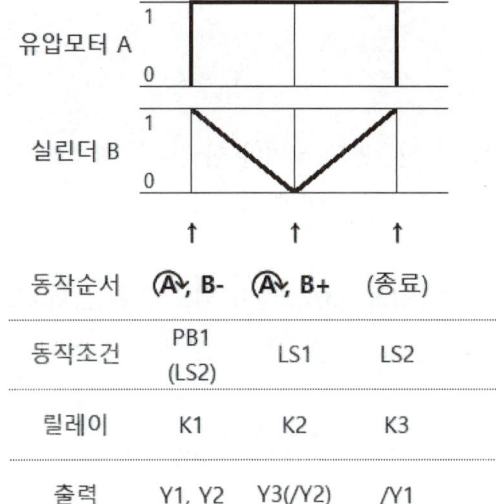

동작조건	PB1 (LS2)	LS1	LS2
릴레이	K1	K2	K3
출력	Y1, Y2	Y3(/Y2)	/Y1

(유압 회로도)
편솔/양솔 구성

(전기 회로도)
편솔방식으로 전기회로도 설계
출력 - 인터록 처리

(오류 찾기)
① 동작조건 순서 및 접점확인
② (편솔)설계방식 논리 확인
③ 출력부 오류 확인

(오류수정 후)

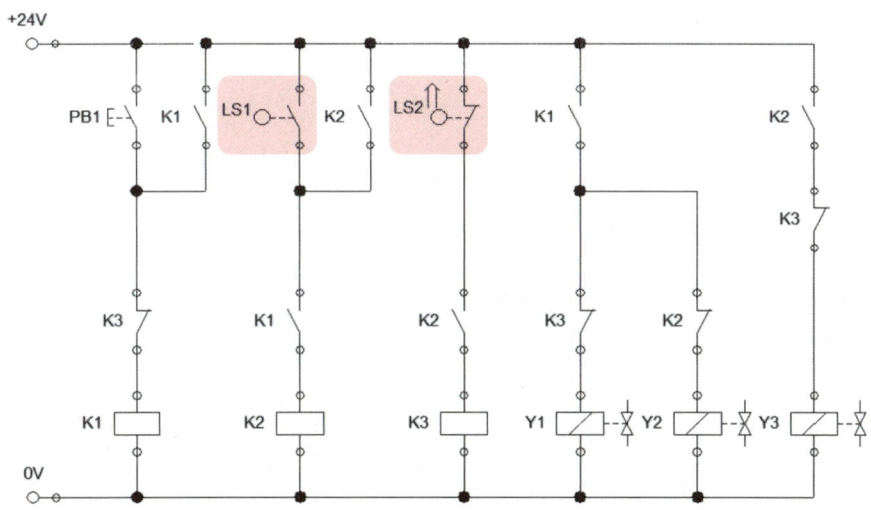

Chapt. 2 설비보전 기사 유압실습 | 289

⟨공개문제 06 응용제어동작⟩

1) 기본제어동작

① 초기상태에서 PB1 스위치를 ON-OFF 하면 다음 변위단계선도와 같이 동작합니다.
 (단, 모터 A는 축방향에서 볼 때 시계방향은 정회전, 반시계방향은 역회전이며, 유압 회로도와 관계없이 정회전이 되도록 작업하시오.)

② 변위-단계선도

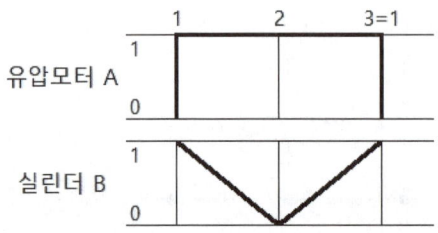

2) 응용제어동작

※ 기본제어동작을 다음 조건과 같이 변경하시오.

① 누름버튼 스위치를 추가하여 다음과 같이 동작합니다.
  가) 누름버튼 스위치(PB2)를 1회 ON-OFF하면 기본제어동작이 연속동작 하여야 합니다.
  나) 누름버튼 스위치(PB3)를 1회 ON-OFF하면 행정이 완료된 후 정지하여야 합니다.

② 유압모터의 출구측에 릴리프밸브를 설치하여 출구측 압력이 2MPa(20kgf/cm^2)이 되도록 유압 회로도를 변경·조정합니다.

가. 유압 회로도

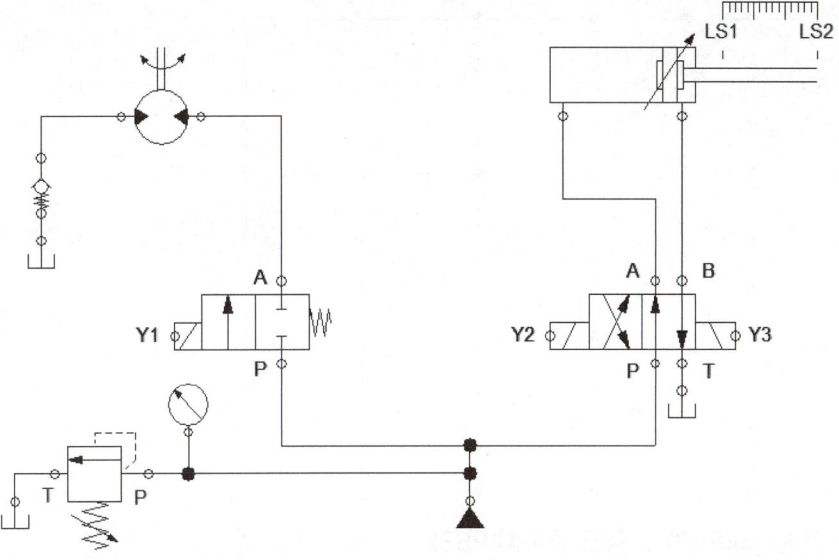

나. 전기 회로도

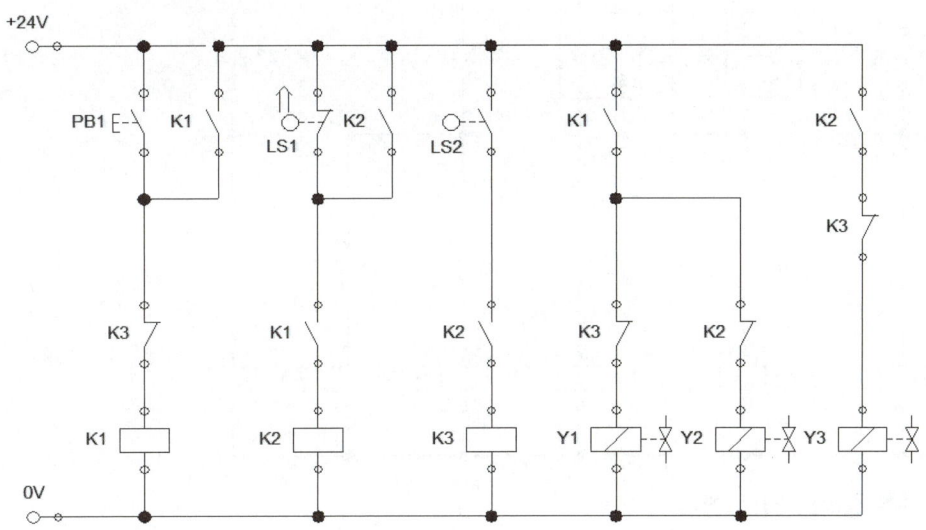

다. 전기 회로도 오류 수정

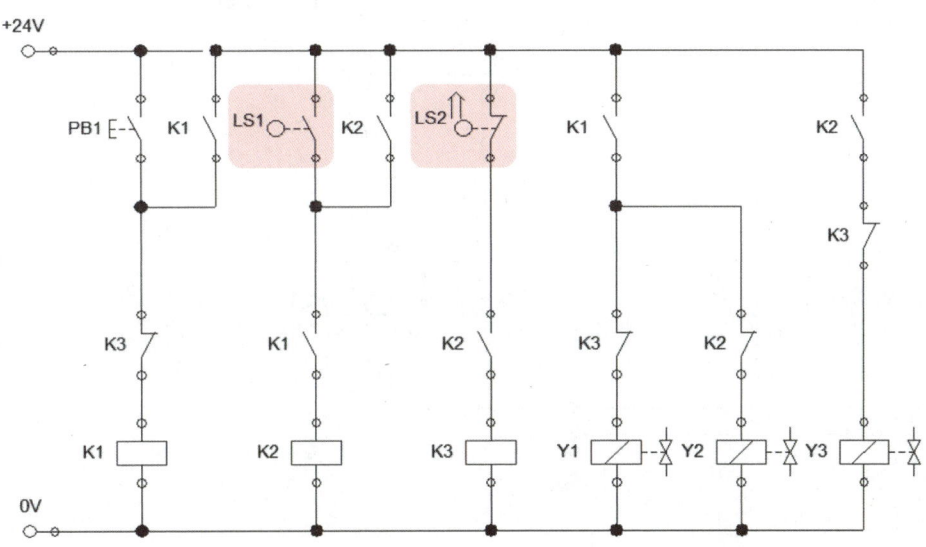

설비보전기사 실기

기본제어동작(오류수정)

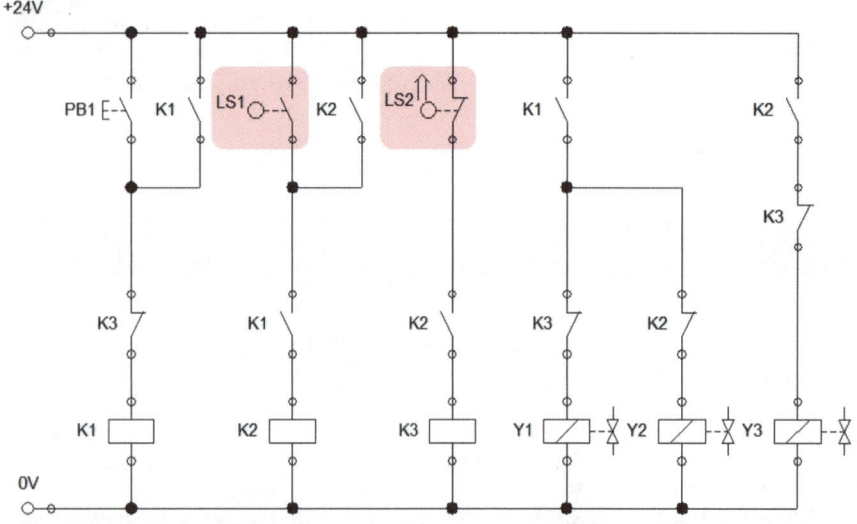

응용제어동작 ① - 연속시작(PB2) / 정지 스위치(PB3)

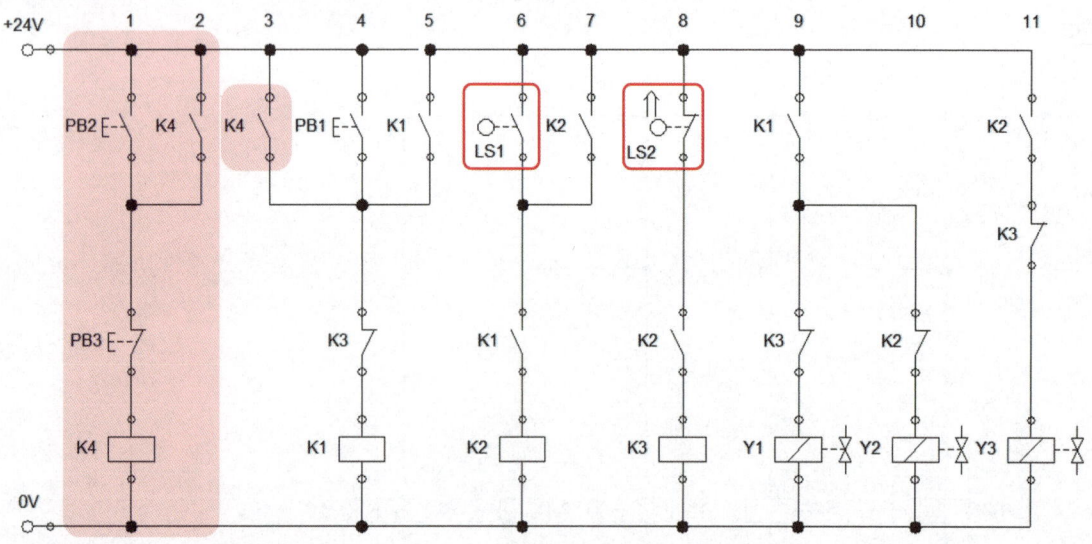

응용제어동작 ② - 유압모터 출구측 릴리프 밸브 설치

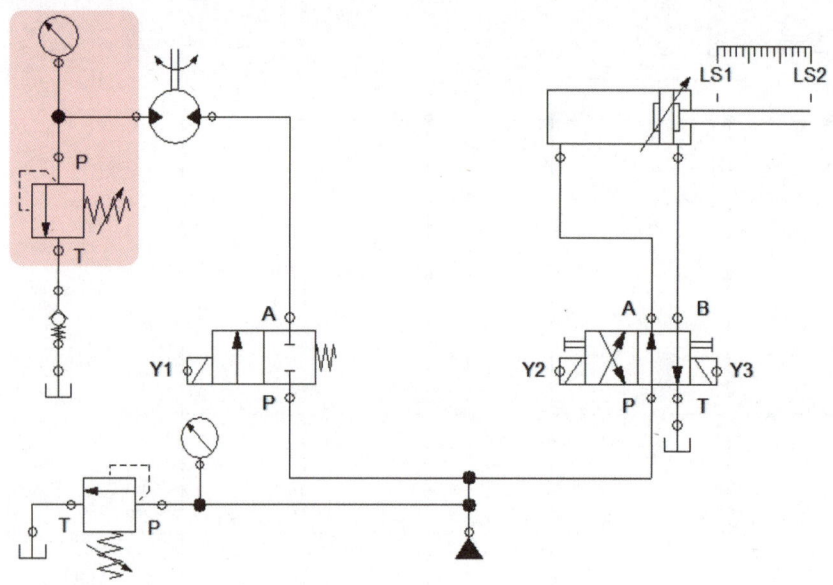

응용제어동작 ② - 유압모터 출구측 릴리프 밸브 설치

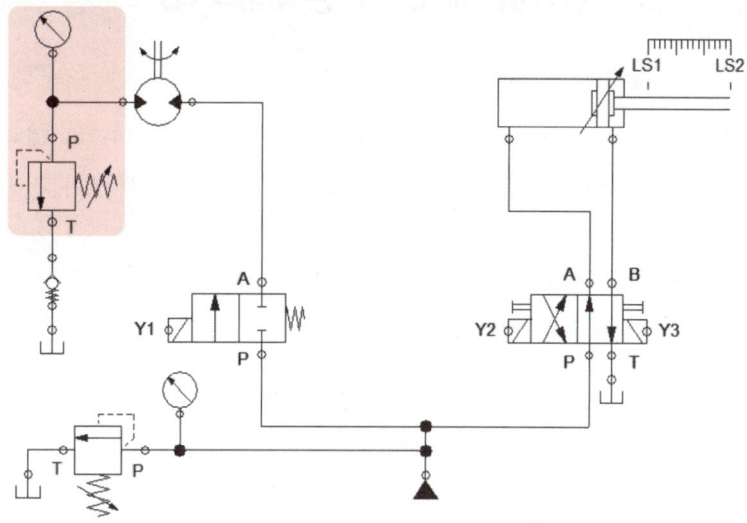

기본(응용)제어동작 실습 배치

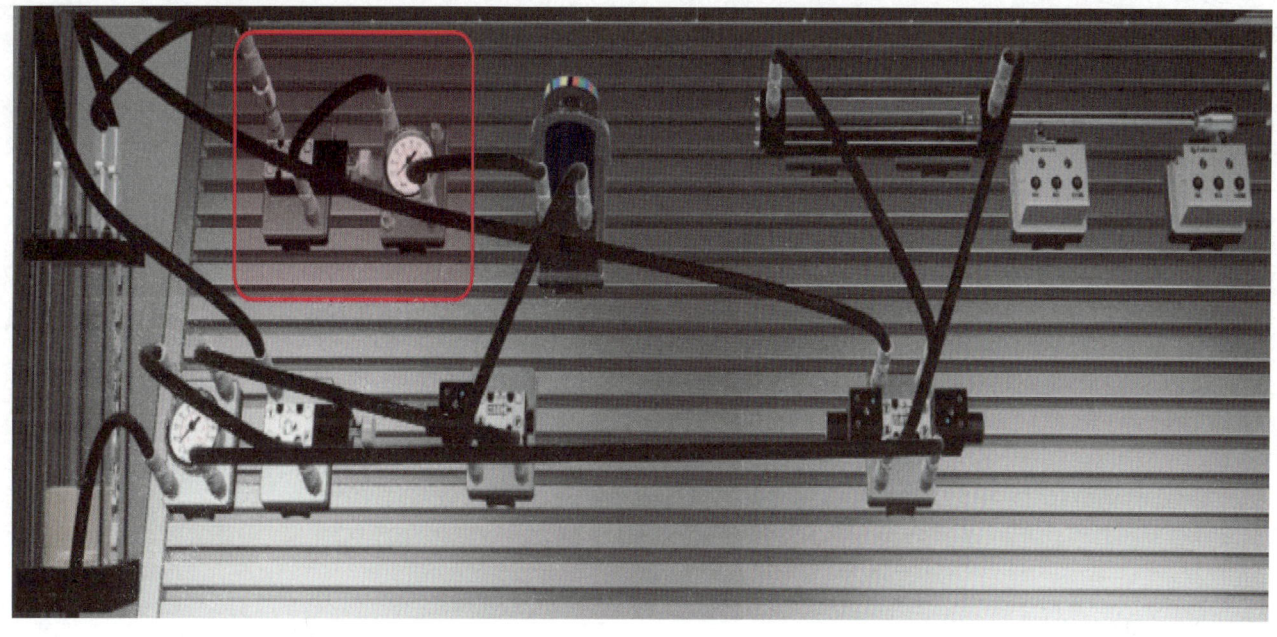

〈공개문제 07 기본제어동작〉

가. 기본제어동작

① 초기상태에서 PB2(유지형 스위치 가능)를 ON하면 램프 1이 점등되고, PB2를 해제(OFF)하면 램프 1이 소등됩니다. 시작스위치(PB1)를 ON-OFF하면 실린더 A가 전진하고 실린더 A가 전진 완료 후 유압모터 B가 회전합니다.

PB2를 ON하면 램프 1 점등, 실린더 A 후진, 유압모터 정지가 동시에 이루어집니다. 작동이 완료되면 PB2를 해제(OFF)하여 초기상태로 되어야 합니다.

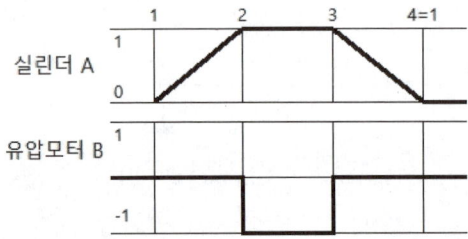

나. 유압 회로도

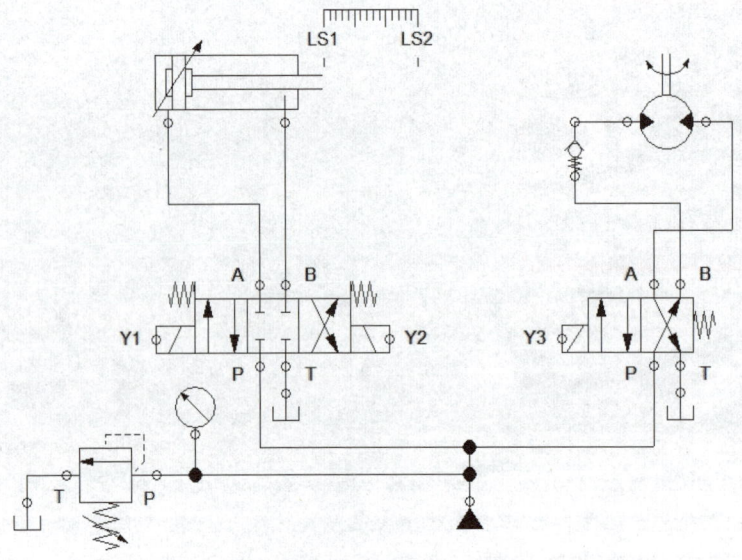

다. 전기 회로도

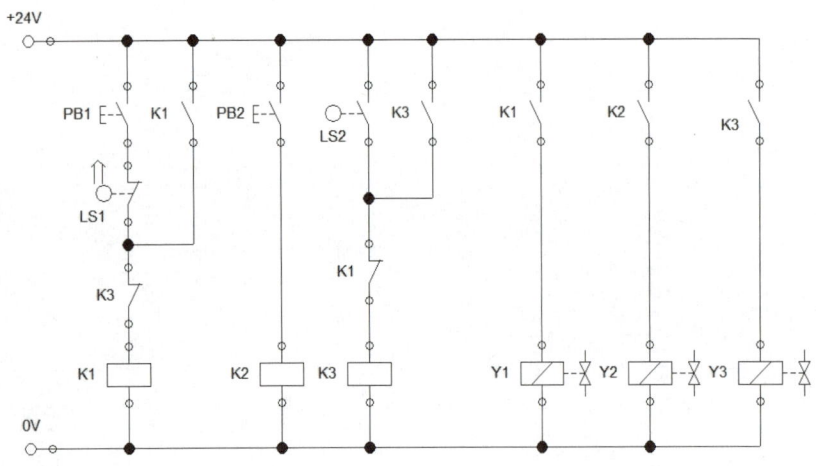

기본제어동작 ①
(오류수정 전)

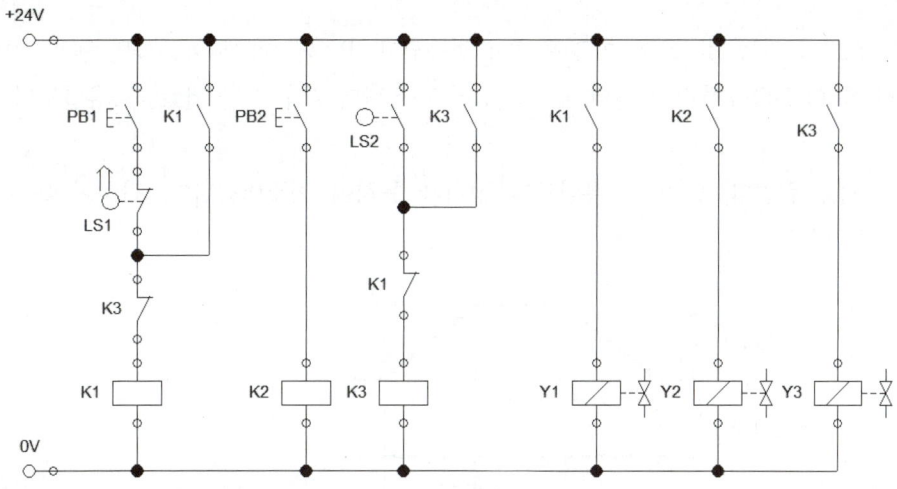

(기본제어동작 분석)

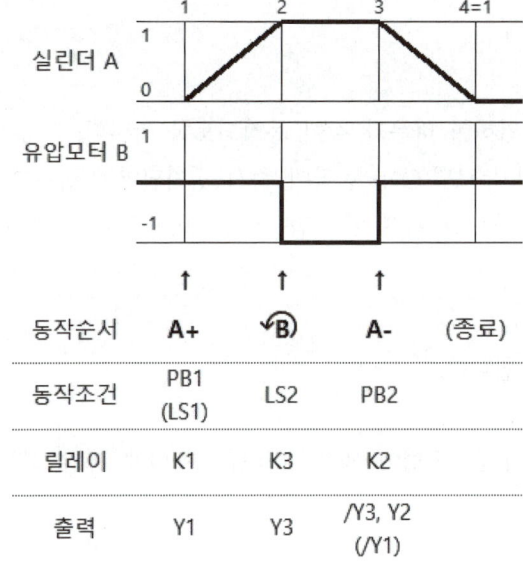

동작순서	A+	↻B	A-	(종료)
동작조건	PB1 (LS1)	LS2	PB2	
릴레이	K1	K3	K2	
출력	Y1	Y3	/Y3, Y2 (/Y1)	

(유압 회로도)
양솔/편솔 구성

(전기 회로도)
편솔방식으로 전기회로도 설계
출력 - 인터록 처리

(오류 찾기)
① 동작조건 순서 및 접점확인
② (편솔)설계방식 논리 확인
③ 출력부 오류 확인

(오류수정 후)

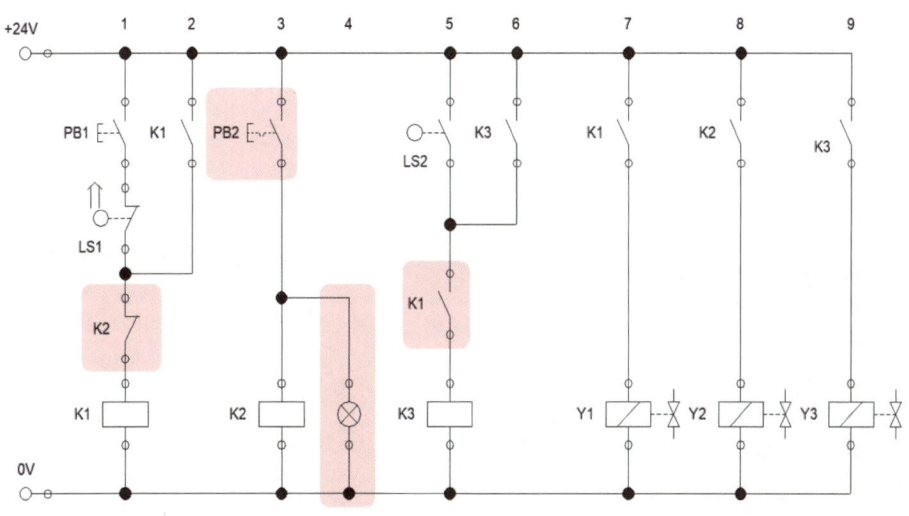

〈공개문제 07 응용제어동작〉

1) 기본제어동작

① 초기상태에서 PB2(유지형 스위치 가능)를 ON하면 램프 1이 점등되고, PB2를 해제(OFF)하면 램프 1이 소등됩니다. 시작스위치(PB1)를 ON-OFF하면 실린더 A가 전진하고 실린더 A가 전진 완료 후 유압모터 B가 회전합니다.

PB2를 ON하면 램프 1 점등, 실린더 A 후진, 유압모터 정지가 동시에 이루어집니다. 작동이 완료되면 PB2를 해제(OFF)하여 초기상태로 되어야 합니다.

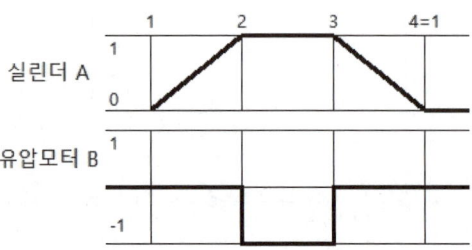

2) 응용제어동작

※ 기본제어동작을 다음 조건과 같이 변경하시오.

① 비상정지 스위치(유지형 스위치 가능) 및 기타 부품을 추가하여 다음과 같이 동작되도록 합니다.
   가) 기본제어동작 상태에서 비상정지 스위치(PB3)를 한번 누르면(ON) 동작이 즉시 정지되어야 합니다.
   나) 비상정지 스위치가 동작 중일 때는 작업자가 알 수 있도록 램프 2가 점등되고, 비상정지 스위치를 해제하면 램프 2가 소등됩니다.
   다) PB2를 ON하여 시스템을 초기화합니다.
   라) 시스템이 초기화된 이후에는 기본제어동작이 되어야 합니다.

② 실린더 A의 전진속도와 유압모터 B의 회전속도를 meter-in 방법에 의해 조정할 수 있게 유압 회로도를 변경합니다.

가. 유압 회로도

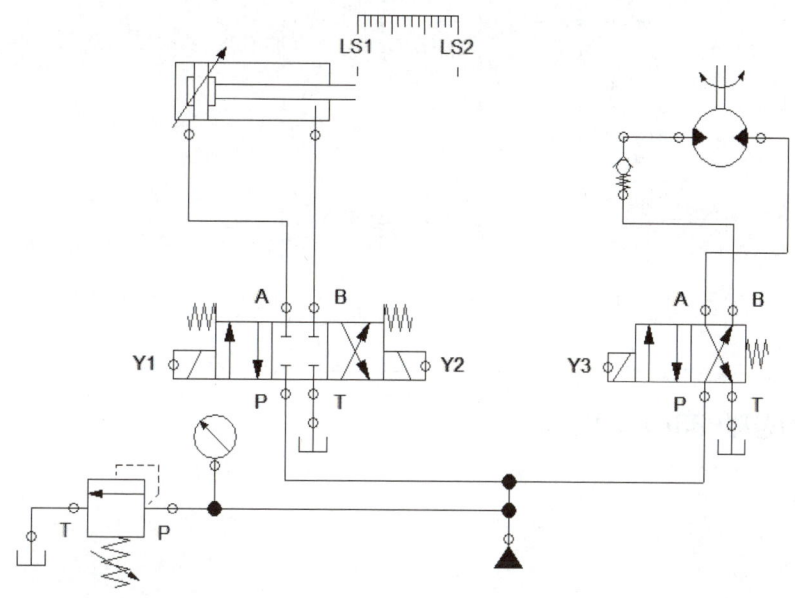

나. 전기 회로도

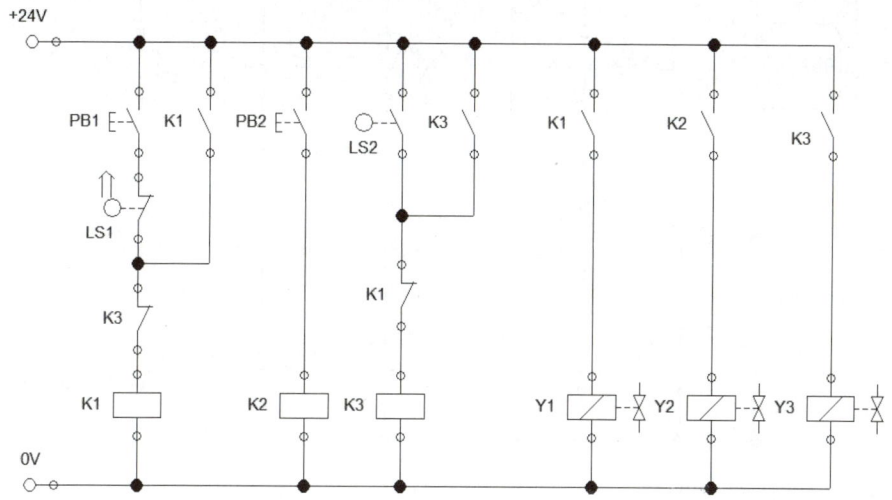

다. 전기 회로도 오류 수정

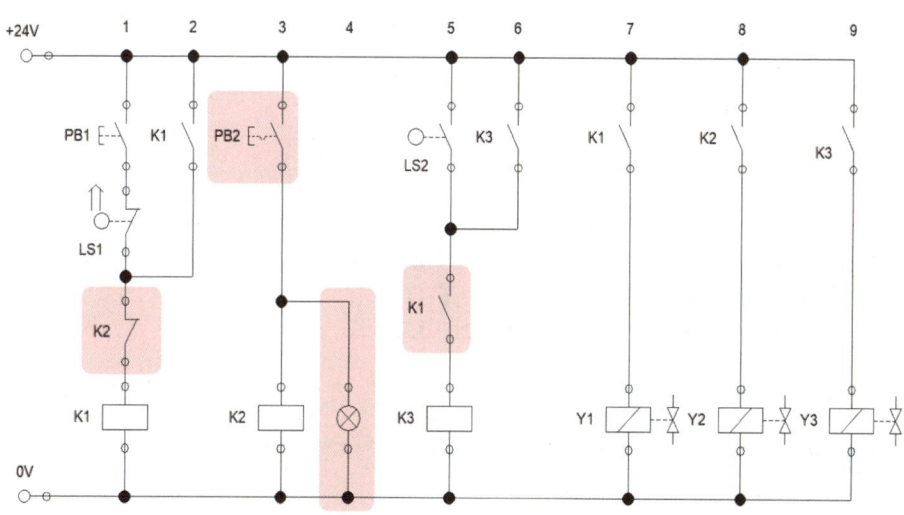

설비보전기사 실기

기본제어동작(오류수정)

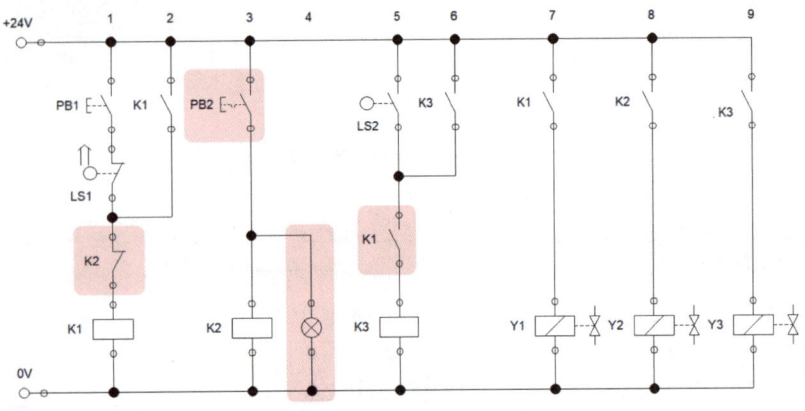

응용제어동작① - 비상정지(PB3) / 해제, 램프

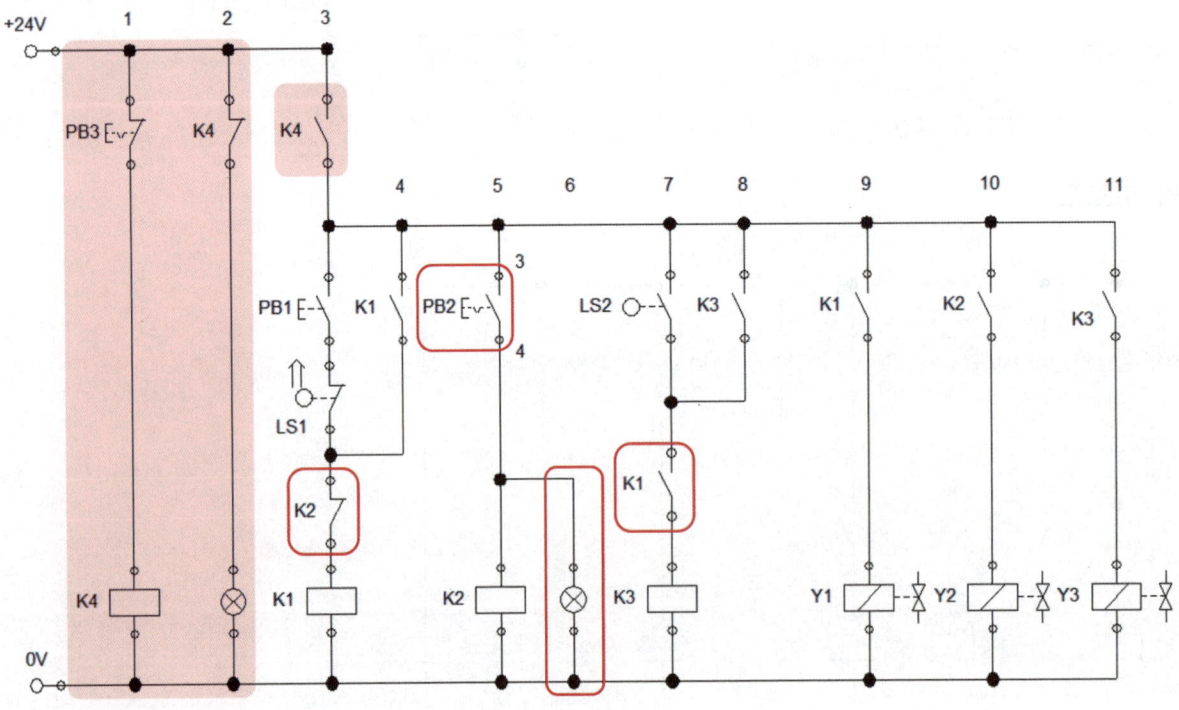

응용제어동작 ② - A전진, B회전 미터인 방법으로 조정

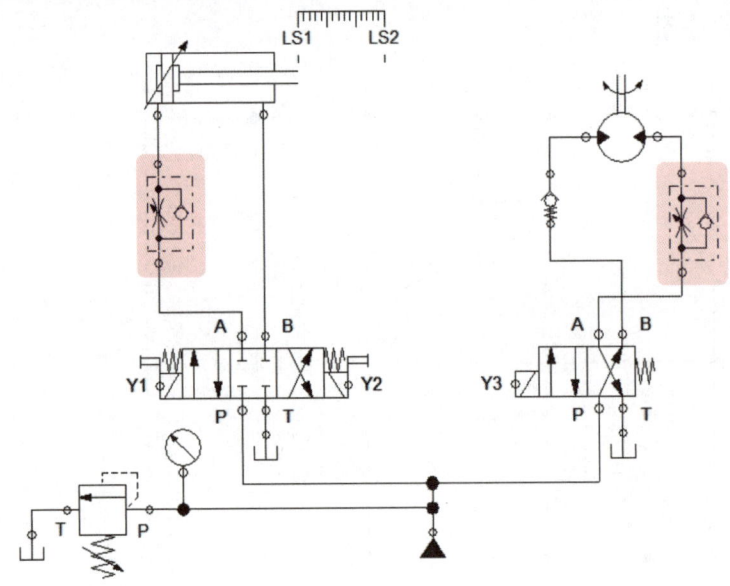

응용제어동작 ② - A전진, B회전 미터인 방법으로 조정

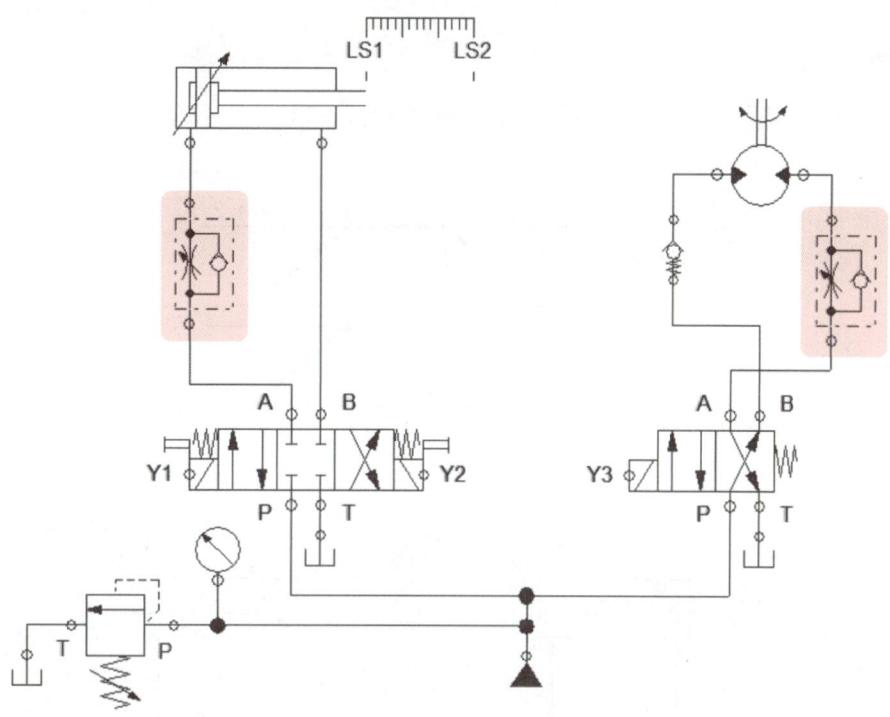

기본(응용)제어동작 실습 배치

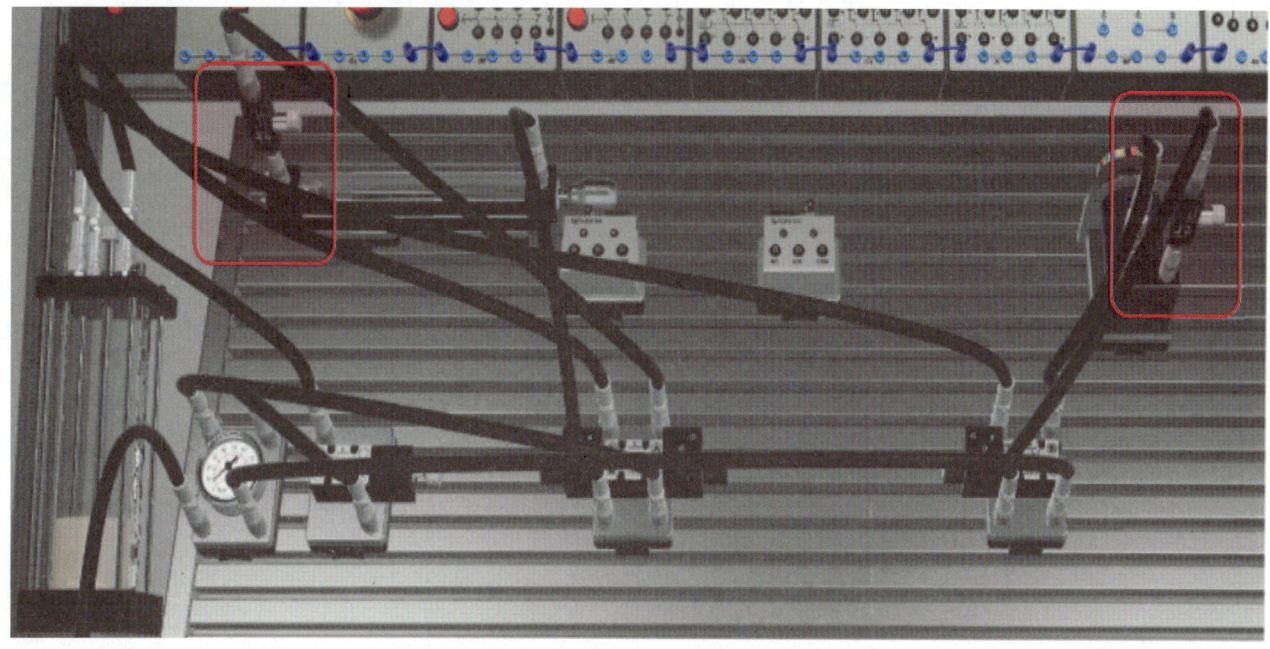

〈공개문제 08 기본제어동작〉

가. 기본제어동작

① 초기상태에서 PB1 스위치를 ON-OFF 하면 다음 변위단계선도와 같이 동작합니다.

② 변위-단계선도

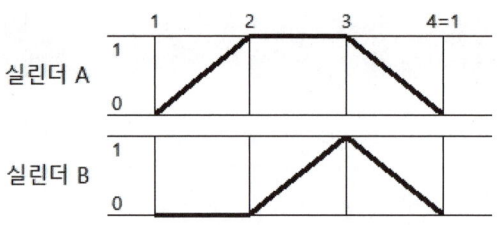

나. 유압 회로도

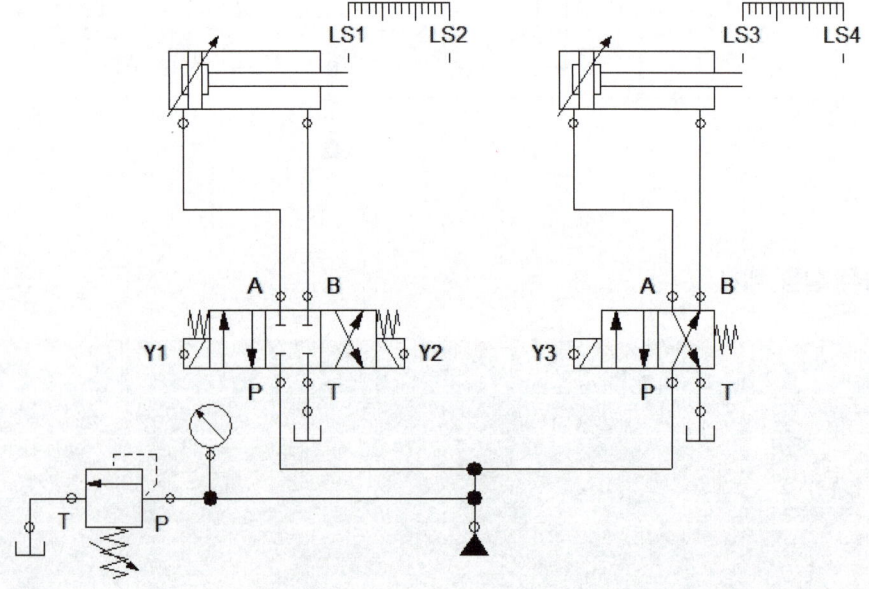

다. 전기 회로도

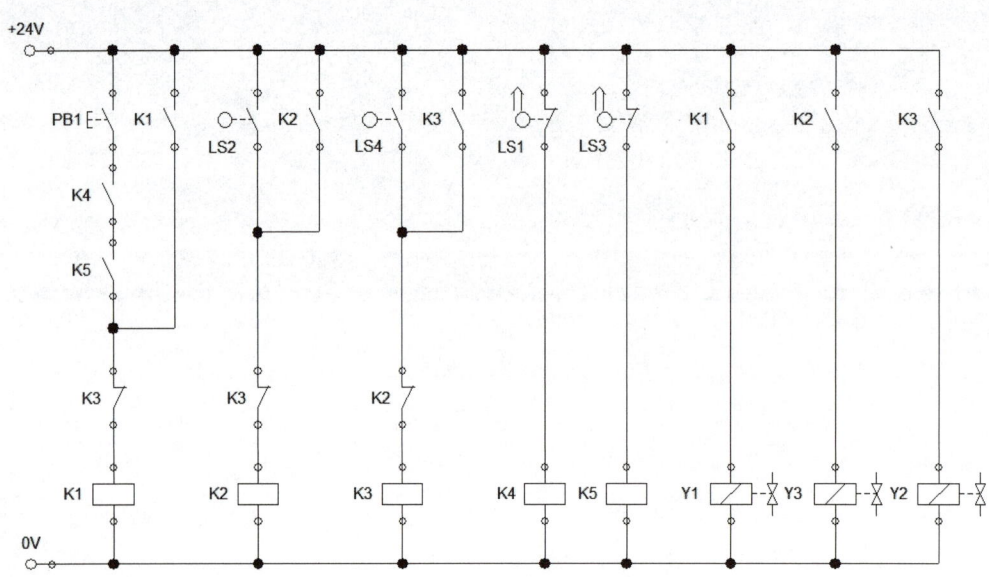

기본제어동작 ①
(오류수정 전)

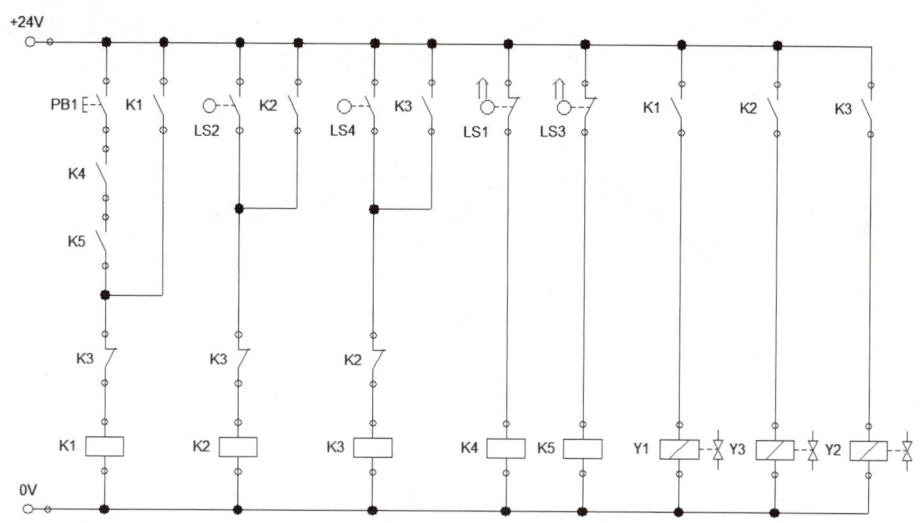

(기본제어동작 분석)

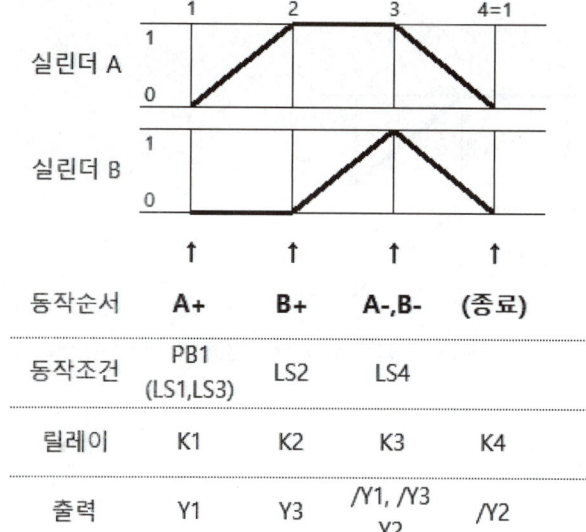

(유압 회로도)
양솔/편솔 구성

(전기 회로도)
양솔방식으로 전기회로도 설계
입력(릴레이) - 인터록 처리

(오류 찾기)
① 동작조건 순서 및 접점확인
② (양솔)설계방식 논리 확인
③ 출력부 오류 확인

(오류수정 후)

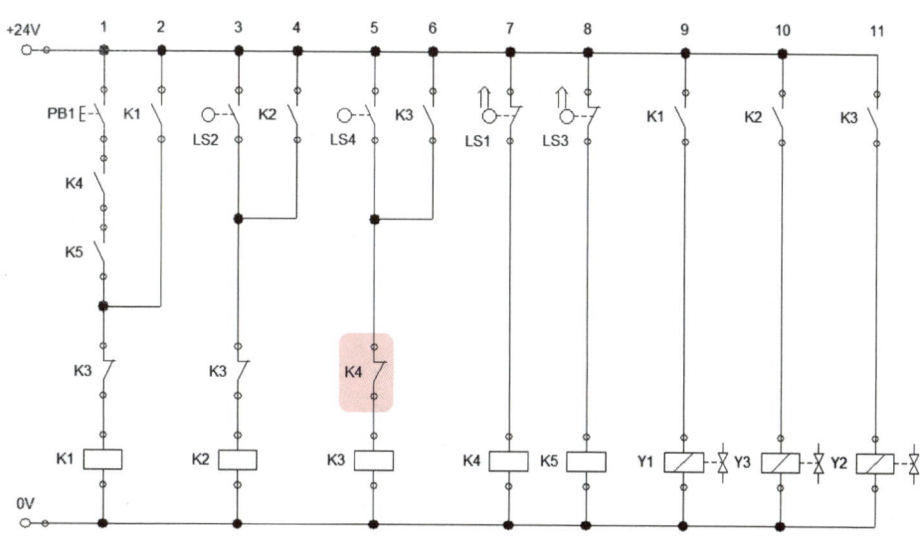

〈공개문제 08 응용제어동작〉

1) **기본제어동작**

    ① 초기상태에서 PB1 스위치를 ON-OFF 하면 다음 변위단계선도와 같이 동작합니다.
    ② 변위-단계선도

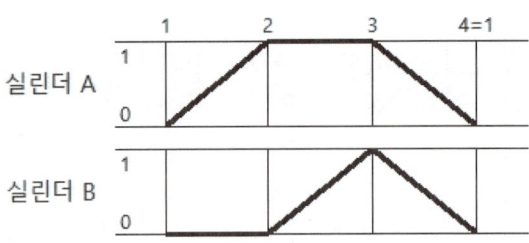

2) **응용제어동작**

    ※ 기본제어동작을 다음 조건과 같이 변경하시오.
    ① 비상정지 스위치(유지형 스위치 가능), 타이머 및 기타 부품을 추가하여 다음과 같이 동작되도록 합니다.
    가) 기존 회로에 타이머를 사용하여 아래 변위단계선도와 같이 동작합니다.

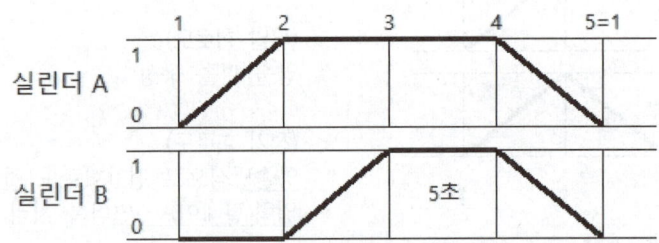

    나) 기본제어동작 상태에서 비상정지 스위치(PB2)를 한번 누르면(ON) 동작이 즉시 정지되어야 합니다.
      (단, 실린더 B는 즉시 후진합니다.)
    다) 비상정지 스위치(PB2)를 해제하면 시스템은 초기화됩니다.

    ② 실린더 A와 B의 전진속도를 meter-in 방법에 의해 조정할 수 있게 유압회로도를 변경합니다.

가. 유압 회로도

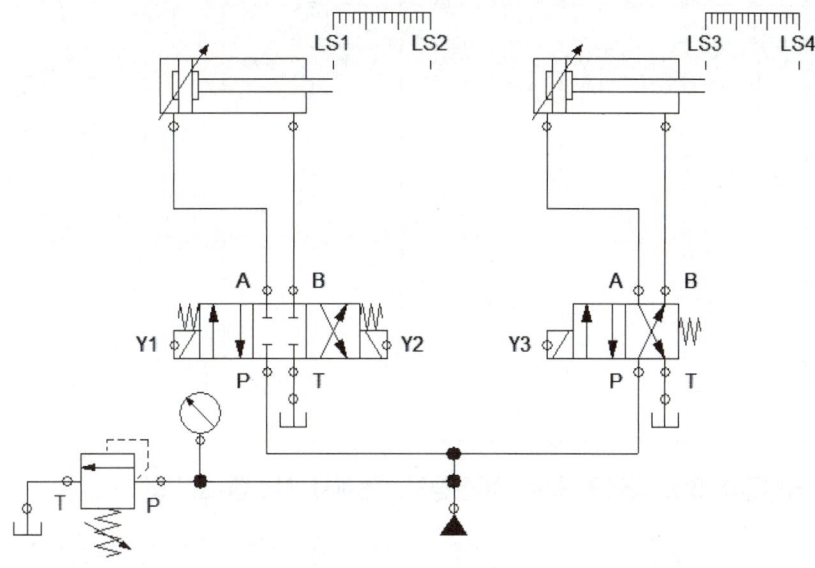

나. 전기 회로도

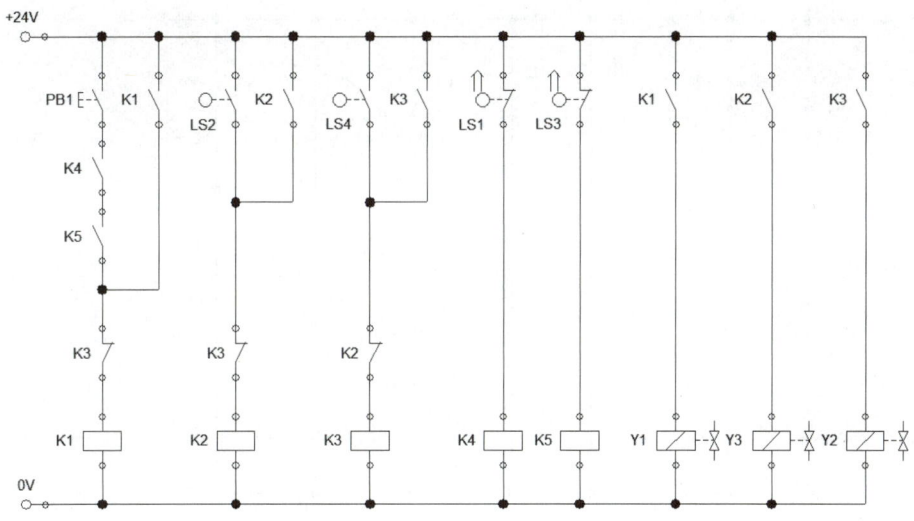

다. 전기 회로도 오류 수정

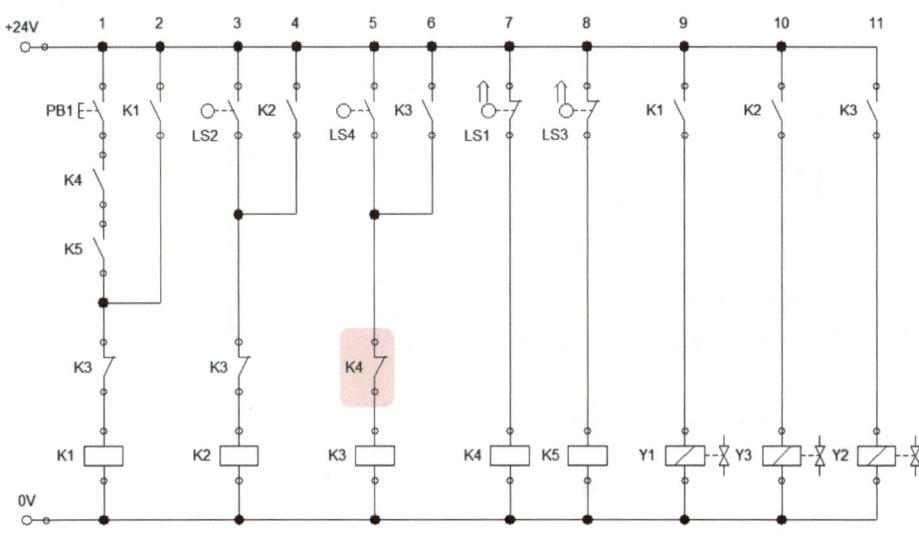

설비보전기사 실기

기본제어동작(오류수정)

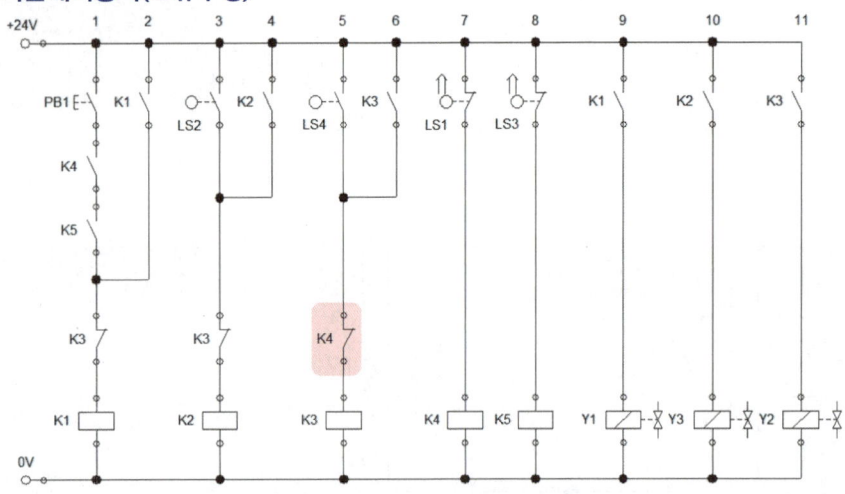

응용제어동작 ① - B전진후 5초 타이머 회로, 비상정지, 해제시 시스템 초기화

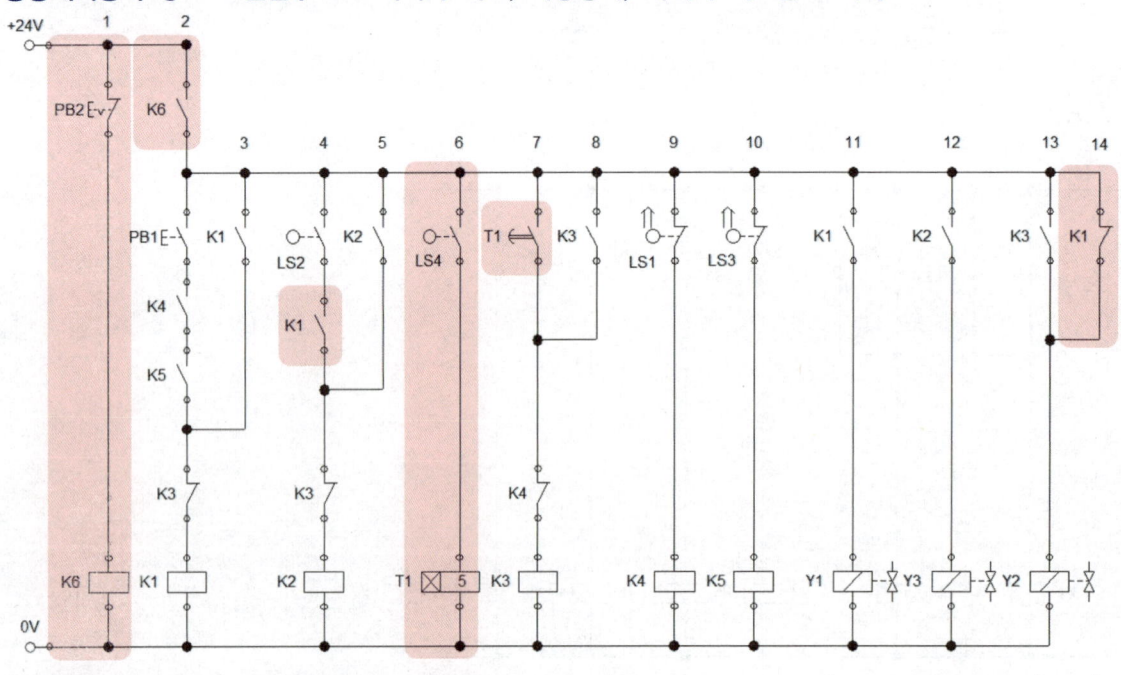

응용제어동작 ② - A, B 전진속도 미터인 방법 조정

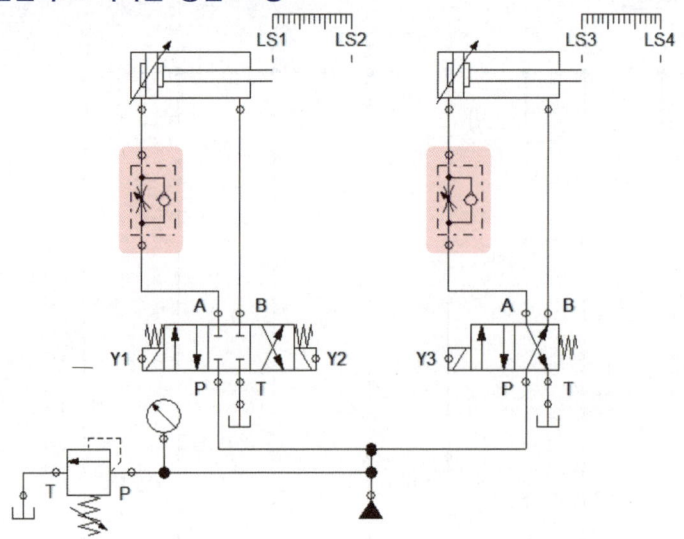

응용제어동작 ② - A, B 전진속도 미터인 방법 조정

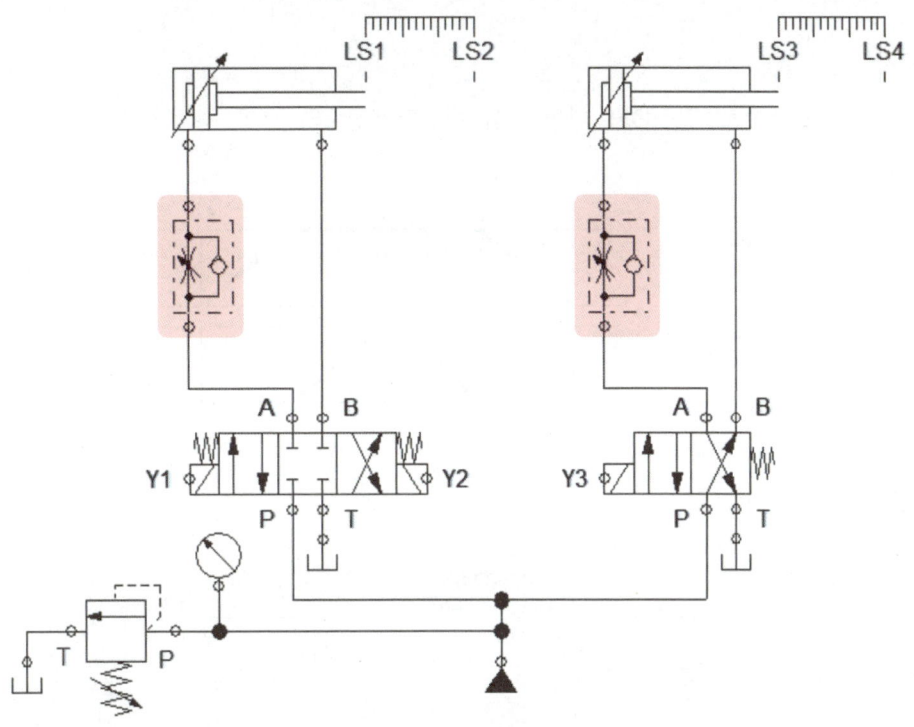

기본(응용)제어동작 실습 배치

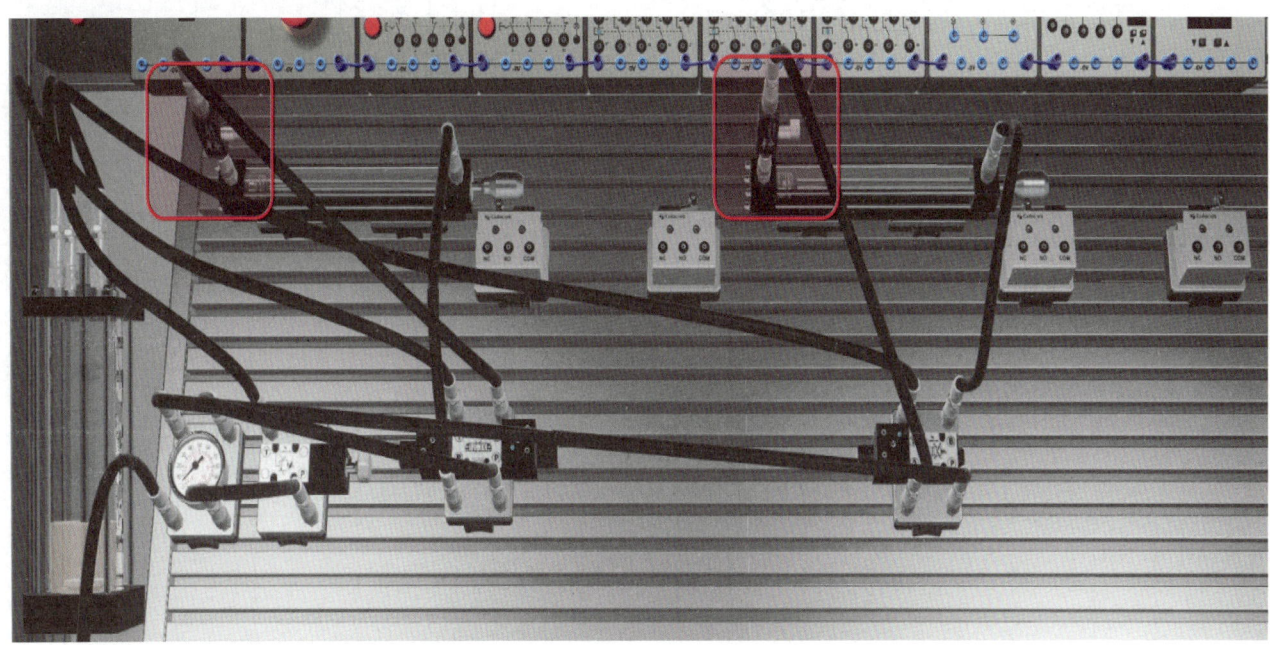

⟨공개문제 09 기본제어동작⟩

가. 기본제어동작

① 초기상태에서 PB1 스위치를 ON-OFF 하면 다음 변위단계선도와 같이 동작합니다.
② 변위-단계선도

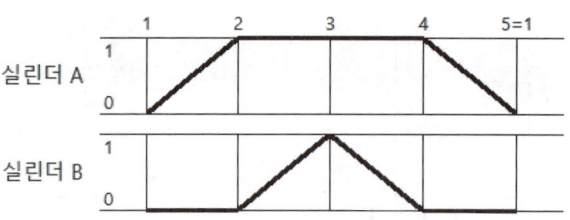

나. 유압 회로도

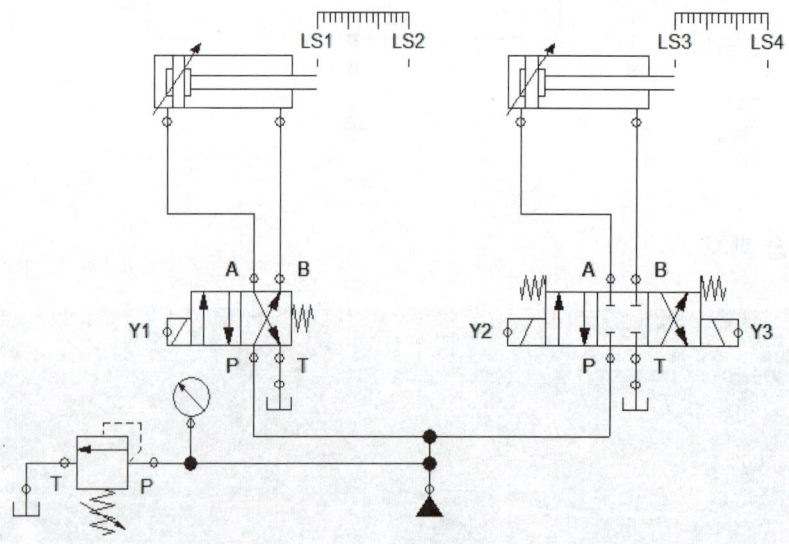

다. 전기 회로도

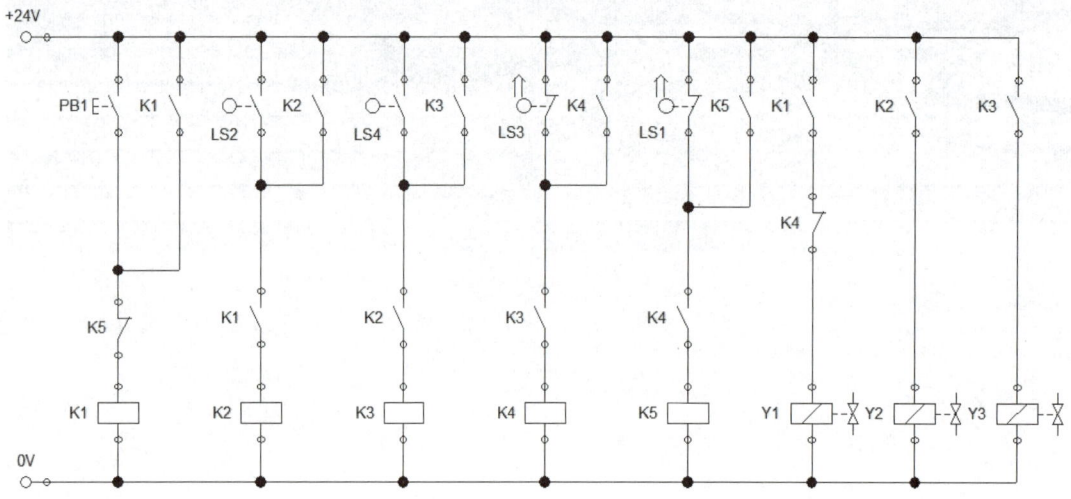

기본제어동작 ①
(오류수정 전)

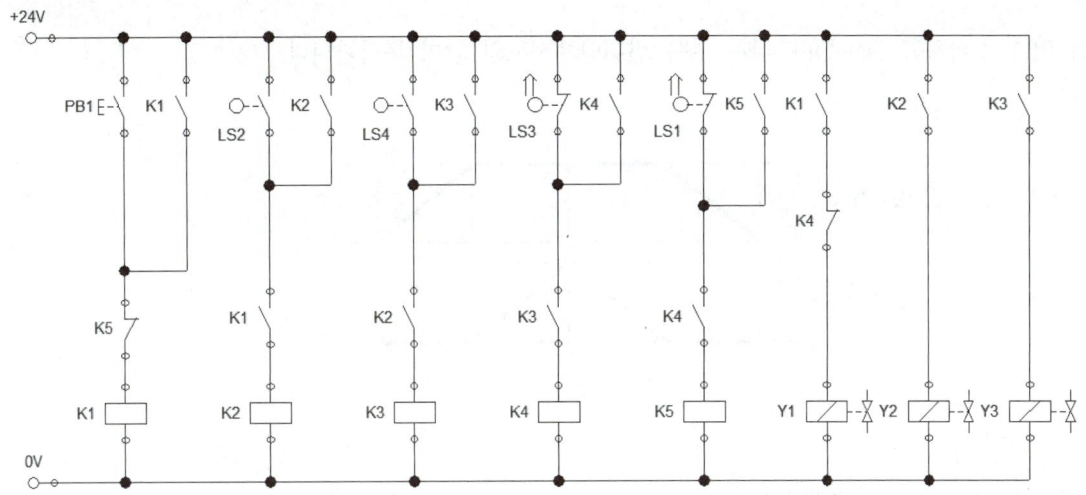

(기본제어동작 분석)

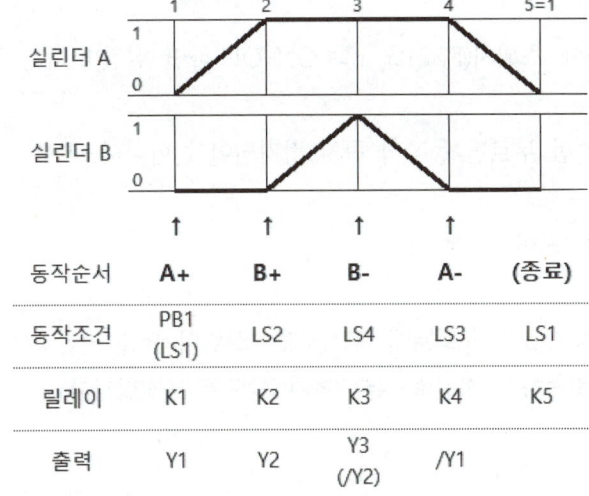

(유압 회로도)
편솔/양솔 구성

(전기 회로도)
편솔방식으로 전기회로도 설계
출력 - 인터록 처리

(오류 찾기)
① 동작조건 순서 및 접점확인
② (편솔)설계방식 논리 확인
③ 출력부 오류 확인

(오류수정 후)

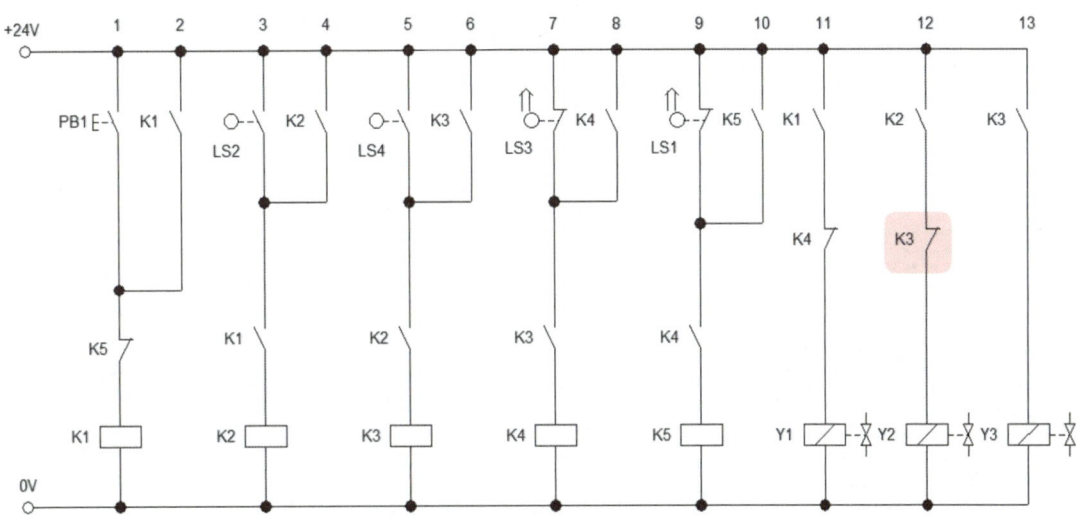

〈공개문제 09 응용제어동작〉

1) 기본제어동작
① 초기상태에서 PB1 스위치를 ON-OFF 하면 다음 변위단계선도와 같이 동작합니다.
② 변위-단계선도

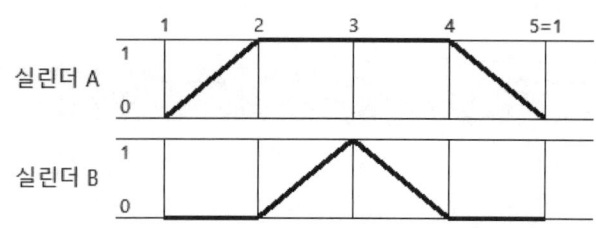

2) 응용제어동작
※ 기본제어동작을 다음 조건과 같이 변경하시오.
① 시작스위치(PB1) 외에 스위치(PB2) 및 비상정지 스위치(PB3)(유지형 스위치 가능) 기타 부품을 추가하여 다음과 같이 제어합니다.
   가) 후입력 우선회로를 구성하고 실린더 A가 전진 중에 스위치(PB2)를 1회 ON-OFF하면 실린더 A는 즉시 후진하고 실린더 B는 정지하여야 합니다.
   나) 기본제어동작 상태에서 비상정지 스위치(PB3)를 한번 누르면 동작이 즉시 정지되어야 합니다.
      (단, 실린더 A는 즉시 후진합니다.)
   다) 비상정지 스위치(PB3)를 해제하면 기본제어 동작이 되어야 합니다.

② 실린더 A의 Rod측에 Pilot조작 Check Valve를 이용 Locking회로를 구성하고, 실린더 B의 전진속도를 meter-out 방법에 의해 조정할 수 있게 유압회로를 변경하고 전진속도는 5초가 되도록 조정합니다.

가. 유압 회로도

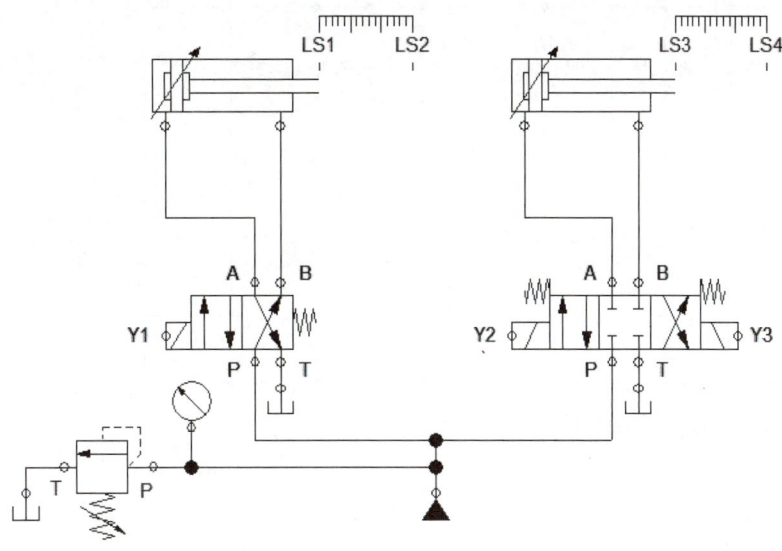

나. 전기 회로도

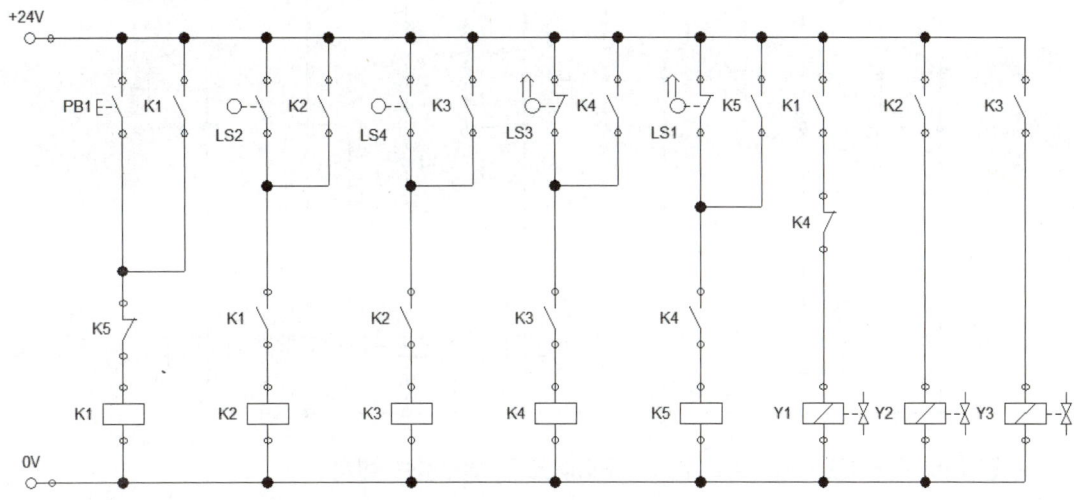

다. 전기 회로도 오류 수정

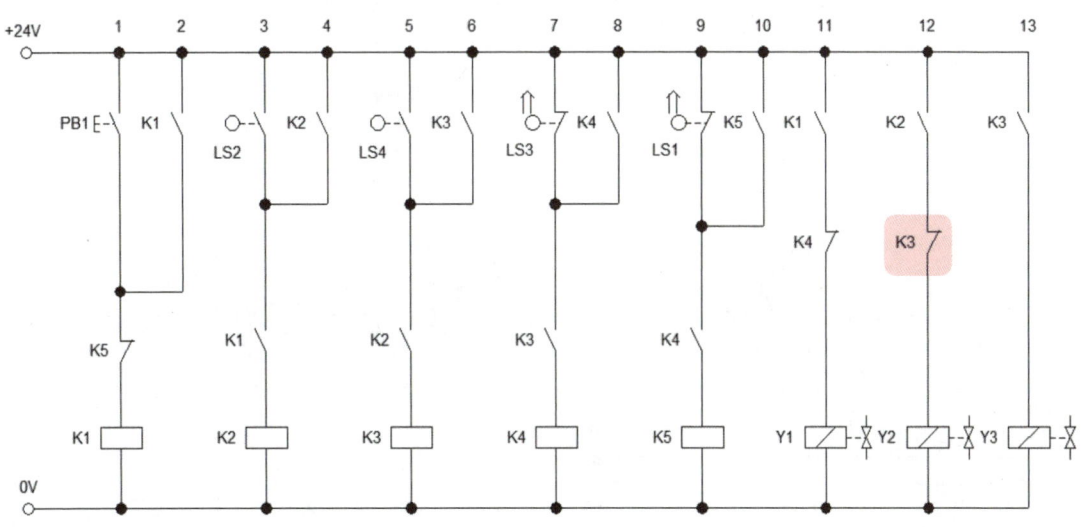

설비보전기사 실기

기본제어동작(오류수정)

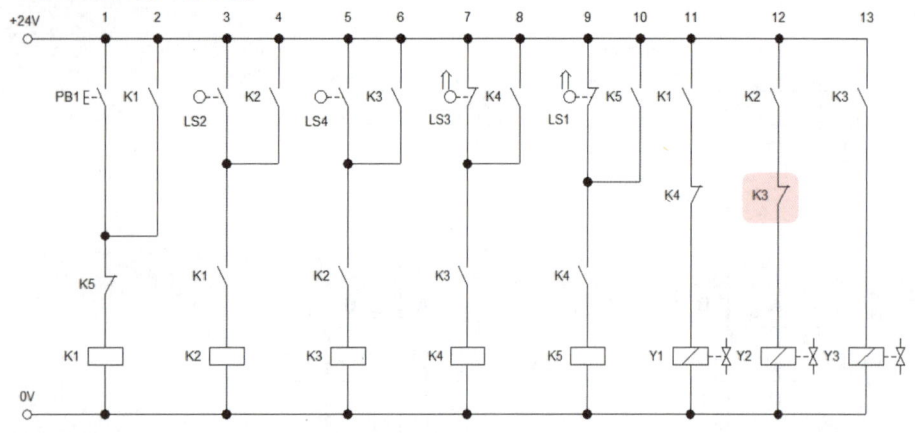

응용제어동작 ① - PB2 추가, 비상정지(PB3)/해제

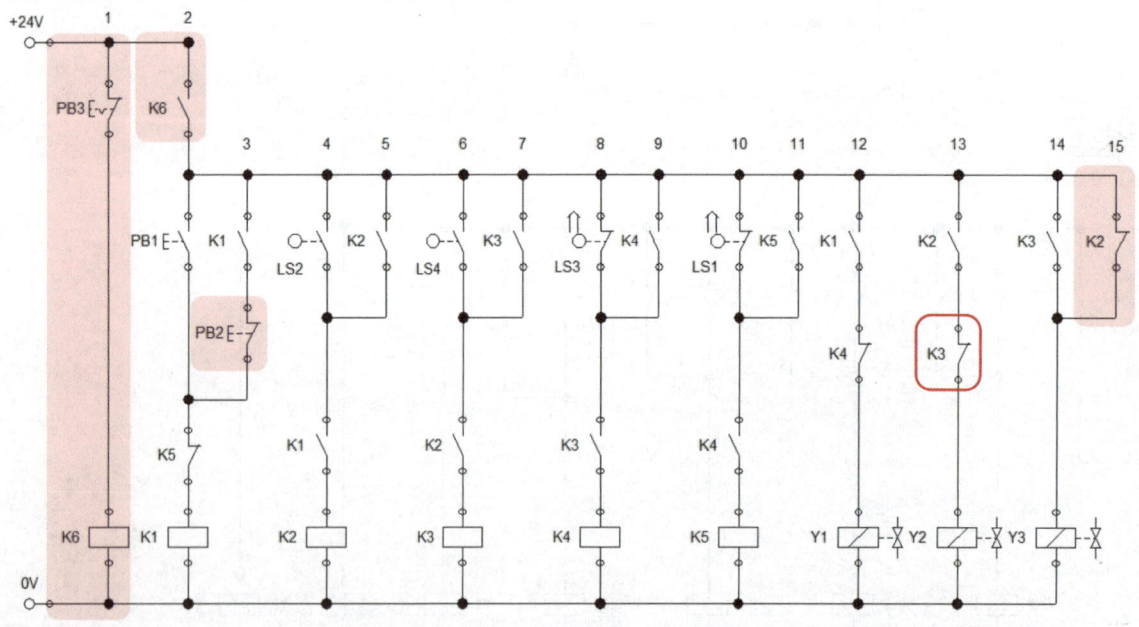

응용제어동작 ② - B전진 미터아웃회로 구성, A측 rod측 Pilot 조작 체크밸브 설치

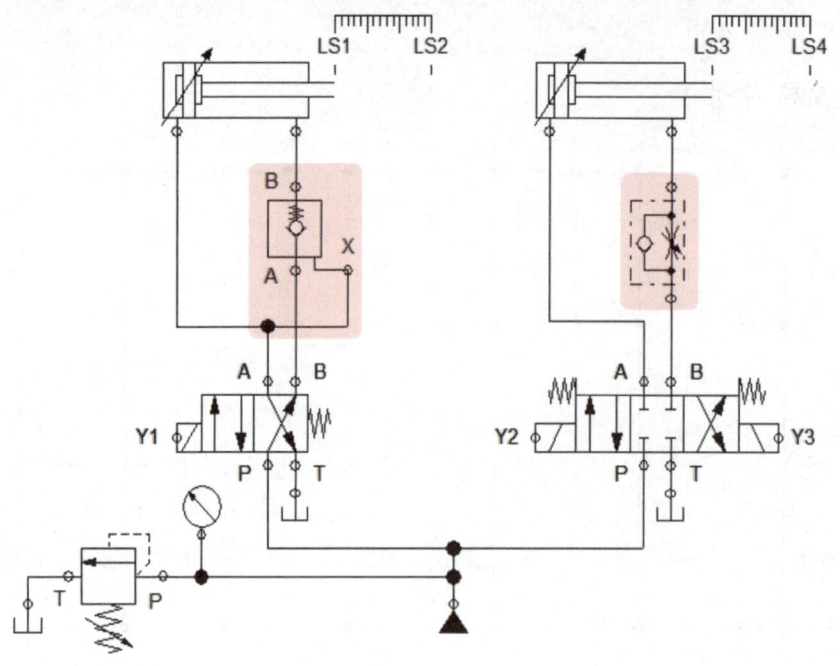

Part 2 공개문제 풀이

응용제어동작 ② - B전진 미터아웃회로 구성, A측 rod측 Pilot 조작 체크밸브 설치

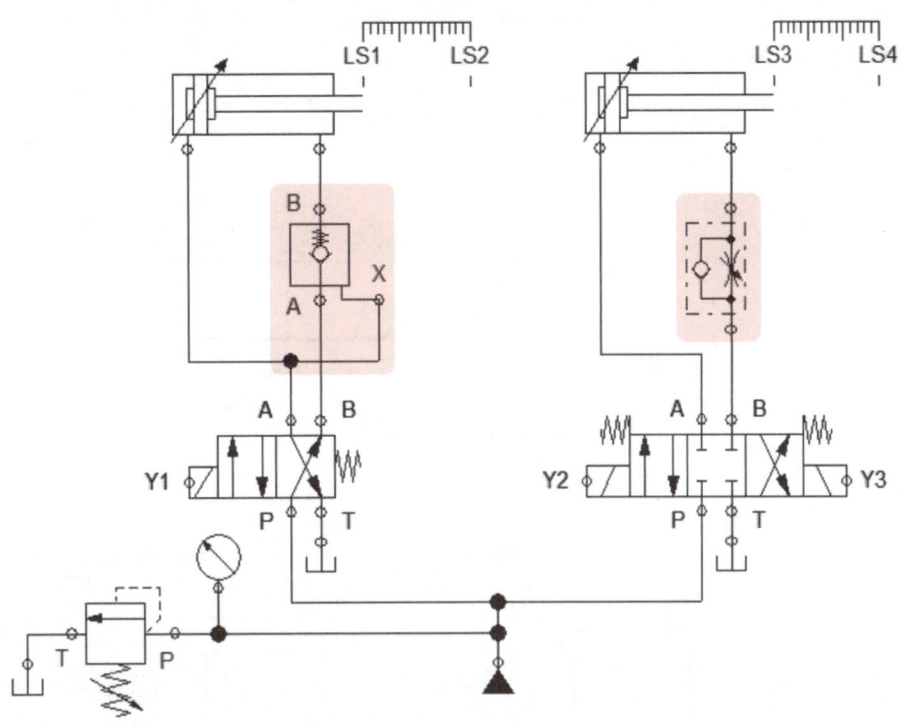

기본(응용)제어동작 실습 배치

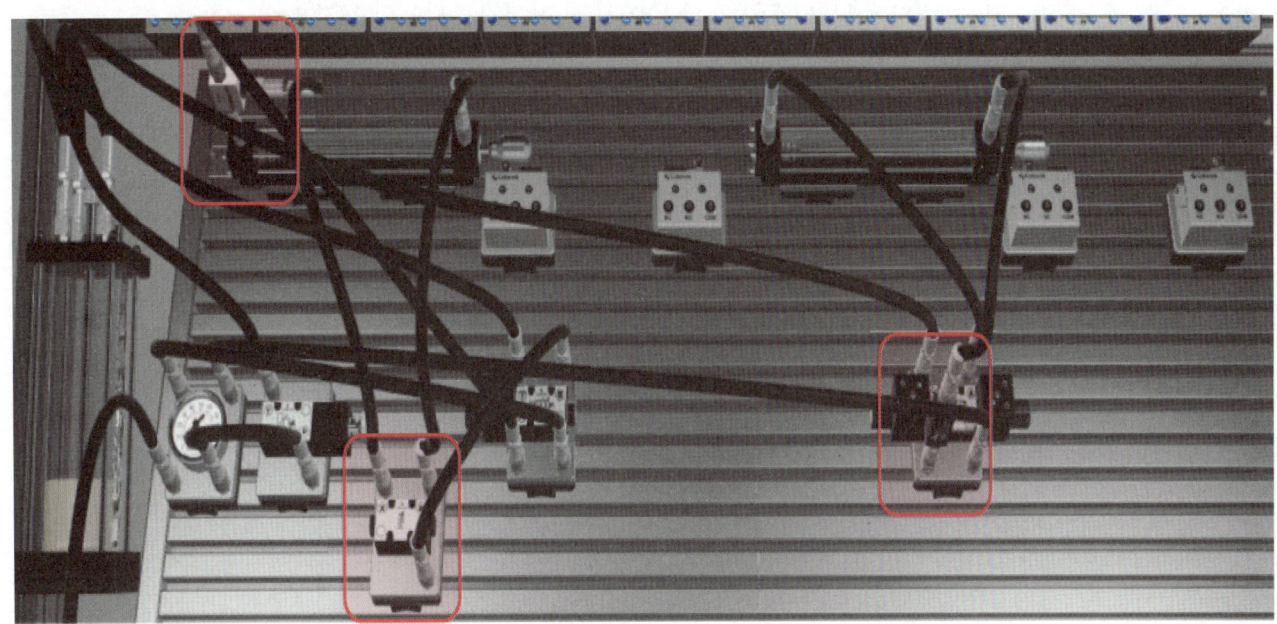

〈공개문제 10 기본제어동작〉

가. 기본제어동작

① 초기상태에서 PB2 스위치를 ON-OFF 한 후 시작스위치(PB1)를 ON-OFF 하면 다음 변위단계선도와 같이 동작합니다.

② 변위-단계선도

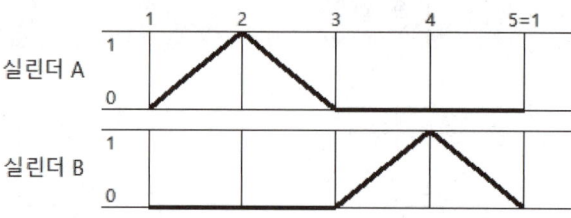

나. 유압 회로도

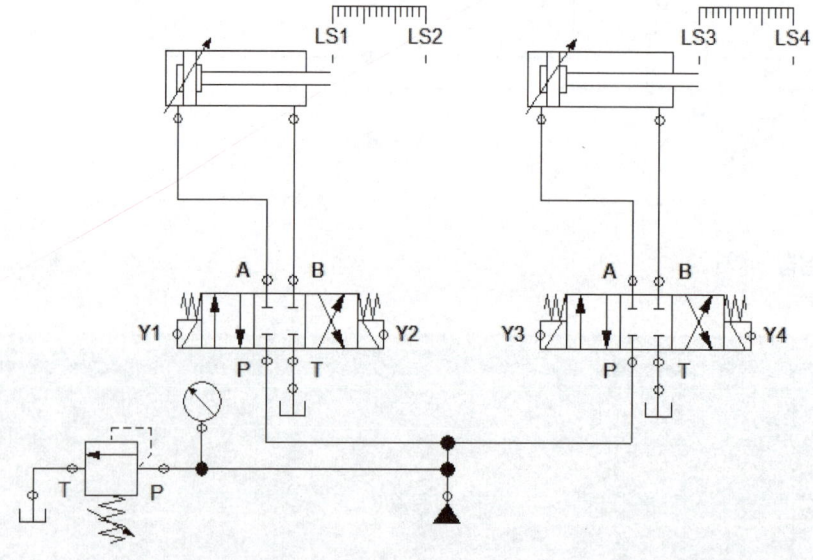

다. 전기 회로도

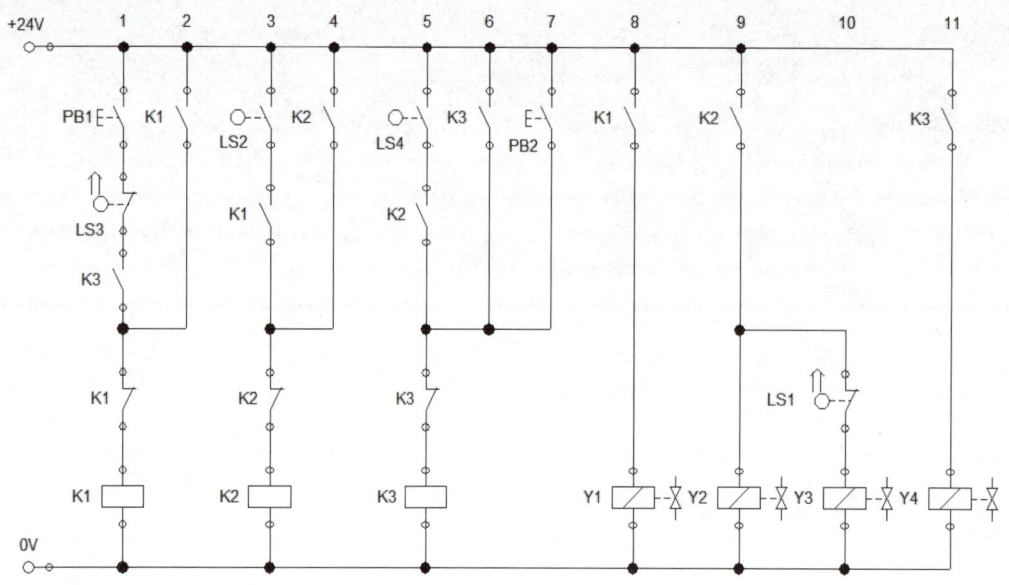

기본제어동작 ①
(오류수정 전)

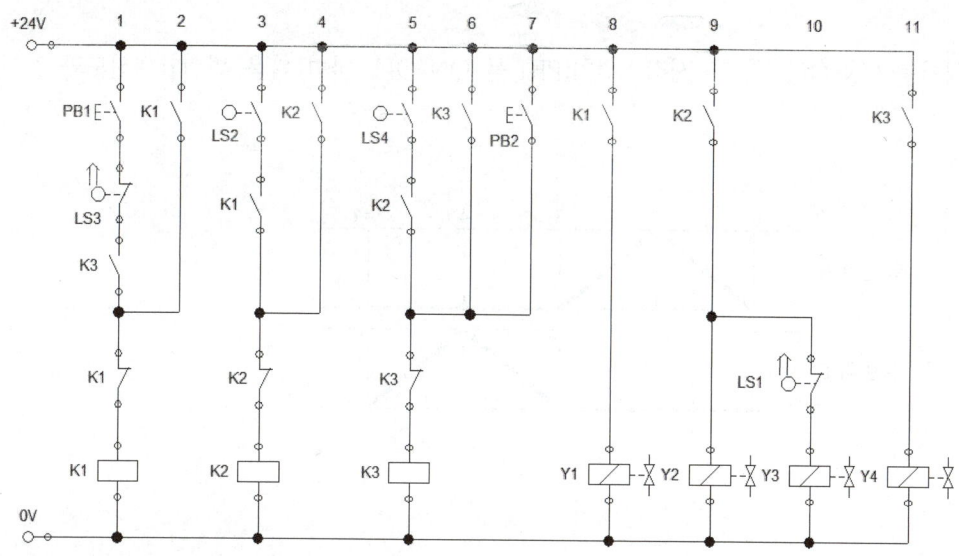

(기본제어동작 분석)

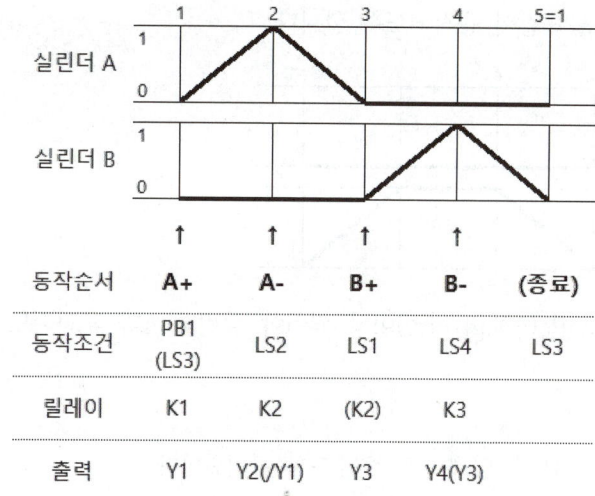

동작순서	A+	A-	B+	B-	(종료)
동작조건	PB1 (LS3)	LS2	LS1	LS4	LS3
릴레이	K1	K2	(K2)	K3	
출력	Y1	Y2(/Y1)	Y3	Y4(Y3)	

(유압 회로도)
양솔/양솔 구성

(전기 회로도)
양솔방식으로 전기회로도 설계
입력(릴레이) - 인터록 처리

(오류 찾기)
① 동작조건 순서 및 접점확인
② (양솔)설계방식 논리 확인
③ 출력부 오류 확인

(오류수정 후)

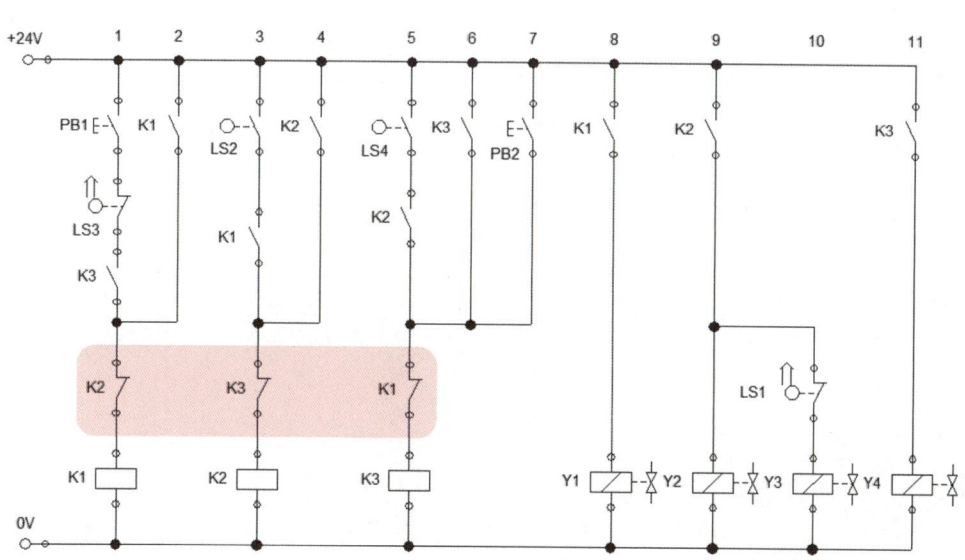

⟨공개문제 10 응용제어동작⟩

1) 기본제어동작

① 초기상태에서 PB2 스위치를 ON-OFF 한 후 시작스위치(PB1)를 ON-OFF 하면 다음 변위단계선도와 같이 동작합니다.

② 변위-단계선도

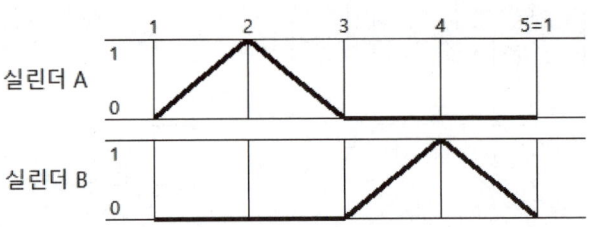

2) 응용제어동작

※ 기본제어동작을 다음 조건과 같이 변경하시오.

① 타이머 및 압력스위치를 추가하여 다음과 같이 동작합니다.

　가) 기존 회로에 타이머를 사용하여 다음 변위단계선도와 같이 동작되도록 합니다.

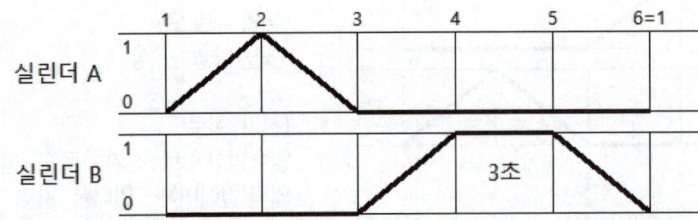

　나) 실린더 A가 전진 완료 후 전진 측 공급압력이 3MPa(30kgf/cm^2)이상 되어야 실린더 A가 후진되도록 압력스위치를 사용하여 회로를 구성합니다.

② 실린더 A, B의 전진속도를 meter-out 방법에 의해 조정할 수 있게 유압 회로도를 구성합니다.

가. 유압 회로도

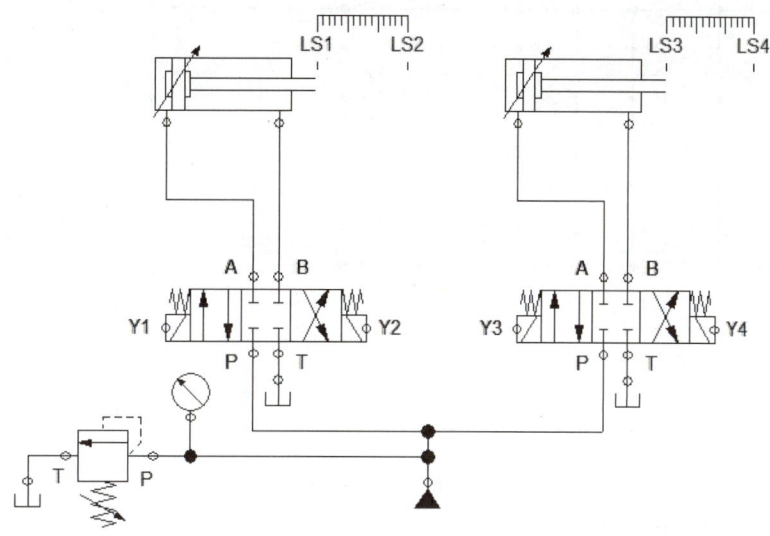

나. 전기 회로도

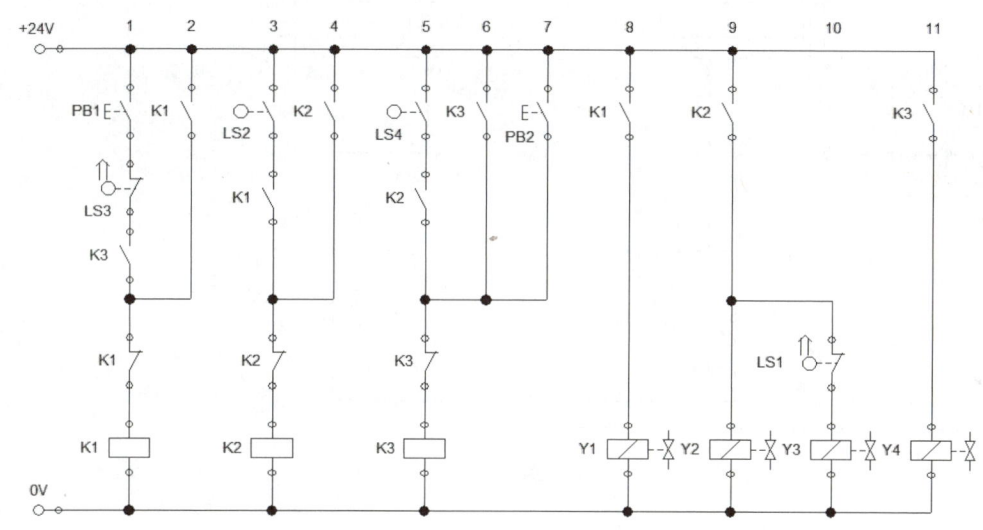

다. 전기 회로도 오류 수정

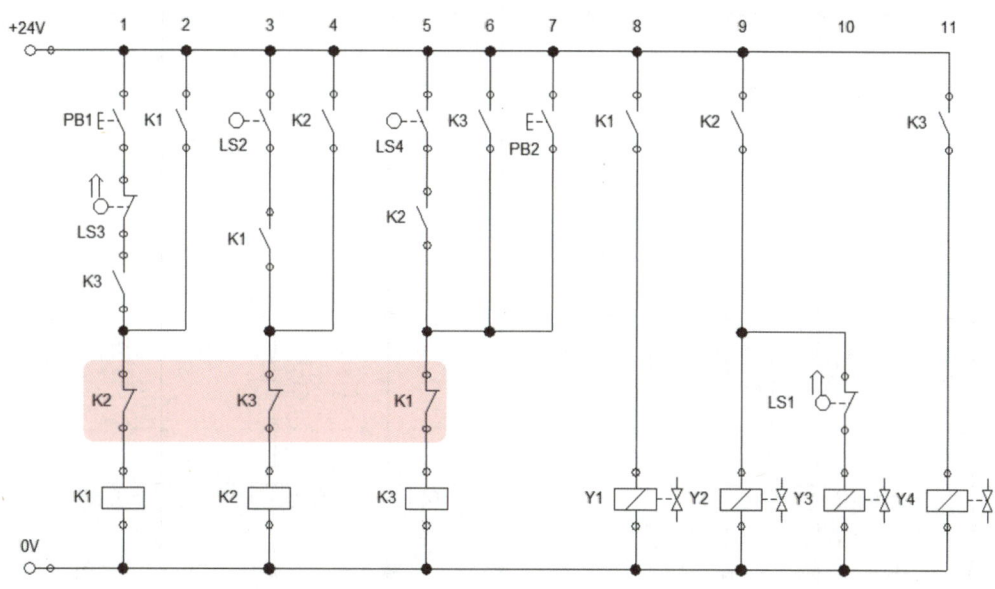

설비보전기사 실기

기본제어동작(오류수정)

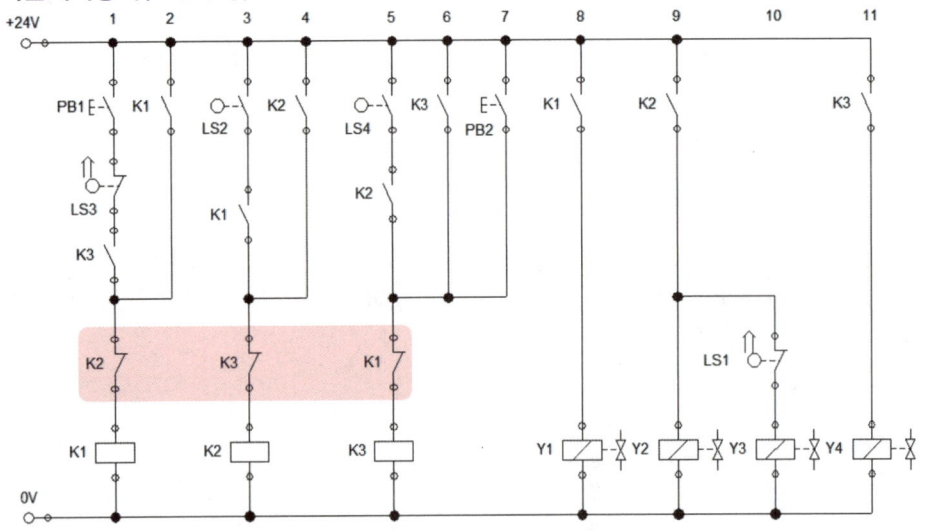

응용제어동작 ① - A전진 측 압력스위치 설치

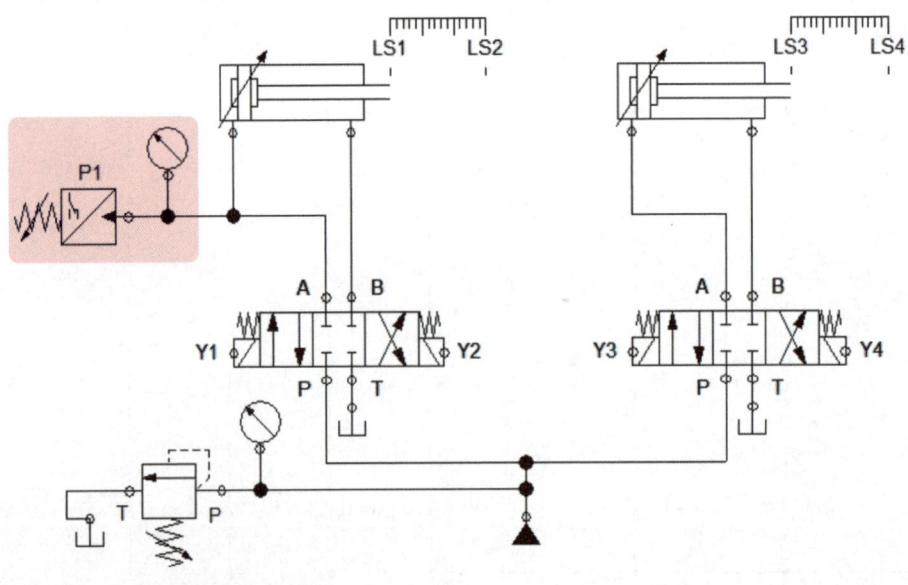

응용제어동작 ① - 타이머 회로(B전진후 3초)

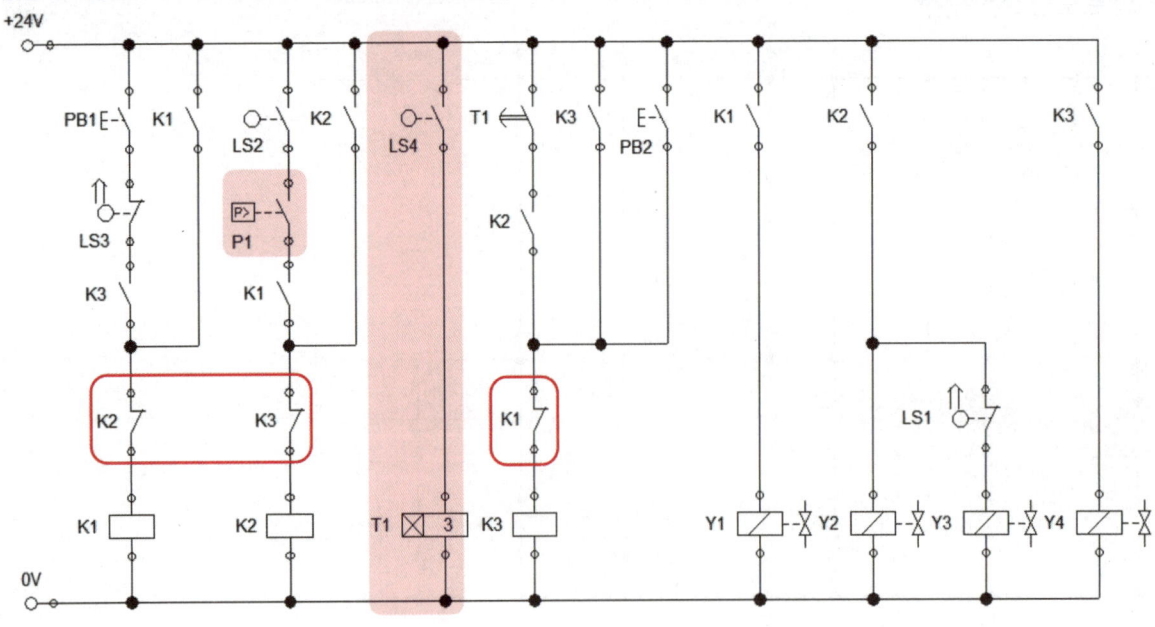

응용제어동작 ② - A,B 전진 미터아웃 회로

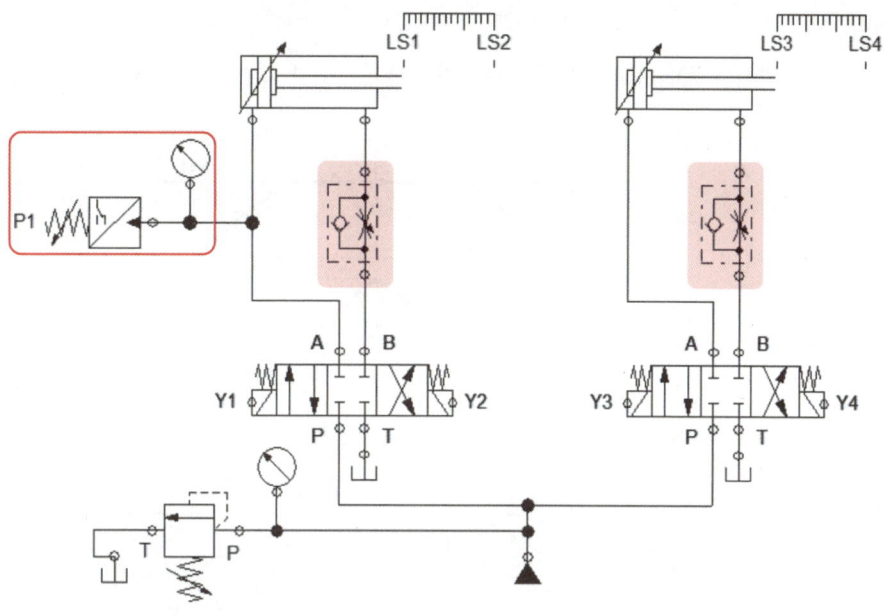

기본(응용)제어동작 실습 배치

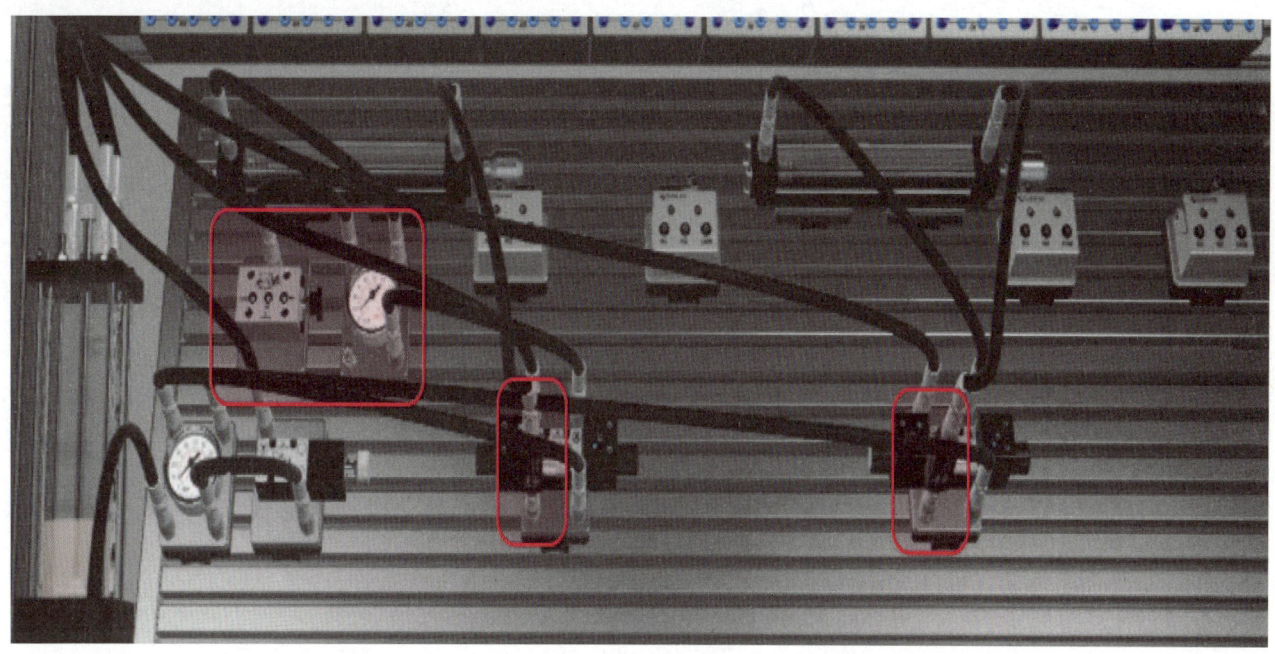

⟨공개문제 11 기본제어동작⟩

가. 기본제어동작
① 초기상태에서 PB1 스위치를 ON-OFF 하면 다음 변위단계선도와 같이 동작합니다.
② 변위-단계선도

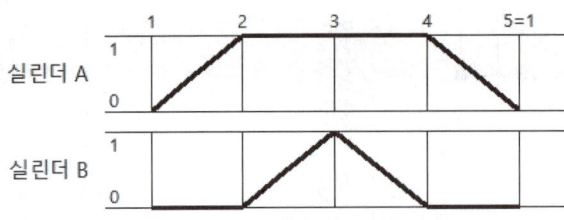

나. 유압 회로도

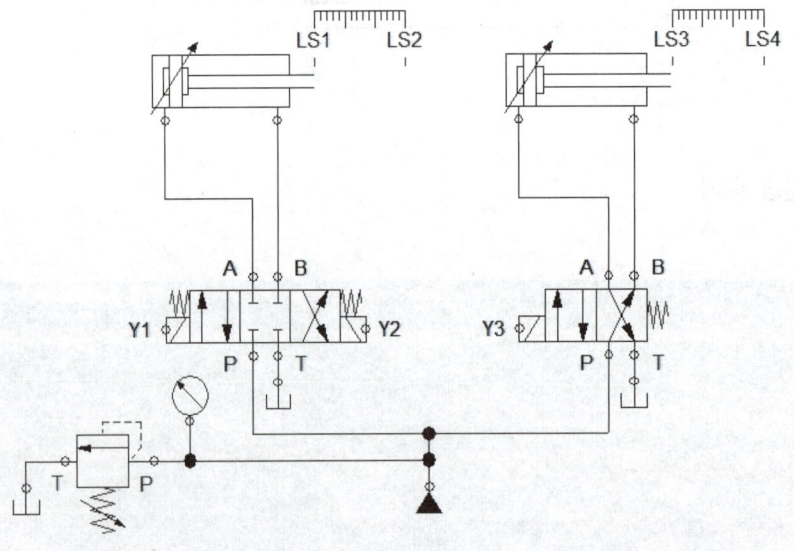

다. 전기 회로도

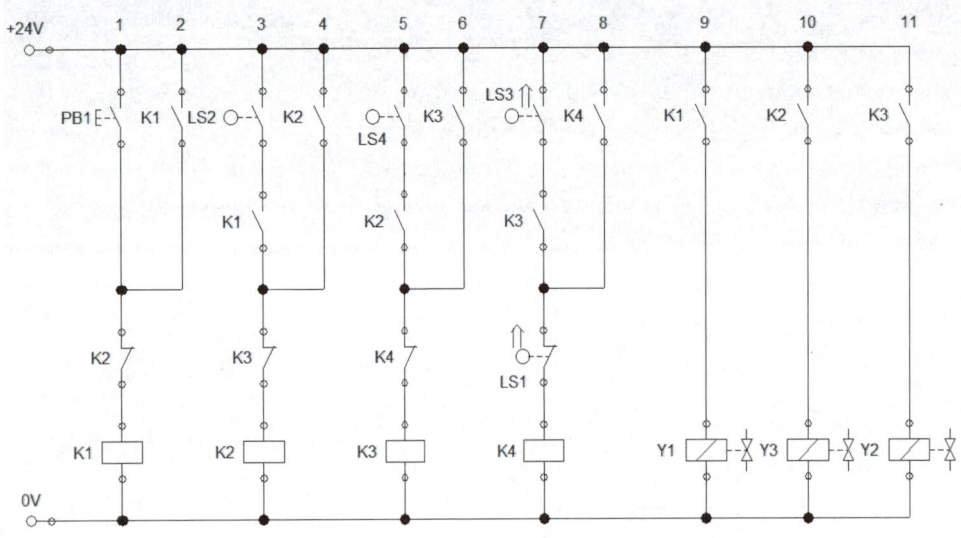

기본제어동작 ①
(오류수정 전)

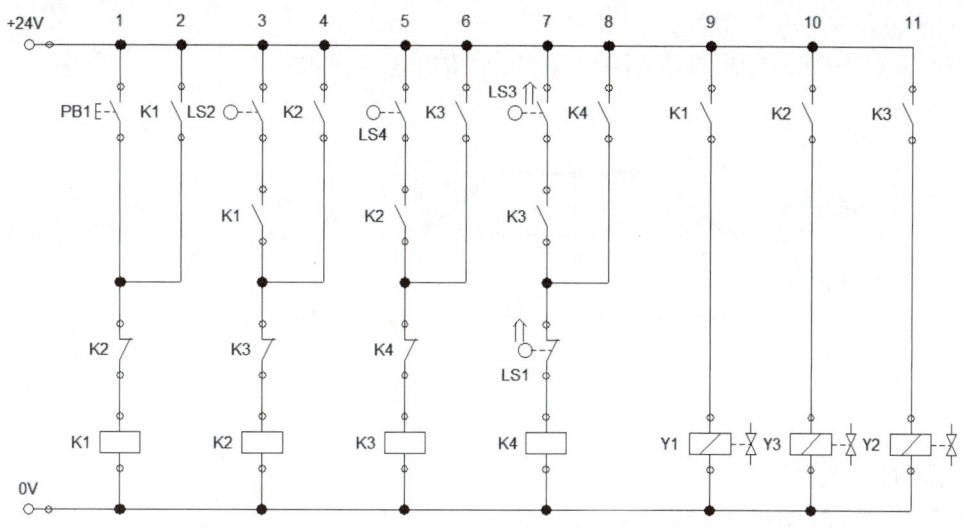

(기본제어동작 분석)

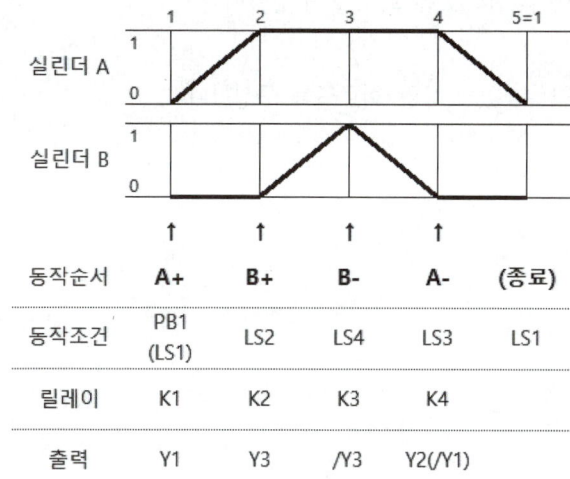

(유압 회로도)
양솔/편솔 구성

(전기 회로도)
양솔방식으로 전기회로도 설계
입력(릴레이) - 인터록 처리

(오류 찾기)
① 동작조건 순서 및 접점확인
② (양솔)설계방식 논리 확인
③ 출력부 오류 확인

(오류수정 후)

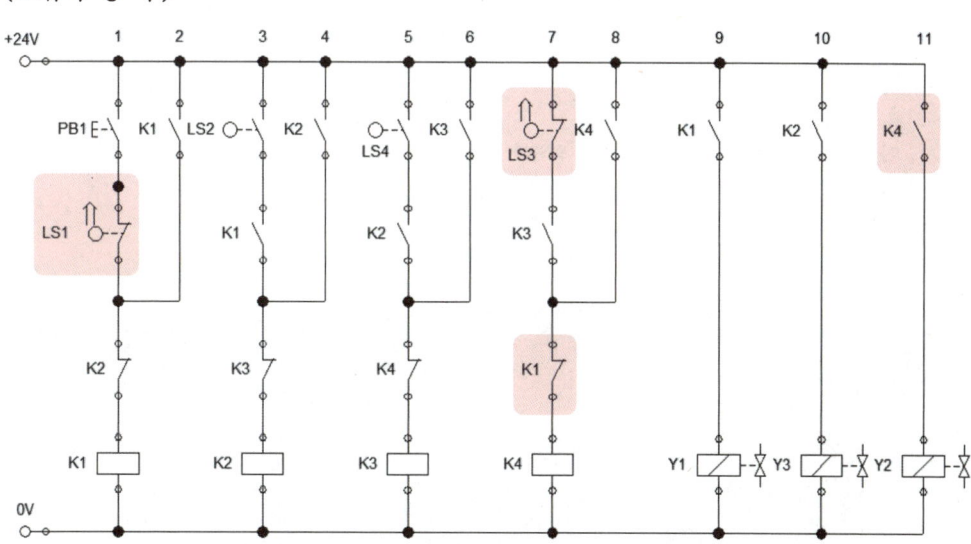

Chapt. 2 설비보전 기사 유압실습 | 319

〈공개문제 11 응용제어동작〉

1) 기본제어동작

① 초기상태에서 PB1 스위치를 ON-OFF 하면 다음 변위단계선도와 같이 동작합니다.

② 변위-단계선도

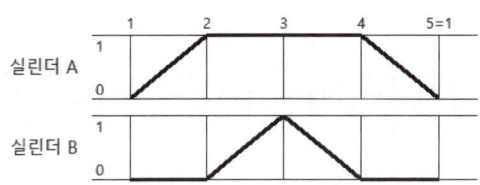

2) 응용제어동작

※ 기본제어동작을 다음 조건과 같이 변경하시오.

① 누름버튼 스위치를 추가하여 다음과 같이 동작합니다.

　가) 누름 버튼 스위치1(PB2)를 1회 ON-OFF하면 기본제어동작이 연속동작 하여야 합니다.

　나) 누름 버튼 스위치2(PB3)를 1회 ON-OFF하면 행정이 완료된 후 정지하여야 합니다.

　다) 타이머를 사용하여 B실린더가 전진완료하면 3초 후에 후진하도록 회로를 구성합니다.

② 실린더 A, B의 전진속도를 meter-out 방법에 의해 조정할 수 있게 유압 회로도를 구성합니다.

가. 유압 회로도

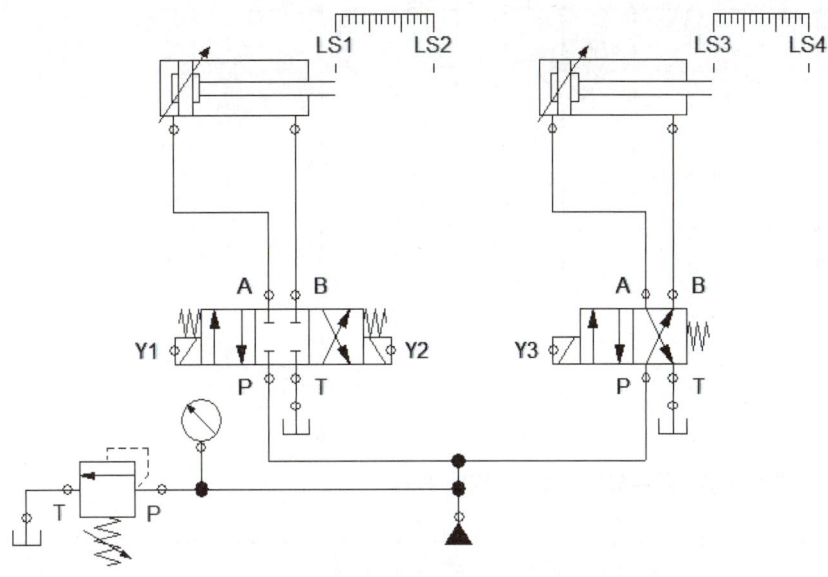

나. 전기 회로도

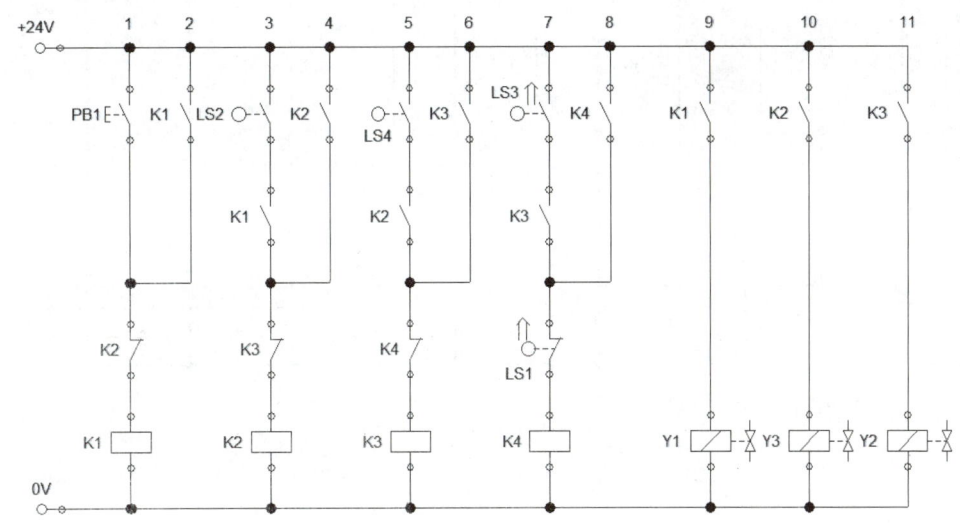

다. 전기 회로도 오류 수정

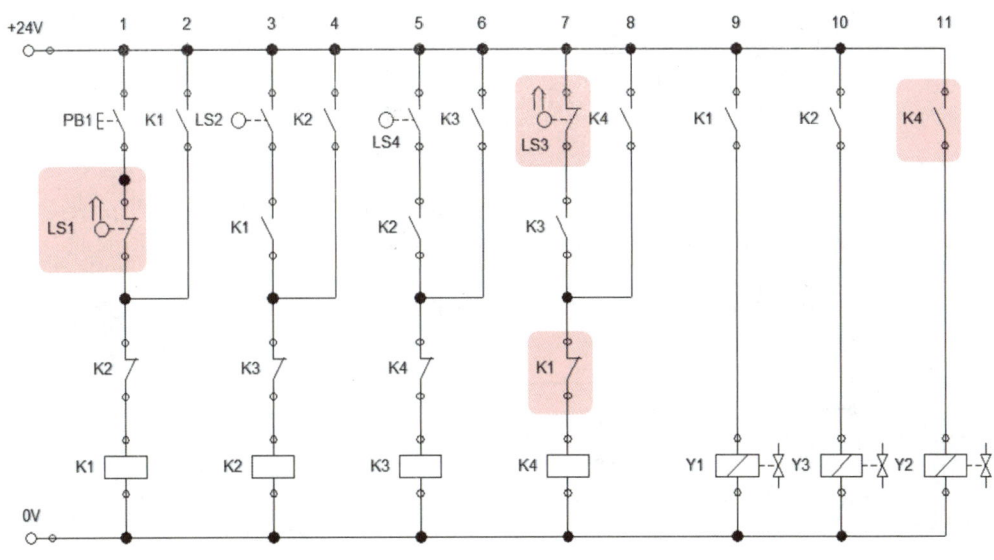

Chapt. 2 설비보전 기사 유압실습 | 321

설비보전기사 실기

기본제어동작(오류수정)

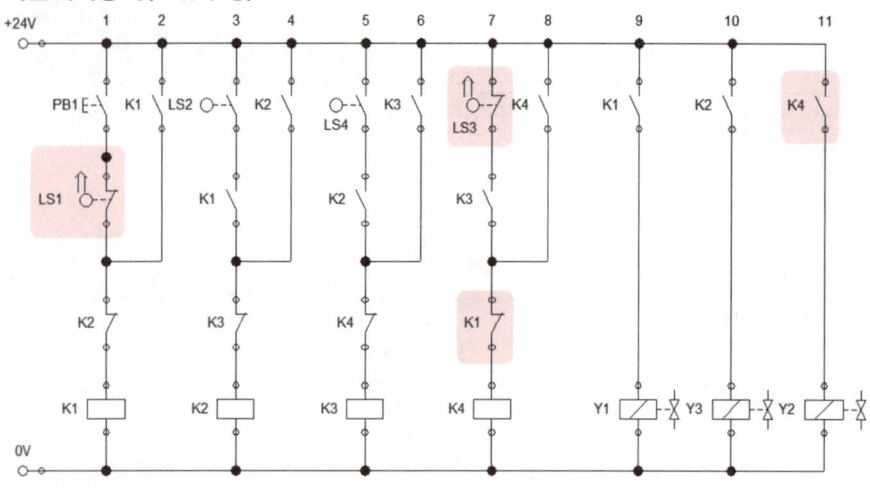

응용제어동작 ① - 타이머 회로, 연속시작(PB2)/정지(PB3)

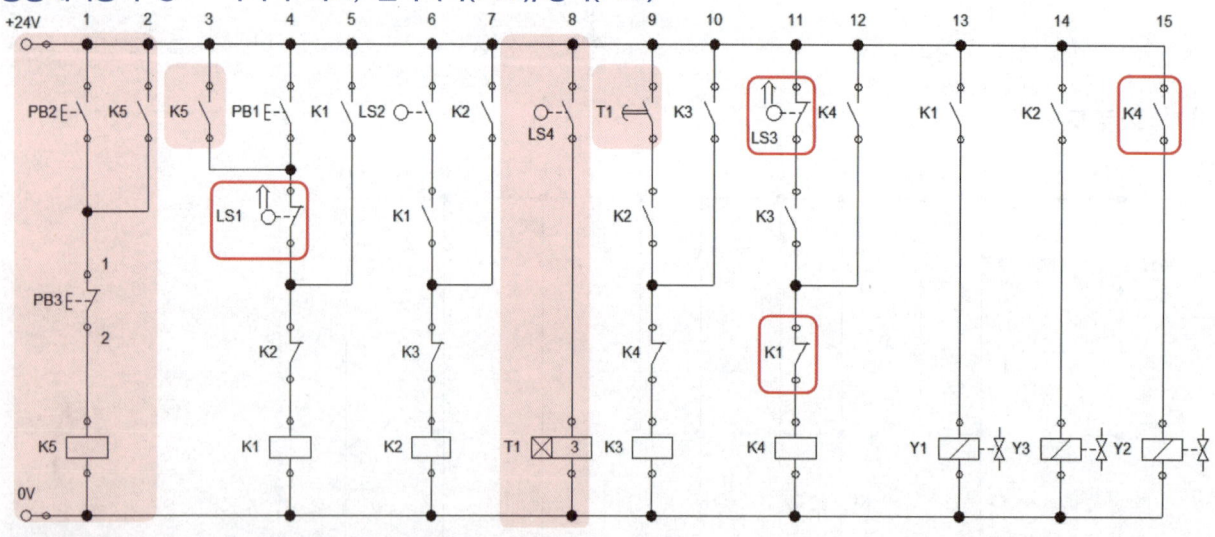

응용제어동작 ② - A,B 전진속도 미터아웃 회로 구성

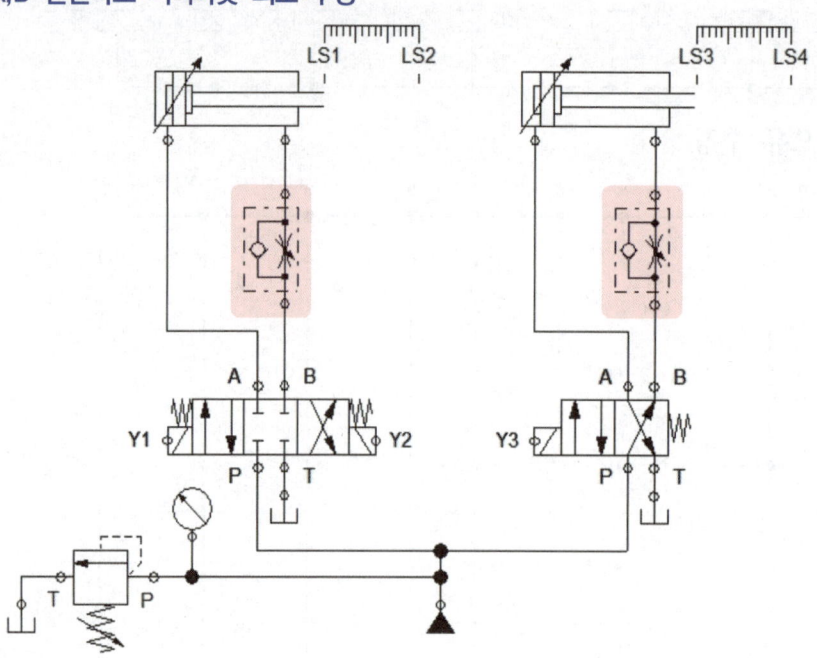

응용제어동작 ② - A,B 전진속도 미터아웃 회로 구성

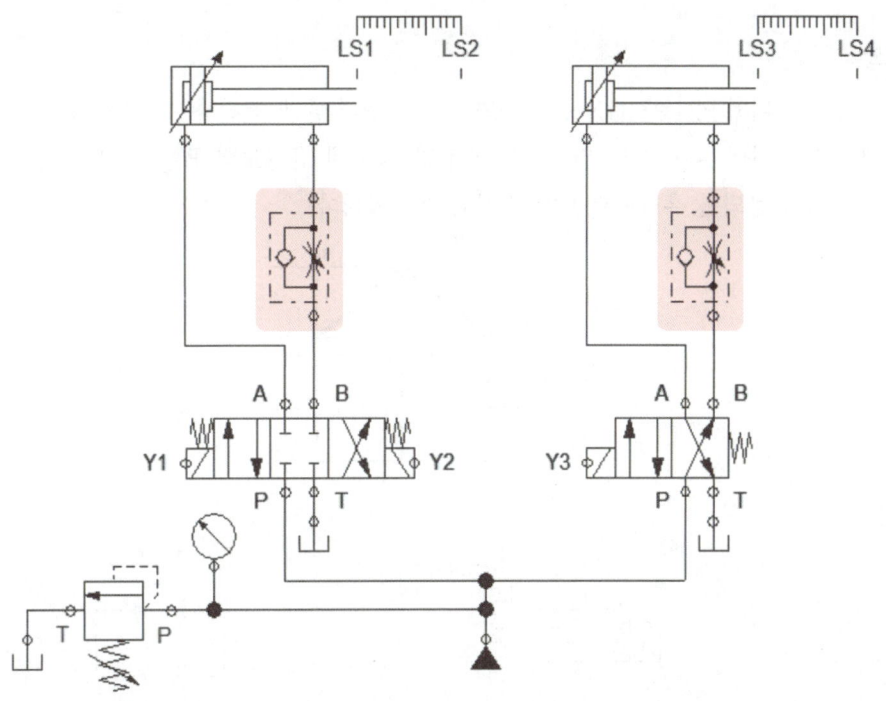

기본(응용)제어동작 실습 배치

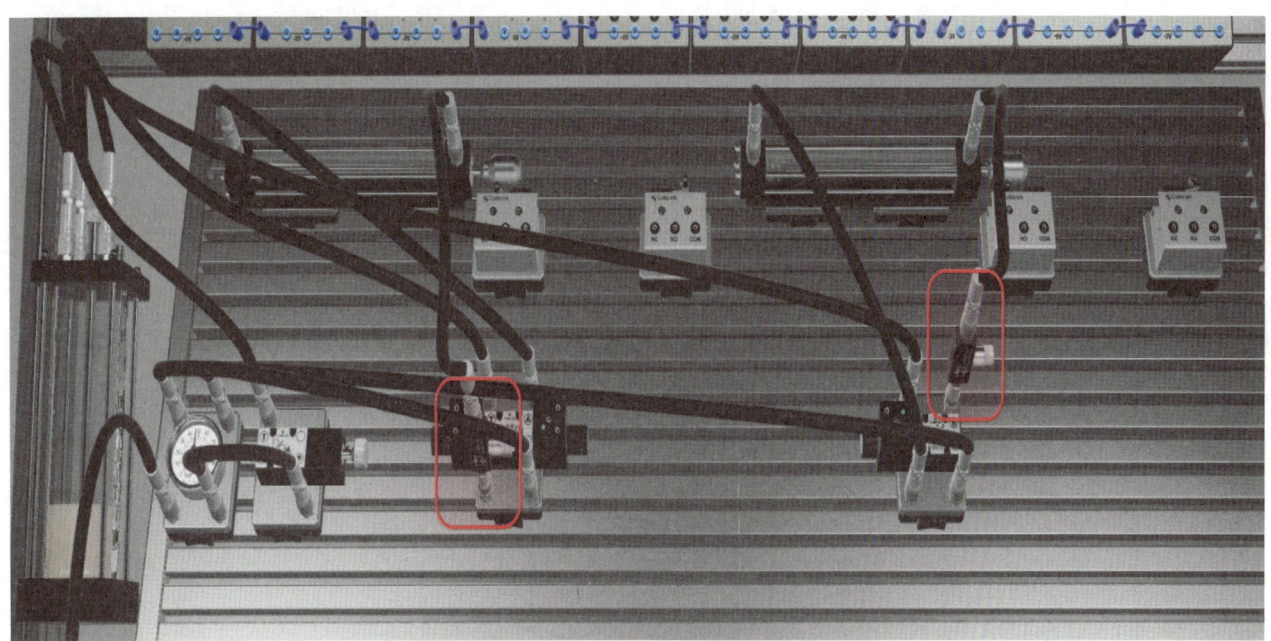

〈공개문제 12 기본제어동작〉

가. 기본제어동작

① 초기상태에서 시작 스위치(PB1)를 ON-OFF하면 유압실린더 A가 전진과 동시에 유압모터 B는 시계 방향으로 회전하고 유압실린더 A가 전진 완료 후, 후진과 동시에 유압모터 B는 반시계 방향으로 회전하며 유압실린더 A가 후진 완료되면 유압모터 B는 정지되어야 합니다.

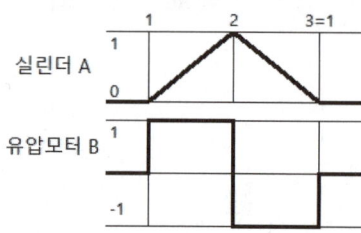

가) 유압 회로도

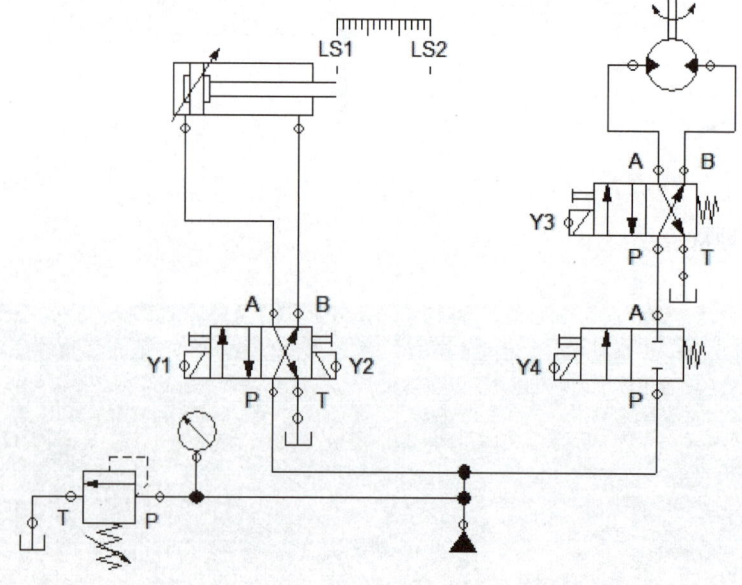

나) 전기 회로도

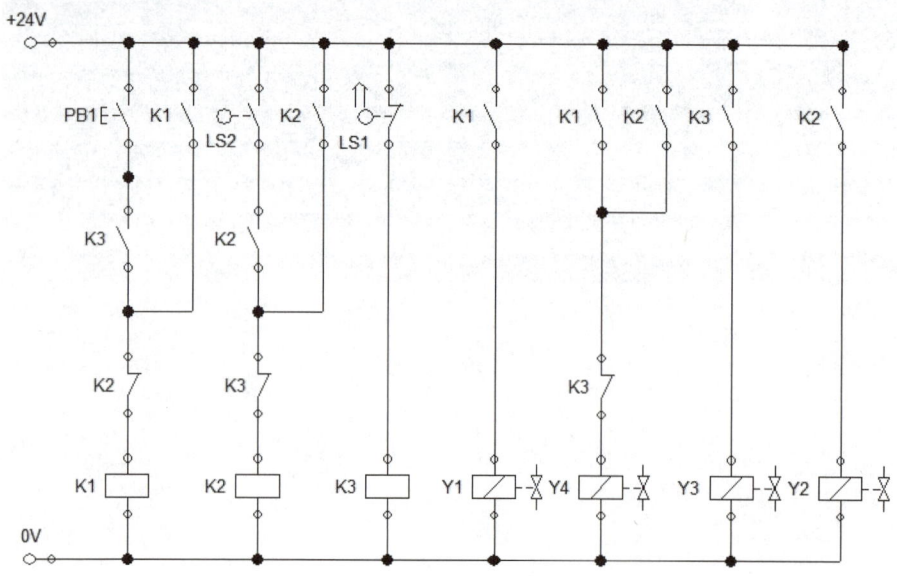

기본제어동작 ①
(오류수정 전)

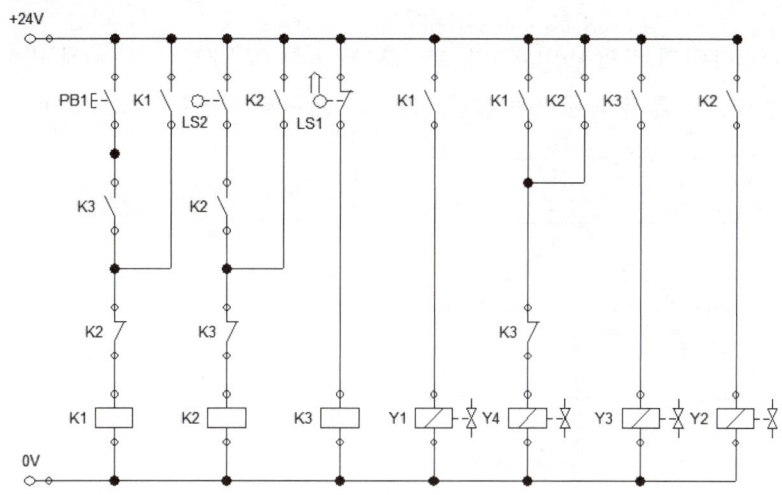

(기본제어동작 분석)

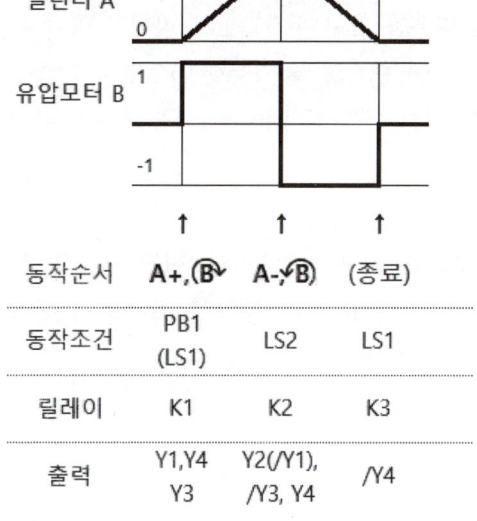

동작순서	A+,(B↺	A-,↻B)	(종료)
동작조건	PB1 (LS1)	LS2	LS1
릴레이	K1	K2	K3
출력	Y1,Y4 Y3	Y2(/Y1), /Y3, Y4	/Y4

(유압 회로도)
양솔/편솔 구성

(전기 회로도)
양솔방식으로 전기회로도 설계
입력(릴레이) – 인터록 처리

(오류 찾기)
① 동작조건 순서 및 접점확인
② (양솔)설계방식 논리 확인
③ 출력부 오류 확인

(오류수정 후)

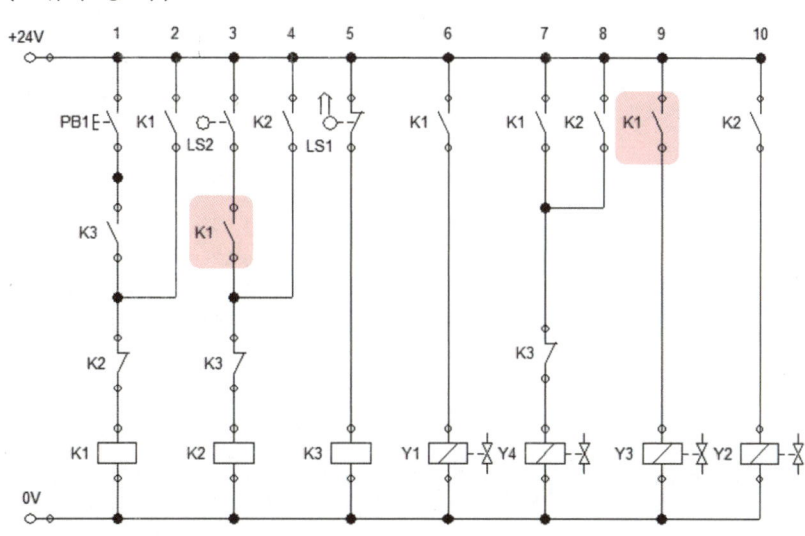

Chapt. 2 설비보전 기사 유압실습 | 325

⟨공개문제 12 응용제어동작⟩

1) 기본제어동

① 초기상태에서 시작 스위치(PB1)를 ON-OFF하면 유압실린더 A가 전진과 동시에 유압모터 B는 시계 방향으로 회전하고 유압실린더 A가 전진 완료 후, 후진과 동시에 유압모터 B는 반시계 방향으로 회전하며 유압실린더 A가 후진 완료되면 유압모터 B는 정지되어야 합니다.

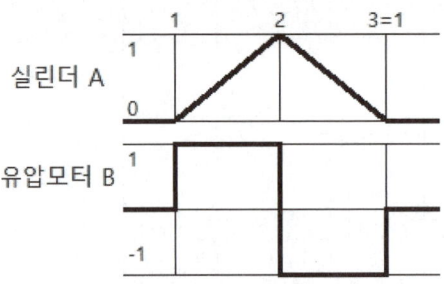

2) 응용제어동작

※ 기본제어동작을 다음 조건과 같이 변경하시오.

① 연속동작 스위치(PB2)와 연속정지 스위치(PB3)를 추가하여 다음과 같이 동작되도록 하여야 합니다.
   가) 연속동작 스위치(PB2)를 1회 ON-OFF하면 기본제어 동작이 연속(반복 자동행정)으로 동작합니다.
   나) 연속정지 스위치(PB3)를 1회 ON-OFF하면 실린더 A는 전진 완료 후 정지하고, 모터 B는 즉시 정지하여야 합니다.

② 유압실린더 A의 전·후진속도를 meter-in 방법에 의해 조정할 수 있게 유압회로를 변경하고, 전진속도는 7초, 후진속도 5초가 되도록 조정하고, 유압모터 B의 정·역방향 회전속도가 동일하도록 압력라인에 양방향 유량제어 밸브를 설치하여 속도를 조정할 수 있게 유압회로를 변경하고 조정 합니다.

가. 유압 회로도

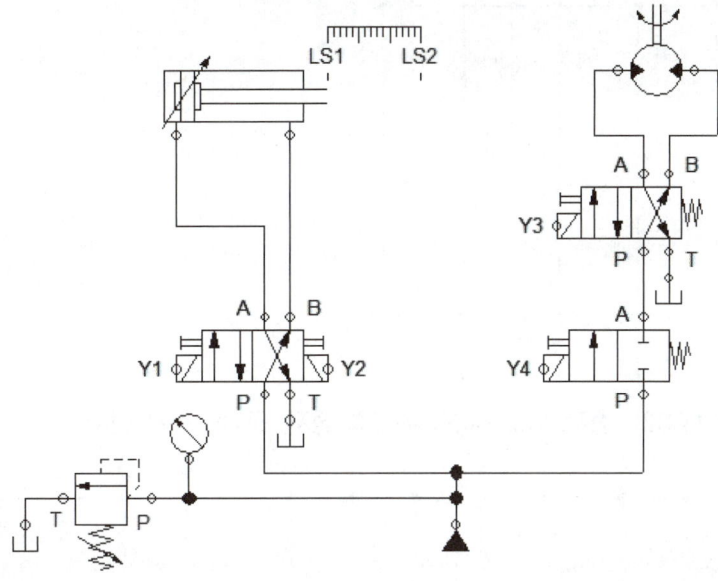

나. 전기 회로도

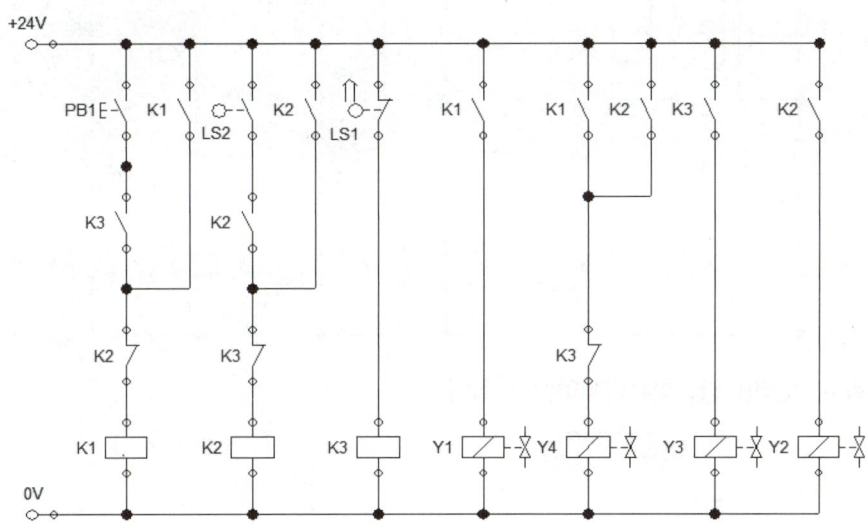

다. 전기 회로도 오류 수정

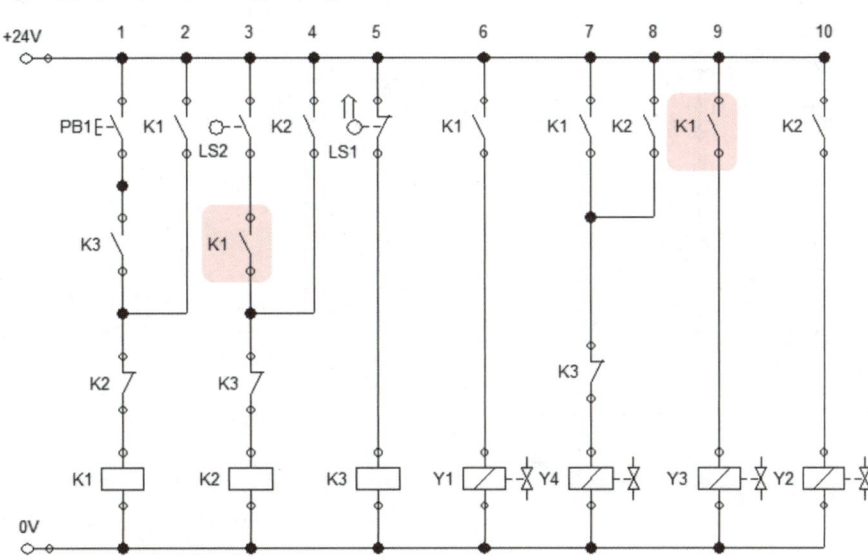

설비보전기사 실기

기본제어동작(오류수정)

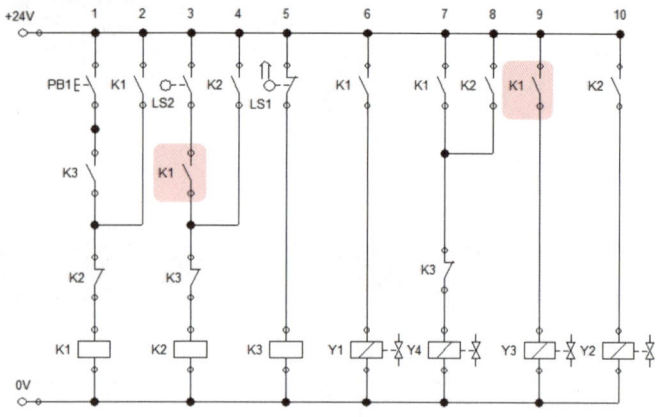

응용제어동작 ① - 연속시작(PB2), 정지(PB3)→A전진완료후 정지, 모터B 즉시 정지

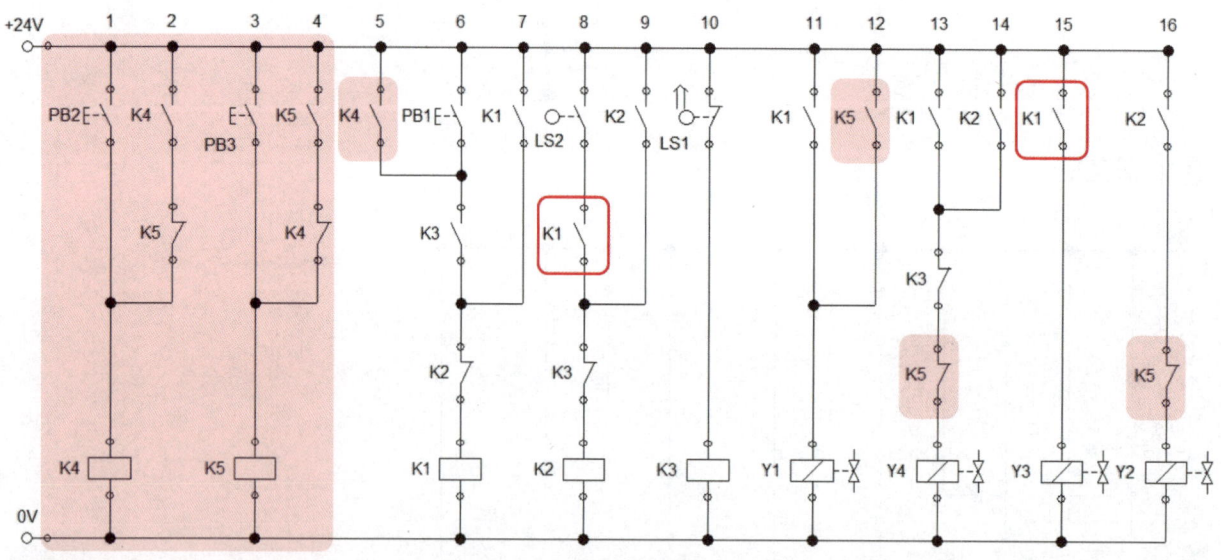

응용제어동작 ① - A전후진 미터인회로, 모터B 양방향유량제어밸브 설치

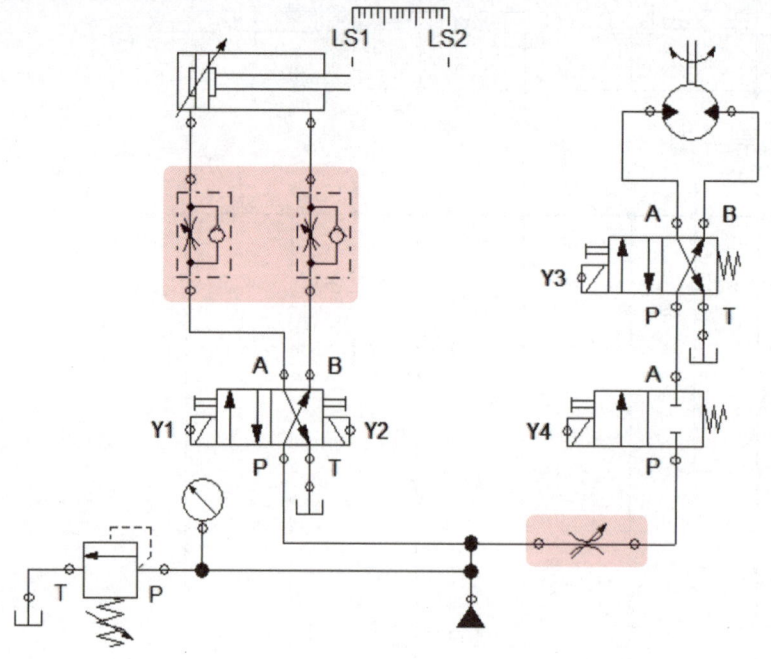

응용제어동작 ① - A전후진 미터인회로, 모터B 양방향유량제어밸브 설치

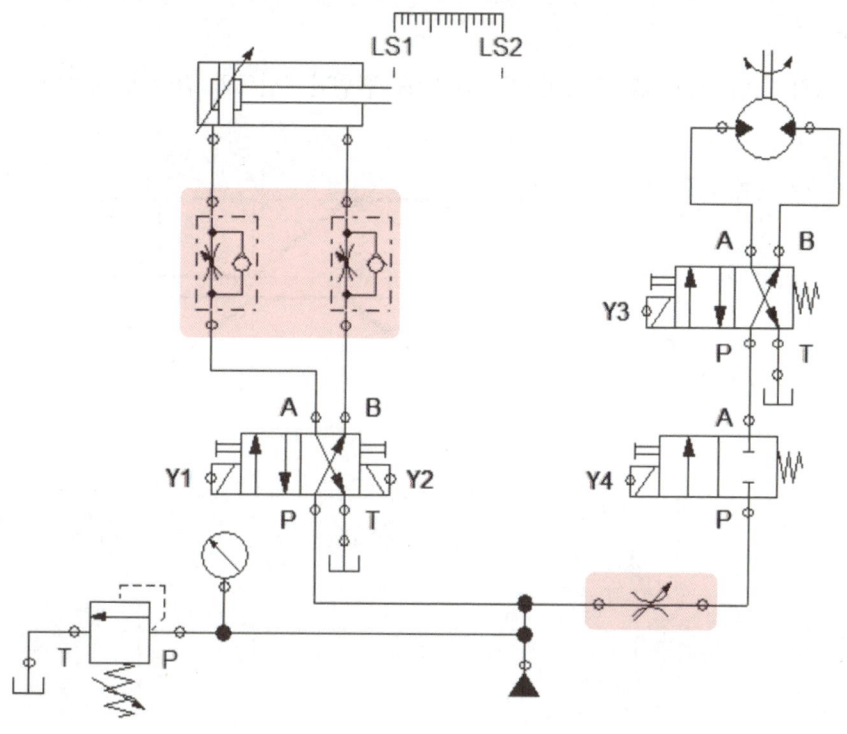

기본(응용)제어동작 실습 배치

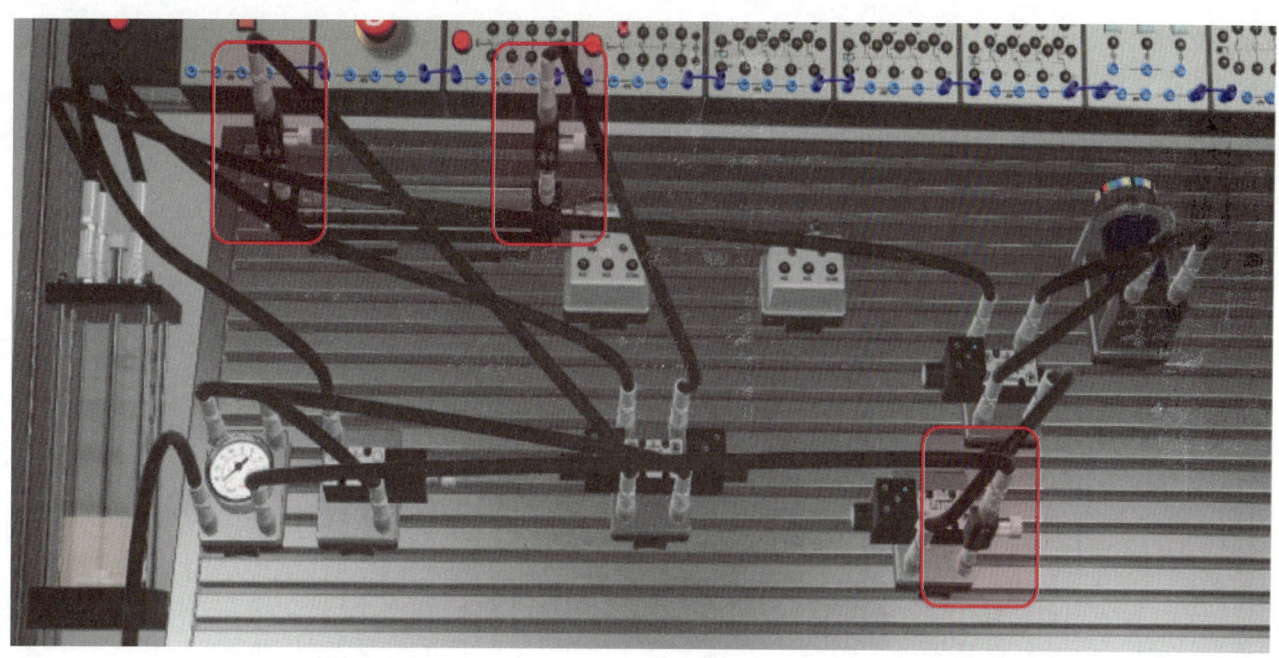

〈공개문제 13 기본제어동작〉

가. 기본제어동작
① 초기상태에서 시작 스위치(PB1)를 ON-OFF하면 다음 변위단계선도와 같이 동작합니다.
② 변위단계선도

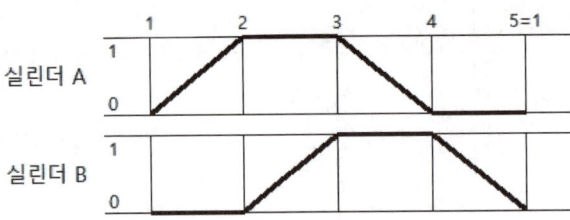

나. 유압 회로도

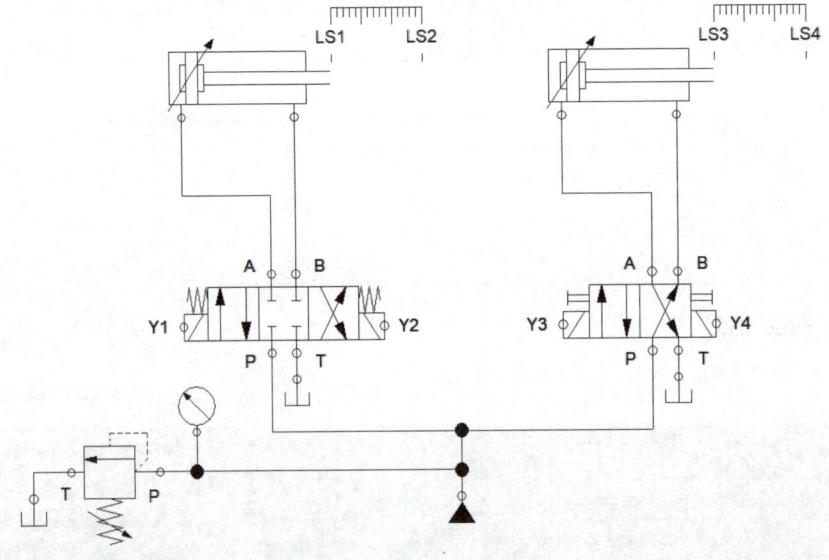

다. 전기 회로도

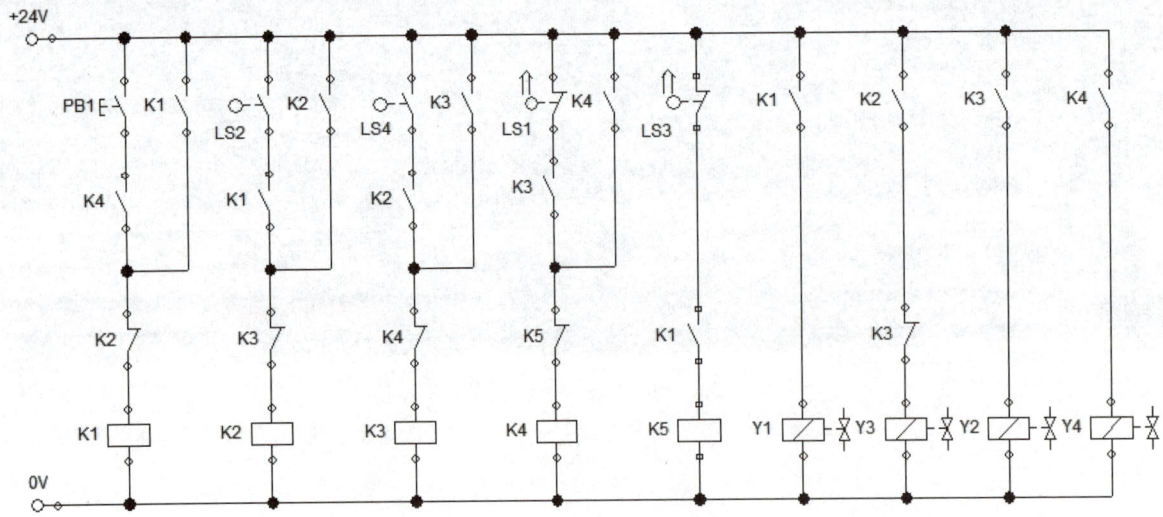

기본제어동작 ①

(오류수정 전)

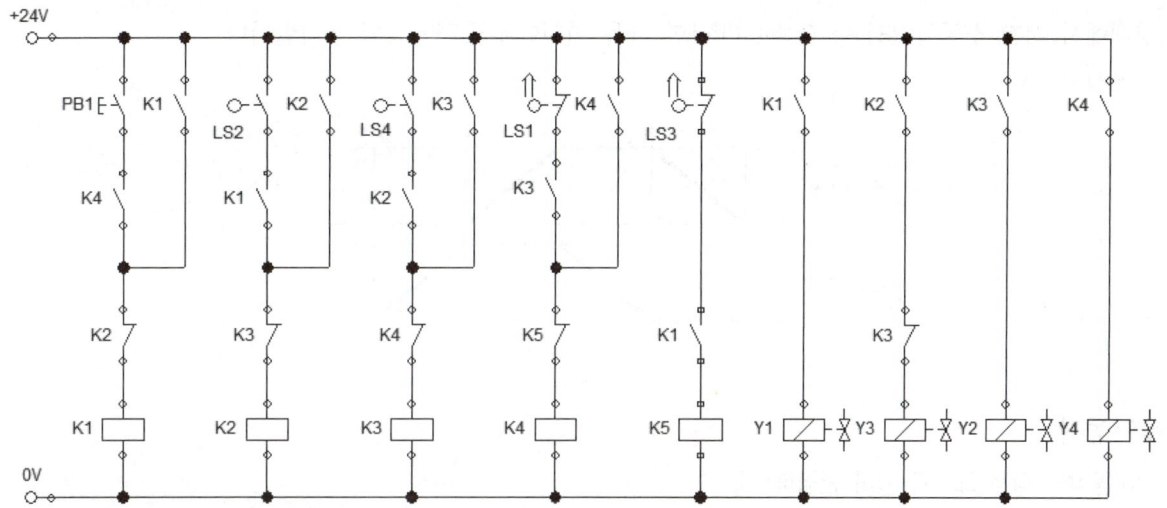

(기본제어동작 분석)

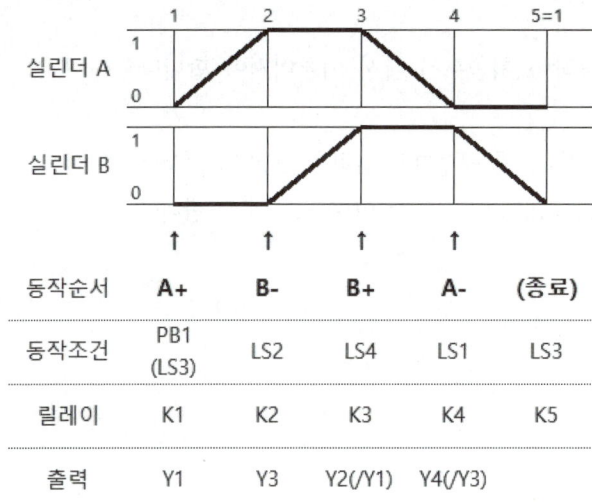

동작순서	**A+**	**B-**	**B+**	**A-**	(종료)
동작조건	PB1 (LS3)	LS2	LS4	LS1	LS3
릴레이	K1	K2	K3	K4	K5
출력	Y1	Y3	Y2(/Y1)	Y4(/Y3)	

(유압 회로도)
양솔/양솔 구성

(전기 회로도)
양솔방식으로 전기회로도 설계
입력(릴레이) - 인터록 처리

(오류 찾기)
① 동작조건 순서 및 접점확인
② (양솔)설계방식 논리 확인
③ 출력부 오류 확인

(오류수정 후)

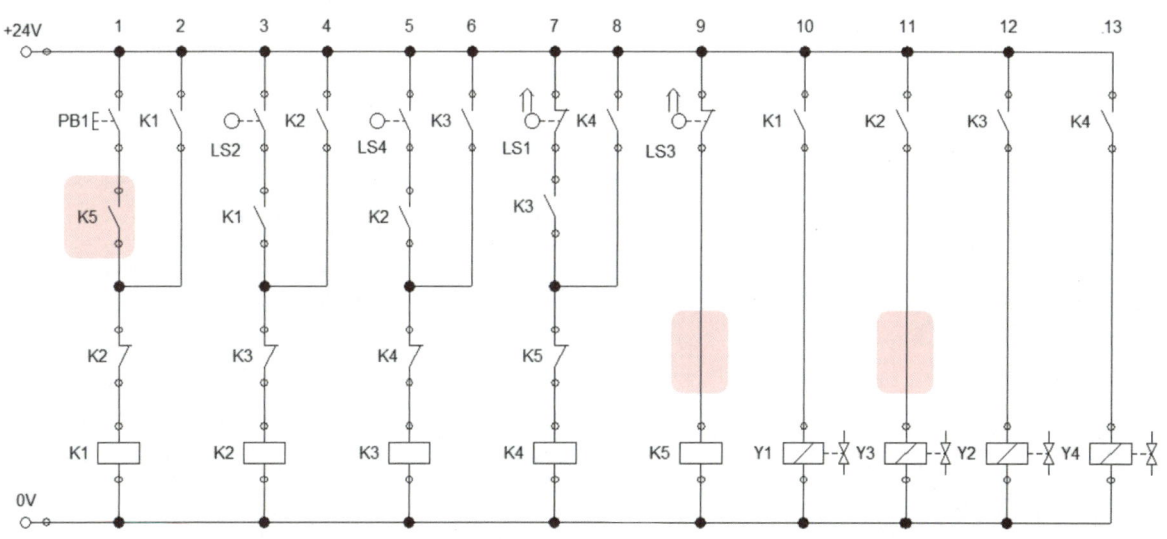

Chapt. 2 설비보전 기사 유압실습 | 331

〈공개문제 13 응용제어동작〉

1) 기본제어동작

① 초기상태에서 시작 스위치(PB1)를 ON-OFF하면 다음 변위단계선도와 같이 동작합니다.

② 변위단계선도

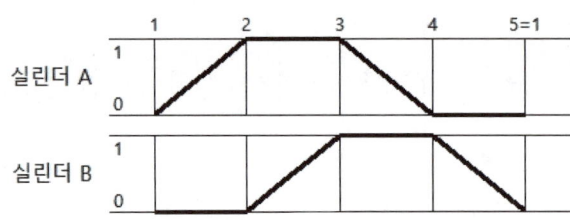

2) 응용제어동작

※ 기본제어동작을 다음 조건과 같이 변경하시오.

① 연속동작 스위치(PB2)와 카운터 릴레이 및 기타 부품을 추가하여 다음과 같이 동작되도록 하여야 합니다.

   가) 연속동작 스위치(PB2)를 1회 ON-OFF하면 기본제어 동작이 연속(반복 자동행정)으로 3회 동작되도록 하여야 합니다.

   나) 연속동작 스위치(PB2)를 1회 ON-OFF하면 연속동작이 처음부터 다시 이루어져야 합니다.

② 실린더 A가 전진할 때 전진측에 압력제어밸브를 설치, 안전회로를 구성하고 압력은 3Pa(30kgf/cm^2)로 설정 회로를 구성 하고, 실린더 B의 후진속도가 5초가 되도록 meter-out회로를 구성하여 속도를 조정 합니다.

가. 유압 회로도

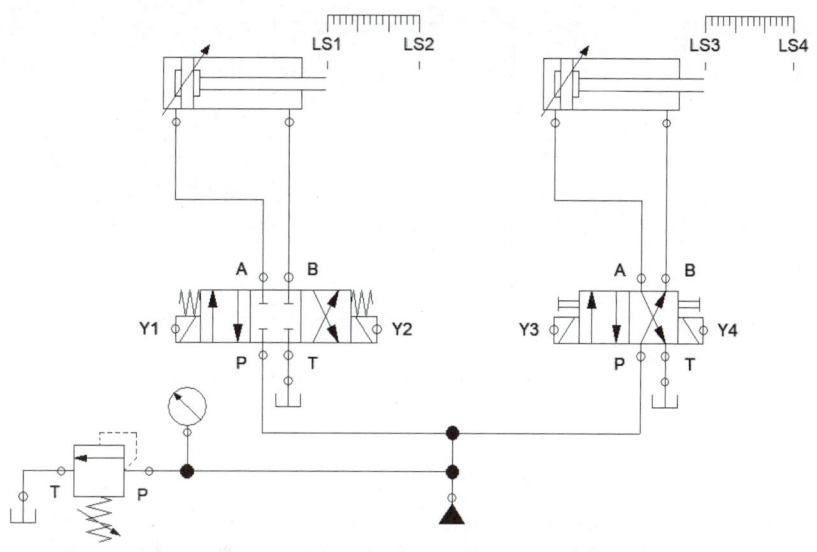

나. 전기 회로도

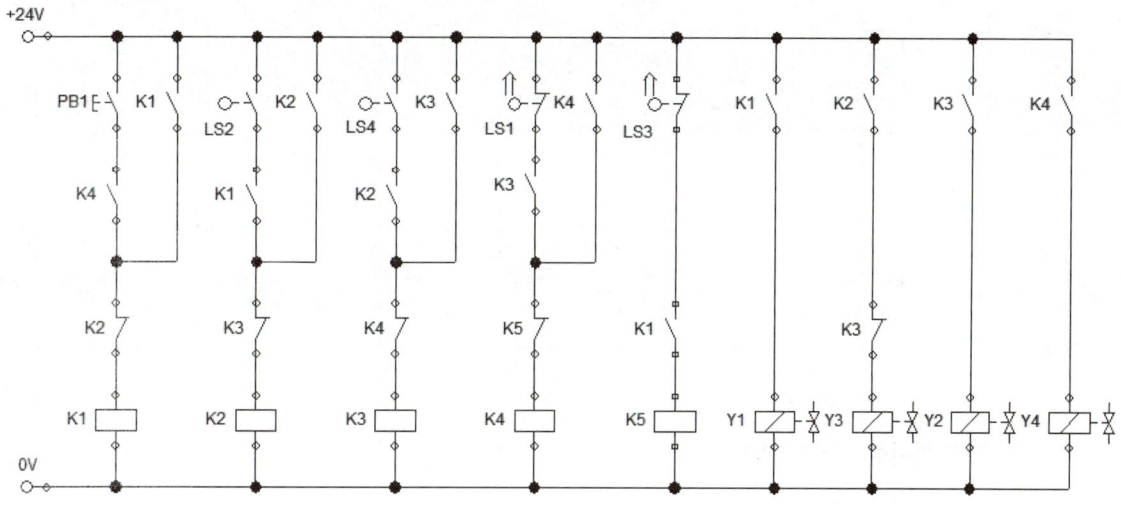

다. 전기 회로도 오류 수정

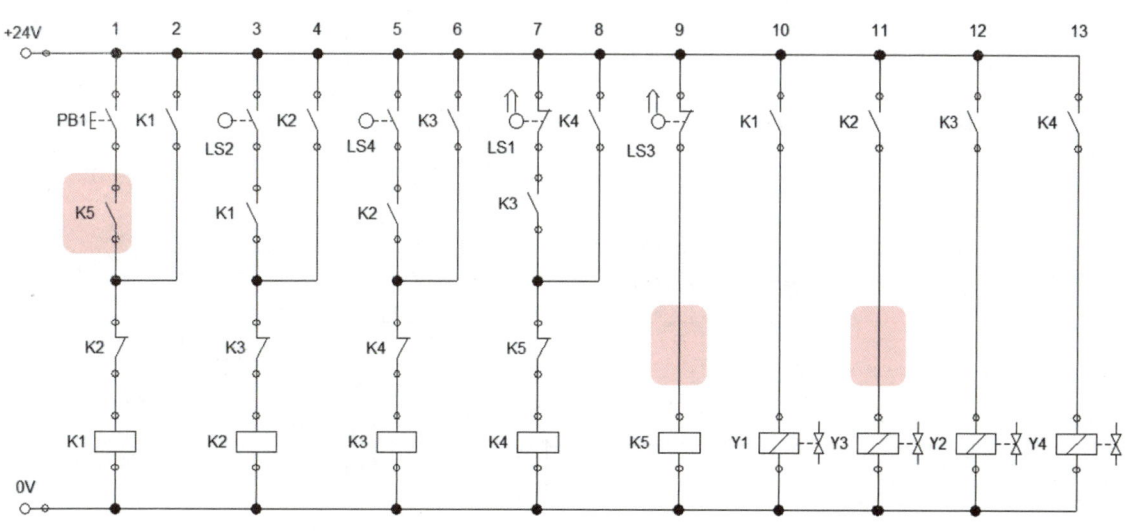

기본제어동작(오류수정)

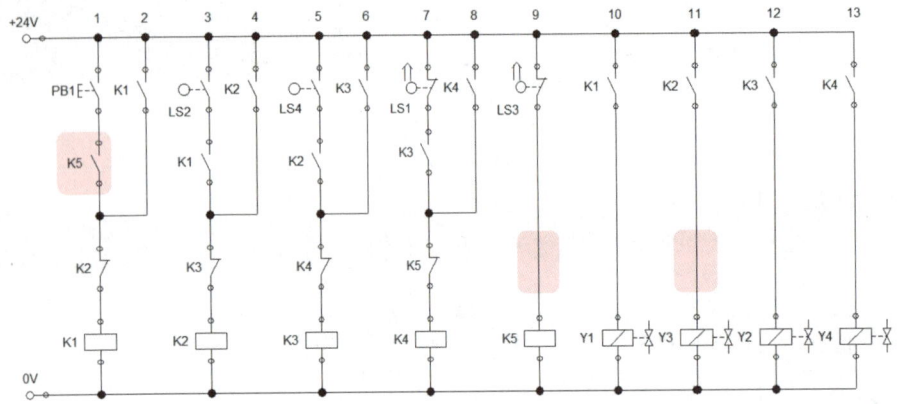

응용제어동작 ① - 연속시작스위치(PB2) → 3회 동작

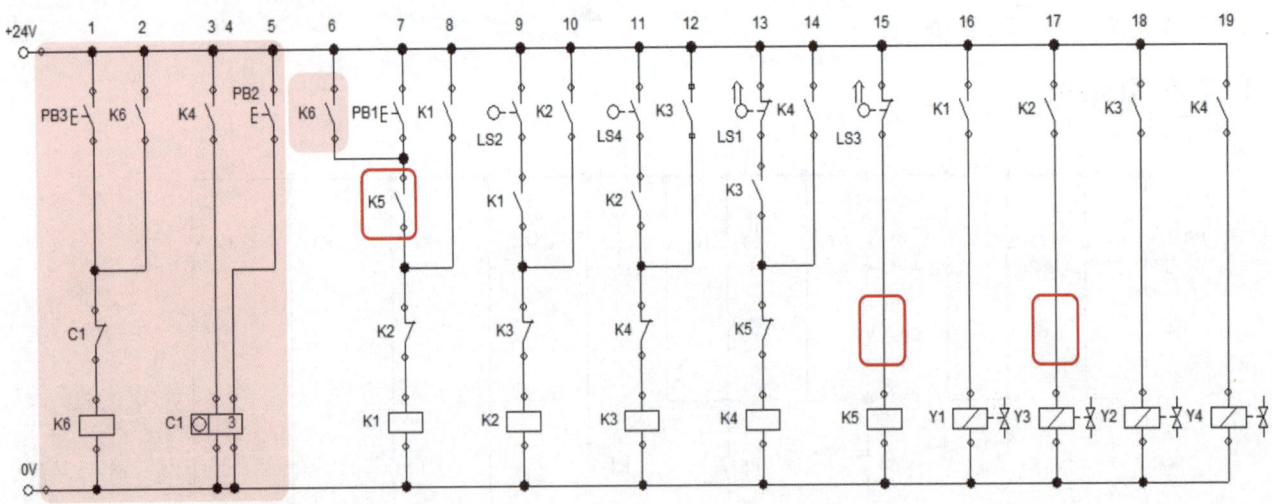

응용제어동작 ② - A전진 안전회로 구성(3MPa), B후진 미터아웃 회로 구성

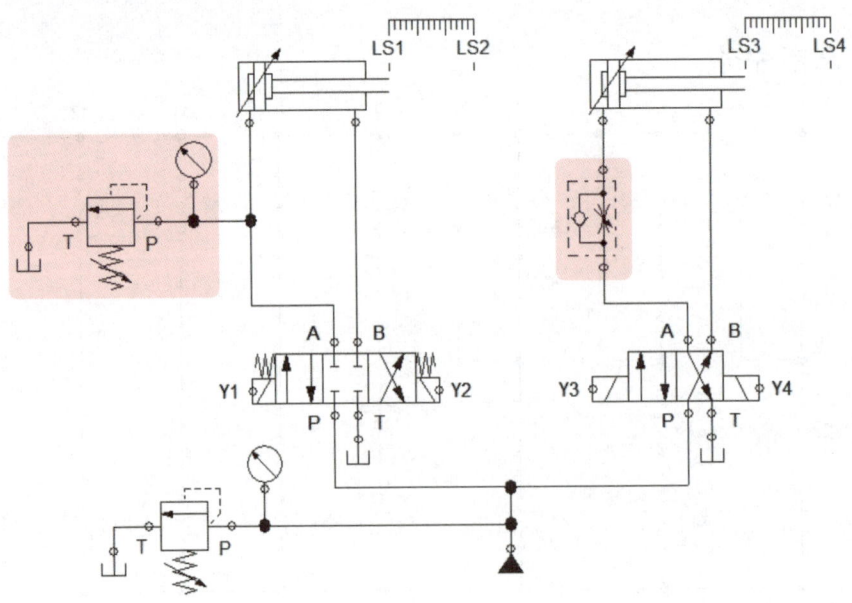

응용제어동작 ② - A전진 안전회로 구성(3MPa), B후진 미터아웃 회로 구성

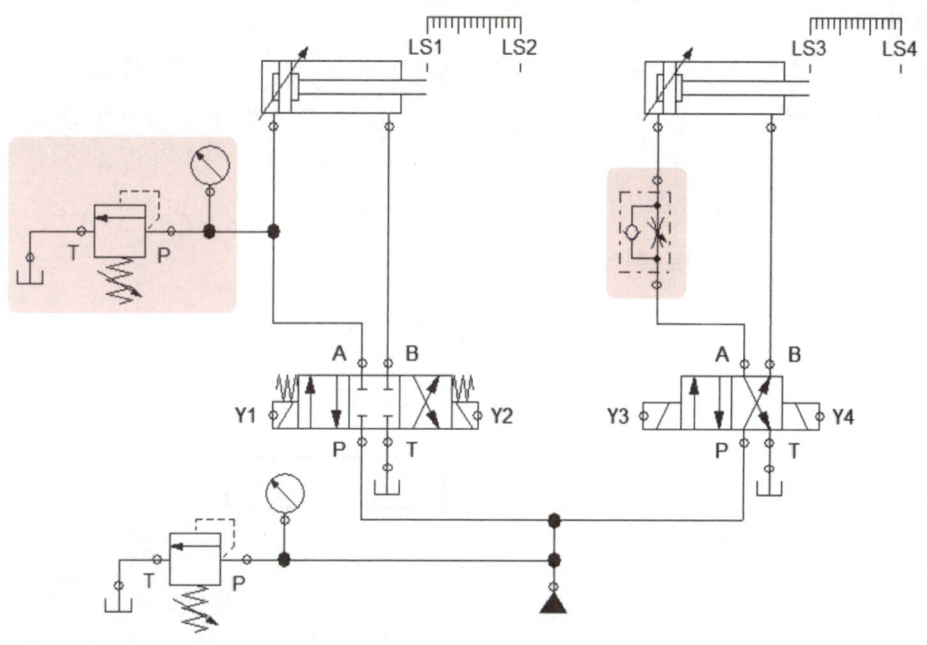

기본(응용)제어동작 실습 배치

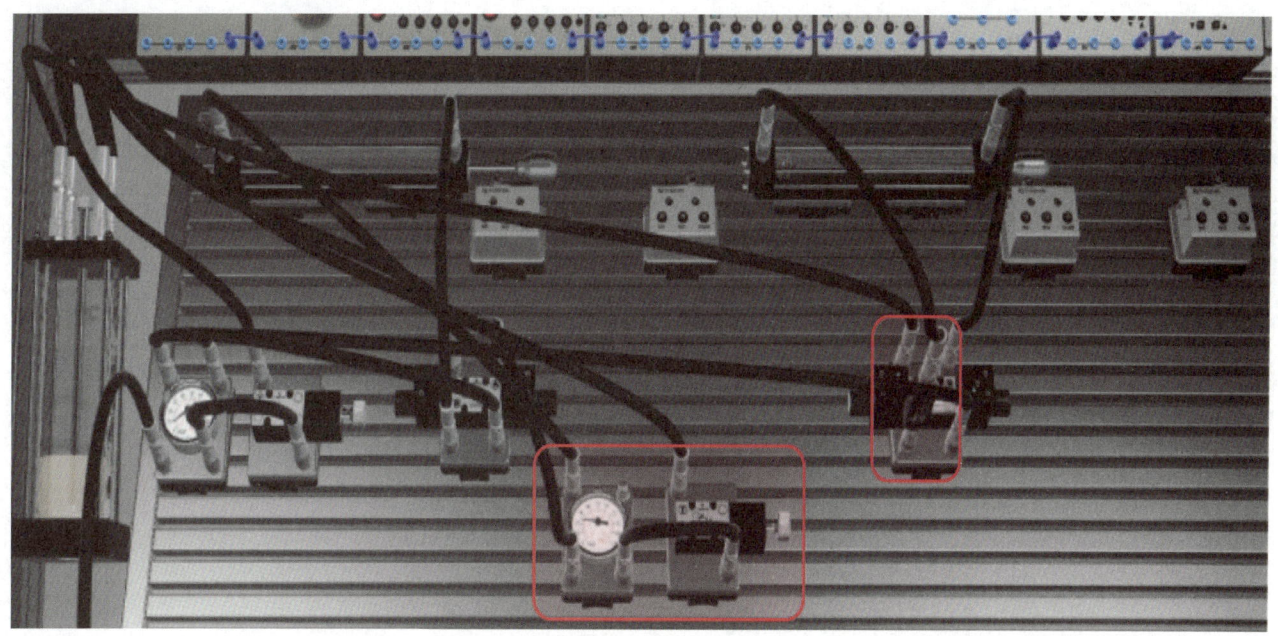

〈공개문제 14 기본제어동작〉

가. 기본제어동작

① 초기상태에서 PB2(유지형 스위치 가능)를 ON하면 램프 1이 점등되고, PB2를 해제(OFF)하면 램프 1이 소등됩니다. 시작스위치(PB1)를 ON-OFF하면 실린더 A가 전진하고 실린더 A가 전진 완료 후 유압모터 B가 회전합니다.

PB2를 ON하면 램프 1 점등, 실린더 A 후진, 유압모터 정지가 동시에 이루어집니다. 작동이 완료되면 PB2를 해제(OFF)하여 초기상태로 되어야 합니다.

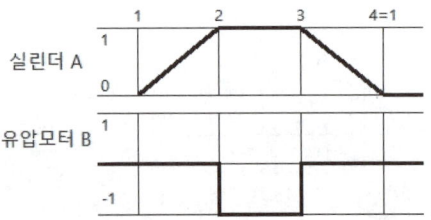

나. 유압 회로도

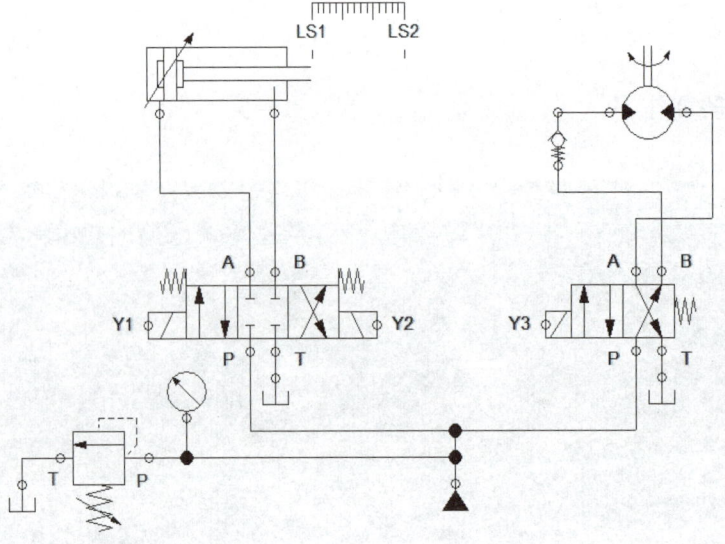

다. 전기 회로도

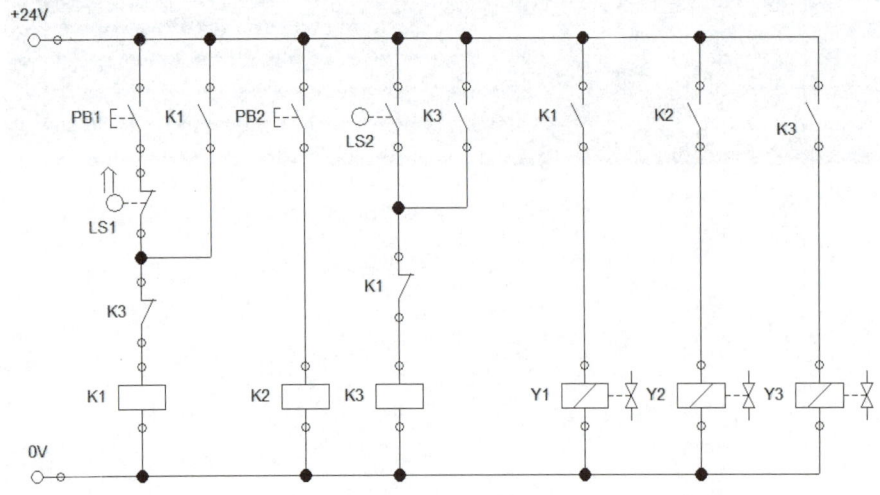

기본제어동작 ①
(오류수정 전)

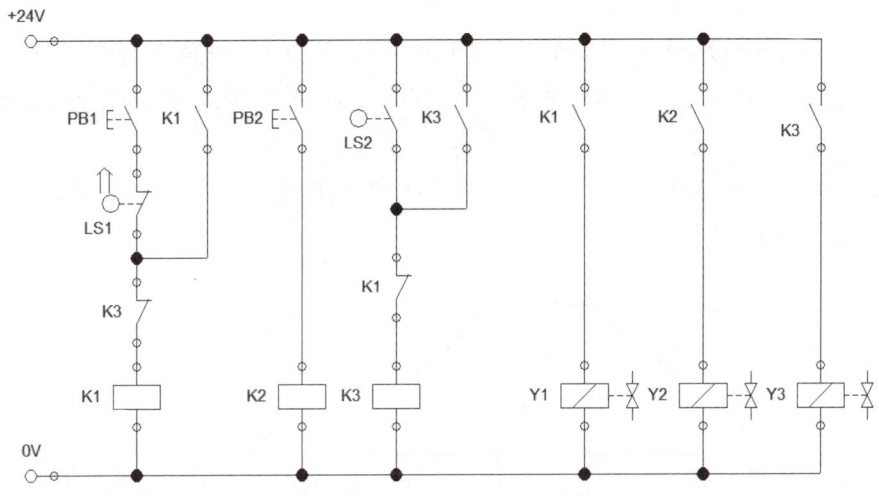

(기본제어동작 분석)

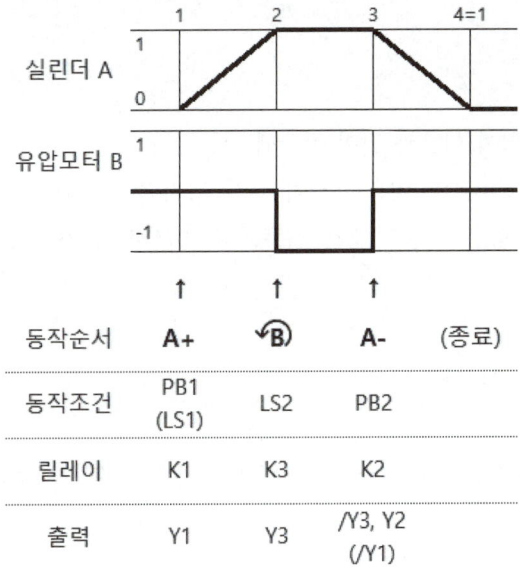

동작순서	A+	B	A-	(종료)
동작조건	PB1 (LS1)	LS2	PB2	
릴레이	K1	K3	K2	
출력	Y1	Y3	/Y3, Y2 (/Y1)	

(유압 회로도)
양솔/편솔 구성

(전기 회로도)
편솔방식으로 전기회로도 설계
출력 - 인터록 처리

(오류 찾기)
① 동작조건 순서 및 접점확인
② (편솔)설계방식 논리 확인
③ 출력부 오류 확인

(오류수정 후)

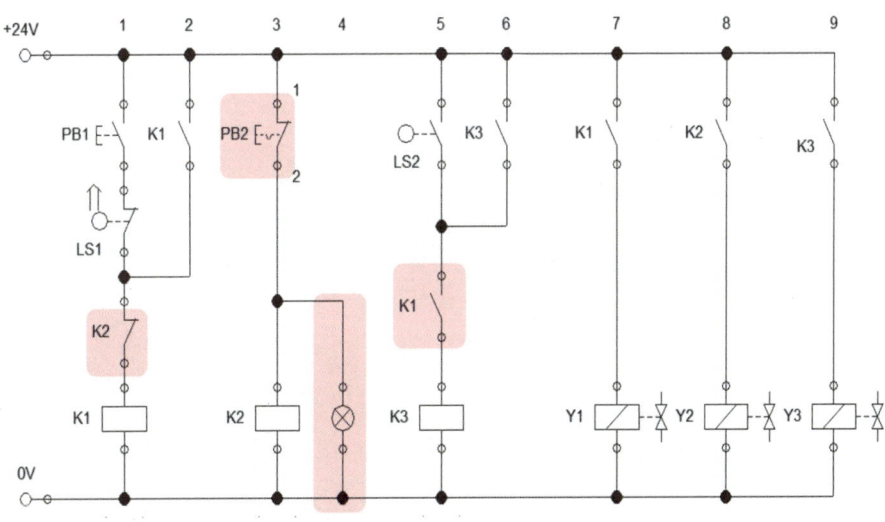

Chapt. 2 설비보전 기사 유압실습 | 337

〈공개문제 14 응용제어동작〉

1) 기본제어동작

① 초기상태에서 PB2(유지형 스위치 가능)를 ON하면 램프 1이 점등되고, PB2를 해제(OFF)하면 램프 1이 소등됩니다. 시작스위치(PB1)를 ON-OFF하면 실린더 A가 전진하고 실린더 A가 전진 완료 후 유압모터 B가 회전합니다.

PB2를 ON하면 램프 1 점등, 실린더 A 후진, 유압모터 정지가 동시에 이루어집니다. 작동이 완료되면 PB2를 해제(OFF)하여 초기상태로 되어야 합니다.

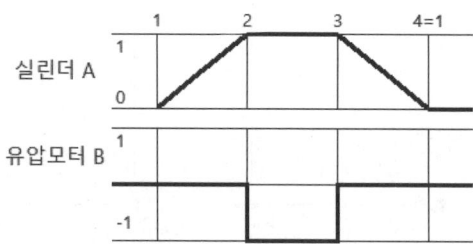

2) 응용제어동작

※ 기본제어동작을 다음 조건과 같이 변경하시오.

① 비상정지 스위치(유지형 스위치 가능) 및 기타 부품을 추가하여 다음과 같이 동작되도록 합니다.

　가) 기본제어동작 상태에서 비상정지 스위치(PB3)를 한번 누르면(ON) 동작이 즉시 정지되어야 합니다.

　나) 비상정지 스위치가 동작 중일 때는 작업자가 알 수 있도록 램프 2가 점등되고, 비상정지 스위치를 해제하면 램프 2가 소등됩니다.

　다) PB2를 ON하여 시스템을 초기화합니다.

　라) 시스템이 초기화된 이후에는 기본제어동작이 되어야 합니다.

② 실린더 A의 전진속도는 meter-out, 유압모터 B의 회전속도는 meter-in 방법에 의해 조정할 수 있게 유압 회로도를 변경합니다.

가. 유압 회로도

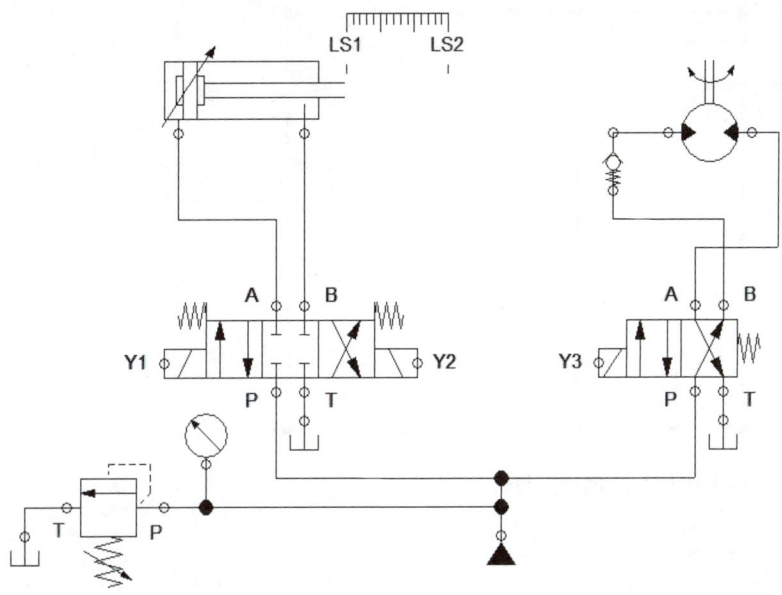

나. 전기 회로도

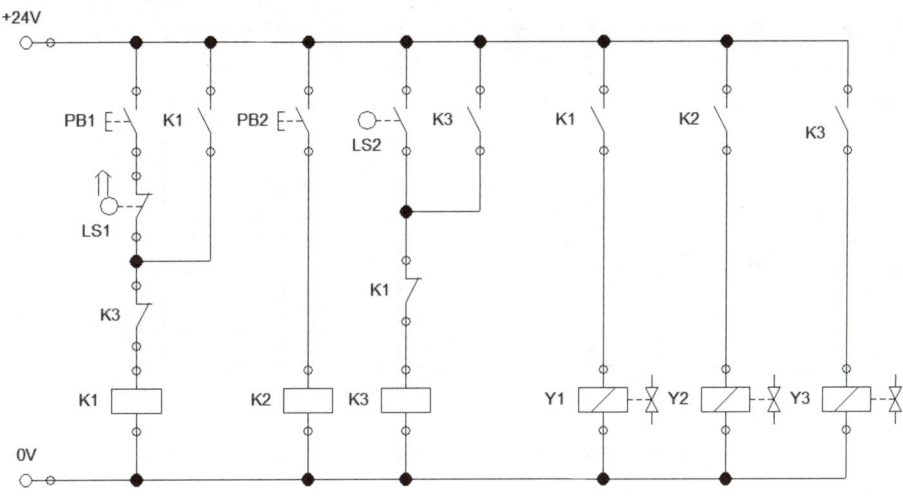

다. 전기 회로도 오류 수정

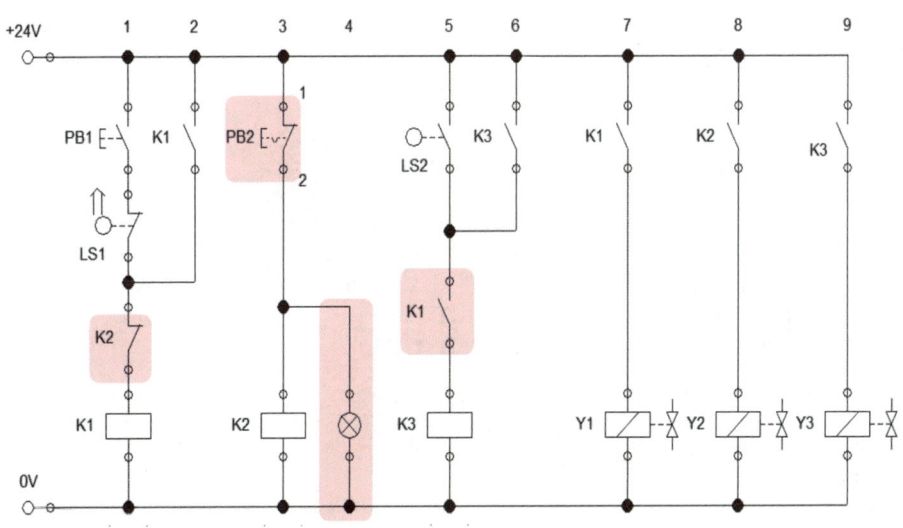

설비보전기사 실기

기본제어동작(오류수정)

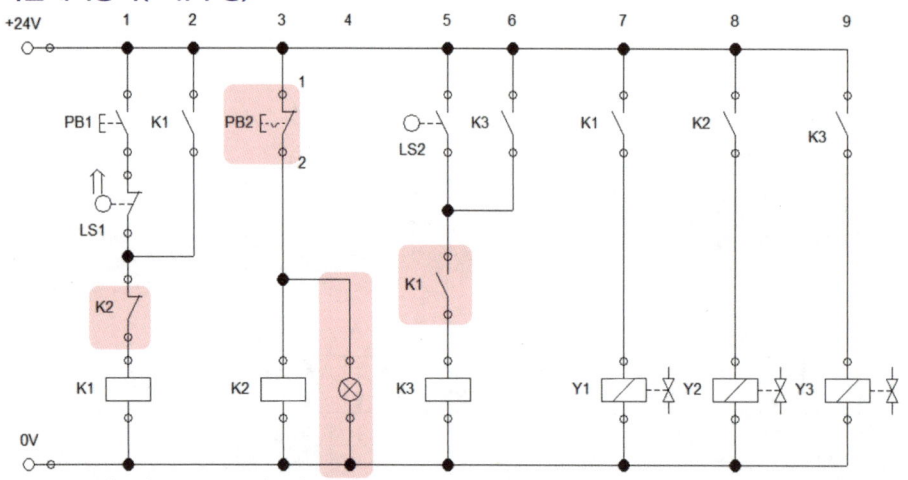

응용제어동작 ① - 비상정지(PB3) / 해제, 램프

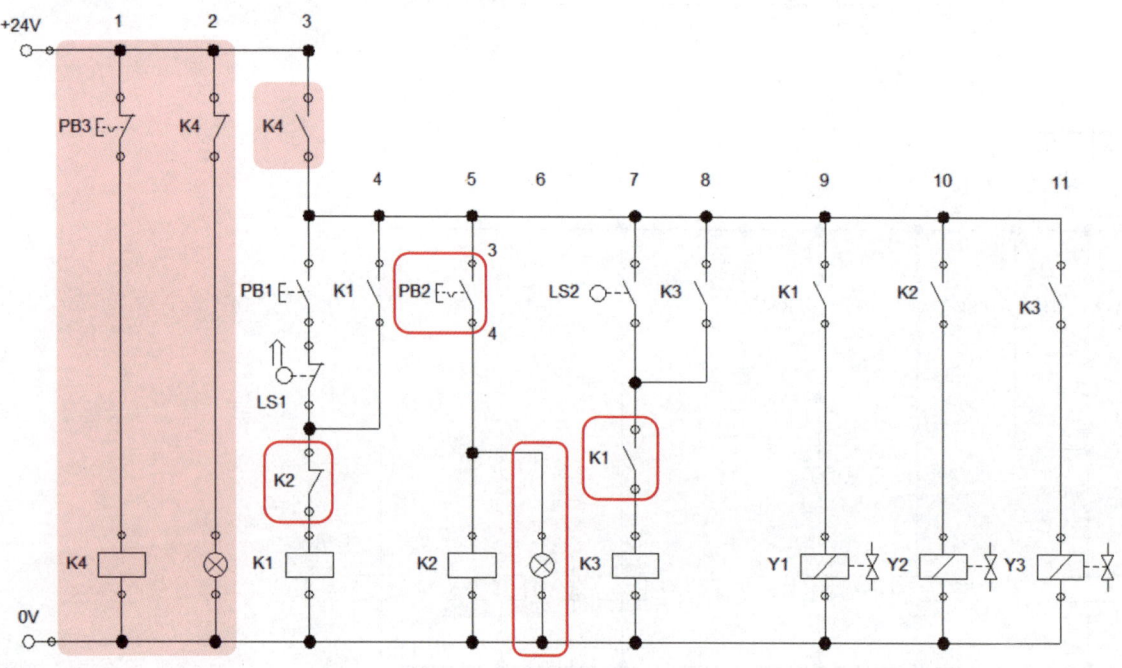

응용제어동작 ② - A전진 미터아웃, B회전 미터인 방법으로 조정

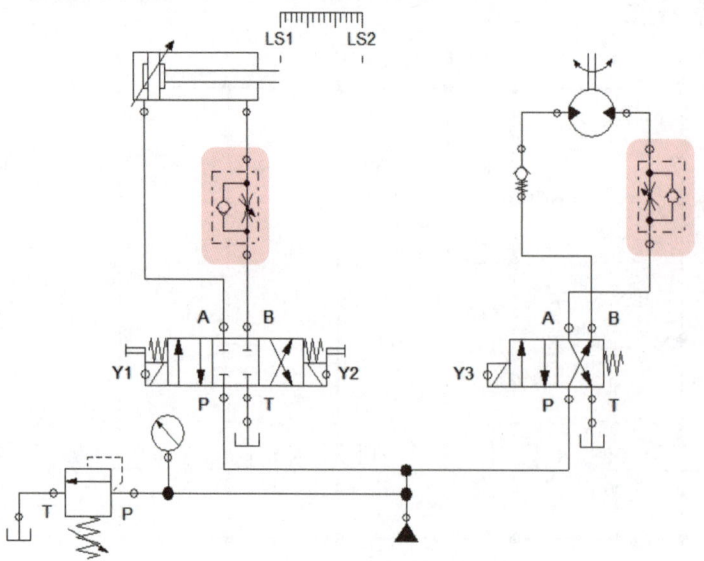

응용제어동작 ② - A전진 미터아웃, B회전 미터인 방법으로 조정

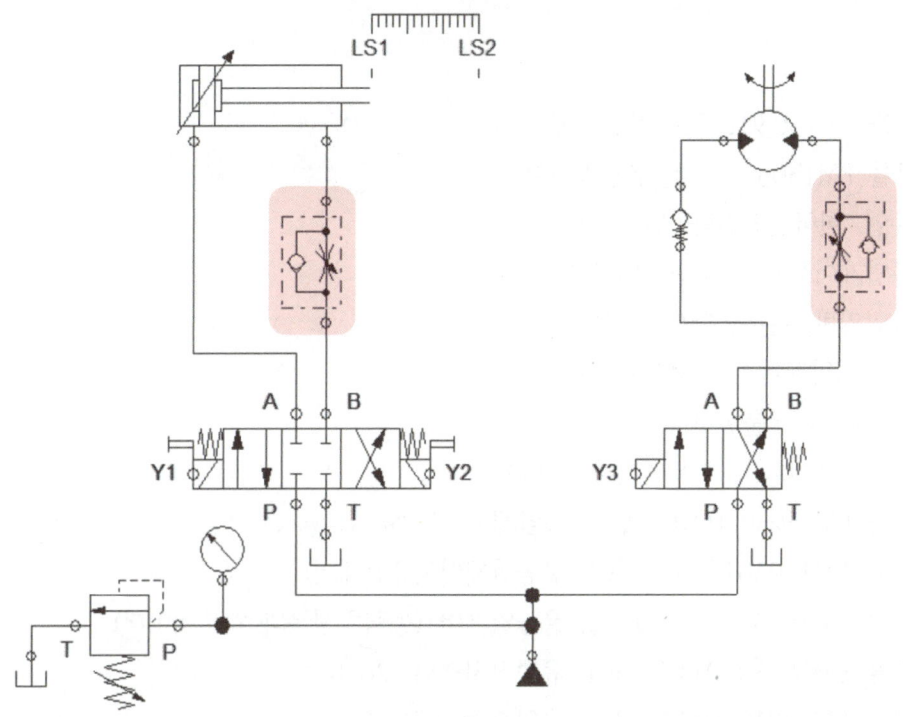

기본(응용)제어동작 실습 배치

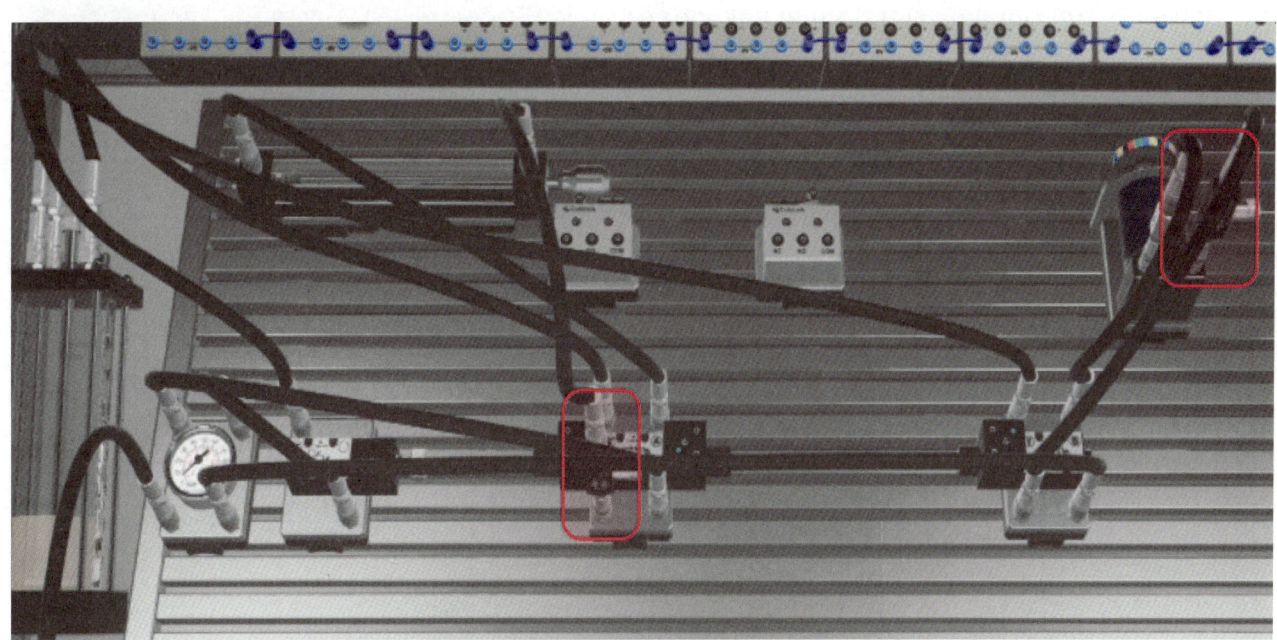

[참고문헌]

1. NCS 학습모듈 LM1503010206_유공압제어1
2. NCS 학습모듈 LM1503010206_유공압제어2
3. 이상호, 공유압, 한국산업인력공단, 2014
4. 이상호, 공유압제어실기, 한국산업인력공단, 2014
5. 이상호, 공유압일반, 복두출판사, 2017
6. 신흥열, NCS공기압제어, 복두출판사, 2017
7. 신흥열, 공압제어, 복두출판사, 2018
8. 신흥열, 전기공압제어회로, 복두출판사, 2020
9. NCS 학습모듈 LM1503010216_16v4, 유압제어, 2019
10. NCS 학습모듈 LM1503010206_14v3, 유공압제어3(유압제어)
11. NCS 학습모듈 LM1503010206_14v3, 유공압제어1(동력발생부와 액추에이터)
12. NCS 학습모듈 LM1503010117_16v4, 유압장치조립, 2019
13. NCS 학습모듈 LM1501020117_18v4, 유압요소설계, 2021
14. NCS 학습모듈 LM1501020413_20v1, 유공압제어설계, 2021
15. 이상호, 공유압, 한국산업인력공단, 2014
16. 이상호, 공유압제어실기, 한국산업인력공단, 2014
17. 이상호, 공유압일반, 복두출판사, 2017
18. 신흥열, NCS유압제어, 복두출판사, 2017
19. .Fluid SIM Program
20. V-AMT Program

설비보전기사 실기
(설비보전의 이해)

발 행 일	2024년 1월 10일 초판 1쇄 인쇄
	2024년 1월 15일 초판 1쇄 발행
저 자	이대형 · 전도중 · 김준영 · 서동수 공저
발 행 처	크라운출판사 http://www.crownbook.com
발 행 인	李尙原
신고번호	제 300-2007-143호
주 소	서울시 종로구 율곡로13길 21
공 급 처	(02) 765-4787, 1566-5937, (080) 850~5937
전 화	(02) 745-0311~3
팩 스	(02) 743-2688, 02) 741-3231
홈페이지	www.crownbook.co.kr
I S B N	978-89-406-4740-0 / 13530

특별판매정가 28,000원

이 도서의 판권은 크라운출판사에 있으며, 수록된 내용은
무단으로 복제, 변형하여 사용할 수 없습니다.
　　　　Copyright CROWN, ⓒ 2024 Printed in Korea

이 도서의 문의를 편집부(02-744-4959)로 연락주시면
친절하게 응답해 드립니다.